计算机辅助设计案例课堂

MasterCAM X7 数控加工案例课堂

张云杰　郝利剑　编　著

清华大学出版社
北　京

内 容 简 介

MasterCAM 软件是 CAD/CAM 一体化的软件，被广泛应用于机械、电子、航空等领域。本书共 10 章，主要包括基本操作、绘制二维图形和编辑标注、三维实体造型、曲面造型和编辑、2 轴铣削加工、三维曲面粗加工、三维曲面精加工、多轴加工、车削加工和线切割加工等内容，每一章中都配合了大量的设计案例来进行讲解，从实用的角度介绍了 MasterCAM X7 中文版的使用方法。另外，本书还配备了交互式多媒体教学演示光盘，将案例制作过程制作为多媒体视频进行讲解，讲解形式活泼、方便、实用，便于读者学习使用。

本书内容广泛、通俗易懂、语言规范、实用性强，使读者能够快速、准确地掌握 MasterCAM X7 中文版的设计技巧，特别适合初、中级用户的学习，是广大读者快速掌握 MasterCAM X7 中文版的实用指导书，也可作为大专院校计算机辅助设计课程的指导教材。

图书在版编目(CIP)数据

MasterCAM X7 数控加工案例课堂/张云杰，郝利剑编著. --北京：清华大学出版社，2015
(计算机辅助设计案例课堂)
ISBN 978-7-302-41528-2

Ⅰ. ①M…　Ⅱ. ①张…　②郝…　Ⅲ. ①数控机床—加工—计算机辅助设计—应用软件　Ⅳ. ①TG659-39

中国版本图书馆 CIP 数据核字(2015)第 213401 号

责任编辑： 张彦青
装帧设计： 杨玉兰
责任校对： 马素伟
责任印制： 杨　艳
出版发行： 清华大学出版社
　　网　　址： http://www.tup.com.cn, http://www.wqbook.com
　　地　　址： 北京清华大学学研大厦 A 座　　**邮　　编：** 100084
　　社 总 机： 010-62770175　　**邮　　购：** 010-62786544
　　投稿与读者服务： 010-62776969, c-service@tup.tsinghua.edu.cn
　　质量反馈： 010-62772015, zhiliang@tup.tsinghua.edu.cn
印 刷 者： 北京鑫丰华彩印有限公司
装 订 者： 三河市溧源装订厂
经　　销： 全国新华书店
开　　本： 190mm×260mm　**印　张：** 27.25　**字　数：** 663 千字
(附 DVD 1 张)
版　　次： 2015 年 10 月第 1 版　　**印　次：** 2015 年 10 月第 1 次印刷
印　　数： 1～3000
定　　价： 58.00 元

产品编号：060666-01

前言

MasterCAM 软件是美国 CNC Software Inc.公司研制开发的基于 PC 平台的 CAD/CAM 一体化的软件，在世界上拥有众多的忠实用户，被广泛应用于机械、电子、航空等领域。MasterCAM 软件在我国制造业和教育界，以其高性价比优势，广受赞誉而有着极为广阔的应用环境。目前，MasterCAM X7 是流行市面的最新版本，其功能更强大，操作更灵活。

为了使读者能更好地学习，同时尽快熟悉 MasterCAM X7 中文版的设计和加工功能，笔者根据多年在该领域的设计经验精心编写了本书。本书以 MasterCAM X7 中文版为基础，根据用户的实际需求，精选了大量实际的教学案例，从学习的角度由浅入深、循序渐进、详细地讲解了该软件的设计和加工功能。

全书共分为 10 章，详细介绍了 MasterCAM X7 的基本操作、绘制二维图形和编辑标注、三维实体造型、曲面造型和编辑、2 轴铣削加工、三维曲面粗加工、三维曲面精加工、多轴加工、车削加工和线切割加工等内容，每一章中都配合了大量的设计案例来进行讲解，从实用的角度介绍了 MasterCAM X7 中文版的使用方法。

笔者的 CAX 设计教研室长期从事 MasterCAM 的专业设计和教学，数年来承接了大量的项目，参与 MasterCAM 的教学和培训工作，积累了丰富的实践经验。本书就像一位专业设计师，将设计项目时的思路、流程、方法和技巧、操作步骤面对面地与读者交流。

本书还配备了交互式多媒体教学演示光盘，将案例制作过程制作为多媒体进行讲解，有从教多年的专业讲师全程多媒体语音视频跟踪教学，便于读者学习使用。同时光盘中还提供了所有实例的源文件，以便读者练习使用。关于多媒体教学光盘的使用方法，读者可以参看光盘根目录下的光盘说明。另外，本书还提供了网络的免费技术支持，欢迎大家登录云杰漫步多媒体科技的网上技术论坛进行交流：http://www.yunjiework.com/bbs。论坛分为多个专业的设计版块，可以为读者提供实时的软件技术支持，解答读者的提问。

本书由张云杰、郝利剑编著，参加编写工作的人员还有阎伍平、靳翔、尚蕾、刁晓永、张云静、汤明乐、周益斌、刘斌、贺安、祁兵、杨晓晋、龚堰珏、林建龙等。书中的范例均由云杰漫步多媒体科技公司 CAX 设计教研室设计制作，多媒体光盘由云杰漫步多媒体科技公司提供技术支持，同时要感谢出版社的编辑和老师们的大力协助。

由于编写人员的水平有限，书中难免有不足之处，望广大用户不吝赐教，对书中的不足之处给予指正。

编　者

目录
Contents

第 1 章　绘制和编辑二维图形 1

1.1　MasterCAM X7 基本功能和设置 2

1.1.1　MasterCAM X7 概述 2

1.1.2　认识界面 3

1.1.3　文件操作 9

1.1.4　设置网格 12

1.2　绘制二维图形 12

1.2.1　二维绘图的设置 12

1.2.2　绘制点 14

1.2.3　绘制直线 20

1.2.4　绘制圆弧 24

1.2.5　绘制矩形 29

1.2.6　绘制圆 31

1.2.7　绘制椭圆 33

1.2.8　绘制正多边形 33

1.2.9　绘制螺旋线 34

1.2.10　绘制样条线 36

二维图形绘制案例 1 39

二维图形绘制案例 2 41

二维图形绘制案例 3 42

二维图形绘制案例 4 43

二维图形绘制案例 5 43

1.3　编辑和转换图素 44

1.3.1　倒圆角和倒角 44

1.3.2　修剪和打断 49

1.3.3　连接图素和转换曲线 55

1.3.4　平移 57

1.3.5　旋转、镜像和缩放 65

1.3.6　补正 69

1.3.7　投影和阵列 71

编辑和转换图素案例 1 73

编辑和转换图素案例 2 74

编辑和转换图素案例 3 75

1.4　尺寸和图形标注 76

1.4.1　尺寸标注 78

1.4.2　其他类型的图形标注 88

尺寸和图形标注案例 1 92

尺寸和图形标注案例 2 93

尺寸和图形标注案例 3 94

1.5　本章小结 95

第 2 章　三维实体造型 97

2.1　实体造型简介 98

2.1.1　实体造型简介 98

2.1.2　实体造型方法 98

2.2　创建实体 99

2.2.1　圆柱实体 100

2.2.2　圆锥实体 101

2.2.3　立方实体 102

2.2.4　球体 103

2.2.5　圆环实体 103

2.2.6　挤出实体 104

2.2.7　旋转实体 106

2.2.8　扫描实体 107

2.2.9　举升实体 108

2.2.10　由曲面生成实体 109

创建实体案例 1 110

创建实体案例 2 111

创建实体案例 3 112

创建实体案例 4 114

创建实体案例 5......115
2.3 实体编辑......117
2.3.1 实体抽壳......117
2.3.2 薄片加厚......118
2.3.3 移除实体面......119
2.3.4 修剪实体......120
2.3.5 实体倒圆角......121
2.3.6 实体倒角......124
2.3.7 实体布尔运算......126
实体编辑案例 1......129
实体编辑案例 2......129
实体编辑案例 3......130
实体编辑案例 4......131
实体编辑案例 5......133
2.4 实体操作......134
2.4.1 牵引面......134
2.4.2 实体操作管理器......138
2.4.3 查找实体特征......141
实体操作案例 1......143
实体操作案例 2......143
2.5 本章小结......144
第 3 章 曲面造型和编辑......145
3.1 曲面造型......146
3.1.1 曲面曲线操作......146
3.1.2 绘图设置及线架构......152
3.1.3 绘制三维曲面......155
曲面造型案例 1......169
曲面造型案例 2......171
曲面造型案例 3......172
曲面造型案例 4......173
曲面造型案例 5......174
3.2 曲面编辑......176
3.2.1 曲面圆角......176
3.2.2 偏置曲面......183
3.2.3 曲面修剪和延伸......184
3.2.4 恢复修剪......189
3.2.5 恢复边界......189
3.2.6 填补内孔......190
3.2.7 分割曲面......190
3.2.8 曲面熔接......191
曲面编辑案例 1......194
曲面编辑案例 2......195
曲面编辑案例 3......196
3.3 本章小结......197
第 4 章 2 轴铣削加工(上)......199
4.1 外形铣削加工......200
4.1.1 2D 外形铣削加工......200
外形铣削案例 1......202
4.1.2 2D 外形倒角加工......206
外形铣削案例 2......206
4.1.3 外形铣削斜插加工......209
外形铣削案例 3......210
4.1.4 外形铣削残料加工......211
外形铣削案例 4......212
4.1.5 外形铣削摆线式加工......213
外形铣削案例 5......214
4.1.6 3D 外形加工......215
外形铣削案例 6......216
外形铣削案例 7......218
4.2 挖槽加工......219
4.2.1 2D 挖槽......219
挖槽加工案例 1......223
4.2.2 平面铣削......226
挖槽加工案例 2......227
4.2.3 使用岛屿深度......228
挖槽加工案例 3......228

4.2.4 残料加工......229
挖槽加工案例 4......230
4.2.5 打开式挖槽......231
挖槽加工案例 5......232
4.3 2 轴铣削加工综合案例......233
4.4 本章小结......238
第 5 章 2 轴铣削加工(下)......239
5.1 钻削加工......240
5.1.1 钻孔加工......240
钻削加工案例 1......241
5.1.2 全圆铣削......244
钻削加工案例 2......246
5.1.3 螺旋铣孔......247
钻削加工案例 3......248
5.2 平面铣......249
平面铣案例 1......251
平面铣案例 2......254
平面铣案例 3......255
平面铣案例 4......257
5.3 雕刻加工......260
5.3.1 粗加工......260
5.3.2 加工顺序......261
5.3.3 切削参数......261
雕刻加工案例 1......262
雕刻加工案例 2......265
雕刻加工案例 3......266
5.4 2 轴铣削加工综合案例......267
5.5 本章小结......272
第 6 章 三维曲面粗加工......273
6.1 粗加工平行铣削加工......274
6.1.1 切削方式......274
6.1.2 下刀的控制......274
6.1.3 切削间距......275
曲面粗加工案例 1......275
6.2 粗加工放射状加工......279
曲面粗加工案例 2......280
6.3 粗加工投影加工......282
曲面粗加工案例 3......282
6.4 粗加工流线加工......283
曲面粗加工案例 4......285
6.5 等高外形粗加工......286
曲面粗加工案例 5......288
6.6 残料粗加工......289
曲面粗加工案例 6......291
6.7 挖槽粗加工......292
曲面粗加工案例 7......294
6.8 钻削式粗加工......296
曲面粗加工案例 8......297
6.9 曲面粗加工综合案例......298
6.9.1 曲面粗加工综合案例 1......298
6.9.2 曲面粗加工综合案例 2......302
6.10 本章小结......304
第 7 章 三维曲面精加工......305
7.1 曲面精加工......306
7.1.1 平行铣削精加工......306
曲面精加工案例 1......307
7.1.2 平行陡斜面精加工......310
曲面精加工案例 2......311
7.1.3 放射状精加工......312
曲面精加工案例 3......313
7.1.4 投影精加工......314
曲面精加工案例 4......315
7.1.5 流线精加工......316
曲面精加工案例 5......319
7.1.6 等高外形精加工......320
曲面精加工案例 6......323

目录

Contents

曲面精加工案例 7 324

7.1.7 浅平面精加工 325

曲面精加工案例 8 327

7.1.8 环绕等距精加工 328

曲面精加工案例 9 329

7.1.9 熔接精加工 330

曲面精加工案例 10 332

7.2 曲面精加工清角加工 333

7.2.1 交线清角精加工 333

清角加工案例 1 334

7.2.2 残料清角精加工 337

清角加工案例 2 339

7.3 曲面精加工综合案例 340

7.3.1 曲面精加工案例 1 340

7.3.2 曲面精加工案例 2 344

7.4 本章小结 347

第 8 章 多轴加工 349

8.1 五轴曲线加工 350

多轴加工案例 1 353

8.2 沿边五轴加工 356

多轴加工案例 2 359

8.3 沿面五轴加工 361

多轴加工案例 3 362

8.4 曲面五轴加工 365

曲面五轴加工案例 367

8.5 管道五轴加工 369

管道五轴加工案例 371

8.6 旋转五轴加工 373

旋转五轴加工案例 374

8.7 本章小结 377

第 9 章 车削加工 379

9.1 基本车削 380

9.1.1 粗车削加工 380

粗车削加工案例 383

9.1.2 精车削加工 386

精车削加工案例 388

9.1.3 径向车削加工 390

径向车削加工案例 392

9.1.4 端面车削加工 395

端面车削加工案例 396

9.2 循环车削 397

9.2.1 粗车循环 397

粗车循环案例 398

9.2.2 精车循环 402

精车循环案例 402

9.2.3 径向车削循环 404

径向车削循环案例 406

9.2.4 外形重复循环 407

外形重复循环车削案例 409

9.3 本章小结 410

第 10 章 线切割加工 411

10.1 外形线切割加工 412

外形线切割案例 415

外形带锥度线切割案例 419

10.2 无屑线切割 420

无屑线切割案例 421

10.3 四轴线切割 422

四轴线切割案例 424

10.4 本章小结 427

第 1 章

绘制和编辑二维图形

MasterCAM 是制造业和教育界广泛采用的 CAD/CAM 系统，它的特长是可模拟零件加工整个过程，具有刀具路径校验功能。MasterCAM 不但具有强大稳定的造型功能，可以设计出复杂的曲线、曲面零件，而且具有强大的曲面粗加工及灵活的曲面精加工功能。

绘制二维图形是创建三维模型的基础，也是数控加工的根本。操作软件的熟练程度和绘制二维图形的技能，决定了模型设计效果的好坏，数控加工的优劣。因此，在 MasterCAM X7 的学习中，必须很好地掌握二维图形绘制的方法和技巧。在 MasterCAM X7 中提供了丰富的二维图形绘制命令，本章中主要介绍绘制点、直线、圆、圆弧、椭圆、矩形、正多边形、螺旋线和样条曲线等内容。

在绘制复杂零件的二维图形时，只使用基本绘图命令是不够的，并且绘制起来也十分烦琐，为了提高绘制图形的效率，还应该掌握图形编辑和转换命令，包括倒圆角、倒角、修剪、断开、打断等，图形转换命令包括平移、旋转、镜像、缩放、补正、投影、阵列等，以及各种标注方法。

1.1 MasterCAM X7 基本功能和设置

在使用 MasterCAM X7 进行设计、加工之前，首先要了解 MasterCAM X7 的发展历程、主要功能，并需要学习软件界面、文件管理、参数设置的方法。

1.1.1 MasterCAM X7 概述

MasterCAM 是美国 CNC Software Inc.公司开发的基于 PC 平台的 CAD/CAM 软件。它集二维绘图、三维实体造型、曲面设计、图素拼合、数控编程、刀具路径模拟及真实感模拟等功能于一身。它具有方便直观的几何造型功能。MasterCAM 提供了设计零件外形所需的环境，其稳定的造型功能可设计出复杂的曲线、曲面零件。MasterCAM 9.0 以上版本支持中文环境，而且价位适中，对广大的中小企业来说是理想的选择，是经济有效的全方位的软件系统，是制造业和教育界广泛采用的 CAD/CAM 系统。

作为一个 CAD/CAM 集成软件，MasterCAM 系统包括设计(CAD)和加工(CAM)两大部分。其中设计(CAD)部分主要由 Design 模块来实现，它具有完整的曲线曲面功能，不仅可以设计和编辑二维、三维空间曲线，还可以生成方程曲线；采用 NURBS、PARAMETERICS 等数学模型，可以以多种方法生成曲面，并具有丰富的曲面编辑功能。加工(CAM)部分主要由 Mill、Lathe 和 Wire 三大模块来实现，并且各个模块本身都包含有完整的设计(CAD)系统，其中 Mill 模块可以用来生成加工刀具路径，并可进行外形铣削、型腔加工、钻孔加工、平面加工、曲面加工以及多轴加工的模拟；Lathe 模块可以用来生成车削加工刀具路径，并可进行粗/精车、切槽以及车螺纹的加工模拟；Wire 模块用来生成线切割激光加工路径，从而能高效地编制出任何线切割加工程序，可进行 1～4 轴上下异形加工模拟，并支持各种 CNC 控制器。

MasterCAM 可靠的刀具路径校验功能使其可模拟零件加工的整个过程，模拟中不但能显示刀具和夹具，还能检查出刀具和夹具与被加工零件的干涉、碰撞情况，真实反映加工过程中的实际情况。同时 MasterCAM 对系统运行环境要求较低，使用户无论是在造型设计、CNC 铣床、CNC 车床或 CNC 线切割等加工操作中，都能获得最佳效果。MasterCAM 软件已被广泛应用于通用机械、航空、船舶、军工等行业的设计与数控加工，在 20 世纪 80 年代末，我国就引进了这款软件。

1984 年美国 CNC Software Inc.公司推出第一代 MasterCAM 产品，这一软件就以其强大的加工功能闻名于世。多年来该软件在功能上不断更新与完善，已被制造业和教育界广泛采用。2008 年，CIMdata 公司对 CAM 软件行业的分析排名表明：MasterCAM 销量再次排名世界第一，是 CAD / CAM 软件行业持续 11 年销量第一的软件巨头。MasterCAM 后续发行的版本对三轴和多轴功能做了大幅度的提升，包括三轴曲面加工和多轴刀具路径。

MasterCAM 具有强劲的曲面粗加工及灵活的曲面精加工功能。 MasterCAM 提供了多种先进的粗加工技术，以提高零件加工的效率和质量。MasterCAM 还具有丰富的曲面精加工功能，可以从中选择最好的方法，加工最复杂的零件。MasterCAM 的多轴加工功能，为零件的加工提供了更多的灵活性。可靠的刀具路径校验功能可模拟零件加工的整个过程，模拟中不

但能显示刀具和夹具，还能检查刀具和夹具与被加工零件的干涉、碰撞情况。

MasterCAM 提供 400 种以上的后置处理文件以适用各种类型的数控系统(比如常用的FANUC 系统)可根据机床的实际结构，编制专门的后置处理文件，编译 NCI 文件经后置处理后便可生成加工程序。

X7 版本的 MasterCAM 采用可自定义模块的设计界面，使设计人员能更高效率的进行设计开发，X7 版本加强对“历史记录的操作”，允许用户建立适合的 MasterCAM 开发设计风格。

1.1.2 认识界面

学习软件的第一步是认识界面，只有对界面比较熟悉，才有可能熟练地掌握软件的操作。

MasterCAM X7 的界面如图 1-1 所示，其中包括标题栏、菜单栏、工具栏、状态栏、最常使用的功能列表工具栏、快捷工具栏、绘图区、操作管理器和属性栏等。下面分别进行介绍。

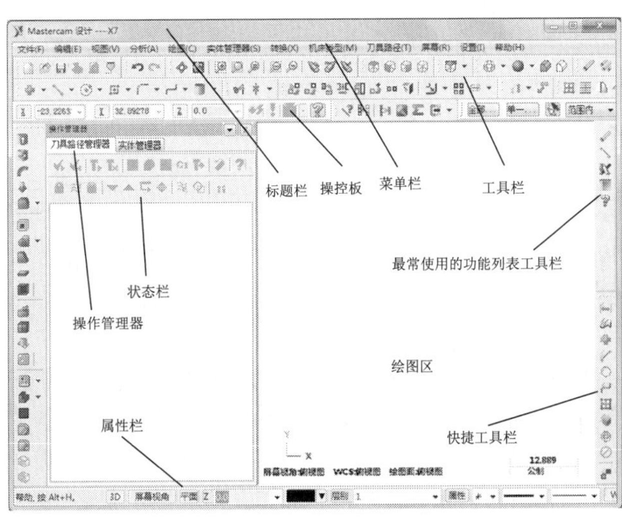

图 1-1 软件界面

1. 菜单栏

菜单栏位于标题栏的下方，内部包含了设计、加工及环境设置等用到的所有命令，工具栏中每一个按钮都可以在菜单栏中找到。

- 【文件】菜单：用于文件的新建、打开、合并、保存、打印及属性等操作。
- 【编辑】菜单：通过此菜单可以对绘制的图形进行编辑操作，如剪切、复制、粘贴、删除、修剪/打断、连接图素、更改曲线、转为 NURBS、曲线变弧、曲面法向设定及更改等功能。
- 【视图】菜单：包括平移、缩放和旋转视图等命令，用于图形视角的变换。
- 【分析】菜单：用于图素的坐标位置、距离、角度和串联状况等。
- 【绘图】菜单：通过此菜单可以进行点、直线、圆弧、样条曲线、曲面曲线等二维和三维基本图形的构建，并进行倒角和倒圆角操作；曲面的构建及曲面的编辑操作；尺寸的标注操作；矩形、多边形、椭圆、盘旋线、螺旋线的绘制；基本曲面/实体(指圆柱体、圆锥体、立方体、球体和圆环体)的构建；绘制文字等操作。

- 【实体管理器】菜单：通过此菜单可以实现由曲线创建实体(包括拉伸、旋转、扫描及举升)的操作；编辑现有实体(包括倒圆角、倒角、实体抽壳、实体修剪、薄片实体加厚、移动实体表面、牵引实体)的操作；布尔运算及由实体生成工程图的操作等。
- 【转换】菜单：通过此菜单可以对绘制的图形进行平移、3D 平移、镜像、旋转、比例缩放、动态平移、移动到原点、单体补正、串连补正、投影、阵列、缠绕、拖曳、牵移、转换 STL 文件、图形排版等操作。

设计(CAD)部分主要由 Design 模块来实现，它具有完整的曲线曲面功能，不仅可以设计和编辑二维、三维空间曲线，还可以生成方程曲线；采用 NURBS、PARAMETERICS 等数学模型，可以以多种方法生成曲面，并具有丰富的曲面编辑功能。

- 【机床类型】菜单：作为一个 CAD/CAM 集成软件，MasterCAM X7 包括设计(CAD)和加工(CAM)两大部分，分别是由不同的功能模块来实现的。打开【机床类型】菜单，从中可以选择不同的功能模块，如图 1-2 所示。

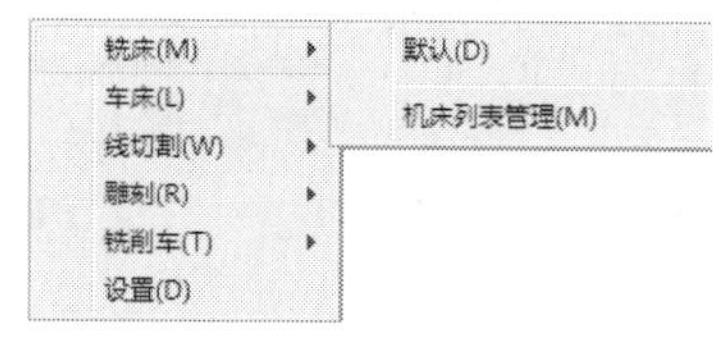

图 1-2 【机床类型】菜单

- 【刀具路径管理器】菜单：根据所选择的机床类型的不同会有所不同，用于创建和编辑加工刀具路径、刀具管理及材料管理等。
- 【屏幕】菜单：用于图形的隐藏和恢复、进行栅格设置及图素属性设置等操作。
- 【设置】菜单：用于系统配置、快捷键设置、工具栏设置、运行应用程序、机床及控制器定义等。

要想绘制函数曲线/曲面，可以通过选择【设置】|【运行应用程序】菜单命令，弹出【打开】对话框，从中选择 fplot.dll 文件，单击【打开】按钮后又弹出一个【打开】对话框，从中选择一个后缀为“.eqn”的文件，单击【打开】按钮便弹出 Fplot 函数编辑对话框，如图 1-3 所示，然后进行 eqn 文件的编辑及图形的绘制。

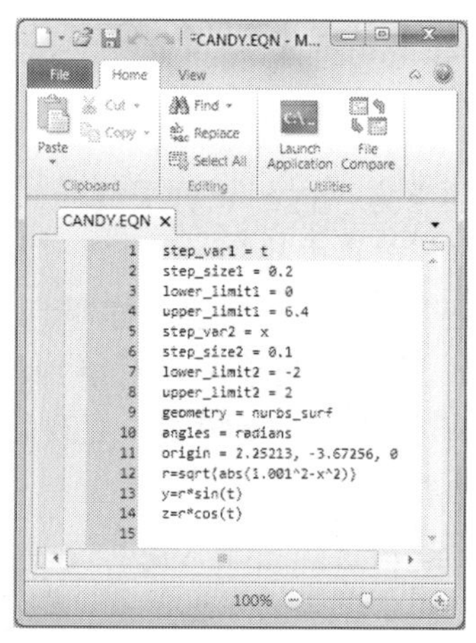

图 1-3 Fplot 对话框及 eqn 文件编辑器

- 【帮助】菜单：包括帮助目录、参考指南及新增功能等，帮助用户学习软件。

2. 工具栏

工具栏将菜单栏中的各命令以图标的形式显示出来，目的是方便用户的选择，工具栏的命令按钮可以通过选择【设置】|【用户自定义】菜单命令，打开如图 1-4 所示的【自定义】对话框来添加和删除。

图 1-4 【自定义】对话框

工具栏可以分成如下三种。

- 常用工具栏：位于菜单栏的下方，包含了大部分常用的控制功能的工具按钮，执行简单的命令。
- 最常使用的功能列表工具栏：位于绘图区右侧，能记录操作者最近使用过的 10 个命令，为再次使用该命令提供了捷径。
- 快捷工具栏：位于绘图区右侧，通过单击其上的按钮，可以快速地选择某一类型的图元。

MasterCAM 加工(CAM)部分主要由 Mill、Lathe、Wire 和 Router 四大模块来实现，并且各个模块本身都包含有完整的设计(CAD)系统。车削模块用于生成车削加工刀具轨迹，可以进行粗车、精车、车螺纹、切槽、横断、钻孔、镗孔等加工，还可以实现车削中心的 C 轴加工功能。铣削模块用于生成铣削加工刀具路径，分为二维加工系统和三维加工系统，二维加工包括外形铣削、型腔铣削、面铣削、孔铣削等；三维加工包括曲面铣削、多轴加工和线架加工等。雕刻模块用于生成雕铣加工的刀具路径，可以进行木模、塑料模的加工等。线切割模块用来生成线切割加工路径，从而能高效地编制出任何线切割加工程序，可进行 1～5 轴上下异形加工模拟，并支持各种 CNC 控制器。

不同的加工模块，可以显示不同的刀具路径工具栏，在 MasterCAM X7 中所包含的刀具路径功能的工具栏如图 1-5 所示。

工具栏的显示与关闭除了可以在工具栏空白处单击鼠标右键，在弹出的快捷菜单中进行管理外，还可以通过【工具栏状态】对话框来管理。选择【设置】|【工具栏设置】菜单命令，打开【工具栏状态】对话框，如图 1-6 所示。在左侧的工具栏状态列表中可以选中其中一项，然后单击【载入】按钮，便应用了该工具栏状态；也可以在右侧的工具栏列表中选中

要显示的工具栏前面的复选框，单击【保存】按钮，以备后用。

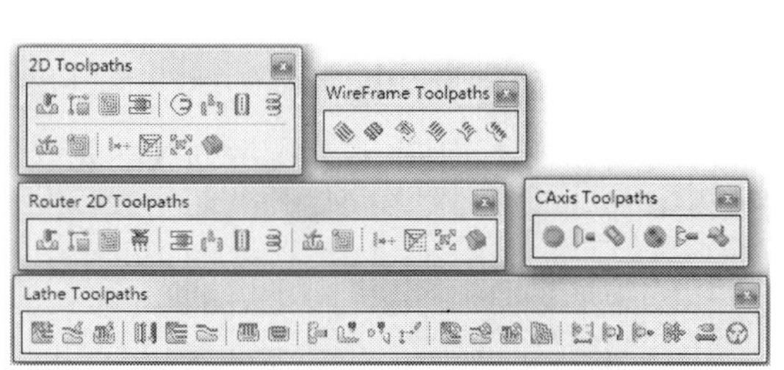

图 1-5　刀具路径工具栏

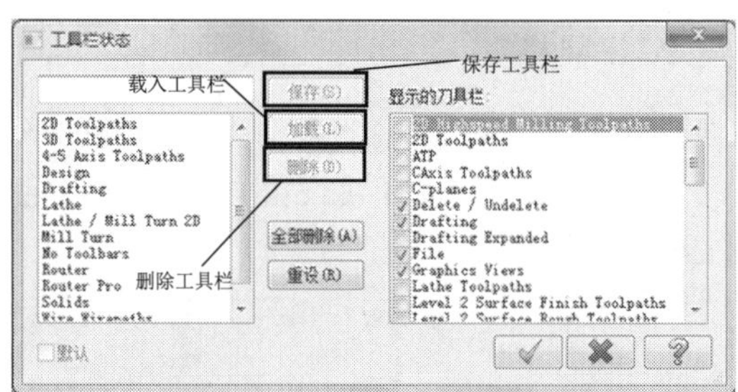

图 1-6　【工具栏状态】对话框

3. 绘图区

绘图区主要用于创建、编辑、显示几何图形、产生刀具轨迹和模拟加工的区域。在其中单击鼠标右键会弹出如图 1-7 所示的快捷菜单，可以进行与视图相关的操作。

图 1-7　图形区右键快捷菜单

在图形区的左下角，还显示了坐标系图标、屏幕视角、WCS，以及绘图平面目前所处的状态。在图形区的右下角，显示了绘图的一个标尺和单位，标尺所代表的长度随视图的缩放而变化，如图 1-8 所示。

图 1-8　视图、坐标系和标尺

4. 操控板、状态栏及属性栏

操控板位于工具栏的下方，在操作者执行某一操作时，提示下一步的操作，或者提示正在使用的某一功能的设置状态或系统所处的状态等，图 1-9 所示为绘制直线时的操控板。

图 1-9　操控板

状态栏一般位于操控板的下方，状态栏一般是特定的，不同的命令对应不同的状态栏。如图 1-10 所示为选择【绘制任意线】命令时的状态栏。

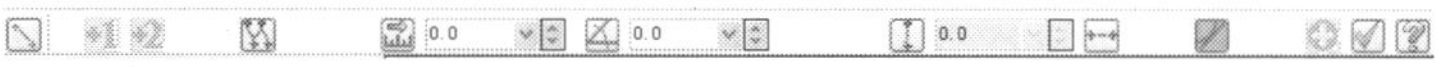

图 1-10 【绘制任意线】状态栏

属性栏位于绘图区的下方，如图 1-11 所示，可进行视角选择、构图面设置、Z 轴设置、图层设置、颜色设置、图素属性设置、群组设定等操作。

图 1-11 属性栏

单击属性栏中各按钮即可进行相应的属性设置。

- 2D/3D 按钮：在 2D/3D 构图模式间切换。当为 2D 构图模式时，所绘制的图素将表达为二维平面图形，即 Z 轴深度相等；当为 3D 构图模式时，所绘制的图素将不受构图深度和构图平面的约束，可在绘图区直接进行三维图形绘制。
- 【屏幕视角】按钮：用于选择和定义图形视角，如图 1-12 所示。其命令可在【视图】菜单中的【标准视图】子菜单和【定方位】子菜单中找到。
- 【平面】按钮：用于选择或定义图素的绘图平面和刀具平面。
- 【Z】：构图平面 Z 轴深度定义框。用户可以单击 Z 按钮，然后在绘图区中选择点来定义 Z 轴深度，也可以在 Z 右侧的文本框中输入绘图平面的深度值。
- 【系统颜色】：单击后弹出【颜色】对话框，用户可以选取适当的颜色或输入 R、G、B 数值定义新的颜色，如图 1-13 所示。

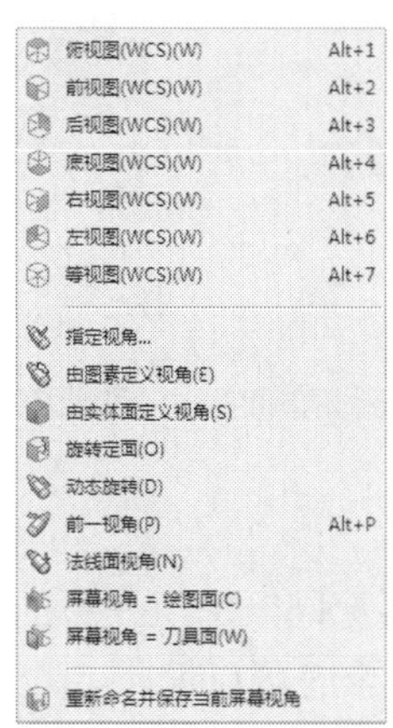

图 1-12 【屏幕视角】菜单

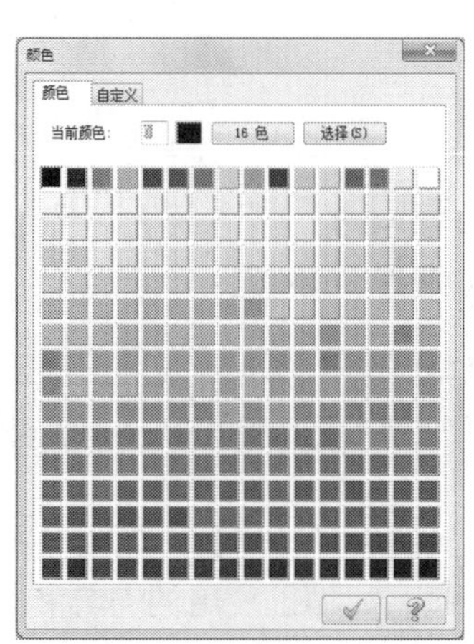

图 1-13 【颜色】对话框

- 【层别】：单击后弹出【层别管理】对话框，可以对图层进行选择、创建和关闭等操作，如图 1-14 所示。
- 【属性】按钮：单击后弹出属性对话框，此对话框用于定义点型、线型、图层、线宽、曲面密度等，如图 1-15 所示。

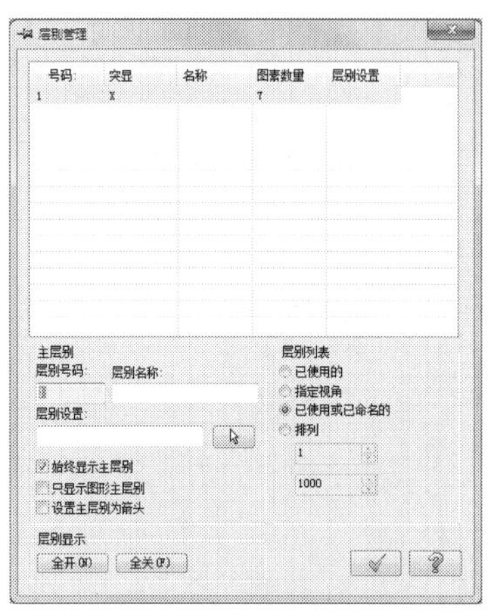

图 1-14 【层别管理】对话框

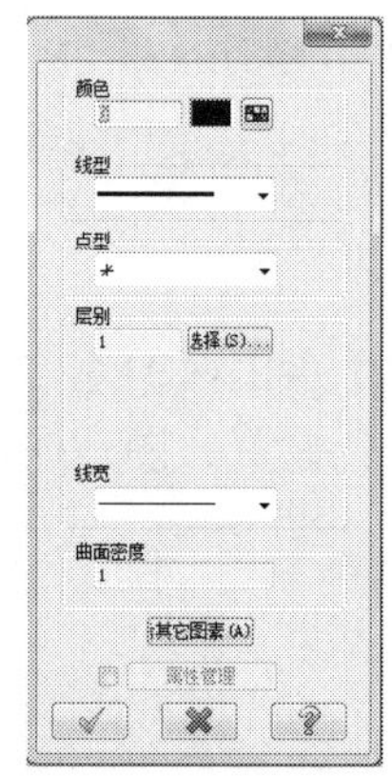

图 1-15 属性对话框

- WCS 按钮：从弹出的菜单中选择相应的命令，对系统工作坐标系进行方位调整。
- 【群组】按钮：单击后弹出【群组管理】对话框，如图 1-16 所示。在复杂的作业环境中，用户可以通过该功能管理群组，以提高工作效率。

图 1-16 【群组管理】对话框

5. 操作管理器

操作管理器位于图形区域的左侧，相当于其他 CAD 软件的特征设计管理器。其中包括两个标签页，分别为【刀具路径管理器】和【实体管理器】。

每一个管理器的作用如下。

- 【刀具路径管理器】：如图 1-17 所示，操作管理器把同一加工任务的各项操作集中在一起，如加工使用的刀具和加工参数等，在管理器内可以编辑、校验刀具路径、复制和粘贴相关程序。
- 【实体管理器】：如图 1-18 所示，相当于其他软件的模型树，记录了实体造型的每一个步骤以及各项参数等内容，通过每个特征的右键菜单可以对其进行删除、重建和编辑等操作。

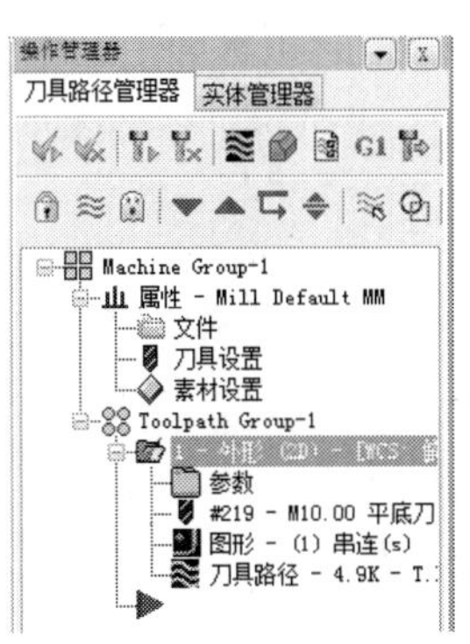

图 1-17 【刀具路径管理器】

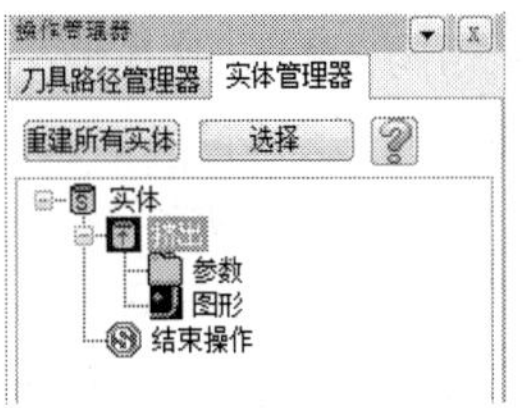

图 1-18 【实体管理器】

1.1.3 文件操作

在设计和加工仿真的过程中，必须要对文件进行合理的管理，方便以后的调用、查看和编辑。文件管理包括新建文件、打开文件、合并文件、保存文件、输入/输出文件等。

1. 新建文件

系统在启动后，会自动创建一个空文件，用户也可以通过单击【目录】工具栏中的【新建文件】按钮或者选择【文件】|【新建文件】菜单命令，来创建一个新文件。

当用户对打开的文件进行了一些操作后，新建文件时会弹出如图 1-19 所示的提示对话框，若单击【是】按钮，则弹出【另存为】对话框，给定保存路径和文件名后单击【保存】按钮；若单击【否】按钮，则直接打开一个新的文件，而不保存已改动的文件。

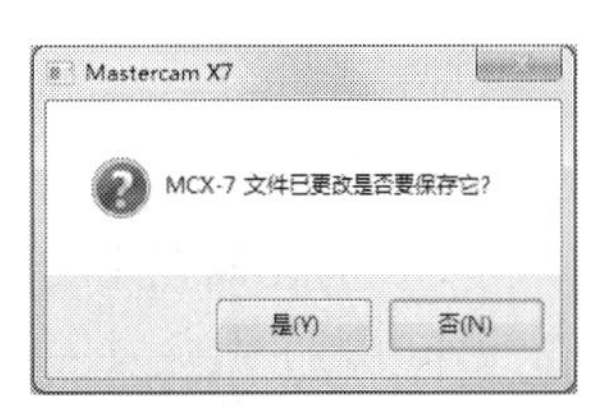

图 1-19 提示对话框

2. 打开文件

单击【目录】工具栏中的【打开文件】按钮或者选择【文件】|【打开文件】菜单命令，弹出【打开】对话框，如图 1-20 所示，在【文件类型】下拉列表框中选择合适的后缀，选择文件，然后单击【打开】按钮，打开文件。

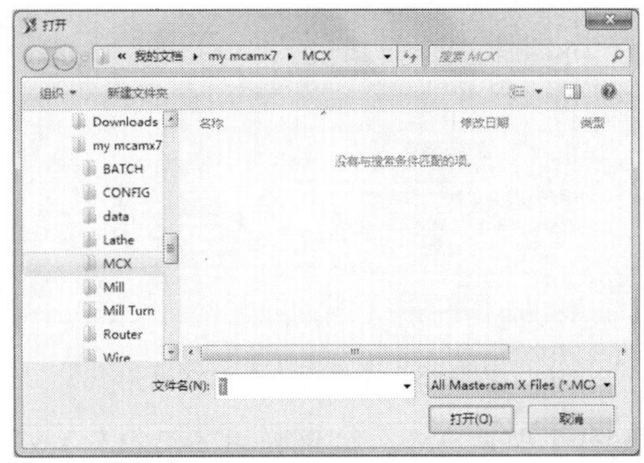

图 1-20 【打开】对话框

当用户对当前文件进行了一些操作后，再打开另一个文件时也会弹出如图 1-19 所示的提示对话框。

3. 合并文件

合并文件是指将 MCX 或其他类型的文件插入到当前的文件中，但插入文件中的关联对象(如刀具路径等)不能插入。

选择【文件】|【合并文件】菜单命令，弹出【打开】对话框，选择需要合并的文件，单击【打开】按钮。当前系统所使用的单位与插入文件所使用的单位不一致时，会弹出【合并文件】对话框，如图 1-21 所示，在其中选择正确的处理方式，然后单击【确定】按钮。

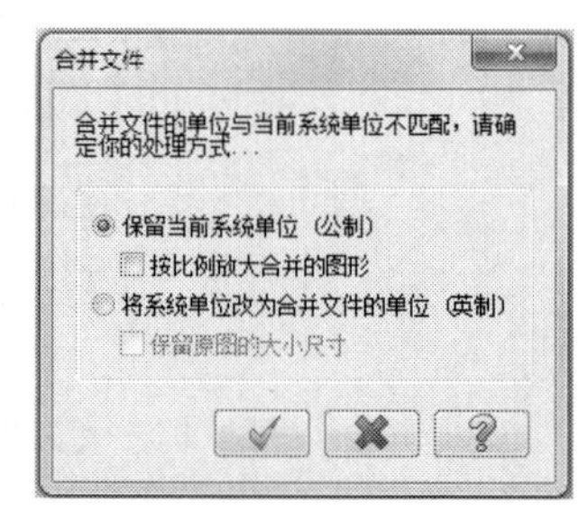

图 1-21　【合并文件】对话框

此时，状态栏如图 1-22 所示，可以对插入的图素进行合理的放置、缩放、旋转、镜像和复制操作。

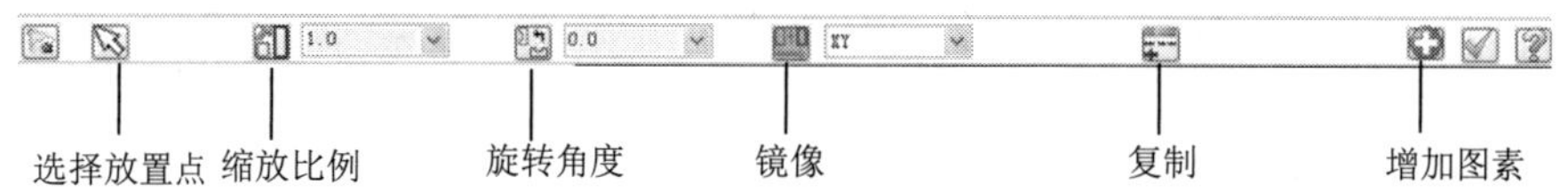

图 1-22　状态栏

4. 保存文件

文件的存储在【文件】菜单中分为【保存】、【另存文件】、【部分保存】三种类型，在操作时为了避免发生意外情况而中断操作，用户应及时对操作文件进行保存。

单击【目录】工具栏中的【保存】按钮或者【文件】|【保存】菜单命令，保存已更改的文件，如果是第一次保存，则弹出【另存为】对话框，如图 1-23 所示，选择存储路径并输入文件名后，单击【保存】按钮。

图 1-23　【另存为】对话框

选择【文件】|【另存文件】菜单命令，同样弹出【另存为】对话框，选择存储路径并输入文件名后单击【保存】按钮，保存当前文件的一个副本。

选择【文件】|【部分保存】菜单命令，返回到图形区，单击选中所要保存的图素，然后双击区域任意位置，弹出【另存为】对话框，选择存储路径并输入文件名后单击【保存】按钮。

有时，用户把精力放在了设计及软件操作上，而忘记了保存，此时突发事件会造成巨大的损失，因此可以设置自动保存文件，以提高安全性。选择【设置】|【系统配置】菜单命令，打开如图 1-24 所示的【系统配置】对话框，在左侧的树中找到【文件】节点并单击前面的加号展开，选择【自动保存/备份】子节点，在右侧的区域进行想要的设置，完成后单击【确定】按钮。

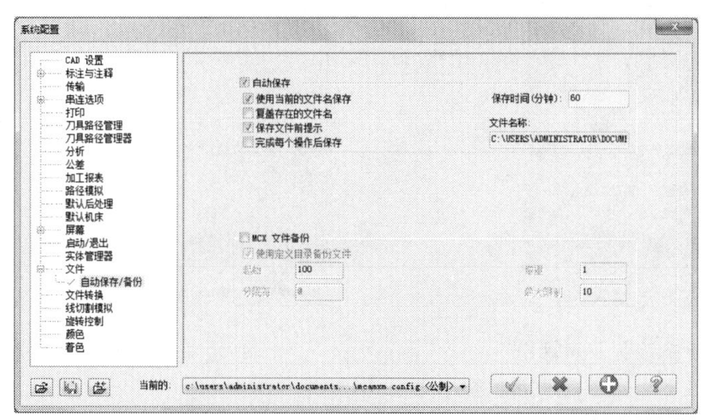

图 1-24　【系统配置】对话框

5. 输入/输出文件

输入/输出文件是将不同格式的文件进行相互转换，输入是将其他格式的文件转换为 MCX 格式的文件，输出是将 MCX 格式的文件转换为其他格式的文件。

选择【文件】|【汇入】菜单命令，弹出如图 1-25 所示的【汇入文件夹】对话框，选择汇入文件的类型、源文件目录的位置和输入目录的位置，要查找子文件夹，则启用【在子文件夹内查找】复选框。

选择【文件】|【汇出】菜单命令，弹出如图 1-26 所示的【汇出文件夹】对话框，选择输出文件的类型、源文件目录的位置和输出目录的位置，要查找子文件夹，则启用【在子文件夹内查找】复选框。

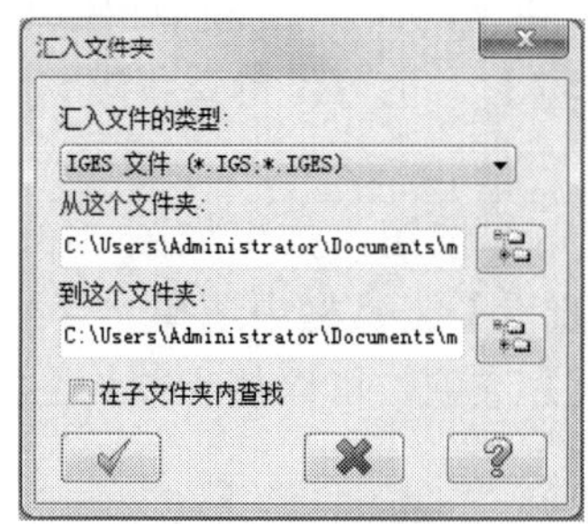

图 1-25　【汇入文件夹】对话框

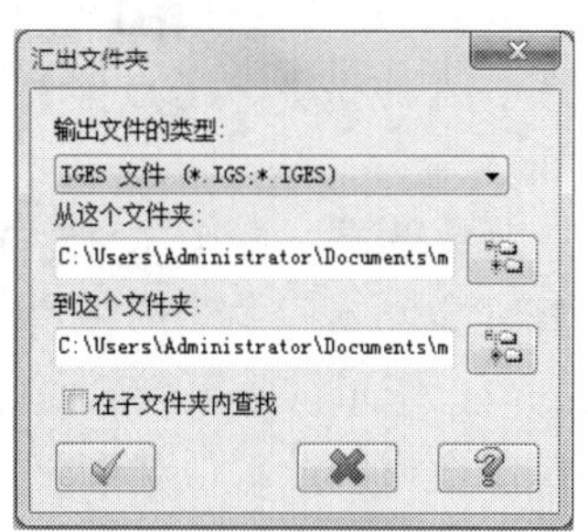

图 1-26　【汇出文件夹】对话框

1.1.4 设置网格

网格设置是在绘图区显示网格，便于几何图形的绘制。选择【屏幕】|【网格设置】菜单命令，弹出【网格参数】对话框，如图 1-27 所示；启用【启用网格】和【显于网格】复选框后，绘图区即可显示网格，可以进行捕捉并绘制图形，如图 1-28 所示。

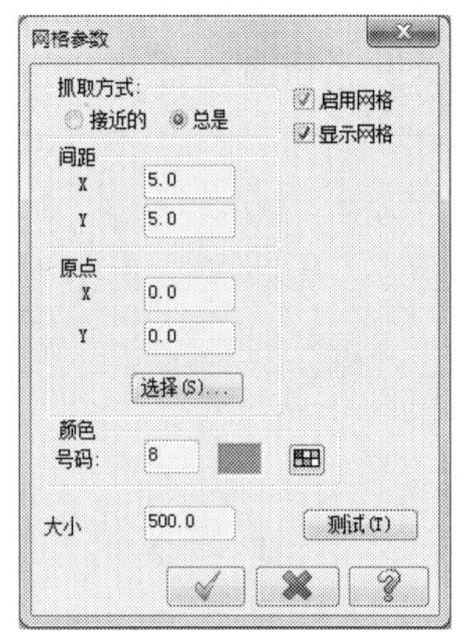

图 1-27 【网格参数】对话框

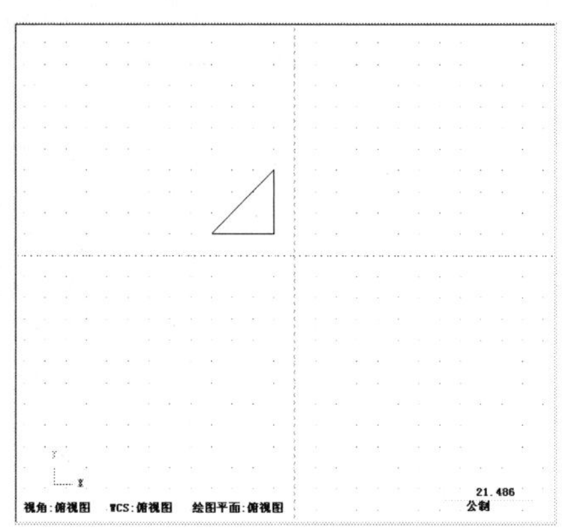

图 1-28 绘图区网格

1.2 绘制二维图形

1.2.1 二维绘图的设置

在绘制二维图形之前，用户应该按照前面介绍的方法，进行二维绘图的基本设置。用户还要知道在 MasterCAM X7 中提供了哪些二维绘图工具。

1. 基本思路

用户可以根据个人的喜好等来设置不同的图素属性，并且在建模的过程中还要不断地更改屏幕视角、构图面及 Z 深度。这些操作可以说是 MasterCAM 绘制图形时最为基本的操作，用户必须熟悉。下面讲解具体的设置方法。

(1) 属性设置。在【属性栏】中单击【属性】按钮，弹出属性对话框，如图 1-29 所示，设置【颜色】、【线型】、【点型】、【层别】及【线宽】，也可保持系统默认，然后单击【确定】按钮✓。

(2) 屏幕视角设置。在【属性栏】中单击【屏幕视角】按钮，弹出如图 1-30 所示的列表，从中选择或定义不同的图形视角。也可以从【图形查看】工具栏中选择 4 种常用的屏幕视角，如图 1-31 所示。常用到的是【屏幕视角=绘图面】选项，可以使当前构图平面正对于用户，方便二维图形的绘制与观察。

(3) 视图设置。在【属性栏】中单击【平面】按钮，弹出如图 1-32 所示的列表，从中选择或定义不同的构图面。也可以从【视图】工具栏中选择 7 种常用的构图面，如图 1-33 所示。

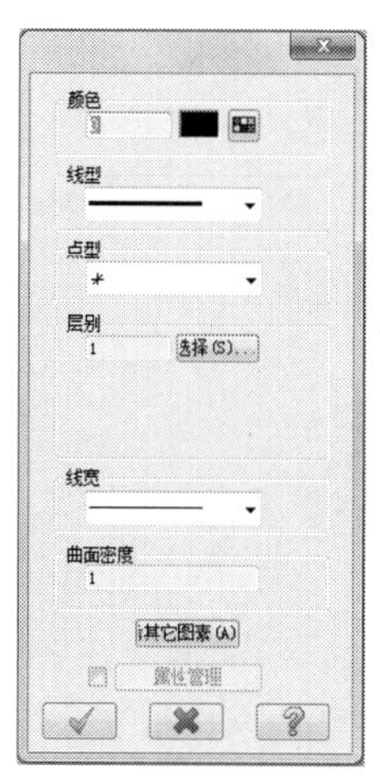

图 1-29　属性对话框

图 1-30　【屏幕视角】列表

图 1-31　【图形查看】工具栏

图 1-32　【视图】列表

图 1-33　【视图】工具栏

(4) Z 深度设置。Z 深度决定了同一视图方向上不同构图面所处的位置。Z 深度的定义有两种方式，一种是在【属性栏】(见图 1-11)中单击 Z 按钮，出现“选取一点定义新的构图深度”提示后，在绘图区中抓取一点，则此点与当前构图面之间的距离被定义为 Z 深度，另一种是在 Z 选项右侧的文本框中输入 Z 深度的值。

2. 绘图工具

单击【绘图】菜单，打开如图 1-34 所示的下拉菜单，绘制二维图形的命令主要集中在这里，单击某些绘图命令会打开其子菜单。

为了提高绘图效率，MasterCAM 将一些最常用的绘图命令放置在了【草图】工具栏中，如图 1-35 所示。单击某些命令右侧的下拉箭头，则会弹出相应的列表，图中所单击的是【矩形】右侧的下拉箭头。【草图】工具栏中的按钮同【绘图】菜单中的命令是对应的，用户既可以在工具栏中选取按钮来绘图，也可从菜单中选取命令来绘图。用户可以自行定义工具栏的按钮，比如可以把自己常用的绘图工具放在上面。

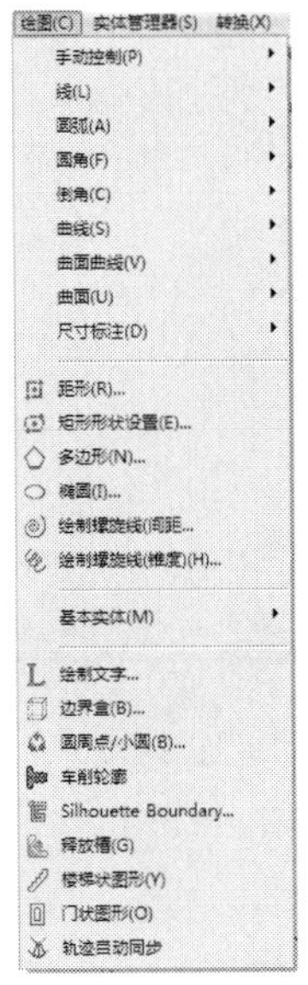

图 1-34 【绘图】菜单

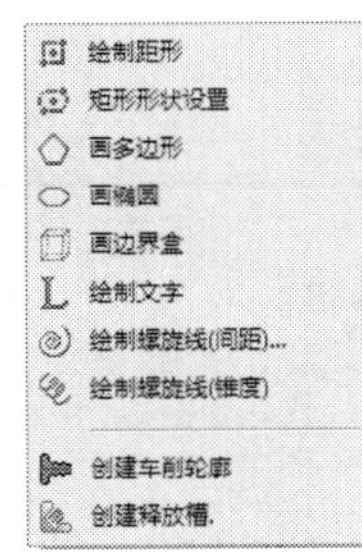

图 1-35 【草图】工具栏

1.2.2 绘制点

绘制点通常是为了给其他图素提供定位参考。MasterCAM X7 提供了 8 种点的绘制方法，绘制命令位于【绘图】|【绘点】子菜单中，在【绘点】按钮右侧的下拉列表中也有绘制点的选项：“绘制点”、“创建动态绘点”、“绘制曲线节点”、“绘制等分点”、“绘制端点”、“小圆心点”、“穿线点”、“切点”。下面分别讲解这 8 种绘点方法的使用。

1. 在指定位置绘点

此功能是在某一指定的位置(如绘图区内任意位置、圆心点、中点、四等分点、交点等)绘制点。选择【绘图】|【绘点】|【绘点】菜单命令，或在【草图】工具栏中单击【绘点】按钮，激活【自动抓点】工具栏，图形区中显示【请选择任意点】提示。

- 输入坐标方式。进入绘点模式后，输入如图 1-36 所示的“2，3，5”字串(此时【自动抓点】工具栏中的 X、Y、Z 坐标值区域变为一个文本输入框)，或如图 1-37 所示，依次输入 X、Y、Z 的数值，都会在绘图区中绘制坐标为(2，3，5)的点。

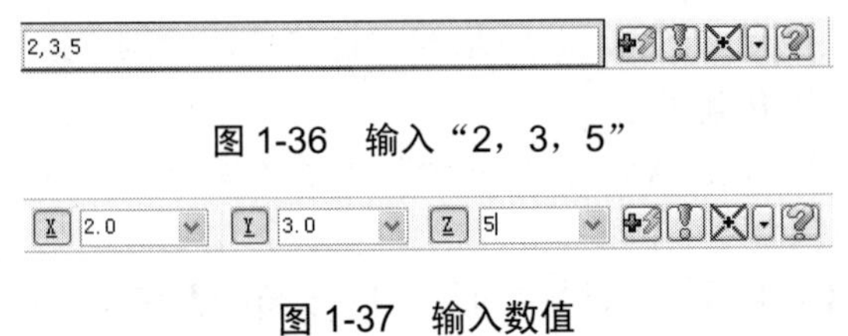

图 1-36 输入“2，3，5”

图 1-37 输入数值

注意

采用坐标输入的方法创建点时，如果输入了 Z 值，则 Z 是起作用的，如果只是输入了 X 和 Y 值，则 Z 由构图面的 Z 深度决定。

- 单击鼠标方式。在绘图区任意位置单击即可绘制任意点。如果启用了自动捕捉功能，就可以捕捉到图素的特征点，在特征点处绘制点，有些自动捕捉无法完成的捕捉功能可以利用手动捕捉的方法，如“相对点”(与某点的距离为一定长)。
- 绘制原点。在自动捕捉功能启动的情况下，移动鼠标到原点位置，当鼠标变为形状时，单击即可绘制原点；直接在【手动捕捉】下拉列表中单击【原点】按钮，同样可以在原点处绘制一点；按下键盘上的“O”键也会绘制原点，此方法的前提是【启用支持 KEYS】复选框已被选中。
- 绘制圆心点。移动鼠标到圆或圆弧的中心，单击即可绘制圆心点，如图 1-38 所示。直接在【手动捕捉】下拉列表中单击【圆心点】按钮，选择圆或者圆弧的本身，可以确定圆心。
- 绘制端点。移动光标到图素的端点位置，当光标变为形状时，单击即可绘制端点，如图 1-39 所示。在【手动捕捉】下拉列表中单击【端点】按钮，选择图形的本身，可以确定端点。

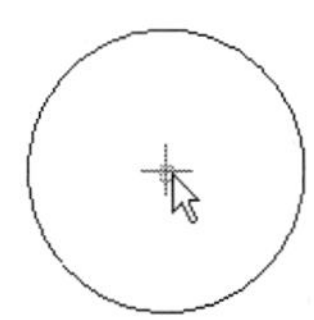

图 1-38　绘制圆心点

图 1-39　绘制端点

- 绘制交点。移动光标到两个图素相交的位置，当光标变为形状时，单击即可绘制交点，如图 1-40 所示。在【手动捕捉】下拉列表中单击【交点】按钮，选择两个图形的本身，可以确定交点。
- 绘制中点。移动光标到图素中点的位置，当光标变为形状时，单击即可绘制中点，如图 1-41 所示。在【手动捕捉】下拉列表中单击【中点】按钮，选择图形的本身，可以确定中点。

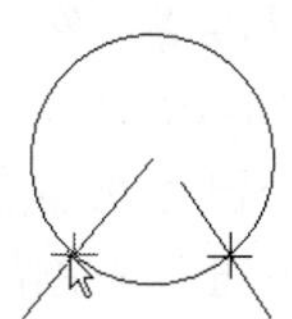

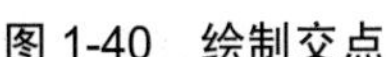

图 1-40　绘制交点

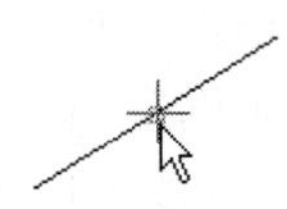

图 1-41　绘制中点

- 在已存在的点上绘点。移动光标到某一个点的位置，当光标变为形状时，单击即可绘制与该点重合的点。
- 绘制四等分点。在【手动捕捉】下拉列表中单击【四等分点】按钮，在圆接近四等分处单击，可以确定四等分点，如图 1-42 所示。

- 在距离端点指定距离处绘点。在【手动捕捉】下拉列表中单击【引导方向】按钮，此时绘图区中显示“选取直线，圆弧或曲线”提示，同时状态栏变为如图 1-43 所示，首先在图素上单击靠近端点的位置，然后在【长度】按钮右侧的文本框中输入距离值，按 Enter 键或单击【确定】按钮，则在距离端点指定距离处绘制了一点。

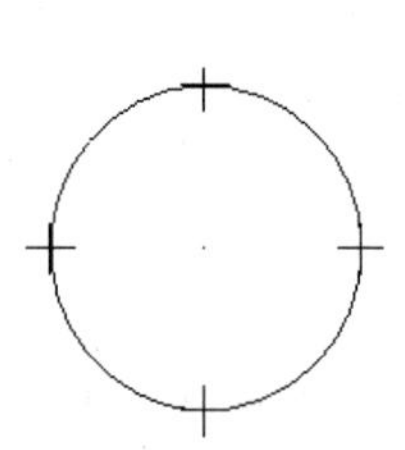

图 1-42　绘制四等分点

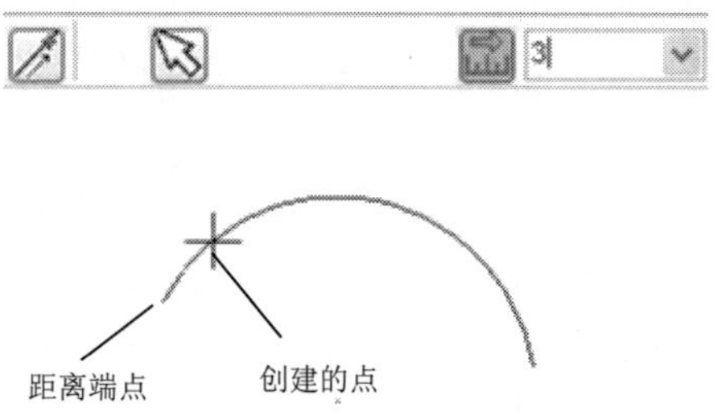

图 1-43　在距离端点指定距离处绘点

注意：用户在【长度】文本框中输入的距离值是指从端点开始沿曲线测量的长度，而非端点与所绘点间的直线距离，测量端点的确定同绘制端点时一样。

- 绘制接近点。在【手动捕捉】下拉列表中单击【接近点】按钮，移动光标靠近图素，当图素高亮显示时，单击即可在高亮图素处绘制点，如图 1-44 所示。

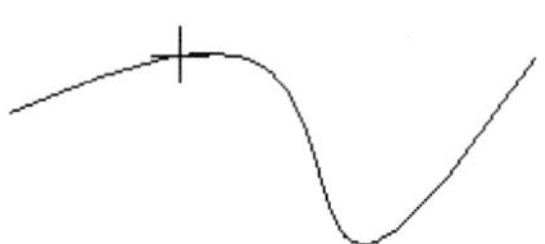

图 1-44　绘制接近点

- 绘制相对点。在【手动捕捉】下拉列表中单击【相对点】按钮，此时绘图区中显示“输入已知点或改变为引导模式”提示，同时对话栏变为如图 1-45 所示的【相对位置】状态栏。

图 1-45　【相对位置】状态栏

定义相对点的三种方式。通过 X、Y 的增量值来确定相对点，首先在绘图区中选取一个已存在的点或一个图素特征点或通过输入坐标值确定的一个基准点，然后在【直角坐标】按钮右侧的文本框中输入形如“10，20”的增量值，结果如图 1-46 所示。

通过距离和角度来确定相对点，首先在绘图区中选取一个已存在的点或一个图素特征点或通过输入坐标值确定结果的一个基准点，然后在【距离】按钮右侧的文本框中输入距离值，在【角度】按钮右侧的文本框中输入角度值，如图 1-47 所示。

通过引导模式来确定相对点，单击【相对点】状态栏中的【选择】按钮，则进入引导模式。

- 【点】状态栏。在点的绘制过程中，每次进入绘点模式后，对话框中都会出现如图 1-48 所示的【点】状态栏，而且在绘制完点后，该点仍然处于选取状态，此时单击【编辑点】按钮可以对点进行编辑，如果继续绘制下一个点，则此点会被固定。

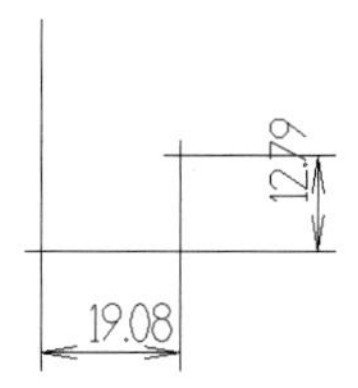

图 1-46　通过 X、Y 的增量值确定点

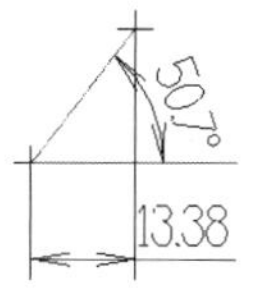

图 1-47　通过距离和角度确定点

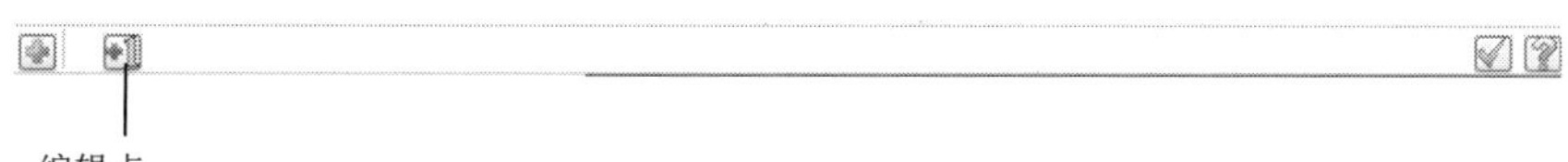

图 1-48　【点】状态栏

2. 绘制动态点

绘制动态点是指沿着某一选定的图素或偏移图素指定距离绘制点。

选择【绘图】|【绘点】|【动态绘点】 菜单命令，或在【草图】工具栏的 下拉列表中单击【创建动态绘点】按钮，图形区中显示“选取直线，圆弧，曲线，曲面或实体面”提示，同时出现如图 1-49 所示的【动态绘点】状态栏。

图 1-49　【动态绘点】状态栏

- 绘制图素上的点。在绘图区选取一条直线、圆弧、曲线、曲面或实体面，将会出现一个能够跟随光标移动的箭头，移动箭头到适当的位置后单击，则在该位置绘制了一点，可以继续移动并单击绘制其他的点，如图 1-50 所示，从图中可以看到图素的特征点也会被捕捉到。
- 绘制偏移图素上的点。在【动态绘点】状态栏中单击【距离】按钮右侧的文本框，输入要绘制的点与图素端点的距离，按 Enter 键结束输入，则会绘制出离端点指定距离的点。单击【补正】按钮右侧的文本框，输入要绘制的点偏移图素的距离，然后在绘图区中单击图素的某一侧来决定偏移方向，如图 1-51 所示。

图 1-50　动态绘制点

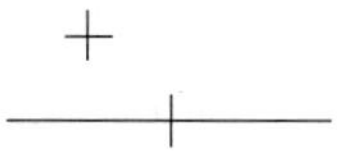

图 1-51　设置距离和偏距

3. 绘制曲线节点

在曲线节点位置绘点就是将控制曲线形状的多个节点绘制出来，这些点和样条曲线不是关联的，即绘制的点不会随样条的修改而修改。

(1) 选择【绘图】|【绘点】|【曲线节点】命令，或在【草图】工具栏的 下拉列表中

单击【绘制曲线节点】按钮，图形区中显示“请选取一曲线”提示。

(2) 在图形区域中选择要得到节点的样条曲线，则系统自动在每个节点处绘制了一个点，如图 1-52 所示。

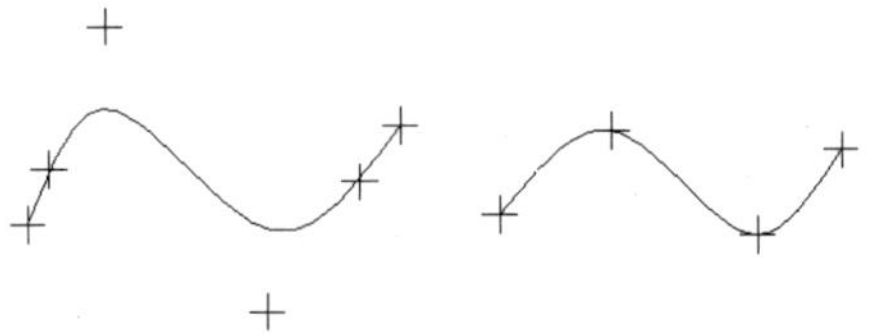

图 1-52　在曲线节点位置绘点

在图 1-52 中，可以看到两条样条曲线的节点是不同的，这是因为左边为 NURBS 样条曲线，其控制点除了端点外，都在曲线外面，如图 1-53 所示，而右边曲线为参数式样条曲线，其节点都在曲线之上，如图 1-54 所示。

在 MasterCAM 中，要想更改样条曲线的类型，可以参考前面系统配置的内容。要想查看所绘制的样条曲线的类型，可以通过选择【分析】|【图素属性】菜单命令，然后选取样条曲线，从弹出的对话框中的标题可以看到，如图 1-55 和图 1-56 所示。

图 1-53　NURBS 样条曲线

图 1-54　参数式样条曲线

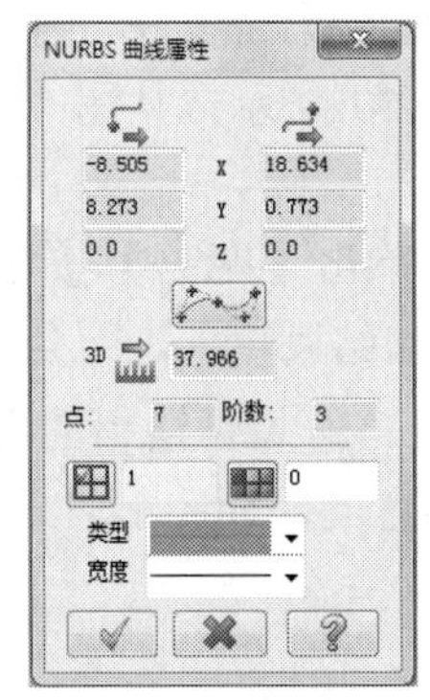

图 1-55　【NURBS 曲线属性】对话框

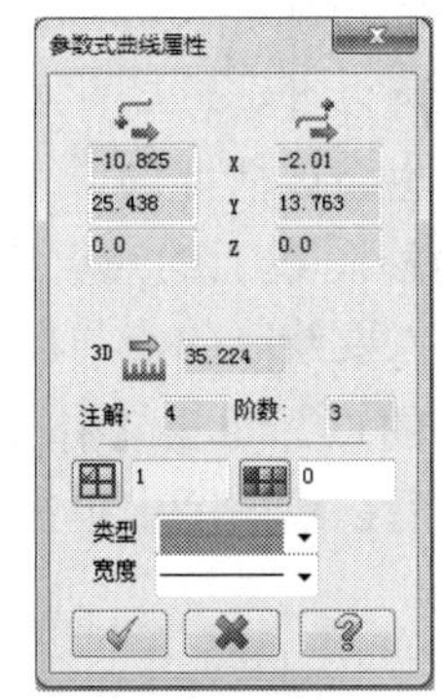

图 1-56　【参数式曲线属性】对话框

4. 绘制等分点

绘制等分点就是在选定的图素上，按照给定的等分距离和等分点数来等分图素，从而绘制出一系列点。

- 选择【绘图】|【绘点】|【绘制等分点】菜单命令，或在【草图】工具栏的下拉列表中单击【绘制等分点】按钮，图形区中显示“沿一图素画点：请选择图素”提示，同时出现如图 1-57 所示的【等分绘点】状态栏。

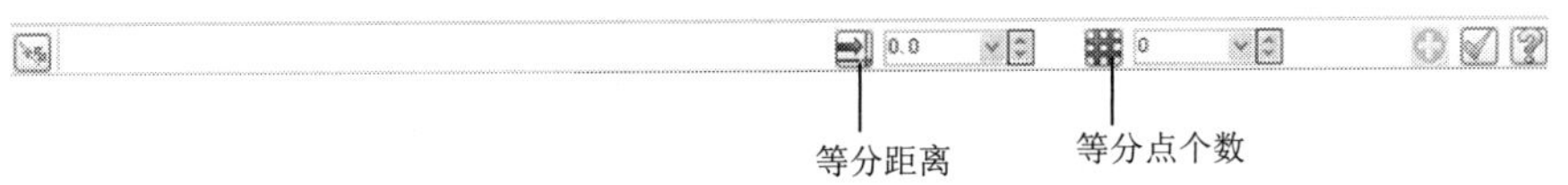

图 1-57 【等分绘点】状态栏

- 在图形区域中选择要得到等分点的曲线，然后在【距离】按钮右侧的文本框中输入等分距离，或在按钮右侧的文本框中输入等分点的个数，按 Enter 键或单击【确定】按钮，得到的等分点如图 1-58 所示。

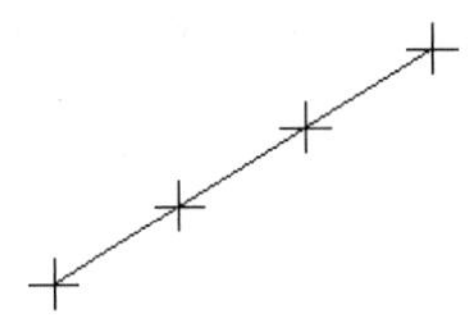

图 1-58 绘制等分点

注意

在选择曲线的时候，光标选择点应靠近曲线等分起始端，防止系统以另一端的端点为基点开始进行等分。

使用等分距离方式时，如果曲线的最后一段长度小于等分距离，则停止等分。使用等分点方式时，系统会按等分点的个数把曲线完全等分。

5. 绘制端点

通过绘制端点功能可以在所有图素的端点处绘制点。

选择【绘图】|【绘点】|【绘制端点】菜单命令，或在【草图】工具栏的下拉列表中单击【绘制端点】按钮，则系统自动在所有的图素的端点处绘制点，如图 1-59 所示。

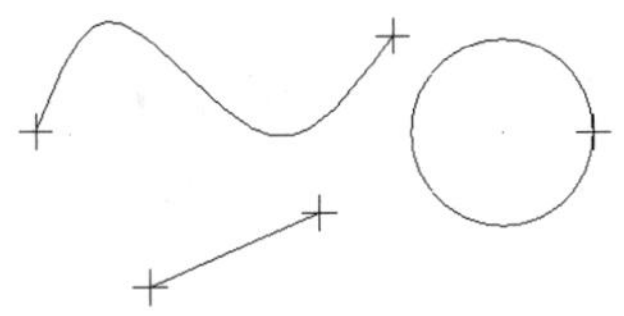

图 1-59 绘制端点

在图 1-59 中，直线是开放的，起点与终点是不重合的，直接在两个端点处绘制即可；圆是封闭的图形，系统会在组成该封闭环的每一个图素的两端绘制点，对于圆和椭圆等封闭环只有一个图素组成的情况，即起点和终点是重合的，系统只绘制一个点。

6. 绘制小圆心点

绘制小圆心点是指在半径小于指定值的圆或圆弧的圆心处绘制点。

- 选择【绘图】|【绘点】|【小圆心点】菜单命令，或在【草图】工具栏的下拉列表中单击【小圆心点】按钮，图形区中显示“选取弧/圆，按 Enter 键完成”提示，同时出现如图 1-60 所示的【创建小于指定半径的圆心点】状态栏。

图 1-60 【创建小于指定半径的圆心点】状态栏

- 在【最大半径】按钮右侧的列表框中输入 15，【包含不完整圆弧】按钮和【删除圆弧】按钮未显示下沉状态，表明只有半径小于或等于 2 的圆才被计算在内，且不删除圆，然后在绘图区中利用矩形框的方法选择所有的图素，按 Enter 键，结果如图 1-61 所示。
- 如果状态栏中【包含不完整圆弧】按钮下沉，结果如图 1-62 所示。如果状态栏中【包含不完整圆弧】按钮和【删除圆弧】按钮都下沉，则结果如图 1-63 所示。

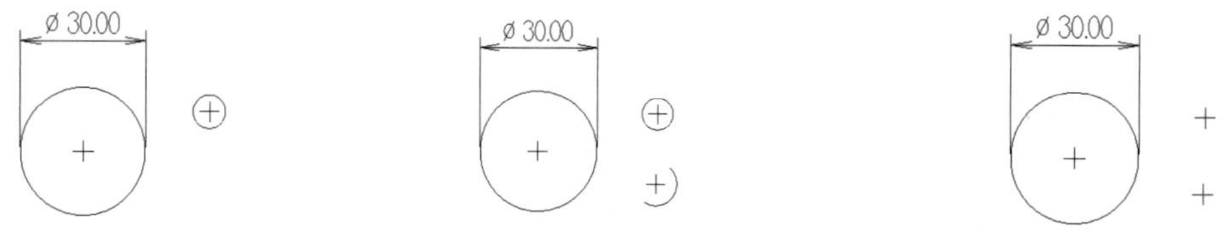

图 1-61 最大半径　　图 1-62 包含不完整圆弧　　图 1-63 包含不完整圆弧且删除圆弧

7. 绘制穿线点

选择【绘图】|【绘点】|【穿线点】菜单命令，激活【自动抓点】工具栏，图形区中显示“请选择任意点”提示。绘制点的方法同“在指定位置绘点”相似，点的符号与上述不同，如图 1-64 所示。

8. 绘制切点

选择【绘图】|【绘点】|【切点】菜单命令，激活【自动抓点】工具栏，图形区中显示“请选择任意点”提示。绘制点的方法同“在指定位置绘点”相似，点的符号与上述不同，如图 1-65 所示。

图 1-64 绘制穿线点　　图 1-65 绘制切点

1.2.3 绘制直线

直线也是组成二维图形最基本的图素之一。MasterCAM X7 提供了 6 种直线的绘制方法，位于如图 1-66 所示的【线】子菜单中，或如图 1-67 所示的【绘制任意线】按钮右侧的下拉列表中，分别为“绘制任意线”、“绘制两图素间的近距线”、“绘制两直线夹角间的分角线”、“绘制垂直正交线”、“绘制平行线”、“创建切线通过点相切”。下面分别讲解这 6 种直线的绘制方法。

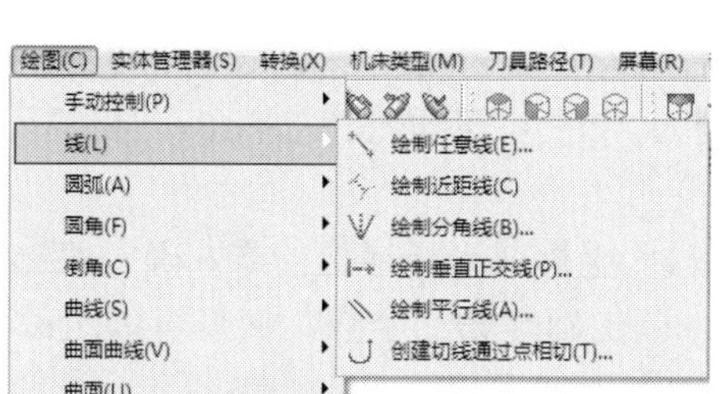

图 1-66 【线】菜单

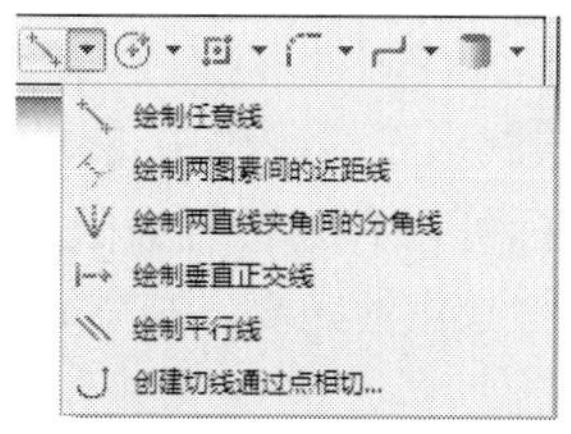

图 1-67 绘制线工具按钮

1. 通过两点绘制直线

通过两点绘制直线需要定义直线的起点和终点，绘制的直线类型包括：直线段、连续线、水平线、垂直线和切线。

选择【绘图】|【线】|【绘制任意线】菜单命令，或在【草图】工具栏中单击【绘制任意线】按钮，出现如图 1-68 所示的【直线】状态栏。

图 1-68 【直线】状态栏

(1) 绘制任意直线段。在绘制的过程中为了不受到约束，可以从绘图区的右键快捷菜单中选择【自动抓点】命令，在弹出的【自动白点设置】对话框中取消启用右列的捕捉约束条件，如图 1-69 所示。在系统的提示下，采用键盘输入端点坐标的形式，绘制一条直线；在绘图区内单击两个不同的位置，同样也可以绘制一条直线。

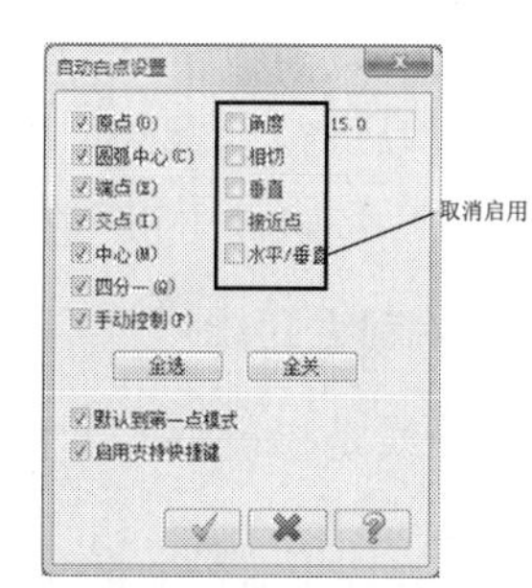

图 1-69 取消捕捉约束条件的启用

(2) 绘制连续线段。单击【绘制任意线】状态栏中的【连续线】按钮，则可以绘制多条连续的任意线段，如图 1-70 所示。

(3) 绘制指定长度和角度的直线段。首先采用坐标输入或捕捉的方式确定线段的起点，移动光标到大致的位置处单击，然后在【长度】按钮右侧的文本框中输入线段长度，在【角度】按钮右侧的文本框中输入角度，按 Enter 键完成绘制。图 1-71 绘制的是一条长度为 10，角度为 45 的直线段。

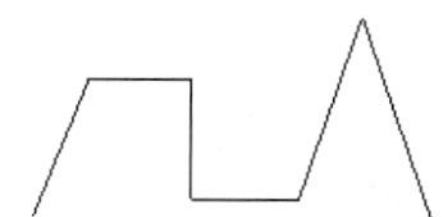

图 1-70 绘制连续线段

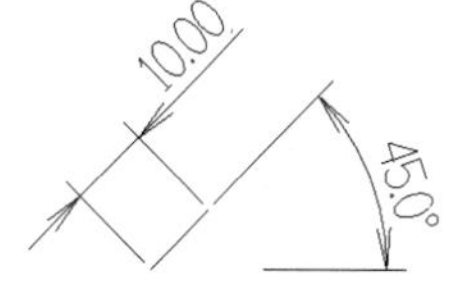

图 1-71 绘制指定长度和角度的直线段

(5) 绘制指定角度的直线段。在【光标自动抓点的设置】对话框中启用【角度】捕捉约束条件，并在角度文本框中输入所需的角度，此后所绘直线的角度都是设定角度的整数倍。如图 1-72 所示的正六边形，绘制时设置约束角度为 120°，线段长度为 10，且选择连续绘制方式。

(6) 绘制水平线。单击【水平】按钮，以输入坐标或光标捕捉的方式确定第一个点，此时移动光标可以看到直线被限定在了水平方向，单击确定第二个点，接着可以更改线段的长度及线段与原点的距离，按 Enter 键完成绘制，如图 1-73 所示。

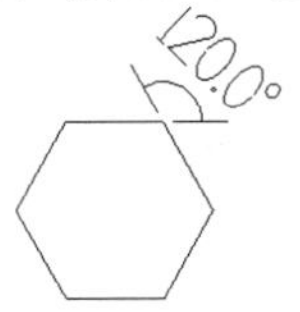

图 1-72　绘制指定角度的直线段

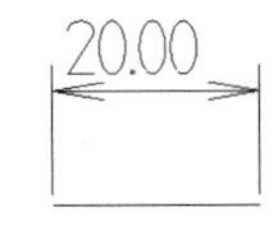

图 1-73　绘制水平线

(7) 绘制垂直线。单击【垂直】按钮，接下来的操作同水平线的绘制。

(8) 绘制切线。单击【相切】按钮，可以在绘图区中依次选取两个曲线图素来绘制它们之间的相切线，也可以先确定起点，再选取一条曲线图素来绘制过起点且与曲线相切的线段。如果定义了长度和角度值的话，则会绘制一条定长定角度的切线，只需选择切线方向即可。如图 1-74 所示，切线 1 为两个圆的切线，切线 2 为通过起点与圆相切的切线，切线 3 为定长定角度的切线。

(9) 编辑任意线的两个端点。在【绘制任意线】状态栏中分别单击【编辑第一点】和【编辑第二点】按钮，就可进入起点和终点的重新定义状态。需注意的是，连续线段和切线是不可以进行编辑的，且图素固定后也是不可以编辑的，可以通过两个编辑按钮是否可用来判断端点是否处于可编辑状态。

2. 绘制近距线

近距线是指能够表示两个元素之间最近距离的线段，也就是两个图素上所有点之间距离最短的连线。

(1) 选择【绘图】|【线】|【绘制两图素间的近距线】菜单命令，或在【草图】工具栏的下拉列表中单击【绘制两图素间的近距线】按钮，绘图区中弹出“选取直线，圆弧，或曲线”提示。

(2) 按照提示选取第一个图素，然后再选择第二个图素，系统会自动计算出两个图素中距离最短的点，并绘制一条直线。如果两个图素相交的话，系统会在交点处绘制一个点。图 1-75 为绘制两图素之间的近距线。

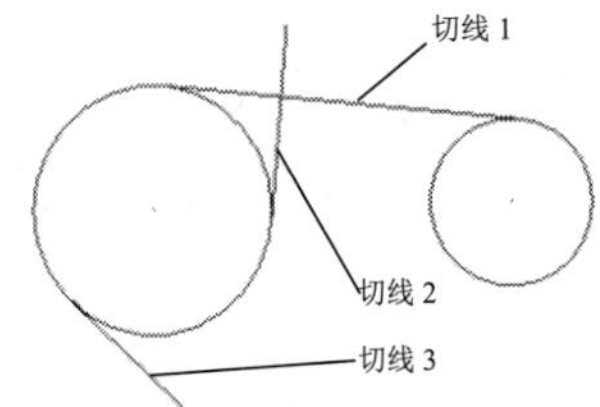

图 1-74　绘制切线

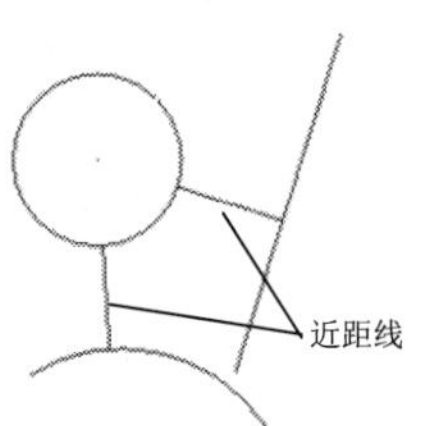

图 1-75　绘制近距线

3. 绘制分角线

分角线就是把由两条直线组成的角分成两个相等角的直线，因为两条直线的夹角有 4 个，所以分角线也有 4 种情况。

(1) 选择【绘图】|【线】|【绘制两直线夹角间的分角线】菜单命令，或在【草图】工具栏中单击【绘制两直线夹角间的分角线】按钮，绘图区中弹出“选择二条相切的线”提示，同时出现如图 1-76 所示的【角平分线】状态栏。

图 1-76 【角平分线】状态栏

(2) 绘制单个分角线。在【绘制分角线】状态栏中单击【单个分角线】按钮，在【长度】按钮右侧的文本框中输入分角线的长度，然后在图形区中选择两条相交的直线，则系统会以所选图素的交点为起点绘制分角线。如图 1-77 所示，注意选择位置的不同，所绘制的分角线也会不同。

(3) 绘制 4 个分角线。在【绘制分角线】状态栏中单击【4 个分角线】按钮，在【长度】按钮右侧的文本框中输入分角线的长度，然后在图形区中选择两条相交的直线，则系统会自动绘制出 4 条分角线，如图 1-78 所示。

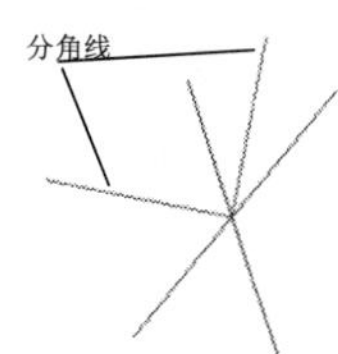

图 1-77 创建单个分角线

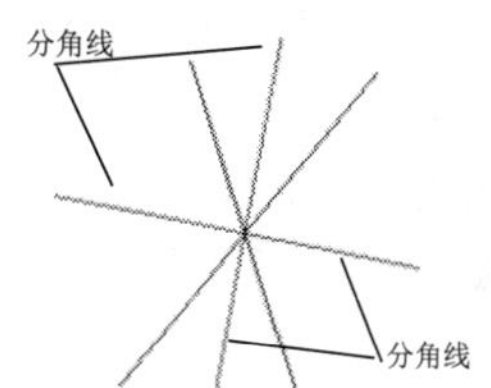

图 1-78 绘制 4 个分角线

4. 绘制法线

绘制的法线可以是直线、圆或圆弧、曲线某一点处的法线，在法线的基础上还可以添加如相切等约束条件。

(1) 选择【绘图】|【线】|【绘制垂直正交线】菜单命令，或在【草图】工具栏中单击【绘制垂直正交线】按钮，绘图区中弹出“选取直线，圆弧或曲线”提示，同时出现如图 1-79 所示的【垂直正交线】状态栏。

图 1-79 【垂直正交线】状态栏

(2) 在图形区域中选择一条曲线，移动光标时可以看到有一条始终垂直于曲线的直线段随之移动，如果交点确定，可以在【长度】按钮右侧的文本框中输入长度来完全定义法线；如果交点不确定，可以利用输入坐标或捕捉的方式确定另一端点来完全定义法线。如图 1-80 所示，法线 1 通过点 1 且长度为 10，法线 2 通过点 2、法线 3 与圆弧相切。

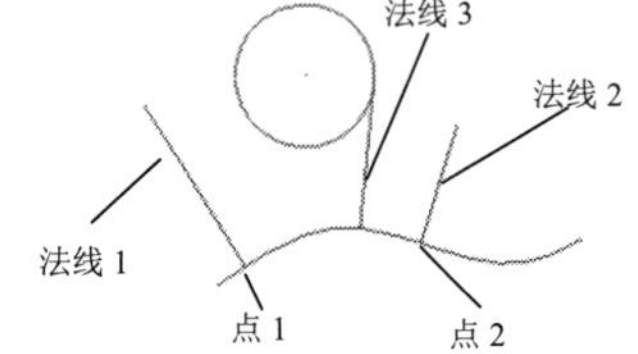

图 1-80　绘制法线

5. 绘制平行线

绘制平行线时可以通过距离来定位，也可以通过添加约束关系来定位。

(1) 选择【绘图】|【线】|【绘制平行线】菜单命令，或在【草图】工具栏中单击【绘制平行线】按钮，绘图区中弹出“选取一线”提示，同时出现如图 1-81 所示的【平行线】状态栏。

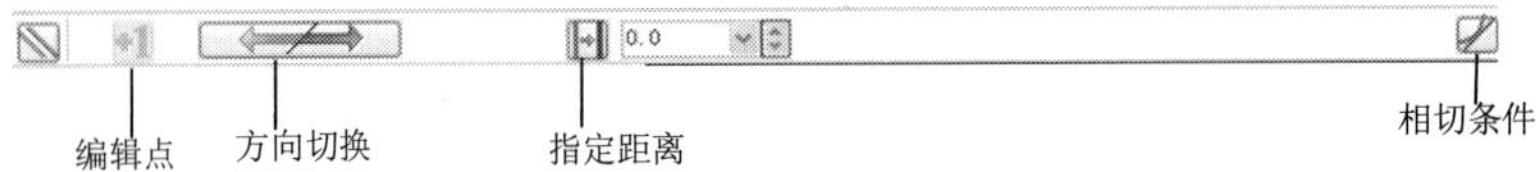

图 1-81　【平行线】状态栏

(2) 在图形区域中选择一条直线，然后在【距离】按钮右侧的文本框中输入距离值，按 Enter 键完成绘制；在定位平行线时，可以让其通过某一个点，此点可以输入坐标或捕捉；也可以单击【相切】按钮，然后在绘图区选取相切图素，如图 1-82 所示。

6. 绘制通过点相切的直线

通过点相切的直线即与圆弧或曲线相切，其起点又位于圆弧或曲线上。

(1) 选择【绘图】|【线】|【创建切线通过点相切】菜单命令，或在【草图】工具栏中单击【创建切线通过点相切】按钮，绘图区中弹出“选择圆弧或曲线”提示，同时出现如图 1-83 所示的【通过点相切】状态栏。

图 1-82　绘制平行线

图 1-83　【通过点相切】状态栏

(2) 在图形区域中选择一条曲线，接着选择曲线上的一个点作为切线的起点，最后输入坐标确定下一端点(也可以通过光标捕捉下一端点或者在【长度】按钮右侧的文本框中输入起点与下一端点的距离值来确定点)。图 1-84 采用了输入距离来确定下一端点。

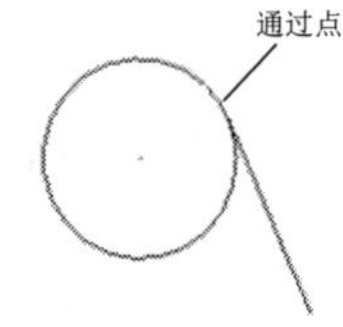

图 1-84　绘制通过点相切的直线

1.2.4　绘制圆弧

圆弧也是二维图形中最基本的图素之一。MasterCAM X7 提供了 7 种圆弧的绘制方法，位于如图 1-85 所示的【圆弧】子菜单中，或如图 1-86 所示的【圆弧】按钮右侧的下拉列表中。下面分别讲解这几种圆弧的绘制方法。

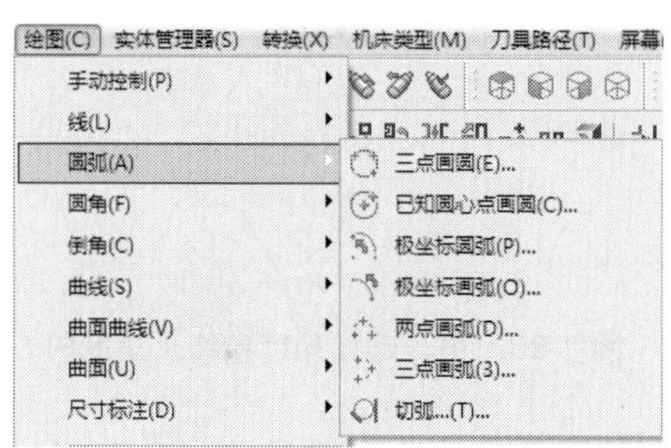

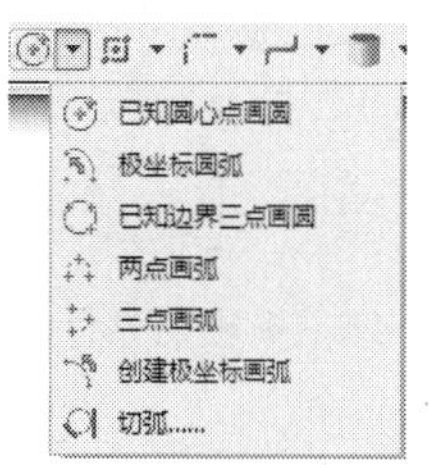

图 1-85 【圆弧】子菜单

图 1-86 圆弧工具按钮

1. 通过极坐标和圆心绘制圆弧

极坐标圆弧是指利用圆心、半径/直径、起始角度、终止角度来绘制圆弧，起始角度也可以由相切条件来代替。

(1) 选择【绘图】|【圆弧】|【极坐标圆弧】菜单命令，或从【草图】工具栏中单击【极坐标圆弧】按钮，在图形区出现“请输入圆心点”提示，出现【已知圆心，极坐标画弧】状态栏，如图 1-87 所示。

图 1-87 【已知圆心，极坐标画弧】状态栏

(2) 输入参数定义极坐标圆弧。在绘图区中利用坐标输入或捕捉的方式指定一点作为圆心点，接下来将会出现“使用光标指出起始角度的概略位置”提示，移动光标到起点所在的大致位置单击左键，然后会出现“使用光标指出终止角度的概略位置”提示，移动光标到终点所在的大致位置单击左键，即可绘制出圆弧的大致图形，最后在【半径】按钮右侧的文本框中输入圆弧的半径，在【起始角度】按钮右侧的文本框中输入圆弧的起始角度，在【终止角度】按钮右侧的文本框中输入圆弧的终止角度，按 Enter 键完成圆弧的绘制，如图 1-88 所示。

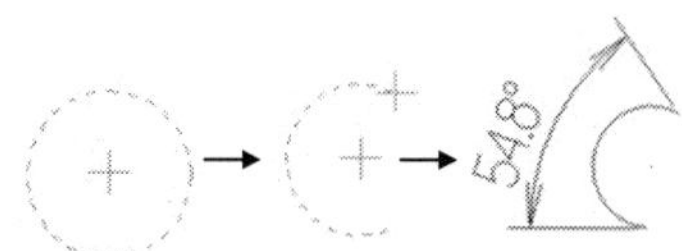

图 1-88 输入参数定义极坐标圆弧

(3) 有相切条件的极坐标圆弧。单击【相切】按钮，在绘图区首先选取一点作为圆心，按照“选取圆弧或直线”提示选取圆弧或直线作为相切图素，然后移动光标到终点所在的位置单击左键，最后设置终止角度值，即可完成圆弧绘制，如图 1-89 所示。

(4) 更改起始角度和终止角度的方向。绘制完圆弧后，在【已知圆心，极坐标画弧】状态栏中单击【方向切换】按钮，则更改起始角度和终止角度的方向，如图 1-90 所示。

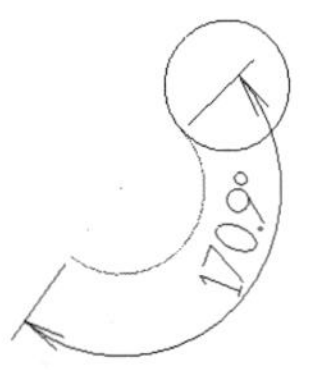

图 1-89　有相切条件的极坐标圆弧

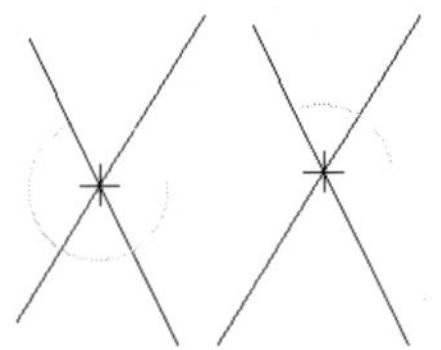

图 1-90　更改起始角度和终止角度的方向

利用极坐标方式绘制圆弧时，起始角度和终止角度的正方向为逆时针旋转方向，圆心与起始点的连线对 X 轴的夹角为起始角，圆心与终止点的连线对 X 轴的夹角为终止角。如果起始角度等于终止角度，则绘制的将是一个整圆。

2. 通过极坐标和端点绘制圆弧

极坐标画弧是指利用起点/终点、半径/直径、起始角度、终止角度来绘制圆弧，圆弧的起点和终点只能指定其中之一。

(1) 选择【绘图】|【圆弧】|【极坐标画弧】菜单命令，或在【草图】工具栏中单击【极坐标画弧】按钮，出现【极坐标画弧】状态栏，如图 1-91 所示。

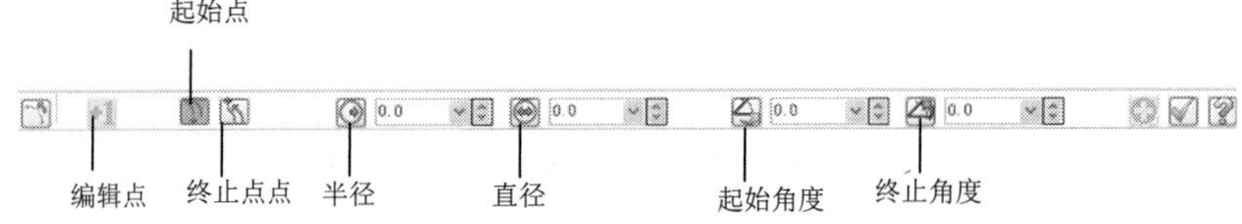

图 1-91　【极坐标画弧】状态栏

(2) 起点方式绘制圆弧。单击【起始点】按钮，在绘图区中出现“请输入起点”提示，利用坐标输入或捕捉方式确定起点，接着出现“输入半径，起始点和终点角度”提示，在相应的文本框中输入半径和终止角度，按 Enter 键结束绘制，如图 1-92 所示。

(3) 终点方式绘制圆弧。单击【终止点】按钮，操作与“起点方式绘制圆弧”相同，结果如图 1-93 所示。

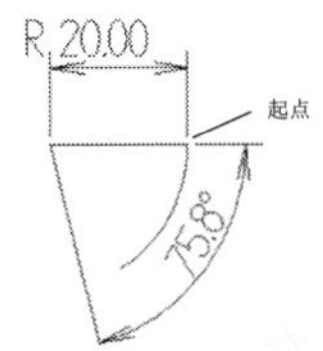

图 1-92　起点方式绘制圆弧

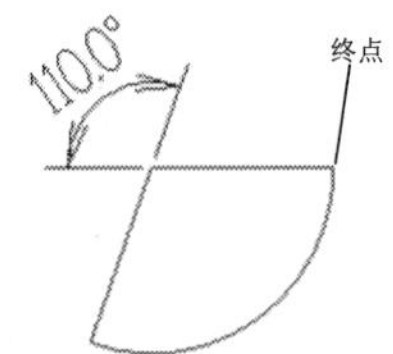

图 1-93　终点方式绘制圆弧

3. 通过两点绘制圆弧

两点绘制圆弧是指先选取圆周上的两个点，再添加半径/直径或相切条件。

(1) 选择【绘图】|【圆弧】|【两点画弧】菜单命令，或在【草图】工具栏中单击【两点

画弧】按钮，出现【两点画弧】状态栏，如图 1-94 所示。

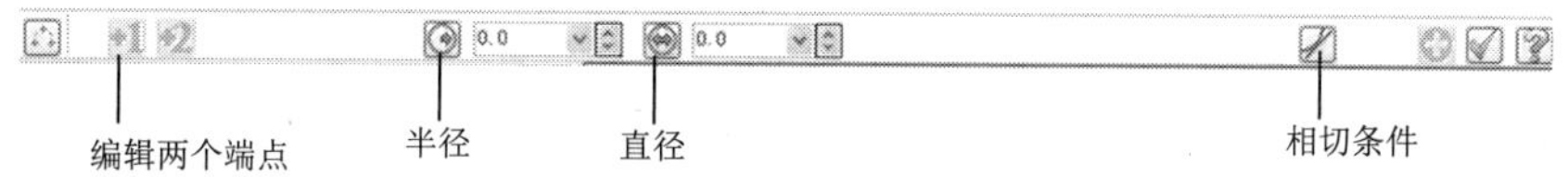

图 1-94　【两点画弧】状态栏

(2) 通过两点和半径绘制圆弧。采用坐标输入或捕捉的方式，在绘图中依次确定两个端点及圆弧上的一点，然后在【半径】按钮右侧的文本框中输入圆弧的半径，按 Enter 键结束绘制，如图 1-95 所示。

(3) 通过两点和相切绘制圆弧。单击【相切】按钮，在绘图区中依次确定两个端点，在出现"选取圆弧或直线"提示后，选取一个要相切的图素，则完成圆弧的绘制，如图 1-96 所示。

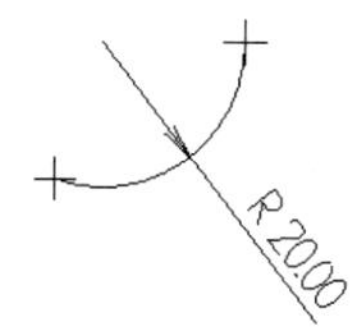

图 1-95　通过两点和半径绘制圆弧

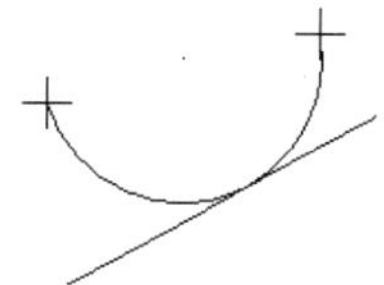

图 1-96　通过两点和相切绘制圆弧

4. 通过三点绘制圆弧

三点画弧是指通过选择圆周上的三个点或三个相切的图素来绘制圆弧。

(1) 选择【绘图】|【圆弧】|【三点画弧】菜单命令，或在【草图】工具栏中单击【三点画弧】按钮，出现【三点画弧】状态栏，如图 1-97 所示。

图 1-97　【三点画弧】状态栏

(2) 通过三点绘制圆弧。按照提示在绘图区中确定三个点，其中第一个点和第三个点为圆弧的端点，第二个点为圆弧上的点，圆弧绘制完成后，可以单击三个按钮，分别对三个点进行编辑修改，如图 1-98 所示。

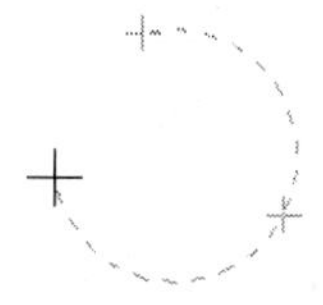

图 1-98　通过三点绘制圆弧

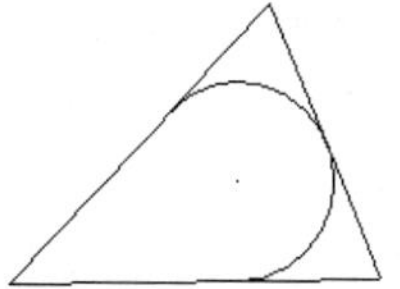

图 1-99　通过三个相切图素绘制圆弧

(3) 通过三个相切图素绘制圆弧。单击【相切】按钮，在绘图区中依次选择三个要相切的图素，其中与第一个图素和第三个图素的切点为圆弧的端点，系统自动绘制出该圆弧，同样可以单击编辑按钮，重新定义相切图素，如图 1-99 所示。

5. 通过切点绘制圆弧

绘制切弧是指绘制与一个或多个图素相切的圆弧。

(1) 选择【绘图】|【圆弧】|【切弧】菜单命令，或在【草图】工具栏中单击【切弧】按钮，出现【切弧】状态栏，如图 1-100 所示。通过该状态栏可以选择 7 种不同的绘制圆弧的方法。

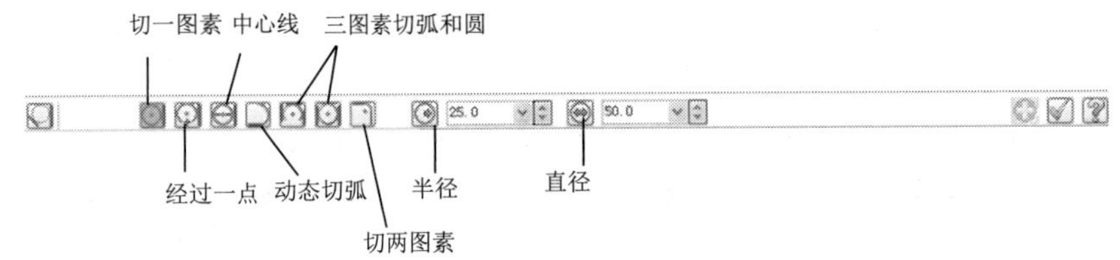

图 1-100 【切弧】状态栏

(2) 切一图素。单击【切一图素】按钮，按照提示先选取一条直线或圆弧作为要相切的图素，再选取该图素上的一点作为切点，然后从出现的多个 180° 圆弧中选取所要的圆弧，最后在【半径】按钮右侧的文本框中输入圆弧的半径，按 Enter 键结束绘制，如图 1-101 所示。

(3) 经过一点。单击【经过一点】按钮，按照提示先选取一条直线或圆弧作为要相切的图素，再选取一个点(已绘制的点、图素特征点或坐标输入的点)，然后从出现的多个圆弧中选取所要的圆弧，最后在【半径】按钮右侧的文本框中输入圆弧的半径，按 Enter 键结束绘制，如图 1-102 所示。

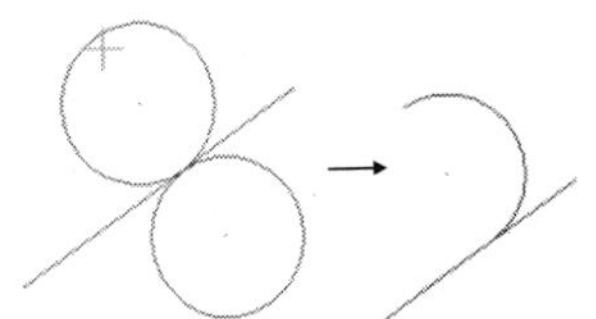

图 1-101 切一图素方法绘制圆弧

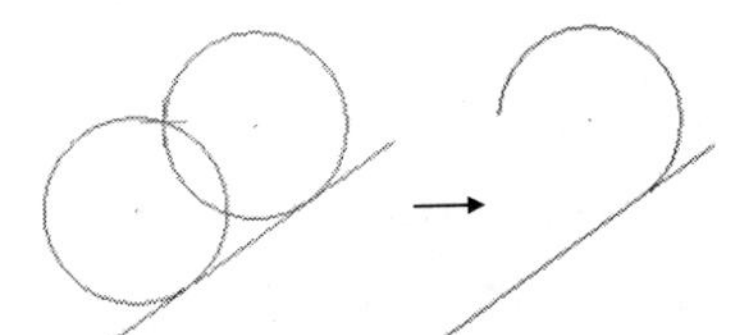

图 1-102 经过一点方法绘制圆弧

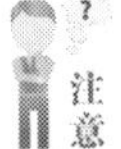

输入的圆弧半径应该大于或等于指定点与相切图素间的最短距离的一半。

(4) 中心线。单击【中心线】按钮，按照提示先选取一条直线作为要相切的图素，再选取一条圆心所在的直线，然后从出现的多个圆弧中选取所要的圆弧，最后在【半径】按钮右侧的文本框中输入圆弧的半径，按 Enter 键结束绘制，如图 1-103 所示。

(5) 动态切弧。单击【动态切弧】按钮，按照提示先选取一条直线或圆弧作为要相切的图素，移动带标记的箭头到适当的位置后单击鼠标左键，该点被定义为切点，再选取一点(已绘制的点、图素特征点或坐标输入的点)作为圆弧的端点，如图 1-104 所示。

(6) 三图素切弧。单击【三图素切弧】按钮，按照提示依次选取三个要相切的图素(直线或圆弧)，与第一个图素和第三个图素的切点作为圆弧的端点，与第二个图素的切点作为圆

弧上的一点，如图 1-105 所示。

(7) 三图素切圆。单击【三图素切圆】按钮，按照提示依次选取三个要相切的图素(直线或圆弧)，与图素的切点将作为圆周上的点，如图 1-106 所示。

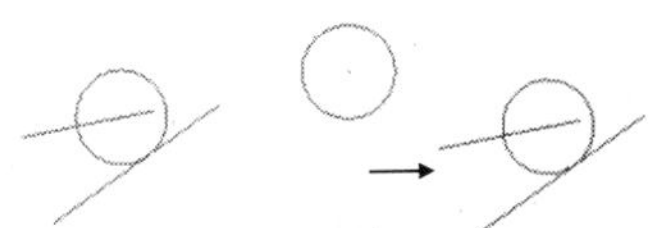

图 1-103 中心线方法绘制切弧

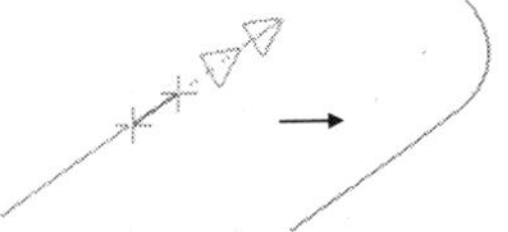

图 1-104 动态切弧方法绘制切弧

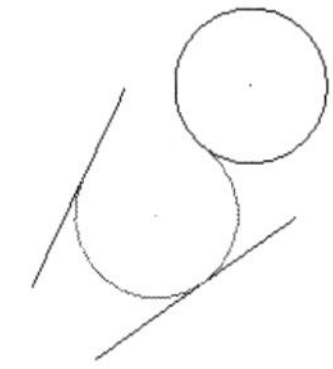

图 1-105 三图素切弧方法绘制切弧

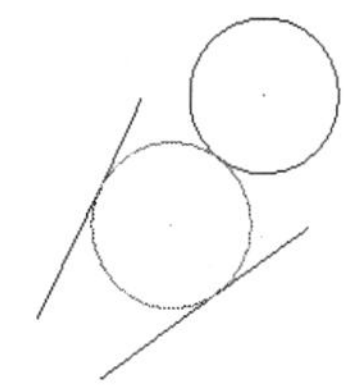

图 1-106 三图素切圆方法绘制圆

(8) 切两图素。单击【切两图素】按钮，先在【半径】按钮右侧的文本框中输入圆弧的半径，然后按照提示依次选取两条圆弧作为要相切的图素，最后从出现的多个圆弧中选取所要的圆弧，如图 1-107 所示。

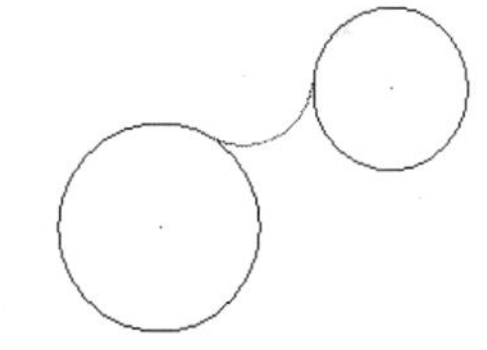

图 1-107 切两图素方法绘制切弧

1.2.5 绘制矩形

在 MasterCAM X7 中绘制矩形是比较灵活的，可以分为绘制基本矩形和绘制变形矩形，而每一种当中又有多种绘制形式。

1. 绘制基本矩形

基本矩形是由 2 条竖直线段和 2 条水平线段组成的。绘制方法包括：通过两个角点绘制矩形、通过中心点和角点绘制矩形、通过一点和高度、宽度绘制矩形。

(1) 选择【绘图】|【矩形】菜单命令，或在【草图】工具栏中单击【矩形】按钮，出现【矩形】状态栏，如图 1-108 所示。

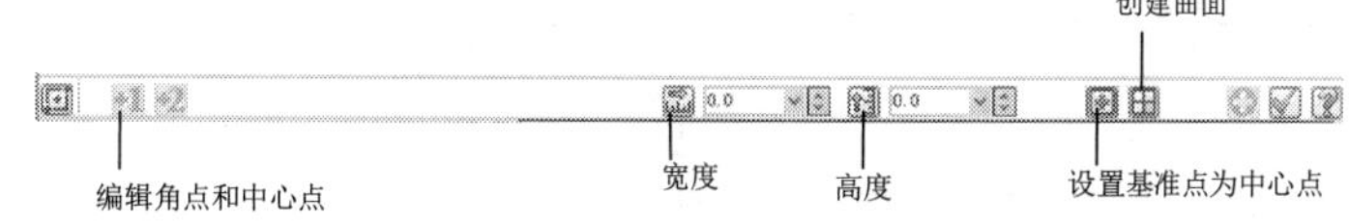

图 1-108 【矩形】状态栏

(2) 通过两个角点绘制矩形。按照提示在绘图区中依次确定第一个角点和第二个角点(已绘制的点、图素特征点或坐标输入的点)，然后在矩形激活的情况下可以输入宽度和高度值，如图 1-109 所示。

(3) 通过中心点和角点绘制矩形。单击【设置基准点为中心点】按钮，按照提示在绘图区中依次确定中心点和一个角点(已绘制的点、图素特征点或坐标输入的点)，然后在矩形激活的情况下可以输入宽度和高度值，如图 1-110 所示。

图 1-109　通过两点绘制矩形　　　　图 1-110　通过中心点和角点绘制矩形

(4) 通过一点和高度、宽度绘制矩形。首先输入矩形的宽度和高度，按 Enter 键，可以看到一个虚拟的矩形随光标移动，如果【设置基准点为中心点】按钮没有下沉，可在绘图区确定一个角点作为基准点，否则需确定中心点。而宽度和高度的方向与选择的角点的类型有关系，如果是左下角角点，宽度和高度为正值；如果是右下角角点，宽度为负值，高度为正值；如果是左上角角点，宽度是正值，高度是负值；如果是右上角角点，宽度和高度都是负值；如果是中心点，正负都可以，如图 1-111 所示。

图 1-111　通过一点和高度、宽度绘制矩形

2. 绘制变形矩形

通过矩形形状的设置使得矩形的形状更加多样化，可以用来创建圆角形、半径形、圆弧形等。

(1) 选择【绘图】|【矩形形状设置】菜单命令，或在【草图】工具栏中单击【矩形形状设置】按钮，弹出【矩形选项】对话框，如图 1-112 所示，左侧为选择一点方式时的对话框，右侧为选择两点方式时的对话框。

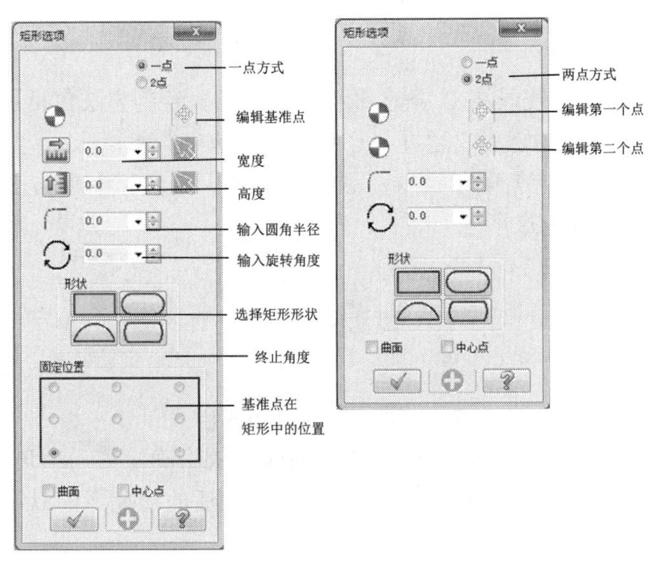

图 1-112　【矩形选项】对话框

(2) 绘制带有圆角和旋转角度的矩形。首先在绘图区中按照选择的绘制方式创建一个矩形，然后在【圆角半径】文本框中输入矩形角点处的半径值，在【旋转】文本框中输入旋转角度，按 Enter 键结束绘制，如图 1-113 所示。

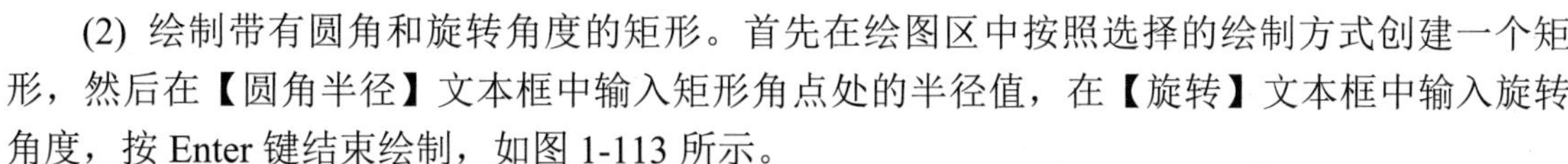

(3) 创建圆角形、半径形、圆弧形。在【形状】选项组中分别单击【圆角形】、【半径形】和【圆弧形】按钮，在绘图区中按照选择的绘制方式创建一个虚拟矩形，则系统自动绘制所需的形状，如图 1-114 所示，其中在创建圆弧形时启用了【中心点】复选框。

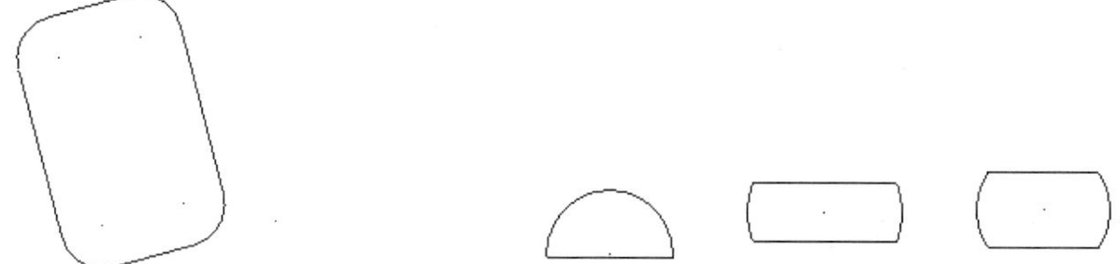

图 1-113　绘制带有圆角和旋转角度的矩形　　图 1-114　创建圆角形、半径形、圆弧形

1.2.6　绘制圆

1. 通过三点绘制圆

三点画圆就是绘制能够同时通过所选取的三个点的圆，在绘制时也可以添加相切、直径或半径的约束。

(1) 选择【绘图】|【圆弧】|【三点画圆】菜单命令，或在【草图】工具栏中单击【已知边界三点画圆】按钮，在图形区出现“请输入第一点”提示，出现【已知边界点画圆】状态栏，如图 1-115 所示。

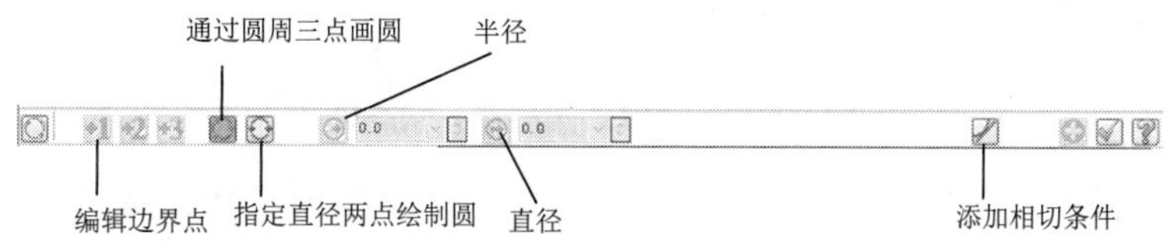

图 1-115　【已知边界点画圆】状态栏

(2) 通过圆周上三点画圆。单击【三点】按钮，然后在绘图区中通过输入坐标或捕捉的方式选取三个点，则绘制出一个定圆，如图 1-116 所示。

(3) 同时与三图素相切的圆。单击【三点】按钮及【相切】按钮，然后在绘图区中选取三个图素，系统便绘制出与三图素相切的圆，如图 1-117 所示。

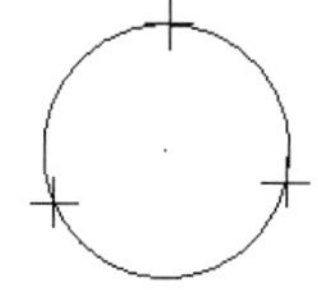

图 1-116　通过圆周三点画圆

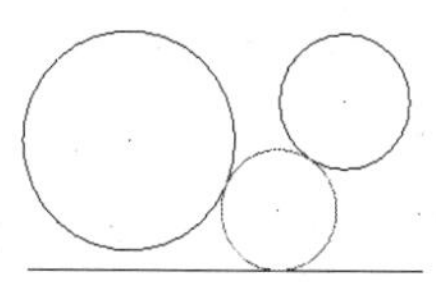

图 1-117　同时与三图素相切的圆

(4) 指定直径两点绘制圆。单击【两点】按钮，然后在绘图区中通过输入坐标或捕捉的方式选取两个点，则以两点间的连线为直线绘制出一个定圆，如图 1-118 所示。

(5) 与两个图素相切并指定半径的圆。单击【两点】按钮及【相切】按钮，此时可以看到【半径】和【直径】文本框是激活的，输入半径值或直径值，然后在绘图区中选择两个要相切的图素，绘制结果如图 1-119 所示。

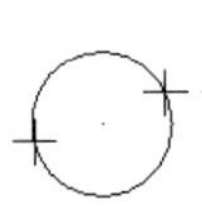

图 1-118　指定直径的两点绘制圆

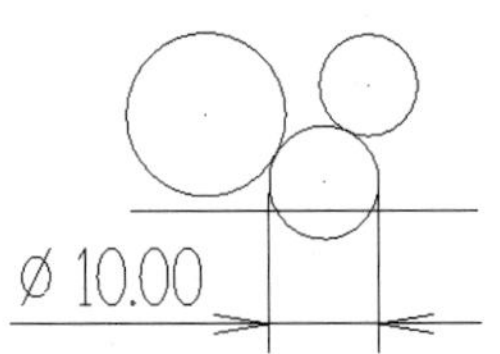

图 1-119　与两个图素相切并指定直径的圆

(6) 修改点。在以三点画圆结束时，(编辑第一点、编辑第二点、编辑第三点)三个按钮是可用的，单击按钮后可以对三个点进行修改；在以两点画圆时(编辑第一点、编辑第二点)两个按钮是可用的，单击可以对直径的两个点重新定义。

2. 通过圆心+点绘制圆

圆心+点绘制圆需指定圆心及一点，或圆心和半径或直径，或圆心和一个相切图素。

(1) 选择【绘图】|【圆弧】|【已知圆心点画圆】菜单命令，或在【草图】工具栏中单击【已知圆心点画圆】按钮，在图形区出现“请输入圆心点”提示，出现【编辑圆心点】状态栏，如图 1-120 所示。

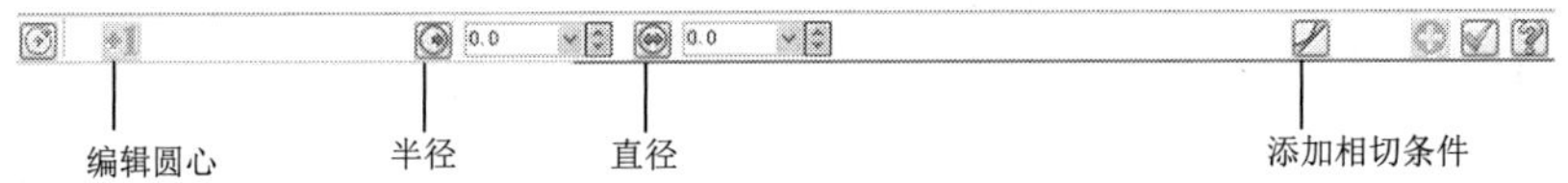

图 1-120　【编辑圆心点】状态栏

(2) 通过指定圆心及圆周上一点绘圆。在绘图区中，以输入坐标或捕捉的方式确定圆心和圆周上一点，则绘制出一个圆，如图 1-121 所示。

(3) 通过指定圆心及半径绘圆。在【半径】按钮右侧的文本框中输入半径值，然后在绘图区中选择一点来放置圆，结果如图 1-122 所示。

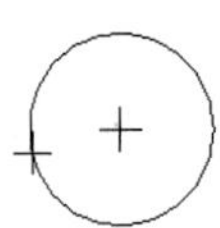

图 1-121　通过指定圆心及圆周上一点绘圆

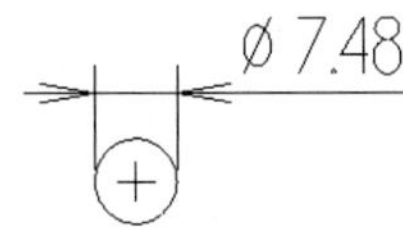

图 1-122　通过指定圆心及半径绘圆

(4) 指定圆心及相切图素绘圆。单击【相切】按钮，然后在绘图区中确定圆心，并选取一个要相切的圆弧或直线，如图 1-123 所示。

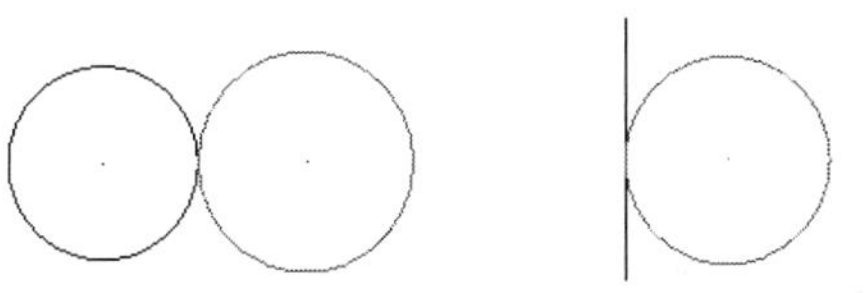

图 1-123　指定圆心及相切图素绘圆

1.2.7　绘制椭圆

椭圆的绘制需要定义中心点、长轴半径、短轴半径，既可以绘制完整的椭圆，也可以绘制椭圆弧。

(1) 选择【绘图】|【椭圆】菜单命令，或在【草图】工具栏中单击【画椭圆】按钮，弹出【椭圆选项】对话框，如图 1-124 所示。

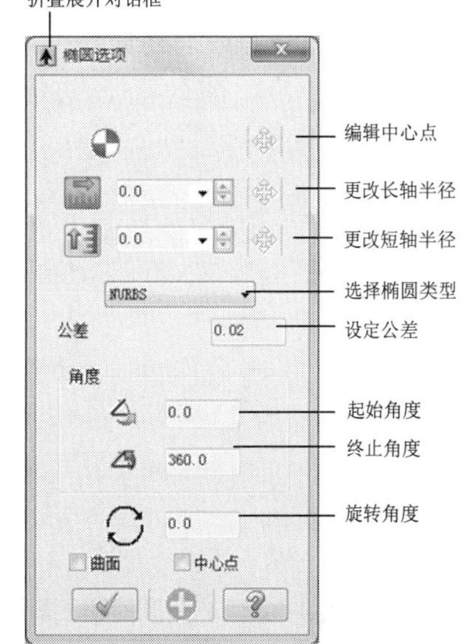

图 1-124　【椭圆选项】对话框

(2) 绘制椭圆。首先在“选取基准点位置”提示下，定义椭圆中心点(已绘制的点、图素特征点或坐标输入的点)，然后在“输入 X 轴半径或选取一点”提示下，移动光标到合适位置单击左键，或选择某一点(已绘制的点、图素特征点或坐标输入的点)定义长轴，最后在“输入 X 轴半径或选取一点”提示下，移动光标到合适位置单击左键，或选择某一点(已绘制的点、图素特征点或坐标输入的点)定义短轴。如图 1-125 所示，其中的两个虚线圆是定义长短轴时的虚拟圆。

(3) 绘制椭圆弧。单击【展开】按钮，按照(2)的过程绘制一个椭圆后，保持其激活状态，在【起始角度】文本框中输入起始角度，在【终止角度】文本框中输入终止角度，如果需要旋转，则在【旋转】文本框中输入旋转角度，按 Enter 键完成绘制。图 1-126 为定义的起始角度为 0°，终止角度为 180°，旋转角度为 0°，并启用了【中心点】复选框后绘制的椭圆弧。

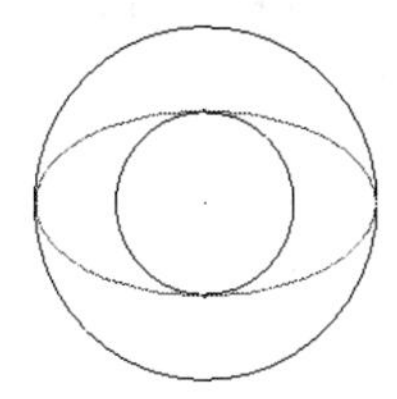

图 1-125　绘制椭圆

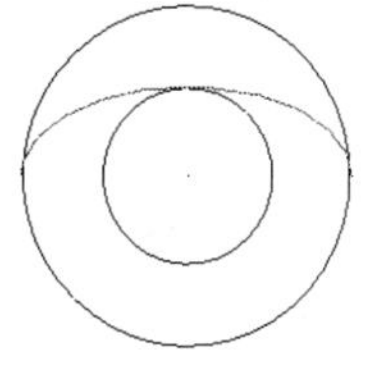

图 1-126　绘制椭圆弧

1.2.8　绘制正多边形

正多边形是通过一个内接或外切的虚拟圆来绘制的，还可以在角点处添加圆角并旋转多边形。

(1) 选择【绘图】|【多边形】菜单命令，或在【草图】工具栏中单击【画多边形】按钮，弹出【多边形选项】对话框，如图 1-127 所示。

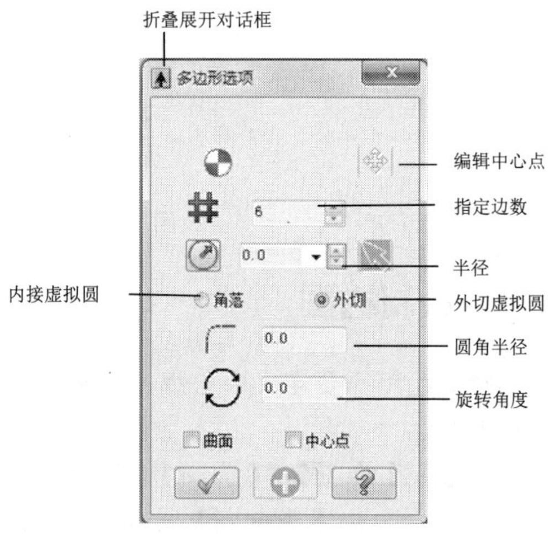

图 1-127 【多边形选项】对话框

(2) 通过内接虚拟圆绘制正多边形。在“选取基准点位置”提示下，移动光标到合适位置单击左键，或选择一点(已绘制的点、图素特征点或坐标输入的点)来定义正多边形的中心点，然后在“输入半径或选取一点”提示下，输入半径或通过选择一点(光标单击处、已绘制的点、图素特征点或坐标输入的点)的形式来定义虚拟圆的半径，如图 1-128 所示。

(3) 通过外切虚拟圆绘制正多边形。选中【外切】单选按钮，按照(2)的步骤绘制一个正六边形。图 1-129 为在角点处添加了圆角，旋转了 30°，且启用了【中心点】复选框后的正多边形。

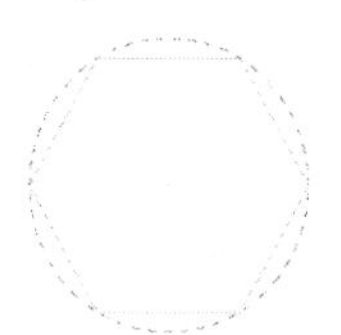
图 1-128 内接圆绘制正多边形

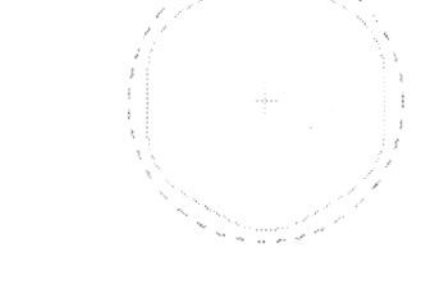
图 1-129 外切圆绘制正多边形

1.2.9 绘制螺旋线

1. 绘制间距螺旋线

间距螺旋线是通过定义起始间距、结束间距、半径及圈数/高度来进行创建的。

选择【绘图】|【绘制螺旋线(间距)】菜单命令，或在【草图】工具栏中单击【绘制螺旋线(间距)】按钮，弹出【螺旋式】对话框，如图 1-130 所示。

(1) 创建螺旋线。此时可以看到有一个平面螺旋形的曲线跟随光标移动，并且出现“请输入圆心点”提示，在绘图区中确定一点(光标单击处、已绘制的点、图素特征点或坐标输入的点)作为基准点，然后在【螺旋式】对话框的相应参数文本框中输入合适的值并选择螺旋线的方向，按两下 Enter 键结束绘制。如图 1-131 所示，其中最左侧的螺旋线是顺时针方向的，中间的螺旋线是逆时针方向的，最右侧的螺旋线的高度值输入的是负值。

(2) 创建特殊的螺旋线。如果螺旋线的高度值输入为 0，则为平面螺旋线，如图 1-132 所示。如果在 X-Y 选项组中的【起始间距】和【结束间距】文本框中输入的是 0，则创建的是圆柱形螺旋线，如图 1-133 所示，此类螺旋线可以用来作为弹簧扫描体的扫描路径。

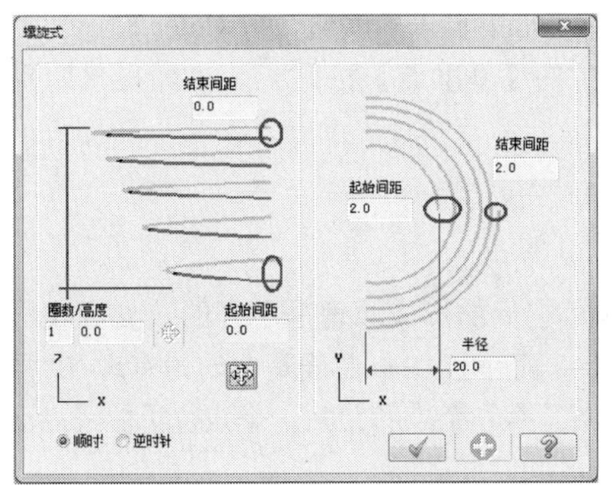

图 1-130　【螺旋式】对话框

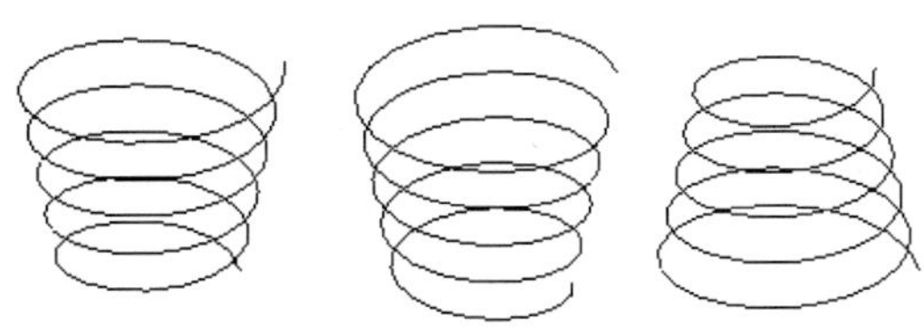

图 1-131　绘制间距螺旋线

更改基准点。单击【螺旋式】对话框中的【基准点】按钮，在绘图区中重新定义螺旋线的基准点。

2. 绘制锥度螺旋线

锥度螺旋线是通过定义螺距、锥度、半径及圈数/高度来进行创建的。

选择【绘图】|【绘制螺旋线(锥度)】菜单命令，或在【草图】工具栏的下拉列表中单击【绘制螺旋线(锥度)】按钮，弹出【螺旋式下刀】对话框，如图 1-134 所示。

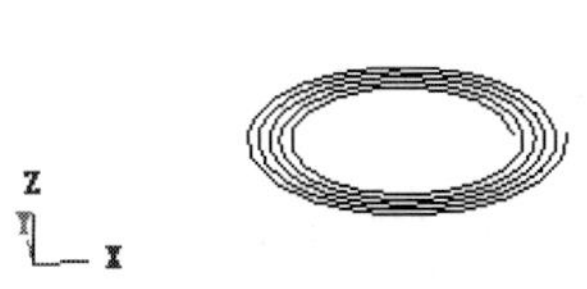

图 1-132　平面螺旋线

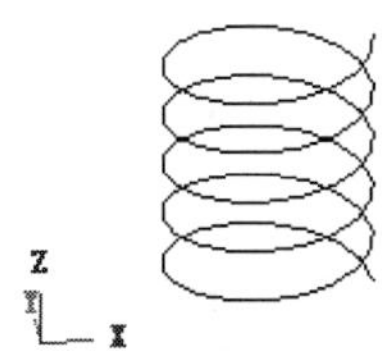

图 1-133　圆柱形螺旋线

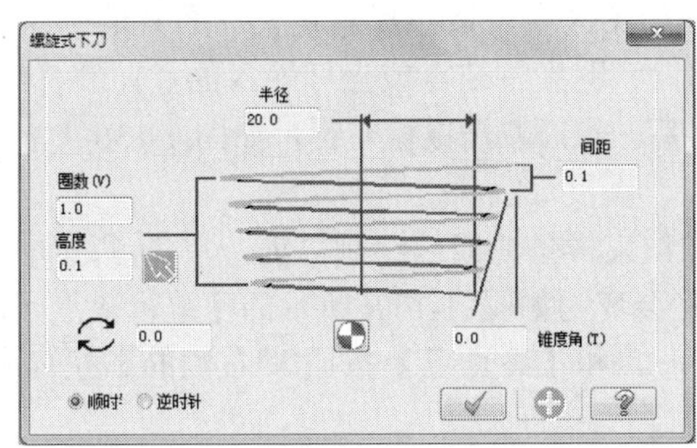

图 1-134　【螺旋式下刀】对话框

创建螺旋线。首先在“请输入圆心点”提示下，确定一个点(光标单击处、已绘制的点、图素特征点或坐标输入的点)作为螺旋线的基准点，然后在【螺旋式下刀】对话框的相应参数文本框中，输入合适的值并选择螺旋线的方向，按两下 Enter 键结束绘制。利用锥度螺旋线命令，同样也可以创建圆柱形螺旋线。

更改螺旋线的初始角度及基准点。在【旋转】文本框中输入角度值，按 Enter 键，即更改了螺旋线的初始角度；单击【螺旋式下刀】对话框中的【基准点】按钮，在绘图区中重新定义螺旋线的基准点。

1.2.10 绘制样条线

样条曲线分为参数式样条曲线和 NURBS 曲线，它们的形成原理是不同的。参数式样条曲线是由一系列的节点定义的，且节点位于曲线之上；而 NURBS 曲线是非均匀有理 B 样条曲线的简称，是由一系列的控制点来进行定义的，除了第一个点和最后一个点位于曲线之上，其他的都在曲线外面。

在 MasterCAM X7 中，样条曲线绘制的方法有手动绘制样条曲线、自动绘制样条曲线、转成单一曲线及熔接曲线。

1. 手动绘制样条曲线

手动绘制样条曲线是指采用手动的方式定义一系列的点来绘制样条曲线，不论是参数式样条曲线还是 NURBS 曲线，都必须经过所有定义的点。所以即使要绘制 NURBS 曲线，系统也会以参数式样条曲线进行绘制，再转换为 NURBS 曲线。

(1) 选择【绘图】|【曲线】|【手动画曲线】菜单命令，或在【草图】工具栏中单击【手动画曲线】按钮，出现【曲线】状态栏，如图 1-135 所示。

图 1-135 【曲线】状态栏

(2) 绘制样条曲线。在绘图区中，按照提示定义一系列的点(光标单击处、已绘制的点、图素特征点或坐标输入的点)，按 Enter 键结束绘制或在最后一点时双击鼠标左键，如图 1-136 所示。

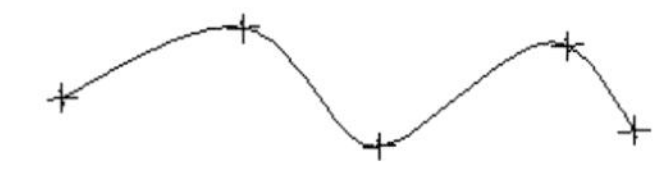

图 1-136 手动绘制样条曲线

(3) 编辑端点状态。在结束样条曲线的绘制之前，单击【编辑端点状态】按钮，这种情况下结束绘制时，对话栏会变为如图 1-137 所示的【编辑端点状态】状态栏。端点状态的类型可以在【起始点】按钮和【终止点】按钮右侧的下拉列表中选择，其中参数说明如下。

图 1-137 【编辑端点状态】状态栏

- 【3 点圆弧】：曲线在起始点/终止点处的切线方向与开始/最后三点所构成的圆，如图 1-138 所示，图中的虚线圆是过开始/最后三点的圆(编辑端点状态时是没有的)。

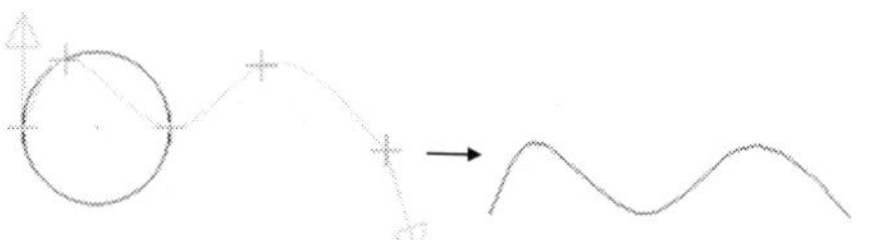

图 1-138 “三点圆弧”端点状态

- 【法向】：两个端点相当于自由端点，这种端点状态是系统默认的。
- 【至图素】：曲线在起始点/终止点处的切线方向与该点在所选图素处的切线方向一致，单击【方向切换】按钮，切换为相反方向。如图 1-139 所示，左侧的图形是采用默认的端点状态，中间与右侧的端点采用“至图素”，但切线方向是相反的。

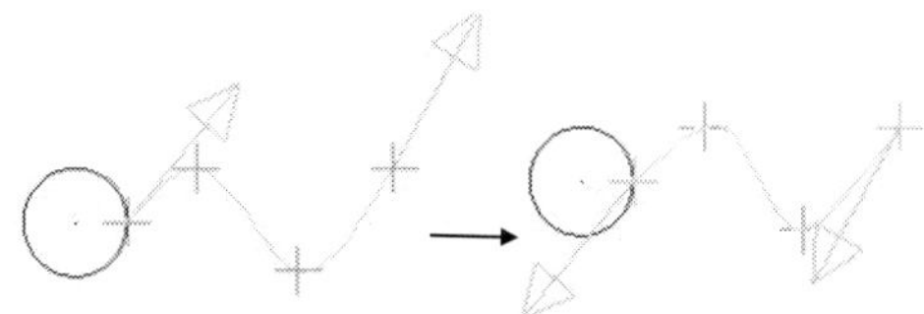

图 1-139 “至图素”端点状态

- 【至端点】：曲线在起始点/终止点处的切线方向与所选图素上的端点(离所选点最近的端点)处的切线方向一致，和“至图素”一样可以更改切线方向。如图 1-140 所示，左侧的图形是采用默认的端点状态，中间与右侧的端点采用“至端点”，但切线方向是相反的。

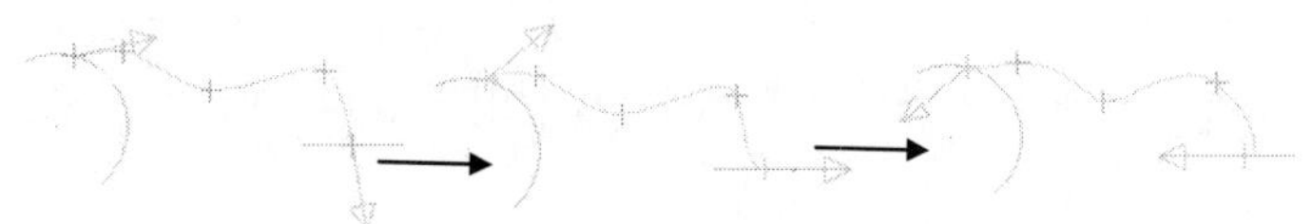

图 1-140 “至端点”端点状态

- 【角度】：输入一个值来指定起始点/终止点处的切线方向，也可以取相反方向。如图 1-141 所示，左侧的图形是采用默认的端点状态，中间和右侧的图形两个端点的切线角度都是 30°，但切线方向是相反的。

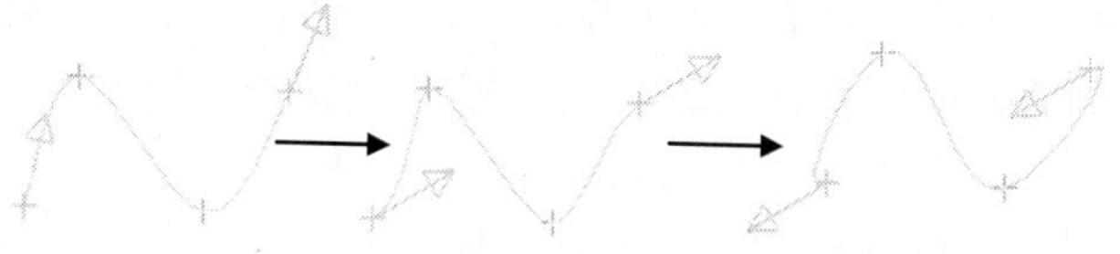

图 1-141 “角度”端点状态

2. 自动绘制样条曲线

自动绘制样条曲线是指手动选取三个点，系统自动计算其他的点而绘制出样条曲线。在利用此方法之前要绘制出所有的点，且这些点的排列不能过于分散，否则有些点系统会忽略。

(1) 选择【绘图】|【曲线】|【自动生成曲线】菜单命令，或单击【草图】工具栏中的【自动生成曲线】按钮，出现【自动创建曲线】状态栏，如图 1-142 所示。

图 1-142 【自动创建曲线】状态栏

(2) 绘制样条曲线。按照提示，在绘图区域中依次选择三个点，系统则会自动绘制出样条曲线，此外还可以给两个端点添加不同的状态，如图 1-143 所示。

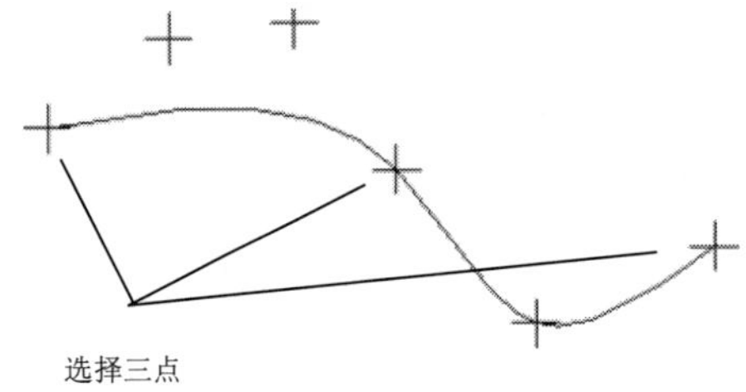

图 1-143 自动绘制样条曲线

3. 转成单一曲线

转成单一曲线是指将一系列首尾相连的图素，如图直线、圆弧或曲线，转换成一条样条曲线。

(1) 选择【绘图】|【曲线】|【转成单一曲线】菜单命令，或在【草图】工具栏中单击【转成单一曲线】按钮，出现【转成曲线】状态栏，如图 1-144 所示，同时弹出【串连选项】对话框。

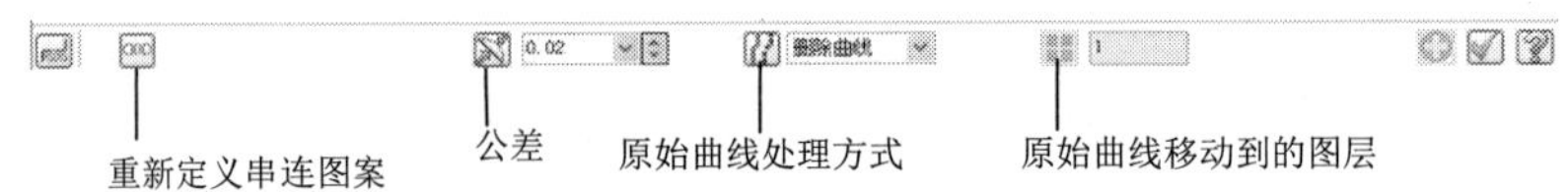

图 1-144 【转成曲线】状态栏

图 1-145 对原始曲线的处理方式

(2) 创建样条曲线。在绘图区中选取串连图素的其中之一，单击【串连选项】对话框中的【确定】按钮，然后在【误差】按钮右侧的文本框中输入公差(公差越小，越接近原始曲线)，在右侧的下拉列表中选择对原始曲线的处理方式，如图 1-145 所示，如果选择了【移动到层别】选项，则 (图层)被激活，可以设置将要移至的图层，最后单击【确定】按钮。如图 1-146 所示，这里为了看清楚转成曲线与原始曲线，把公差设置的比较大。

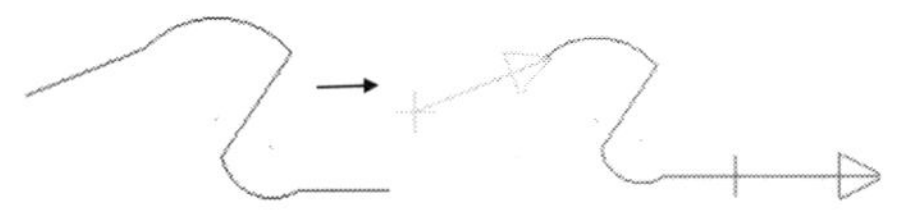

图 1-146　转成单一曲线

4. 熔接曲线

熔接曲线是指不同曲线之间的衔接操作。

(1) 选择【绘图】|【曲线】|【熔接曲线】菜单命令，或单击【草图】工具栏的下拉列表中的【熔接曲线】按钮，出现【曲线熔接状态】状态栏，如图 1-147 所示。

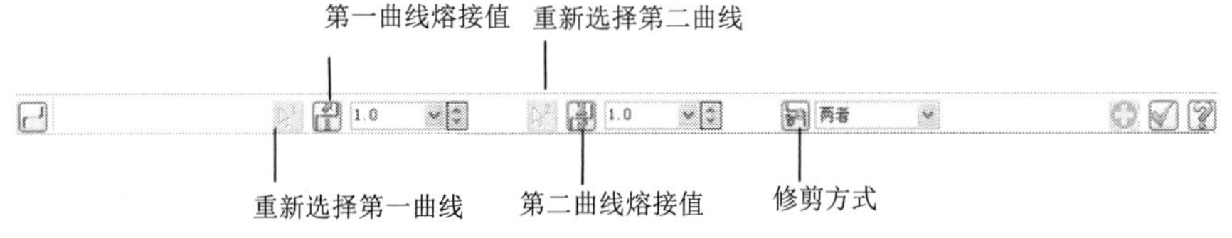

图 1-147　【曲线熔接状态】状态栏

(2) 首先从【修剪方式】按钮右侧的下拉列表中选择一种修剪方式，如图 1-148 所示，然后按照提示，在绘图区中选择第一条曲线，此时会出现一个可以在曲线上移动的箭头，其方向与曲线在该点处的切线方向相同，移动箭头到该曲线的熔接点处单击，接着选择第二条曲线，同样移动箭头到第二条曲线的熔接点处单击，系统会根据所选择的修剪方式的不同，做相应的处理。

如图 1-149 所示为没有进行熔接时的样条曲线，图 1-150 是选择了不同的修剪方式后的样条曲线，从左到右依次为“无”、“两者”、“第一条曲线”、“第二条曲线”。

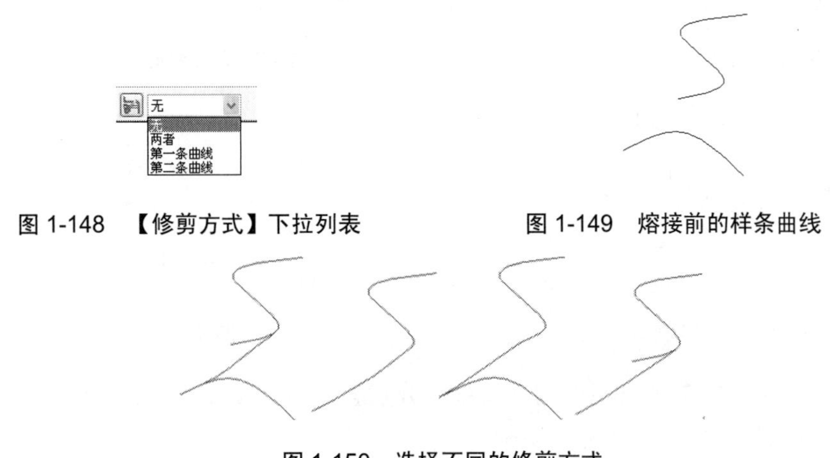

图 1-148　【修剪方式】下拉列表

图 1-149　熔接前的样条曲线

图 1-150　选择不同的修剪方式

二维图形绘制案例 1

案例文件：ywj /01/07.MCX-7

视频文件：光盘→视频课堂→第 1 章→1.3.1

step 01 在【草图】工具栏中单击【已知圆心点画圆】按钮，绘制直径为 20 的圆，如图 1-151 所示。

step 02 在【草图】工具栏中单击【已知圆心点画圆】按钮，绘制直径为 30 的同心圆，如图 1-152 所示。

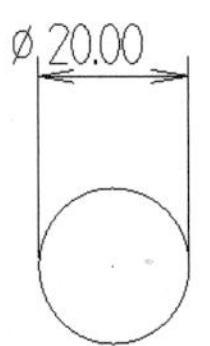

图 1-151　绘制圆

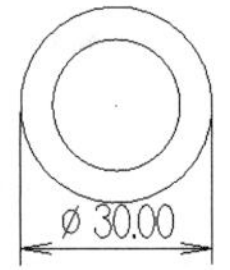

图 1-152　绘制同心圆

step 03 在【草图】工具栏中单击【矩形】按钮，绘制边长为 40 的正方形，如图 1-153 所示。

step 04 在【草图】工具栏中单击【矩形】按钮，绘制 80×10 的矩形，如图 1-154 所示。

step 05 单击【草图】工具栏中的【绘点】按钮，绘制圆几何中心点，如图 1-155 所示。

step 06 单击【草图】工具栏中的【创建动态绘点】按钮，选择直线，依次绘制动态点，如图 1-156 所示。

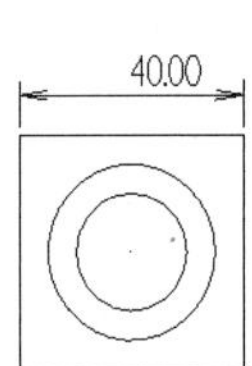

图 1-153　绘制矩形

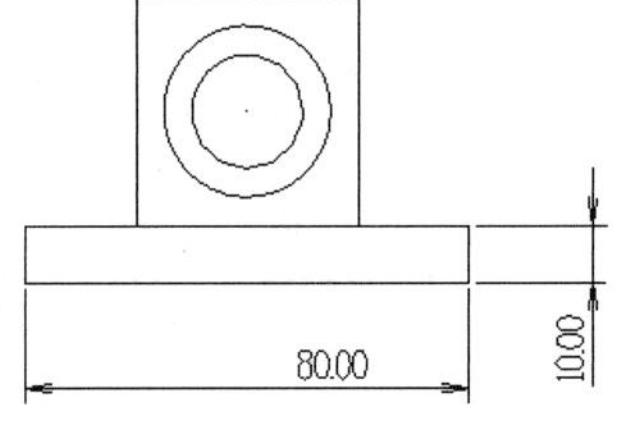

图 1-154　绘制矩形

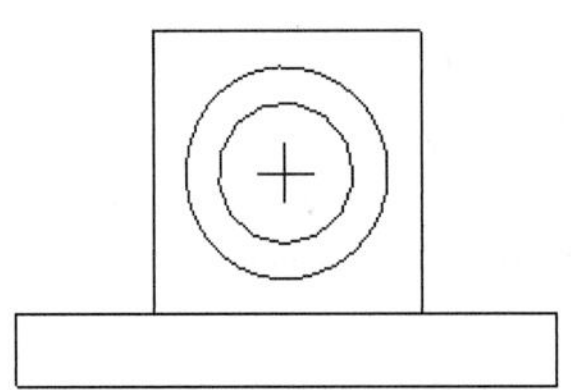

图 1-155　绘制点

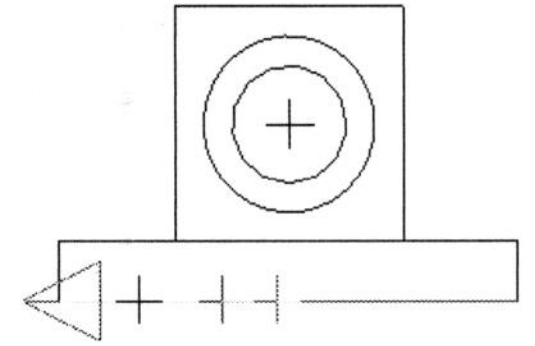

图 1-156　动态绘点

step 07 单击【草图】工具栏中的【绘制等分点】按钮，在状态栏中设置【个数】为 4，选择直线，完成 3 等分点绘制，如图 1-157 所示。

step 08 单击【草图】工具栏中的【绘制端点】按钮，再选择直线，完成直线端点的绘制，如图 1-158 所示，完成草图绘制。

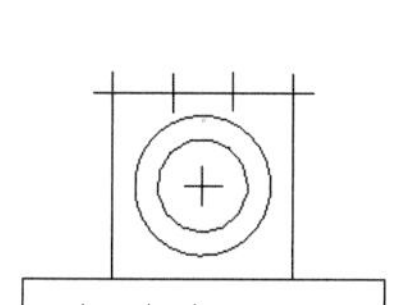

图 1-157 绘制等分点

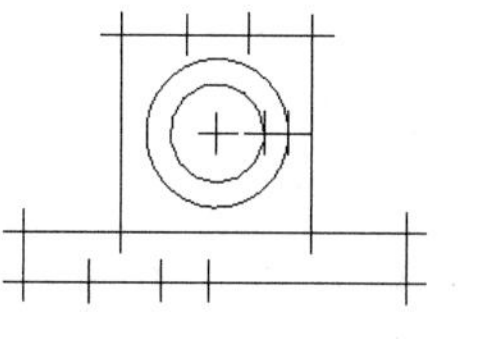

图 1-158 绘制端点

二维图形绘制案例 2

案例文件：ywj /01/08.MCX-7

视频文件：光盘→视频课堂→第 1 章→1.3.2

step 01 单击【草图】工具栏中的【绘制任意线】按钮，绘制长为 50 和 10 的直线草图。

step 02 在【参考变换】工具栏中单击【镜像】按钮，弹出【镜像】对话框，选择镜像直线进行镜像复制，如图 1-159 所示。

step 03 在【草图】工具栏中单击【两点画弧】按钮，绘制半径为 100 的圆弧，如图 1-160 所示。

step 04 单击【草图】工具栏中的【绘制两直线夹角间的分角线】按钮，在状态栏中设置【长度】为 30，选择两条成角度的直线，如图 1-161 所示，绘制分角线。

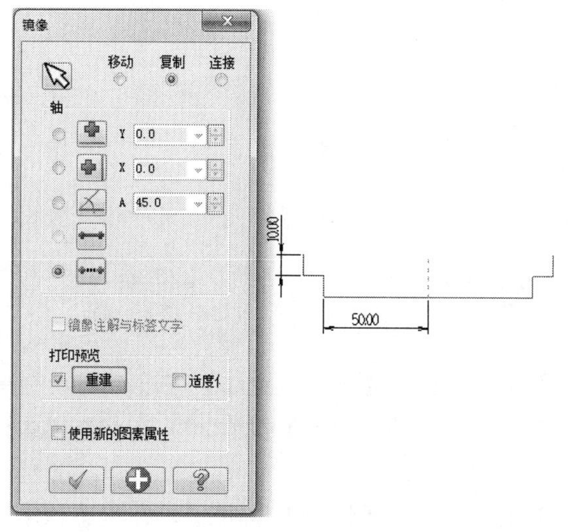

图 1-159 镜像草图

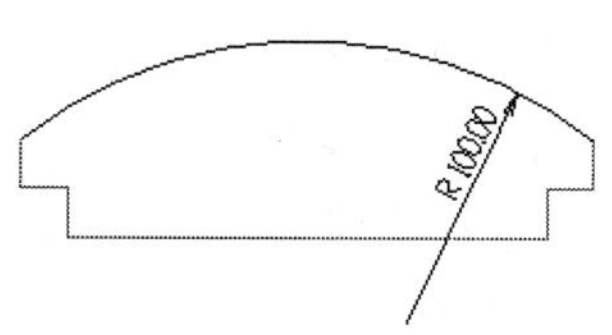

图 1-160 绘制圆弧

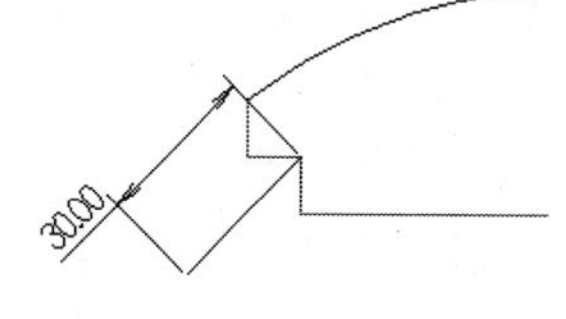

图 1-161 绘制分角线

step 05 单击【草图】工具栏中的【绘制平行线】按钮，在状态栏中设置【距离】为10，选择平行的目标直线，如图 1-162 所示，绘制平行线。

step 06 单击【草图】工具栏中的【绘制两图素间的近距线】按钮，选择两条直线，如图 1-163 所示，绘制近距线。

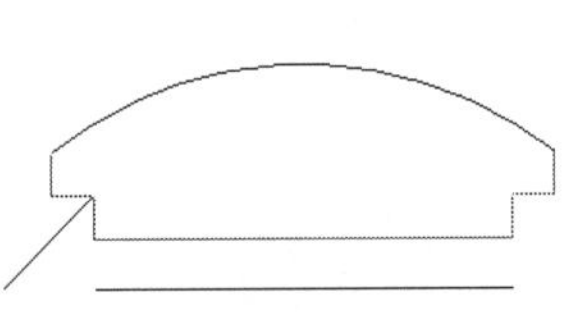

图 1-162　绘制平行线

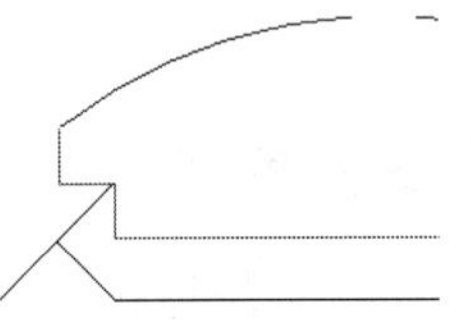

图 1-163　绘制近距线

step 07 单击【草图】工具栏中的【绘制垂直正交线】按钮，选择要垂直的目标直线，如图 1-164 所示，绘制法线。

step 08 单击【修剪/打断】工具栏中的【修剪/打断/延伸】按钮，修剪草图，如图 1-165 所示。

step 09 绘制完成的草图，如图 1-166 所示。

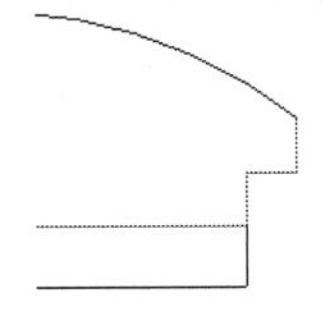

图 1-164　绘制法线

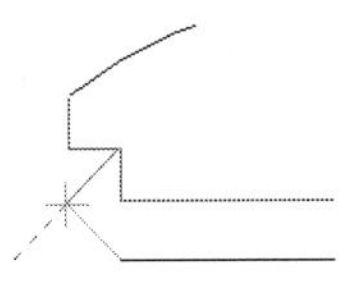

图 1-165　绘制切线

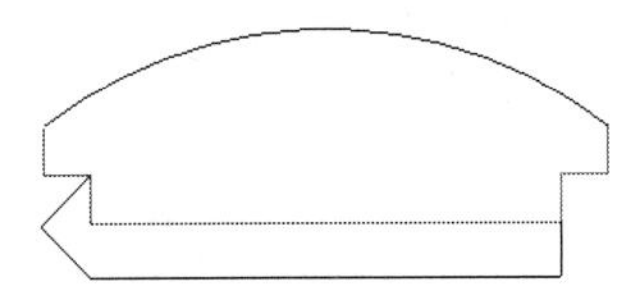

图 1-166　完成草图

二维图形绘制案例 3

案例文件：ywj /01/09.MCX-7

视频文件：光盘→视频课堂→第 1 章→1.3.3

step 01 单击【草图】工具栏中的【绘制任意线】按钮，绘制一条长度为 50 的直线。

step 02 单击【草图】工具栏中的【切弧】按钮，在状态栏中设置圆弧半径为 25，选择相切的直线，绘制半圆。

step 03 单击【草图】工具栏中的【切弧】按钮，在状态栏中设置圆弧半径为 25，选择相切的直线，如图 1-167 所示，绘制对称的半圆。

step 04 单击【草图】工具栏中的【绘制任意线】按钮，绘制长度为 100 的直线。

step 05 单击【草图】工具栏中的【绘制任意线】按钮，绘制长度为 50 的两条平行线，如图 1-168 所示。

step 06 单击【修剪/打断】工具栏中的【修剪/打断/延伸】按钮，修剪多余的圆弧，如图 1-169 所示。

step 07 单击【修剪/打断】工具栏中的【修剪/打断/延伸】按钮，修剪多余的直线，如图 1-170 所示，完成草图绘制。

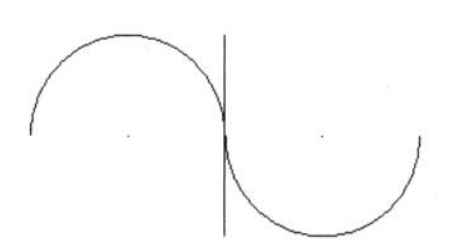
图 1-167 绘制对称切弧

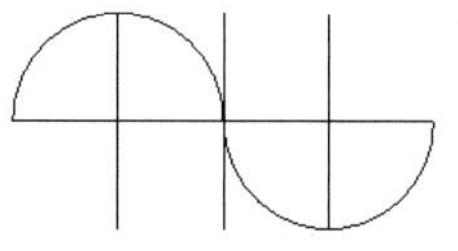
图 1-168 绘制平行线

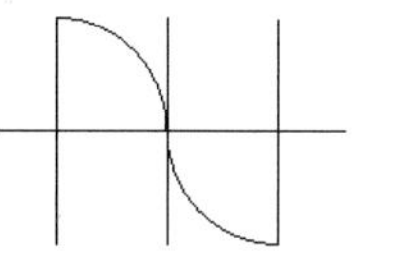
图 1-169 修剪草图

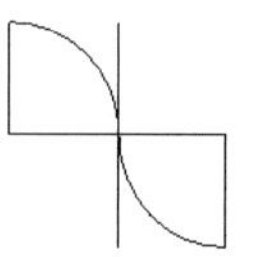
图 1-170 修剪图形

二维图形绘制案例 4

案例文件：ywj /01/10.MCX-7
视频文件：光盘→视频课堂→第 1 章→1.3.4

step 01 单击【草图】工具栏中的【矩形形状设置】按钮，弹出【矩形选项】对话框，绘制 20×40 的矩形。

step 02 单击【草图】工具栏中的【矩形形状设置】按钮，弹出【矩形选项】对话框，绘制 10×20 的圆角矩形。

step 03 在【草图】工具栏中单击【已知圆心点画圆】按钮，绘制两个半径为 3 的小圆，如图 1-171 所示，完成草图绘制。

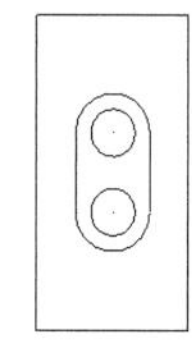
图 1-171 绘制圆

二维图形绘制案例 5

案例文件：ywj /01/11.MCX-7
视频文件：光盘→视频课堂→第 1 章→1.3.5

step 01 在【草图】工具栏中单击【矩形】按钮，绘制 80×30 的矩形。

step 02 单击【草图】工具栏中的【绘制任意线】按钮，绘制一条直线，如图 1-172 所示。

step 03 单击【草图】工具栏中的【画多边形】按钮，弹出【多边形选项】对话框，创建半径为 10 的八边形，如图 1-173 所示。

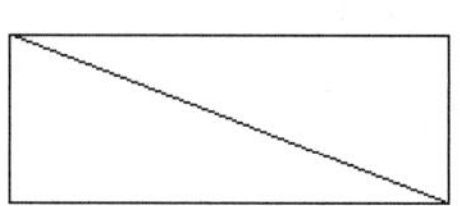
图 1-172 绘制直线

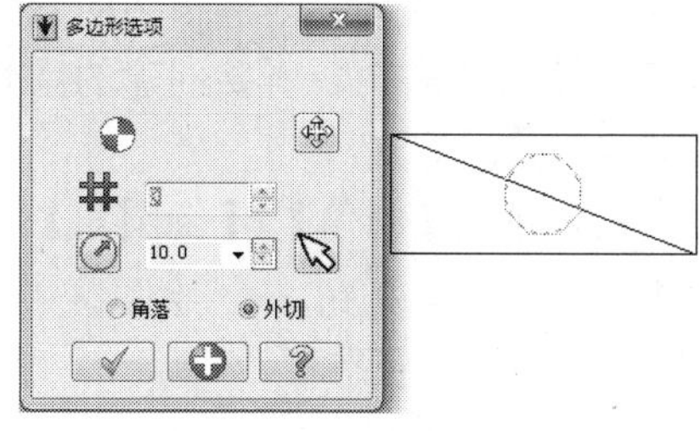

图 1-173 绘制八边形

step 04 单击【草图】工具栏中的【圆心+点】按钮，绘制半径为 15 的圆，如图 1-174 所示。

step 05 单击【修剪/打断】工具栏中的【修剪/打断/延伸】按钮，修剪圆，如图 1-175 所示。

step 06 单击【修剪/打断】工具栏中的【修剪/打断/延伸】按钮，修剪八边形，如图 1-176 所示，完成草图绘制。

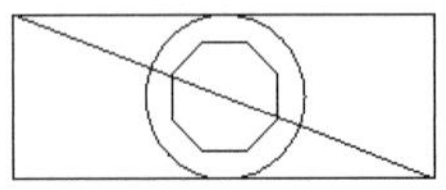

图 1-174 绘制圆

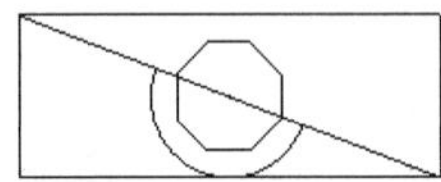

图 1-175 修剪草图

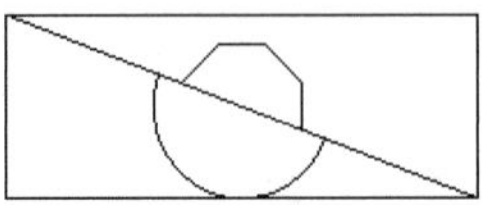

图 1-176 修剪草图

1.3 编辑和转换图素

本节讲解一些图形编辑和转换命令，包括倒圆角、倒角、修剪、断开、打断等，图形转换命令包括平移、旋转、镜像、缩放、补正、投影、阵列等。

1.3.1 倒圆角和倒角

图形的编辑是指对已经绘制好的几何图形进行修剪、打断及转换等操作。MasterCAM X7 中用于图素编辑的命令集中在两个菜单，其中倒圆角和倒角命令位于如图 1-177 所示的【绘图】菜单中和图 1-178 所示的【草图】工具栏【倒圆角】下拉列表中。

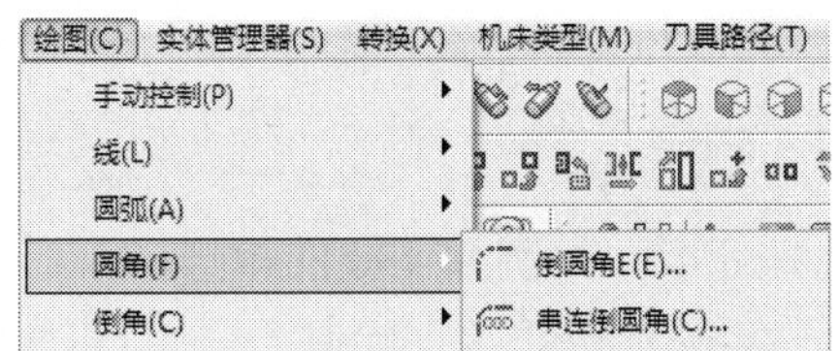

图 1-177 倒圆角和倒圆角命令

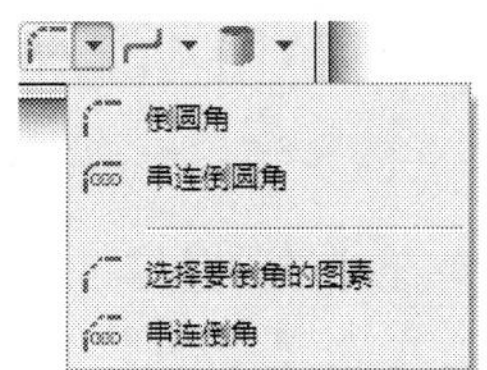

图 1-178 倒圆角和倒圆角命令

1. 倒圆角

倒圆角是指在两个图素间创建相切的圆弧过渡。创建圆角时，可以手动选取要进行圆角的图素，也可以让系统来判断所要创建的圆角特征。用户可以选择不同的圆角类型，以及对进行圆角的图素的处理方式。

(1) 选择【绘图】|【圆角】|【倒圆角】菜单命令，或在【草图】工具栏的【倒圆角】下拉列表中单击【倒圆角】按钮，绘图区中显示“倒圆角：选取一图素”提示，同时出现如图 1-179 所示的【圆角】状态栏。

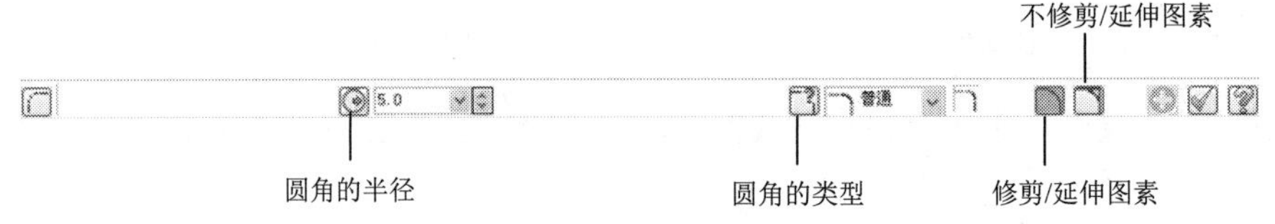

图 1-179 【圆角】状态栏

(2) 创建倒圆角方法一。先在绘图区域中选取一个图素(直线、圆弧或样条曲线)，此时发现当光标靠近两个图素相交(或延伸之后相交)的位置会出现一个虚拟的圆角特征，出现“倒圆角：选取另一图素”提示时再选取另一个图素，则在这两个图素的相交(或延伸之后相交)处创建了一个圆弧，此时圆弧处于激活状态，在状态栏中【半径】按钮右侧的文本框中输入圆角半径值，按 Enter 键，即完成了圆角的创建。如图 1-180 所示，在两个不相交的图素间创建倒圆角特征。如图 1-181 所示，在两个延伸后相交的图素间创建倒圆角特征。

图 1-180　倒圆角特征(图素相交)　　　图 1-181　倒圆角特征(图素延伸后相交)

(3) 创建倒圆角方法二。在出现“倒圆角：选取一图素”提示时，移动光标到两元素相交(或延伸之后相交)的部位，当显示出虚拟圆角时单击鼠标左键，即完成创建，然后输入圆角半径即可。

(4) 图素选择位置与倒圆角的关系。在第 2 章讲解二维图形绘制命令“分角线”时，将讲到选择图素的位置不同，则创建的分角线也是不同的，此处二者的关系也是如此，如图 1-182 所示。

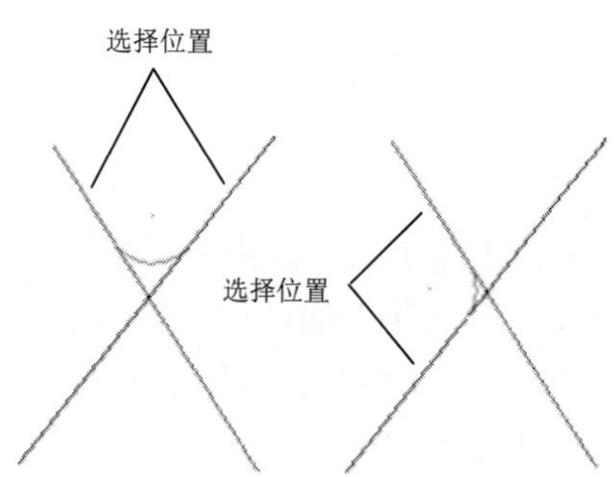

图 1-182　图素选择位置与倒圆角的关系

(5) 设置圆角类型。在创建圆角之前或圆角特征激活的情况下，在如图 1-183 所示的状态栏的【类型】下拉列表中选择某一个类型，则会创建不同的圆角特征。其中【法向定面】表示创建一个劣弧(小于半圆的弧)；【反转】表示创建一个优弧(大于半圆的弧)；【循环】表示创建一个正圆；【间隙】表示创建一个通过两个图素交点的圆弧。在下拉列表的左侧有一个图标，显示的是当前的圆角类型。如图 1-184 所示的圆角类型从左到右依次为“法向定面”、“反转”、“循环”、“间隙”。

图 1-183　【类型】下拉列表

图 1-184　圆角的不同类型

(6) 修剪/延伸图素。在创建圆角的时候，如果单击【修剪】按钮，则会修剪掉不在圆角上的图素，如图 1-185 所示；如果单击【不修剪】按钮，当图素相交或不相交时都不会修剪图素，如图 1-186 所示。

图 1-185 修剪图素

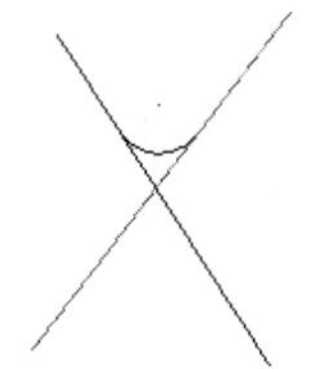

图 1-186 不修剪图素

2. 串连倒圆角

串连倒圆角是指在多个图素串连的拐角处创建相切的圆弧过渡。可以在所有的拐角处创建圆角，也可以在所有顺时针或逆时针拐角处创建圆角。

(1) 选择【绘图】|【圆角】|【串连倒圆角】菜单命令，或在【草图】工具栏的【倒圆角】下拉列表中单击【串连倒圆角】按钮，出现如图 1-187 所示的【串连圆角】状态栏，同时弹出【串连选项】对话框。

图 1-187 【串连圆角】状态栏

(2) 创建串连倒圆角。在“选取串连 1”的提示下，选取一个串连图素，然后单击【串连选项】对话框中的【确定】按钮或按 Enter 键关闭对话框，接着在【半径】按钮右侧的文本框中输入圆角半径值，按 Enter 键使输入的半径值起作用，在图素激活的状态下可以单击【选择串连】按钮重新选取串连图素，单击状态栏中的【确定】按钮或再次按 Enter 键结束圆角特征的创建，如图 1-188 所示。

(3) 设置圆角位置。在圆角特征激活的状态下，从图 1-189 所示的【方向】下拉列表中选择某一个方向类型，其中【所有角落】表示在所有串连转角处创建圆角，【+扫描】表示在逆时针转角处创建圆角，【-扫描】表示在顺时针转角处创建圆角。在列表的后面有一个图标，代表当前的方向类型。不同的方向类型决定了串连中进行圆角的位置，如图 1-190 所示，左边的图形是采用 “正向扫描”类型，右侧的图形采用的是“反向扫描”类型，图 1-188 所示的图形采用的是“所有圆角”类型。

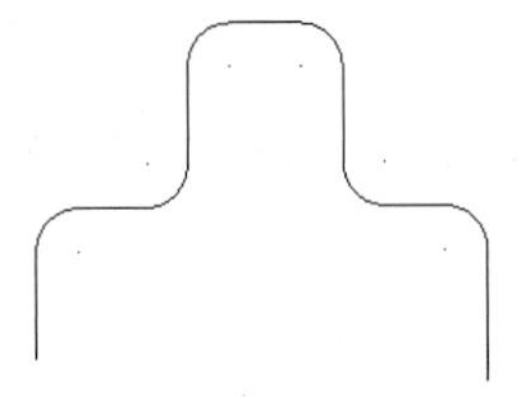

图 1-188 创建串连倒圆角

图 1-189 【方向】下拉列表

(4) 设置圆角类型及选择是否修剪/延伸。

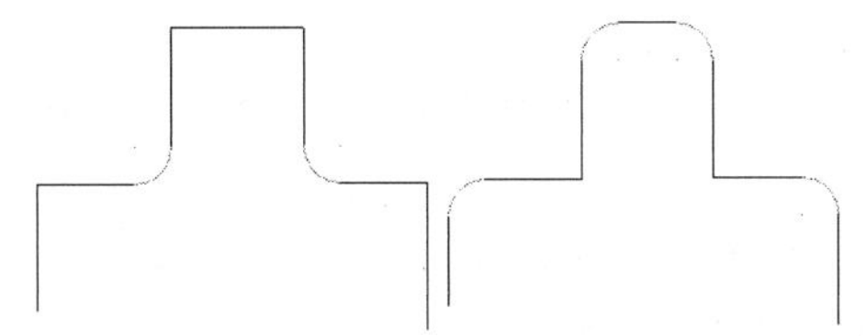

图 1-190 “正向扫描”与“反向扫描”类型

3. 倒角

倒角是指在两个图素间创建直线连接。倒角的创建方法同样也有两种，既可以选择倒角边，也可以让系统自动判断。在创建倒角时可以选择 4 种不同的倒角类型。

(1) 选择【绘图】|【倒角】|【倒角】菜单命令，或在【草图】工具栏的【倒圆角】下拉列表中单击【选择要倒角的元素】按钮，绘图区中显示“选取直线或圆弧”提示，同时出现如图 1-191 所示的【倒角】状态栏。

图 1-191 【倒角】状态栏

(2) 创建倒角方法一。先在绘图区域中选取一个图素(直线或圆弧)，此时发现当光标靠近两个图素相交(或延伸之后相交)的位置会出现一个虚拟的倒角特征，再选取另一个图素，则在这两个图素的相交(或延伸之后相交)处创建了一段直线，此时该直线处于激活状态，在状态栏中【距离 1】按钮右侧的文本框中输入距离，按 Enter 键，即可完成倒角的创建。如图 1-192 所示，在两个不相交的图素间创建倒角特征。如图 1-193 所示，在两个延伸后相交的图素间创建倒角特征。

图 1-192 创建倒角(图素相交)

图 1-193 创建倒角(图素延伸后相交)

(3) 创建倒角方法二。在没有选取图素时，移动光标到两元素相交(或延伸之后相交)的部位，当显示出虚拟倒角时单击鼠标左键，即完成创建，然后输入倒角距离即可。

(4) 设置倒角类型。在创建倒角之前或倒角特征激活的情况下，在如图 1-194 所示的状态栏的【类型】下拉列表中选择某一个类型，则会创建不同的倒角角特征。其中【单一距离】表示在两个图素上的倒角距离是相等的，此时只有【距离 1】文本框是可输入的；【不同距离】表示在两个图素上的倒角距离是不相等的，此时【距离 1】、【距离 2】文本框是可输入的，第一次选择的图素将接受距离 1；【距离/角度】表示一个图素(第一次选择的)的倒角距离是输入的，另一个图素的倒角距离是通过输入的距离和角度计算得到的，此时【距离 1】和【角度】文本框是可用的；【宽度】表示倒角线段的长度是输入的值，图素的倒角距离是计算得到的，此时【距离 1】是可以输入的。在下拉列表的左侧有一个图标，显示的是当前的倒角类型。如图 1-195 所示，倒角类型从左到右依次为“单一距离”、“不同距离”、“距离/角度”、“宽度”。

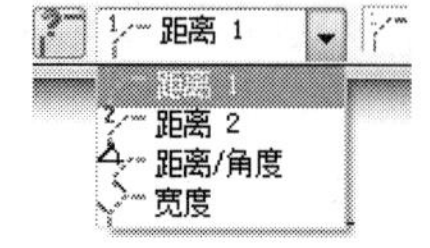

图 1-194 【类型】下拉列表

(5) 图素选择位置与倒角的关系及修剪/延伸图素。这两个方面的内容与倒圆角特征中的讲述是类似的。

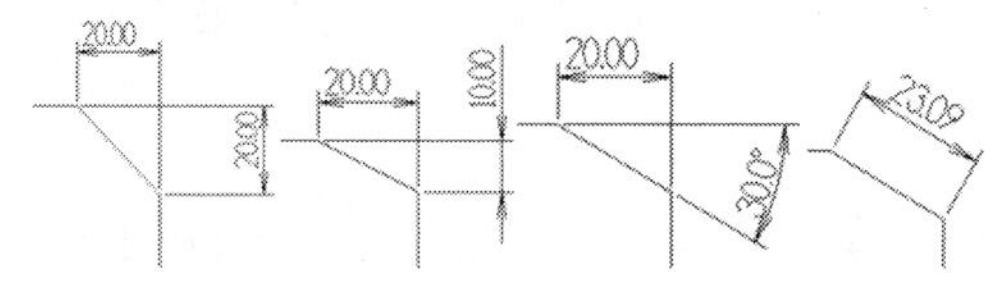

图 1-195 倒角的类型

4. 串连倒角

串连倒角是指在多个图素串连的拐角处创建直线连接。同倒角特征一样，也可以选择不同的倒角类型。

(1) 选择【绘图】|【倒角】|【串连倒角】菜单命令，或在【草图】工具栏的【倒圆角】下拉列表中单击【串连倒角】按钮，出现如图 1-196 所示的【串连倒角】状态栏，同时弹出【串连选项】对话框。

图 1-196 【串连倒角】状态栏

(2) 创建串连倒角。在“选取串连 1”的提示下，选取一个串连图素，然后单击【串连选项】对话框中的【确定】按钮或按 Enter 键关闭对话框，接着在【距离 1】按钮右侧的文本框中输入距离，按 Enter 键使输入的距离起作用，在图素激活的状态下可以单击【选择串连】按钮重新选取串连图素，单击状态栏上的【确定】按钮或再次按 Enter 键结束圆角特征的创建，如图 1-197 所示。

(3) 设置倒角类型。在圆角特征激活的状态下，从【类型】下拉列表中选择某一个类型，则会创建不同的倒角角特征，倒角的类型只有【单一距离】和【宽度】两种，选择任何一种都会使【距离】文本框处于可输入状态。在列表的后面有一个图标，代表当前的倒角类型。图 1-197 选择的倒角类型是“宽度”，图 1-198 所示的倒角类型是“单一距离”。

图 1-197 “宽度”类型　　图 1-198 创建串连倒角

1.3.2 修剪和打断

1. 修剪/打断/延伸

对几何图素的修剪/延伸操作是指在交点(或延伸后的交点)处修剪曲线或延伸曲线处(样条曲线外)至交点(或延伸后的交点)，打断操作是指在交点(或延伸后的交点)处打断图素。修剪/打断/延伸的方式有修剪一物体、修剪二物体、修剪三物体、分割物体、修剪至点、修剪指定长度，要想采用不同的方式可以在状态栏中单击相应的按钮。如图 1-199 和图 1-200 所示是修剪打断命令所在的菜单和工具栏。

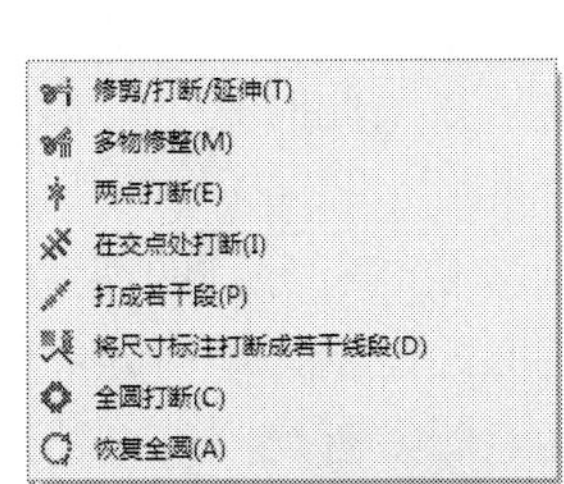

图 1-199 【修剪/打断】菜单

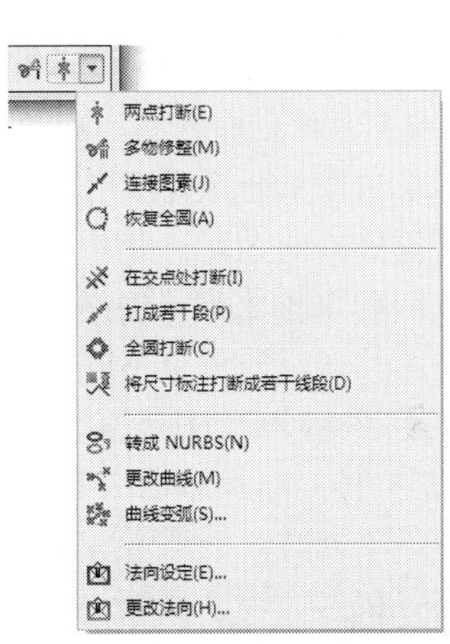

图 1-200 【修剪/打断】工具栏按钮

(1) 选择【编辑】|【修剪/打断】|【修剪/打断/延伸】菜单命令，或单击【修剪/打断】工具栏中的【修剪/打断/延伸】按钮，出现如图 1-201 所示的【修剪/延伸/打断】状态栏。单击【修剪】按钮，则进入修剪/延伸模式，单击【打断】按钮，则进入打断模式，状态栏上提供了 5 种修剪/打断/延伸的方法。

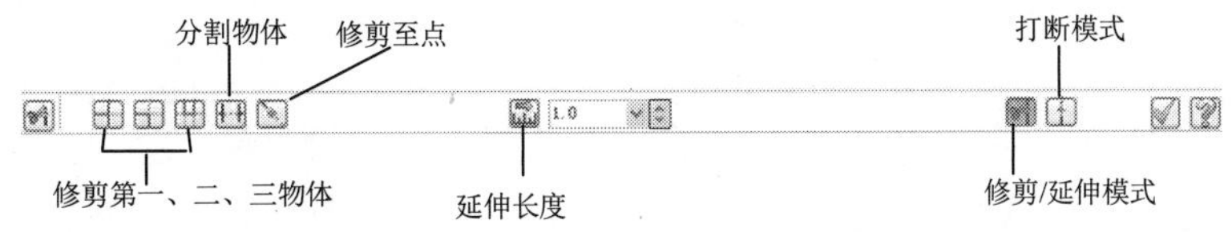

图 1-201 【修剪/延伸/打断】状态栏

(2) 修剪一物体。在状态栏中单击【修剪一物体】按钮，在“选取图素去修剪或延伸”提示下选取一个需要修剪的图素，选取后出现“选取修剪或延伸到的图素”提示，移动光标到作为修剪工具的图素上会看到修剪的部分是以虚线的形式表示的，单击左键后可以看到需要修剪的图素已经在交点处被修剪，单击的一侧被保留下来。如果两个图素延伸后才相交，则需要修剪的图素在延伸后的交点位置处被修剪。如果是在打断模式下进行的操作，则需要修剪的图素在交点(延伸后的交点)处被打断。如图 1-202 所示，从左到右依次为在交点修剪图素、在延伸后的交点处修剪图素、在交点处打断图素、在延伸后的交点处打断图素。

(3) 修剪二物体。在状态栏中单击【修剪二物体】按钮，其操作方法与修剪一物体的操作方法相同，只是在交点(延伸后的交点)处对两个图素同时进行修剪、延伸和打断操作，修剪时注意选择侧是保留下来的部分，另一侧是将要剪掉的部分。如图 1-203 所示，从左到右依次为在交点处修剪两个图素、延伸一个图素并在延伸后的交点处修剪另一个图素、在交点处打断两个图素、延伸一个图素(延伸段是一个独立的图素)并在延伸后的交点处打断另一个图素。

图 1-202 修剪一物体　　图 1-203 修剪二物体

(4) 修剪三物体。在状态栏中单击【修剪三物体】按钮，在“选取修剪或延伸第一个图素”提示下选取第一个需要修剪的图素，然后在“选取修剪或延伸第二个图素”提示下选取第二个需要修剪的图素，最后在“选取修剪或延伸到的图素”提示下选取作为修剪工具的图素，选取后可以预览修剪的结果。在选取每一个图素时都应注意选取的位置，如图 1-204 所示，修剪工具图素的三个不同选取位置得到三种修剪结果。如果此时处于打断模式，选取的位置的不同同样影响到打断操作的结果。

(5) 分割物体。在状态栏中单击【分割物体】按钮，选取要进行分割的图素，此时当光标移动到图素上方时，该图素将要被分割的部分会以虚线的形式显示，单击该虚线后，虚线所代表的部分被剪切掉。当处于修剪模式时，如果图素与其他图素有交点，则所选取的一侧被修剪掉，如果图素与其他图素没有交点，则该图素被整个删除；当处于打断模式时，如果图素与其他图素有交点，则所选取的一侧会在交点处被打断，而成为独立的图素，如果图素与其他图素没有交点，则该图素没有变化。如图 1-205 所示，左侧图形为选取有交点的图素，中间图形为选取独立的图素，右侧图形为打断模式下选取有交点的图素。

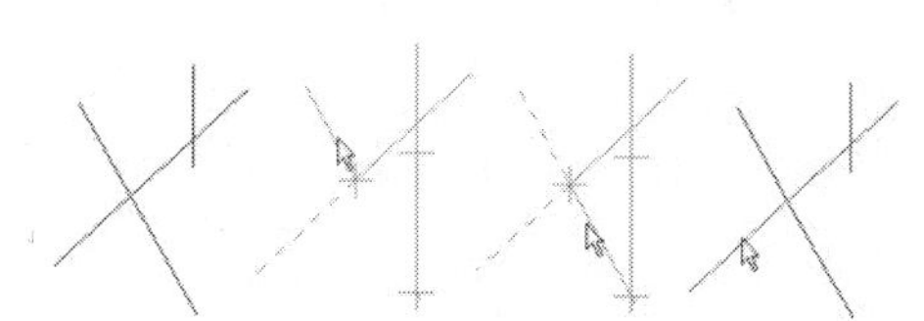

图 1-204 修剪三物体

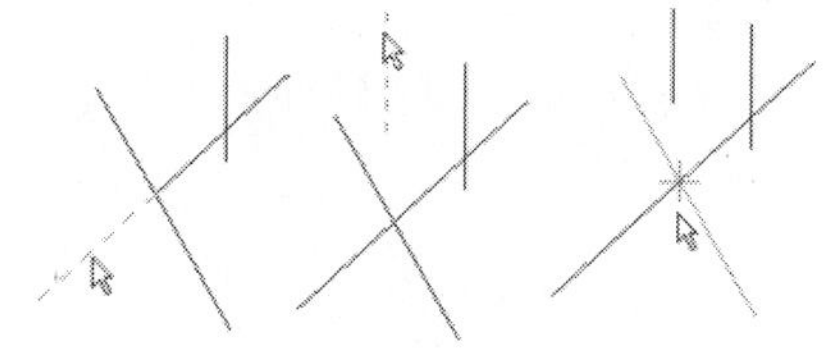

图 1-205 分割物体

(6) 修剪至点。在状态栏中单击【修剪至点】按钮，首先在“选取图素去修剪或延伸的位置”提示下，选取需要修剪的图素，然后在“指出修剪或延伸的位置”提示下确定一个点(光标单击处、已绘制的点、图素特征点或坐标输入的点)，则此点(如果不在修剪图素上，则为图素上离此点最近的点)被定义为修剪位置，选取修剪图素的位置所在的一侧被保留下来，另一侧被修剪掉。如果修剪位置处于修剪图素的延长线上，则延长该图素到修剪位置，如图 1-206 所示。

如果此时处于打断模式，则在修剪位置处打断修剪图素，如果修剪位置处于修剪图素的延长线上，则延长该图素到修剪位置，且延长段是独立的图素。

(7) 修剪指定长度。在修剪方式按钮不被按下的情况下，首先在右侧的【长度】文本

框中输入修剪长度(修剪时为负值)，然后选取一个需要修剪的图素，选取后可以预览修剪的结果。修剪指定长度的起始点是修剪图素上离所选位置的较近的端点。如果在【长度】文本框中输入的是正数，则从起始点延伸所选择图素。如果此时是在打断模式下，当输入负值时，则在离起始点指定长度处打断图素，当输入正数时，则从起始点处延伸图素，且延伸部分为独立的图素。如图 1-207 所示是在打断模式下，且长度为正值时的操作结果。

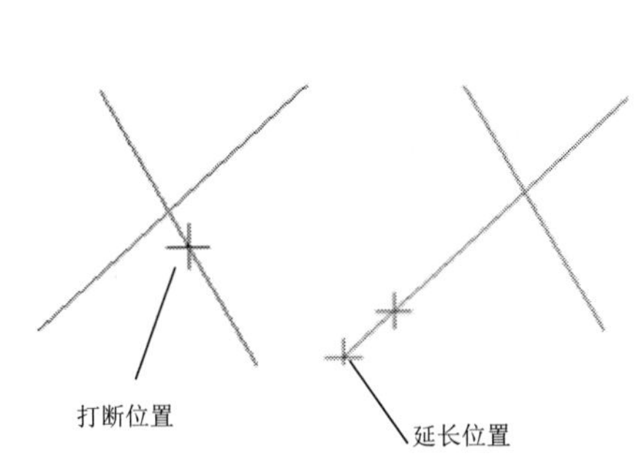

图 1-206 修剪至点

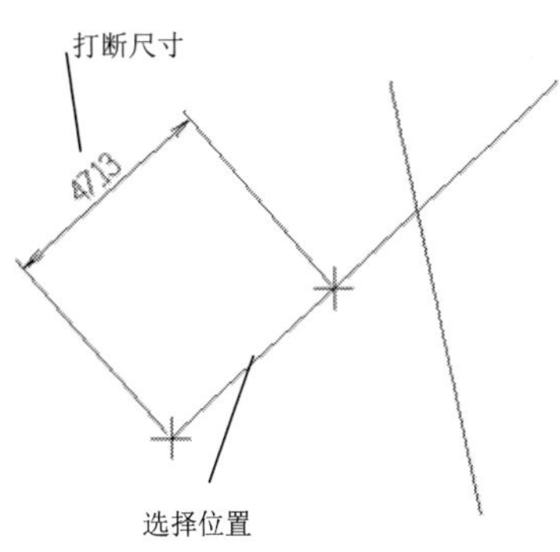

图 1-207 修剪指定长度

2. 多物修整

多物修整是指可以同时对多个图素进行修剪。此命令可以在修剪模式和打断模式下操作，对出现的特殊情况将做出不同的处理。

(1) 选择【编辑】|【修剪/打断】|【多物修整】菜单命令，或在【修剪/打断】工具栏的右边的下拉列表中单击【多物修整】按钮，出现如图 1-208 所示的【多物体修剪】状态栏，此时状态栏处于不可用的状态。单击【修剪】按钮，则进入修剪/延伸模式，单击【打断】按钮，则进入打断模式，状态栏上提供了多种修剪/打断/延伸的方法。

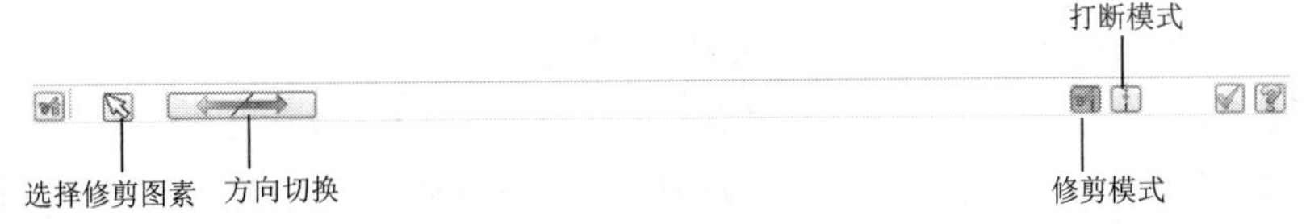

图 1-208 【多物体修剪】状态栏

(2) 修剪模式。在“选取曲线去修剪”提示下，选取多条需要修剪的图素(直线、圆/圆弧、样条曲线)，选取后按 Enter 键或在绘图区的空白处双击鼠标左键。此时状态栏被激活，可以单击【修剪】按钮，则进入修剪/延伸模式，单击【打断】按钮，则进入打断模式。接着在“选取曲线修剪”的提示下选取作为修剪工具的图素，选取后出现“指定修剪曲线要保留的位置”提示，用鼠标单击要保留的图素所在的一侧，此时可以预览修剪的结果。单击状态栏中的【方向切换】按钮，可以选择另一侧为保留侧。如图 1-209 所示，左侧图形为没有修剪时的，中间的图形选择上侧为保留侧，右侧的图形选择下侧为保留侧。

(3) 修剪工具延长后与修剪图素相交的情况。如果有的修剪图素与修剪工具图素不相交，但修剪工具延长后与修剪图素相交，则在延长后的交点处修剪图素。如图 1-210 所示，左侧图形为选择保留上侧的效果，右侧图形为选择保留下侧的效果。

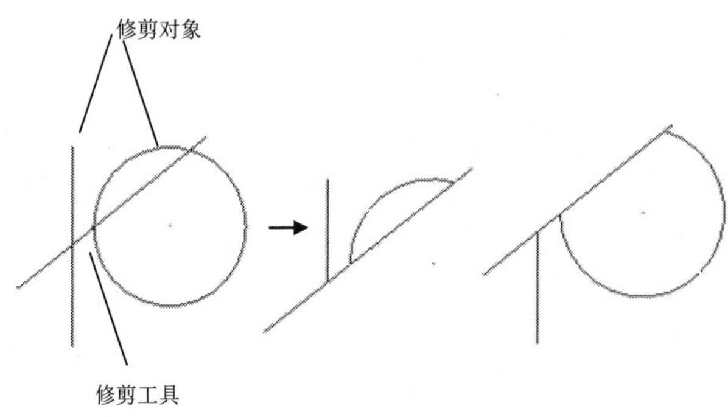

图 1-209　修剪多个物体

(4) 修剪图素延长后与修剪工具相交的情况。如果有的修剪图素与修剪工具图素不相交，但修剪图素延长后与修剪工具相交，此时如果选择的保留侧为修剪图素所在侧，则图素被延长到修剪工具，如果相反，将弹出【警告】对话框，且不对图素做任何操作。如图 1-211 所示，左侧为没有操作时的图形和选择保留上侧时的图形，右侧为选择保留下侧时的图形。

(5) 打断模式。在修剪图素和修剪工具的交点处进行打断。

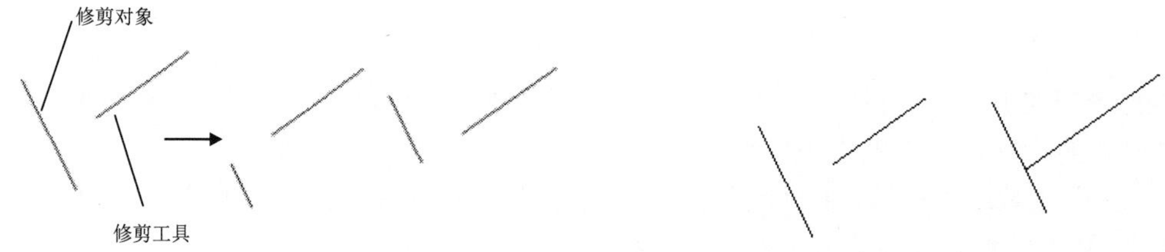

图 1-210　修剪工具延长后与修剪图素相交的情况　　图 1-211　修剪图素延长后与修剪工具相交的情况

3. 两点打断

两点打断是指在选定的位置将选取的图素截成两段。

(1) 选择【编辑】|【修剪/打断】|【两点打断】菜单命令，或在【修剪/打断】工具栏中单击【两点打断】按钮，绘图区中显示“选择要打断的图素”提示，同时出现【两点打断】状态栏。

(2) 首先在绘图区中选取要打断的图素(直线、圆/圆弧、样条曲线)，然后在“指定打断位置”提示下确定一点(光标单击处、已绘制的点、图素特征点或坐标输入的点)作为打断位置，如果此点不在需要打断的图素上，则图素上离该点最近的点作为打断位置，如图 1-212 所示。在提示下可以继续两点打断操作。注意两点打断命令同修剪/打断/延伸命令在打断模式下修剪至点的功能完全一样，但在操作上更快捷。

4. 在交点处打断

在交点处打断是指在两个或多个图素的交点位置将曲线打断。

(1) 选择【编辑】|【修剪/打断】|【在交点处打断】菜单命令，或单击【修剪/打断】工具栏中的【在交点处打断】按钮，绘图区中显示“选取一图素去打断或延伸”提示。

(2) 利用快速的选择方法选取需要在其交点处进行打断的图素，双击绘图区空白处或按 Enter 键即可结束打断操作。如图 1-213 所示，用矩形框选的方式选取所有的图素后双击绘图区空白处所得的结果。

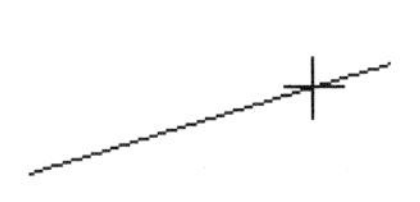

图 1-212　两点打断

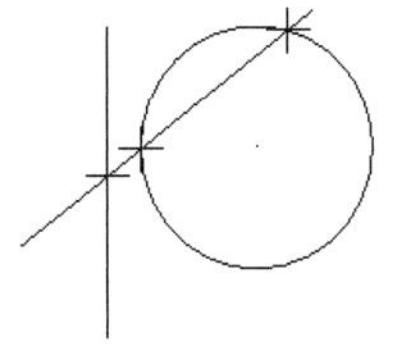

图 1-213　在交点处打断

5. 打成若干段

打成若干段是指按照指定的方式把一个图素打断成多个图素。打断的方式有按指定的数量打断图素、按指定的长度打断图素、按指定的公差打断图素。图素打断后的表达形式包括直线型和圆弧型，同时可以对原图素做不同的处理。

(1) 选择【编辑】|【修剪/打断】|【打成若干段】菜单命令，或在【修剪/打断】工具栏中单击【打成若干段】按钮，绘图区中显示 “选取一图素去打断或延伸” 提示。

(2) 在绘图区中选取一个需要打断的图素，双击绘图区空白处或按下 Enter 键，此时出现如图 1-214 所示的【打断成若干段】状态栏，同时图素采用默认的参数被打断，可以预览图素被打断后的结果，此时打断的图素处于激活状态，用户可以设置新的参数。

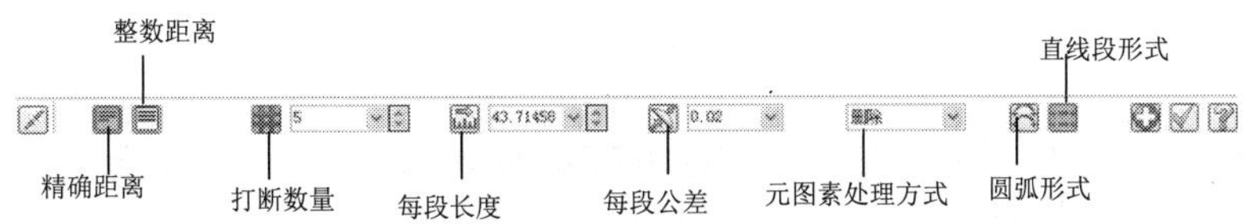

图 1-214　【打断成若干段】状态栏

(3) 按指定的数量打断图素。在图素的打断操作处于预览状态时，在【打断数量】按钮右侧的【次数】文本框中输入图素需要被打断的数量，按 Enter 键后可以看到图素被均匀地打断成指定的数量。如图 1-215 所示，圆被打断成 5 段。

(4) 按指定的长度打断图素。在图素的打断操作处于预览状态时，在【每段长度】按钮右侧的【长度】文本框中输入图素被打断后每段的长度，按 Enter 键后可以看到图素按指定的长度被打断。距离选择图素时光标单击的位置最近的端点被定义为打断的起始点，从起始点开始打断操作，直到图素的另一个端点，如果最后的一段的长度小于指定的长度，则不会延长。如图 1-216 所示，圆被打断成 4 段，而最后一段的长度小于指定的长度。

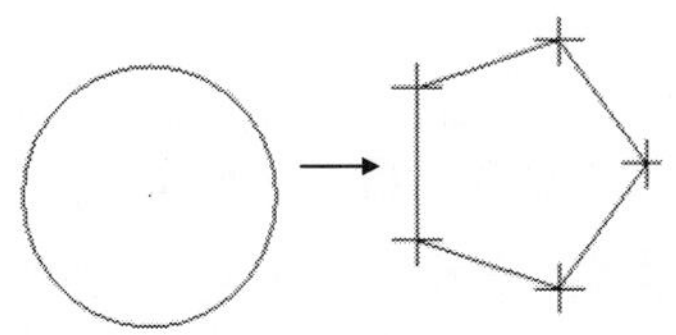

图 1-215　以指定的数量打断图素

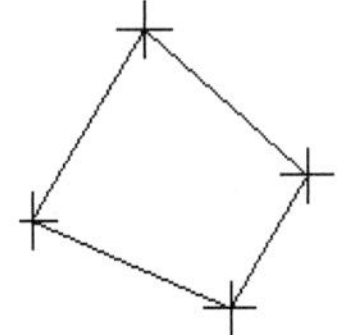

图 1-216　以指定的长度打断图素

(5) 按指定的公差打断图素。这种方法在轨迹的离散中叫作等误差法，也就是每段曲线的误差是相同的。在图素的打断操作处于预览状态时，在【每段公差】按钮右侧的【公差】文本框中输入图素被打断后每段的公差，按 Enter 键后可以看到图素按指定的公差被打断。如图 1-217 所示，圆被打断成 15 段。

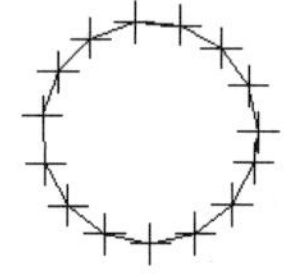

图 1-217　按指定的公差打断图素

(6) 图素打断后的表达形式。在(3)、(4)、(5)的操作中单击的是【直线】按钮，因此打断后的每一段图素都是一条直线段，如果单击【圆弧】按钮，则打断后的每一段图素都将会是一条圆弧。

(7) 对原图素的处理方式。在如图 1-218 所示的下拉列表中列出了三种对原图素的处理方式，根据需要选择其中的一种。如图 1-219 所示，从左到右依次为“删除”和“保留”的情况，选择“隐藏”选项则不显示图素。

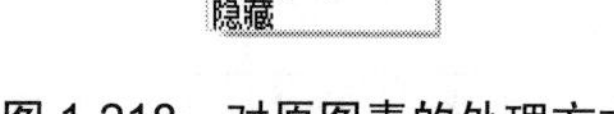

图 1-218　对原图素的处理方式

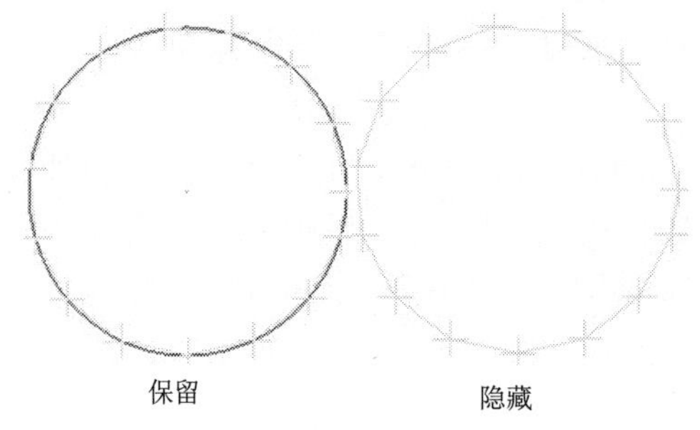

图 1-219　选择不同的处理方式

6. 将尺寸标注打断成若干线段

以指定长度可以将尺寸、剖面线或复合图素进行分解。

(1) 选择【编辑】|【修剪/打断】|【将尺寸标注打断成若干线段】菜单命令，或在【修剪/打断】工具栏中单击【将尺寸标注打断成若干线段】按钮，绘图区中显示“选取尺寸标注，剖面线或符合资料去分解”提示。

(2) 首先在绘图区中单击选取要分解的对象，然后双击绘图区的空白处或按 Enter 键，此时可以看到所选择的对象被分解为多个图素。如图 1-220 所示，左侧图形中的尺寸标注是没有分解的，还是一个整体，而右侧图形中的尺寸标注是分解后的，已经被打成多个图素(绘制了端点以方便观察)。

7. 打断、恢复全圆

打断全圆是指将完整的圆均匀地打断成几段圆弧。

(1) 选择【编辑】|【修剪/打断】|【全圆打断】菜单命令，或在【修剪/打断】工具栏中单击【全圆打断】按钮，绘图区中显示出“选择要打断的圆弧”提示。

(2) 在绘图区中选取要进行打断的圆或矩形框选多个圆，然后双击绘图区的空白处或按 Enter 键，此时弹出如图 1-221 所示的【全圆打断的圆数量】对话框，在文本框中输入数量

值，按 Enter 键完成打断操作，注意每一个圆都被打断为指定数量的圆弧。如图 1-222 所示，圆都被打断成 6 段(绘制了端点以方便观察)。

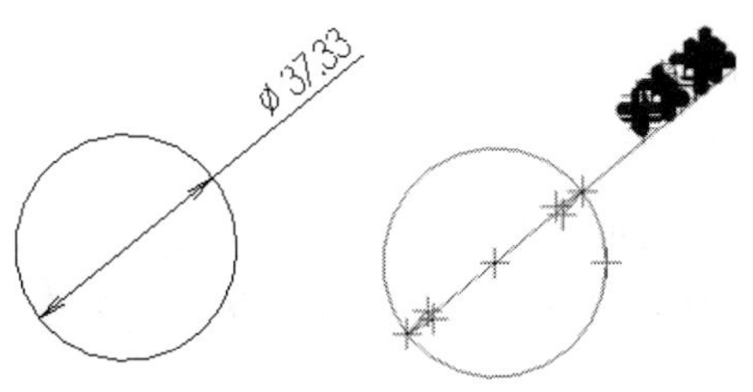

图 1-220　分解尺寸标注

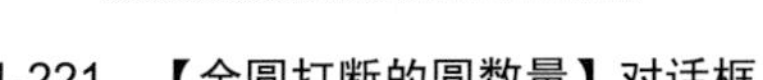

图 1-221　【全圆打断的圆数量】对话框

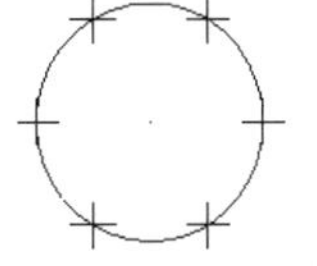

图 1-222　打断全圆

恢复全圆是指将圆弧封闭为整圆，圆心位置和半径不变。

(1) 选择【编辑】|【修剪/打断】|【恢复全圆】菜单命令，或单击【修剪/打断】工具栏中的【恢复全圆】按钮，绘图区中显示“选取一个圆弧去封闭全圆”提示。

(2) 首先在绘图区中选取要进行封闭的圆弧或矩形框选多个圆弧，然后双击绘图区的空白处或按 Enter 键完成恢复全圆的操作。如图 1-223 所示，圆弧被封闭为整圆。

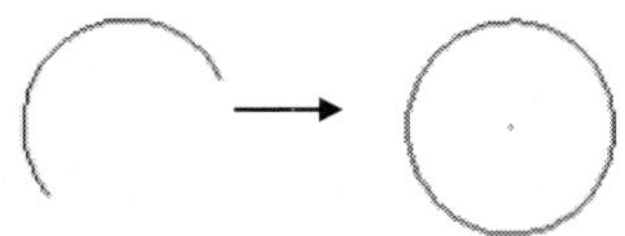

图 1-223　恢复全圆

1.3.3　连接图素和转换曲线

1. 连接图素

连接图素是指将两个图素连接成为一个独立的图素。两个图素是否能够连接，取决于两条直线是否共线、两个圆弧是否有相同的圆心和半径、两段曲线是否来自于同一个样条曲线。当连接多个图素时，满足连接条件的图素被连接在一起。

(1) 选择【编辑】|【连接图素】菜单命令，或在【修剪/打断】工具栏中单击【连接图素】按钮，绘图区中显示“选取图素去连接”提示。

(2) 连接两个图素。首先在绘图区中选取要进行连接的两个图素(两个直线段、两段圆弧、两条样条曲线段)，然后双击绘图区的空白处或按 Enter 键完成图素连接的操作。如图 1-224 所示的是共线的直线段连接，如图 1-225 所示的是同心同半径的圆弧连接。

图 1-224　共线的直线段连接　　　　图 1-225　同心同半径的圆弧连接

(3) 连接多个图素。如果选取的多个图素满足能够连接的条件，且是连续的，则将它们连接成为一个图素，如图 1-226 所示(左侧图形中为了说明是多个圆弧，绘制了圆弧端点)。

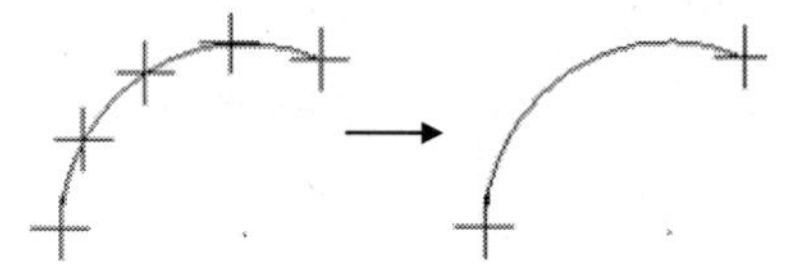

图 1-226　连接多个连续的图素

如果选取的多个图素满足能够连接的条件，且是不连续的，按 Enter 键后会弹出如图 1-227 所示的【连接图素】对话框，单击【是】按钮，则完成连接操作，如图 1-228 所示。

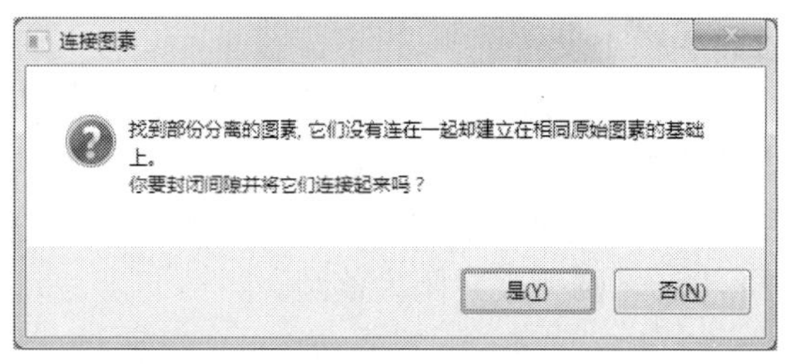

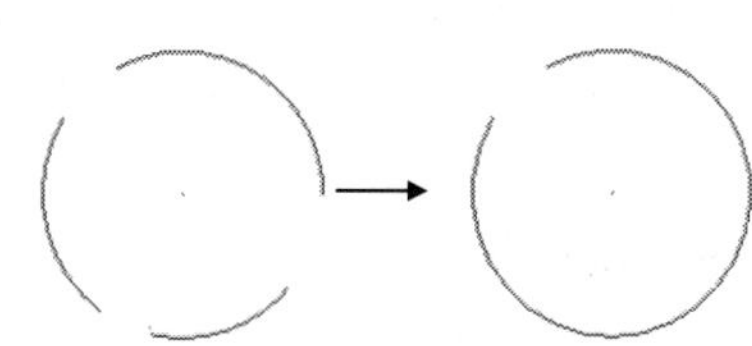

图 1-227　【连接图素】对话框　　　　图 1-228　连接多个不连续的图素

如果选择的图素中包含多种连接图素，比如两条直线段、两条圆弧、两条样条曲线段，且都满足连接条件，在按 Enter 键后也会弹出如图 1-227 所示的【连接图素】对话框，单击【是】按钮，则完成所选图素的两两连接。

2. 转成 NURBS 曲线

转成 NURBS 曲线是指将选取的直线、圆/圆弧、参数式样条曲线转换为 NURBS 曲线。转换之后，可以通过改变控制点的位置更改曲线的形状。

(1) 选择【编辑】|【转成 NURBS】菜单命令，或在【修剪/打断】工具栏中单击【转成 NURBS】按钮，绘图区中显示出“选取直线，圆弧，曲线或曲面去转换成 NURBS 格式”提示。

(2) 首先在绘图区中选择要转换为 NURBS 曲线的图素(可以框选多个图素)，然后双击绘图区的空白处或按 Enter 键完成操作。可以通过前面讲过的查看图素属性的方法检查一下图素是否已经转为 NURBS 曲线。如图 1-229 所示，圆和直线被转换为 NURBS 曲线(为了说明是 NURBS 曲线，绘制了曲线的节点)。

3. 更改曲线

更改曲线是指通过更改 NURBS 曲线控制点的位置来改变曲线的形状。如果曲线是非 NURBS 曲线时，可以先将该曲线转成 NURBS 曲线。

(1) 选择【编辑】|【更改曲线】菜单命令，或单击【修剪/打断】工具栏中的【更改曲线】按钮，绘图区中显示出“选取一条曲线或曲面”提示。

(2) 在绘图区中选取一条 NURBS 曲线，将会显示出曲线的所有控制点并提示“选取一个控制点，按[Enter]结束”，然后单击鼠标左键选择一个控制点，移动光标到合适位置单击或选择其他方式(坐标输入、捕捉特征点)来重新定义该控制点，可以继续选择其他的控制点并重新定义，最后按 Enter 键完成更改曲线的操作，如图 1-230 所示。

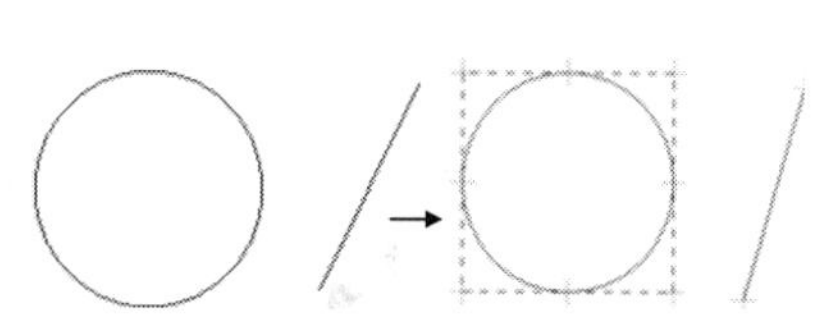

图 1-229　转成 NURBS 曲线

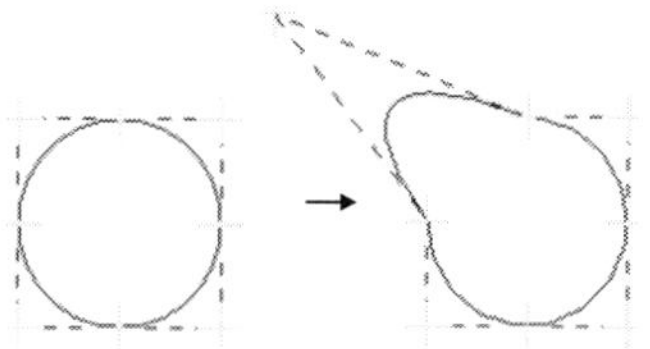

图 1-230　更改曲线

4. 曲线变弧

曲线变弧是指将接近圆弧形状的曲线按给定的公差生成圆弧。

(1) 选择【编辑】|【曲线变弧】菜单命令，或在【修剪/打断】工具栏中单击【曲线变弧】按钮，绘图区中显示“选取曲线去转换为圆弧”提示，同时出现如图 1-231 所示的【简化成圆弧】状态栏。

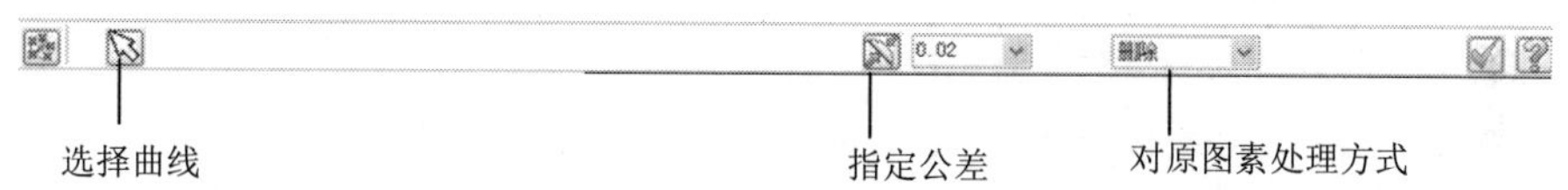

图 1-231　【简化成圆弧】状态栏

(2) 首先在绘图区中选择简化成圆弧的曲线，再在【指定公差】按钮右侧的【公差】文本框中输入公差值，按 Enter 键即可生成一个近似的圆弧。当样条曲线的形状与近似圆弧的形状相差太大时，输入的公差值也会大。在对原图素的处理方式下拉列表中提供了“删除”、“保留”和“隐藏”三种类型，根据需要选择其中的一种。如图 1-232 所示，标准圆弧变为拉长的圆弧，图形对原图素都选择了“保留”处理方式。

图 1-232　曲线变弧

1.3.4　平移

图形的转换是指对已经绘制好的几何图形进行移动、旋转、缩放等操作。MasterCAM X7 中用于图素转换的命令集中在【转换】菜单中，也可以通过【参考变换(Xform)】工具栏快速地选取这些命令，如图 1-233 和图 1-234 所示。

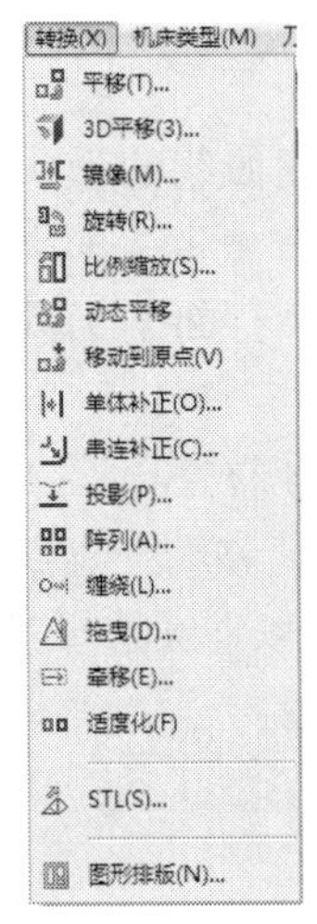

图 1-233 【转换】下拉菜单

图 1-234 【参考变换(Xform)】工具栏按钮

1. 普通平移

平移是指在 2D 或 3D 绘图模式下将选取的图素按照指定的方式移动或复制到新的位置，复制后也可以在原图素和复制图素的对应端点间建立直线连接。平移操作可以通过直角坐标系、极坐标系、两点或一条直线来定义。

(1) 选择【转换】|【平移】菜单命令，或在【参考变换】工具栏中单击【转换平移】按钮，绘图区中显示出“平移：选取图素去平移”提示。

(2) 在绘图区中选取要平移的图素(单击选取一个或框选多个)，双击绘图区空白处或按 Enter 键结束选取，此时弹出如图 1-235 所示的【平移】对话框，图素的平移操作主要由此对话框来完成。单击对话框顶部的【增加/移除图素】按钮，可以返回到图素选取状态，根据需要增加图素或删除不需要的图素。

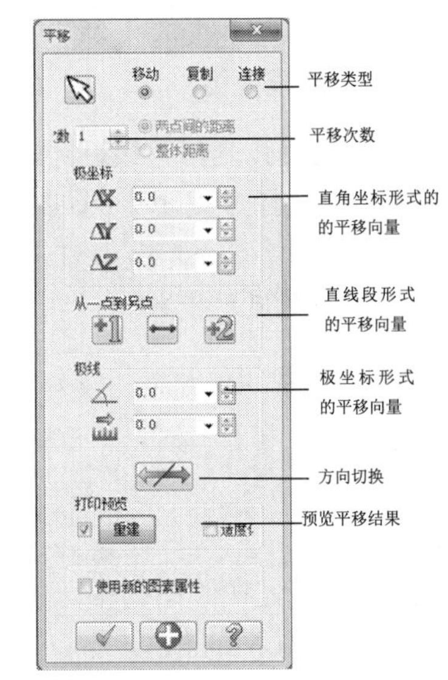

图 1-235 【平移】对话框

(3) 选择平移类型。如果要移动所选择的图素，则选中【移动】单选按钮；如果要移动复制后的图素，则选中【复制】单选按钮；如果移动复制的图素后，要在对应端点处添加直线段连接，则选中【连接】单选按钮。如图 1-236 所示，每个图形所选择的平移类型从左到右依次为移动、复制、连接(圆的起点和终点重合)。

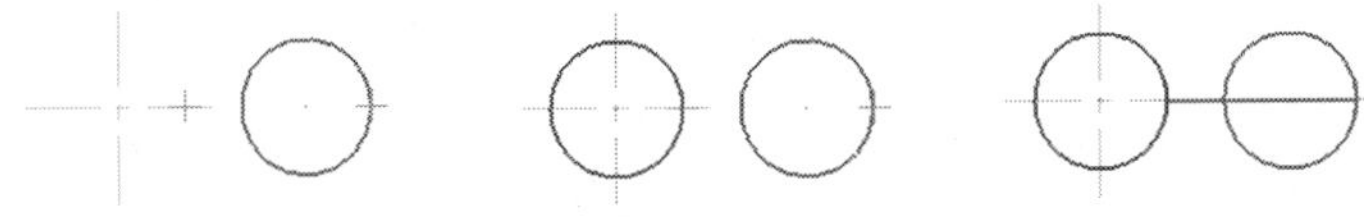

图 1-236 平移类型

(4) 以直角坐标系的形式定义平移向量。在【直角坐标】选项组中分别输入ΔX、ΔY、ΔZ 的值，按 Enter 键应用输入的值，则所选图素按照平移向量(ΔX，ΔY，ΔZ)进行平移。如图 1-237 所示，左侧图形中设置的平移向量为(1,-1,0)，右侧图形中设置的平移向量为(10,10,15)。

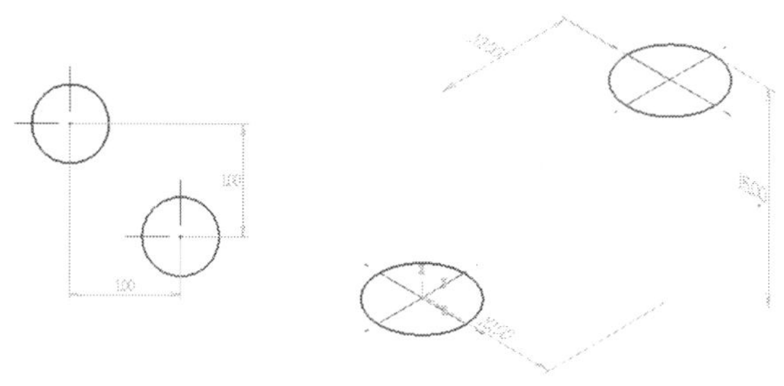

图 1-237　以直角坐标系的形式定义平移向量

注意　当处于 2D 绘制模式时，图形只能在绘图平面内或沿 Z 轴平移；当处于 3D 绘图模式时，可以在空间中任意平移。在绘图平面内进行平移操作时，首先应在属性栏中把 2D 绘图模式改为 3D 绘图模式。

(5) 以直线段的形式定义平移向量。在【从一点到另一点】选项组中单击【选择起始点】或【选择终止点】按钮，对话框将会关闭并出现“选取平移起点”提示，在绘图区中定义一个点(光标单击处、已绘制的点、图素特征点或坐标输入的点)作为平移向量的起始点，然后在“选取平移终点”提示下(此时出现有一条跟随光标移动而变换终止点的直线)定义另一点(光标单击处、已绘制的点、图素特征点或坐标输入的点)作为平移向量的终止点，定义两点后再次弹出【平移】对话框且平移向量已被应用到所选图素上，按 Enter 键确认完成操作。如图 1-238 所示，左侧图形为 2D 绘图模式下进行的平移操作，右侧图形为 3D 绘图模式下进行的平移操作。

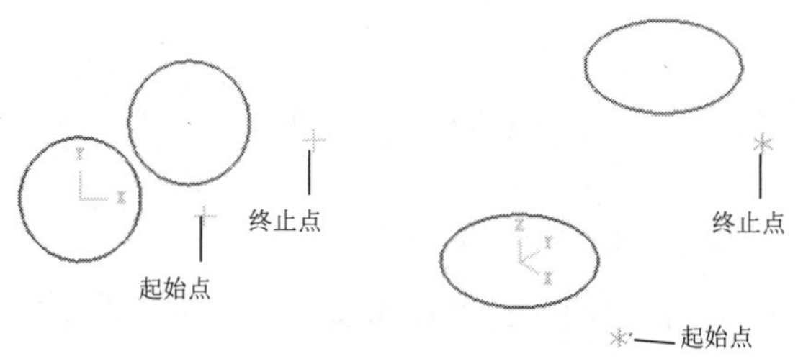

图 1-238　通过两点定义平移向量

除了可以选择两个点来定义平移向量外，还可以通过选取一条直线来定义平移向量，离光标所选位置较近的直线端点被定义为向量的起始点。单击【选择线】按钮，对话框关闭后出现 “选择从->到线”提示，光标单击选取一条直线(注意单击位置)，再次弹出对话框时按 Enter 键结束本次平移操作。此时可以单击【选择起始点】或【选择终止点】按钮更改平移向量的起始点和终止点。如图 1-239 所示，左侧图形为选择绘图面上的直线来定义平移向量，右侧图形为选择空间的直线来定义平移向量。

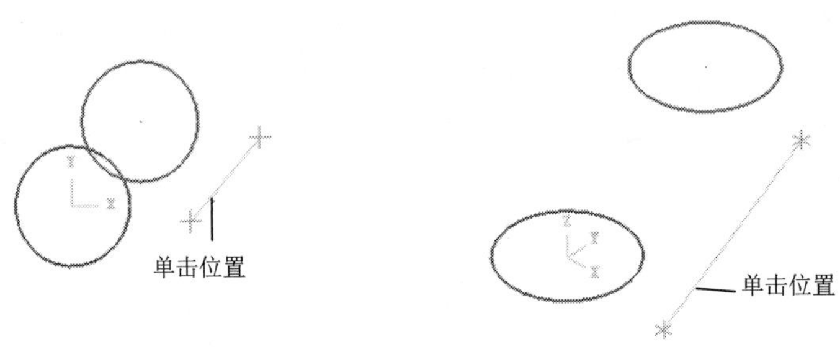

图 1-239　通过直线定义平移向量

注意　当选择两点定义来平移向量或选择一条直线来定义平移向量时，【直角坐标】和【极坐标】选项组中的各选项也会有相应的变化。

(6) 以极坐标的形式定义平移向量。在【极坐标】选项组中的【角度】和【长度】文本框中输入用来定义平移向量的角度值和长度值，按 Enter 键应用输入的值，再次按 Enter 键结束当前的操作。如图 1-240 所示，左侧图形中设置的【角度】为 30，【长度】为 8；右侧图形中设置的【角度】为 30，【长度】为 8，并在【直角坐标】选项组中的 ΔZ 文本框中输入 6。

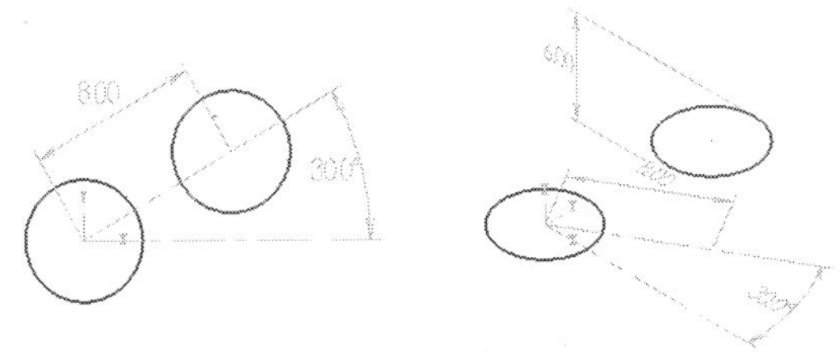

图 1-240　以极坐标的形式定义平移向量

(7) 更改平移方向。单击对话框中的【方向切换】按钮，可以在正向、反向、双向间切换。如图 1-241 所示，从左到右为正向、反向、双向。

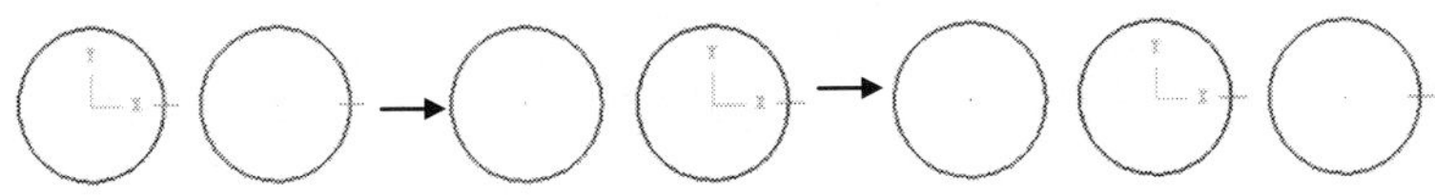

图 1-241　更改平移方向

(8) 增加平移的次数。要想对选取的图素进行多次平移，可以在【次数】文本框中输入需要平移的次数。当输入的值大于 1 时，该文本框右侧的两个单选按钮由不可用变为可用，如果选中【两点间的距离】单选按钮，则平移后的图素间隔为指定的长度，如果选中【整体距离】单选按钮，则平移后的图素间隔的和为指定的长度。如图 1-242 所示，指定的长度为 10，左侧图形为选中了【两点间的距离】单选按钮后的效果，右侧图形为选中了【整体距离】单选按钮后的效果。

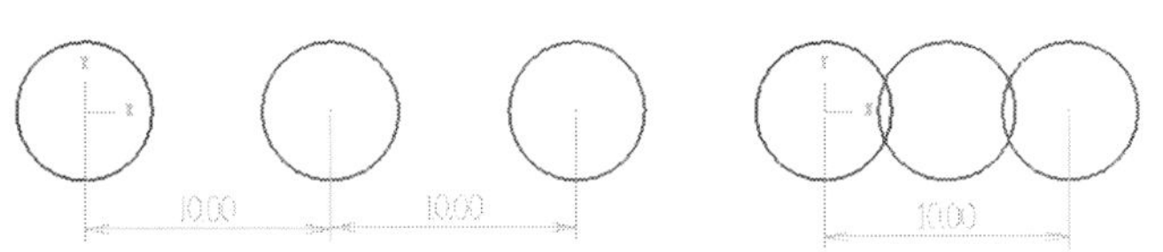

图 1-242　增加平移的次数

(9) 使用新的图层属性。在对话框的【属性】选项组中启用【使用新的图素属性】复选框，则展开如图 1-243 所示的选项组。在其中可以设置平移后的图素所在的图层及颜色，当图素平移的次数大于 1 时，【每次平移都增加一个图层】复选框是可用的，启用该复选框后，每个平移的图素都被放在了一个新的图层上。单击【从层别对话框选择】按钮，如图 1-244 所示，可以在【层别】对话框中放置一个平移后的图素。

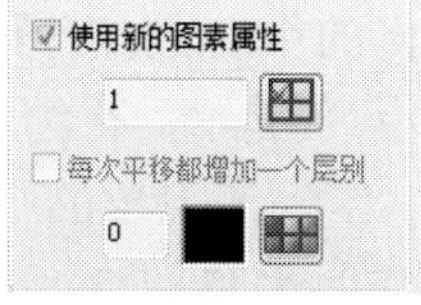

图 1-243　【属性】选项组

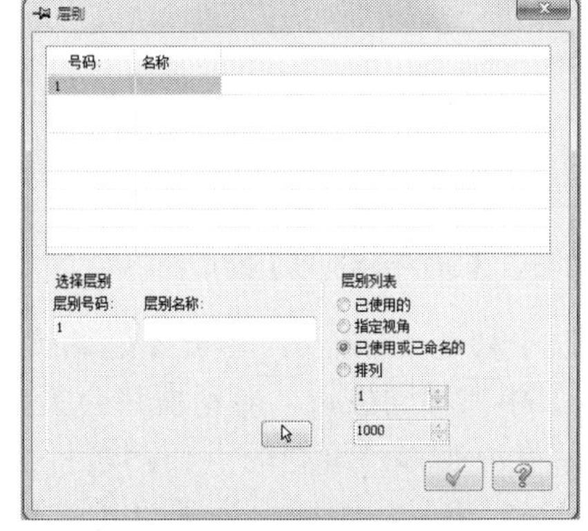

图 1-244　使用新的图素属性

可以选择【屏幕】|【清除颜色】菜单命令，清除图形因为平移操作而改变的颜色。

2. 3D 平移

3D 平移可以将选取的图素在不同的视角平面间进行平移。视角平面可以是标准的视角平面，也可以是用户自定义的视角平面。

(1) 选择【转换】|【3D 平移】菜单命令，或在【参考变换】工具栏中单击【3D 平移】按钮，绘图区中显示出“平移：选取图素去平移”提示。

(2) 在绘图区中选取要平移的图素(单击选取一个或框选多个)，双击绘图区空白处或按 Enter 键结束选取，此时弹出如图 1-245 所示的【3D 平移选项】对话框，图素的 3D 平移操作主要由此对话框来完成。单击对话框顶部的【增加/移除图形】按钮，可以返回到图素选取状态，根据需要增加图素或删除不需要的图素。如果想移动图素，而不是复制图素，则选中【移动】单选按钮，否则选中【复制】单选按钮。

(3) 在视角平面间进行平移。在【视角】选项组中的【起始视角】下拉列表中选择某一个标准视角作为源视角，再在【结束视角】下拉列表中选择另一个不同的标准视角作为目标视角，则选中的图素被移动到目标视角上。如图 1-246 所示，源视角为【俯视图】，目标视角为【前视图】，两个视角都采用默认的原点作为平移起点/终点。

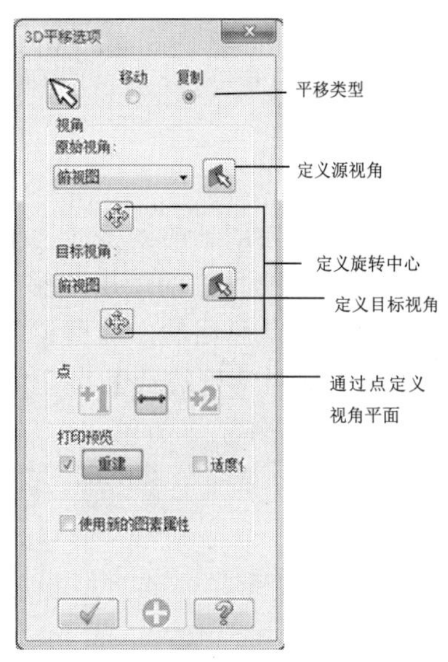

图 1-245 【3D 平移选项】对话框

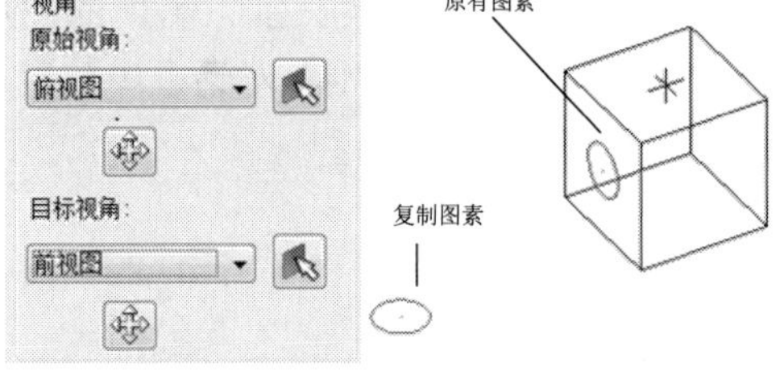

图 1-246 在视角平面间进行平移

(4) 更改平移起点/终点。单击【起始视角】中的【定义旋转的中心或(点)】按钮或【结束视角】中的相同按钮，对话框将会关闭并出现“选取平移点”提示，在绘图区中定义一个点(光标单击处、已绘制的点、图素特征点或坐标输入的点)作为该视角的平移起点/终点。如图 1-247 所示，源视角为【俯视图】，采用自定义的点作为平移起点，目标视角为【前视图】，采用默认的原点作为平移终点。

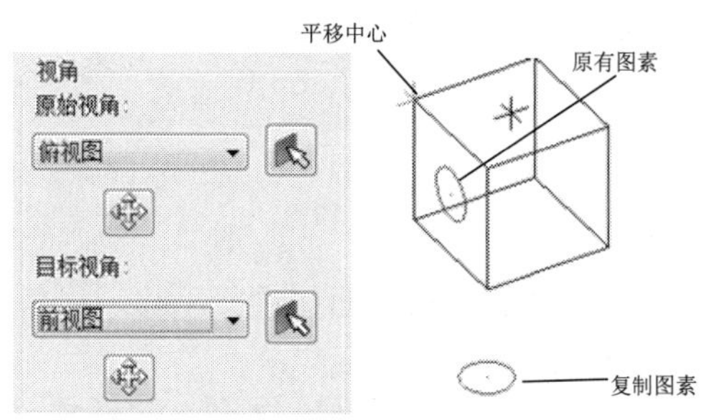

图 1-247 更改平移起点

(5) 修改视角平面。单击【起始视角】中的【来源：俯视图】按钮或【结束视角】中的【目标：前视图】按钮，都会弹出如图 1-248 所示的【平面选择】对话框，同时绘图区中会出现一个代表视图平面及其法向的符号，如图 1-249 所示。在定义完视角平面后，单击【确定】按钮返回到【3D 平移选项】对话框。

对话框上的各个按钮的功能说明如下。

- X、Y、Z按钮：在其后的文本框中输入一个值，定义视角平面在 X/Y/Z 轴方向上到原点的距离。
- 【选择直线】按钮：当前构图面的所有法线中与所选直线相交的那一条与所选

直线构成视图面。如图 1-250 所示，通过选择直线来定义源视角。

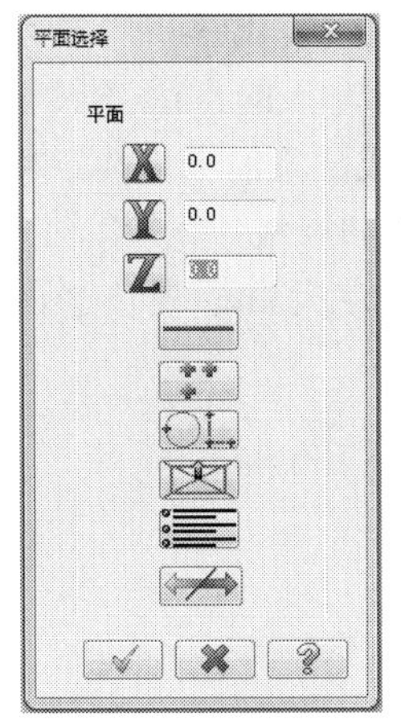

图 1-248 【平面选择】对话框

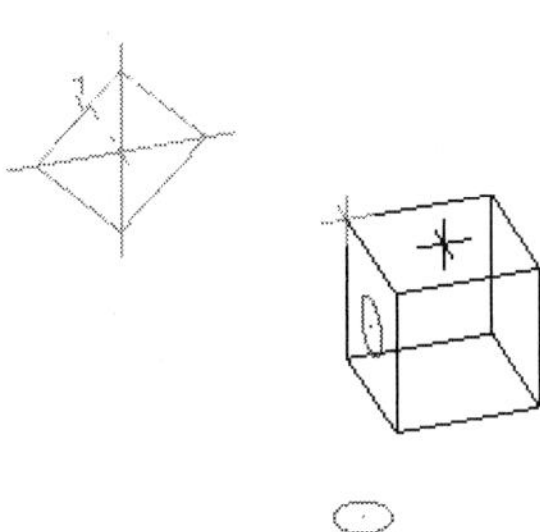

图 1-249 代表视图平面及其法向的符号

- 【选择三点】按钮：选择三个点定义视角平面，如图 1-251 所示。

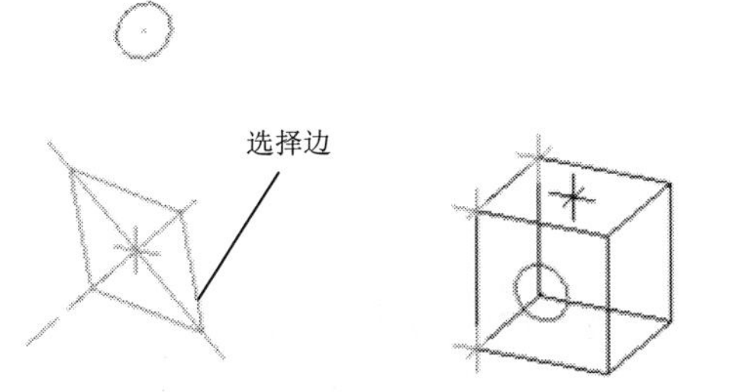

图 1-250 选择直线定义视角平面

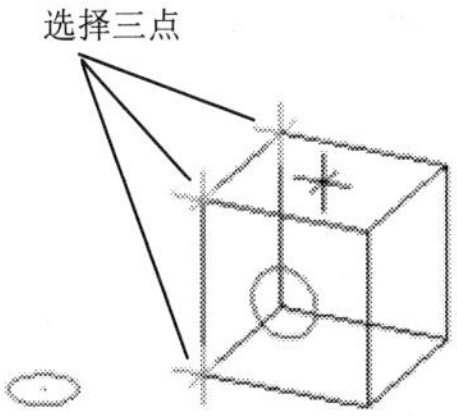

图 1-251 选择三点

- 【选择图素】按钮：选择一个圆弧或两条直线来定义视角平面，如图 1-252 所示。
- 【选择法向】按钮：选择一条直线作为法向来定义视角平面，如图 1-253 所示。

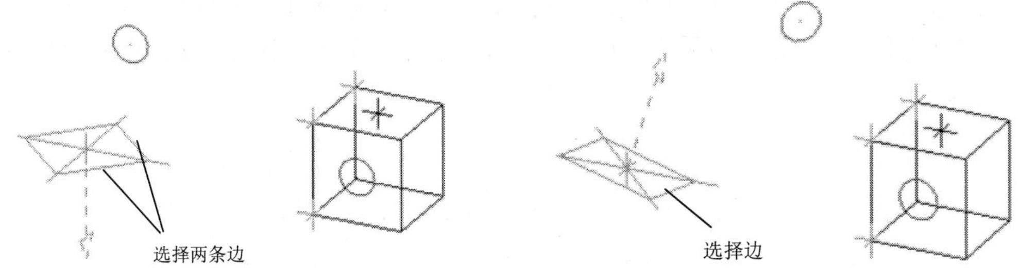

图 1-252 选择图素

图 1-253 选择法向

- 【视角选择】按钮：单击打开如图 1-254 所示的【视角选择】对话框，从【名称】栏选择已定义的视角平面。
- 【方向切换】按钮：单击该按钮可以改变视角平面的方向为反向。

(6) 通过点的方式定义视角平面。单击【点】选项组中的【选择起始/结束位置】按钮，对话框将会关闭并出现“指定 XY 原点(点)或选择 X 轴的(线)原视角”提示，在绘图区中定义第一个点(光标单击处、已绘制的点、图素特征点或坐标输入的点)，继续按照提示定义其他 5 个点，定义完成后返回到【3D 平移选项】对话框并完成图素的平移。定义的 6 个点中，用第一个点作为源视角的平移起点，用第一个点和第二个点的连线作为 X 轴方向，用第三个点定义 Y 轴方向来定义源视图平面，同样用后三个点来定义目标视角平面。如图 1-255 所示。

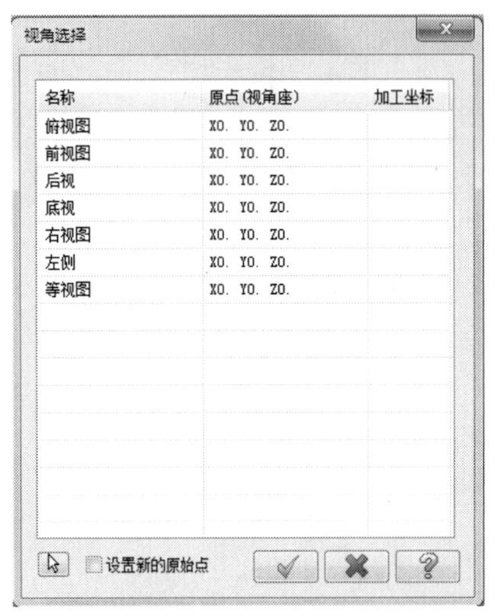

图 1-254 【视角选择】对话框

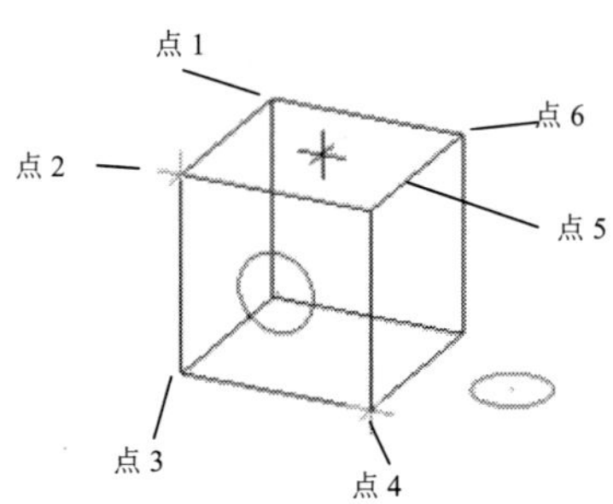

图 1-255 通过点定义视角平面

3. 动态平移

动态平移是新增功能，是指在 3D 绘图模式下，将选取的图素按照指定的方式移动或复制到新的位置。平移操作可以通过直角坐标系、极坐标系、两点或一条直线来定义。

(1) 选择【转换】|【动态平移】菜单命令，或在【参考变换】工具栏中单击【动态平移】按钮，绘图区中显示出“选择图形移动/复制”提示。

(2) 在绘图区中选取要平移的图素(单击选取一个或框选多个)，双击绘图区空白处或按 Enter 键结束选取，此时弹出如图 1-256 所示的【动态平移】状态栏，图素的平移操作主要由此状态栏来完成。

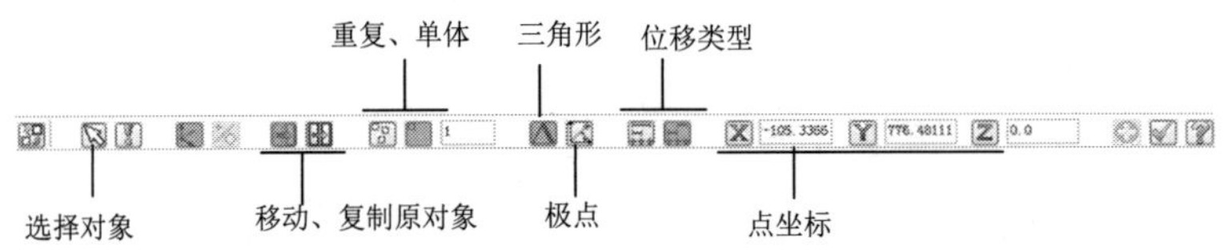

图 1-256 【动态平移】状态栏

(3) 在绘图区单击选择坐标系的原点，如图 1-257 所示。

(4) 再次单击可以放置新的坐标系位置，这时所选对象也进行平移，如图 1-258 所示。

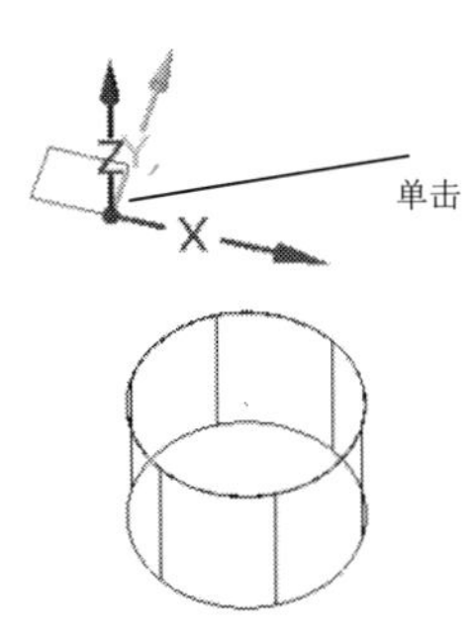

图 1-257 选择坐标系原点

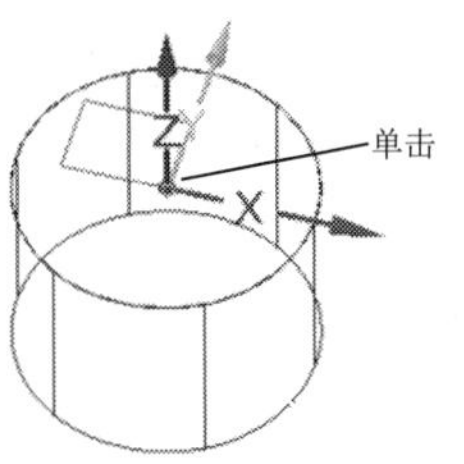

图 1-258 放置坐标系

(5) 在【动态平移】状态栏【移动到原点】按钮和【结合到轴】按钮后的下拉列表选择原点和轴的类型，如图 1-259 所示。单击坐标轴可以进行旋转操作，如图 1-260 所示。

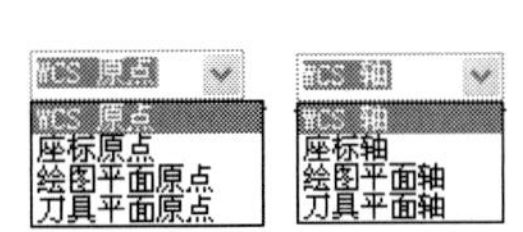

图 1-259 原点和轴的类型下拉列表

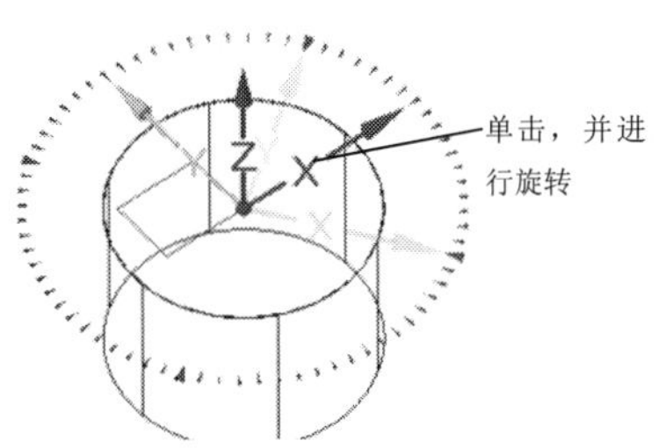

图 1-260 选择坐标轴

1.3.5 旋转、镜像和缩放

1. 旋转

旋转是指在构图面内将选取的图素绕指定的点旋转指定的角度。旋转的类型也包括移动、复制和连接。

(1) 选择【转换】|【旋转】菜单命令，或在【参考变换】工具栏中单击【旋转】按钮，绘图区中显示出“旋转：选取图素去旋转”提示。

(2) 在绘图区中选取要进行旋转的图素(单击选取一个或框选多个)，双击绘图区空白处或按 Enter 键结束选取，此时弹出如图 1-261 所示的【旋转】对话框，图素的旋转操作主要由此对话框来完成。单击对话框顶部的【增加/移除图形】按钮，可以返回到图素选取状态，根据需要增加图素或删除不需要的图素。如果想移动图素，则选中【移动】单选按钮；如果想复制图素，则选中【复制】单选按钮，如果想用圆弧连接图素的端点，则选中【连接】单选按钮。

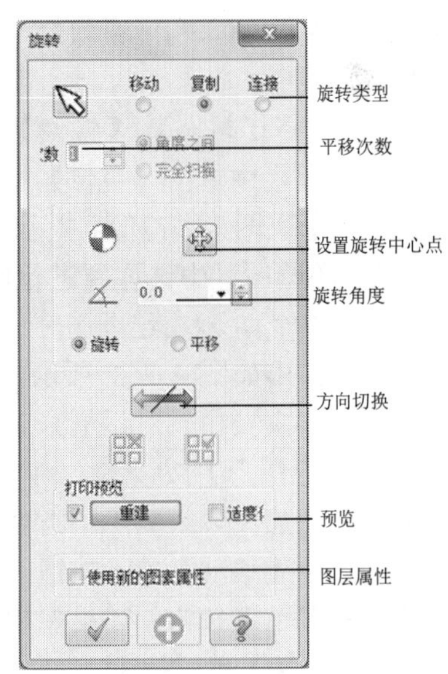

图 1-261 【旋转】对话框

(3) 定义旋转操作。单击【定义旋转的中心或(点)】按钮，对话框将会关闭并出现“选取旋转的基点”提示，在绘图区定义一点(光标单击处、已绘制的点、图素特征点或坐标输入的点)作为旋转基点，返回到对话框后在【旋转角度】按钮后面的【角度】文本框中输入旋转角度值，按 Enter 键可以预览旋转的结果。如果选中的是【旋转】单选按钮，则图素将会绕旋转基点做旋转；如图选中的是【平移】单选按钮，则图素将会以平动的方式旋转至目标点。单击【方向切换】按钮，可以更改旋转的方向。如图 1-262 所示，左侧图形为选中了【旋转】单选按钮的效果，右侧图形为选中了【平移】单选按钮的效果。

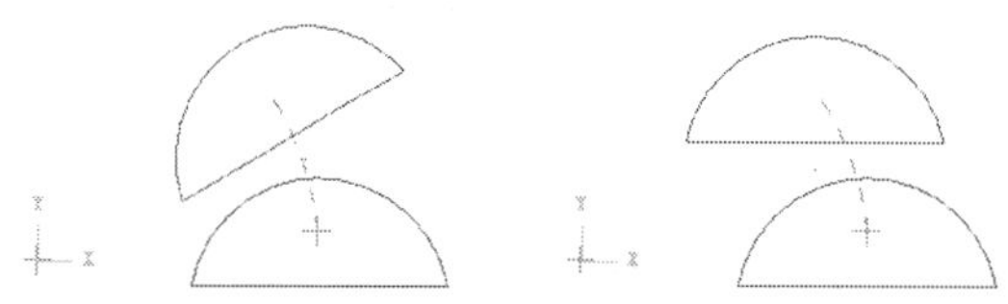

图 1-262　旋转图素

(4) 移除项目和重设项目。如果【次数】文本框中的数值大于 1，则【移动项目】按钮成为可用的，单击该按钮，对话框将会关闭并提示“选择复制或移动按<ENTER>”，在绘图区中选取需要移除的对象，则对象被立即删除，然后按 Enter 键结束移除。此时【重设项目】按钮变为可用的状态，单击该按钮可以恢复所有被移除的项目。

注意：在选取将要移除的项目时，如果所旋转的图素是多个，只需选取其中的一个图素即可。

2. 镜像

镜像是指将选取的图素以对称的方式移动或复制到对称轴的另一侧。利用镜像命令可以快速地创建具有对称特征的图形。

(1) 选择【转换】|【镜像】菜单命令，或在【参考变换】工具栏中单击【镜像】按钮，绘图区中显示出“镜像：选取图素去镜像”提示。

(2) 在绘图区中选取要进行镜像的图素(单击选取一个或框选多个)，双击绘图区空白处或按 Enter 键结束选取，此时弹出如图 1-263 所示的【镜像】对话框，图素的镜像操作主要由此对话框来完成。单击对话框顶部的【增加/移除图形】按钮，可以返回到图素选取状态，根据需要增加图素或删除不需要的图素。如果想移动图素，则选中【移动】单选按钮；如果想复制图素，则选中【复制】单选按钮；如果想用直线连接图素的端点，则选中【连接】单选按钮。

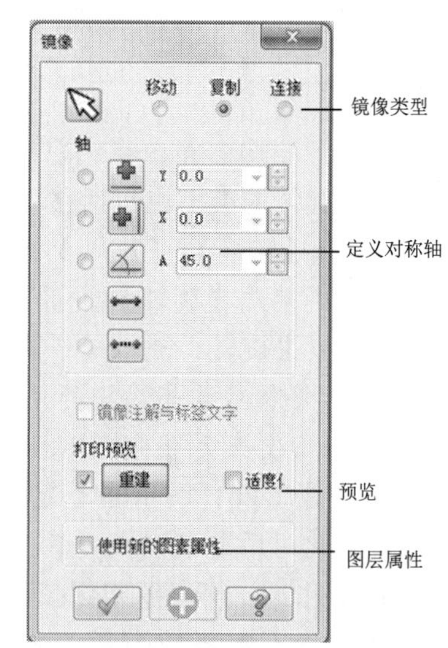

图 1-263　【镜像】对话框

(3) 定义水平对称轴。在【轴】选项组中选中第一个单选按钮，在 Y 右侧的文本框中输入 y 坐标值，然后按 Enter 键，此时在绘图区中创建了一条虚拟的对称轴和对称后的图素，如图 1-264 所示。也可以单击【X 轴：选择点】按钮，然后在绘图区定义一点(光标单击处、

已绘制的点、图素特征点或坐标输入的点)来定位水平对称轴。单击【应用】按钮进行下一次镜像操作。

(4) 定义竖直对称轴。在【轴】选项组中选中第二个单选按钮，定义方法与定义水平对称轴的方法相同，如图 1-265 所示。

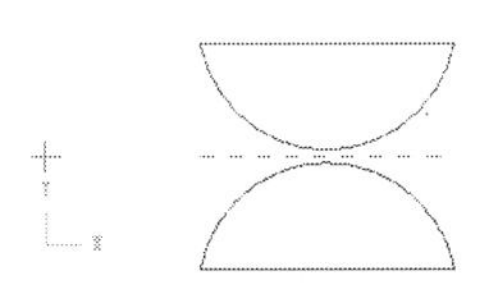

图 1-264　定义水平对称轴

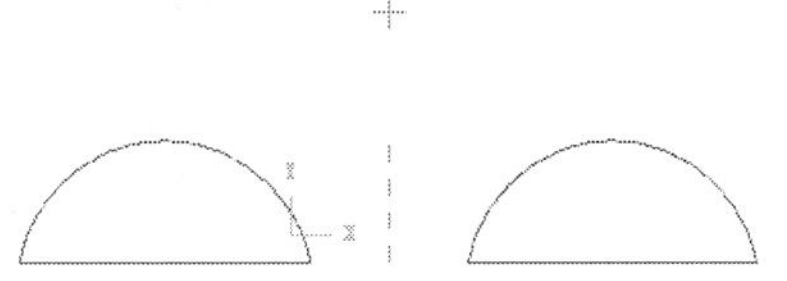

图 1-265　定义竖直对称轴

(5) 通过点和角度定义对称轴。在【轴】选项组中选中第三个单选按钮，在 A 右侧的文本框中输入角度值(相当于 X 轴)，单击【极坐标：选择点】按钮，关闭对话框后定义一点(光标单击处、已绘制的点、图素特征点或坐标输入的点)作为对称轴上的点，最后单击对话框中【应用】按钮进行下一次镜像操作，如图 1-266 所示。

(6) 选择现有的直线作为对称轴。单击【选择线】按钮，对话框关闭后选取一条现有的直线作为对称轴，再次返回到对话框并可以预览操作的结果，单击【应用】按钮进行下一次镜像操作，如图 1-267 所示。

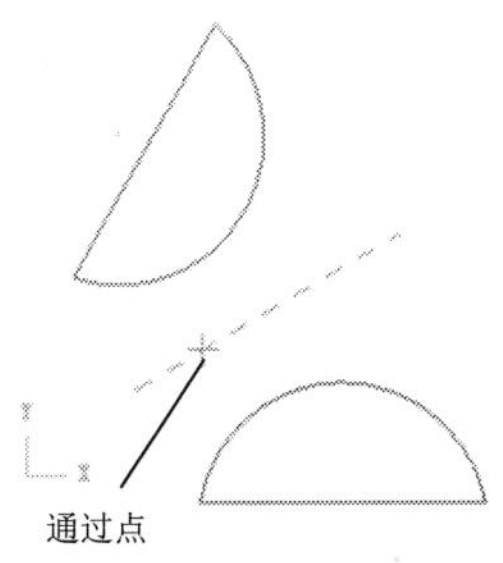

图 1-266　通过点和角度定义对称轴

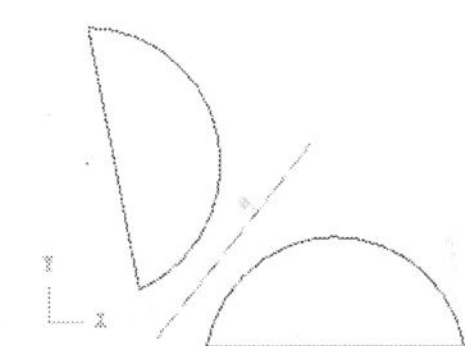

图 1-267　选择现有的直线作为对称轴

(7) 选择两点定义对称轴。单击【选择二点】按钮，对话框关闭后分别定义对称轴上的两个点(光标单击处、已绘制的点、图素特征点或坐标输入的点)，再次返回到对话框并预览操作的结果，单击【应用】按钮进行下一次镜像操作，如图 1-268 所示。

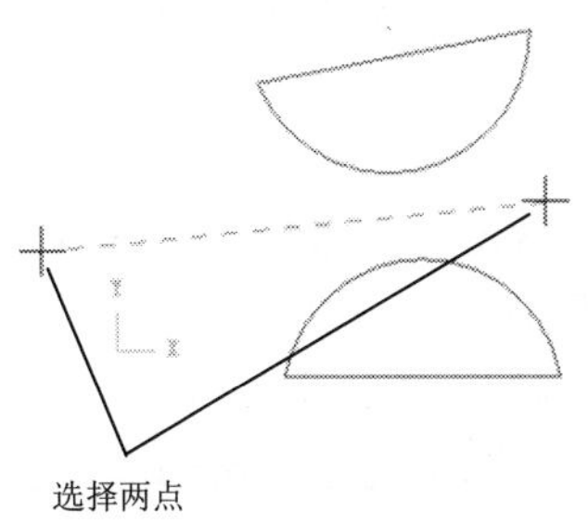

图 1-268　选择两点定义对称轴

3. 比例缩放

比例缩放是指将选取的图素按照等比例或不等比例进行放大或缩小。当选择了不等比例缩放时，可以分别设置 X、Y、Z 轴向的比例因子。

(1) 选择【转换】|【比例缩放】菜单命令，或在【参考变换】工具栏中单击【比例缩放】按钮，绘图区中显示出“比例：选取图素去缩放”提示。

(2) 在绘图区中选取要进行比例缩放的图素(单击选取一个或框选多个)，双击绘图区空白处或按 Enter 键结束选取，此时弹出如图 1-269 所示的【比例】对话框，图素的比例缩放操作主要由此对话框来完成。单击对话框顶部的【增加/移除图形】按钮，可以返回到图素选取状态，根据需要增加图素或删除不需要的图素。如果想移动图素，则选中【移动】单选按钮；如果想复制图素，则选中【复制】单选按钮；如果想用直线连接图素的端点，则选中【连接】单选按钮。

(3) 等比例缩放模式。选中【等比例】单选按钮。在【等比例】选项组中，如果选中的是【比例因子】单选按钮，则在下方的文本框中输入比例因子；如果选中的是【百分比】单选按钮，则在下方的文本框中输入百分比。系统默认的比例缩放参考点为原点，用户可以单击【定义比例缩放参考点】按钮进行重新定义。如图 1-270 所示，左右两个图形都是将正六边形缩放为原来的 50%，缩放类型选中【连接】，但右侧图形中选择最右侧的顶点作为缩放参考点。

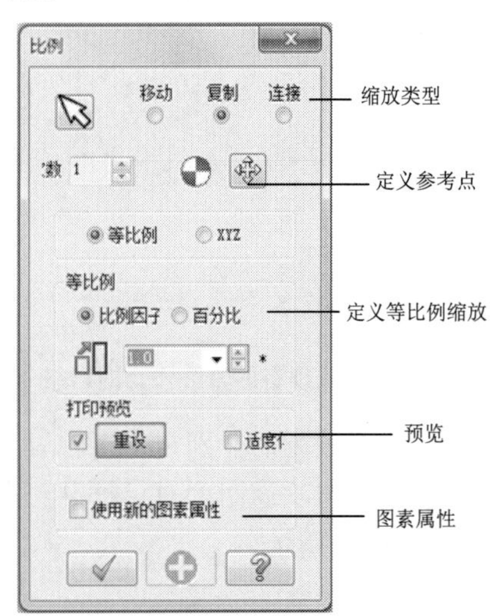

图 1-269 【比例】对话框

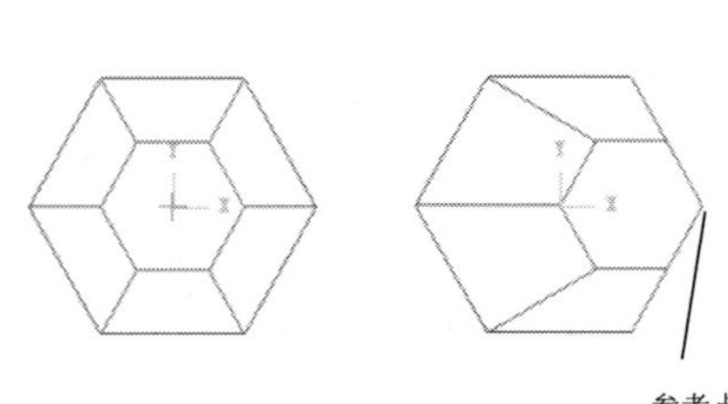

图 1-270 等比例缩放

(4) 不等比例缩放模式。选中 XYZ 单选按钮，则【等比例】选项组切换为如图 1-271 所示的 XYZ 选项组。在该选项组中同样存在【比例因子】和【百分比】两种方式，选择其中一种后分别在X、Y、Z三个按钮右侧的文本框中输入 X、Y、Z 轴向的比例因子或百分比。如图 1-272 所示的不等比例缩放效果，选中的是【比例因子】单选按钮，X 轴向比例因子设置为 0.8，Y 轴向比例因子设置为 0.6。

图 1-271 XYZ 选项组

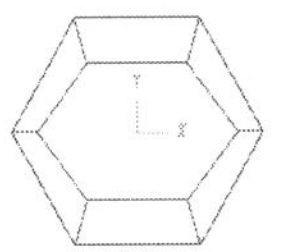

图 1-272 不等比例缩放

1.3.6 补正

1. 单体补正

单体补正是指对选取的单一图素进行偏移操作。

(1) 选择【转换】|【单体补正】菜单命令，或在【参考变换】工具栏中单击【单体补正】按钮，绘图区中显示出“选取线，圆弧，曲线或曲面线去补正”提示，同时弹出如图 1-273 所示的【补正】对话框。

(2) 在【次数】文本框中输入需要偏移的个数，在【距离】文本框中输入偏移的距离，此处的距离是相邻图素(包括原始图素和偏移图素)之间的距离。再在绘图区中选择想要偏移的单个图素，出现“指定补正方向”提示时单击图素的某一侧来定义偏移方向，此时绘图区中显示出预览图形。在偏移方向确定以后，还可以单击【方向切换】按钮，在“正向”、“反向”和“双向”间切换。如图 1-274 所示，偏移方向为双向。

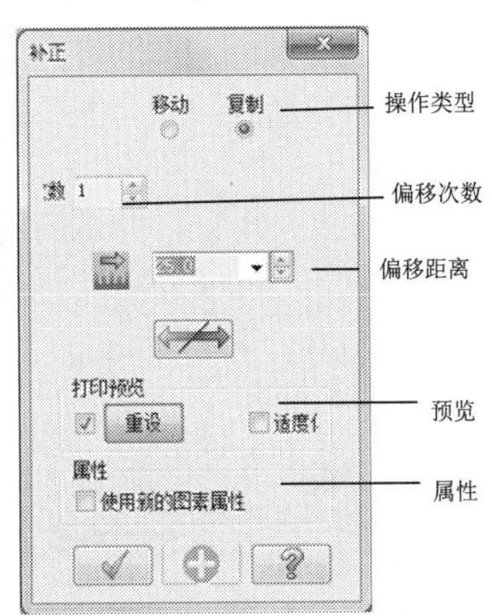

图 1-273 【补正】对话框

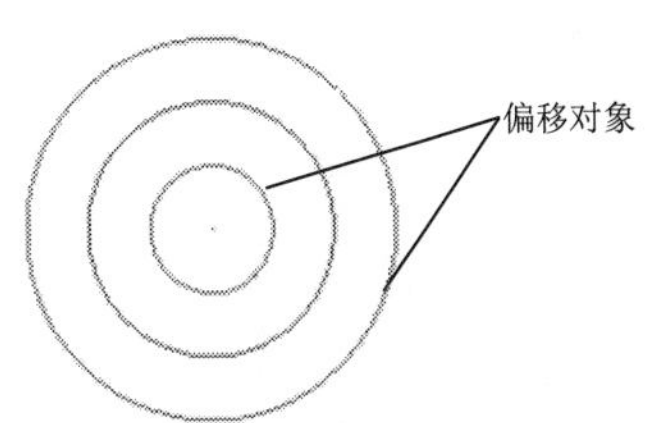

图 1-274 创建单体补正特征

2. 串连补正

串连补正是指在绘图面内将所选串连图素做整体偏移，若指定深度或角度，则在 Z 轴方向上做平移。

(1) 选择【转换】|【串连补正】菜单命令，或在【参考变换】工具栏中单击【串连补正】按钮，绘图区中显示 “补正：选取串连 1”提示，同时弹出【串连选项】对话框。

(2) 在绘图区域中选择一个或多个串连图素，单击【确定】按钮完成串连的选取。接着会弹出如图 1-275 所示的【串连补正选项】对话框，且绘图区中显示出采用默认参数的操作结果。单击对话框顶部的【增加/移除图形】按钮，可以返回到图素选取状态，根据需要增加图素或删除不需要的图素。如果想移动图素，则选中【移动】单选按钮；如果想复制图素，则选中【复制】单选按钮。

(3) 创建串连补正。在【距离】选项组中进行必要的设置，首先在【偏移距离】按钮右侧的【距离】文本框中输入绘图面内的偏移距离，然后在【Z 轴深度】按钮右侧的【深度】文本框中输入 Z 轴方向的深度，则系统自动计算角度值，此处也可以指定深度值和角度值，让系统自动计算偏移距离值。单击【方向切换】按钮可以在“正向”、“反向”和“双向”间切换。如图 1-276 所示，左侧图形中指定了距离和深度，右侧图形中指定了深度和角度。

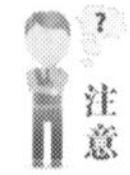

注意：在进行串连补正时，如果选择的是多个串连，应注意每个串连选择的位置。串连图素选择的位置不同，串连的方向也是不同的。如果此处选择的多个串连的方向是相同的，则偏移方向也是相同的；如果相反，则偏移方向也是相反的。

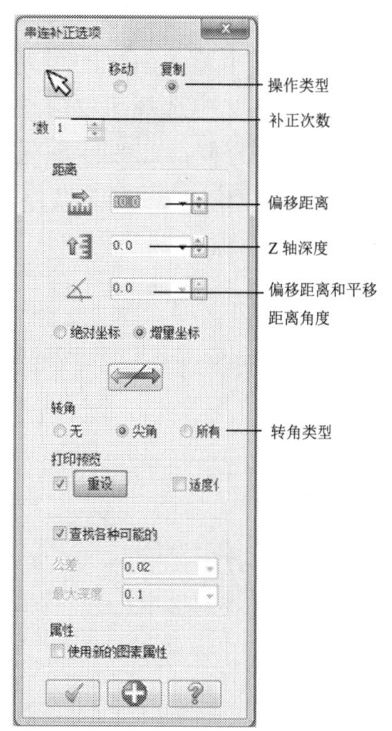

图 1-275 【串连补正选项】对话框

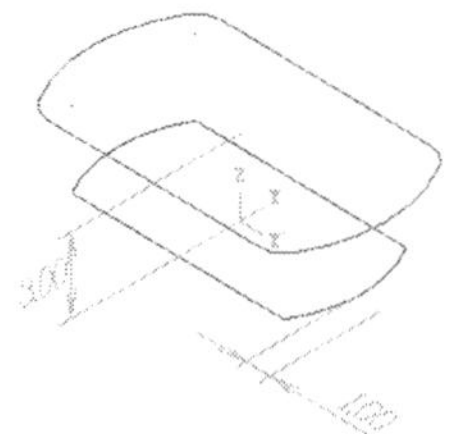

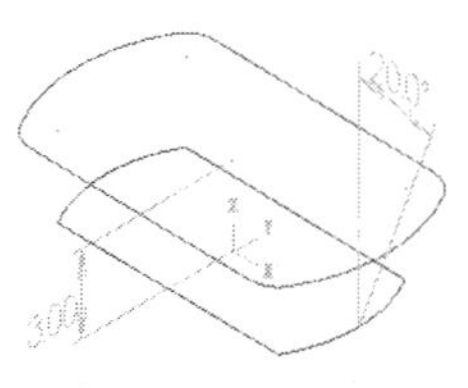

图 1-276 创建串连补正

(4) 选择坐标类型。如果绘图面的 Z 深度不为 0，则选中【绝对坐标】或【增量坐标】单选按钮将会影响到 Z 轴方向的平移距离。如果选中【绝对坐标】单选按钮，则是指 Z 轴绝对值，如果选中【增量坐标】单选按钮，则是指相当于所选图素的值。如图 1-277 所示，左侧图形中选择的屏幕视角是【等视图】，右侧图形中选择的屏幕视角是【前视图】，原始串连所在绘图面的 Z 深度不为 0，创建串连补正 1 时选择的是【绝对坐标】，创建串连补正 2 时选择的是【增量坐标】。

(5) 转角设置。在【转角】选项组中可以对补正串连拐角处的处理进行选择，如果选中的是【无】单选按钮，则不在拐角处创建圆角；如果选中的是【尖角】单选按钮，则在小于等

于 135° 的拐角处创建圆角；如果选中的是【全部】单选按钮，则在所有拐角处创建圆角。如图 1-278 所示，从左到右依次选择的处理方式是【无】、【尖角】、【全部】。

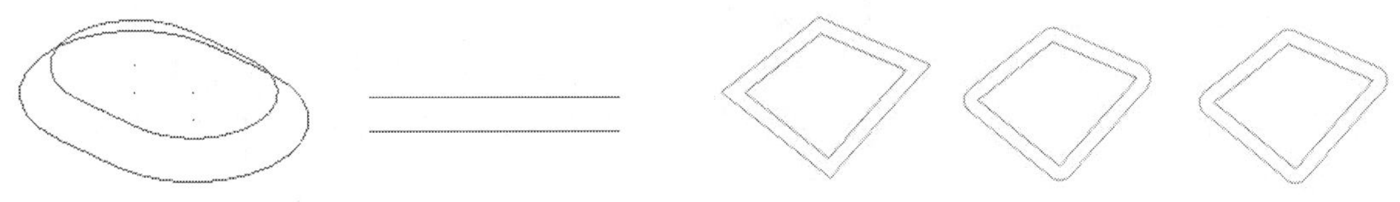

图 1-277 【绝对坐标】和【增量坐标】偏移的区别　　　　图 1-278 转角设置

1.3.7 投影和阵列

1. 投影

投影是指将选取的图素按照指定的方向投影到指定的平面或曲面上。

(1) 选择【转换】|【投影】菜单命令，或在【参考变换】工具栏中单击【投影】按钮，绘图区中显示出“选取图素去投影”的提示。

(2) 在绘图区中选取要进行投影的图素(单击选取一个或框选多个)，双击绘图区空白处或按 Enter 键结束选取，此时弹出如图 1-279 所示的【投影】对话框，图素的投影操作主要由此对话框来完成。单击对话框顶部的【增加/移除图形】按钮，可以返回到图素选取状态，根据需要增加图素或删除不需要的图素。投影对话框的顶部也列出了【移动】、【复制】和【连接】三种操作类型。

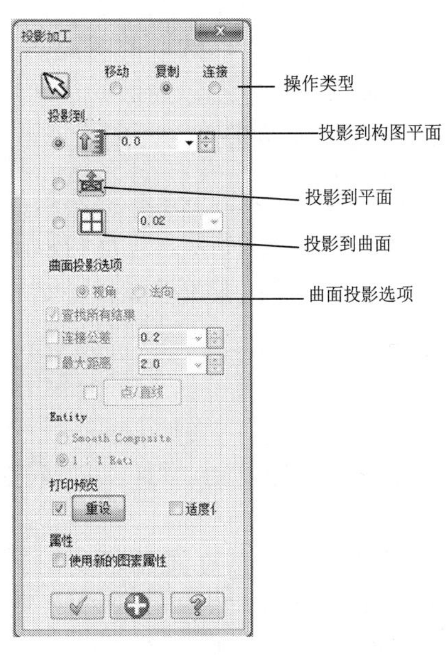

图 1-279 【投影】对话框

(3) 投影到构图面或与构图面平行的平面。在【投影至】选项组中单击【投影到构图平面】按钮，对话框将会关闭并出现“定义深度”提示，然后在绘图区中定义一点(光标单击处、已绘制的点、图素特征点或坐标输入的点)，则此点的 Z 轴深度被作为投影面的位置。也

可以在【投影到构图平面】按钮右侧的文本框中输入 Z 轴深度，按 Enter 键后预览投影结果，如图 1-280 所示。

(4) 投影至平面。在【投影至】选项组中单击【投影至平面】按钮，打开【平面选择】对话框，其各个文本框和按钮的含义与前面所述相同，此处不再赘述。单击【视角选择】按钮，从打开的【视角选择】对话框中选择【右视角】选项，如图 1-281 所示为选择后的预览图形。

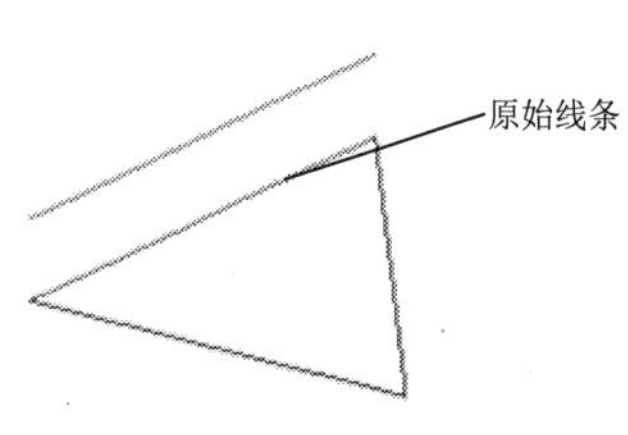

图 1-280　投影到构图面或与构图面平行的平面

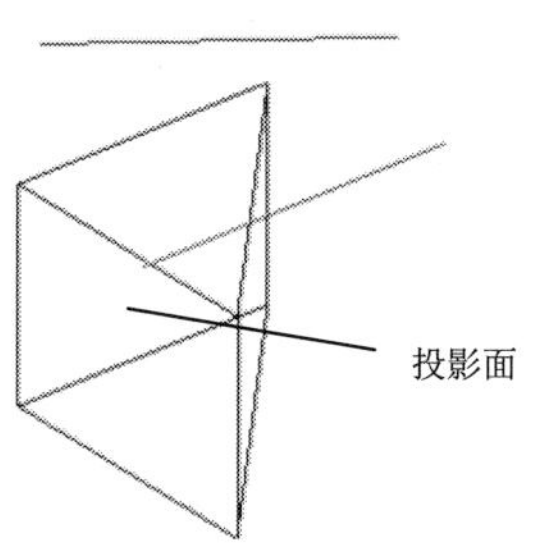

图 1-281　选择平面作为投影面

(5) 选择曲面作为投影面。在【投影至】选项组中单击【投影至曲面上】按钮，对话框关闭后出现“选取曲面”提示，在绘图区中选择一个曲面后双击绘图区的空白处或按 Enter 键，返回到【投影】对话框并可预览操作的结果。此时【曲面投影】选项组由不可用变为可用，若选中【构图平面】单选按钮，则以构图平面的方向为投影方向，将选取的图素投影到曲面上；若选中【曲面法向】单选按钮，则以曲面的法向为投影方向，将选取的图素投影到曲面上，如图 1-282 所示。

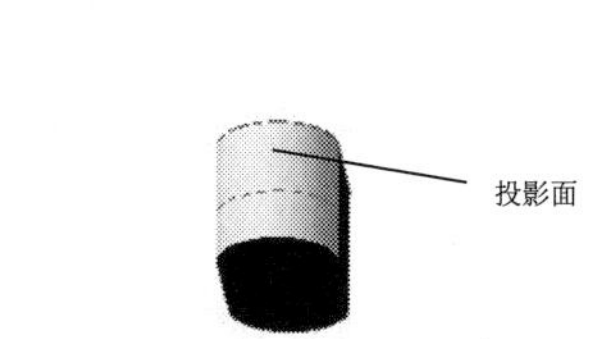

图 1-282　选择曲面作为投影面

注意：当选中【构图平面】单选按钮时，如果投影无效，则会弹出【错误】对话框。比如在进行如图 1-282 所示的投影操作前，更改构图面为“右视图”，此时再进行投影操作就会弹出【错误】对话框，因为以右视图方向为投影方向是投影不到曲面上的。

2. 阵列

阵列是指将选取的图素沿两个方向进行复制。每一个方向都可以设置阵列次数、间距、角度及方向。

(1) 选择【转换】|【阵列】菜单命令，或在【参考变换】工具栏中单击【阵列】按钮，绘图区中显示出“平移：选取图素去平移”提示。

(2) 在绘图区中选取要阵列的图素(单击选取一个或框选多个)，双击绘图区空白处或按 Enter 键结束选取，此时弹出如图 1-283 所示的【矩形阵列选项】对话框，图素的阵列操作主要由此对话框来完成。单击对话框顶部的【增加/移除图素】按钮，可以返回到图素选取状态，根据需要增加图素或删除不需要的图素。

(3) 设置阵列方向。在【方向 1】选项组中，【次数】右侧的文本框中输入沿方向 1 要复制的个数，在右侧的【距离】文本框中输入沿方向 1 阵列项目之间的间距，在右侧的【角度】文本框中输入方向 1 与 X 轴之间的夹角，单击【方向切换】按钮，可以使方向 1 在“正向”、“反向”、“双向”间切换；在【方向 2】选项组中，【次数】右侧的文本框中输入要沿方向 2 复制的个数，在右侧的【距离】文本框中输入沿方向 2 阵列项目之间的间距，在右侧的【角度】文本框中输入方向 2 与方向 1 之间的夹角，单击【方向切换】按钮，可以使方向 2 在“正向”、“反向”、“双向”间切换，每个文本框输入完后绘图区中的预览结果都会做出相应的变化，如图 1-284 所示。

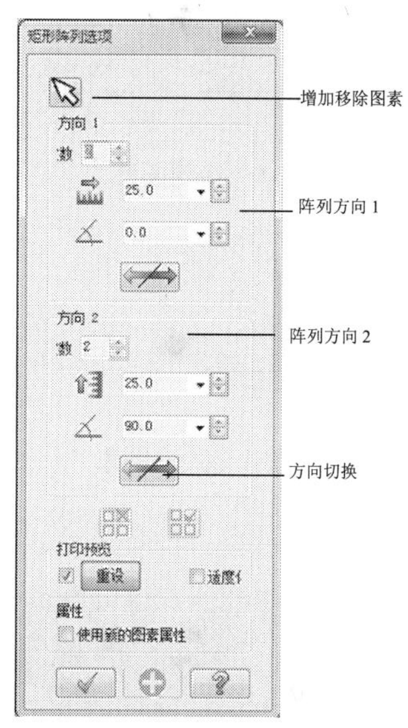

图 1-283 【矩形阵列选项】对话框

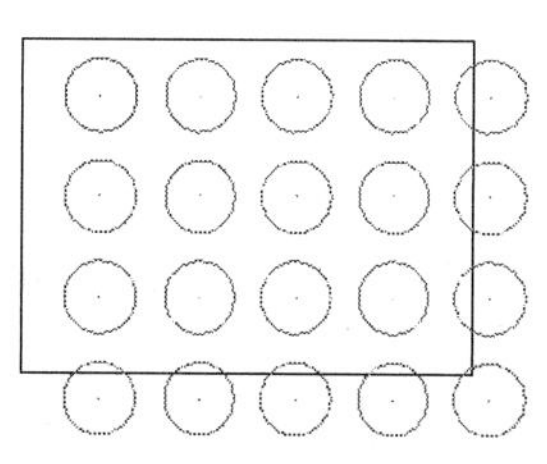

图 1-284 阵列

(4) 移除项目和重设项目。单击【方向 2】选项组下方的【移除项目】按钮，此时对话框将会关闭，然后选取不需要的阵列项目，所选取的项目被立即删除，选取完后按 Enter 键返回到【矩形阵列选项】对话框。此时【重设项目】按钮由不可用变为可用，单击该按钮可以恢复所有删除的项目。图 1-285 为删除与边界相交的 2 个阵列项目后的效果。

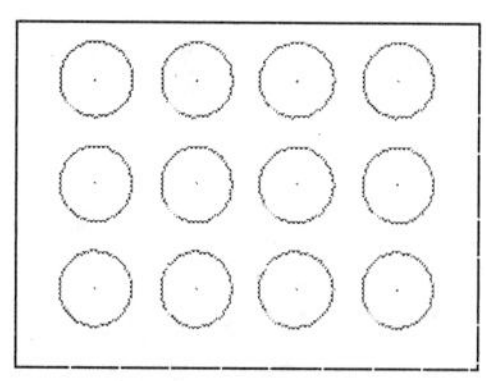

图 1-285 移除与边界相交的阵列项目

编辑和转换图素案例 1

案例文件：ywj /01/12.MCX-7

视频文件：光盘→视频课堂→第 1 章→1.4.1

step 01 单击【草图】工具栏中的【绘制任意线】按钮，绘制长为 50 的直线，然后绘制长为 30 的两条直线，接着绘制长为 10 的两条水平直线，再绘制长为 10 的两条竖直直线，结果如图 1-286 所示。

step 02 在【草图】工具栏中单击【两点画弧】按钮，绘制直径为 30 的圆弧，如

图 1-287 所示。

step 03 单击【草图】工具栏中的【倒圆角】按钮，创建半径为 5 的圆角，如图 1-288 所示。

step 04 在【草图】工具栏中单击【选择要倒角的元素】按钮，创建距离为 5 的倒角，如图 1-289 所示，完成草图的绘制。

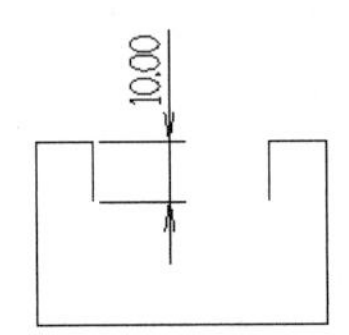

图 1-286　绘制直线

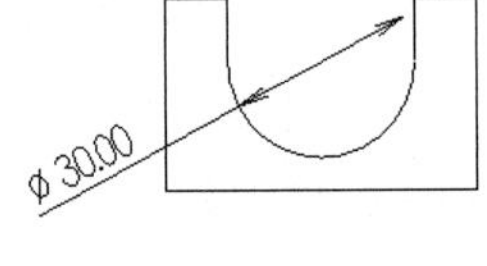

图 1-287　绘制圆弧

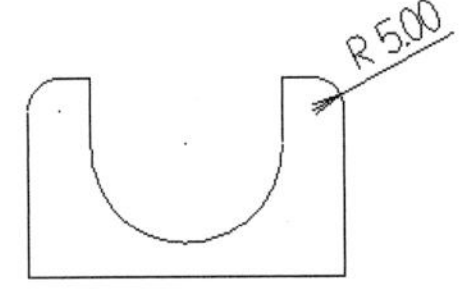

图 1-288　倒圆角

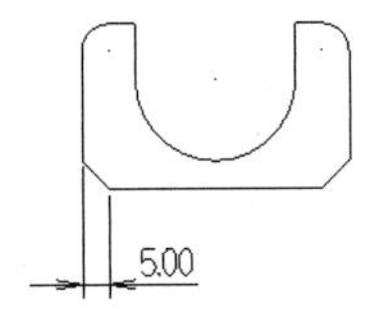

图 1-289　倒角

编辑和转换图素案例 2

案例文件：ywj /01/13.MCX-7

视频文件：光盘→视频课堂→第 1 章→1.4.2

step 01 在【草图】工具栏中单击【矩形形状设置】按钮，弹出【矩形选项】对话框，创建 80×40 的矩形。

step 02 单击【草图】工具栏中的【倒圆角】按钮，创建半径为 5 的圆角，如图 1-290 所示。

step 03 在【草图】工具栏中单击【已知圆心点画圆】按钮，绘制直径为 30 的圆形，如图 1-291 所示。

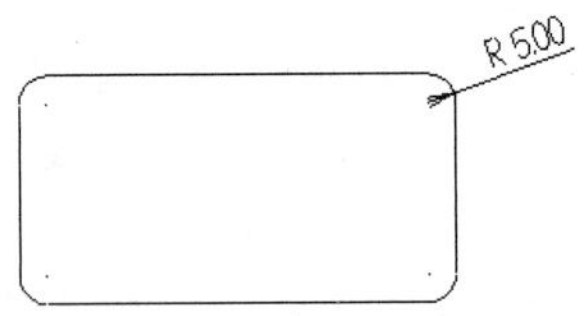

图 1-290　倒圆角

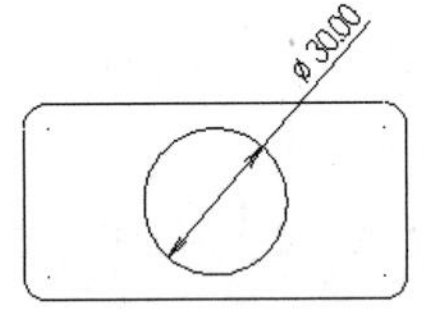

图 1-291　绘制圆

step 04 单击【参考变换】工具栏中的【单体补正】按钮，弹出【补正】对话框，创建偏移距离为 5 的圆形，如图 1-292 所示。

step 05 在【草图】工具栏中单击【已知圆心点画圆】按钮，绘制直径为 6 的圆，如图 1-293 所示。

step 06 单击【参考变换】工具栏中的【镜像】按钮，弹出【镜像】对话框，创建小

圆的镜像，如图 1-294 所示。

step 07 单击【参考变换】工具栏中的【阵列】按钮，弹出【矩形阵列选项】对话框，选择阵列图形，设置阵列的方向参数为 70 和 90，进行阵列，如图 1-295 所示，完成草图绘制。

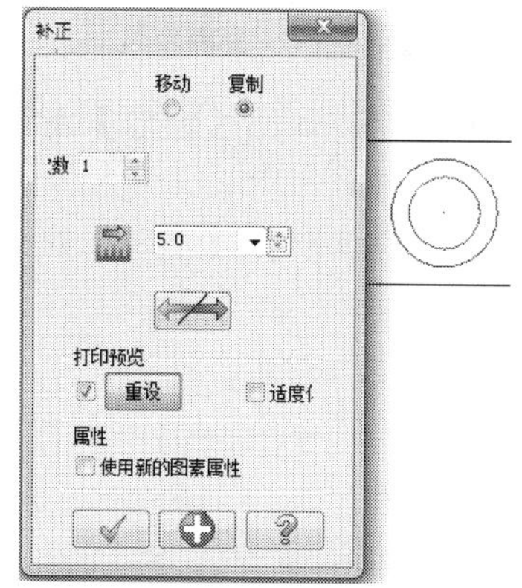

图 1-292　绘制偏移圆

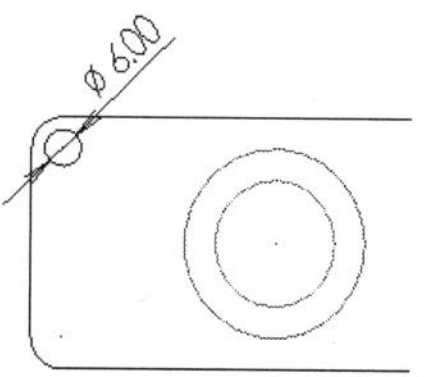

图 1-293　绘制小圆

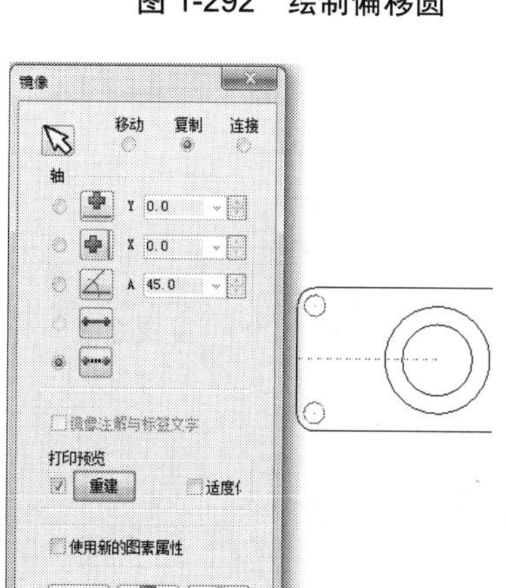

图 1-294　镜像圆

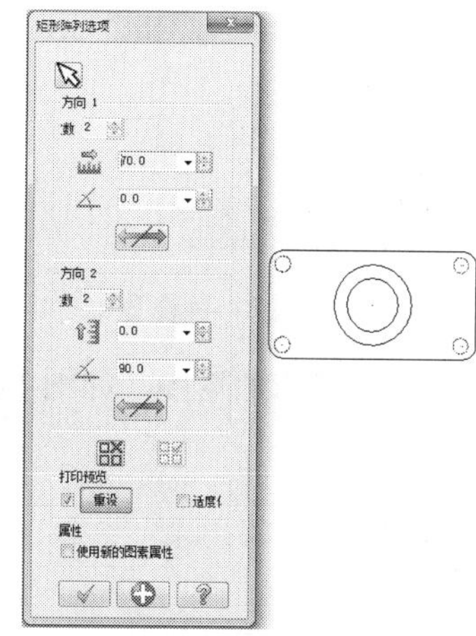

图 1-295　阵列圆

编辑和转换图素案例 3

案例文件：ywj /01/13.MCX-7、14.MCX-7

视频文件：光盘→视频课堂→第 1 章→1.4.3

step 01 单击【草图】工具栏中的【绘制任意线】按钮，绘制距离中心为 5 的直线，如图 1-296 所示。

step 02 单击【修剪/打断】工具栏中的【修剪/打断/延伸】按钮，修剪多余的直线，如图 1-297 所示。

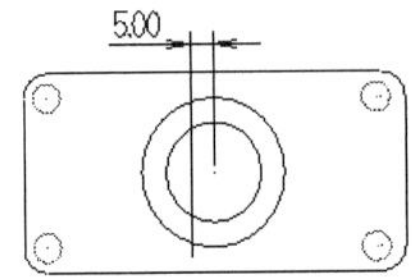

图 1-296　绘制直线

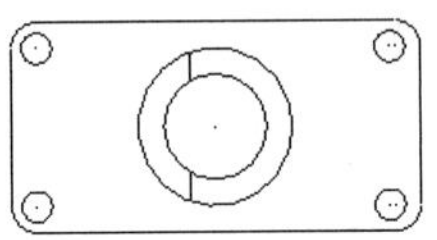

图 1-297　修剪直线

step 03 单击【参考变换】工具栏中的【镜像】按钮，弹出【镜像】对话框，创建直线的镜像，如图 1-298 所示。

step 04 在【参考变换】工具栏中单击【旋转】按钮，弹出【旋转】对话框，将直线旋转 90°，如图 1-299 所示。

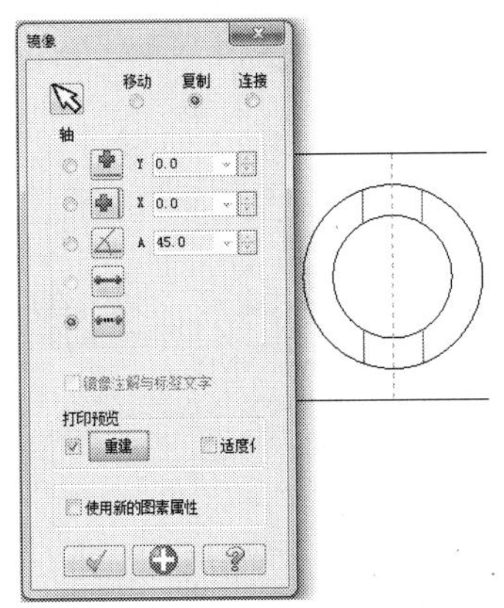

图 1-298　镜像直线

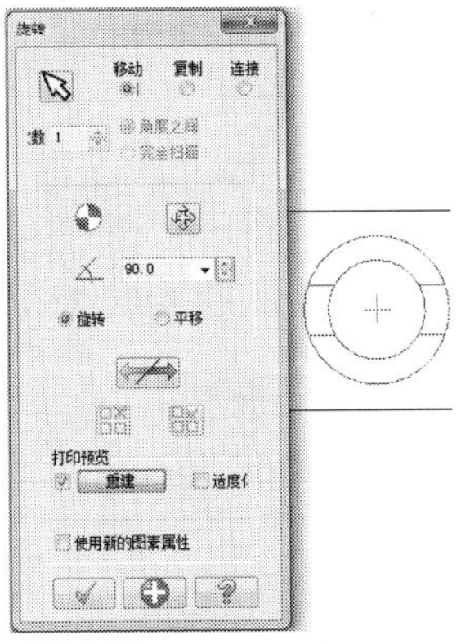

图 1-299　旋转直线

step 05 完成编辑的草图，如图 1-300 所示。

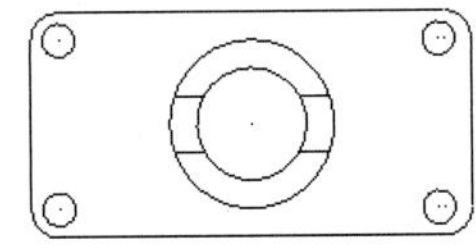

图 1-300　完成草图

1.4　尺寸和图形标注

尺寸标注是图形绘制中的一项重要内容，它用于标识图形的大小、形状和位置，它是进行图形识读和指导生产的主要技术依据。在学习 MasterCAM X7 中的尺寸标注功能之前，需要先学习一下尺寸标注的组成和尺寸标注的原则。

一个完整的尺寸标准应该由尺寸界线、尺寸线、尺寸箭头及尺寸文本 4 部分组成，如图 1-301 所示。

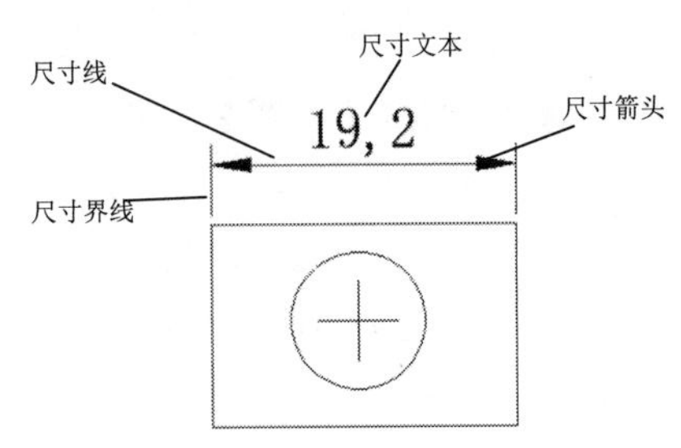

图 1-301　尺寸标注的组成

(1) 尺寸界线。尺寸界线用细实线绘制，应超过尺寸线 2～5mm。它由图形轮廓线、轴线或对称中心线引出，有时也可以利用图形轮廓线、轴线或对称中心线代替，用以表示尺寸起始位置。一般情况下，尺寸界线应与尺寸线相互垂直。

(2) 尺寸线。尺寸线也用细实线绘制，通常与所标注对象平行，放在两尺寸界线之间，不能用图形中已有图线代替，也不得与其他图形重合或画在其他图形的延长线上，必须单独画出。

(3) 尺寸箭头。在尺寸线两端，用以表明尺寸线的起始位置。在绘制箭头空间不够的情况下，允许改用圆点或斜线代替箭头。

(4) 尺寸文本。写在尺寸线上方或中断处，用以表示所选定图形的具体大小。当空间不够时，可以使用引出标注。

尺寸标注原则有以下 4 条。

(1) 合理选择基准。根据基准的作用不同，可把零件的尺寸基准分成两类。

- 设计基准

在设计零件时，为保证功能、确定结构形状和相对位置时所选用的基准。用来作为设计基准的，大多是工作时确定零件在机器或机构中位置的面、线或点。

- 工艺基准

在加工零件时，为保证加工精度和方便加工及测量而选用的基准。用作工艺基准的，一般是加工时用作零件定位和对刀起点及测量起点的面、线或点。

(2) 主要尺寸应从设计基准直接注出。主要尺寸是指直接影响机器装配精度和工作性能的尺寸。这些尺寸应从设计基准出发直接注出，而不是用其他尺寸推算。常用基准要素有点、轴线、对称面、端面和底面。

(3) 避免出现封闭尺寸链。尺寸链中的每一个尺寸称为尺寸链的环。其中在加工过程(或装配过程)最后形成的一环称为封闭环，而其余各环则称为组成环。显然，任一组成环的尺寸变动必然引起封闭环尺寸的变动，且封闭环的尺寸误差为各组成环的尺寸误差之和。

(4) 应尽量方便加工和测量。一个特征的尺寸标注有多种方法，应采用有利于方便加工和测量的一种。

在 MasterCAM X7 中，用于尺寸标注的命令位于如图 1-302 所示的【绘图】|【尺寸标注】|【标注尺寸】子菜单中，为了能够快速地选取这些尺寸标注命令，还提供如图 1-303 所示的【尺寸】工具栏。下面详细的讲解各种尺寸标注方法。

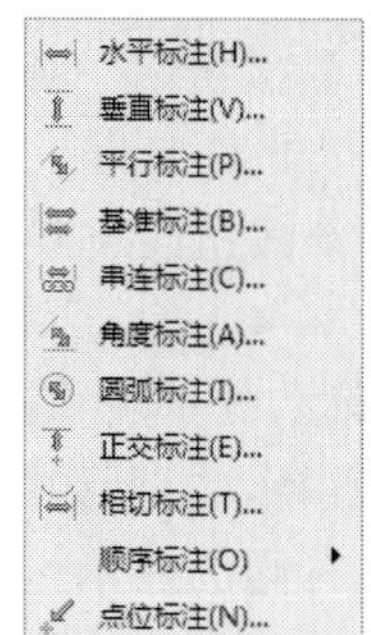

图 1-302 【尺寸标注】子菜单

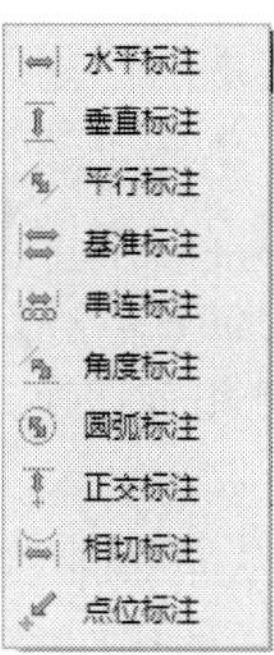

图 1-303 【尺寸】工具栏

1.4.1 尺寸标注

1. 线性标注

线性标注包括水平标注、垂直标注和平行标注。水平标注用来标注两点间的水平距离；垂直标注用来标注两点间的垂直距离；平行标注用来标注两点间沿两点连续方向的距离，即标注两点间的最短距离。

(1) 选择水平标注命令。选择【绘图】|【尺寸标注】|【标注尺寸】|【水平标注】菜单命令，或在【尺寸】工具栏的下拉列表中选择【尺寸】|【水平标注】命令，此时出现如图 1-304 所示的【尺寸标注】状态栏。

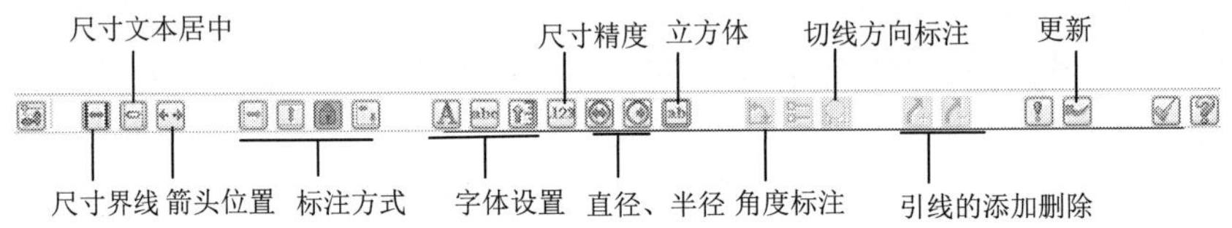

图 1-304 【尺寸标注】状态栏

注意 在所有的尺寸标注命令中，除了“基准标注”和“串连标注”外，选择命令后都会出现【尺寸标注】状态栏。

(2) 创建水平标注。在系统的提示下，依次选取需要标注距离的两个点，或直接选取要标注的直线段，移动光标到合适的位置后单击，以确认放置该尺寸标注，如图 1-305 所示。

(3) 设置此处界线的样式。在状态栏中单击【延伸线(尺寸界线)】按钮，可以在、、、4 种图标按钮间切换，分别代表左右都有尺寸界线、右边有尺寸界线、无尺寸界线和左边有尺寸界线，如图 1-306 所示。

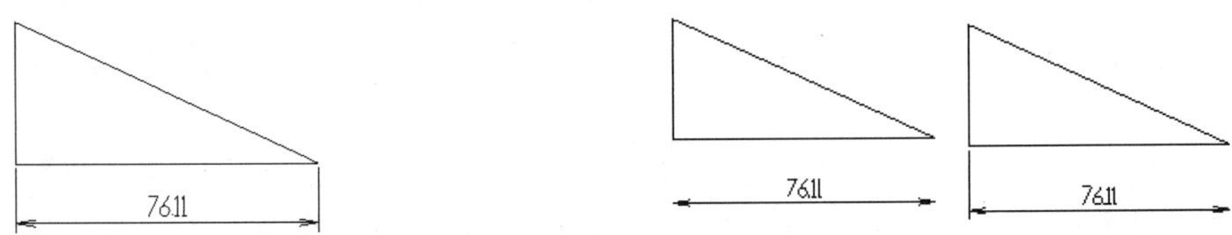

图 1-305 创建水平标注　　图 1-306 设置此处界线的样式

(4) 设置尺寸文本的位置。单击状态栏中的【文字对中】按钮，则尺寸文本被放置在尺寸线的中间部位；若取消该按钮的选中状态，则尺寸文本以非对中的方式放置。如图 1-307 所示，左侧图形中【文字对中】按钮被按下，右侧图形中该按钮没被按下。

(5) 设置箭头的位置。单击状态栏中的【箭头】按钮，可以让箭头的位置在尺寸界线内侧和尺寸界线外侧相互切换。如图 1-308 所示，图形中的箭头处于尺寸界线外侧。

(6) 更改尺寸文本的字体。单击状态栏中的【字型】按钮，打开如图 1-309 所示的【字体编辑】对话框，从字体下拉列表框中选择一种字体，则右侧的显示区会出现该字体的预览。单击【增加真实字型】按钮，将会打开如图 1-310 所示的【字体】对话框，在其中设置需要的字体后单击【确定】按钮，返回到【字体】对话框后单击【确定】按钮，则尺寸

文本的字体变为选择的字体。

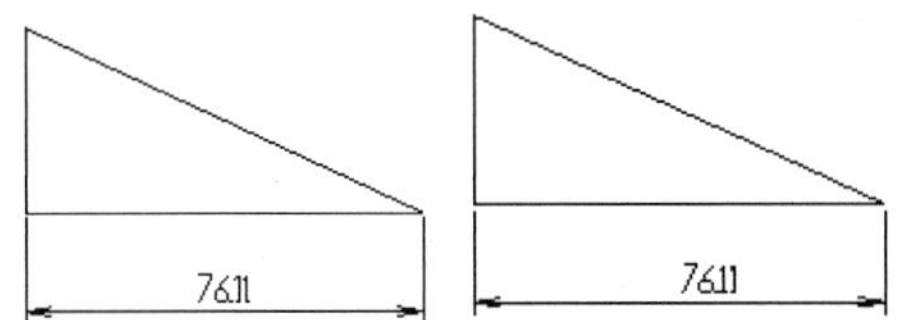

图 1-307　设置尺寸文本的位置

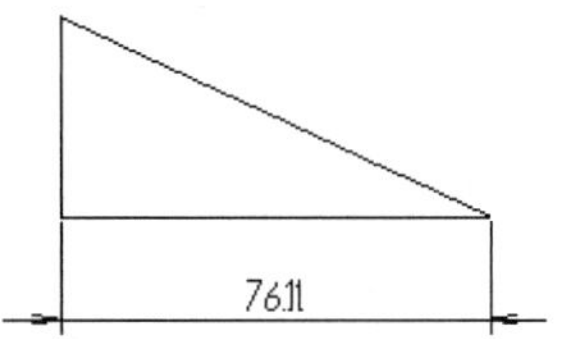

图 1-308　设置箭头的位置

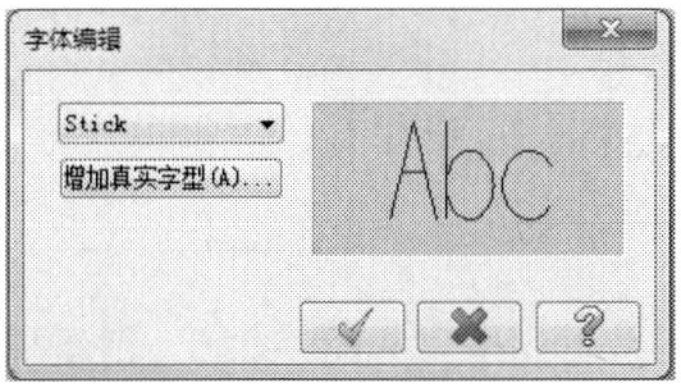

图 1-309　【字体编辑】对话框

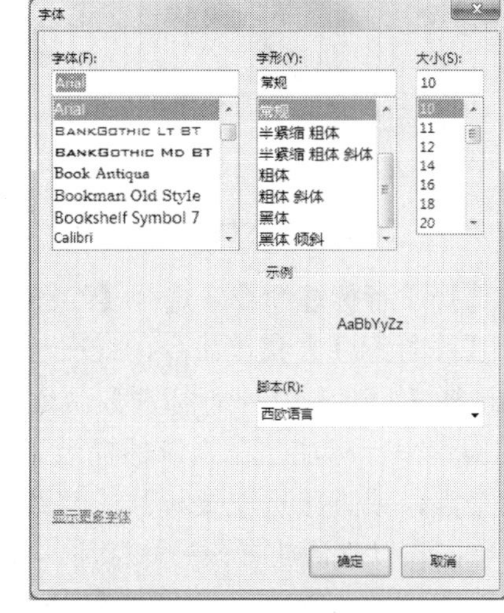

图 1-310　【字体】对话框

(7) 更改尺寸文本。单击状态栏中的【调整文字】按钮，打开如图 1-311 所示的【编辑尺寸文字】对话框，在上方的文本框中输入更改后的文字。如果要添加特殊字符，可以单击【字符】按钮，从中选择即可。尺寸文本编辑好后，单击【确定】按钮，以确认更改。

(8) 设置尺寸文本的高度。单击状态栏中的【高度】按钮，打开如图 1-312 所示的【高度】对话框，在【输入文字高度】文本框中输入需要的文字高度。在【调整箭头和公差的高度】选项组中，可以设置是否调整箭头和公差的高度。设置好后，单击【确定】按钮，以确认更改。

图 1-311　【编辑尺寸文字】对话框

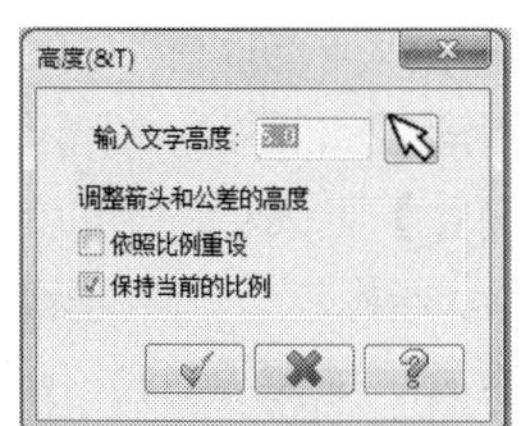

图 1-312　【高度】对话框

(9) 设置尺寸精度。单击状态栏中的【尺寸精度】按钮，打开如图 1-313 所示的【请输入小数位数】对话框，在文本框中输入需要保留的小数位数，然后按 Enter 键，使输入值得到应用。

(10) 选择垂直标注命令。选择【绘图】|【尺寸标注】|【标注尺寸】|【垂直标注】菜单命令，或在【尺寸】工具栏的下拉列表中选择【尺寸】|【垂直标注】命令，进行垂直标注。

(11) 创建垂直标注。在系统的提示下，依次选取需要标注距离的两个点或直接选取要标注的直线段，移动光标到合适的位置后单击，以确认放置该尺寸标注，如图 1-314 所示。

图 1-313 【请输入小数位数】对话框

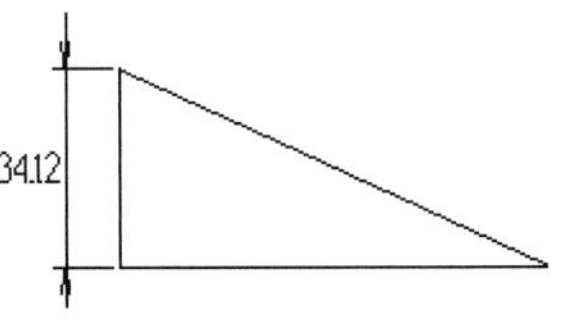

图 1-314 创建垂直标注

(12) 选择平行标注命令。选择【绘图】|【尺寸标注】|【标注尺寸】|【平行标注】菜单命令，或在【尺寸】工具栏的下拉列表中选择【尺寸】|【平行标注】命令，进行平行标注。

(13) 创建平行标注。在系统的提示下，依次选取需要标注距离的两个点，或直接选取要标注的直线段，移动光标到合适的位置后单击，以确认放置该尺寸标注，如图 1-315 所示。

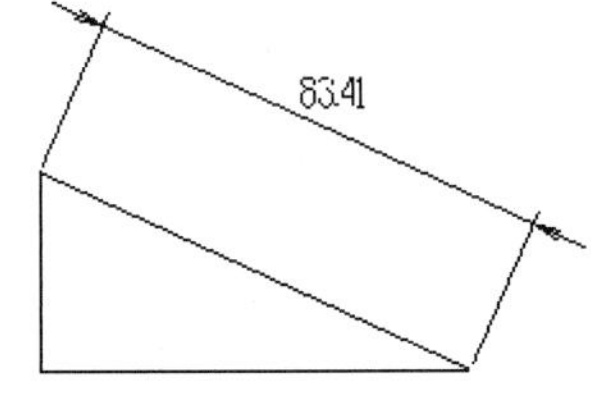

图 1-315 创建平行标注

2. 基线和串连标注

基准标注和串连标注都是选取现有的线性标注为基准，完成一系列的线性尺寸标注。不同的是，基准标注的第一个端点是所选线性标注的一个端点，且该端点是与所选端点较远的那个端点；串连标注的第一个端点是前一标注的第二个端点。基准标注的特点是各尺寸间采用并联的标注形式，而串连标注采用的是串连的标注形式。

(1) 选取基准标注命令。选择【绘图】|【尺寸标注】|【标注尺寸】|【基准标注】菜单命令，或在【尺寸】工具栏的下拉列表中选择【尺寸】|【基准标注】命令。

(2) 创建基准标注。在【尺寸标注：建立尺寸，基线：选取一线性尺寸】的提示下，选取一个线性尺寸，然后在【尺寸标注：建立尺寸，基线：指定第二个端点】的提示下，选取所要标注尺寸的第二个端点，选取后尺寸标注即创建完成。继续选取其他所要标注尺寸的第二个端点，直到完成所有的标注。按 Esc 键两下，退出该命令。如图 1-316 所示，选取图中所标的水平尺寸作为基准，然后标注上侧的孔位置。

(3) 选取串连标注命令。选择【绘图】|【尺寸标注】|【标注尺寸】|【串连标注】菜单命令，或在【尺寸】工具栏的下拉列表中选择【尺寸】|【串连标注】命令。

(4) 创建串连标注。选取基准线性尺寸和所要标注尺寸的第二个端点的方法，与基准标注的选取方法相同。如图 1-317 所示，选取图中所标的水平尺寸作为基准，然后标注下侧的孔位置。

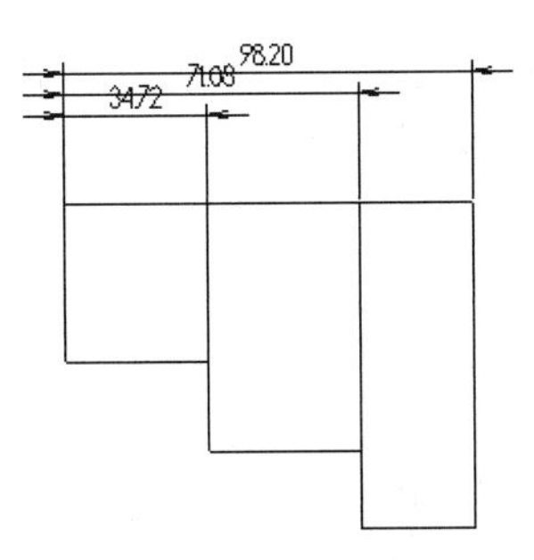

图 1-316　创建基准标注

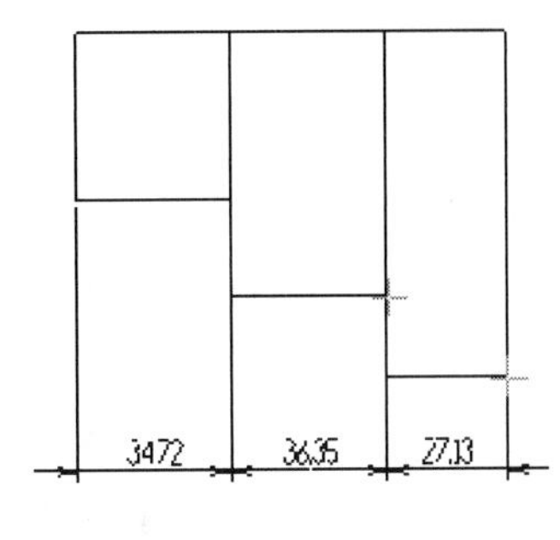

图 1-317　创建串连标注

3. 角度标注

角度标注用来标注两条不平行的直线之间的夹角或圆弧的圆心角。利用此命令还可以选取三个点来标注角度，或选取一条直线、一个点及输入角度值来标注角度。

(1) 选择【绘图】|【尺寸标注】|【标注尺寸】|【角度标注】菜单命令，或在【尺寸】工具栏的下拉列表中选择【尺寸】|【角度标注】命令，标注角度尺寸。

(2) 标注两条直线的夹角。在系统的提示下，依次选取两条不平行的直线，移动光标到合适的位置后单击，以确认放置该尺寸标注，如图 1-318 所示。

(3) 标注圆弧的圆心角。在系统的提示下，选取一个圆弧，移动光标到合适的位置后单击，以确认放置该尺寸标注，如图 1-319 所示。

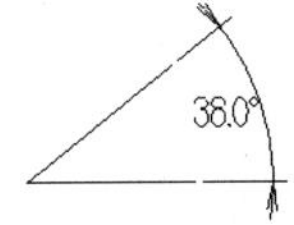

图 1-318　标注两条直线的夹角

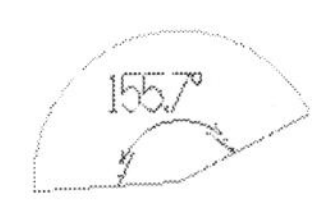

图 1-319　标注圆弧的圆心角

(4) 指定三个点来标注角度。在系统的提示下，依次定义三个点(光标单击处、已绘制的点、图素特征点或坐标输入的点)，定义完后移动光标到合适的位置后单击，以确认放置该尺寸标注。系统会根据定义点的顺序构建一个虚拟的夹角，其中第一个点作为夹角的顶点，后两个点作为夹角边线上的点，如图 1-320 所示。

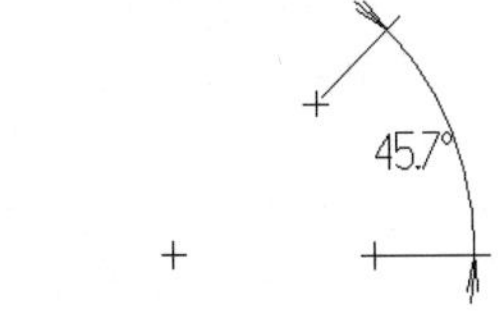

图 1-320　指定三个点来标注角度

(5) 指定直线、点及输入角度来标注角度。在系统的提示下，先选择一条直线，再定义一个点(光标单击处、已绘制的点、图素特征点或坐标输入的点)，此时弹出如图 1-321 所示的【输入角度】文本框，输入角度后按 Enter 键，最后移动光标到合适的位置后单击，以确认放置该尺寸标注，如图 1-322 所示。

图 1-321　【输入角度】文本框

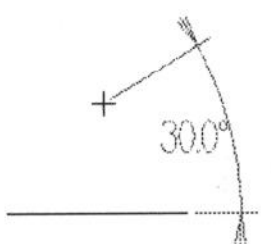

图 1-322　指定直线、点及输入角度来标注角度

(6) 设置角度标注范围。当角度标注处于激活状态时，单击状态栏中的【角度】按钮，可以在小于 180° 的标注和大于 180° 的标注之间进行切换，如图 1-323 所示。

4. 圆弧标注

圆弧标注可以用来标注圆或圆弧的直径或半径。标注的形式可以在【尺寸标注】状态栏上进行设置。

(1) 选择【绘图】|【尺寸标注】|【标注尺寸】|【圆弧标注】菜单命令，或在【尺寸】工具栏的下拉列表中选择【尺寸】|【圆弧标注】命令，进行圆弧标注。

(2) 创建圆弧标注。在系统的提示下，选取一个圆或圆弧，移动光标到合适的位置后单击，以确认放置该尺寸标注。根据光标单击的位置，会标注出如图 1-324 所示尺寸。

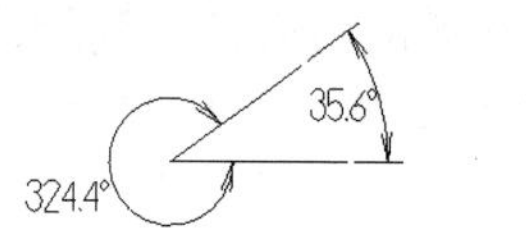

图 1-323　设置角度标注范围

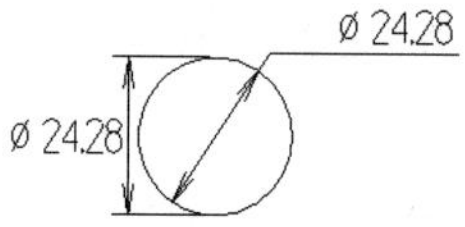

Ø 24.28
Ø 24.28

图 1-324　创建圆弧标注

(3) 切换直径和半径标注。在图 1-324 中标注的是圆的直径，如果想标注半径的话，可以单击状态栏中的【半径】按钮。如果单击【直径】按钮又可以切换回直径标注。图 1-325 标注的是圆弧的半径。

5. 正交标注

正交标注用来标注两条平行线之间的距离，也可以在点和直线之间进行正交标注。当选择直线和点时，将会出现不同的标注情况。

(1) 选择【绘图】|【尺寸标注】|【标注尺寸】|【正交标注】菜单命令，或在【尺寸】工具栏的下拉列表中选择【尺寸】|【正交标注】命令，进行正交标注。

(2) 标注两条平行线之间的距离。在系统的提示下，选取两条平行的直线，移动光标到合适的位置后单击，以确认放置该尺寸标注，如图 1-326 所示。

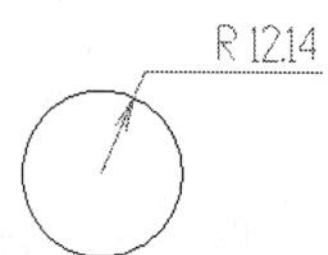

图 1-325　标注圆弧的半径

图 1-326　标注两条平行线之间的距离

(3) 创建直线和点的正交标注。在系统的提示下，先选取一条直线，再选取一个点，移动光标到合适的位置后单击，以确认放置该尺寸标注。根据光标单击的位置，会标注出如图 1-327 所示的两种形式。

6. 相切标注

相切标注用来在圆弧与圆弧、圆弧与直线及圆弧与点之间进行切线标注。标注时会出现多个解，要想从中选择一个，可以通过单击的位置来决定，也可以在【尺寸标注】状态栏中

设置。

(1) 选择【绘图】|【尺寸标注】|【标注尺寸】|【相切标注】菜单命令，或在【尺寸】工具栏的下拉列表中选择【尺寸】|【相切标注】命令，进行相切标注。

(2) 创建圆弧与圆弧之间的相切标注。在系统的提示下，选取两个不同的圆/圆弧，移动光标到合适的位置后单击，以确认放置该尺寸标注。根据光标单击的位置，会标注出如图 1-328 所示的多种形式。

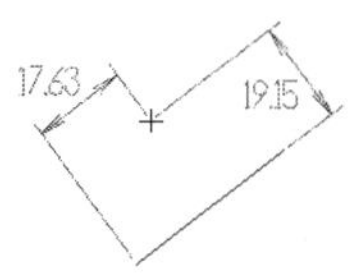

图 1-327　创建直线和点的正交标注

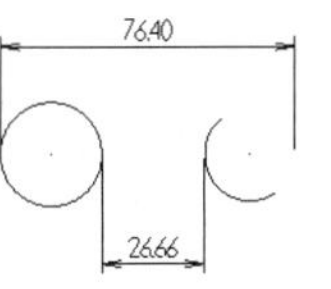

图 1-328　创建圆弧与圆弧之间的相切标注

(3) 创建圆弧与直线之间的相切标注。在系统的提示下，先选择一个圆或圆弧，再选择一条直线，移动光标到合适的位置后单击，以确认放置该尺寸标注。根据光标单击的位置，会标注出如图 1-329 所示的多种形式。

(4) 创建圆弧与点之间的相切标注。在系统的提示下，先选择一个圆或圆弧，再选择一个点，移动光标到合适的位置后单击，以确认放置该尺寸标注。根据光标单击的位置，会标注出如图 1-330 所示的多种形式。

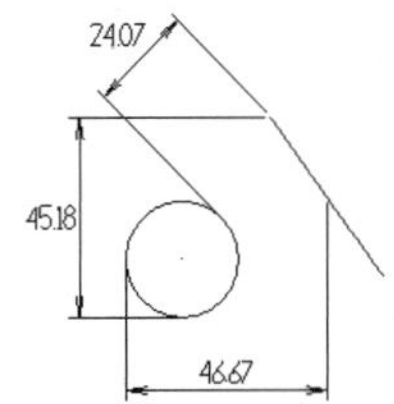

图 1-329　创建圆弧与直线之间的相切标注

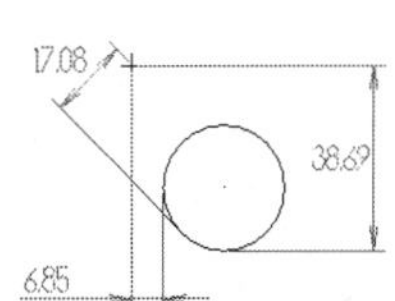

图 1-330　创建圆弧与点之间的相切标注

(5) 设置标注方向。用户还可以在状态栏中进行设置来决定采用哪一个解。单击【水平】按钮、【垂直】按钮和【方向】按钮，可以在水平标注、垂直标注和某一角度方位标注之间切换。当单击【方向】按钮时，会弹出如图 1-331 所示的【方向】对话框，可以在【角度】文本框中输入角度值(90～-90)来定义标注的方位，也可以启用【保持正交到圆心】复选框，启用该复选框后尺寸界线与圆心的连线是平行或垂直的。单击【锁定】按钮时，标注的类型会被锁定为当前的线性标注的类型。单击【四等分点】按钮，可以改变象限点的位置。图 1-332 为标注时启用了【保持正交到圆心】复选框且单击了【锁定】按钮的效果。

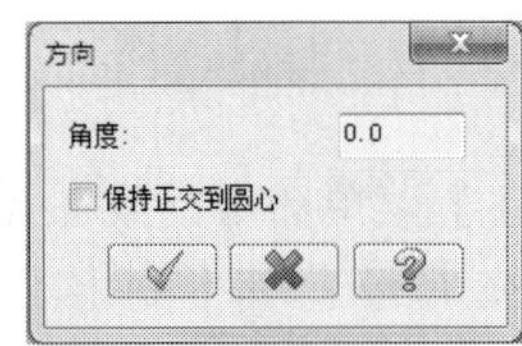

图 1-331　【方向】对话框

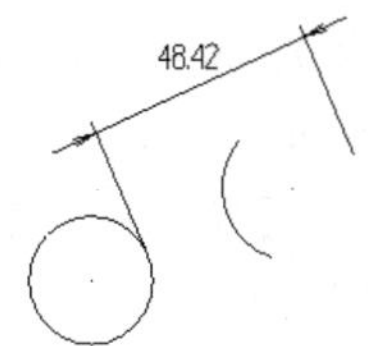

图 1-332　标注锁定并保持正交到圆心

7. 点位标注

点位标注用来标注点的坐标。标注时可以设置为只标注 X、Y 两个坐标，也可以设置为标注 X、Y、Z 三个坐标。

(1) 选择【绘图】|【尺寸标注】|【标注尺寸】|【点位标注】菜单命令，或在【尺寸】工具栏的下拉列表中选择【尺寸】|【点位标注】命令，进行点坐标标注。

(2) 创建点位标注。在系统的提示下，选取确定一个点(光标单击处、已绘制的点、图素特征点或坐标输入的点)，移动光标到合适的位置后单击，以确认放置该尺寸标注，如图 1-333 所示。

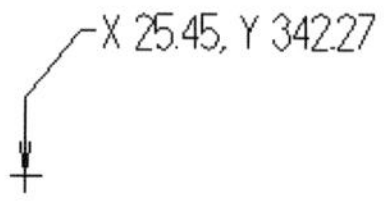

X 25.45, Y 342.27

图 1-333 创建点位标注

(3) 标注 X、Y、Z 三个坐标。打开【系统配置】对话框中【标注与注释】节点下的【尺寸文字】子节点，在【点位标注】选项组中，选中【3D 标签】单选按钮，如图 1-334 所示。然后单击【确定】按钮，接着在弹出的提示对话框中单击【是】按钮。此时标注点时会标注 X、Y、Z 三个坐标，如图 1-335 所示。

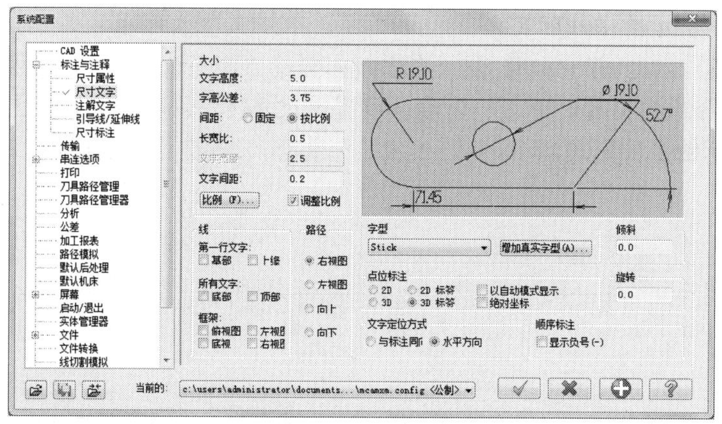

图 1-334 选中【3D 标签】单选按钮

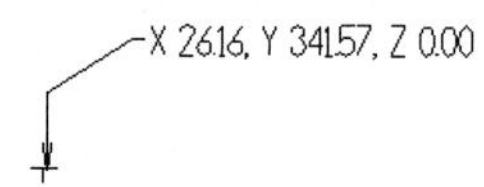

图 1-335 标注 X、Y、Z 三个坐标

8. 顺序标注

顺序标注用来标注一系列的点到基准点的距离。顺序标注方法包括水平顺序标注、垂直顺序标注、平行顺序标注、增加至现有顺序标注、自动标注顺序尺寸和牵引排列顺序尺寸。下面将会具体讲解这些标注方法。

选择【绘图】|【尺寸标注】|【标注尺寸】|【顺序标注】菜单命令，或在【尺寸】工具栏的下拉列表中选择【尺寸】|【坐标】命令，如图 1-336 所示，其中列出了 6 种顺序标注方法。

(1) 水平顺序标注。该命令用于标注各点与基准点之间的水平距离。在系统的提示下，先

定义一个点作为基准点，再依次选取需要标注的其他点，选取需要标注的点后移动光标到合适的位置后单击，以确认放置该尺寸标注。标注完成后，按 Esc 键退出该命令。如图 1-337 所示，其中标注为 0.00 的点为基准点。

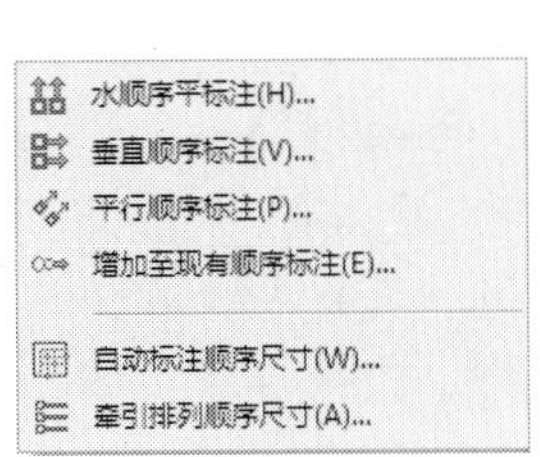

图 1-336 【顺序标注】菜单

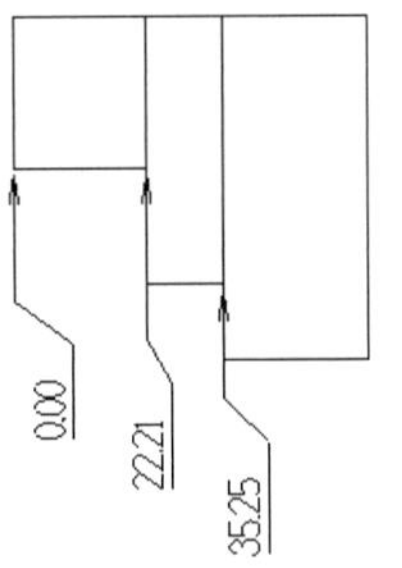

图 1-337 水平顺序标注

(2) 【垂直顺序标注】。该命令用于标注各点与基准点之间的垂直距离。标注的过程与水平顺序标注相同。如图 1-338 所示，其中标注为 0.00 的点为基准点。

(3) 【平行顺序标注】。该命令用于标注各点与基准点之间在指定方向上的距离。在系统的提示下，先定义一个点作为基准点，再定义一个确定方向的点，则与两点连线垂直的方向即为距离方向。依次选取需要标注的其他点，选取需要标注的点后移动光标到合适的位置后单击，以确认放置该尺寸标注。标注完成后，按 Esc 键退出该命令，如图 1-339 所示。

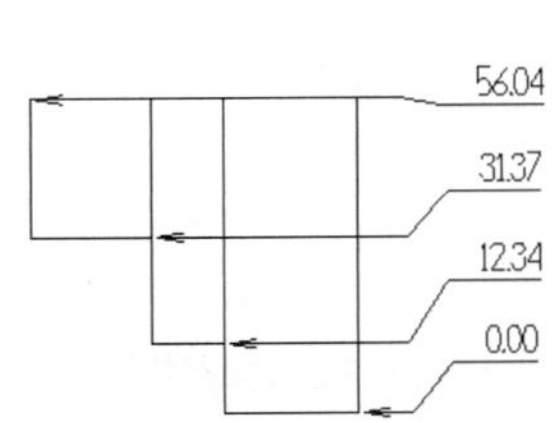

图 1-338 垂直顺序标注

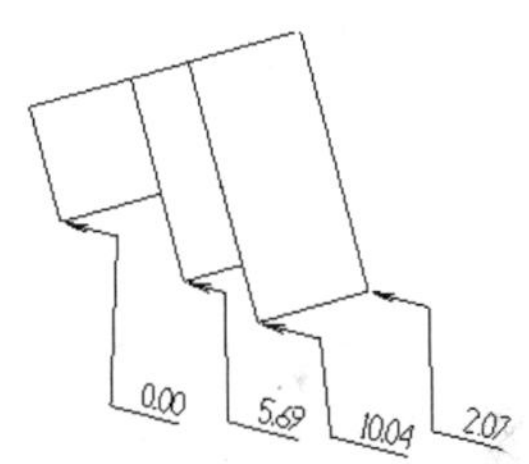

图 1-339 平行顺序标注

(4) 【增加至现有顺序标注】。该命令用于标注与所选顺序标注类型相同的其他标注。在系统的提示下，先选取一个已有的基准标注作为基准，再依次选取需要标注的其他点，选取需要标注的点后移动光标到合适的位置后单击，以确认放置该尺寸标注。如果首先选择的标注不是基准标注，则会弹出如图 1-340 所示的【草绘信息...】对话框。标注完成后，按 Esc 键退出该命令。如图 1-341 所示，“标注 0.00”是已有顺序标注，其他标注是以它为基准，新增的标注。

(5) 【自动标注顺序尺寸】。该命令用于自动标注各点与基准点之间的水平和垂直距离。选择该命令后，弹出如图 1-342 所示的【顺序标注尺寸/自动标注】对话框。在【原点】选项组中可以通过输入坐标的方式定义基准点，也可以单击【选择】按钮，在绘图区中确定一点作为基准点。在【点】选项组中可以设置需要标注的点的类型，包括圆弧的圆心点、只针对全圆的圆心点、圆弧的端点、直线或样条曲线的端点，只需启用相应的复选框即可。在【选项】选项组中可以设置尺寸文本前是否显示正负号、小数点前是否加 0、尺寸线是否显示箭头以及尺寸线的长度。在【创建】选项组中可以选择顺序标注的类型，包括水平顺序标注和垂直顺序标注两种。设置好后单击【确定】按钮✔，然后在绘图区中框选需要标注的图素，则绘图区中自动标注出想要的顺序标注。

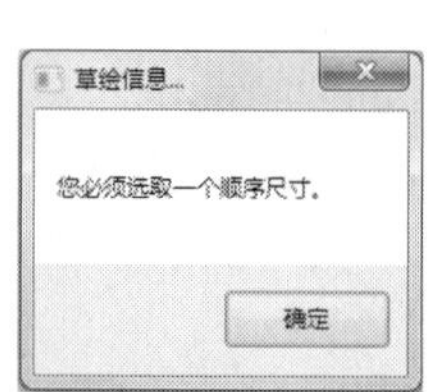

图 1-340 【草绘信息...】对话框

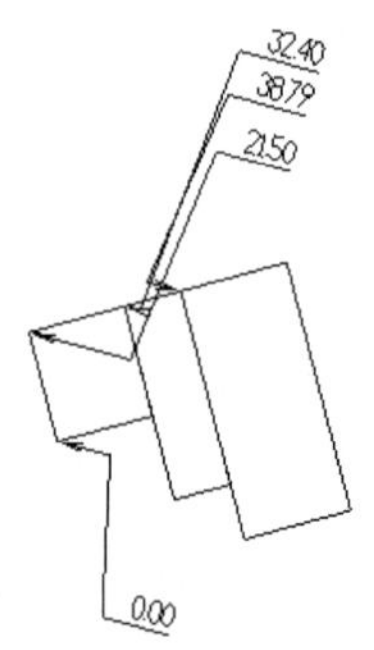

图 1-341 增加至现有顺序标注

图 1-343 所示为顺序标注，【顺序标注尺寸/自动标注】对话框的设置为：取消启用【端点】复选框，在【边缘间距】文本框中输入 20。

图 1-342 【顺序标注尺寸/自动标注】对话框

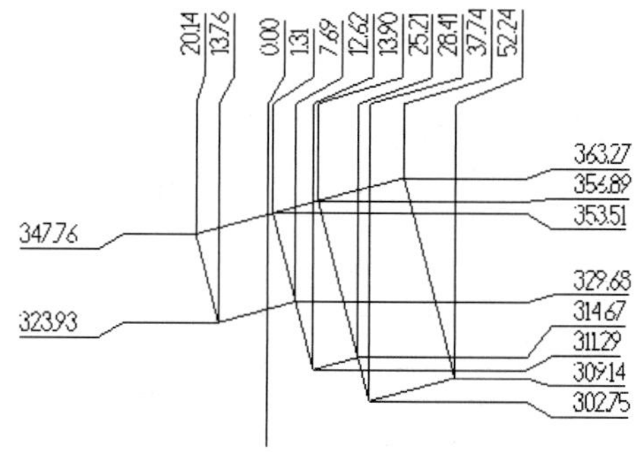

图 1-343 自动标注顺序尺寸

(6) 【牵引排列顺序尺寸】。该命令用于同时拖动与所选标注相关联的顺序标注，以改变标注的位置。单击此命令后，选取一个标注，拖动光标到合适的位置后单击即可，如图 1-344 所示。

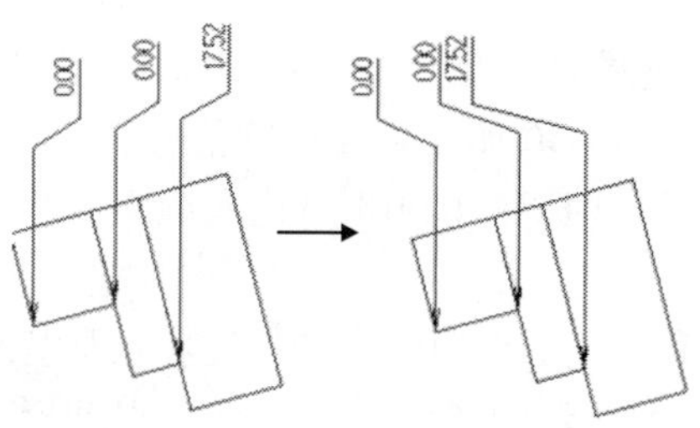

图 1-344 牵引排列顺序尺寸

9. 快速标注

快速标注是 MasterCAM 提供的一种快捷的尺寸标注方法，利用该命令可以完成除基准标注、串连标注和顺序标注外的其他尺寸标注，并且还可以对已有的尺寸标注进行编辑和移动。

(1) 选择【绘图】|【尺寸标注】|【快速标注】菜单命令，或在【尺寸】工具栏中单击【快速标注】按钮，进行快速标注。

(2) 快速标注尺寸。在如图 1-345 所示的提示下，选取点、直线或圆、圆弧，继续按照提示选取能够构成尺寸标注的其他图素。选取的图素不同，则尺寸标注的类型也是不同的，此处可以按照水平尺寸标注、垂直尺寸标注等特定标注方法的图素选取规则进行选取。图素选取后移动光标到合适的位置后单击，以确认放置该尺寸标注。图形中的所有尺寸标注都可以用快速标注命令来完成。

建立尺寸，灵活：
选择线性尺寸的第一点
选择要标示线性尺寸的直线
选择要标示圆弧尺寸的圆弧
选择要编辑（移位）的尺寸

图 1-345 快速标注提示

要想利用快速标注指令进行点位标注，需要在【尺寸标注】状态栏中单击【选项】按钮，打开如图 1-346 所示的【尺寸标注设置】对话框，从左侧的树中选择【尺寸文字】节点，在右侧打开的选项卡中启用【点位标注】选项组中的【以自动模式显示】复选框。也可以打开【系统配置】对话框中【标注与注释】节点下的【尺寸文字】子节点，在【点位标注】选项组中，启用相同的复选框。

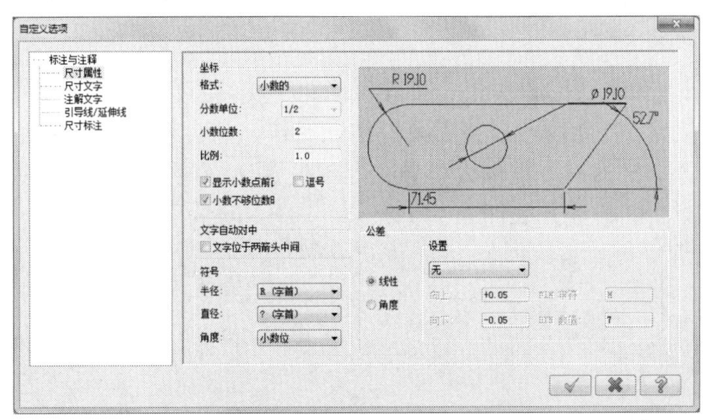

图 1-346 【尺寸标注设置】对话框

(3) 移动尺寸标注。在系统提示下，选取已经存在的尺寸标注，选取后该尺寸标注将会跟随光标的移动而移动，在合适的位置单击，即可重新放置该尺寸标注。

(4) 编辑尺寸标注。在系统提示下，选取已经存在的尺寸标注，然后在【尺寸标注】状态栏中单击相应的功能按钮，即可进行尺寸标注的编辑。如图 1-347 所示，选取已经存在圆的直径标注，将其更改为半径标注，并修改尺寸文本的高度。

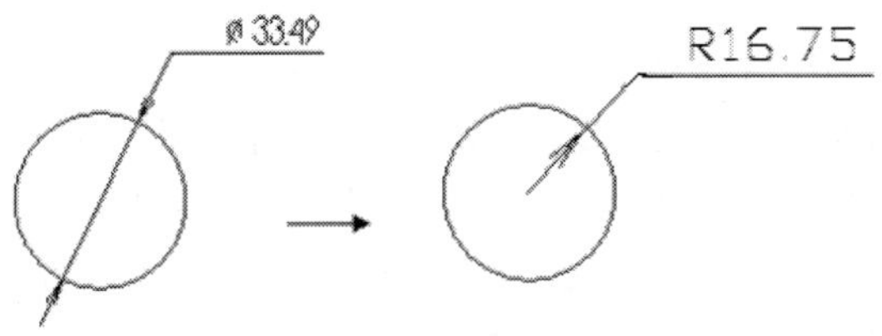

图 1-347 编辑尺寸标注

1.4.2 其他类型的图形标注

1. 绘制延伸线

延伸线是一个类似于直线的图形，可以用来作为尺寸界线。

(1) 选择【绘图】|【尺寸标注】|【延伸线】菜单命令，或在【尺寸】工具栏的下拉列表中单击【延伸线】按钮，绘图区中出现“尺寸标注：建立延伸线：指定第一个端点”提示。

(2) 绘制延伸线。在系统的提示下，依次定义延伸线的第一个端点和第二个端点，两个端点都可以是光标单击处、已绘制的点、图素特征点或坐标输入的点。端点定义完后，系统自动绘制一条端点间的连线，如图 1-348 所示。

2. 绘制引导线

引导线是一个带有箭头类似于折线的图形，可以用来作为尺寸的引出线。

(1) 选择【绘图】|【尺寸标注】|【引导线】菜单命令，或在【尺寸】工具栏的下拉列表中单击【引导线】按钮，绘图区中出现“尺寸标注：建立引导线：指定引导线的箭头位置”提示。

(2) 绘制引导线。在系统的提示下，首先定义第一个点作为箭头的位置，然后定义第二个点作为引导线尾部位置 1，此时可以按 Esc 键结束操作，将会绘制一条带有箭头的直线。如果不结束操作，可以再定义第三个点作为引导线尾部位置 2，继续定义其他的点，此时按 Esc 键则会绘制一条带有箭头的折线，如图 1-349 所示。

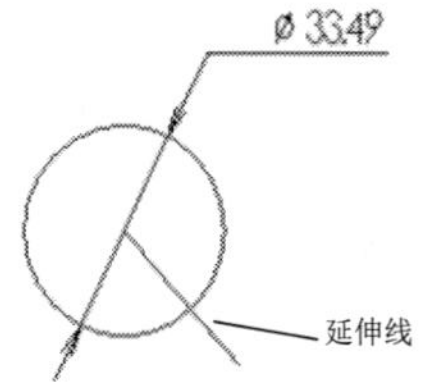

图 1-348 绘制延伸线

图 1-349 绘制引导线

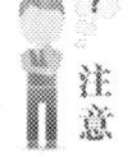

注意：通过查看图素的属性，可以发现延伸线不是直线，引导线也不是折线。因此它们的端点在图形绘制时是捕捉不到的，也不存在特征点。

3. 绘制注解文字

在图形中添加注解文字，可以对图形进行附加说明。

(1) 选择【绘图】|【尺寸标注】|【注解文字】菜单命令，或在【尺寸】工具栏中单击【注解文字】按钮，将会弹出如图 1-350 所示的【注解文字】对话框。可以在注解文字输入框内输入文字，也可以单击【载入文件】按钮，导入一个文本文件，如果需要特殊字符时，可以单击【增加符号】按钮，从打开的对话框中选择即可。注解文字的产生方式有 8 种，可以在【创建】选项组种选中相应的单选按钮。设置好后单击【确定】按钮。在绘图区中根据提示即可绘制不同形式的注解文字。

图 1-350 【注解文字】对话框

(2) 【单一注解】。该产生方式仅能创建文字，且有效性为一次。关闭【注解文字】对话框后，弹出【尺寸标注】状态栏，在绘图区中单击鼠标左键即可放置注解文字。如果单击状态栏中的【增加引导线】按钮，可以按照系统提示先绘制一条引导线，再按 Esc 键，则注解文字被放在了引导线的末端，此时又可以单击【移除引导线】按钮，去掉添加的引导线。移动光标到合适的位置后单击，以确认放置。如图 1-351 所示，左侧图形中为没有引导线的单一注解，右侧为增加引导线的单一注解。

(3) 【连续注解】。该产生方式也是仅能创建文字，但是需要按 Esc 键来结束绘制。创建方法同单一注解，也可以为其添加引导线。

(4) 【标签同--单一引线】。该产生方式可以创建带有单根引导线的注解文字。在操作时首先定义一点作为箭头的位置，按 Esc 键后再单击鼠标左键来确定注解文字的位置。可以单击状态栏中的【移除引导线】按钮，去掉引导线。

(5) 【标签同--分段引线】。该产生方式可以创建带有折线形式引导线的注解文字。在操作时首先定义一点作为箭头的位置，再定义多个点作为引导线尾部位置，按 Esc 键后再单击鼠标左键来确定注解文字的位置。可以单击状态栏中的【移除引导线】按钮，去掉引导线，如图 1-352 所示。

(6) 【标签同--多重引线】。该产生方式可以创建带有多根引导线的注解文字。在操作时首先选取多个点作为多根引导线的箭头位置，按 Esc 键后再单击鼠标左键来确定注解文字的位置。可以单击状态栏中的【增加引导线】按钮，增加一根引导线；也可以单击状态栏中的【移除引导线】按钮，去掉一根引导线，如图 1-353 所示。

图 1-351 单一注解　　图 1-352 标签同--分段引线　　图 1-353 标签同--多重引线

(7) 【单一引线】、【分段引线】、【多重引线】。这三种产生方式分别可以创建单根引导线、折线形式引导线、多根引导线。

4. 绘制剖面线

绘制剖面线可以在选取的一个或多个串连内填充一种特定的图案。一般来说不同的图案代表不同的零件或材料。

(1) 选择【绘图】|【尺寸标注】|【剖面线】菜单命令，或在【尺寸】工具栏的下拉列表中单击【剖面线】按钮，将会弹出如图 1-354 所示的【剖面线】对话框。

(2) 选择图样。在【实体特征阵列】选项组中，可以从系统提供的 8 种图样中选择一种，在右侧同时显示该图样的预览。也可以单击【用户自定义的剖面线图样】按钮，打开如图 1-355 所示的【自定义剖面线图样】对话框，单击【新建剖面】按钮，剖面线编号被设置为 1，再次单击【新建剖面】按钮，会把编号设置为 2，用户最多可以定义 8 种剖面线图样，单击【删除】按钮，可以删除当前编号的图样。此时对话框中的选项被激活，在【剖面线】选项组中设置剖面线的编号及线型，在【相交的剖面线】选项组中设置剖面线的编号及线型。定义完新图样后单击【确定】按钮。

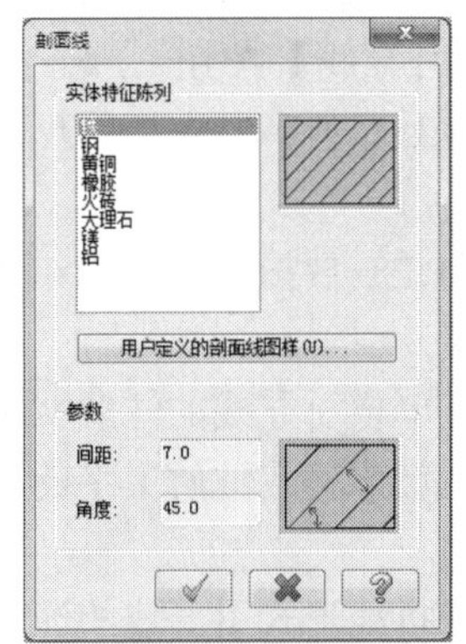

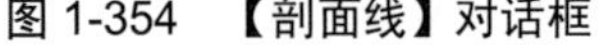
图 1-354 【剖面线】对话框

图 1-355 【自定义剖面线图样】对话框

(3) 参数设置。在【参数】选项组中的【间距】文本框中可以输入剖面线的间距，在【角度】文本框中输入剖面线与 X 轴的夹角。

(4) 绘制剖面线。剖面线设置好后单击【确定】按钮，将会打开【串连选项】对话框，在绘图区中选取需要填充图案的串连，然后按 Enter 键结束剖面线的绘制，如图 1-356 所示。

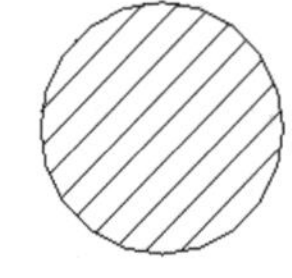

图 1-356 绘制剖面线

5. 多重编辑

多重编辑使用户一次可以编辑多个尺寸标注，而前面讲到的快速标注方法每次只能编辑一个尺寸标注。

(1) 选择【绘图】|【尺寸标注】|【多重编辑】菜单命令，或在【尺寸】工具栏的下拉列表中单击【多重编辑】按钮，同时出现“选取图素”提示。

(2) 在绘图区中选取多个需要编辑的尺寸标注，选取完后双击绘图区的空白处或按 Enter 键，打开如图 1-357 所示的【自定义选项】对话框。在左侧的主题树中选择一个节点，都会打开相应的选项卡，在选项卡内可以进行相关的设置。设置完成后，单击【确定】按钮，

使所做的设置应用到所选择的尺寸标注上。

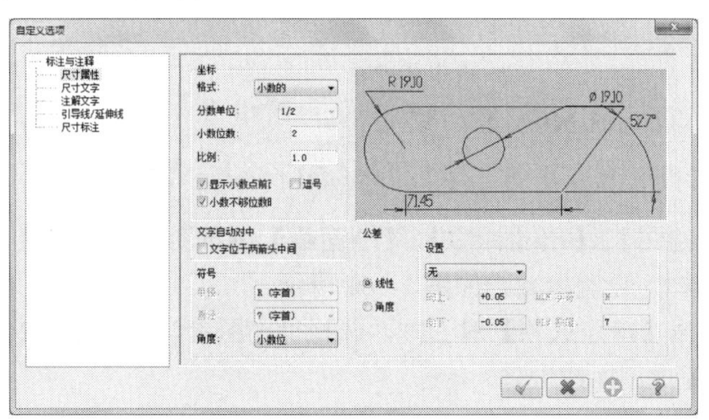

图 1-357 【自定义选项】对话框

如图 1-358 所示，将【坐标】选项组中【小数位数】文本框的值更改为 0 后，则选取的两个尺寸标注小数位数由 2 修改为 0。

6. 重新建立

当几何对象的尺寸与位置发生变化时，若与之相关联的尺寸标注没有自动更新，将会出现尺寸标注与该图素不能相匹配的问题，同时这些失效的尺寸标注会用红色高亮显示出来。重新建立的作用就是修整尺寸标注的位置和数值，使他们与几何图形相匹配。

(1) 重新建立命令位于【绘图】|【尺寸标注】|【重建】子菜单中，如图 1-359 所示，包括快速重建尺寸标注、重建有效地标注、选取尺寸标注重建及重建所有的标注 4 个命令。

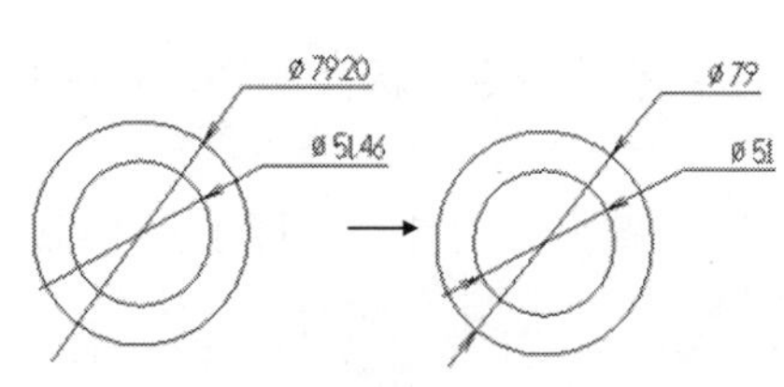

图 1-358 修改尺寸数字的小数位数

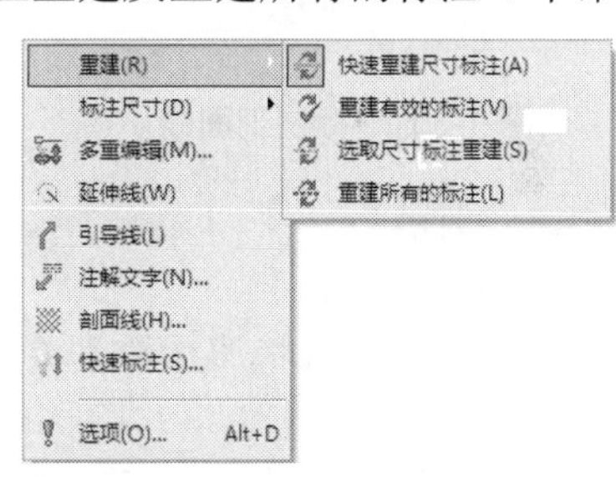

图 1-359 【重建】子菜单

(2) 【快速重建尺寸标注】。该命令是一个开关命令，当选择该命令后系统可以自动更新尺寸标注。

(3) 【重建有效的标注】。该命令对所有与图素相关联，或不关联的尺寸标注，全部进行更新。选择该命令后，系统将检测所有尺寸的有效性，并弹出如图 1-360 所示的【草绘信息…】对话框，该对话框中显示出了取出尺寸、重建尺寸和清除尺寸的数量。

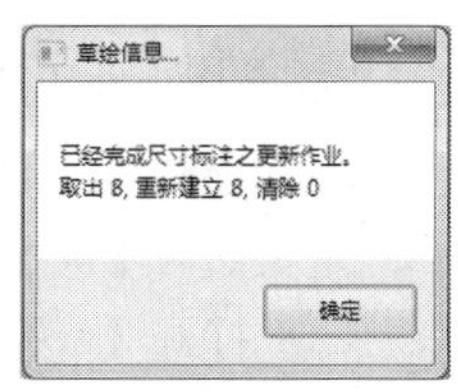

图 1-360 【草绘信息…】对话框

(4) 【选取尺寸标注重建】。该命令用于对选取的一个或多个尺寸标注进行更新。

(5) 【重建所有的标注】。该命令可以对所有关联的图素进行更新，不必手动选取。

尺寸和图形标注案例 1

案例文件：ywj /01/01.MCX-7、15.MCX-7

视频文件：光盘→视频课堂→第 1 章→1.5.1

step 01 选择【绘图】|【尺寸标注】|【剖面线】菜单命令，弹出【剖面线】对话框，选择【铁】图样，设置参数，如图 1-361 所示。

step 02 系统弹出【串连选项】对话框，选择串连图素，如图 1-362 所示。单击【确定】按钮，完成剖面线创建。

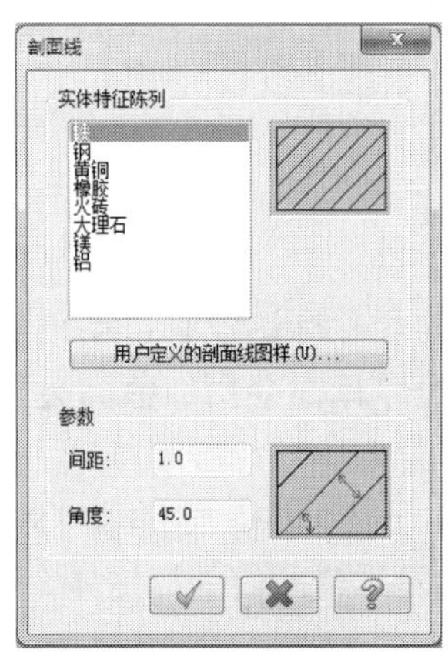

图 1-361 标注剖面线

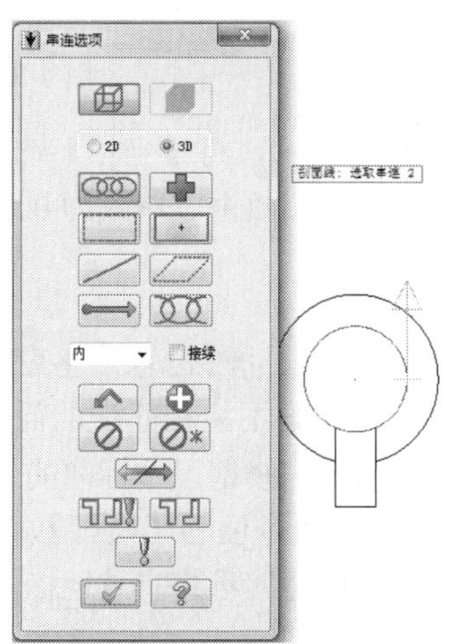

图 1-362 选择串连图素

step 03 选择【绘图】|【尺寸标注】|【快速标注】菜单命令，标注两个圆形的尺寸，如图 1-363 所示。

step 04 再次选择【快速标注】菜单命令，标注两个距离的尺寸，如图 1-364 所示。

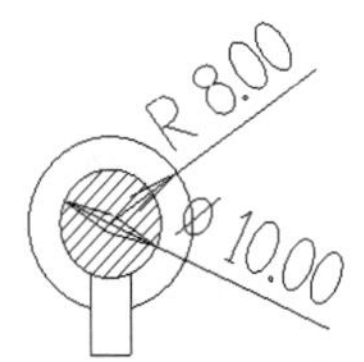

图 1-363 标注圆尺寸

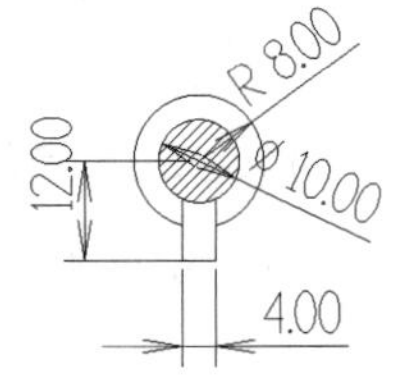

图 1-364 标注直线尺寸

step 05 选择【绘图】|【尺寸标注】|【多重编辑】菜单命令，选择尺寸标注，打开【自定义选项】对话框，设置【小数位数】为 0，如图 1-365 所示。

step 06 打开【尺寸文字】选项组，设置【文字高度】为 2，如图 1-366 所示。完成标注的草图尺寸，如图 1-367 所示。

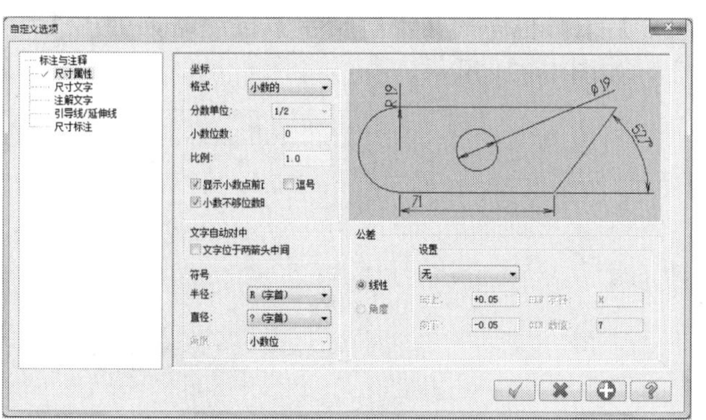

图 1-365　尺寸标注设置

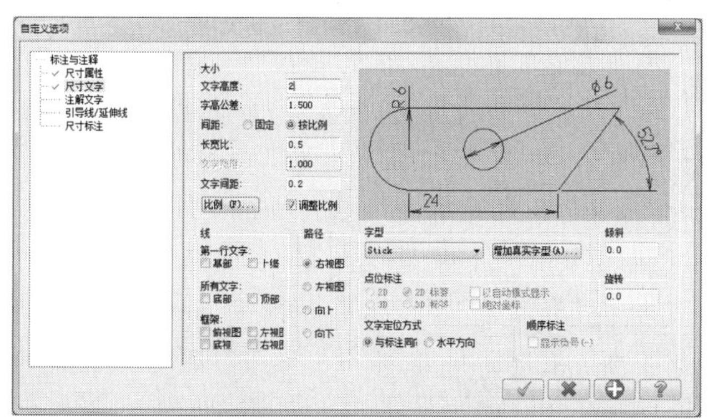

图 1-366　设置尺寸文字

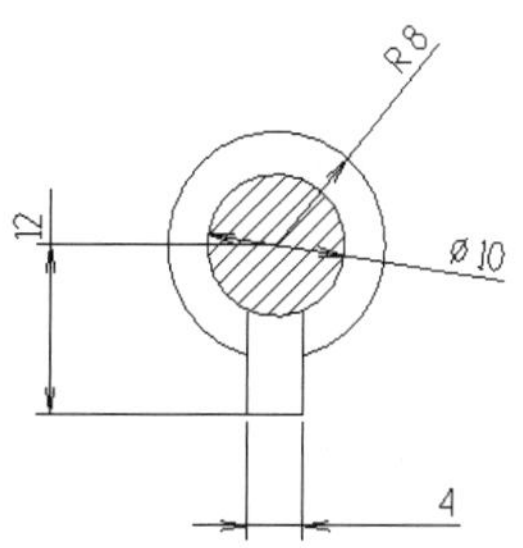

图 1-367　修改后的尺寸

尺寸和图形标注案例 2

案例文件：ywj /01/08.MCX-7、16.MCX-7

视频文件：光盘→视频课堂→第 1 章→1.5.2

step 01 在【尺寸】工具栏中单击【快速标注】按钮，标注圆弧半径，如图 1-368 所示。

step 02 再次单击【快速标注】按钮，标注直线长度，如图 1-369 所示。

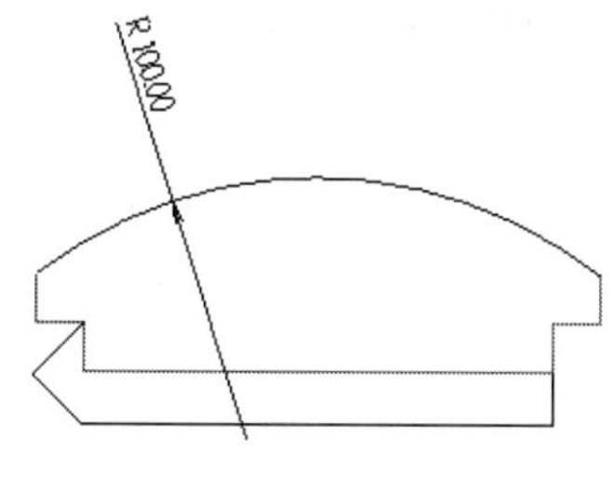

图 1-368　标注圆弧

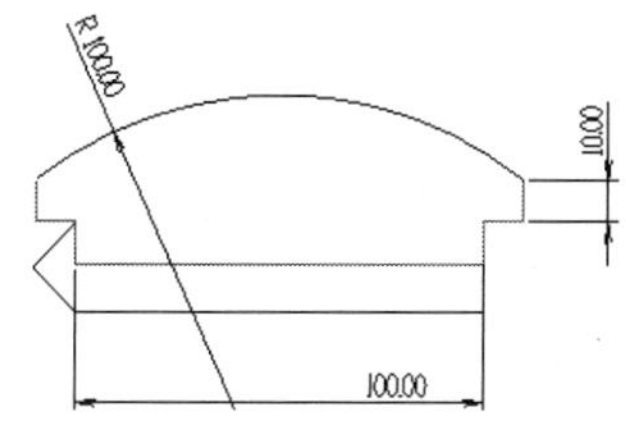

图 1-369　标注直线

step 03 选择【绘图】|【尺寸标注】|【引导线】菜单命令，在拐角处绘制引导线，如图 1-370 所示。

step 04 单击【尺寸】工具栏中的【注解文字】按钮，弹出【注解文字】对话框，输入注解“R2”，如图 1-371 所示。

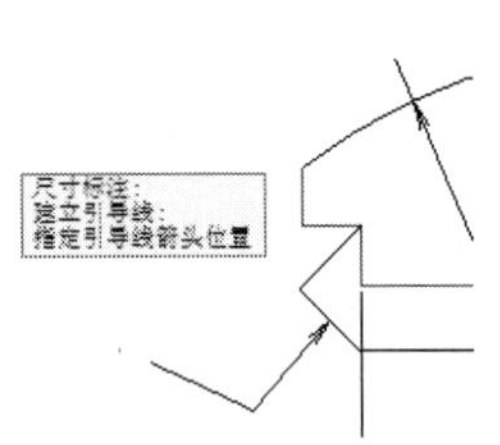

图 1-370　绘制引导线

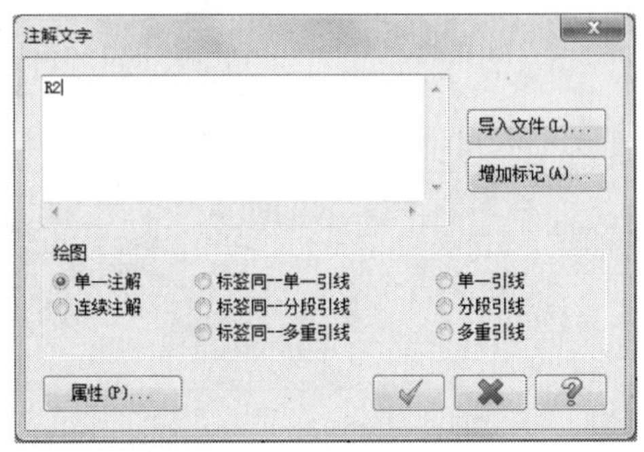

图 1-371　绘制注解文字

step 05 在绘图区放置文字，如图 1-372 所示。

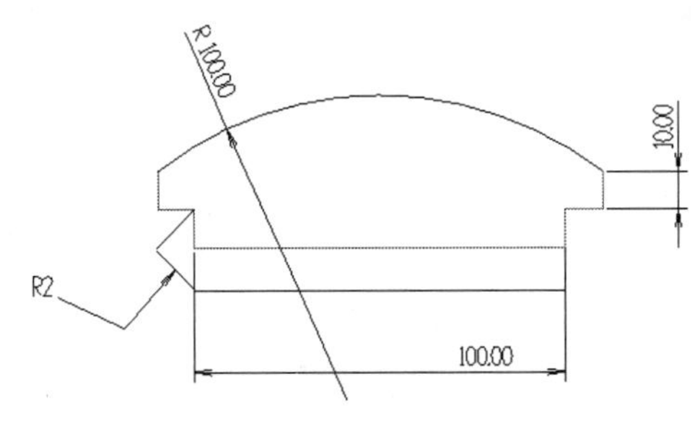

图 1-372　标注文字

尺寸和图形标注案例 3

案例文件：ywj /01/10.MCX-7、17.MCX-7

视频文件：光盘→视频课堂→第 1 章→1.5.3

step 01 在【尺寸】工具栏中单击【快速标注】按钮，标注直线长度，如图 1-373 所示。

step 02 再单击【快速标注】按钮，标注距离，如图 1-374 所示。

step 03 再单击【快速标注】按钮，标注直径，如图 1-375 所示。

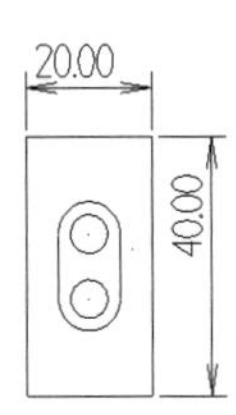

图 1-373　标注边长

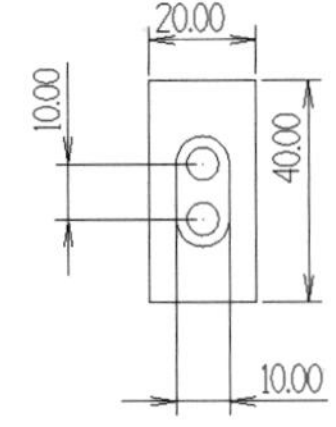

图 1-374　标注距离

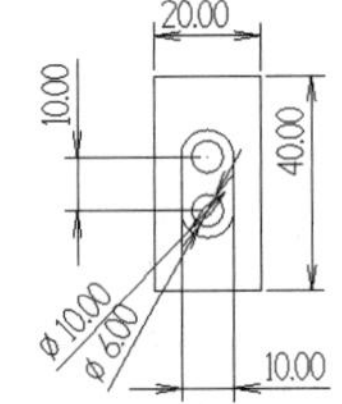

图 1-375　标注直径

1.5 本章小结

本章首先讲解了 MasterCAM X7 的一些基础知识，包括软件的概述、主要功能及新增功能，介绍了 MasterCAM X7 的界面组成和对文件的新建、打开、合并、保存、输入/输出操作，接着介绍了二维图形的绘制方法，包括点的绘制、直线的绘制、圆/圆弧的绘制、矩形的绘制、椭圆的绘制、正多边形绘制、螺旋线和样条曲线的绘制，以及二维图形的编辑、转换和标注方法。其中修剪命令是二维图形编辑中用到最多的命令。

通过本章的学习，读者应该重点掌握文件的管理，以及各种图素的绘制方法，尤其是点、线、圆/圆弧的绘制，在设计中灵活运用各种命令，才能高效而便捷地绘制出复杂的图形。

第 2 章

三维实体造型

实体造型是以立方体、圆柱体、球体、锥体、环状体等多种基本体素为单位元素，通过集合运算(结合或布尔运算)，生成所需要的几何形体。这些形体具有完整的几何信息，是真实而唯一的三维物体。所以，实体造型包括两部分内容：即体素定义和描述，以及体素之间的布尔运算(并、交、差)。在 MasterCAM 中，实体造型包括基本实体和通过对选取的曲线串连进行拉伸、旋转、扫描、举升等操作来创建实体。实体的编辑功能可以对已有的实体进行倒角、圆角等操作，还可以进行实体的布尔运算，利用抽壳、牵引面、加厚、修剪等编辑功能得到更复杂的实体模型。

本章介绍 MasterCAM X7 三维实体造型设计的实用知识，包括基本实体的创建和生成、实体的布尔运算、实体的倒角和圆角，以及实体编辑、牵引面、实体操作管理器和查找实体特征等内容。

2.1 实体造型简介

2.1.1 实体造型简介

实体造型出现于 20 世纪 60 年代初期，但由于当时理论研究和实践都不够成熟，实体造型技术发展缓慢。20 世纪 70 年代初出现了简单的具有一定实用性的基于实体造型的 CAD/CAM 系统，实体造型在理论研究方面也相应取得了发展。如 1973 年，英国剑桥大学的布雷德(I.C.Braid)曾提出采用六种体素作为构造机械零件的积木块的方法，但仍然不能满足实体造型技术发展的需要。在实践中人们认识到，实体造型只用几何信息表示是不充分的，还需要表示形体之间相互关系、拓扑信息。到 20 世纪 70 年代后期，实体造型技术在理论、算法和应用方面逐渐成熟。进入 20 世纪 80 年代后，国内外不断推出实用的实体造型系统，在实体建模、实体机械零件设计、物性计算、三维形体的有限元分析、运动学分析、建筑物设计、空间布置、计算机辅助制造中的数控程序的生成和检验、部件装配、机器人、电影制片技术中的动画、电影特技镜头、景物模拟、医疗工程中的立体断面检查等方面得到广泛的应用。

现在的三维实体造型技术是指描述几何模型的形状和属性的信息，并保存于计算机内，由计算机生成具有真实感的、可视的三维图形技术。三维实体造型可以使零件模型更加直观，便于生产和制造。因此，在工程设计和绘图过程中，三维实体建模应用的十分广泛。

实体模型具有线框模型和表面模型所没有的体的特征，其内部是实心的，所以用户可以对它进行各种编辑操作，如穿孔、切割、倒角和布尔运算，也可以分析其质量、体积、重心等物理特性。而且实体模型能为一些工程应用，如数控加工、有限元分析等提供数据。实体模型通常也可以线框模型或表面模型的方式进行显示，用户可以对它进行消隐、着色或渲染处理。

2.1.2 实体造型方法

在实体造型的应用软件中，使用的几何实体造型的方法一般有扫描表示法(Sweeping)、构造实体几何法(Constructive Solid Geometry〕和边界表示法(Boundary representation)三种。此外还有单元分解法、参数形体调用法、空间枚举法等，但使用场合不多。下面简单地介绍 3 种常用的实体造型方法。

1. 扫描表示法

扫描表示法是用曲线、曲面或形体沿某一指定路径运动后，形成 2D 或 3D 物体的一种常用造型方法，它要具备两个要素：首先，要给出一个运动形体(基体)，基体可为曲线、曲面或实体。其次，要给出基体的运动轨迹，该轨迹是可以用解析式来定义的路径。扫描法非常容易理解，而且已被广泛应用于各种 CAD 造型系统中，是一种实用而有效的造型手段。它一般分两种类型：平移扫描和旋转扫描。

2. 构造实体几何法

构造实体几何法，也称几何体素构造法，是以简单几何体系构造复杂实体的造型方法。其基本思想是：一个复杂物体可以由比较简单的一些形体(体素)，经过布尔运算后得到。它是以集合论为基础的。首先是定义有界体素(集合本身)，如立方体、柱体、球体等，然后将这些体素进行交、并、差运算。

3. 边界表示法

边界表示法是一种以物体的边界表面为基础，定义和描述几何形体的方法，它能给出物体完整显示的边界描述。它的理论是：物体的边界是有限个单元面的并集，而每一个单元面都必须是有界的。边界描述法须具备如下条件：封闭、有向、不自交、有限、互相连接、能区分实体边界内外和边界上的点。边界表示法其实是将物体拆成各种有边界的面来表示，并使它们按拓扑结构的信息连接。B-rep 的表示方法，类似于工程图的表示，在图形处理上有明显的优点。利用 B-rep 数据可方便地转换为线框模型，便于交互式的设计与修改调整，既可以用来描述平面，又可以实现对自由曲面的描述。

2.2 创建实体

MasterCAM X7 提供了一些直接创建基本实体的方法，包括圆柱体、圆锥体、立方体、球体和圆环体等。选择【绘图】|【基本实体】菜单命令或打开【草图】工具栏中按钮右侧的下拉列表，选择相应的基本实体，如图 2-1、图 2-2 所示。

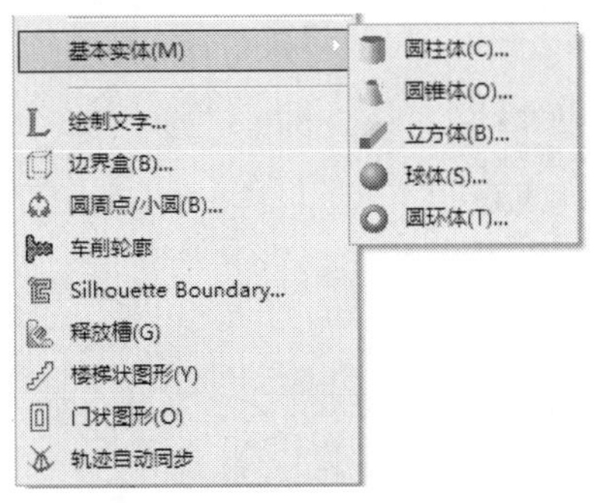

图 2-1 【基本实体】子菜单

图 2-2 【草图】工具栏按钮

MasterCAM X7 除了能够生成基本实体外，还提供了丰富的生成实体功能，包括挤出实体、旋转实体、扫描实体、举升实体和曲面生成实体等。

这些生成实体功能位于【实体管理器】菜单命令下，也可通过 Solids 工具栏中相应功能按钮获得，如图 2-3、图 2-4 所示。

图 2-3 【实体管理器】菜单

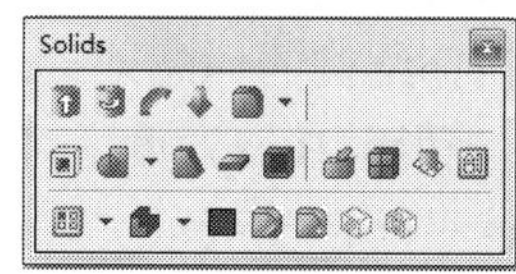

图 2-4 Solids 工具栏

2.2.1 圆柱实体

(1) 选择【绘图】|【基本实体】|【圆柱体】菜单命令或单击【草图】工具栏中【画圆柱体】按钮，弹出【圆柱】对话框。单击对话框标题栏中的按钮，可以使该对话框显示更多的选项，如图 2-5 所示。

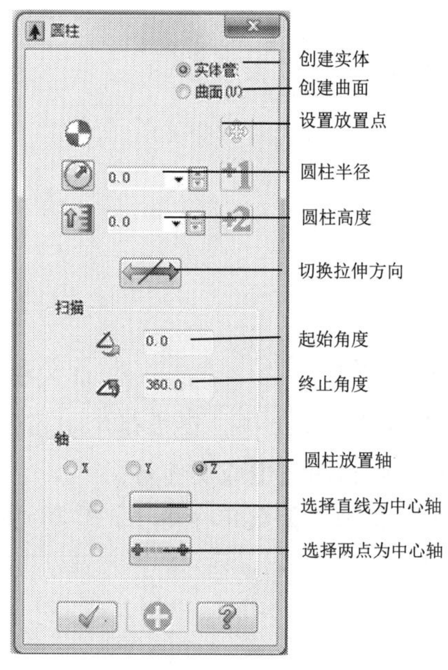

图 2-5 展开的【圆柱】对话框

(2) 在【圆柱】对话框中选中【实体】单选按钮，设置圆柱体半径为 30，圆柱体高度为 50，其他设置默认。

(3) 系统提示选取圆柱体的基准点位置，指定基准点位置的坐标为(0,0,0)。

(4) 单击【圆柱】对话框中【确定】按钮，完成圆柱体的创建。单击【绘图显示】工具栏中的【等角视图】按钮，设置屏幕视角为【等角视图】。圆柱体的效果如图 2-6 所示。

【扫描】选项组：用来设置圆柱体的扫描角度，创建各种扇形柱体。图 2-7 所示的是起始角度为 0°，终止角度为 260° 的效果图。

【轴】选项组：设置圆柱体的轴，可以选择 X、Y、Z 轴作为参考轴，也可以一条直线或两个点的连线为圆柱体的参考轴，如图 2-8 所示。

图 2-6　创建的圆柱体

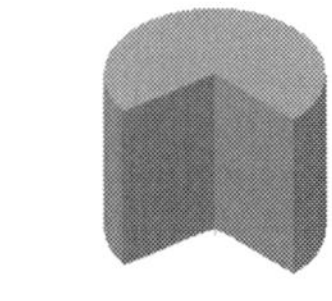

图 2-7　扇形圆柱体

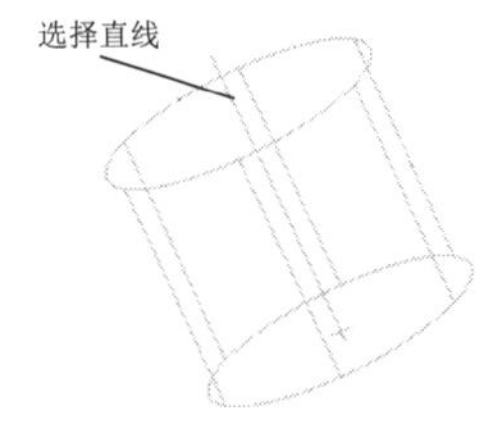

图 2-8　设置参考轴

2.2.2　圆锥实体

(1) 选择【绘图】|【基本实体】|【圆锥体】菜单命令或单击【草图】工具栏中【画圆锥体】按钮，弹出如图 2-9 所示【锥体】对话框。单击对话框标题栏中的按钮可以使该对话框显示更多的选项。

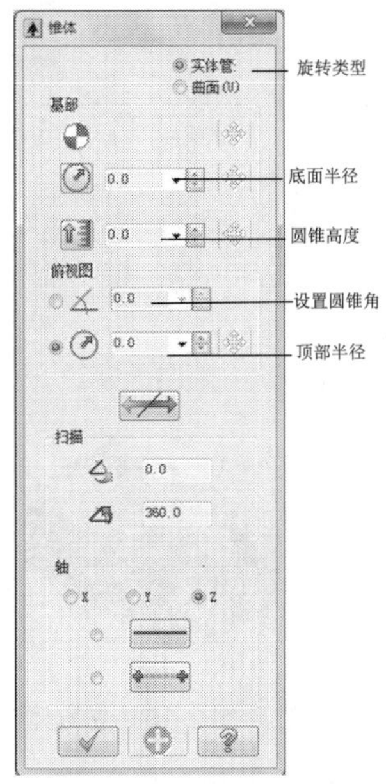

图 2-9　【锥体】对话框

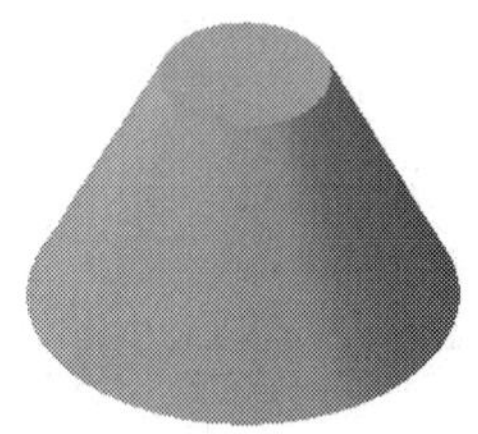

图 2-10　圆锥体

(2) 在【锥体】对话框中选中【实体】单选按钮，设置圆锥体底部半径为 50，圆锥体高度为 60，顶部半径为 20，其他设置默认。

(3) 系统出现“选取圆锥体的基准点位置”的提示信息。在绘图区指定一点作为圆锥体的基准点位置。这里设置基准点位置的坐标为(0,0,0)。

(4) 单击【锥体】对话框中【确定】按钮，完成圆锥体的创建。单击【绘图显示】工具栏中的【等角视图】按钮，设置屏幕视角为【等角视图】，如图 2-10 所示。

【俯视图】选项组：用户可以在右侧的【角度】文本框中设置圆锥体的锥角，也可以在右侧的【半径】文本框中设置圆锥体的顶部半径。这里要注意的是，想得到尖顶的圆锥体，只需将顶部半径设置为 0 即可。图 2-11 为得到的不同形状的圆锥体。

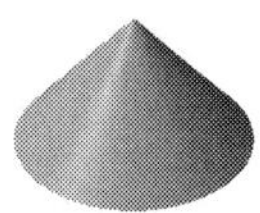
(a) 尖顶圆锥体

(b) 扇形圆锥体

图 2-11 不同形状的圆锥体

2.2.3 立方实体

(1) 选择【绘图】|【基本实体】|【立方体】菜单命令或单击【草图】工具栏中【画立方体】按钮，弹出如图 2-12 所示【立方体】对话框。

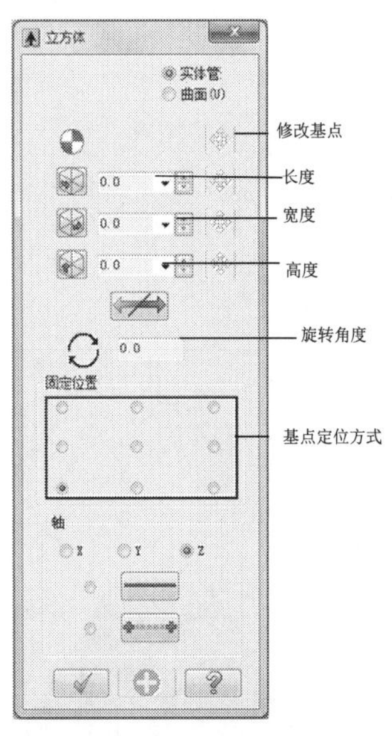

图 2-12 【立方体】对话框

图 2-13 立方体

(2) 在【立方体】对话框中选中【实体】单选按钮，设置立方体长度为 30，宽度为 50，高度为 20。

(3) 系统出现“选取立方体的基准点位置”的提示信息。在绘图区指定一点作为立方体的基准点位置。这里设置基准点位置的坐标为(0,0,0)。

(4) 单击【立方体】对话框中【确定】按钮，完成立方体的创建。单击【绘图显示】工具栏中【等角视图】按钮，设置屏幕视角为【等角视图】。立方体的效果如图 2-13 所示。

2.2.4 球体

(1) 选择【绘图】|【基本实体】|【球体】菜单命令或单击【草图】工具栏中【画球体】按钮，弹出如图 2-14 所示【圆球】对话框。

(2) 在【圆球】对话框中选中【实体】单选按钮，设置球体半径为 20。

(3) 系统出现“选取球体的基准点位置”的提示信息。在绘图区指定一点作为球体的基准点位置。这里设置基准点位置的坐标为(0,0,0)。

(4) 单击【圆球】对话框中【确定】按钮，完成球体的创建。单击【绘图显示】工具栏中【等角视图】按钮，设置屏幕视角为【等角视图】。球体的效果如图 2-15 所示。

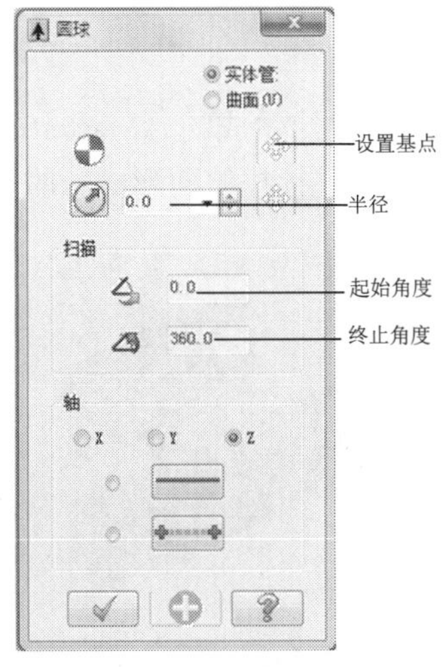

图 2-14 【圆球】对话框

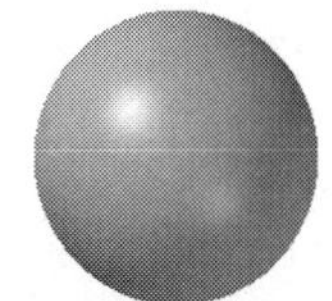

图 2-15 球体

2.2.5 圆环实体

(1) 选择【绘图】|【基本实体】|【圆环体】菜单命令或单击【草图】工具栏中【画圆环体】按钮，弹出如图 2-16 所示【圆环体】对话框。

(2) 在【圆环体】对话框中选中【实体】单选按钮，在右侧的【半径】文本框中输入 50，在右侧的【较小的半径】文本框中输入 20。

(3) 系统出现“选取圆环体的基准点位置”的提示信息。在绘图区指定一点作为圆环体的基准点位置。这里设置基准点位置的坐标为(0,0,0)。

(4) 单击【圆环体】对话框中【确定】按钮，完成圆环体的创建。单击【绘图显示】工具栏中【等角视图】按钮，设置屏幕视角为【等角视图】。圆环体的效果如图 2-17 所示。

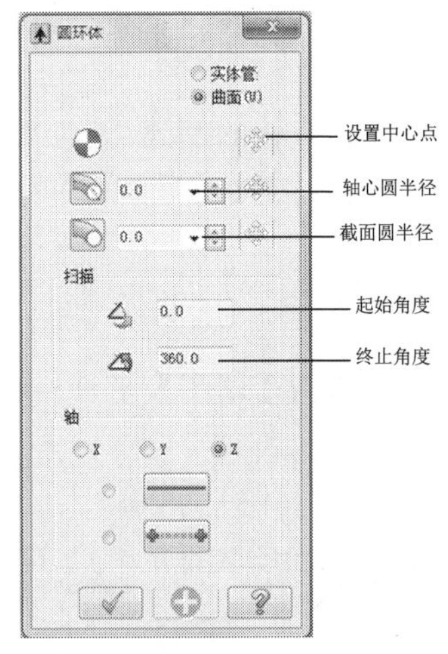

图 2-16 【圆环体】对话框

图 2-17 圆环体

2.2.6 挤出实体

挤出实体又称拉伸实体，它是由平面截面轮廓经过拉伸生成的。MasterCAM X7 挤出实体功能，是将一个或多个共面的曲线串连，按指定的方向进行拉伸而形成新的实体，如图 2-18 所示。

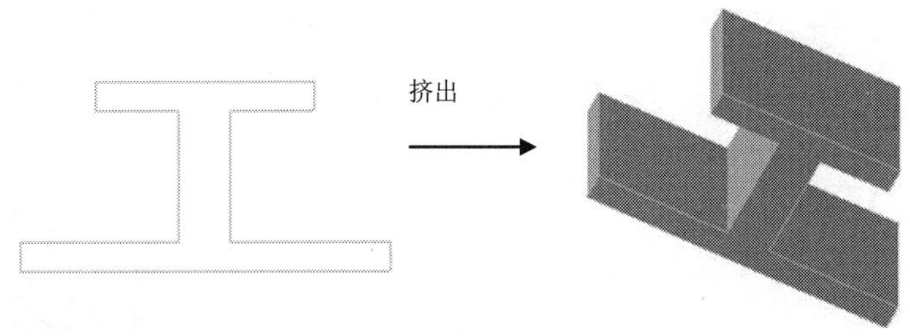

图 2-18 挤出实体

MasterCAM X7 挤出实体功能的【挤出串联】对话框，包括【挤出】和【薄壁设置】两个选项卡。

1. 【挤出】选项卡

【挤出】选项卡主要用于设置挤出操作类型、拔模方式、挤出的距离/方向等，如图 2-19 所示。

2. 【薄壁设置】选项卡

【薄壁设置】选项卡用于设置薄壁的相关参数，如图 2-20 所示。

(1) 首先绘制挤出草图，如图 2-21 所示。

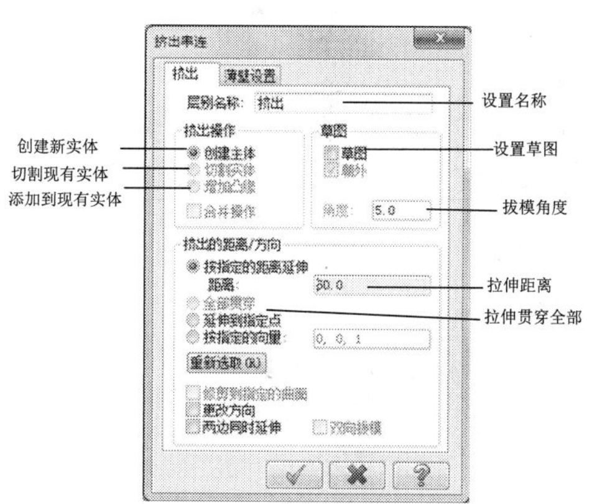

图 2-19　【挤出】选项卡

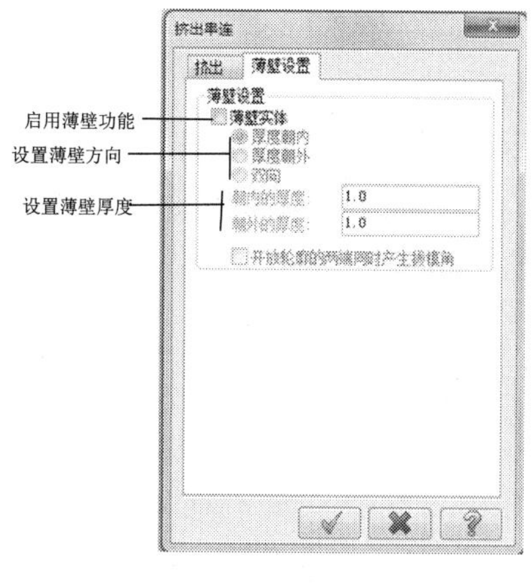

图 2-20　【薄壁设置】选项卡

(2) 选择【实体管理器】|【挤出实体】菜单命令或单击 Solids 工具栏中【挤出实体】按钮，系统弹出【串连选项】对话框，选择串连图像，如图 2-22 所示。

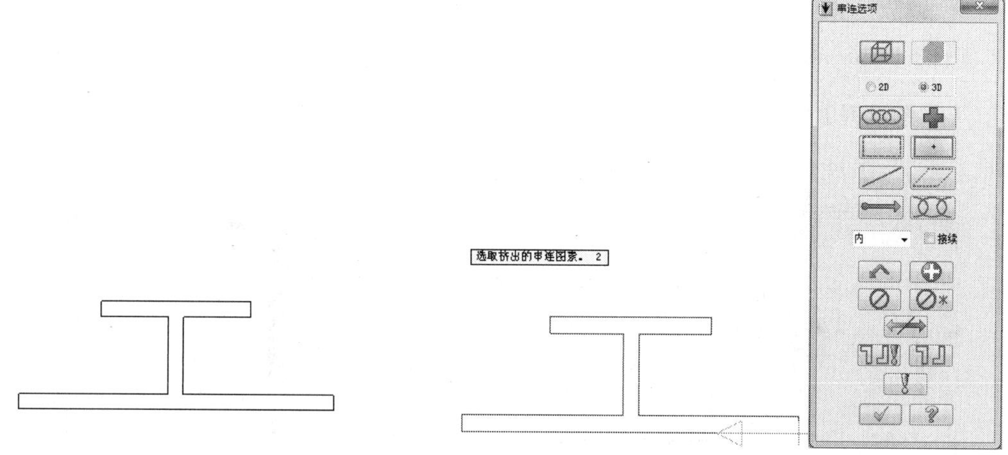

图 2-21　绘制挤出草图　　图 2-22　选择串连图像

(3) 在【挤出串联】对话框设置挤出距离、拔模和薄壁特征等参数，挤出实体，如图 2-23 所示。

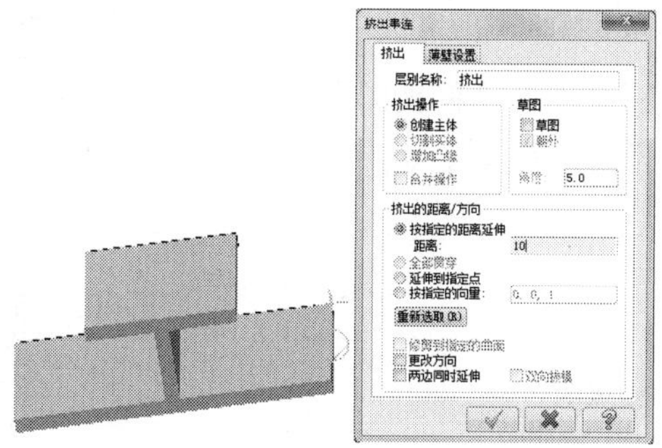

图 2-23　挤出实体

2.2.7 旋转实体

旋转实体是实体特征截面，绕旋转中心线旋转一定角度，产生的旋转实体或薄壁件，用户也可以使用实体旋转功能，来对已经存在的实体做旋转切割操作，也可进行增加材料操作，如图 2-24 所示。

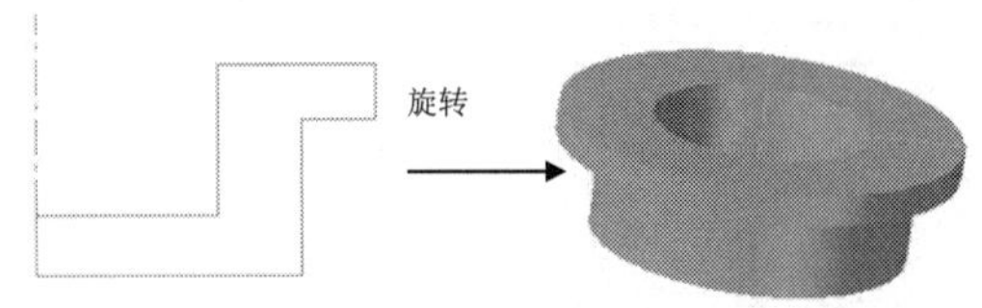

图 2-24 旋转实体

MasterCAM X7 旋转实体功能的【旋转实体的设置】对话框包括【旋转】和【薄壁设置】两个选项卡。

1. 【旋转】选项卡

【旋转】选项卡主要用于设置旋转操作类型、角度/轴向等，如图 2-25 所示。

2. 【薄壁设置】选项卡

【薄壁设置】选项卡用于设置薄壁的相关参数，如图 2-26 所示。

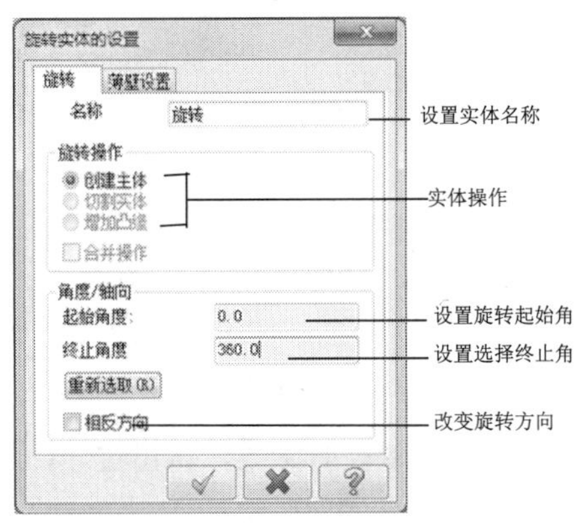

图 2-25 【旋转】选项卡

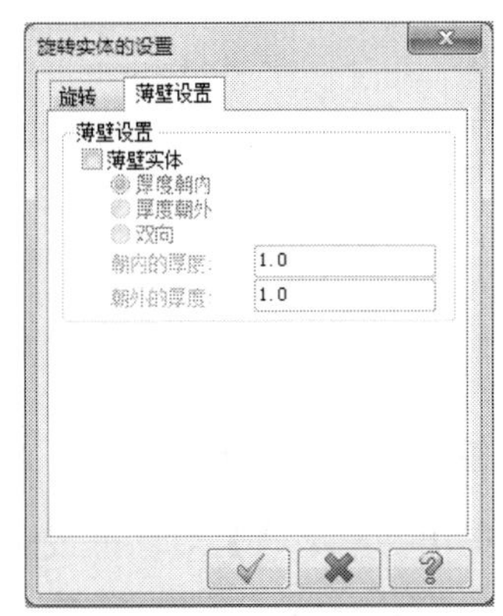

图 2-26 【薄壁设置】选项卡

(1) 选择视角视图和绘图平面为【俯视图】，绘制如图 2-27 所示的二维图形。

(2) 将当前图层设置为图层 2，设置图层名称为“实体”，如图 2-28 所示。

图 2-27 二维草图

图 2-28 设置图层 2

(3) 选择【实体管理器】|【旋转实体】菜单命令或单击 Solids 工具栏中【旋转实体】按

钮，弹出【串连选项】对话框。

(4) 系统出现“选取旋转的串连图素 1”的提示信息。在【串连选项】对话框中选择【串连】按钮，在绘图区单击如图 2-29 所示的图形，然后在【串连选项】对话框中单击【确定】按钮。

(5) 系统出现“请选一直线作为参考轴”的提示信息。在绘图区选择旋转轴，弹出【方向】对话框，如图 2-30 所示。单击【方向】对话框中【确定】按钮。

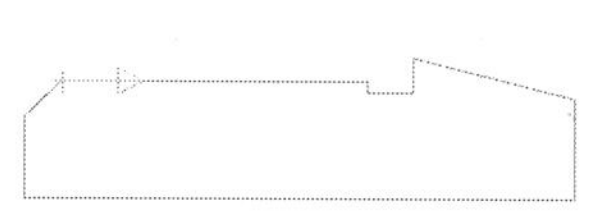

图 2-29 选择的串连图素

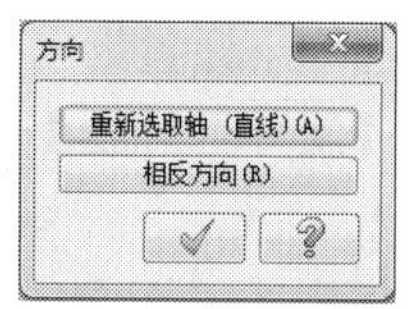

图 2-30 【方向】对话框

(6) 系统弹出【旋转实体的设置】对话框。参数的设置如图 2-31 所示，单击【确定】按钮，完成旋转实体的创建。关闭图层 1，并单击工具栏中【等角视图】按钮，设置屏幕视角为【等角视图】。旋转实体的效果如图 2-32 所示。

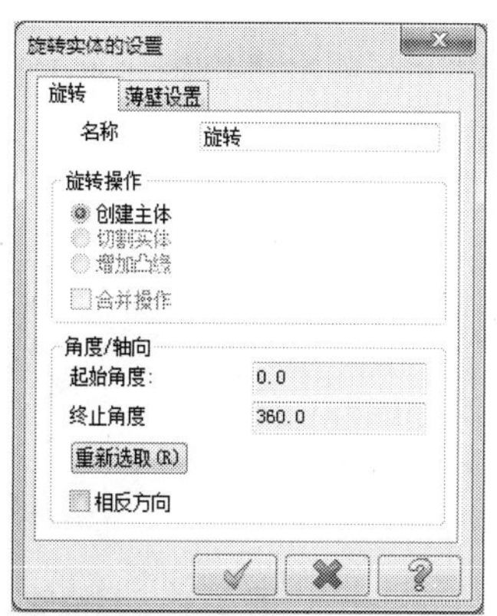

图 2-31 【旋转实体的设置】对话框

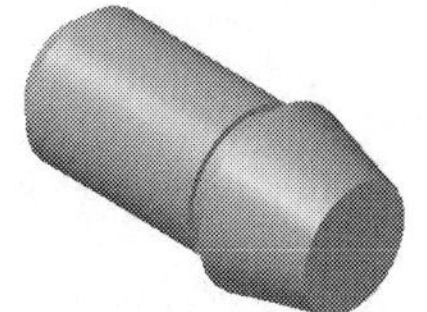

图 2-32 旋转实体

2.2.8 扫描实体

扫描是将二维截面沿着一条轨迹线扫描出实体，如图 2-33 所示。使用扫描功能，可以扫描的方式切除现有实体，或者为现有实体增加凸缘材料。用于进行扫描操作的路径要求避免尖角，以免扫描失败。

图 2-33 扫描实体

(1) 选择视角视图和绘图平面为【俯视图】，绘制如图 2-34 所示的二维图形。

(2) 选择视角视图和绘图平面为【前视图】，绘制如图 2-35 所示的二维图形。

图 2-34　二维草图

图 2-35　【前视图】上绘制的图形

(3) 将当前图层设置为图层 2，设置图层名称为“实体”。

(4) 选择【实体管理器】|【扫描实体】菜单命令或单击 Solids 工具栏中【扫描实体】按钮。

(5) 系统弹出【串连选项】对话框，同时出现“请选择要扫掠的串连图素 1”的提示信息。在绘图区选择绘制的圆为扫描截面，然后按 Enter 键确定。

(6) 系统出现“请选择扫掠路径的串连图素 1”的提示信息。在绘图区选择绘制的矩形为扫描路径，如图 2-36 所示。

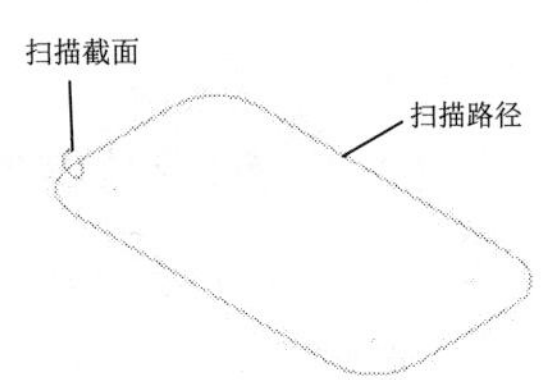

图 2-36　选择扫描的截面和路径

(7) 系统弹出【扫描实体】对话框，如图 2-37 所示。单击【确定】按钮，完成扫描实体的创建。关闭图层 1，单击【绘图显示】工具栏中【等角视图】按钮，设置屏幕视角为【等角视图】。扫描实体的效果如图 2-38 所示。

图 2-37　【扫描实体】对话框

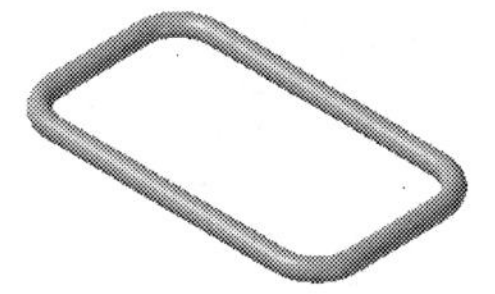

图 2-38　扫描的实体

2.2.9　举升实体

举升实体又叫放样或混合，是将两个或两个以上的封闭曲线串连，按照指定的熔接方式进行各轮廓之间的放样过渡，从而创建新实体；或将生成的实体作为工具实体，与选取的目标实体进行布尔加减操作。在举升操作中选取的各截面串连，必须是共面的封闭曲线串连，但各截面可以不平行。如图 2-39 所示为举升操作制作的实体。

(1) 选择【俯视图】为绘图平面，分别设置不同的深度，绘制如图 2-40 所示的二维图形。

图 2-39　举升模型

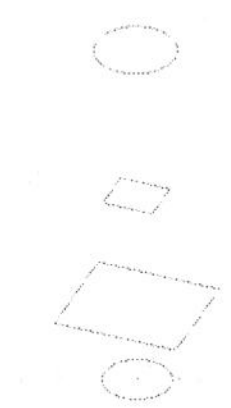

图 2-40　二维图形

(2) 将当前图层设置为图层 2，设置图层名称为“实体”。

(3) 选择【实体管理器】|【举升实体】菜单命令或单击 Solids 工具栏中【举升实体】按钮，弹出【串连选项】对话框。

(4) 在【串连选项】对话框中选择【串连】按钮，在绘图区依次选择串连图素，注意它们的方向的一致性。然后在【串连选项】对话框中单击【确定】按钮。

注意 在进行举升实体时，每个串连的图素都必须是二维的封闭轮廓，且在串连外形时必须注意匹配起点、串连方向和选择顺序，否则无法创建放样实体或创建一个扭曲的实体。

(5) 系统弹出【举升实体】对话框，启用【以直纹方式产生实体】复选框，如图 2-41 所示。单击【确定】按钮，完成举升实体的创建。创建的模型如图 2-42 所示。

图 2-41 【举升实体】对话框

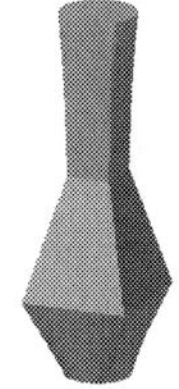

图 2-42 以直纹方式产生的实体

2.2.10 由曲面生成实体

【由曲面生成实体】命令可以将开放或封闭的曲面转换成实体。如果是开放的曲面，转换后的实体效果与其曲面形状还是一样的，但不再是曲面特征而是薄片实体。

(1) 绘制如图 2-43 所示的曲面，为了便于区分以线架结构显示。

(2) 选择【实体管理器】|【由曲面生成实体】菜单命令或单击 Solids 工具栏中【由曲面生成实体】按钮。弹出【曲面转为实体】对话框，如图 2-44 所示。

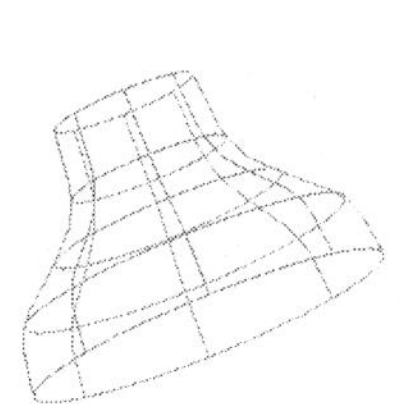

图 2-43 绘制的曲面

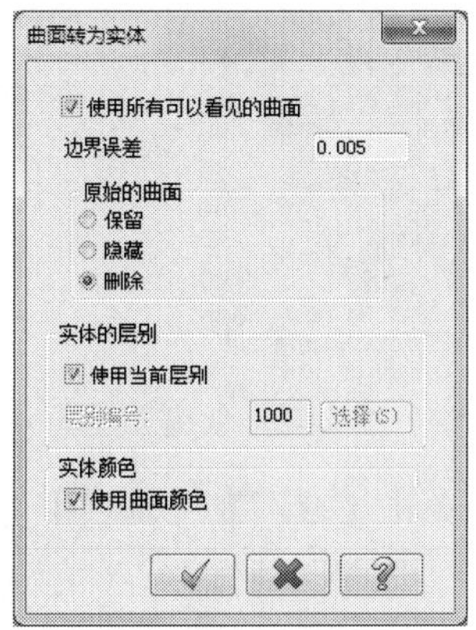

图 2-44 【曲面转为实体】对话框

【曲面转为实体】对话框中各项选项的含义如下。

- 【使用所有可以看见的曲面】复选框：若启用该复选框，系统直接将所有曲面转换为一个或多个实体；若取消启用该复选框，则需要手动选取曲面来转换。
- 【边界误差】文本框：用于指定转换操作中的边界误差。
- 【原始的曲面】选项组：用于设置转换后是否保留原曲面，包括【保留】、【隐藏】和【删除】三个单选按钮。
- 【实体的层别】选项组：用于设置转换操作生成实体所在图层。选择【使用当前层别】复选框时，转换生成的实体使用当前图层；取消选择时，则可以在【层别编号】文本框中指定图层。

(3) 保持【曲面转为实体】对话框设置为默认值，单击【确定】按钮。

(4) 系统弹出提示对话框，提示用户是否要在开放的边界绘制边界曲线。在该对话框中单击【否】按钮，完成实体的转换。得到的实体如图 2-45 所示。

图 2-45　得到的薄片实体

创建实体案例 1

案例文件：ywj /02/01.MCX-7

视频文件：光盘→视频课堂→第 2 章→2.2.1

step 01 单击【草图】工具栏中【画立方体】按钮，弹出如图 2-46 所示【立方体】对话框。选择立方体中心，创建 20×20×2 的立方体。

step 02 单击【草图】工具栏中【画球体】按钮，弹出如图 2-47 所示【圆球】对话框。选择球体中心，创建半径为 5 的球体。

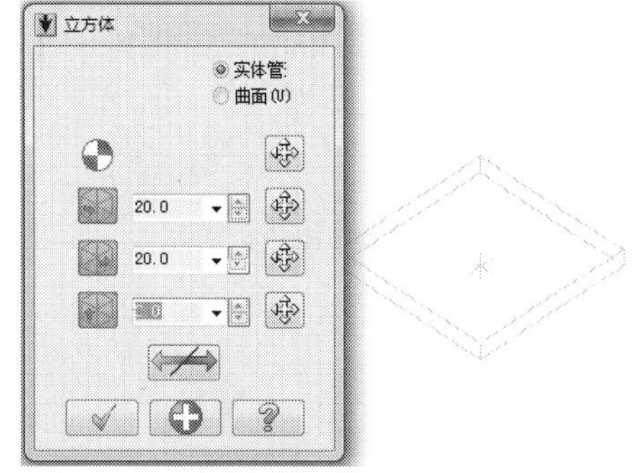

图 2-46　创建立方体

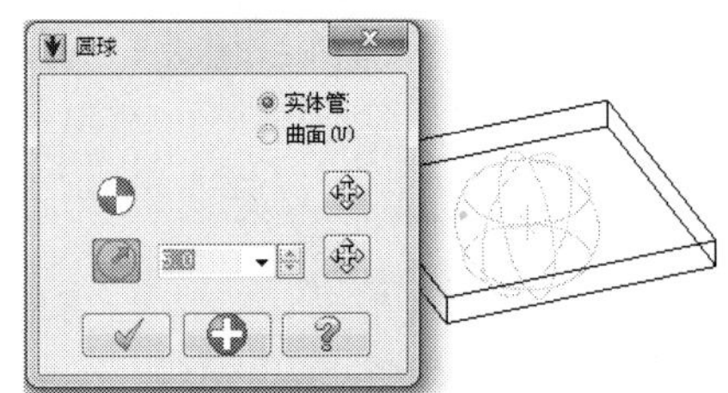

图 2-47　创建球体

step 03 单击【草图】工具栏中【画圆柱体】按钮，弹出【圆柱】对话框，如图 2-48 所示。选择圆柱体中心，创建半径为 5 高为 20 的圆柱体。完成创建的模型如图 2-49 所示。

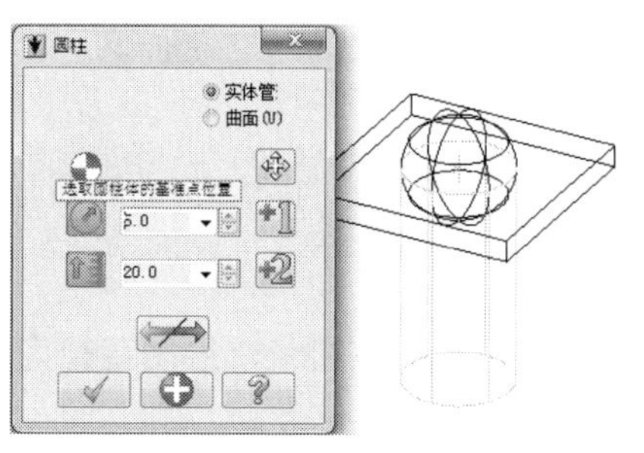
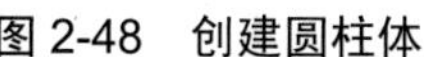

图 2-48 创建圆柱体

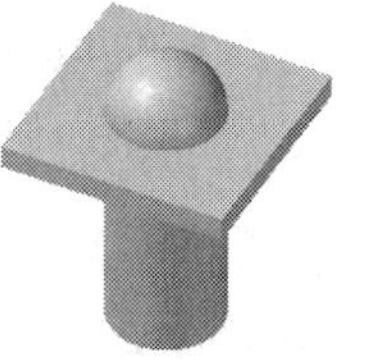

图 2-49 完成模型

创建实体案例 2

案例文件：ywj /02/02.MCX-7

视频文件：光盘→视频课堂→第 2 章→2.2.2

step 01 单击【草图】工具栏中【画圆环体】按钮，选择圆环体中心，创建半径为 4 和 50 的圆环体，如图 2-50 所示。

step 02 单击【草图】工具栏中【画圆锥体】按钮，弹出如图 2-51 所示【锥体】对话框。选择圆锥体中心，创建半径为 50，高为 100 的圆锥体。

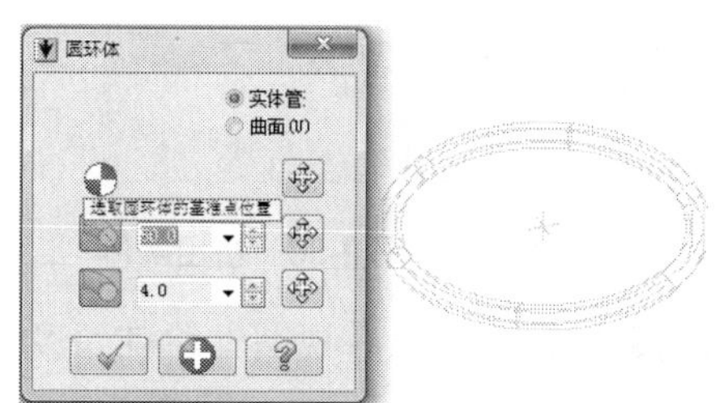

图 2-50 创建圆环

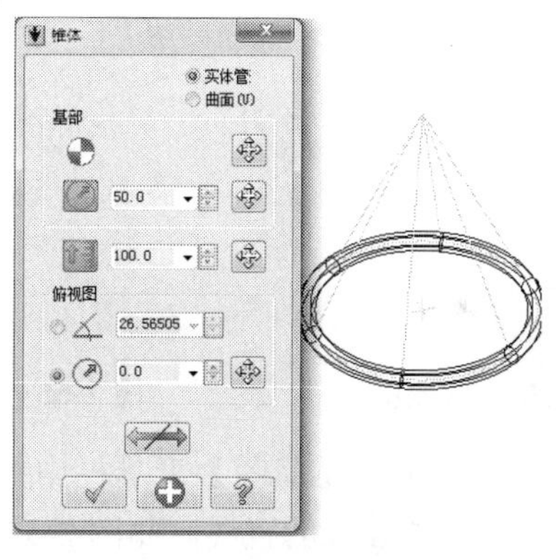

图 2-51 创建圆锥体

step 03 单击【草图】工具栏中【画球体】按钮，弹出如图 2-52 所示【圆球】对话框。选择球体中心，创建半径为 10 的球体。创建完成的模型如图 2-53 所示。

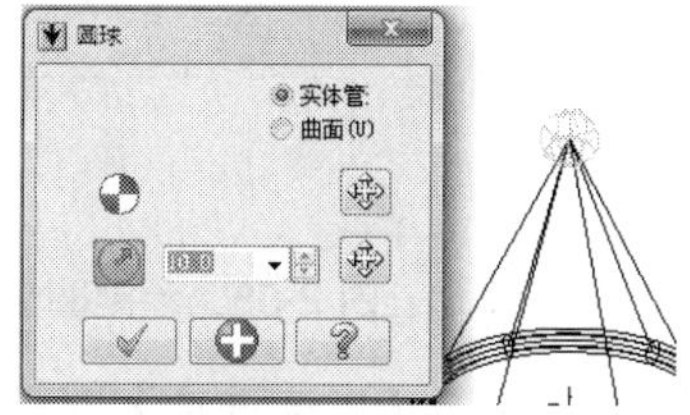

图 2-52 创建球体

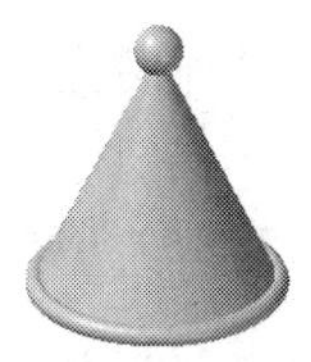

图 2-53 完成模型

创建实体案例 3

案例文件：ywj /02/03.MCX-7

视频文件：光盘→视频课堂→第 2 章→2.2.3

step 01 在【草图】工具栏中单击【已知圆心点画圆】按钮，绘制直径为 40 的圆，如图 2-54 所示。

step 02 单击 Solids 工具栏中【挤出实体】按钮，弹出【串连选项】对话框，如图 2-55 所示，选择草图，单击【确定】按钮。

step 03 在弹出的【挤出串联】对话框中，设置延伸距离为 60，创建圆柱，如图 2-56 所示。

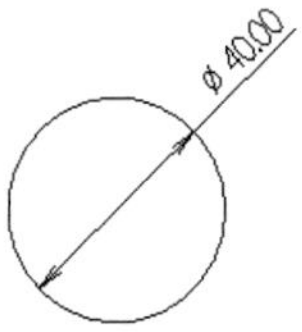

图 2-54　绘制圆

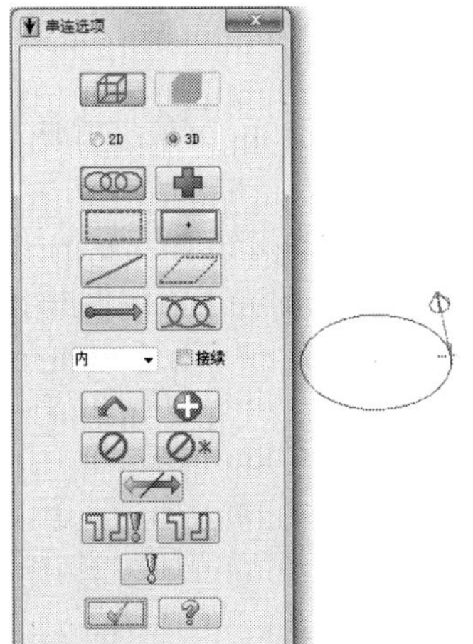

图 2-55　挤出草图

图 2-56　挤出实体

step 04 单击【草图】工具栏中的【绘制任意线】按钮，在右视图上绘制长度分别为 5、15 和 6 的直线，如图 2-57 所示。

step 05 在【草图】工具栏中单击【两点画弧】按钮，绘制半径为 30 的圆弧，如图 2-58 所示。

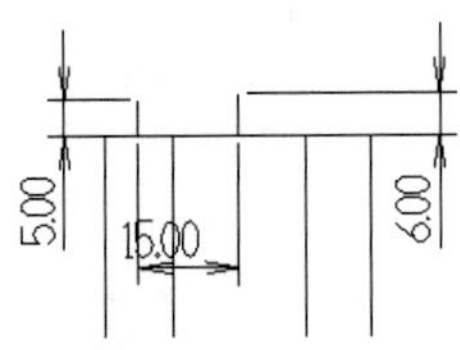

图 2-57　绘制旋转草图

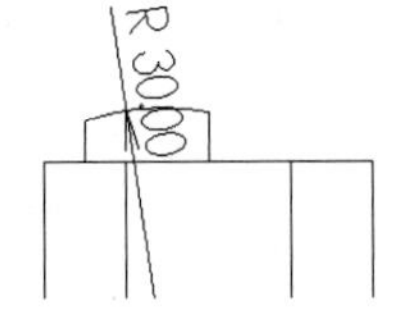

图 2-58　绘制圆弧

step 06 单击 Solids 工具栏中【旋转实体】按钮，弹出【串连选项】对话框，如图 2-59 所示。选择旋转草图和旋转轴，【确定】按钮。

step 07 在弹出的【旋转实体的设置】对话框中设置参数为 360°，创建旋转实体，如图 2-60 所示。

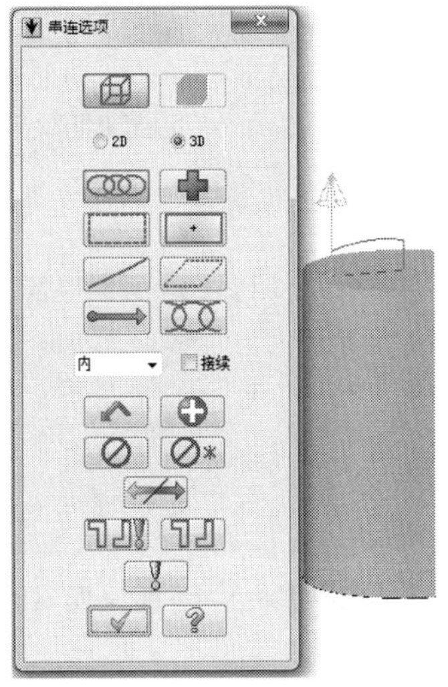

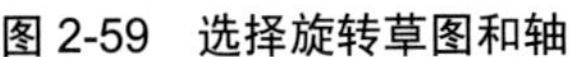

图 2-59 选择旋转草图和轴

图 2-60 旋转实体

step 08 单击【草图】工具栏中的【手动画曲线】按钮，绘制右视图上的样条曲线，如图 2-61 所示。

step 09 在【草图】工具栏中单击【画椭圆】按钮，弹出【椭圆选项】对话框，创建长、短轴分别为 10 和 5 的椭圆，如图 2-62 所示。

step 10 单击 Solids 工具栏中【扫描实体】按钮，弹出【串连选项】对话框，如图 2-63 所示，选择扫描截面和扫描路径，单击【确定】按钮。

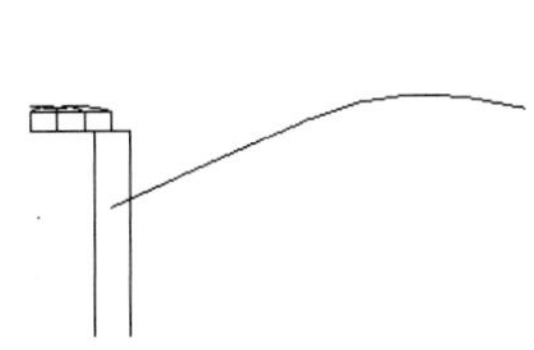

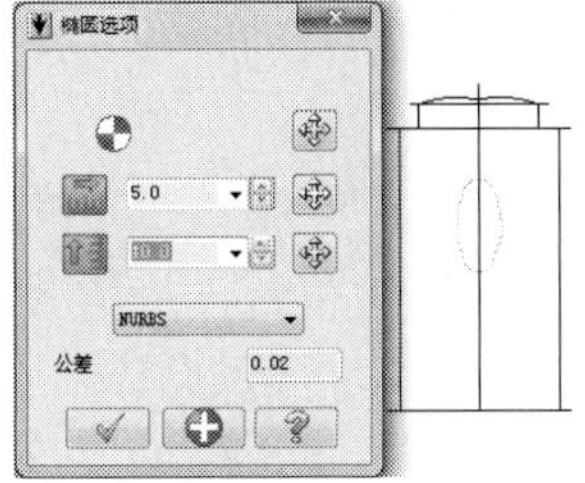

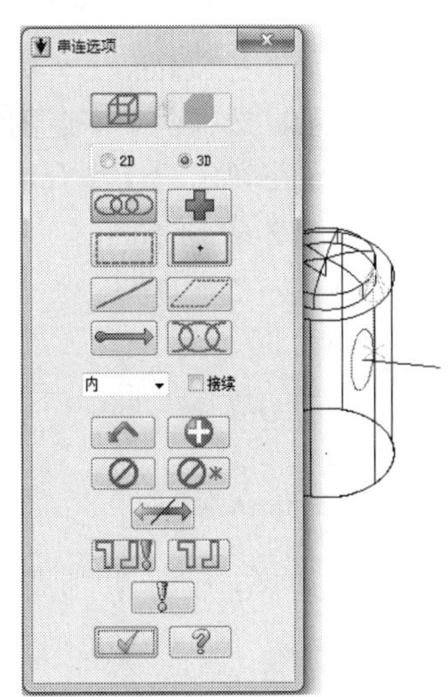

图 2-61 绘制扫描草图

图 2-62 绘制椭圆

图 2-63 选择扫描路径和截面

step 11 在弹出的【扫描实体】对话框中选中【创建主体】单选按钮，创建扫描实体，如图 2-64 所示。完成创建的模型如图 2-65 所示。

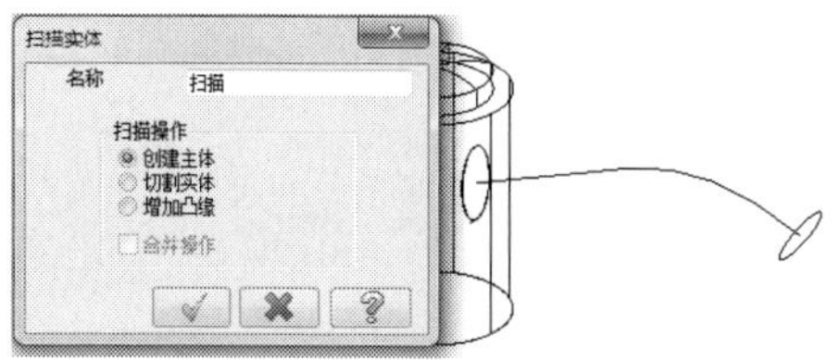

图 2-64　扫描实体

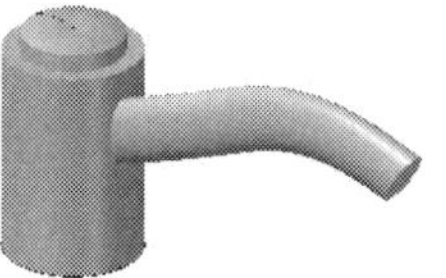

图 2-65　完成模型

创建实体案例 4

案例文件：ywj /02/04.MCX-7

视频文件：光盘→视频课堂→第 2 章→2.2.4

step 01 在【草图】工具栏中单击【已知圆心点画圆】按钮，绘制直径为 100、140 的圆，如图 2-66、图 2-67 所示。

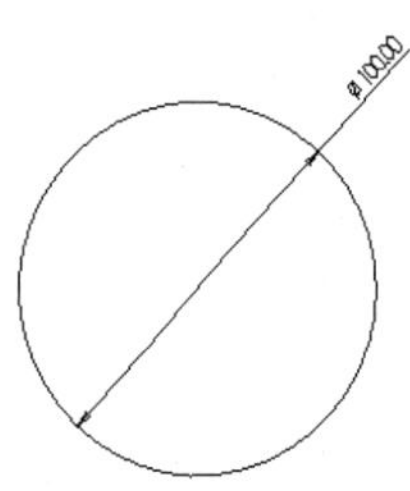

图 2-66　绘制圆

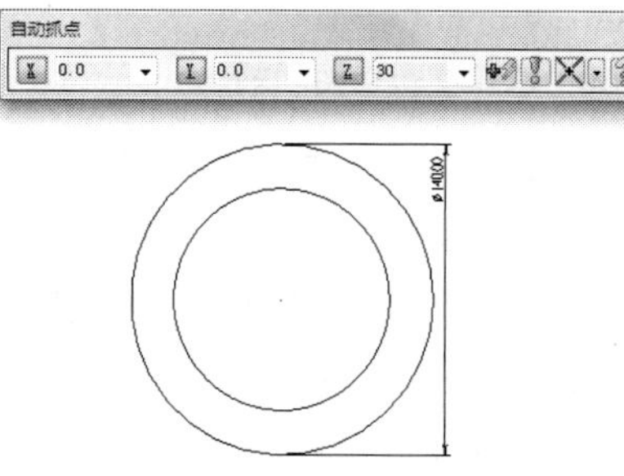

图 2-67　绘制圆

step 02 单击 Solids 工具栏中【举升实体】按钮，弹出【串连选项】对话框，如图 2-68 所示，选择两个串连图素。

step 03 在弹出的【举升实体】对话框中选中【创建主体】单选按钮，创建举升实体，如图 2-69 所示。

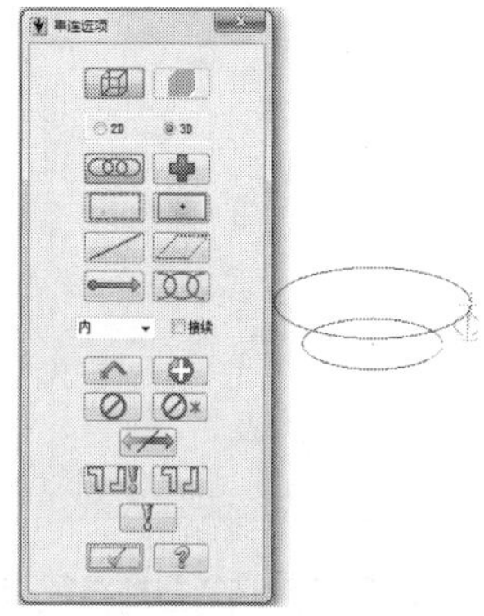

图 2-68　选择举升截面

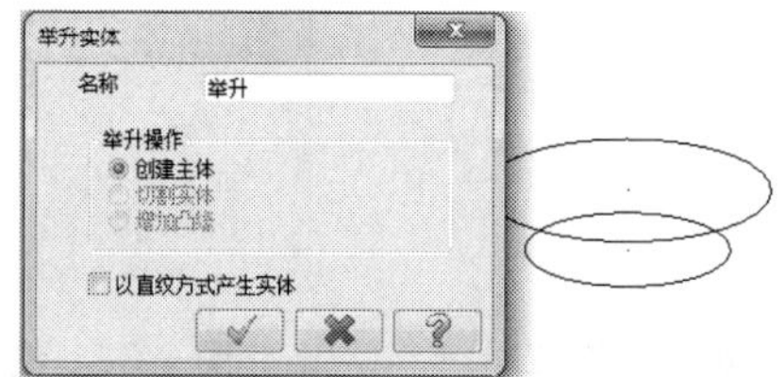

图 2-69　举升实体

step 04 单击 Solids 工具栏中【实体抽壳】按钮，选择需要去除的面，如图 2-70 所示。

step 05 在弹出的【实体抽壳】对话框中选中【朝内】单选按钮，设置厚度为2，创建实体抽壳，如图2-71所示。

step 06 完成创建的模型如图2-72所示。

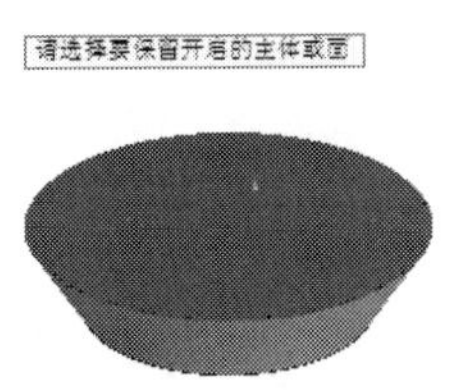

图 2-70 选择去除面

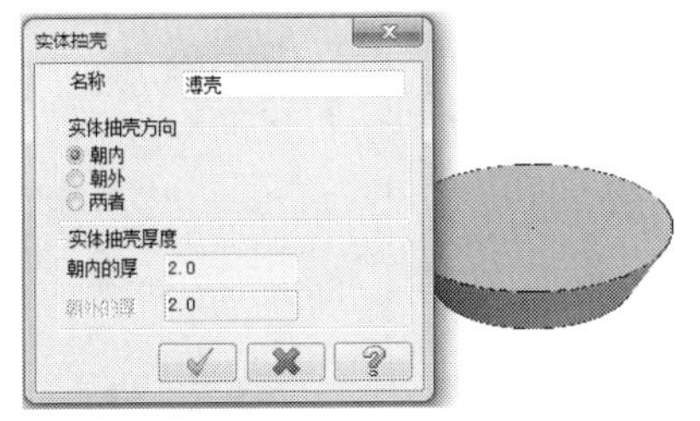

图 2-71 实体抽壳

图 2-72 完成实体

创建实体案例 5

案例文件：ywj /02/05.MCX-7

视频文件：光盘→视频课堂→第2章→2.2.5

step 01 在【草图】工具栏中单击【矩形】按钮，绘制 70×20 的矩形，如图2-73所示。

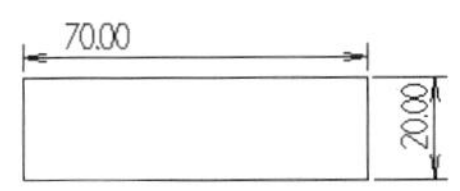

图 2-73 绘制矩形

step 02 单击 Solids 工具栏中【挤出实体】按钮，弹出【串连选项】对话框，如图2-74所示，选择草图，单击【确定】按钮。

step 03 在弹出的【挤出串连】对话框中，设置延伸距离为5，创建实体，如图2-75所示。

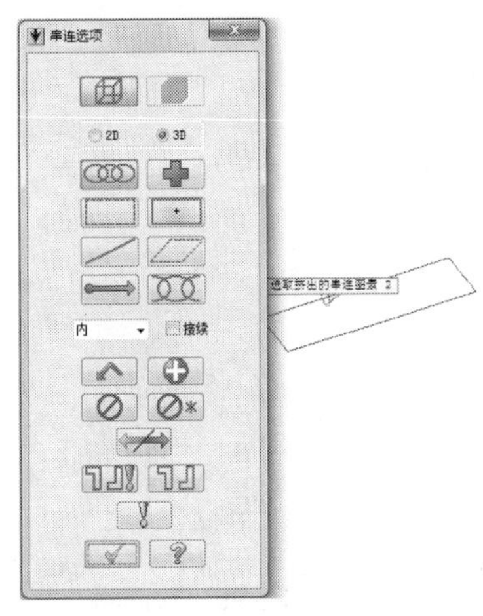

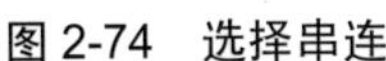

图 2-74 选择串连

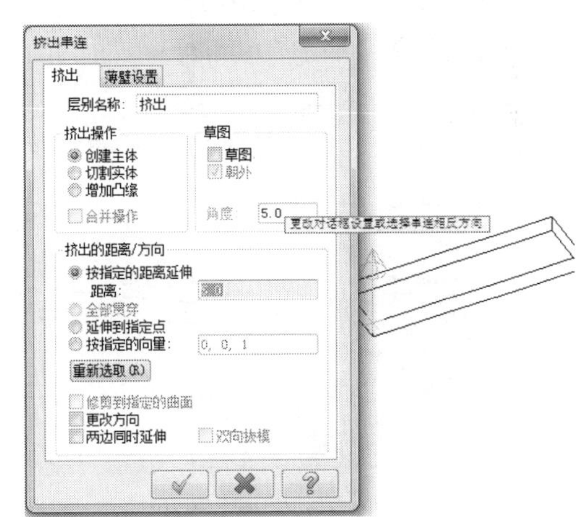

图 2-75 挤出实体

step 04 在【草图】工具栏中单击【矩形】按钮，绘制30×20的矩形，如图2-76所示。

step 05 单击 Solids 工具栏中【挤出实体】按钮，弹出【串连选项】对话框，如图 2-77所示，选择草图，单击【确定】按钮。

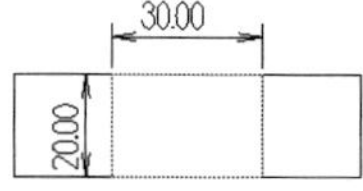

图 2-76　绘制矩形

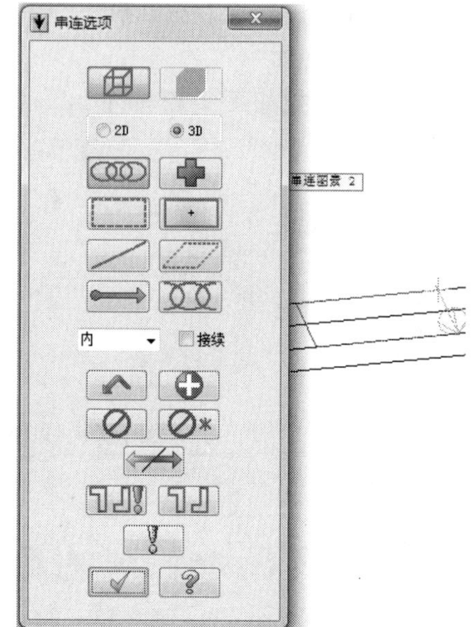

图 2-77　选择串连

step 06 在弹出的【挤出串连】对话框中，设置延伸距离为 20，创建实体，如图 2-78 所示。

step 07 在【草图】工具栏中单击【已知圆心点画圆】按钮，绘制圆，圆心坐标为(35,35,25)，如图 2-79 所示。

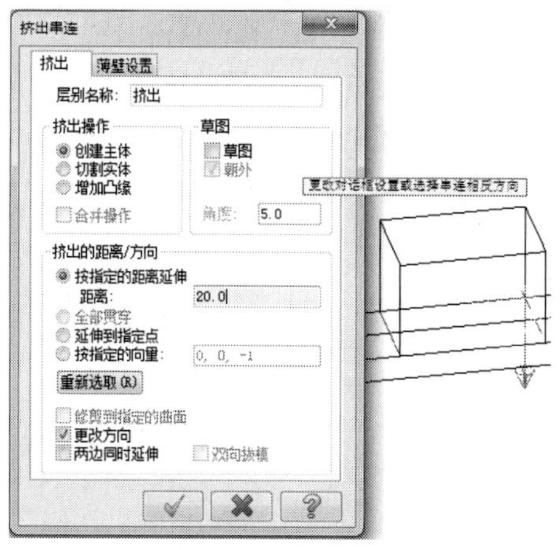

图 2-78　挤出实体

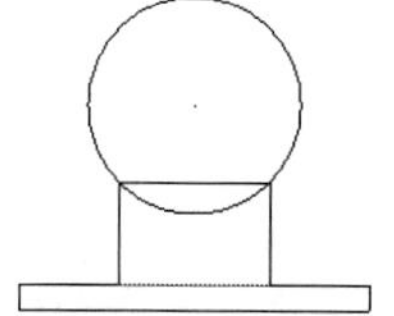

图 2-79　绘制圆

step 08 单击 Solids 工具栏中【挤出实体】按钮，弹出【串连选项】对话框，如图 2-80 所示，选择草图，单击【确定】按钮。

step 09 在弹出的【挤出串连】对话框中，设置延伸距离为 30，创建实体，如图 2-81 所示。完成创建的模型如图 2-82 所示。

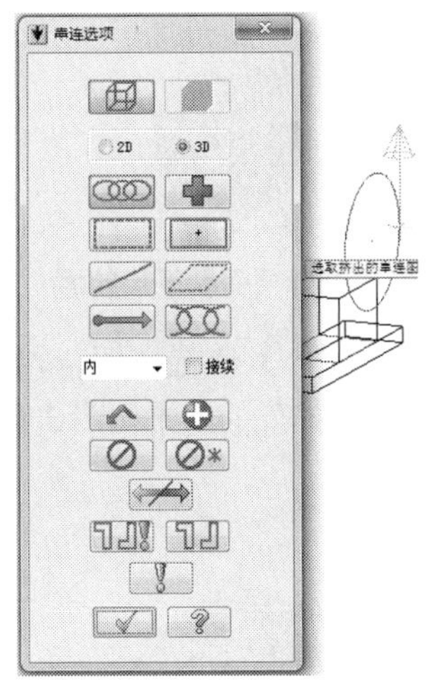

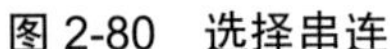

图 2-80　选择串连

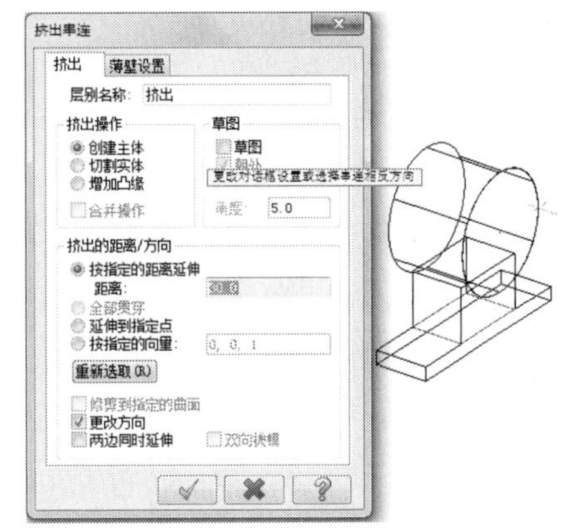

图 2-81　挤出实体

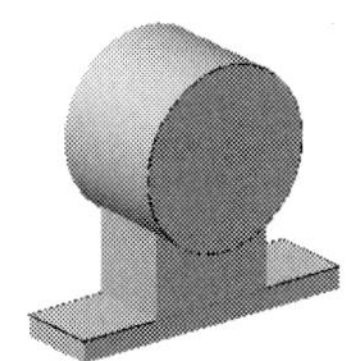

图 2-82　完成模型

2.3　实 体 编 辑

MasterCAM X7 提供了丰富的实体编辑功能。设计好三维实体后，可以根据设计要对实体进行编辑操作，以使模型更加合理和完美。

本节主要介绍 MasterCAM X7 的编辑功能，包括实体抽壳、薄片实体加厚、移除实体表面、实体修剪、圆角、倒角和布尔运算。

2.3.1　实体抽壳

实体抽壳是指将实体内部内部掏空，使实体转变成为有一定厚度的空心实体。进行实体抽壳操作时可以选择整个实体，也可以选择实体表面。如果选择整个实体，则生成的是一个没有开口的壳体；如果选择的是实体上的一个或多个实体面，则生成的是移除这些实体面的开口壳体结构。

【实体抽壳】操作方法和步骤如下。

(1) 创建如图 2-83 所示实体模型。

(2) 选择【实体管理器】|【抽壳】菜单命令或单击 Solids 工具栏中【实体抽壳】按钮▣，系统出现“请选择要保留开启的主体或面”的提示信息。选择实体的上表面，如图 2-84 所示。

图 2-83　实体抽壳模型

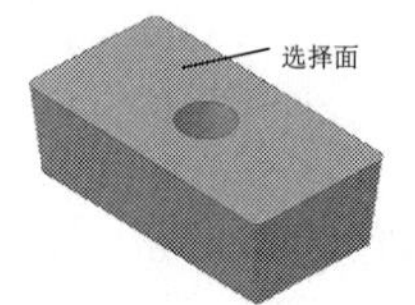

图 2-84　选择要保留开启的面

(3) 按 Enter 键，系统弹出【实体抽壳】对话框。选中【朝内】单选按钮，设置【朝内的厚】为 2，如图 2-85 所示。单击【确定】按钮完成抽壳操作，抽壳的效果如图 2-86 所示。

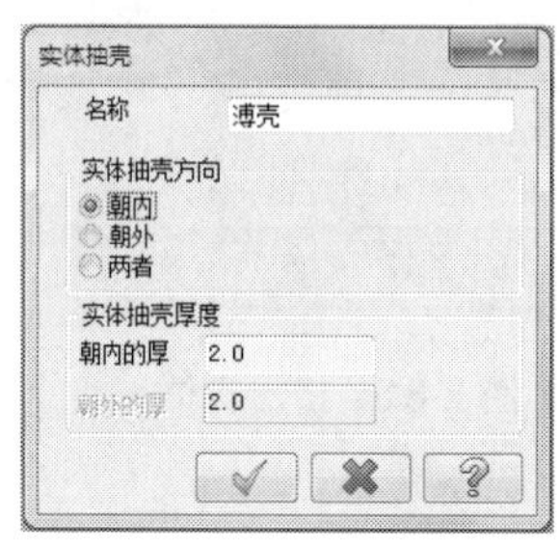

图 2-85　【实体抽壳】对话框

图 2-86　抽壳后的效果

2.3.2　薄片加厚

薄片加厚是将一些由曲面生成的没有厚度的实体进行加厚操作，生成具有一定厚度的实体。

(1) 创建如图 2-87 所示薄壳实体模型。

(2) 选择【实体管理器】|【薄片加厚】菜单命令或单击 Solids 工具栏中【薄片实体加厚】按钮，系统弹出【增加薄片实体的厚度】对话框，如图 2-88 所示。单击【确定】按钮。

图 2-87　薄壳实体模型

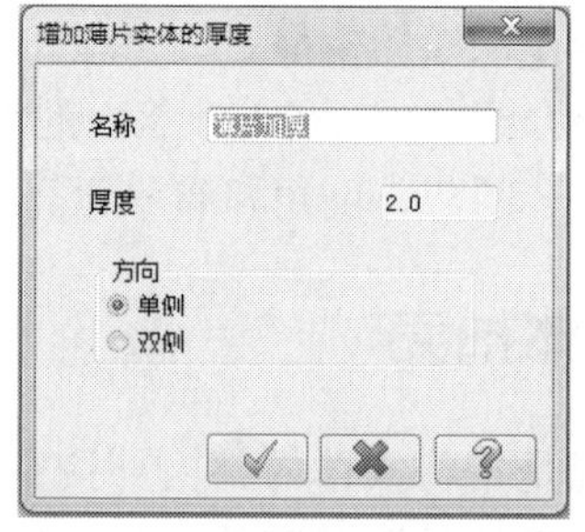

图 2-88　【增加薄片实体的厚度】对话框

(3) 系统弹出【厚度方向】对话框。单击【切换】按钮可以调整加厚的方向，如图 2-89 所示。单击【确定】按钮完成加厚操作，加厚的效果如图 2-90 所示。

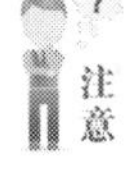

注意　【薄片实体加厚】功能只能对薄片实体进行加厚，曲面和其他实体都不能加厚。并且只能对薄片实体进行一次加厚。

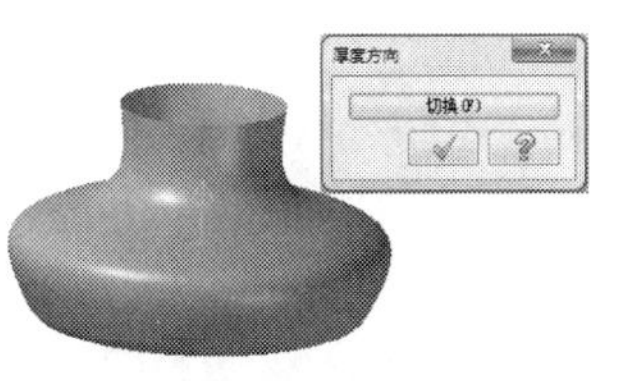

图 2-89　设置加厚方向及【厚度方向】对话框

图 2-90　加厚后的效果

2.3.3　移除实体面

【移除实体面】命令是将实体上指定的表面移除，使其变为一个薄壁实体。被移除面的实体可以是封闭的实体，也可以是薄片实体。该功能通常被用来将有问题的实体表面，或需要设计更改的实体表面删除掉。

(1) 创建如图 2-91 所示实体模型。

(2) 选择【实体管理器】|【移除实体面】菜单命令或单击 Solids 工具栏中【移除实体面】按钮，系统出现“请选择要移除的实体面”的提示信息。选择实体的上表面，如图 2-92 所示。

图 2-91　实体模型

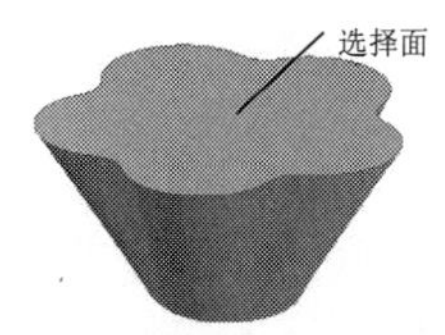

图 2-92　选择要移除的实体表面

(3) 按 Enter 键，系统弹出【移除实体表面】对话框。选中【删除】单选按钮，并启用【使用当前图层】复选框，如图 2-93 所示。单击【确定】按钮。

(4) 系统弹出一个对话框，提示用户是否要在开放的边界绘制边界曲线。单击该对话框中的【否】按钮，完成移除实体表面操作。移除表面后的效果如图 2-94 所示。

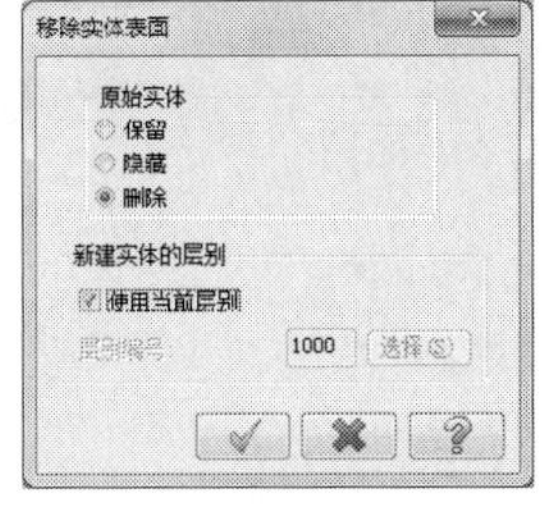

图 2-93　【移除实体表面】对话框

图 2-94　移除实体表面后的效果

在进行移除实体表面操作时，可以同时对实体的多个表面进行移除。图 2-95 所示为移除立方体两个表面的效果。

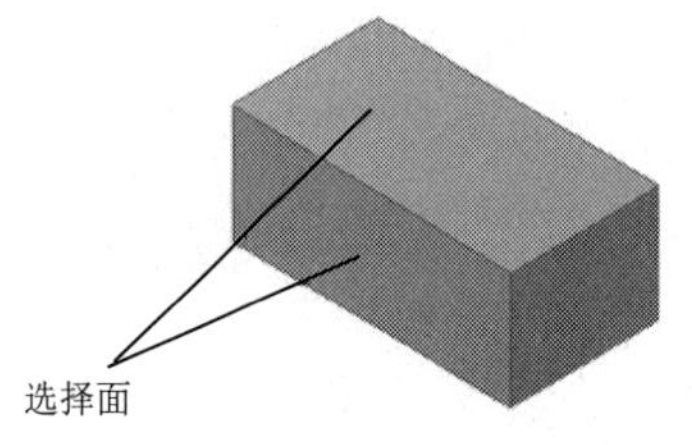

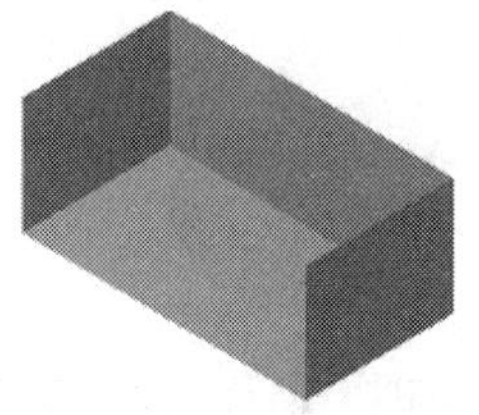

图 2-95　移除多个实体面

2.3.4　修剪实体

修剪实体功能可以使用平面、曲面或实体薄片来对已有的实体进行修剪。

(1) 创建如图 2-96 所示实体模型。

(2) 选择【实体管理器】|【修剪】菜单命令或单击 Solids 工具栏中【修剪实体】按钮，系统弹出【修剪实体】对话框，如图 2-97 所示。在【修剪到】选项组中选中【平面】单选按钮，系统弹出【平面选择】对话框。选择 Z 平面，即与 Z 轴垂直的平面，如图 2-98 所示。单击【确定】按钮。

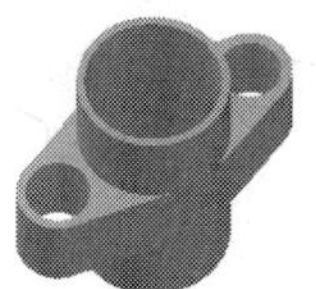

图 2-96　实体模型

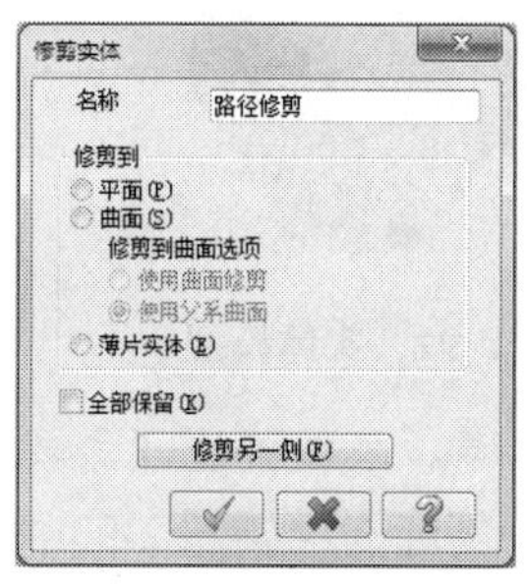

图 2-97　【修剪实体】对话框

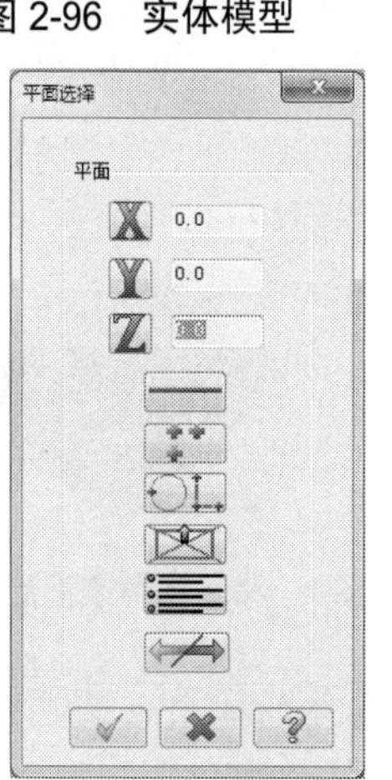

图 2-98　【平面选择】对话框

图 2-99　修剪后的模型

(3) 系统返回【修剪实体】对话框，单击【修剪另一侧】按钮可以选择要保留的部分。单

击【确定】按钮，完成修剪操作。修剪后的效果如图 2-99 所示。

当启用【修剪实体】对话框中的【全部保留】复选框时，被修剪掉的部分也将保留下来作为一个新实体，但这个新实体没有任何历史记录。

2.3.5 实体倒圆角

实体倒圆角是指在实体的边缘处，按指定的曲率半径构建一个圆弧面，该圆弧面与该边的两个面相切，以使实体平滑过渡。圆角半径可以是固定的，也可以是变化的。

对实体的倒圆角命令有两个：【实体倒圆角】和【面与面倒圆角】，它们的功能菜单的子菜单和工具栏图标如图 2-100 和图 2-101 所示。

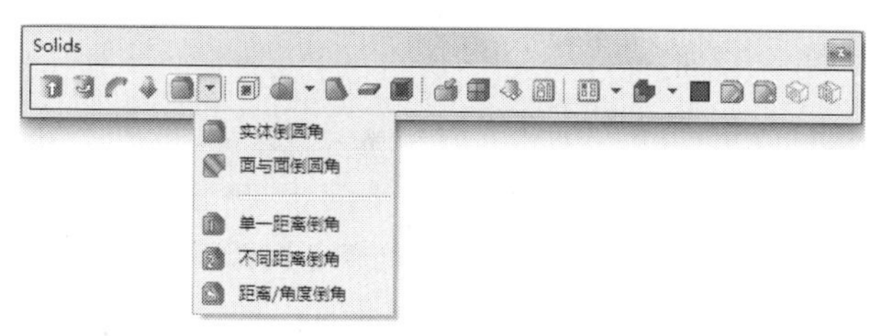

图 2-100 【圆角】工具栏菜单

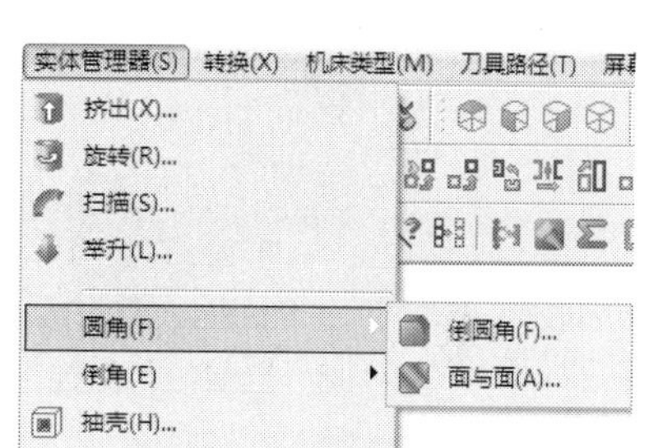

图 2-101 【圆角】子菜单

1. 实体边倒圆角

这种倒圆角可以通过选择实体边界、实体面或实体主体，在实体边界上创建过渡圆角。圆角半径可以是固定半径，也可以是变化半径。

创建如图 2-102 所示的实体模型。

(1) 选择【实体管理器】|【圆角】|【圆角】菜单命令或单击 Solids 工具栏中【实体倒圆角】按钮，系统出现“请选择要倒圆角的图素”提示信息。在绘图区选择要圆角的边，如图 2-103 所示。

图 2-102 圆角实例模型

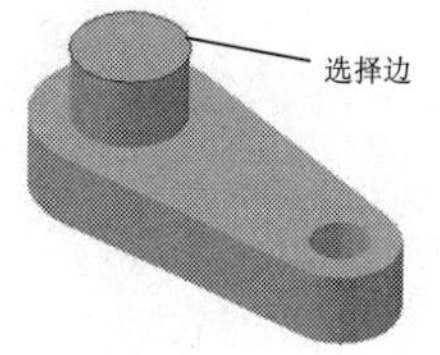

图 2-103 选取的圆角边

(2) 按 Enter 键，系统弹出【倒圆角参数】对话框。选中【固定半径】单选按钮，设置半径值为 2，如图 2-104 所示。单击【确定】按钮完成圆角操作，效果如图 2-105 所示。

(3) 单击 Solids 工具栏中【实体倒圆角】按钮，系统出现“请选择要倒圆角的图素”提示信息。在绘图区选择要圆角的边，如图 2-106 所示。

(4) 按 Enter 键，系统弹出【倒圆角参数】对话框。选中【变化半径】单选按钮，并选中【线性】单选按钮，设置半径值为 2。启用【沿切线边界延伸】复选框，如图 2-107 所示。

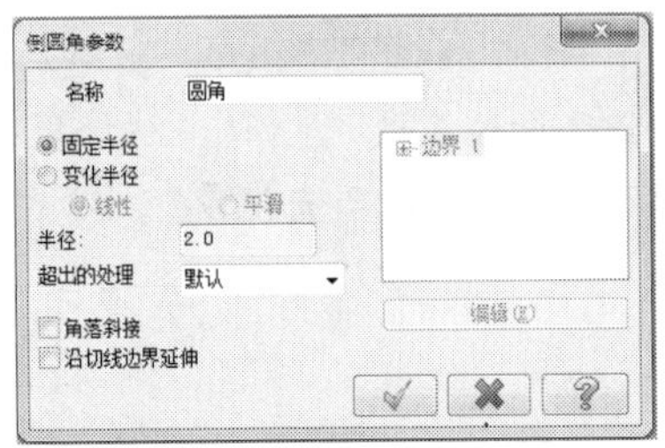

图 2-104 【倒圆角参数】对话框

图 2-105 圆角后的图形

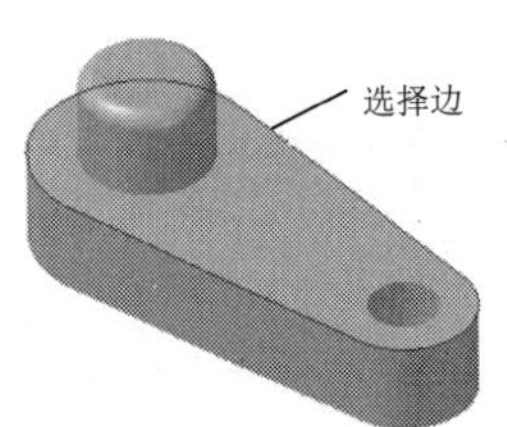

图 2-106 选取的圆角边

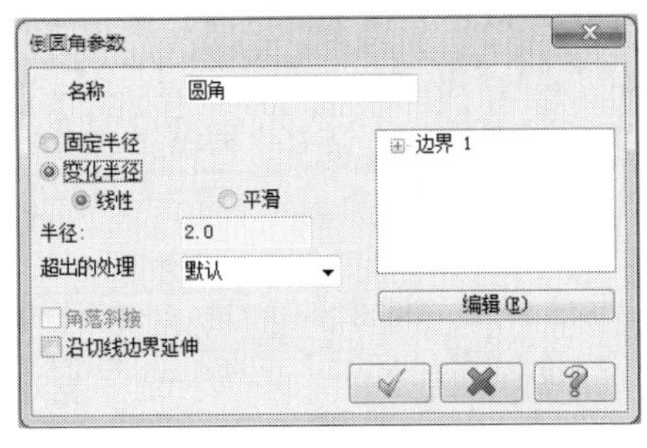

图 2-107 【倒圆角参数】对话框

(5) 单击【倒圆角参数】对话框中的【编辑】按钮，在出现的快捷菜单中选择【中点插入】命令，如图 2-108 所示。

【倒圆角参数】对话框中【编辑】按钮快捷菜单中各项选项功能介绍如下。

- 【动态插入】：在选取的边上移动光标来改变插入位置。
- 【中点插入】：在选取的边的中点插入半径点，同时设置该点的半径值。
- 【修改位置】：修改选取边上半径的位置，但不能改变端点和交点位置。
- 【修改半径】：用于修改指定位置点的半径。
- 【移动】：用于移除端点间的半径点，但不能删除端点。
- 【循环方式】：用于循环显示并设置各半径点的半径值。

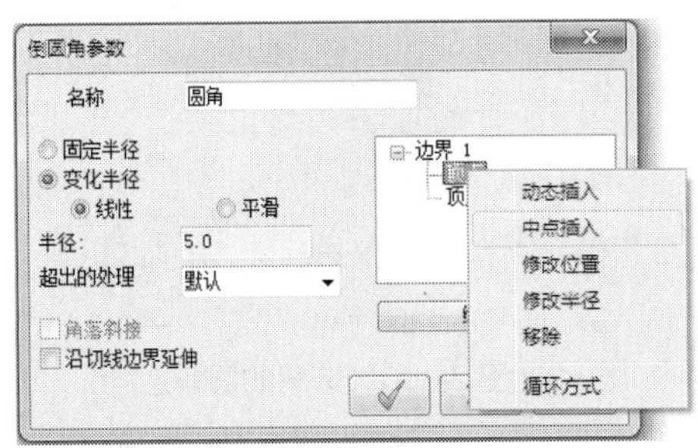

图 2-108 【倒圆角参数】对话框

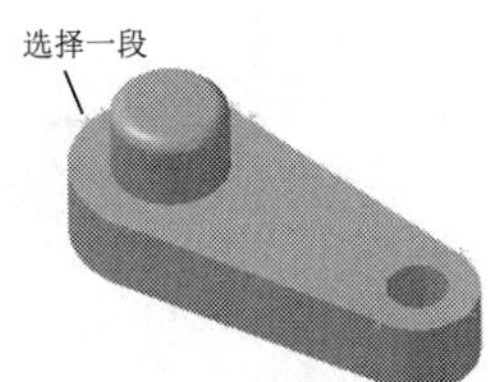

图 2-109 选择目标边界

(6) 系统出现“选择目标边界中之一段”提示信息。在绘图区选择如图 2-109 所示的边线，系统弹出【输入半径】对话框，在文本框中输入半径为 4，如图 2-110 所示。

(7) 按 Enter 键，系统退回到【倒圆角参数】对话框。单击【确定】按钮完成圆角操作，效果如图 2-111 所示。

图 2-110 【输入半径】对话框

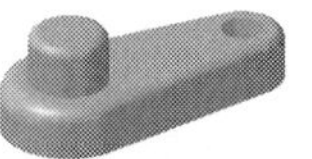

图 2-111 变化半径圆角效果

对实体的倒圆角操作，也可以通过选择实体的表面或实体主体实现，但只能进行固定半径倒圆角，而不能像边界方式倒圆角那样，可采用固定半径和变化半径两种方式。

2. 实体面与面倒圆角

实体面与面倒圆角是通过选择两组相邻的实体表面来创建倒圆角。

创建如图 2-112 所示的实体模型。

(1) 选择【实体管理器】|【圆角】|【面与面】菜单命令或单击 Solids 工具栏中【面与面倒圆角】按钮，系统出现“选择执行面与面倒圆角的第一个面/第一组面”提示信息。在绘图区选择第一组曲面。

(2) 按 Enter 键，系统又出现“选择执行面与面倒圆角的第二个面/第二组面”提示信息。在绘图区选择第二组曲面，如图 2-113 所示。

图 2-112 倒圆角模型

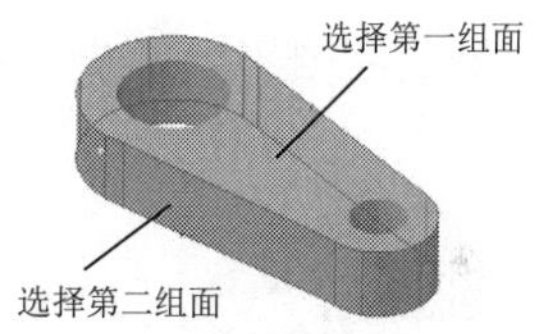

图 2-113 选择要倒圆角的两组面

(3) 按 Enter 键，系统弹出【实体的面与面倒圆角参数】对话框。设置半径值为 2，如图 2-114 所示。单击【确定】按钮完成圆角操作，效果如图 2-115 所示。

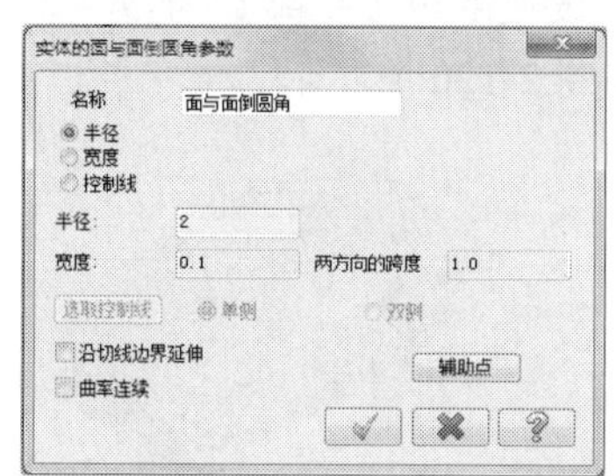

图 2-114 【实体的面与面倒圆角参数】对话框

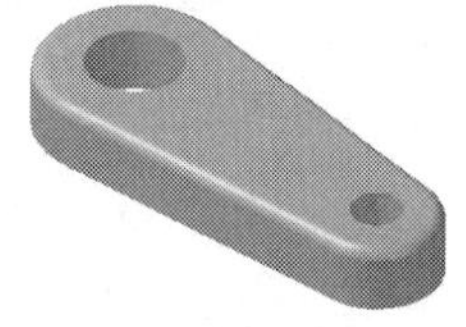

图 2-115 圆角后的图形

从【实体的面与面倒圆角参数】对话框中可以看到，面与面倒圆角的参数有三种：【半径】、【宽度】和【控制线】。选中不同的单选按钮，能激活不同的设置框。

2.3.6 实体倒角

实体倒角是指在实体被选定的边上，以切除材料的方式来实现倒角处理。

对实体倒角的方式有三种：【单一距离】、【不同距离】和【距离/角度】，它的功能菜单命令如图 2-116 所示。

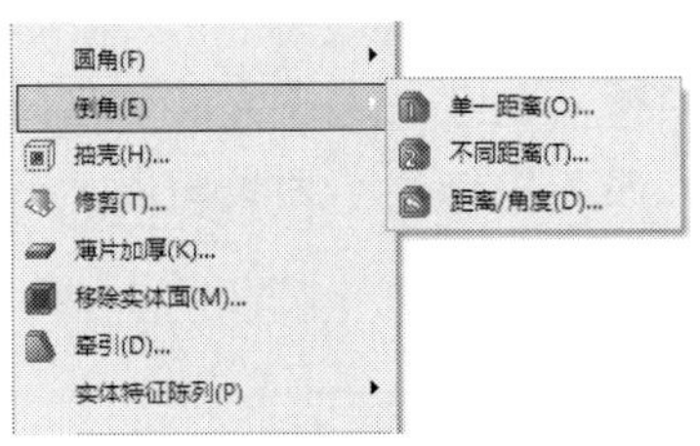

图 2-116 【倒角】菜单命令

1. 相同倒角距离

相同倒角距离在 MasterCAM X7 对应的命令为【单一距离】，是以单一距离的方式来创建实体倒角。【单一距离】的操作步骤如下。

(1) 创建如图 2-117 所示的立方体模型。

(2) 选择【实体管理器】|【倒角】|【单一距离】菜单命令或单击 Solids 工具栏中【单一距离】按钮，系统出现“选择要倒角的图素”的提示信息。选择要创建倒角的图素，如图 2-118 所示。这里选择图素的对象可以是边界线、面或体。

图 2-117 倒角模型

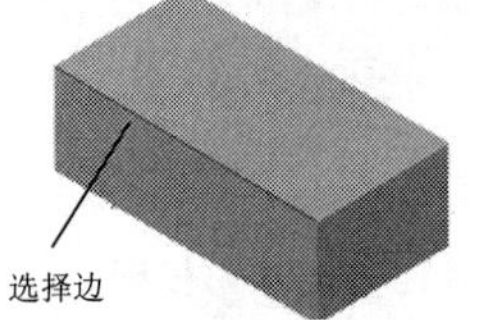

图 2-118 选择倒角的图素

(3) 按 Enter 键，系统弹出【倒角参数】对话框。设置倒角【距离】为 5，如图 2-119 所示。单击【确定】按钮完成倒角操作，倒角效果如图 2-120 所示。

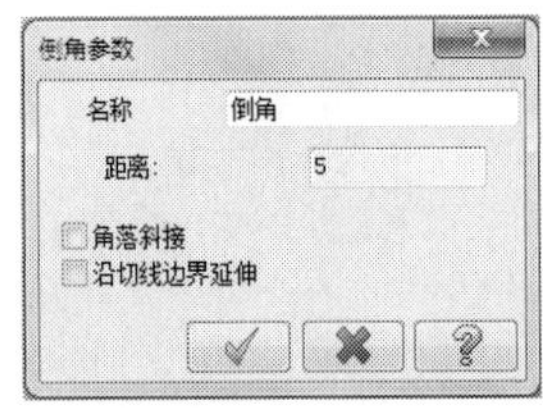

图 2-119 【倒角参数】对话框

图 2-120 倒角后的效果

2. 不同倒角距离

不同距离倒角是以两个距离的方式来创建实体倒角。【不同距离倒角】的操作步骤如下。

(1) 创建如图 2-121 所示的立方体模型。

(2) 选择【实体管理器】|【倒角】|【不同距离】菜单命令或单击 Solids 工具栏中【不同距离】按钮，系统出现“选择要倒角的图素”的提示信息。选择要创建倒角的图素，同样这里选择图素的对象可以是边界线、面或体。按 Enter 键，系统弹出【选取参考面】对话框，如图 2-122 所示。通过单击该对话框中【其他面】按钮，可以在与选取倒角边线相邻的两个面间切换，单击【确定】按钮。

图 2-121　倒角模型

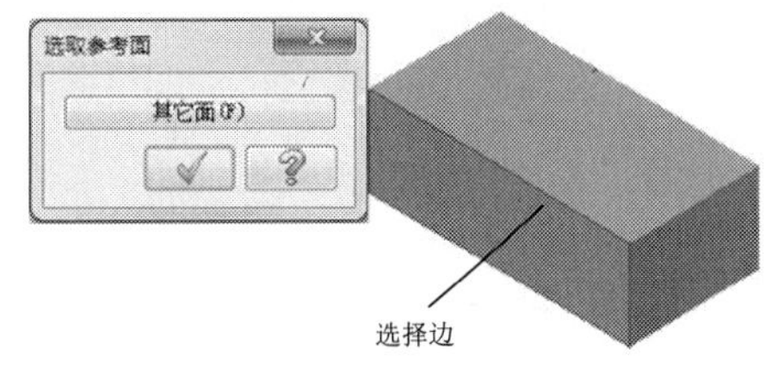

图 2-122　选择的倒角图素及【选取参考面】对话框

(3) 按 Enter 键，系统弹出【倒角参数】对话框。设置倒角【距离 1】为 5，【距离 2】为 2，如图 2-123 所示。单击【确定】按钮完成倒角操作，倒角效果如图 2-124 所示。

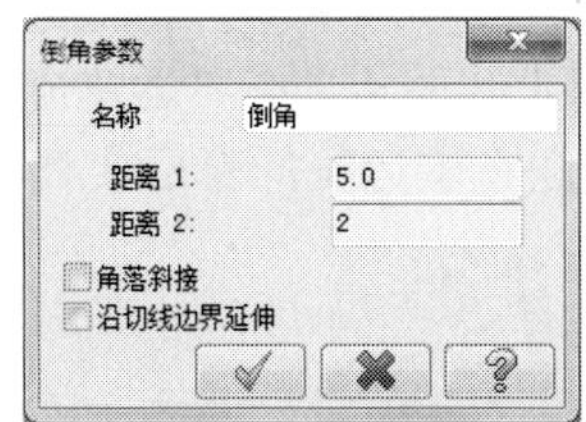

图 2-123　【倒角参数】对话框

图 2-124　倒角后的效果

3. 倒角距离与角度

距离和角度倒角是以一个距离和一个角度的方式，来创建实体倒角的。其中距离和角度是相对参考面而言的。【距离/角度】的操作步骤如下。

(1) 创建如图 2-125 所示的立方体模型。

图 2-125　倒角模型

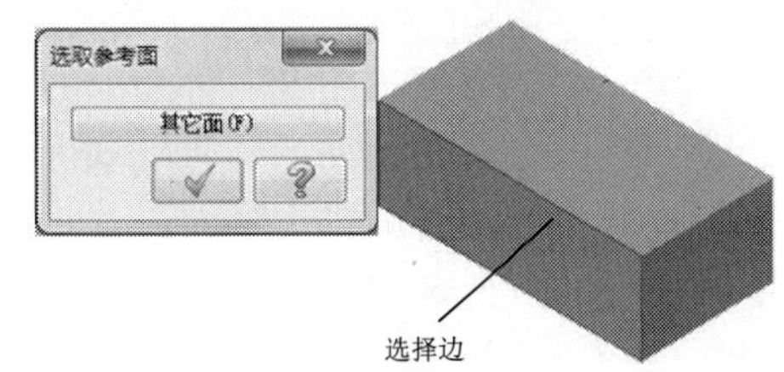

图 2-126　选择的倒角图素及【选取参考面】对话框

(2) 选择【实体管理器】|【倒角】|【距离/角度】菜单命令或单击 Solids 工具栏中【距离/角度】按钮，系统出现“选择要倒角的图素”的提示信息。选择要创建倒角的图素，同样这里选择图素的对象可以是边界线、面或体。按 Enter 键，系统弹出【选取参考面】对话框，如图 2-126 所示。通过单击该对话框中【其他面】按钮，可以在与选取倒角边线相邻的两个

面间切换，单击【确定】按钮。

按 Enter 键，系统弹出【倒角参数】对话框。设置倒角【距离】为 5，【角度】为 60，如图 2-127 所示。单击【确定】按钮完成倒角操作，倒角效果如图 2-128 所示。

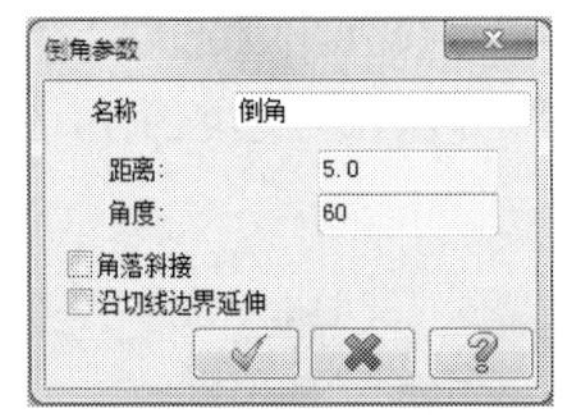

图 2-127 【倒角参数】对话框

图 2-128 倒角后的效果

2.3.7 实体布尔运算

布尔运算是指通过结合、切割和求交集的方法将多个实体组合成一个单独的实体。布尔运算是实体造型中的一种重要方法，利用它可以迅速地构建出复杂而规则的形体。在实体的布尔运算中，选择的第一个实体通常称为目标实体(也称目标主体)，其余的称为工件实体(也称工件主体)，运算的结果为一个主体。

布尔运算功能的菜单和工具栏图标如图 2-129 和图 2-130 所示。布尔运算命令分为两类：关联布尔运算和非关联布尔运算。它们的区别在于：关联布尔运算的目标实体将被删除，而非关联布尔运算的目标实体、工件实体则可以选择被保留。

图 2-129 布尔运算菜单

图 2-130 【布尔运算】工具栏

1. 实体并集运算

实体并集运算在 MasterCAM X7 对应的命名为【布尔运算-结合】，是将工件主体(一个或多个)的材料加入到目标主体中来创建一个新的实体。【布尔运算-结合】的操作步骤如下。

(1) 创建如图 2-131 所示的多实体模型。该模型包含五个实体。

(2) 选择【实体管理器】|【布尔运算-结合】菜单命令或单击 Solids 工具栏中【布尔运算-结合】按钮。系统出现“请选取要布林运算的目标主体”提示信息，在绘图区单击模型的【实体 1】特征；系统出现“请选取要布林运算的工件主体”提示信息，在绘图区选择其余全部实体，如图 2-132 所示。

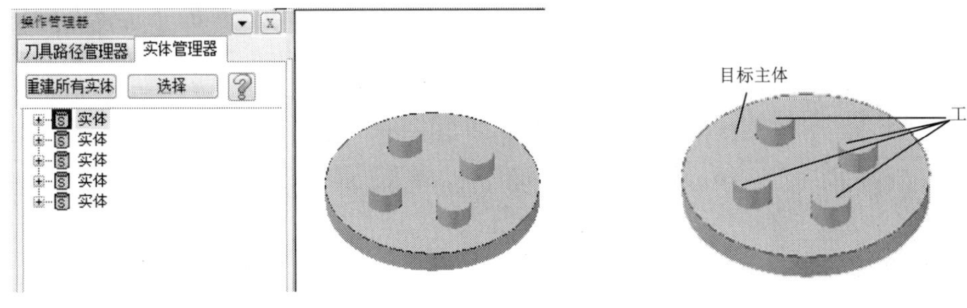

图 2-131　【实体管理器】及多实体模型　　　图 2-132　选择模板主体和工件主体

(3) 按 Enter 键，完成结合操作。结合后的模型如图 2-133 所示。

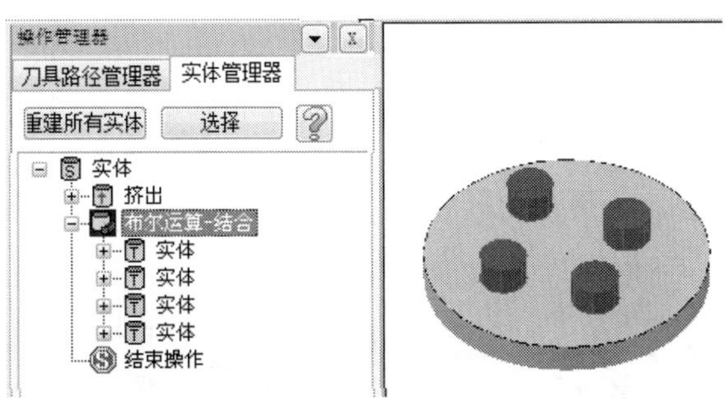

图 2-133　【实体管理器】及结合后的模型

布尔运算结合操作中，目标主体只有一个，但工件主体可以有多个。结合运算完成后，模型的外形看不出变化，但结合的实体已经是一个实体了，这可以从图 2-133 中的【实体管理器】中看出。

2. 实体差集运算

实体差集运算在 MasterCAM X7 对应的命名为【布尔运算-切割】，是在目标主体中切掉与工件主体公共部分的材料，从而创建成一个新实体。【布尔运算-切割】的操作步骤如下。

(1) 创建如图 2-134 所示的多实体模型。该模型包含五个实体。

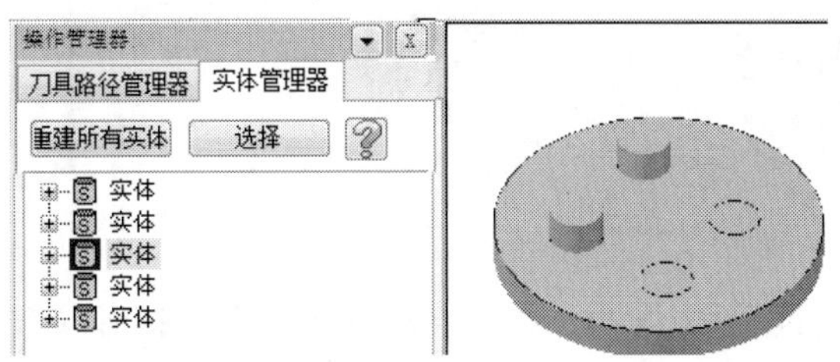

图 2-134　【实体管理器】及多实体模型

(2) 选择【实体管理器】|【布尔运算-切割】菜单命令或单击 Solids 工具栏中【布尔运算-切割】按钮。系统出现“请选取要布林运算的目标主体”提示信息，在绘图区单击模型的模型的【实体 1】特征；系统出现“请选取要布林运算的工件主体”提示信息，在绘图区选择其余全部实体，如图 2-135 所示。

(3) 按 Enter 键，完成切割操作。切割后的模型如图 2-136 所示。注意【实体】操作管理器中实体对象的变化，切割后多实体组合成一个实体了。

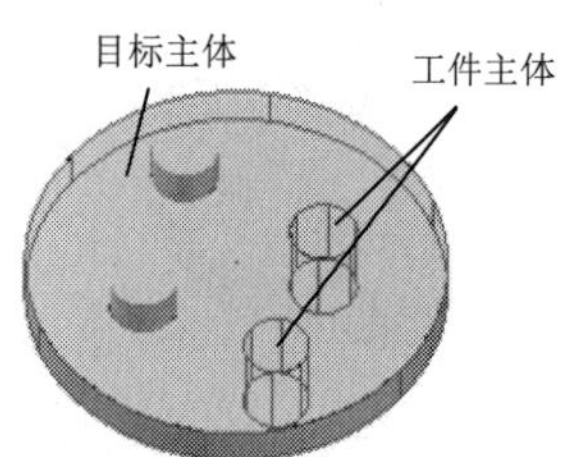

图 2-135　选择目标主体和工件主体

图 2-136　【实体管理器】及【布尔运算-切割】后的图形

3. 实体交集运算

实体交集运算在 MasterCAM X7 对应的命名为【布尔运算-交集】，是将目标主体与各工件主体的公共部分组合成一个新的实体。【布尔运算-交集】的操作步骤如下。

(1) 创建如图 2-137 所示的多实体模型。

图 2-137　【实体管理器】及多实体模型

(2) 选择【实体管理器】|【布尔运算-交集】菜单命令或单击 Solids 工具栏中【布尔运算-交集】按钮。系统出现“请选取要布林运算的目标主体”提示信息，在绘图区单击工件主体；系统出现“请选取要布林运算的工件主体”提示信息，在绘图区选择目标主体，如图 2-138 所示。

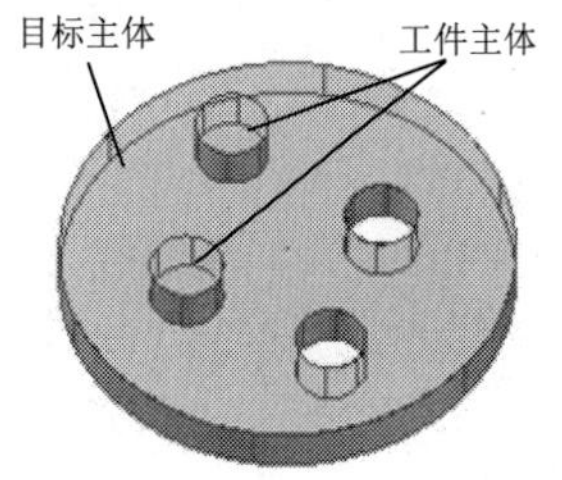

图 2-138　选择的目标主体和工件主体

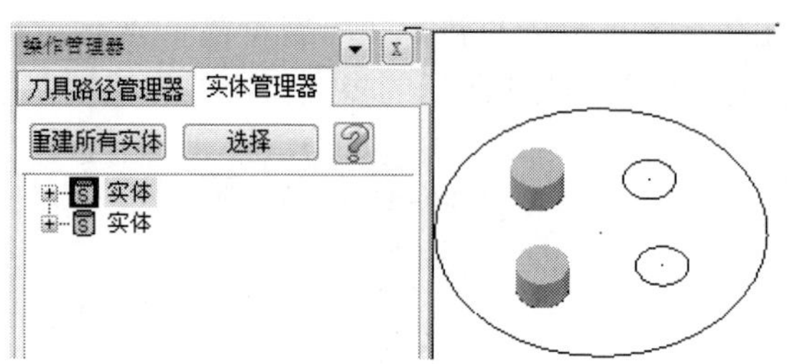

图 2-139　【实体管理器】及【布尔运算-交集】后的图形

(3) 按 Enter 键，完成交集操作，如图 2-139 所示。从【实体】管理器可以看出，原来的

两个实体经过交集后成为一个实体了。

4. 非关联布尔运算

实体的非关联布尔运算包括【切割】和【交集】两种操作，其操作步骤和关联实体布尔运算类似。在进行实体的非关联布尔运算操作时，选择好目标主体和工件主体后，系统会弹出【实体非关联的布尔运算】对话框，如图 2-140 所示。该对话框用来提示用户，实体非关联的布尔运算操作将要建立一个没有操作记录的新实体，原来的目标主体和工件主体可以保留或删除。用户可以启用或者取消启用【保留原来的目标实体】和【保留原来的工件实体】两个复选框来进行相应操作。设置后单击【确定】按钮即可完成布尔运算操作。

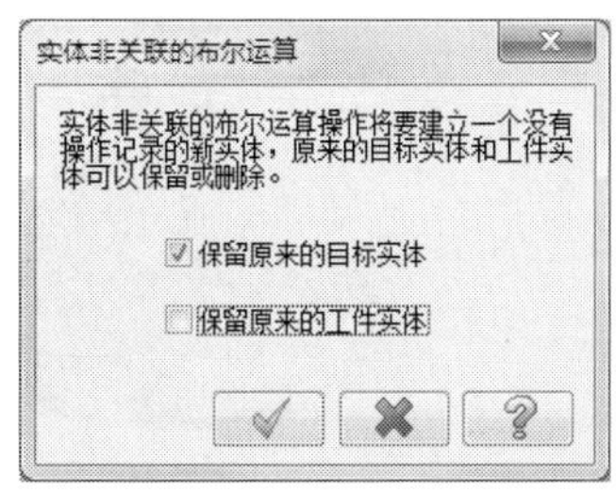

图 2-140 【实体非关联的布尔运算】对话框

实体编辑案例 1

案例文件：ywj /02/01.MCX-7、06.MCX-7

视频文件：光盘→视频课堂→第 2 章→2.3.1

step 01 选择【文件】|【打开文件】菜单命令，打开【打开】对话框，在对话框中选择要打开的文件 01.MCX-7。单击 Solids 工具栏中【布尔运算-结合】按钮，选择圆柱和立方体进行结合，如图 2-141 所示。

step 02 单击 Solids 工具栏中【布尔运算-切割】按钮，选择球体切割结合体，如图 2-142 所示。

step 03 完成编辑的模型如图 2-143 所示。

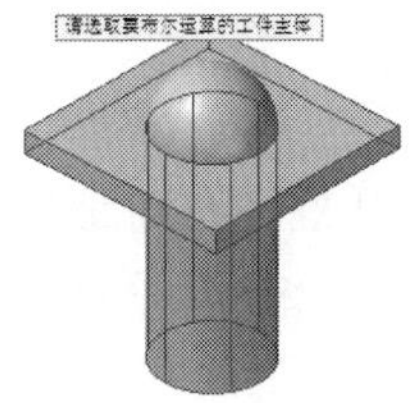

图 2-141 合并实体

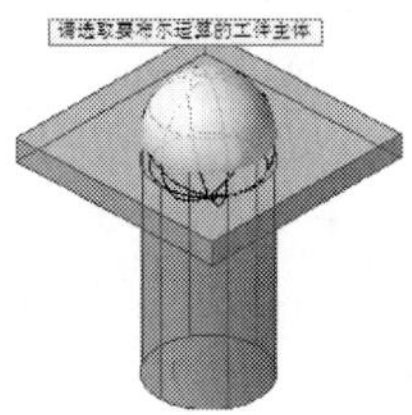

图 2-142 切割实体

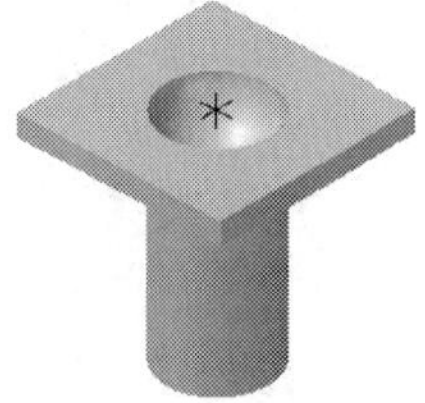

图 2-143 完成模型

实体编辑案例 2

案例文件：ywj /02/02.MCX-7、07.MCX-7

视频文件：光盘→视频课堂→第 2 章→2.3.2

step 01 选择【文件】|【打开文件】菜单命令，打开【打开】对话框，在对话框中选择要打开的文件 02.MCX-7。单击 Solids 工具栏中【布尔运算-结合】按钮，选择圆锥和圆环进行结合，如图 2-144 所示。

step 02 单击 Solids 工具栏中【布尔运算-结合】按钮，选择圆锥和球体进行结合，如图 2-145 所示。

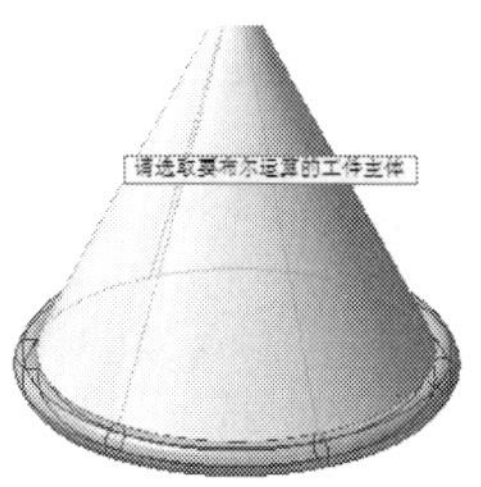

图 2-144　结合实体

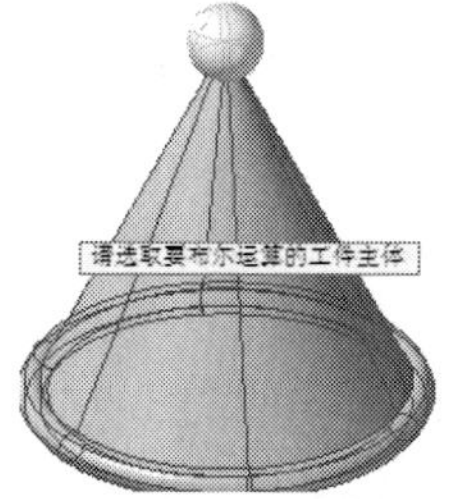

图 2-145　结合实体

step 03 单击 Solids 工具栏中【实体抽壳】按钮，单击选择除去面，如图 2-146 所示。

step 04 在弹出的【实体抽壳】对话框中，设置【朝内的厚】为 2，完成抽壳，如图 2-147 所示。

step 05 完成编辑的模型如图 2-148 所示。

图 2-146　选择移除面

图 2-147　实体抽壳

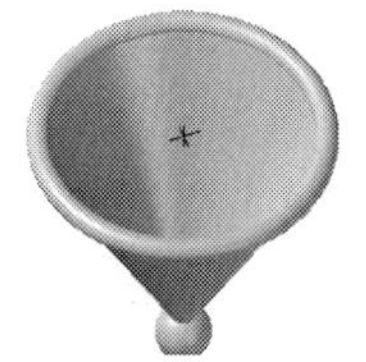

图 2-148　完成的模型

实体编辑案例 3

案例文件：ywj /02/03.MCX-7、08.MCX-7

视频文件：光盘→视频课堂→第 2 章→2.3.3

step 01 选择【文件】|【打开文件】菜单命令，打开【打开】对话框，在对话框中选择要打开的文件 03.MCX-7。单击 Solids 工具栏中【实体倒圆角】按钮，在绘图区选择要圆角的边，如图 2-149 所示。

step 02 在弹出的【倒圆角参数】对话框中，选中【固定半径】单选按钮，设置半径值为 5，创建圆角，如图 2-150 所示。

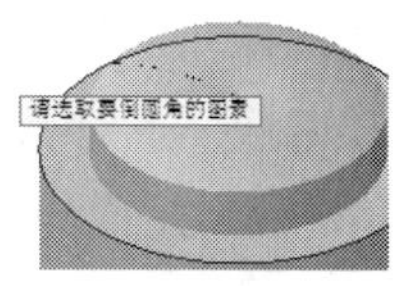

图 2-149　选择圆角边

图 2-150　倒圆角

step 03 单击 Solids 工具栏中【实体倒圆角】按钮，在绘图区选择要圆角的边，如图 2-151 所示。

step 04 在弹出的【倒圆角参数】对话框中，选中【固定半径】单选按钮，设置半径值为 2，创建圆角，如图 2-152 所示。

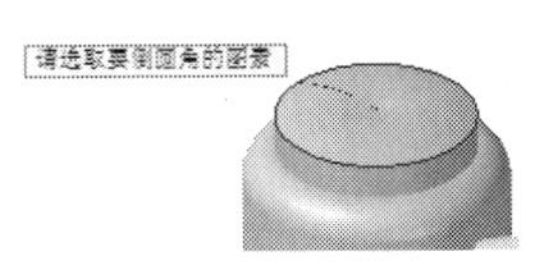

图 2-151 选择圆角边

图 2-152 创建圆角

step 05 单击 Solids 工具栏中【单一距离】按钮，选择要创建倒角的图素，如图 2-153 所示。

step 06 在弹出的【倒角参数】对话框中，设置倒角【距离】为 2，创建倒角，如图 2-154 所示。

step 07 完成编辑的模型如图 2-155 所示。

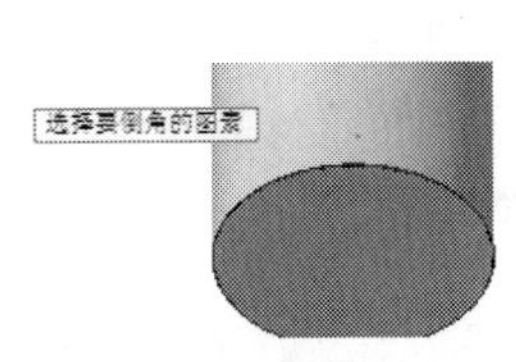

图 2-153 选择倒角边

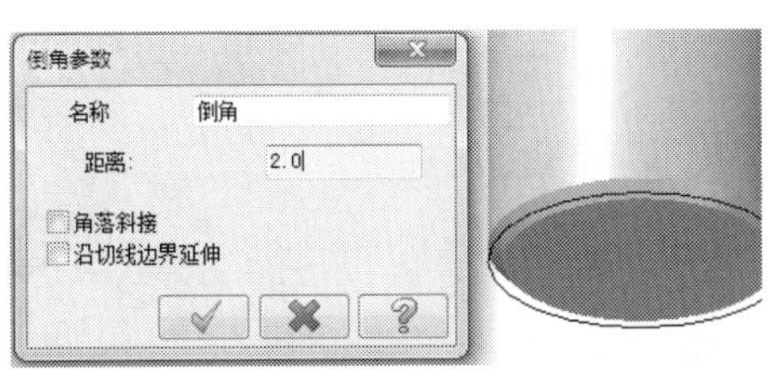

图 2-154 完成倒角

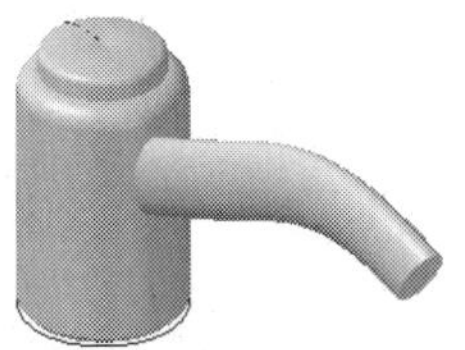

图 2-155 完成模型

实体编辑案例 4

案例文件：ywj /02/04.MCX-7、09.MCX-7

视频文件：光盘→视频课堂→第 2 章→2.3.4

step 01 选择【文件】|【打开文件】菜单命令，打开【打开】对话框，在对话框中选择要打开的文件 04.MCX-7。在【草图】工具栏中单击【已知圆心点画圆】按钮，绘制直径为 40 的圆，如图 2-156 所示。

step 02 单击 Solids 工具栏中【挤出实体】按钮，弹出【串连选项】对话框，如图 2-157 所示，选择草图，单击【确定】按钮。

step 03 在弹出的【挤出串联】对话框中，设置延伸距离为 30，创建圆柱，如图 2-158 所示。

step 04 单击 Solids 工具栏中【布尔运算-结合】按钮，选择杯体和圆柱进行结合，如图 2-159 所示。

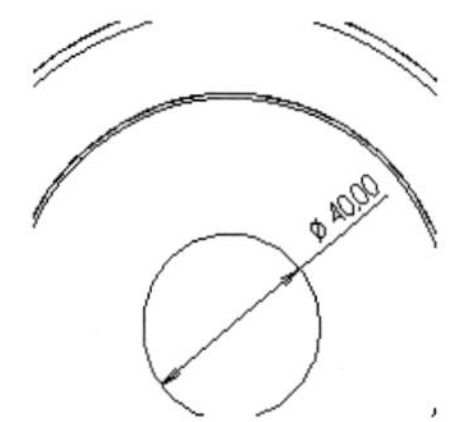
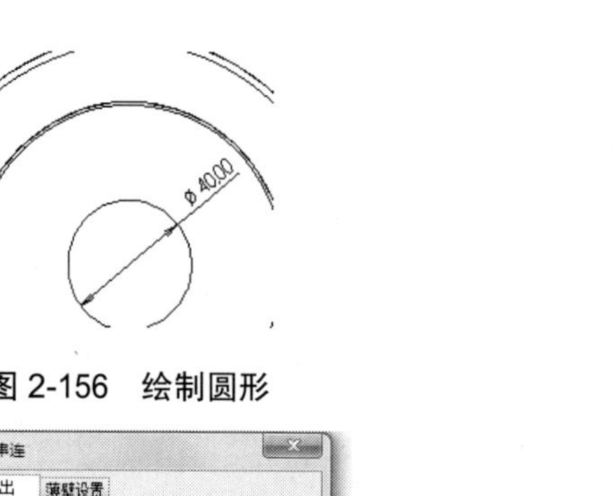

图 2-156　绘制圆形

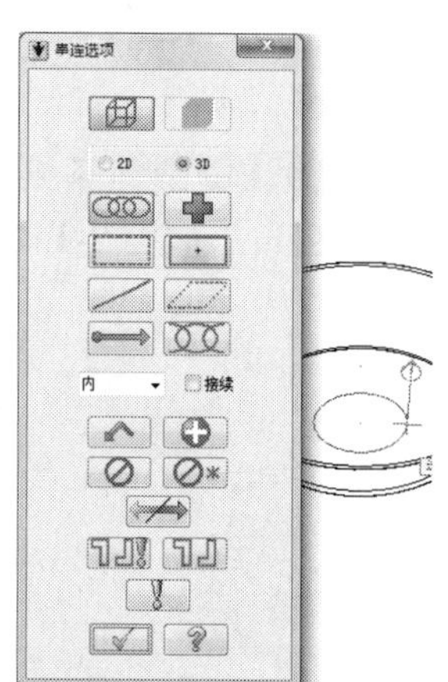

图 2-157　选择串连图形

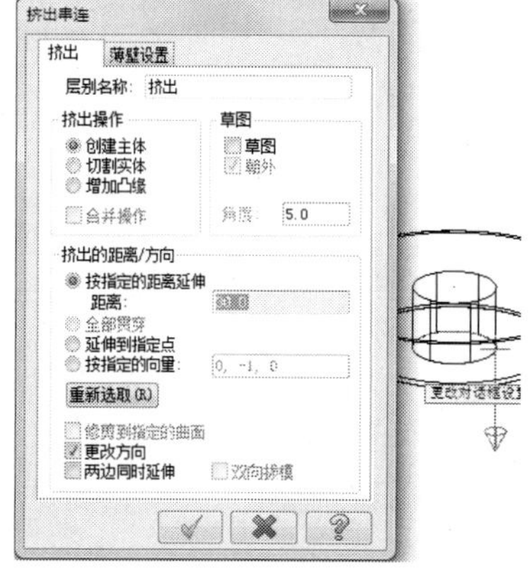

图 2-158　挤出实体

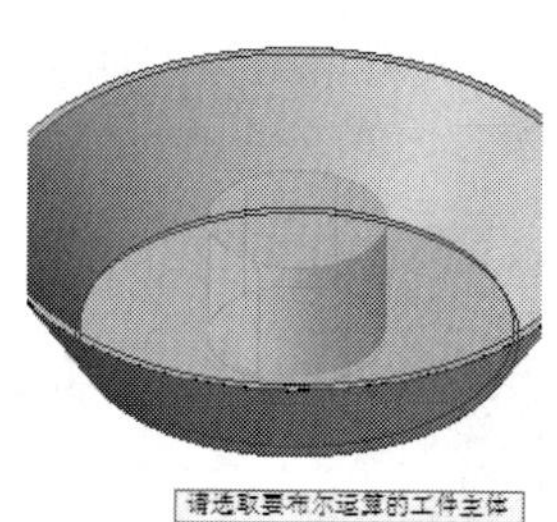

图 2-159　结合实体

step 05 单击 Solids 工具栏中【实体修剪】按钮，弹出【平面选择】对话框，选择平面，如图 2-160 所示。

step 06 在弹出的【修剪实体】对话框中，选中【平面】单选按钮，修剪实体，如图 2-161 所示。完成编辑的模型如图 2-162 所示。

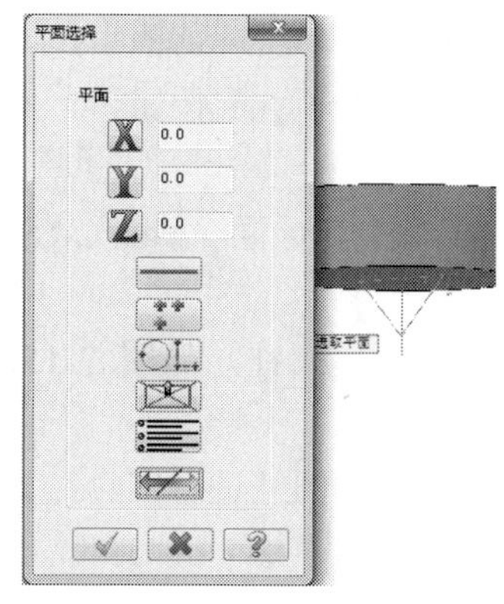

图 2-160　选择分割面

图 2-161　修剪实体

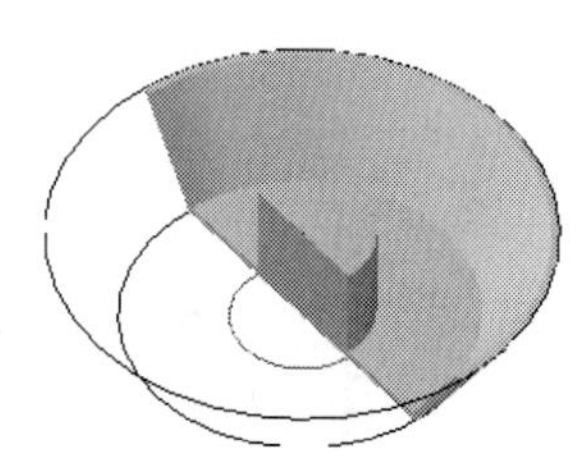

图 2-162　完成模型

实体编辑案例 5

案例文件：ywj /02/05.MCX-7、10.MCX-7

视频文件：光盘→视频课堂→第 2 章→2.3.5

step 01 选择【文件】|【打开文件】菜单命令，打开【打开】对话框，在对话框中选择要打开的文件 05.MCX-7。单击 Solids 工具栏中【布尔运算-结合】按钮，选择所有特征进行结合，如图 2-163 所示。

step 02 在模型平面绘制半径为 10 的圆形，单击 Solids 工具栏中【挤出实体】按钮，弹出【串连选项】对话框，如图 2-164 所示，选择草图，单击【确定】按钮。

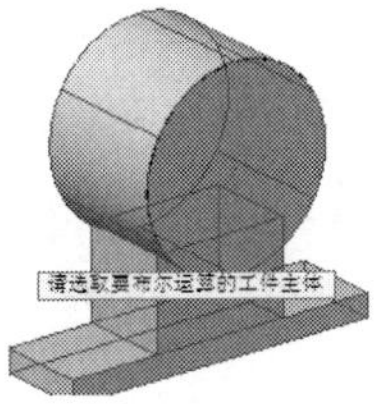

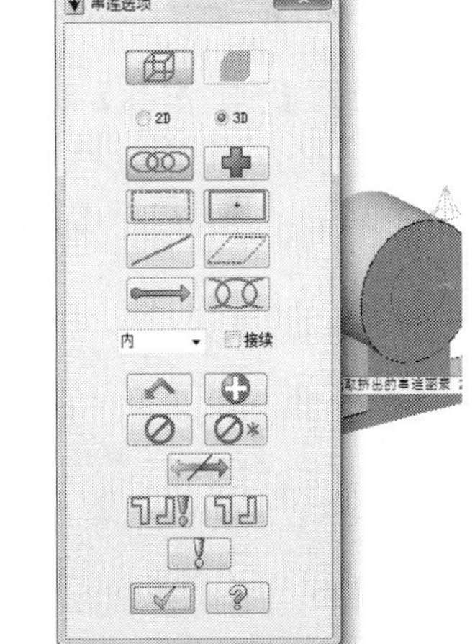

图 2-163　结合实体

图 2-164　选择串连草图

step 03 在弹出的【挤出串联】对话框中，设置延伸距离为 40，创建实体，如图 2-165 所示。

图 2-165　挤出实体

step 04 单击 Solids 工具栏中【布尔运算-切割】按钮，选择圆柱切割结合体，如图 2-166 所示。

step 05 单击 Solids 工具栏中【单一距离】按钮，选择要创建倒角的图素，如图 2-167 所示。

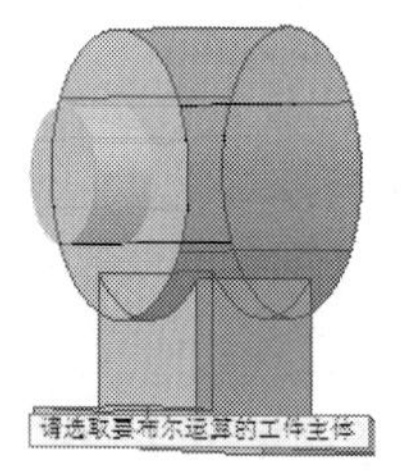

图 2-166 实体切割

图 2-167 选择倒角边

step 06 在弹出的【倒角参数】对话框中，设置倒角【距离】为 5，创建倒角，如图 2-168 所示。

step 07 单击 Solids 工具栏中【单一距离】按钮，选择要创建倒角的图素，如图 2-169 所示。

图 2-168 设置倒角参数

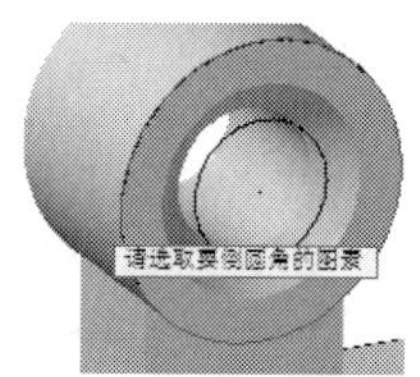

图 2-169 选择倒角边

step 08 在弹出的【倒角参数】对话框中，设置倒角【距离】为 2，创建倒角，如图 2-170 所示。完成编辑的模型如图 2-171 所示。

图 2-170 设置倒角参数

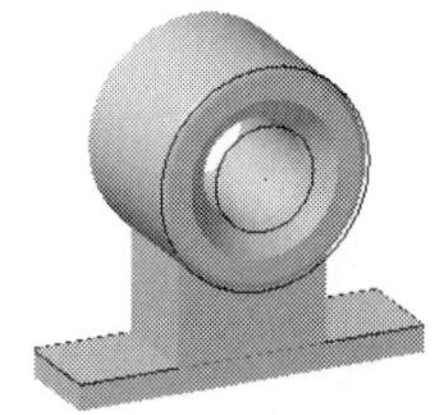

图 2-171 完成模型

2.4 实体操作

2.4.1 牵引面

牵引实体操作是将选取的实体面，绕旋转轴按指定方向和角度进行旋转后，生成一个新

的表面。当实体的一个表面被牵引时，其相邻的表面将被剪切或延伸，以适应新的几何形状。如果相邻表面不能适应新的几何形状，则不能创建牵引表面。通常在实体设计或模具设计中，使用【牵引实体】功能来生成拔模斜度。

实现【牵引实体】功能的方式包括：牵引到实体面、牵引到指定平面、牵引到指定边界和牵引挤出。

1. 牵引到实体面

【牵引到实体面】：直接选取一个参考面来定义牵引面的旋转轴和旋转方向。旋转轴为参考面与牵引面的交线，参考面的法线方向为旋转方向。

(1) 创建如图 2-172 所示实体模型。

(2) 选择【实体管理器】|【牵引】菜单命令或单击 Solids 工具栏中【牵引实体】按钮，系统出现“请选择要牵引的实体面”的提示信息。选择如图 2-173 所示的圆柱面。

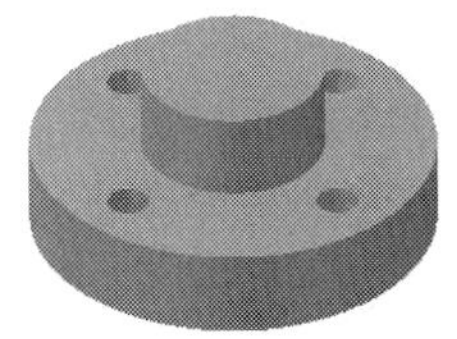

图 2-172　实体模型

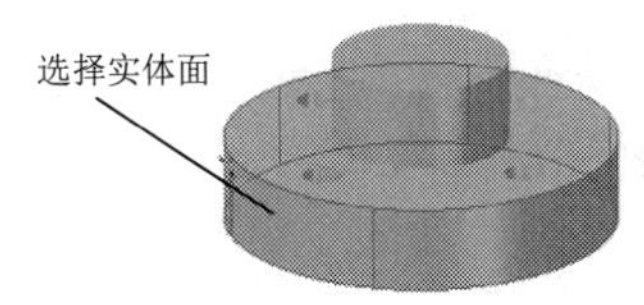

图 2-173　选择要牵引的实体面

(3) 按 Enter 键，系统弹出【实体牵引面的参数】对话框。选中【牵引到实体面】单选按钮，设置【牵引角度】为 5，如图 2-174 所示。单击【确定】按钮。

(4) 系统出现“选择平的实体面来指定牵引平面”的提示信息。选择如图 2-175 所示的平面，系统弹出【拔模方向】对话框，根据需要可以调整拔模方向。单击【确定】按钮，完成牵引实体操作。牵引后的图形如图 2-176 所示。

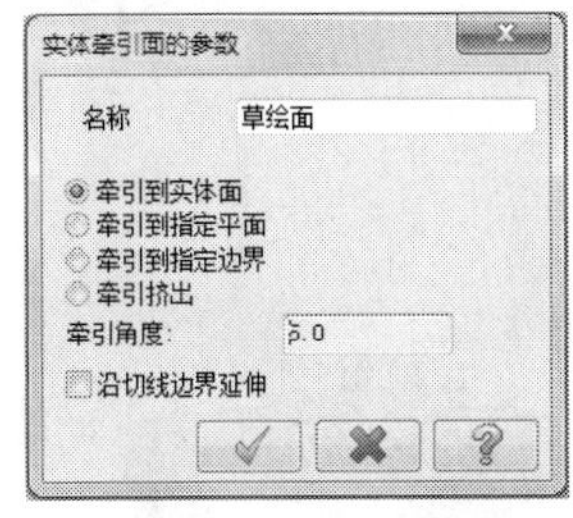

图 2-174　【实体牵引面的参数】对话框

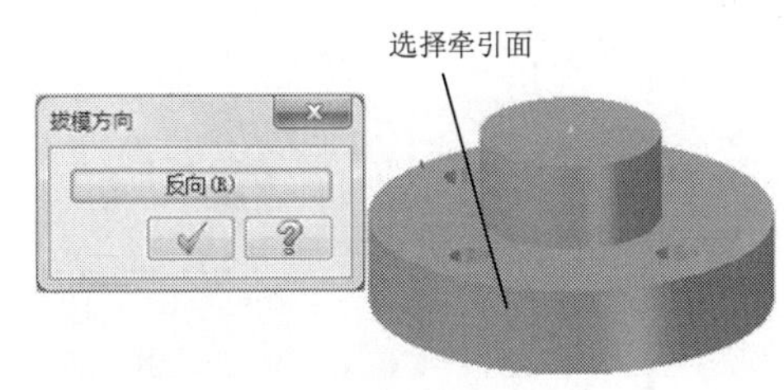

图 2-175　【拔模方向】对话框及牵引平面

图 2-176　牵引后的模型

2. 牵引到指定平面

【牵引到指定平面】：定义一个参考平面来定义牵引面的旋转轴和旋转方向。

(1) 以前面完成的模型为原型，如图 2-177 所示。单击 Solids 工具栏中【牵引实体】按钮，系统出现“请选择要牵引的实体面”的提示信息。选择如图 2-177 所示的圆柱面。

(2) 按 Enter 键，系统弹出【实体牵引面的参数】对话框。选中【牵引实体到指定平面】单选按钮，设置【牵引角度】为 5，如图 2-178 所示，单击【确定】按钮。

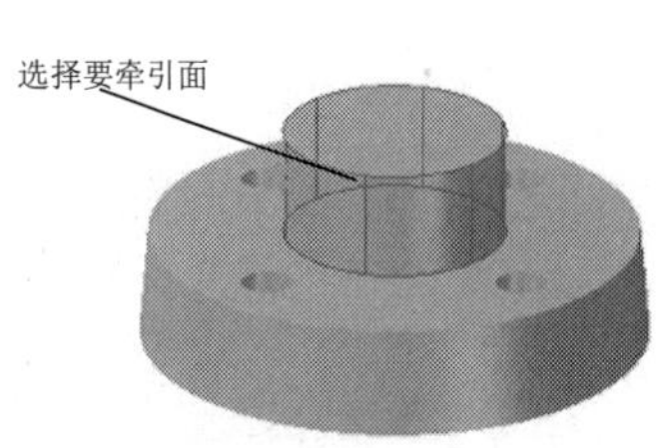

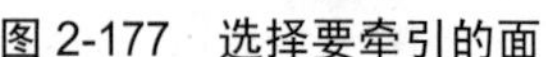

图 2-177　选择要牵引的面

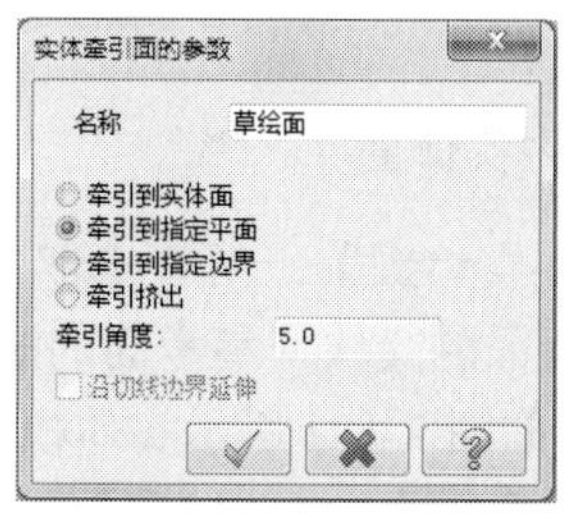

图 2-178　【实体牵引面的参数】对话框

(3) 系统弹出【平面选择】对话框。设置平面为 Z 平面，深度为 20，如图 2-179 所示。单击【确定】按钮。

(4) 系统弹出【拔模方向】对话框，根据需要可以调整拔模方向。单击【确定】按钮，完成牵引实体操作。牵引后的图形如图 2-180 所示。

3. 牵引到指定边界

【牵引到指定边界】：选择牵引面的一条边作为选择轴，再选取与这条轴相交的两个面中的一个面作为参考面来定义旋转方向。

(1) 创建图 2-181 所示实体模型。

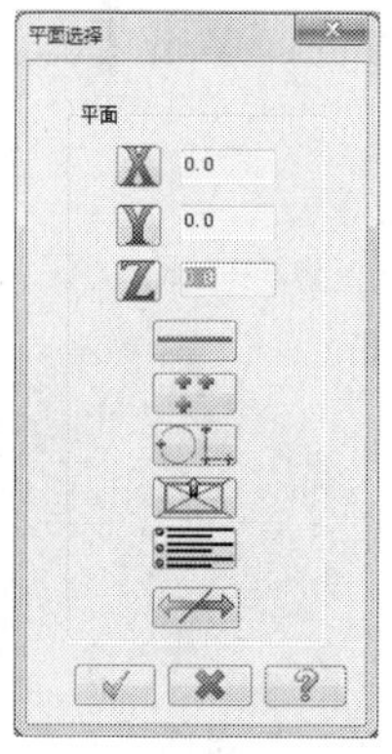

图 2-179　【平面选择】对话框

图 2-180　牵引后的模型

图 2-181　实体模型

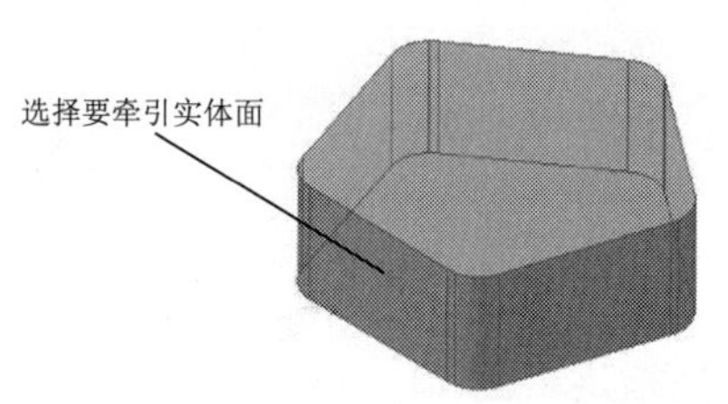

图 2-182　选择要牵引的实体面

(2) 单击 Solids 工具栏中【牵引实体】按钮，系统出现“请选择要牵引的实体面”的提示信息。选择如图 2-182 所示的模型全部侧表面。

(3) 按 Enter 键，系统弹出【实体牵引面的参数】对话框。选中【牵引到指定边界】单选按钮，设置【牵引角度】为 5，如图 2-183 所示。单击【确定】按钮。

(4) 系统出现“选择突显之实体面的参考边界”的提示信息，选择如图 2-184 所示的边线。按 Enter 键。依次选择牵引面的上边线，系统又出现“选择边界或实体面来指定牵引的方向”的提示信息。选择如图 2-185 所示的表面，系统弹出【拔模方向】对话框，单击【确定】按钮，完成牵引实体操作。牵引后的图形如图 2-186 所示。

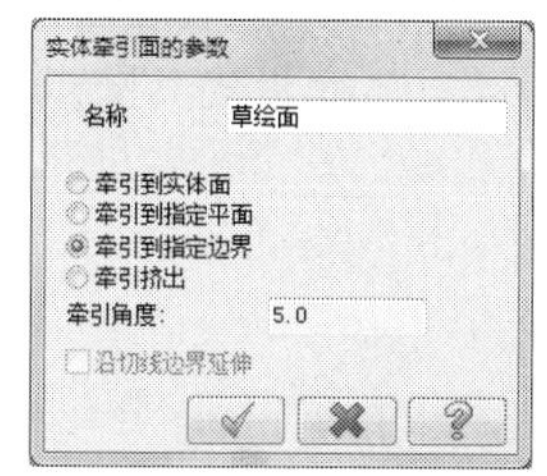

图 2-183 【实体牵引面的参数】对话框

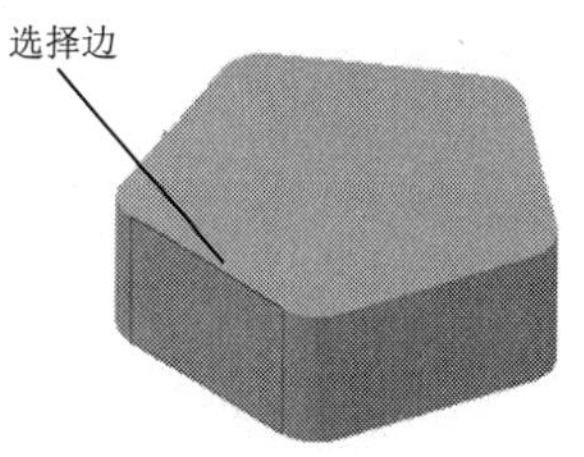

图 2-184 选择的参考边界

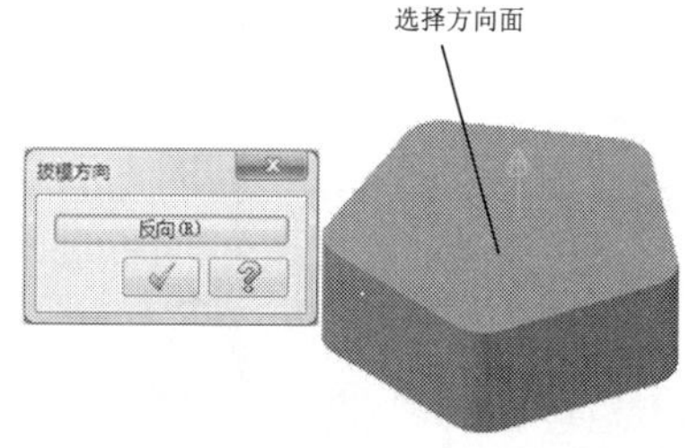

图 2-185 选择的牵引方向面及【拔模方向】对话框

图 2-186 牵引后的图形

4. 牵引挤出

【牵引挤出】：选择牵引面和设置旋转角进行牵引拉伸，旋转轴为拉伸牵引面的边，参考面为原串连面。

(1) 创建图 2-187 所示实体模型。

(2) 单击 Solids 工具栏中【牵引实体】按钮，系统出现“请选择要牵引的实体面”的提示信息。选择如图 2-188 所示的模型全部侧表面。

图 2-187 实体模型

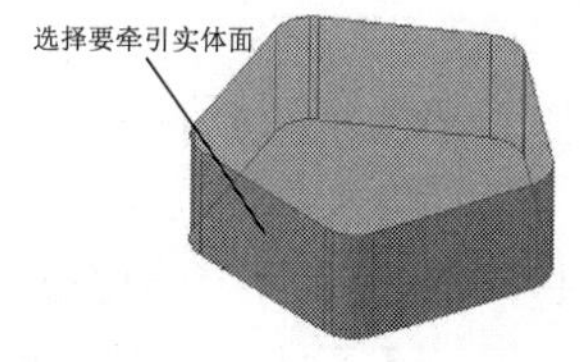

图 2-188 选择要牵引的实体面

(3) 按 Enter 键，系统弹出【实体牵引面的参数】对话框。选中【牵引挤出】单选按钮，设置【牵引角度】为 5，如图 2-189 所示。单击【确定】按钮，完成牵引实体操作。牵引后的图形如图 2-190 所示。

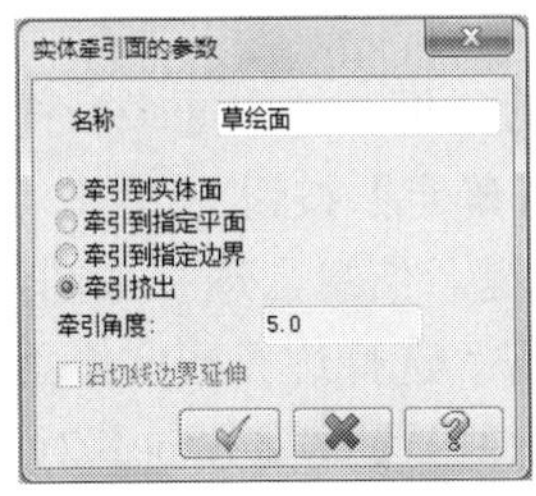

图 2-189 【实体牵引面的参数】对话框

图 2-190 牵引后的图形

【牵引挤出】只有在选择的牵引面为拉伸实体的侧面时才被激活。

2.4.2 实体操作管理器

实体操作管理器是管理实体操作的工具，它是以树形结构按创建顺序列出每个实体的操作记录。利用实体管理器，不仅可以很直观地观察三维实体的构建过程和图素的父子关系，而且还可以对实体特征进行编辑，以及改变实体特征的次序等其他操作。图 2-191 为【实体管理器】以及对应的实体操作。

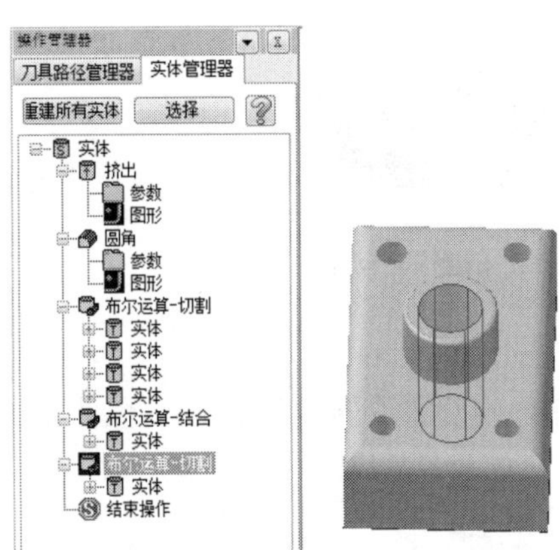

图 2-191 【实体管理器】及实体模型

1. 删除操作

在实体操作管理器中用鼠标右键单击要删除的操作，系统弹出实体操作快捷菜单。选择【删除】命令，即可将选择的实体操作删除，如图 2-192 所示。

基本实体是不能删除的。当要试图删除第一个实体操作时，系统会弹出【处理实体期间出错】对话框，提示【不能删除基础的操作】。

对于其他操作的删除，当成功删除后，模型并没有立刻重建，而在【实体】节点前面出现实体标记。单击【操作管理器】中的【重建所有实体】按钮，才能显示删除操作后的效果。

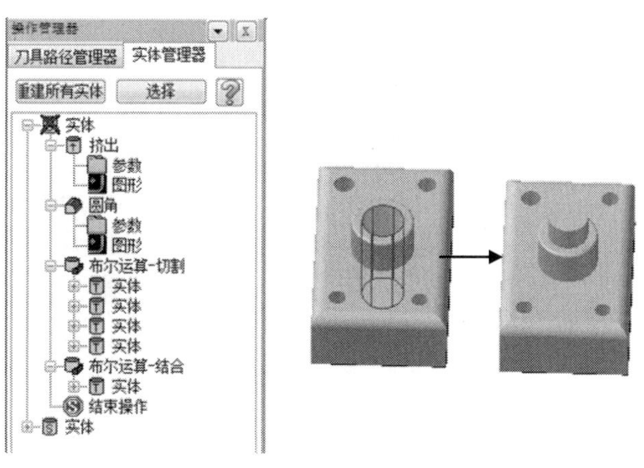

图 2-192 【实体管理器】删除操作

2. 暂时屏蔽操作效果

在实体操作管理器中用鼠标右键单击要屏蔽的操作，系统弹出实体操作快捷菜单。选择【禁用】命令，即可将选择的实体操作屏蔽掉，如图 2-193 所示。

同删除操作一样，也不能对实体的第一个操作进行禁用。禁用后的操作可以通过同样的方法重新显示。即用鼠标右键单击，在弹出的实体操作快捷菜单中选择【禁用】命令就可以将禁用的操作重新在模型中显示。

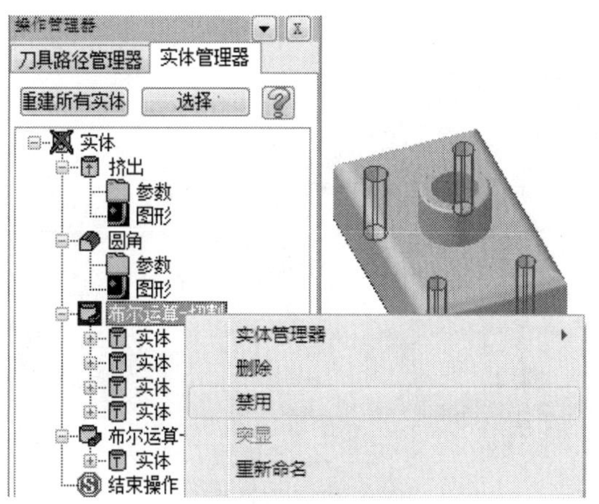

图 2-193 【实体管理器】及【禁用】操作

3. 编辑操作参数

利用实体操作管理器可以对实体特征进行编辑。展开要编辑的特征，选择其下的【参数】节点，系统弹出用于定义该图素的对话框，从中可以修改相关参数。图 2-194 显示了单击节点对应的内容。

编辑实体特征后，需单击【操作管理器】中的【重建所有实体】按钮，才能显示编辑后的效果。

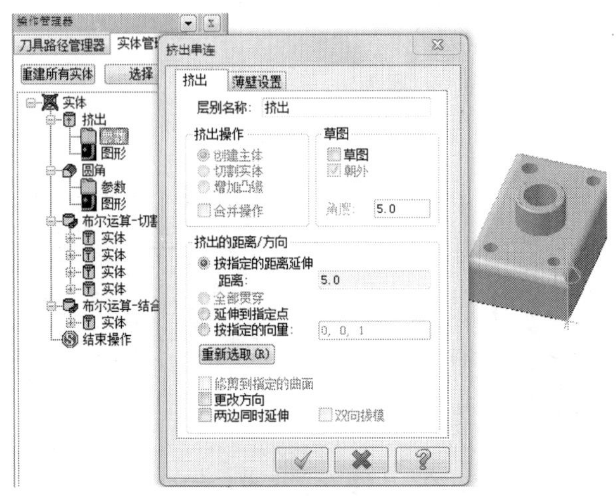

图 2-194 【实体管理器】及编辑参数操作

4. 编辑二维图形

展开要编辑的特征，单击其下的【图形】节点，可以对实体操作的图素进行编辑。对于不同的操作，系统返回的位置不同。对于拉伸、旋转、扫描和放样等，系统弹出【实体串连管理】对话框。在该对话框中单击鼠标右键，在弹出的快捷菜单中选择【基本串连】命令，在弹出的菜单命令中进行相应的操作。对于倒圆角、倒角、抽壳等操作，系统返回绘图区，用户可以选择新的图素，如图 2-195 所示。

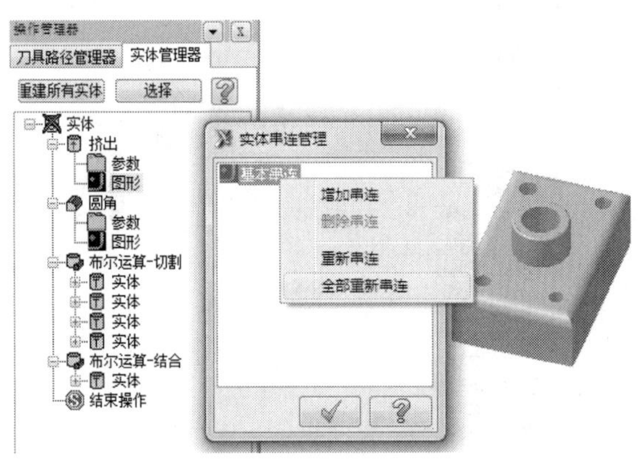

图 2-195 【实体串连管理】及编辑图形操作

5. 改变操作的次序

在实体管理器中，可以使用拖动的方式将某一个操作移动到新的位置，以改变实体操作的顺序来产生不同的实体效果，如图 2-196 所示。在改变操作次序时，一定要注意特征间的父子关系，子特征是不能拖到父特征前面的。

在每个实体的操作列表中，有个结束操作标志 结束操作，用可以根据需要拖动这个标志到一个位置来添加特征，如图 2-197 所示。

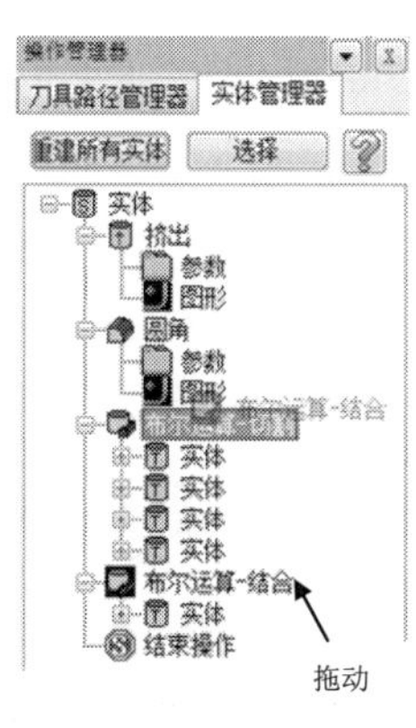

图 2-196　改变操作次序

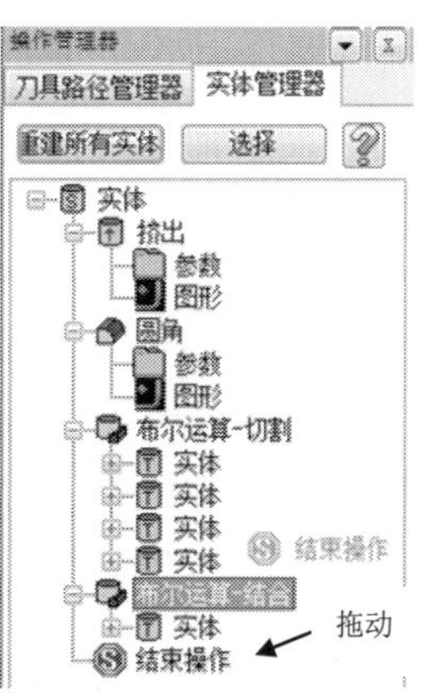

图 2-197　插入特征

2.4.3　查找实体特征

MasterCAM X7 能够识别出多种格式文件，其他软件设计的实体可以导入 MasterCAM X7 中。导入的实体没有具体的操作历史记录。为了可以通过修改参数来编辑导入实体，MasterCAM X7 提供了查找实体特征命令，以查找实体中的圆角和内孔。

查找实体的功能方式有两种，即【建立操作】和【移除特征】。【建立操作】功能是将查找出的特征独立出来，成为一个新的操作添加到历史记录中；【移除特征】功能是将查找的特征进行移除。

1. 建立特征

(1) 导入其他格式的实体模型，如图 2-198 所示。从实体管理器中可以看到这种导入实体没有任何的操作历史记录。

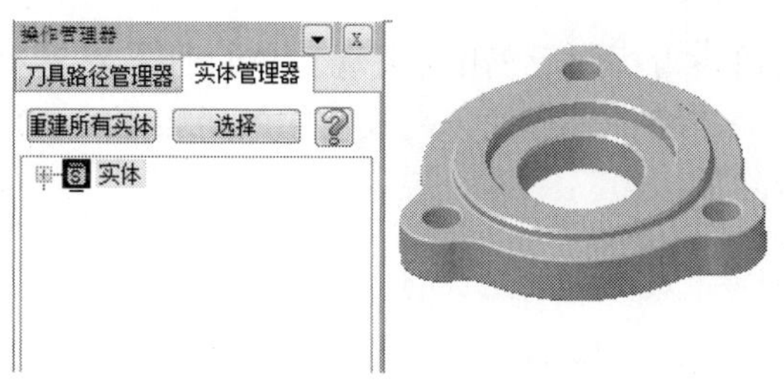

图 2-198　【实体管理器】及导入实体

(2) 选择【实体管理器】|【查找特征】菜单命令或单击 Solids 工具栏中【查找实体特征】按钮，系统弹出【查找特征】对话框。在【特征】选项组中选中【圆角】单选按钮，在【特征】选项组中选中【建立操作】单选按钮，其他设置如图 2-199 所示。

(3) 单击【确定】按钮，系统弹出【发现实体特征】对话框，如图 2-200 所示。单击【确定】按钮，完成特征的查找。完成后的效果如图 2-201 所示。我们可以看到，模型的所有圆角特征操作已经添加到实体管理器中了。

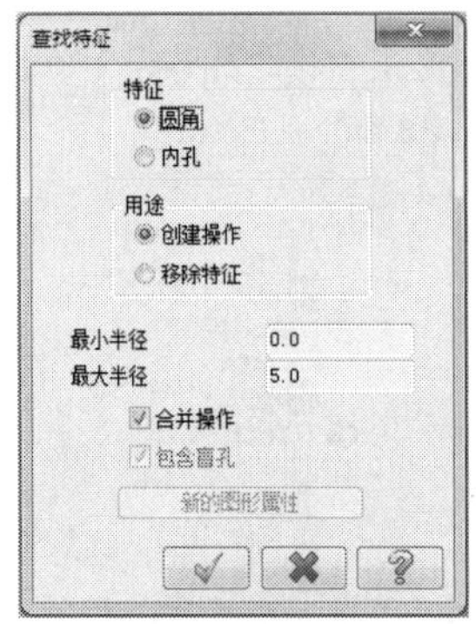

图 2-199 【查找特征】对话框

图 2-200 【发现实体特征】对话框

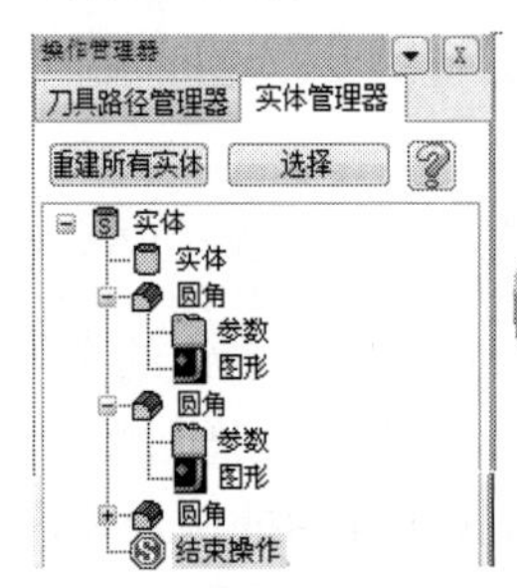

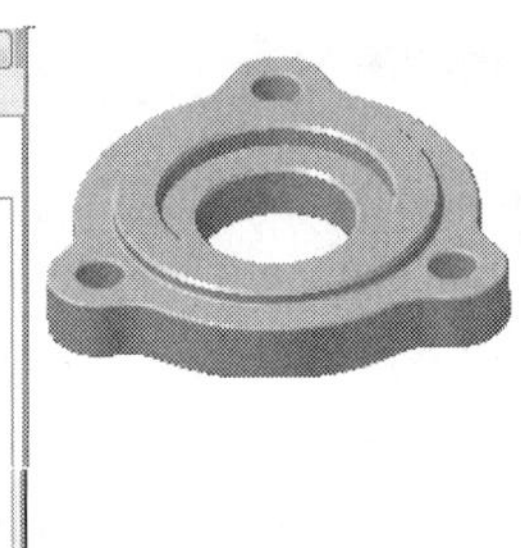

图 2-201 【实体管理器】及查找特征后的图形

2. 移除特征

继续以图 2-198 所示的模型为例。

(1) 单击 Solids 工具栏中【查找实体特征】按钮，系统弹出【查找特征】对话框。在【特征】选项组中选中【内孔】单选按钮，在【特征】选项组中选中【移除特征】单选按钮，其他设置如图 2-202 所示。

(2) 单击【确定】按钮，系统弹出【发现实体特征】对话框，提示发现了三个孔特征，单击【确定】按钮，完成特征的查找。完成后的效果如图 2-203 所示。我们可以看到，查找出的孔特征已经被删除了。

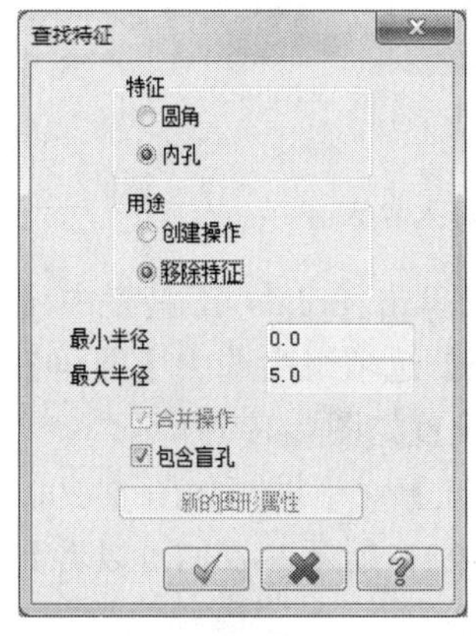

图 2-202 【查找特征】对话框

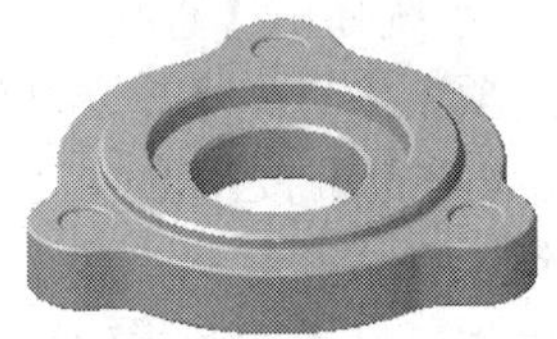

图 2-203 查找后的模型

实体操作案例 1

案例文件：ywj /02/03.MCX-7、11.MCX-7

视频文件：光盘→视频课堂→第 2 章→2.4.1

step 01 选择【文件】|【打开文件】菜单命令，打开【打开】对话框，在对话框中选择要打开的文件 03.MCX-7。单击 Solids 工具栏中【牵引实体】按钮，选择牵引面，如图 2-204 所示。

step 02 在弹出的【实体牵引面的参数】对话框中，选中【牵引到实体面】单选按钮，并设置【牵引角度】为 5，如图 2-205 所示。

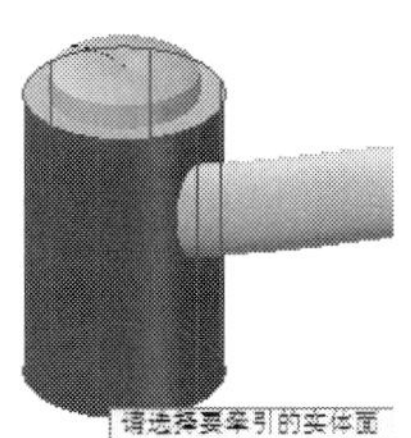

图 2-204 牵引到实体面

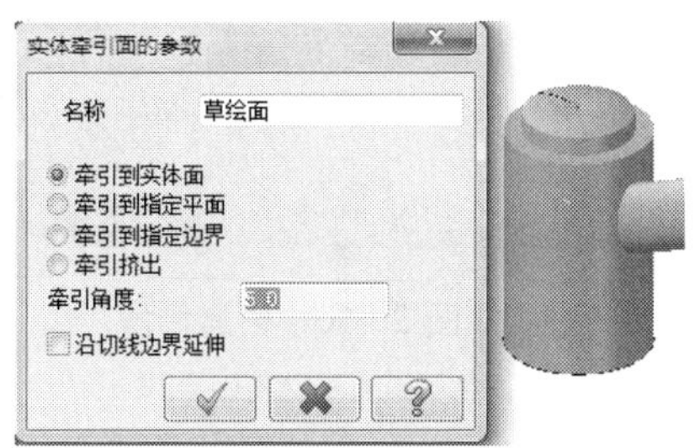

图 2-205 设置牵引参数

step 03 在弹出的【拔模方向】对话框中，选择方向，如图 2-206 所示。完成编辑的模型如图 2-207 所示。

图 2-206 选择拔模方向

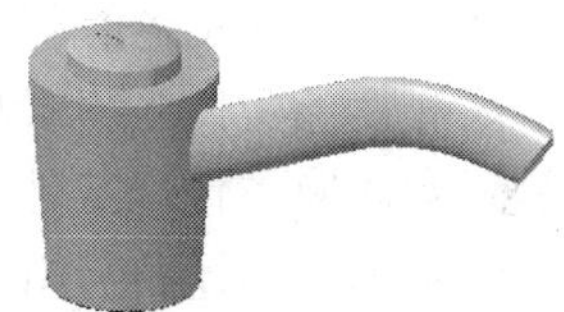

图 2-207 完成模型

实体操作案例 2

案例文件：ywj /02/10.MCX-7、12.MCX-7

视频文件：光盘→视频课堂→第 2 章→2.4.2

step 01 选择【文件】|【打开文件】菜单命令，打开【打开】对话框，在对话框中选择要打开的文件 10.MCX-7。在【实体管理器】中右键单击圆角特征，选择【删除】命令，删除实体操作，如图 2-208 所示。

step 02 单击 Solids 工具栏中【单一距离】按钮，选择要创建倒角的图素，如图 2-209 所示。

step 03 在弹出的【倒角参数】对话框中，设置倒角【距离】为 5，创建倒角，如图 2-210 所示。完成编辑的模型如图 2-211 所示。

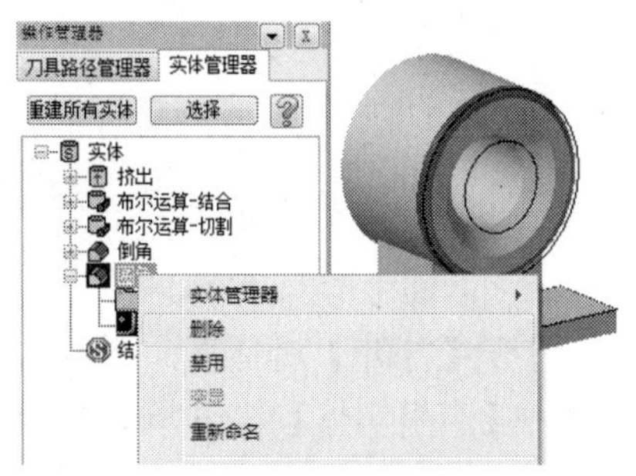

图 2-208　删除特征

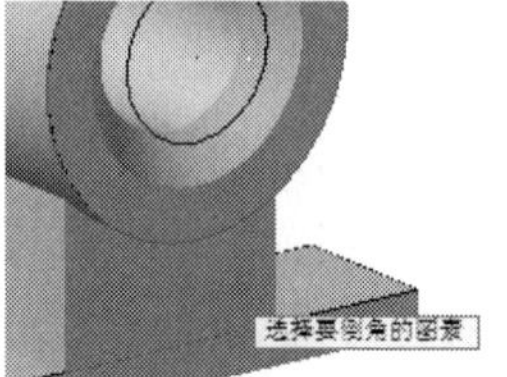

图 2-209　选择倒角边

图 2-210　创建倒角

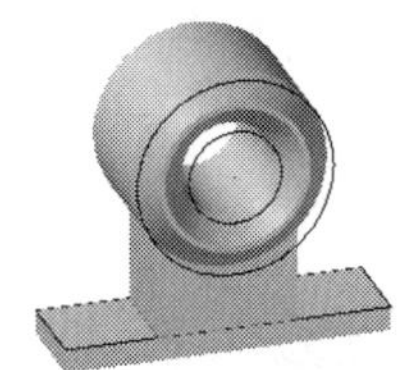

图 2-211　完成模型

2.5　本 章 小 结

实体造型是三维实体模型中表现最逼真、信息包含最丰富的一种方式，它不但具有面的特性，而且还具有体积、惯性等物理特性。

本章首先介绍了三维实体的创建，其中包括基本实体的绘制和通过二维图形操作而生成的实体。接下来介绍了实体的编辑功能，包括实体的布尔运算、倒圆角、抽壳、加厚、修剪以及牵引面等。实体操作管理器是个非常实用的工具，通过它用户可以对之前的设计进行修改等操作。三维实体的创建和编辑是本章的重点，当然也是难点。读者一定要通过自己亲手的练习，才能掌握其中的要点和技巧。

第 3 章

曲面造型和编辑

曲线是动点运动时，方向连续变化所成的线。曲面是一条动线在给定的条件下，在空间连续运动的轨迹。因此，曲线和曲面可以描述物体的表面特征，是创建曲面实体的关键步骤，但曲面不能得到立体的质量、重心和体积等物理特性。普通三维曲面创建完成之后，还需要对已创建好的曲面进行编辑，来完成模型的创建。MasterCAM X7 提供了灵活多样的曲面编辑功能，用户可以调用这些功能方便快捷地完成曲面编辑工作。

本章从曲线曲面的基本概念入手，详细介绍 MasterCAM X7 曲面造型设计方法和技巧。内容包括曲面和曲线、构图面、Z 深度及视图、线架构、基本三维曲面绘制、四种延伸曲面的绘制和其他三维曲面的绘制。曲面编辑的方法和技巧，内容包括曲面圆角、偏置曲面、曲面修剪和曲面延伸、恢复修剪、恢复边界、填补孔洞、分割曲面和曲面熔接等。

3.1 曲 面 造 型

3.1.1 曲面曲线操作

本节介绍的曲面曲线的基本操作包括边界曲线、常参数曲线、曲面流线、动态曲线和剖切曲线。曲面曲线子菜单如图 3-1 所示。

1. 边界曲线

通过曲面的边界生成曲线包括【单一边界】和【所有曲线边界】两个命令。使用【单一边界】命令，可以由被选曲面的边界生成边界曲线；使用【所有曲线边界】命令，可以在所选实体表面、曲面的所有边界处生成曲线。

(1) 选择【绘图】|【曲面曲线】|【单一边界】菜单命令，选择如图 3-2 所示的曲面。系统出现一个可以移动的箭头，并出现“移动箭头到您想要的曲面边界处”的提示信息。移动显示的箭头到想要的曲面边界处，单击鼠标左键确认，如图 3-3 所示。

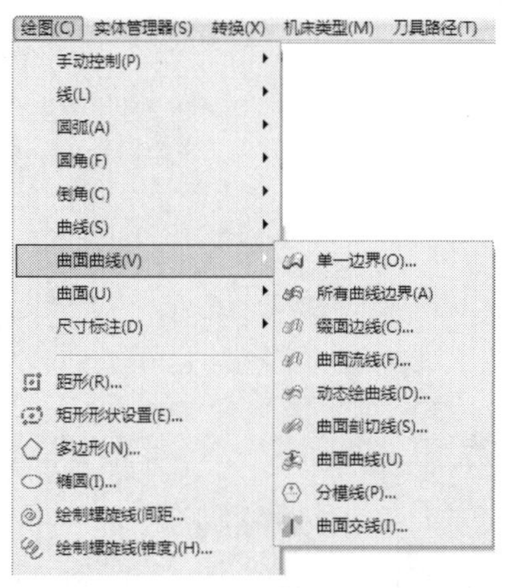

图 3-1 【曲面曲线】子菜单

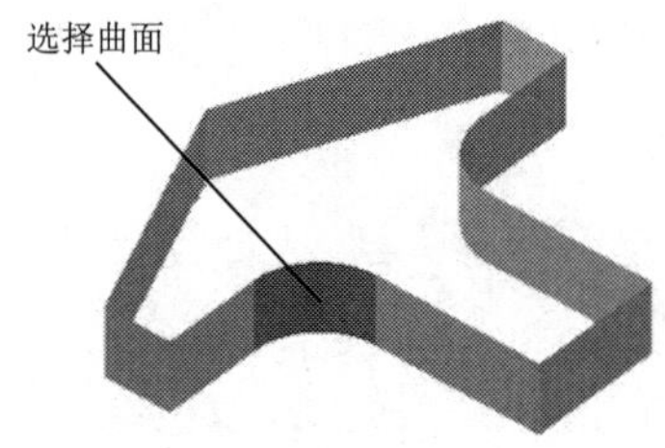

图 3-2 选择曲面

系统出现“设置选项，选取一个新的曲面，按<ENTER>键或‘确定’键”的提示信息，这时可以继续选取曲面进行操作。在【单一边界】状态栏中单击【确定】按钮☑，完成单一边界曲线的创建，如图 3-4 所示。

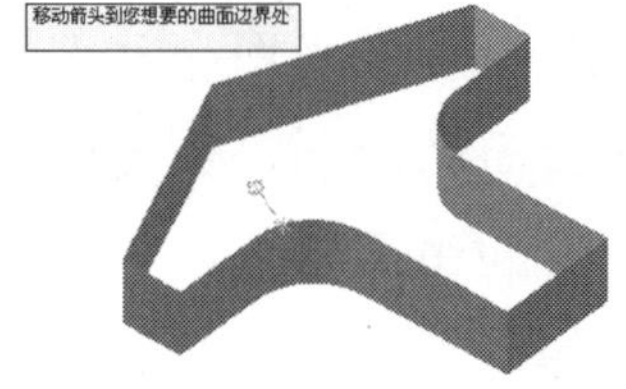

图 3-3 移动箭头到想要的边界

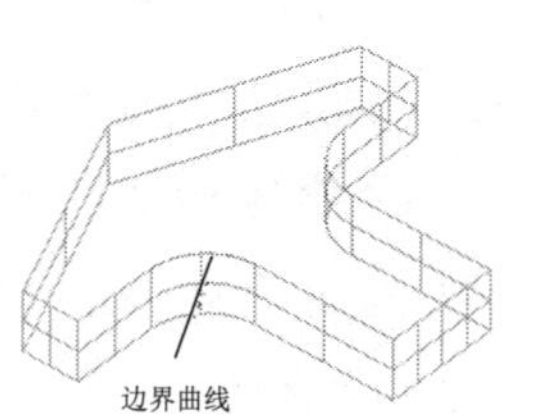

图 3-4 创建的单一边界曲线

(2) 选择【绘图】|【曲面曲线】|【所有曲面边界】菜单命令，系统出现“选取曲面，实体或实体面”的提示信息。选择该模型的所有曲面，按 Enter 键。

系统出现“设置选项，按<ENTER>键或‘确定’键”的提示信息。可以在图 3-5 所示的【创建所有边界线】状态栏中设置参数。

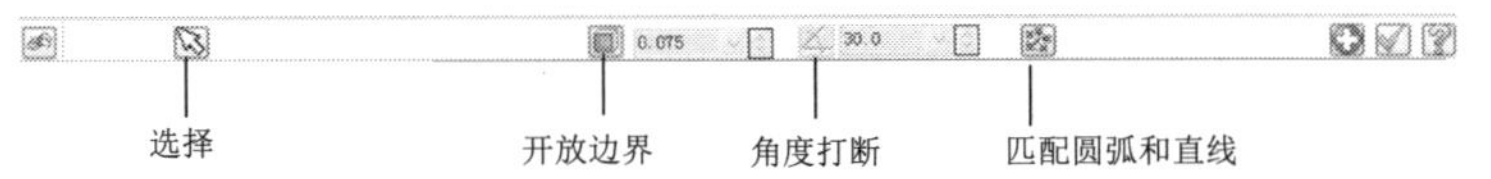

图 3-5　【创建所有边界线】状态栏

单击【创建所有边界线】状态栏中的【确定】按钮，完成所有曲面边界的创建，如图 3-6 和图 3-7 所示。

图 3-6　曲面曲线全部显示

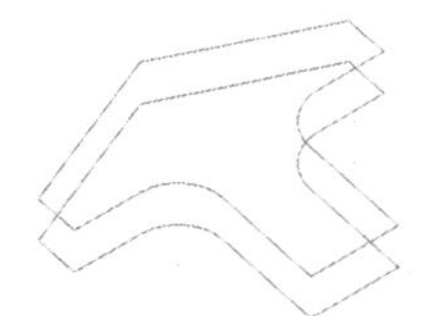

图 3-7　单独显示创建的曲线

2. 参数曲线

常参数曲线在 MasterCAM X7 对应的命令是【缀面边线】，是指在曲面上沿着曲面的一个或两个常参数方向的指定位置生成曲线。其操作步骤如下。

选择【绘图】|【曲面曲线】|【缀面边线】菜单命令，选择实例曲面。系统出现“移动到您要的位置”的提示信息，并在曲面上出现一箭头。移动箭头到合适的位置单击鼠标左键，如图 3-8 所示。

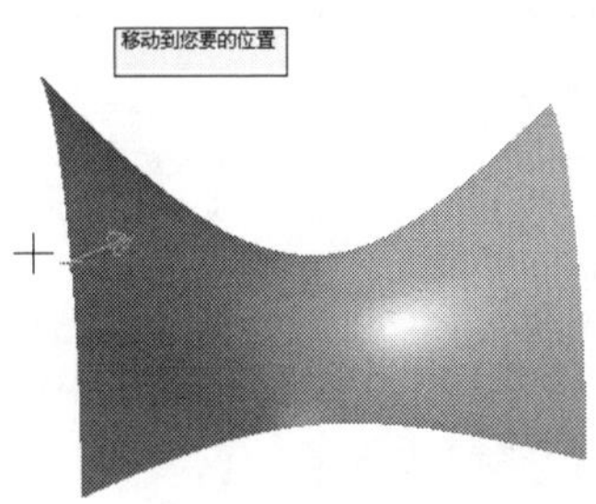

图 3-8　移动箭头到所需的位置

系统出现“设置选项，选取一个新的曲面，按<ENTER>键或‘确定’键”的提示信息，并在所选位置的曲面上默认生成一条曲线。可在图 3-9 所示的【指定位置曲面曲线】状态栏中单击【方向转换】按钮，同时可以设置【弦高】参数。弦高参数决定曲线从曲面的任意点可分离的最大距离。单击【方向转换】按钮，曲面上出现如图 3-10 所示的预览曲线。单击【指定位置曲面曲线】状态栏中的【确定】按钮，完成缀面边线的创建，如图 3-11 所示。

图 3-9 【指定位置曲面曲线】状态栏

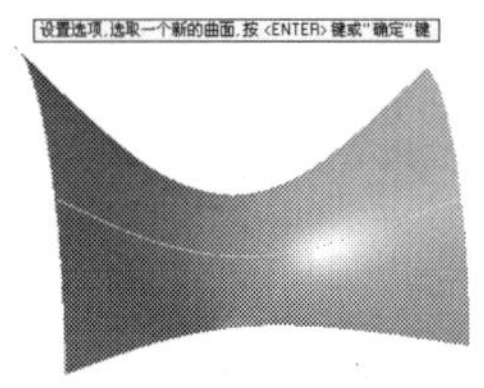

图 3-10 调整【方向转换】按钮为双向时的图形

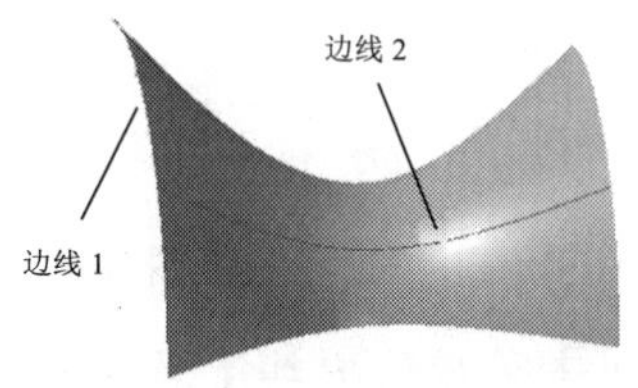

图 3-11 双向生成的缀面边线

3. 曲面流线

【曲面流线】命令可以在曲面上创建纵向或横向的常参数曲线，这些曲线可以设置精度计算方式及参数值，如图 3-12 所示。

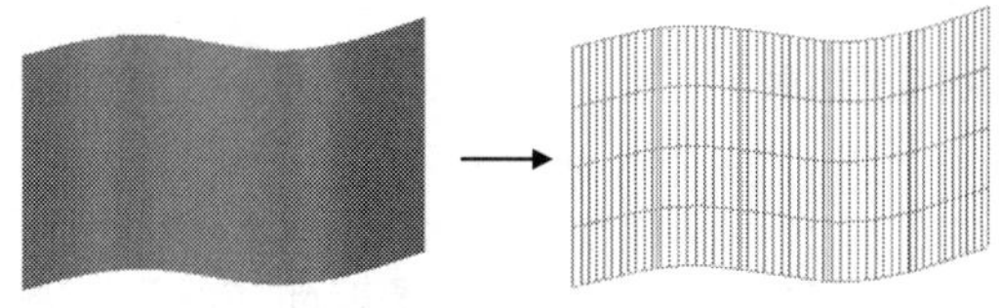

图 3-12 曲面流线

(1) 选择【绘图】|【曲面曲线】|【曲面流线】菜单命令，选择实例曲面。

(2) 系统出现“设置选项，选取一个新的曲面，按<ENTER>键或‘确定’键”的提示信息，设置【流线曲线】状态栏中的参数，如图 3-13 所示。单击【确定】按钮☑，完成曲面流线的创建。

图 3-13 【流线曲线】状态栏

4. 动态曲线

动态曲线命令是通过在曲面或实体表面上，动态选取若干点来创建经过这些点的曲线，如图 3-14 所示。

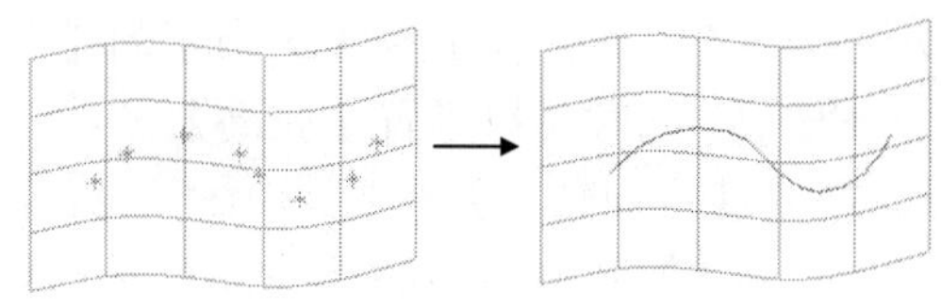

图 3-14 动态曲线

(1) 选择【绘图】|【曲面曲线】|【动态绘曲线】菜单命令，选择实例曲面。

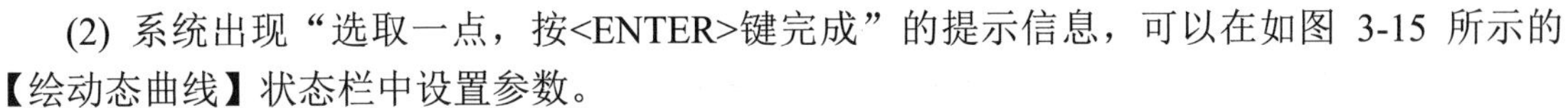

(2) 系统出现“选取一点，按<ENTER>键完成”的提示信息，可以在如图 3-15 所示的【绘动态曲线】状态栏中设置参数。

图 3-15 【绘动态曲线】状态栏

(3) 在曲面中显示的箭头移动到合适的位置并单击鼠标左键，指定一点。继续移动箭头指定下一点。确定所有点后按 Enter 键，单击【绘动态曲线】状态栏中的【确定】按钮，完成动态曲线的创建。

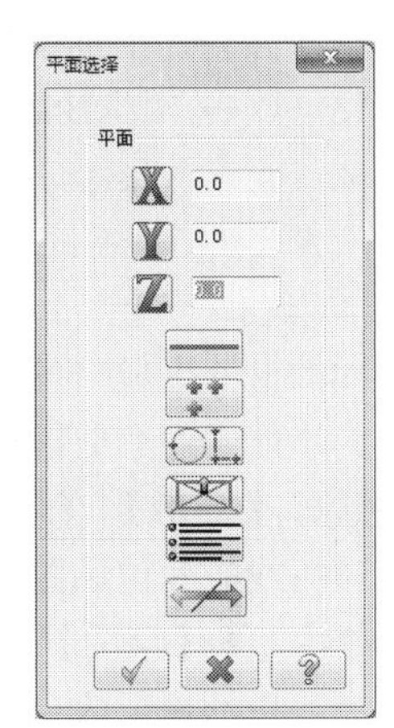

图 3-16 【平面选择】对话框

5. 剖切曲线

利用剖切线命令可以通过选取的平面来剖切曲面，得到平面与曲面的交线；也可以用同样的方法剖切曲线在曲线上创建点。

(1) 选择【绘图】|【曲面曲线】|【曲面剖切线】菜单命令，系统出现“选取曲面或曲线，按<ENTER>键完成”的提示信息。在绘图区选取所有曲面，然后单击【剖切线】状态栏中的【平面】按钮，系统弹出【平面选择】对话框，如图 3-16 所示。选择 Z 平面，设置距离为 5，单击【确定】按钮。

(2) 在【剖切线】状态栏中，设置间距为 0，补正为-3，如图 3-17 所示。单击【确定】按钮完成剖切线的创建，如图 3-18 所示。如果设置间距为 20，其他参数不变，则曲面会与三个剖切面相交，如图 3-19 所示。

图 3-17 【剖切线】状态栏

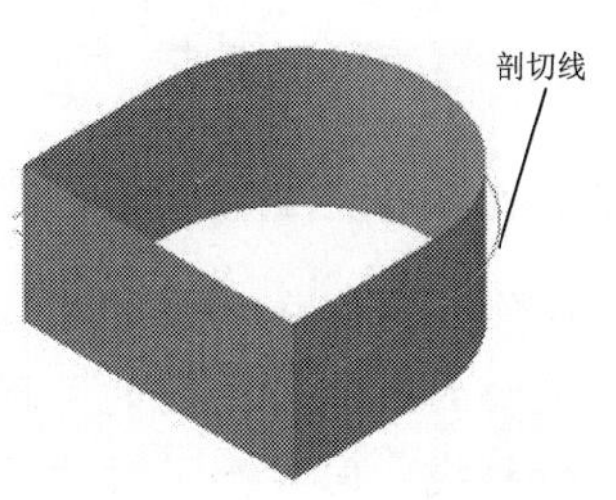

图 3-18 间距为 0 时的剖切线

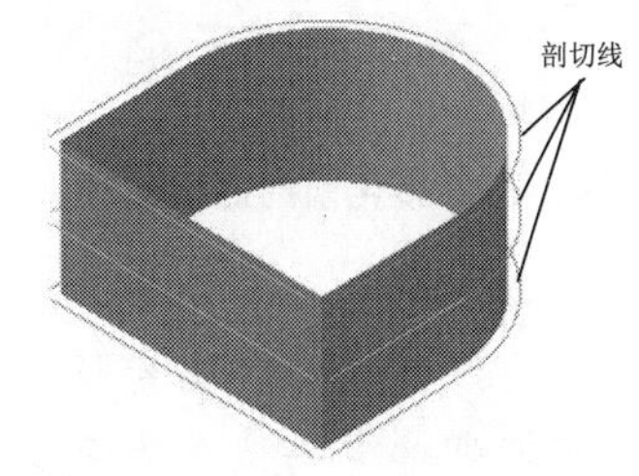

图 3-19 间距为 20 时的剖切线

在【剖切线】状态栏中通过在【间隔】按钮后的文本框输入一个间隔值，则可按间隔距离形成多个平行于所选剖切面的平面，同时对曲面进行剖切，可创建多条剖切线；在【补偿】按钮后的文本框输入一个偏移值，则绘制的曲线不

在曲面上，而是按偏移值绘制剖切线的等距线；若单击【连接】按钮，则可使在同一剖切面上分离的曲线连接为一条曲线；若单击【寻求多解】按钮，则系统在求出第一个解之后，将寻求其他可能的解(建议用户在已知解的情况下，不使用此功能，以免增加计算时间)。

6. 曲线转化为曲面曲线

由前面介绍的曲面曲线的基本操作功能绘制的曲线，根据系统的规划，可以是参数式曲线，也可以是 NURBS 曲线。曲面曲线功能是将上述曲线转化为曲面曲线。在 MasterCAM X7 中，曲面曲线是由曲面和一组 UV 坐标所定义的 3D 曲线，与曲面具有关联性。

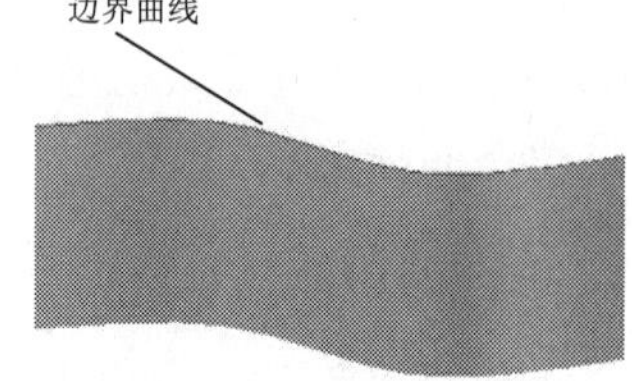

图 3-20　生成的边界曲线

(1) 选择【绘图】|【曲面曲线】|【单一边界】菜单命令，在曲面的上部生成一条边界曲线，如图 3-20 所示。

为了便于观察曲线转化前后的变化，对转化前的曲线进行分析。选择【分析】|【图素属性】菜单命令，选择生成的边界曲线。该曲线的属性如图 3-21 所示。

(2) 选择【绘图】|【曲面曲线】|【曲面曲线】菜单命令，系统出现“选取曲线去转换为曲面曲线”的提示信息。选择生成的边界曲线，即可完成转化操作。

选择【分析】|【图素属性】菜单命令，选择转化后的边界曲线。该曲线的属性为图 3-22 所示。可以看到该曲线已经成为曲面曲线。

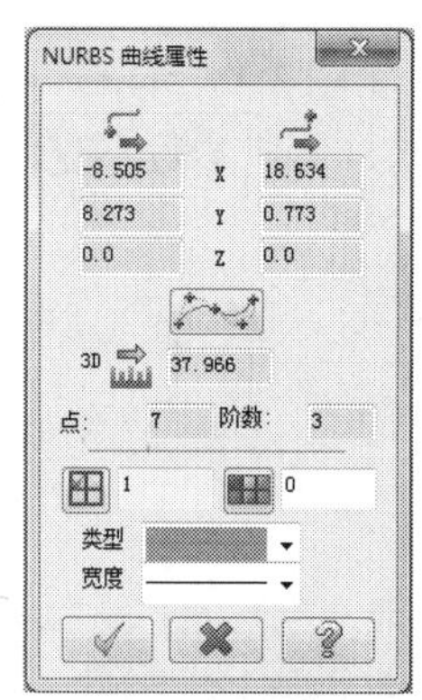

图 3-21　转化前的曲线属性

图 3-22　转化后的曲线属性

曲线转化曲面曲线时，不管转换是否成功，操作即告完成，系统不做提示。这时可以通过分析图素属性的方法进行查看。由于曲面曲线与曲面的关联性，所以只有那些完全位于曲面上的曲线才能转换为曲面曲线。同时如果对曲面曲线进行平移等操作时，曲面也随之移动。

7. 分模线

【创建分模线】命令可自动计算出一个与构图面平行的平面，该平面与曲面或实体的交线即为分模线，一般应在曲面上外形最大的位置分模。

选择【绘图】|【曲面曲线】|【创建分模线】菜单命令，系统出现“设置构图平面，按‘应用’键完成”的提示信息。可以重新制定构图面或采用构图平面。这里设置构图面为【俯视图】。

选择模型的所有曲面，如图 3-23 所示，按 Enter 键。系统出现“设置选项，按<ENTER>键或‘确定’键”的提示信息。在【分模线】状态栏中，如图 3-24 所示，设置分模角度为 0°。单击状态栏中的【应用】按钮，创建的分模线如图 3-25 所示。

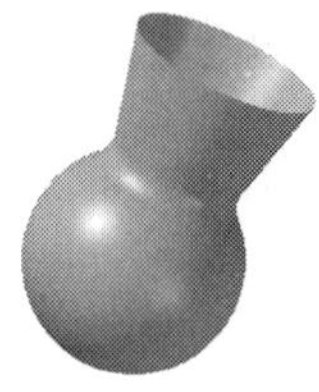

图 3-23 曲面模型

图 3-24 【分模线】状态栏

继续选择模型曲面，分别设置分模角度为 30° 和 60°，得到的分模线如图 3-25 右图所示。可以看到当分模角度为 60° 时，在【俯视图】构图面上的分模线变为两条。

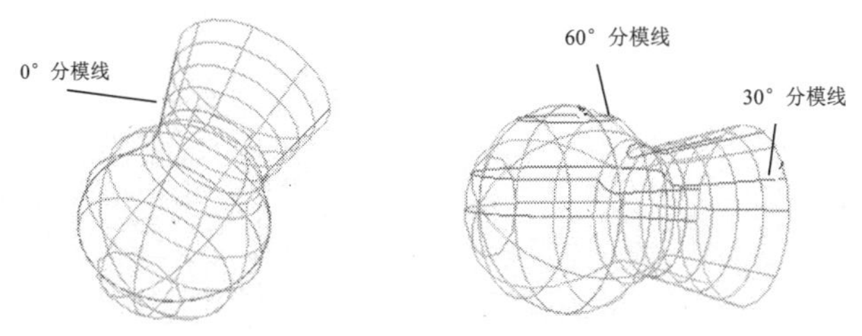

图 3-25 分模角度为 0° 时的分模线和不同角度分模角度的分模线

8. 绘制相交线

绘制相交线命令可在两组曲面之间，计算曲面的相交曲线或其偏移曲线。

选择【绘图】|【曲面曲线】|【曲面交线】菜单命令，系统出现“选取设置的第一曲面”的提示信息。选择半柱形曲面为第一个曲面，按 Enter 键。系统出现“选取设置的第二曲面”的提示信息，选择其余所有曲面为第二组曲面，按 Enter 键，如图 3-26 所示。

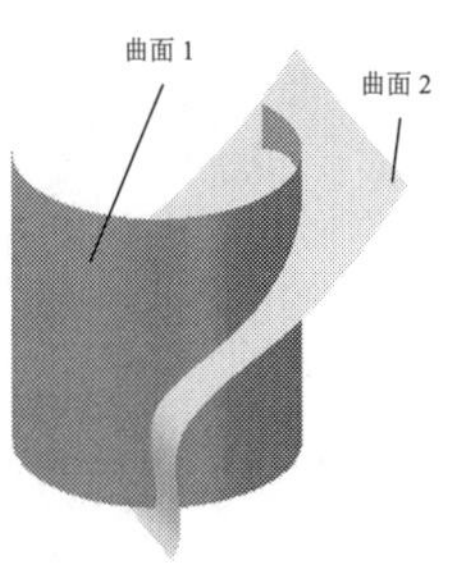

图 3-26 选择的曲面

系统出现“设置选项，按<ENTER>键或‘确定’键”的提示信息。这时可以设置【曲面交线】状态栏，如图 3-27 所示。单击【确定】按钮完成曲面交线的创建，如图 3-28 所示。

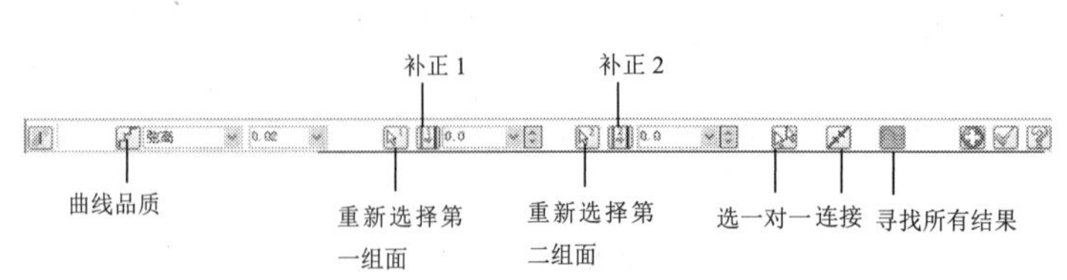

图 3-27 【曲面交线】状态栏

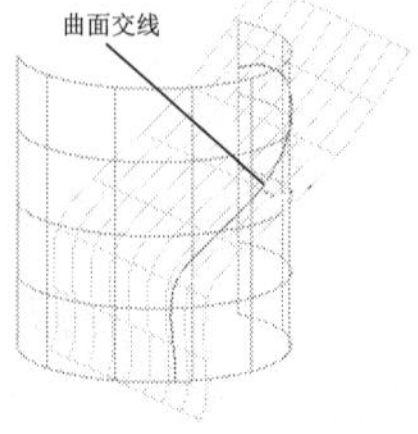

图 3-28 创建的曲面交线

3.1.2 绘图设置及线架构

构图平面是用户当前要使用的绘制平面，与相应的坐标面平行。构图面将复杂的三维绘图简化为简单的二维绘图。构图深度是相对当前构图面而言，即定义构图面沿 Z 轴方向的相对坐标位置。视图是当前屏幕的视角，用于从不同视角观察模型。

1. 构图面设置

单击【视图】工具栏中按钮右方的下三角按钮，弹出如图 3-29 所示的下拉菜单。单击菜单中的相应命令就可以设置三维构图面。构图面的设置除了标准的视图外，还有【按实体面定面】和【按图形定面】等。当然用户也可应用【指定视角】命令来自定义一个绘图面。

单击属性栏中的【平面】按钮，弹出如图 3-30 所示的菜单，然后单击相应的按钮就可以设置所需的构图平面。

图 3-29 【视图】工具栏下拉菜单

图 3-30 选择构图面

相对所定义的构图面而言，当前构图面的坐标轴向为：水平向右一定是 X 轴正向，垂直向上一定是 Y 轴正向，Z 轴正向总是垂直于 X 轴与 Y 轴并朝向当前构图面的外侧。

常用的构图面说明如下。

1) 标准视图

俯视图和底视图：选择 XY 平面为构图面，Z 坐标为设置的构图深度。

前视图和后视图：选择 XZ 平面为构图面，Y 坐标为设置的构图深度。

右视图和左视图：选择 YZ 平面为构图面，X 坐标为设置的构图深度。

2) 【按实体面定面】

通过选择实体面来确定当前绘图使用的构图面。

3) 【按图形定面】

通过选择绘图区的某一平面、两条线或者三个点来确定当前绘图使用的构图面。

4) 【指定视角】

选择此命令可以打开【视角选择】对话框，该对话框列出了所有已命名的构图面，包括标准构图面。在对话框中选择一个构图面即可。

5) 【绘图面等于屏幕视角】

使选择的构图面与屏幕视角的选择相同。

6) 【旋转定面】

选择此命令可以打开【旋转视角】对话框，设置相对于各轴旋转的角度来设置当前绘图所使用的构图面。

7) 【法向定面】

通过选取一条直线作为构图面的法线方向来确定当前绘图所使用的构图面。

2. Z 深度设置

构图深度又称 Z 深度。系统默认的构图面 Z 深度是 0。要设置构图面 Z 深度，可以在如图 3-31 所示的属性栏的 Z 文本框中输入构图深度值即可。单击 Z 按钮系统会出现“选取一点定义新的构图深度”的提示信息，这时用户可以通过指定点来设置构图深度。

对于同一个构图面而言，不同的构图面 Z 深度，绘制的几何图形所处的空间位置也不同，如图 3-32 所示。

图 3-31 设置构图深度

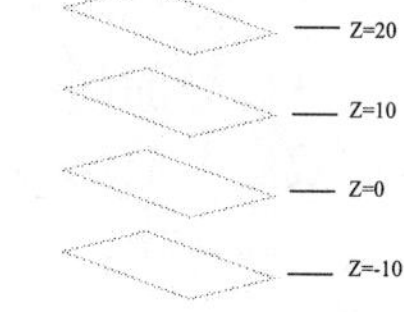

图 3-32 同一构图面不同 Z 深度

在绘制三维图形时，如果是捕捉几何图形上的某一点来绘制几何图形，则所绘制的几何图形的 Z 深度为捕捉点的 Z 深度，而当前设置的 Z 深度对其无效；设置构图深度时，必须在 2D 状态下，否则设定的深度无效。

3. 视图设置

选择【视图】|【标准视角】菜单命令，出现如图 3-33 所示的菜单，单击相应的菜单命令就可以设置当前的视角。

单击属性栏中的【屏幕视角】按钮，弹出如图 3-34 所示的菜单，然后选择相应的命令即可。

图 3-33 【视图】菜单

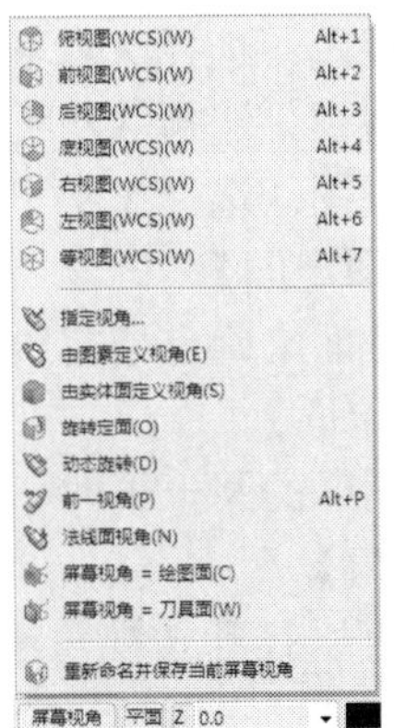

图 3-34 【屏幕视角】状态栏

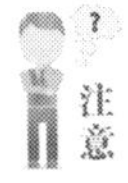

当改变图形视图时，选择某一标准视图后，当前的构图面也将发生相应的变化，变为与图形视角的方向一致。特别的，当图形视角变为【等视图】时，构图面将变为【俯视图】。

如果当前的构图面与视图平面不一致而是相互平行时，进行绘图操作时系统会弹出一个警示对话框，此时必须调整视角平面或构图面才可以进行下一步操作。

4. 线架构简介

线框模型(Wireframe Modeling)是 CAD 技术中最早使用的三维模型，是利用对象形体的棱边和顶点来表示几何形状的一种模型。一般说来，线框模型由一些基本的图元来表示，这些图元包括点、线段、圆、圆环、弧等。所以它只反映出二维实体的部分形状信息，难以得到物体的剖面图、消除隐藏线及画出两个面的交线或轮廓线等。

线框模型是可以生成、修改、处理二维和三维线框几何体，可以生成点、直线、圆、二次曲线、样条曲线等，又可以对这些基本线框元素进行修剪、延伸分段、连接等处理，生成更复杂的曲线。线框模型的另一种方法是通过三维曲面的处理来进行，即利用曲面与曲面的求交、曲面的等参数线、曲面边界线、曲线在曲面上的投影和曲面在某一方向的分模线等方法来生成复杂曲线。实际上，线框功能是进一步构造曲面和实体模型的基础工具。在复杂的产品设计中，往往是先用线条勾画出基本轮廓，即所谓“控制线”，然后逐步细化，在此基础上构造出曲面和实体模型。

线框定义过程简单，很多复杂的产品，先用几条线勾画出基本轮廓，然后逐步细化。线框的存储量小，操作灵活，响应速度快。从它产生二维图和工程图也比较方便。另外，这种造型方法对硬件的要求不高，容易掌握，处理时间较短。线框结构并不只适用于 CAD/CAM 的二维软件几何模型，三维软件也有用武之地，当然和二维软件相比，对线框结构做了进一步的改进，其三维模型的基础是多边形，已经不是线段、圆、弧这样零碎的图素。

但是，线框造型也有其局限性。一方面，线框造型的数据模型规定了各条边的两个顶点以及各个顶点的坐标，这对于由平面构成的物体来说，轮廓线与棱线一致，能够比较清楚地反映物体的真实形状，但是对于曲面体，仅能表示物体的棱边就不够准确。例如表示圆柱的

形状，就必须添加母线。另一方面，线框模型所构造的实体模型，只有离散的边，而没有边与边的关系，即没有构成面的信息，由于信息表达不完整，在许多情况下，会对物体形状的判断产生多义性。由于造型后产生的物体所有的边都显示在图形中，而大多数的三维线框模型系统尚不具备自动消隐的功能，因此无法判断哪些是不可见边，哪些又是可见边。对同一种基于线框模型的三维实体重构问题的分析与研究线框模型，难以准确地确定实体的真实形状，这不仅不能完整、准确、唯一地表达几何实体，也给物体的几何特性、物理特性的计算带来困难。

5. 线架构的方法技巧

线框模型是利用对象形体的棱边和顶点来表示几何形状的一种模型，它由物体上的点、直线、曲线等几何要素组成。在绘制线架构模型时要注意以下几个内容。

(1) 选择合适的屏幕视角。因为设置屏幕视角的目的是便于图形的观察，当需要在不同的平面内构图时，就应选择相应平行的屏幕视角。

(2) 正确设置构图面。当屏幕视角为标准视角时，构图面也相应地变为同屏幕视角相同。特别是当屏幕视角设为等角视图时，构图面将自动更新为俯视图，这时有可能要根据需要进行构图面设置。

(3) 正确切换状态栏中的 2D 和 3D 按钮。一般情况下，选择 3D 模式可完成大部分作业，但当捕捉点与所绘制的图形不在同一 Z 深度时，此时必须切换到 2D 模式。

(4) 在 2D 模式下注意随时设置 Z 轴深度。因为在 2D 模式下以光标捕捉方式绘制图形时，图形的位置完全取决于 Z 轴的深度，因此在这种情况下要频繁更换 Z 轴深度，特别是在更换构图面时。

6. 线架构与曲面模型

线架构是用来定义曲面的边界和曲面横截面特征的一系列特殊几何图素的总称，几何图素可以是点、线、圆弧或曲线，这些线架就是曲面的骨架。

曲面模型(Surface Modeling)是以物体的各表面为单位来表示形体特征的。它在线框模型的基础上增加了有关面和边的结构信息(拓扑信息)，给出了顶点、顶点与边、边与面之间的二层拓扑信息。因此，它可以描述物体的表面特征。

图 3-35 和图 3-36 就是线架构模型通过举升曲面功能得到的曲面模型。

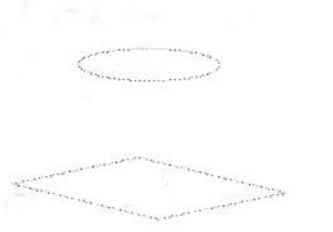

图 3-35 线架构模型

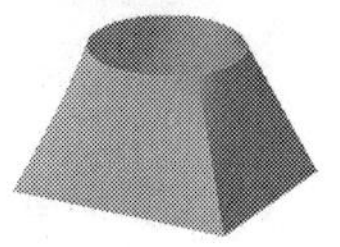

图 3-36 举升曲面模型

3.1.3 绘制三维曲面

Mastercam X7 提供了 5 种基本曲面的造型方法，包括圆柱曲面、锥形曲面、长方体曲面、球体曲面和圆环曲面。基本曲面造型方法的共同特点是参数化造型，及通过改变曲面的参数，可以方便地绘出同类的多种曲面。

基本三维曲面的绘制同基本实体的绘制方法一样。选择【绘图】|【基本实体】菜单命令或单击【草图】工具栏中按钮右侧的下三角按钮，选择相应的基本曲面进行创建，如图 3-37 和图 3-38 所示。

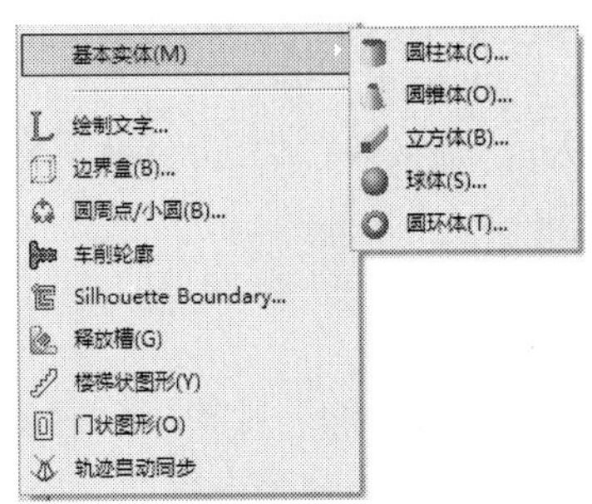

图 3-37 【基本曲面/实体】设计菜单

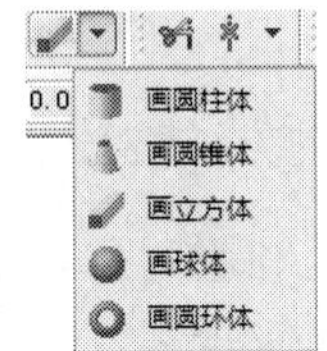

图 3-38 【基本曲面/实体】工具栏

MasterCAM X7 除了能够生成基本曲面外，还提供了丰富的生成曲面功能。包括举升曲面、挤出曲面、牵引曲面、平整曲面，还有网状曲面、旋转曲面、扫描曲面，以及由实体生成曲面等。

这些绘制曲面功能位于【绘图】|【曲面】菜单命令下，也可通过 Surfaces 工具栏中相应功能按钮获得，如图 3-39 和图 3-40 所示。

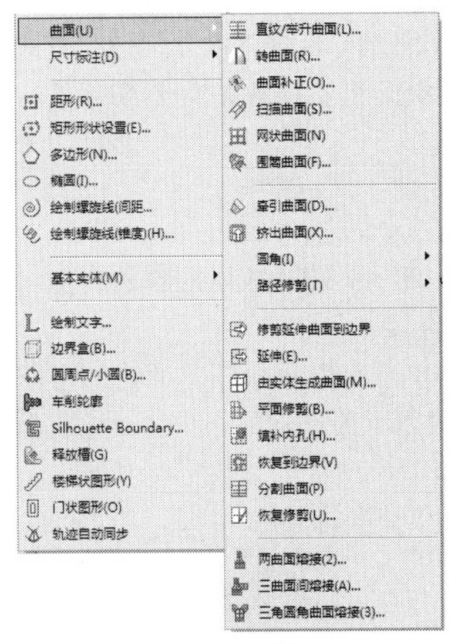

图 3-39 【曲面】菜单

图 3-40 Surfaces 工具栏

1. 绘制圆柱曲面

(1) 选择【绘图】|【基本实体】|【圆柱体】菜单命令或单击【草图】工具栏中的【画圆柱体】按钮，弹出【圆柱】对话框。单击对话框标题栏中的按钮可以使该对话框显示更多的选项，如图 3-41 所示。

(2) 在【圆柱】对话框中选中【曲面】单选按钮，设置半径为 30，高度为 50，其他设置默认。

(3) 系统提示选取圆柱体的基准点位置，指定基准点位置的坐标为(0,0,0)。

(4) 单击【圆柱】对话框中【确定】按钮，完成圆柱体曲面的创建。单击【绘图显示】工具栏中的【等角视图】按钮，设置屏幕视角为【等角视图】。圆柱体曲面的效果如图 3-42 所示。

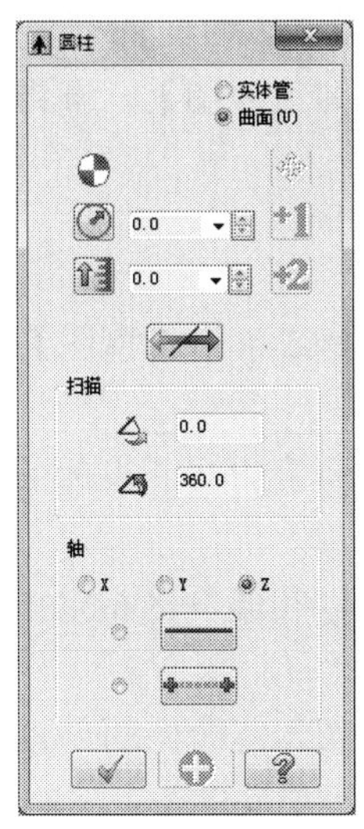

图 3-41　展开的【圆柱】对话框

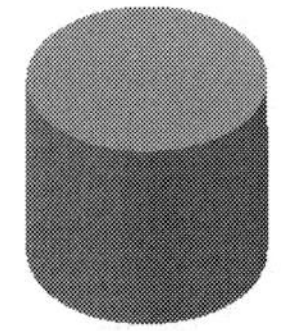

图 3-42　圆柱曲面

2. 绘制圆锥曲面

(1) 选择【绘图】|【基本实体】|【画圆锥体】菜单命令或单击【草图】工具栏中的【画圆锥体】按钮，弹出如图 3-43 所示【圆锥】对话框。单击对话框标题栏中的按钮可以使该对话框显示更多的选项。

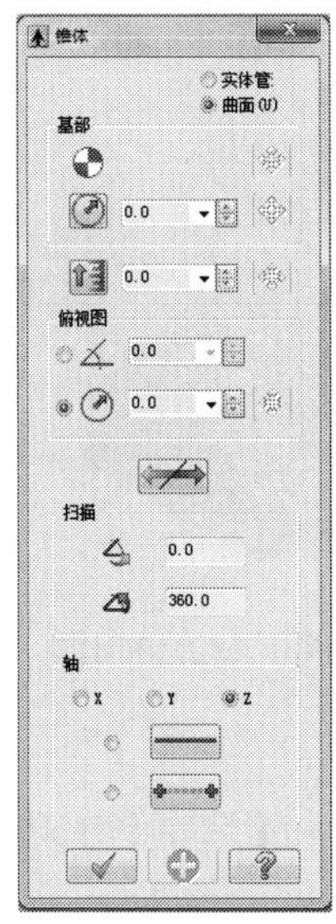

图 3-43　【圆锥】对话框

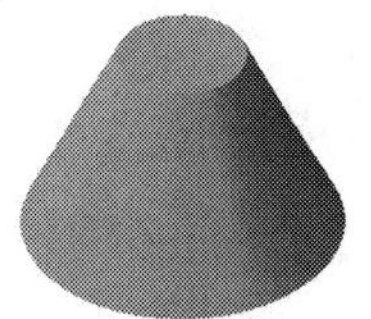

图 3-44　圆锥曲面

(2) 在【圆锥】对话框中选中【曲面】单选按钮，设置圆锥体底部半径为 50，圆锥体高度为 60，顶部半径为 20，其他设置默认。

(3) 系统出现“选取圆锥体的基准点位置”的提示信息。在绘图区指定一点作为圆锥体曲面的基准点位置。这里设置基准点位置的坐标为(0,0,0)。

(4) 单击【圆锥】对话框中【确定】按钮，完成圆锥体曲面的创建。单击【绘图显示】工具栏中的【等角视图】按钮，设置屏幕视角为【等角视图】。圆锥体曲面的效果如图 3-44 所示。

3. 绘制长方体曲面

(1) 选择【绘图】|【基本实体】|【画立方体】菜单命令或单击【草图】工具栏中的【画立方体】按钮，弹出如图 3-45 所示【立方体】对话框。

(2) 在【立方体】对话框中选中【曲面】单选按钮，设置立方体长度为 30，宽度为 50，高度为 20。

(3) 系统出现“选取立方体的基准点位置”的提示信息。在绘图区指定一点作为立方体曲面的基准点位置。这里设置基准点位置的坐标为(0,0,0)。

(4) 单击【立方体】对话框中【确定】按钮，完成立方体曲面的创建。单击【绘图显示】工具栏中的【等角视图】按钮，设置屏幕视角为【等角视图】。立方体曲面的效果如图 3-46 所示。

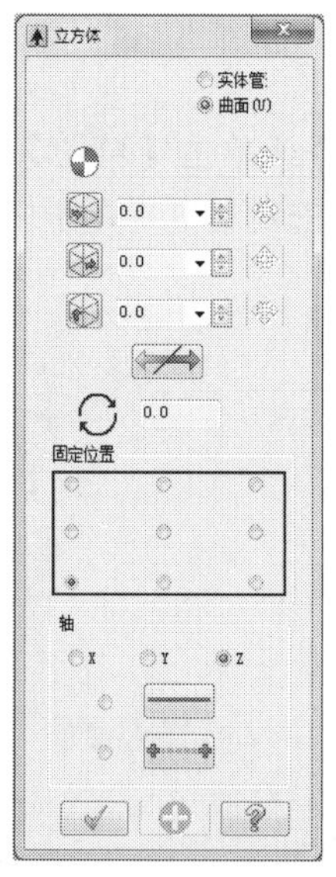

图 3-45 【立方体】对话框

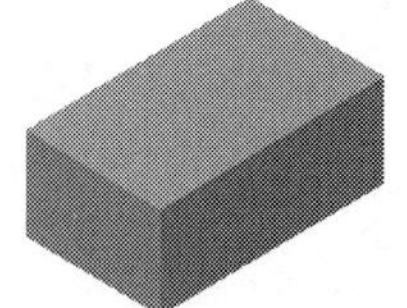

图 3-46 立方体曲面

4. 绘制球体曲面

(1) 选择【绘图】|【基本实体】|【画球体】菜单命令或单击【草图】工具栏中的【画球体】按钮，弹出如图 3-47 所示【球体】对话框。

(2) 在【球体】对话框中选中【曲面】单选按钮，设置球体半径为20。

(3) 系统出现“选取球体的基准点位置”的提示信息。在绘图区指定一点作为球体曲面的基准点位置。这里设置基准点位置的坐标为(0,0,0)。

(4) 单击【球体】对话框中【确定】按钮，完成球体曲面的创建。单击【绘图显示】工具栏中的【等角视图】按钮，设置屏幕视角为【等角视图】。球体曲面的效果如图3-48所示。

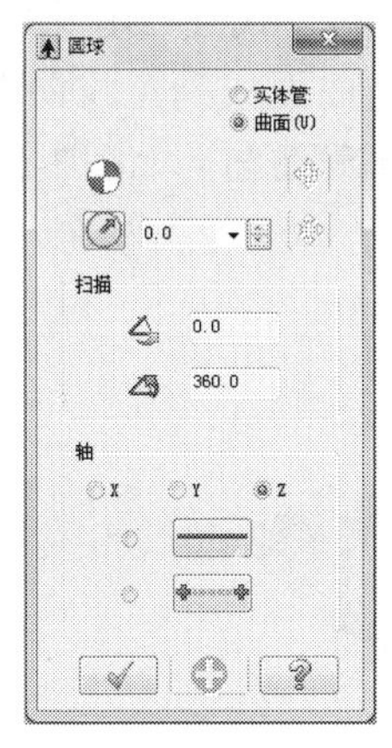

图3-47 【球体】对话框

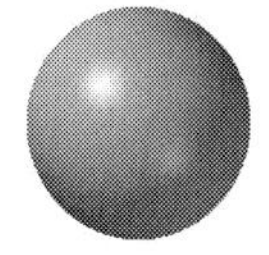

图3-48 球体曲面

5. 绘制圆环曲面

(1) 选择【绘图】|【基本实体】|【画圆环体】菜单命令或单击【草图】工具栏中的【画圆环体】按钮，弹出如图3-49所示【圆环体】对话框。

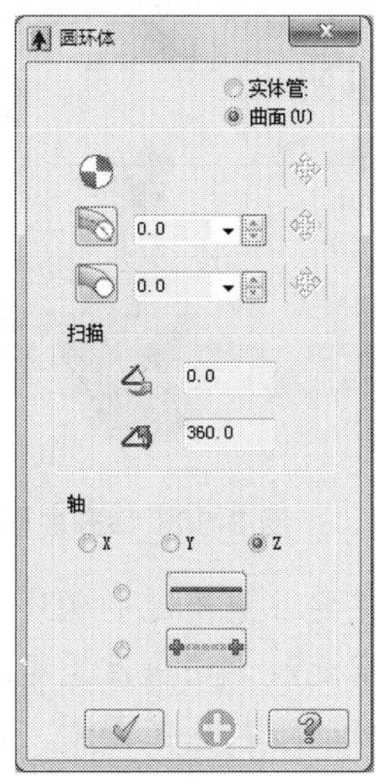

图3-49 【圆环体】对话框

图3-50 圆环曲面

(2) 在【圆环体】对话框中选中【曲面】单选按钮，设置【半径】为50，设置【较小的半径】为20。

(3) 系统出现“选取圆环体的基准点位置”的提示信息。在绘图区指定一点作为圆环体曲面的基准点位置。这里设置基准点位置的坐标为(0,0,0)。

(4) 单击【圆环体】对话框中【确定】按钮，完成圆环曲面的创建。单击【绘图显示】工具栏中的【等角视图】按钮，设置屏幕视角为【等角视图】。圆环曲面的效果如图 3-50 所示。

6. 绘制举升曲面

直纹/举升曲面是通过提供的一组剖面线框，以一定的方式连接起来而生成的曲面。其中，如果每个剖面线框之间采用直线的熔接，那么生成的曲面成为直纹曲面；如果每个剖面线框之间采用参数化的平滑的熔接，那么生成的曲面成为举升曲面，如图 3-51～图 3-54 所示。

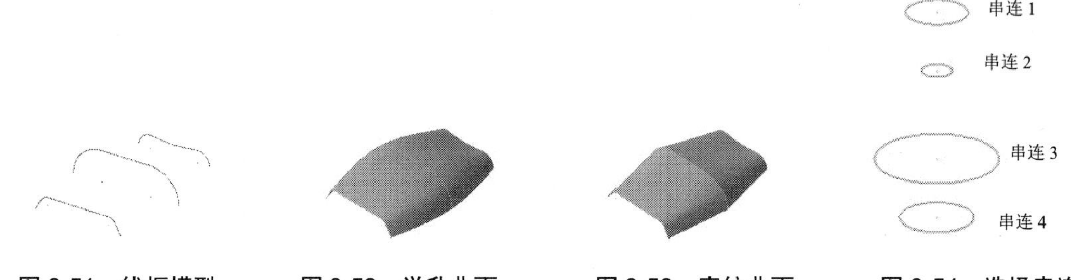

图 3-51　线框模型　　图 3-52　举升曲面　　图 3-53　直纹曲面　　图 3-54　选择串连

(1) 选择【绘图】|【曲面】|【直纹/举升曲面】菜单命令或单击 Surfaces 工具栏中的【创建直纹/举升曲面】按钮，弹出【串连选项】对话框。

(2) 在【串连选项】对话框中单击【串连】按钮，在绘图区依次选择串连图素，注意它们方向的一致性，如图 3-54 所示。然后在【串连选项】对话框中单击【确定】按钮。

(3) 在【直纹/举升】状态栏中单击【举升】按钮，如图 3-55 所示。单击【直纹/举升】状态栏中【确定】按钮，完成举升曲面的创建，如图 3-56 所示。

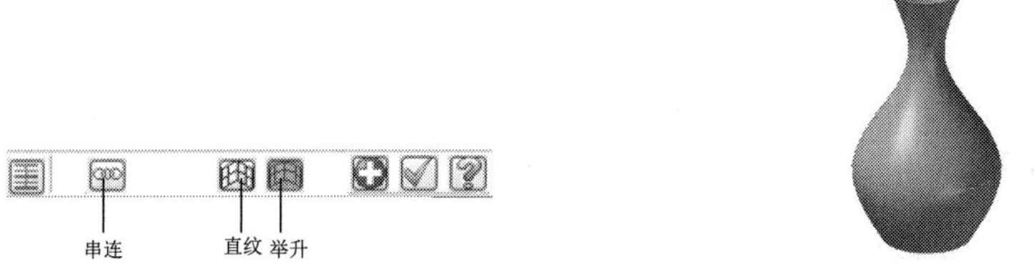

图 3-55　【直纹/举升】状态栏　　图 3-56　举升曲面

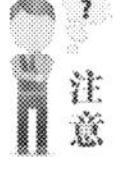

当需要对多个剖面线框进行串连操作时，一定要注意串连的顺序，因为串连的顺序不同，创建的曲面结构也不同。在进行图素串连时，还应注意串连的起点及串连的方向。对于串连起点不在同一角度的情况，应通过打断某图素，使各图素起点一一对应。

7. 绘制挤出曲面

挤出曲面是以封闭的曲线串连为基础，产生一个包括顶面与底面的封闭曲面，如图 3-57 所示。

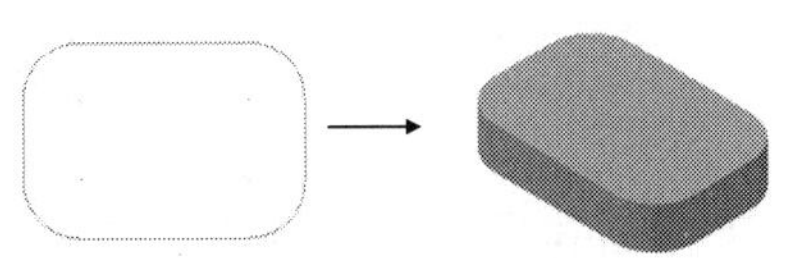

图 3-57　挤出曲面

(1) 选择【绘图】|【曲面】|【挤出曲面】菜单命令或单击 Surfaces 工具栏中的【挤出曲面】按钮，弹出【串连选项】对话框，同时系统出现“选择由直线及圆弧构成的串连或一封闭曲线 1”的提示信息。在【串连选项】对话框中选择【串连】按钮，然后在绘图区选择如图 3-58 所示的线框轮廓。

(2) 系统弹出【挤出曲面】对话框。设置拉伸高度为 20，如图 3-59 所示。单击【确定】按钮，完成挤出曲面的创建，如图 3-60 所示。

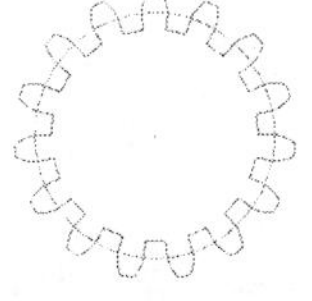

图 3-58　线框图

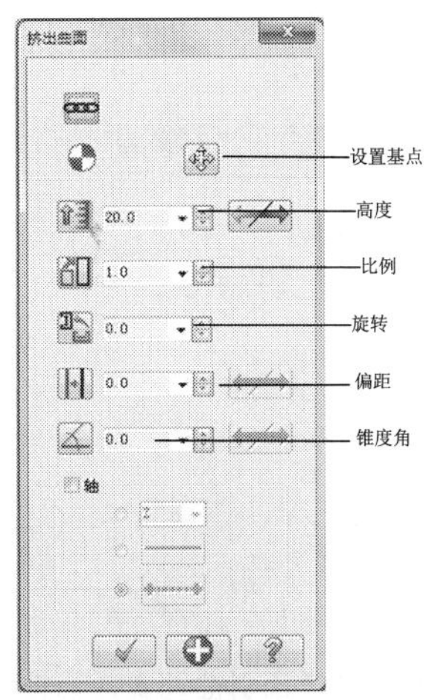

图 3-59　【挤出曲面】对话框

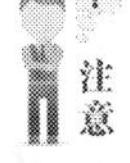

注意：当进行曲面拉伸时，拉伸的线框必须是封闭的。如果是未封闭的图形，系统会弹出如图 3-61 所示的【绘制封闭的实体曲面】对话框。单击【是】按钮，系统自动添加一线段使图形封闭；单击【否】按钮，不进行拉伸操作。

图 3-60　挤出曲面

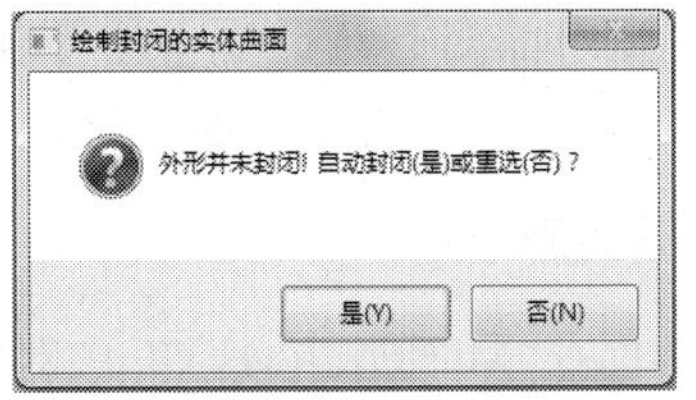

图 3-61　【绘制封闭的实体曲面】对话框

8. 绘制牵引曲面

牵引曲面是以当前的构图面为牵引平面，将一条或多条外形轮廓，按指定的长度和角度牵引出曲面或牵引到指定的平面。曲面的牵引高度可以按垂直高度测量，也可以按实际挤出长度测量。牵引操作还可以设置一个角度作为拔模角，当角度为 0° 时，牵引方向与构图面垂直。

由于构图面决定着牵引曲面的牵引方向，因此在进行牵引曲面操作之前，应先设置好相应的构图面。

(1) 选择【绘图】|【曲面】|【牵引曲面】菜单命令或单击 Surfaces 工具栏中的【牵引曲面】按钮，弹出【串连选项】对话框，同时系统出现“选取直线，圆弧，或曲线 1”的提示信息。在【串连选项】对话框中单击【串连】按钮，然后在绘图区选择如图 3-62 所示的线框轮廓。在【串连选项】对话框中单击【确定】按钮。

图 3-62　线框图

(2) 系统弹出【牵引曲面】对话框。选中【长度】单选按钮，设置长度为 20，角度为 0° ，其他参数设置如图 3-63 所示。单击对话框中的【应用】按钮，创建的牵引曲面如图 3-64 所示。

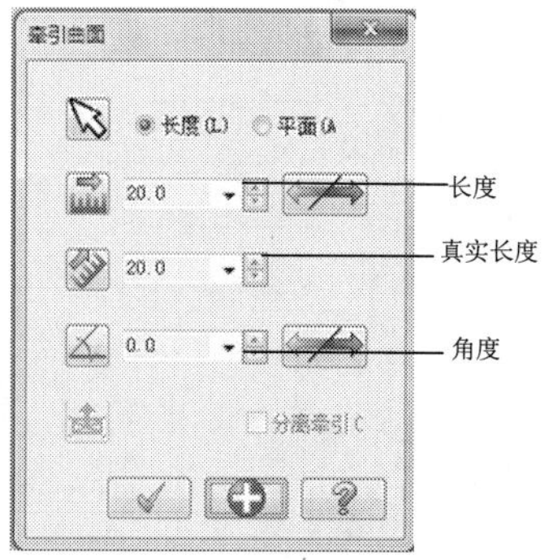

图 3-63　【牵引曲面】对话框

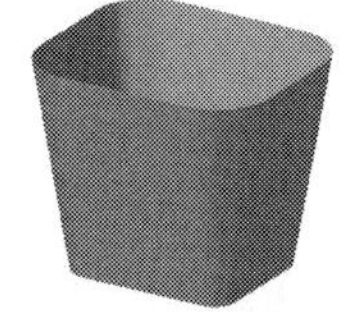

图 3-64　牵引曲面

(3) 继续使用【牵引曲面】菜单命令，在出现的【串连选项】对话框中单击【串连】按钮，然后在绘图区选择原线框轮廓。单击对话框中的【确定】按钮。

(4) 在弹出的【牵引曲面】对话框中选中【平面】单选按钮，设置角度为 0° ，如图 3-65 所示。单击【牵引曲面】对话框中的【平面】按钮，系统弹出【平面选择】对话框，如图 3-66 所示。在该对话框中选择 Z 平面，设置深度为-20。单击【确定】按钮。

(5) 单击【牵引曲面】对话框中的【确定】按钮，完成牵引曲面的创建。如图 3-67 所示。

9. 绘制平整曲面

绘制平整曲面在 MasterCAM X7 中对应的命令是【平面修剪】。该命令可通过选取同一构图面内的若干封闭外形来构建曲面。也可以通过选择【手动串连】后，通过选取曲面及曲面边界来构建曲面，构建的平面曲面将以串连曲线为边界进行修剪，因此该命令称为平面修剪曲面或平面边界曲面。

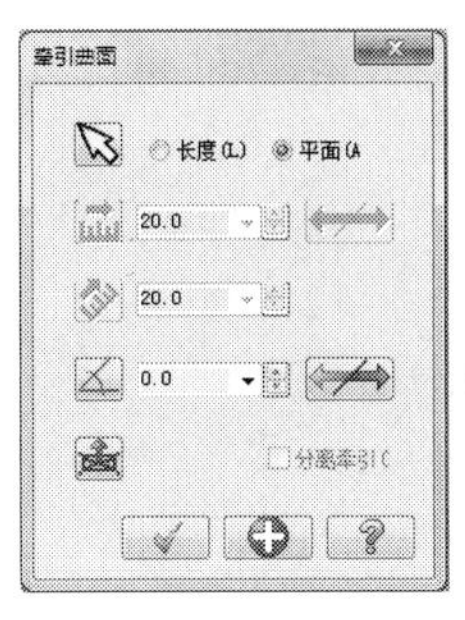

图 3-65 【牵引曲面】对话框

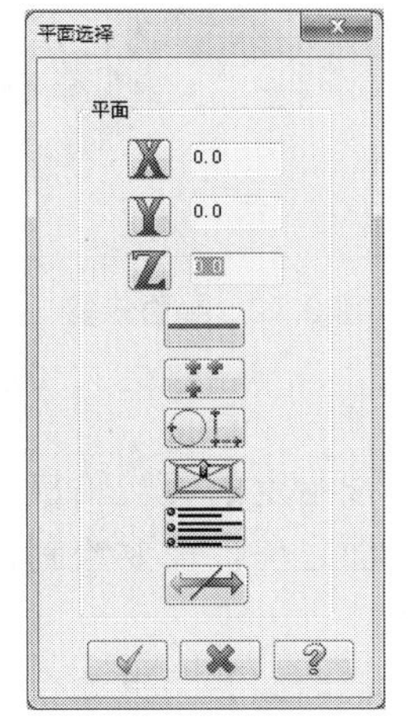

图 3-66 【平面选择】对话框

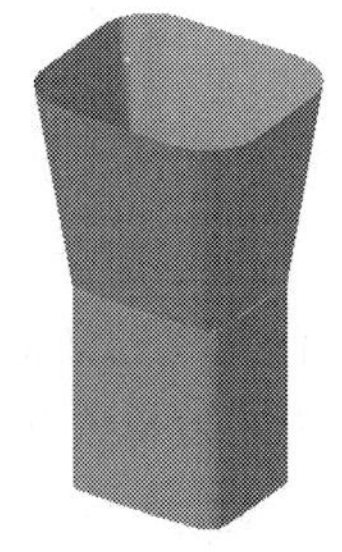

图 3-67 牵引曲面

(1) 选择【绘图】|【曲面】|【平面修剪】菜单命令或单击 Surfaces 工具栏中的【创建平面修剪】按钮，弹出【串连选项】对话框，同时系统出现“选择要定义平面边界的串连1”的提示信息。在【串连选项】对话框中单击【串连】按钮，然后在绘图区选择如图 3-68 所示的边界。在【串连选项】对话框中单击【确定】按钮。

(2) 在如图 3-69 所示的【平面修剪】状态栏中，单击【应用】按钮，完成曲面的创建，如图 3-70 所示。

(3) 用同样方法选择五星线框的其他边界进行串连，最后的效果如图 3-71 所示。

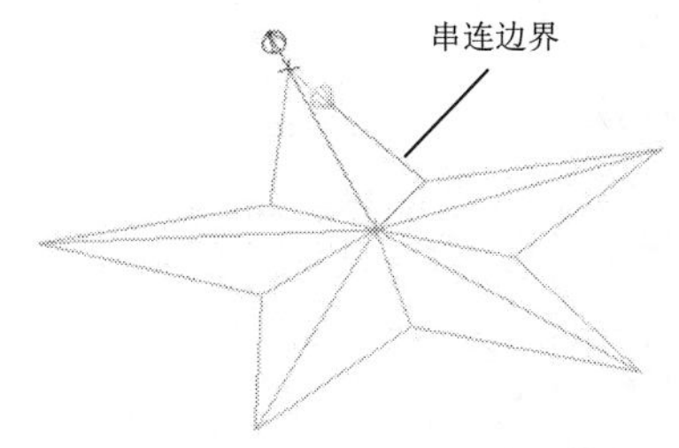

图 3-68 串连边界

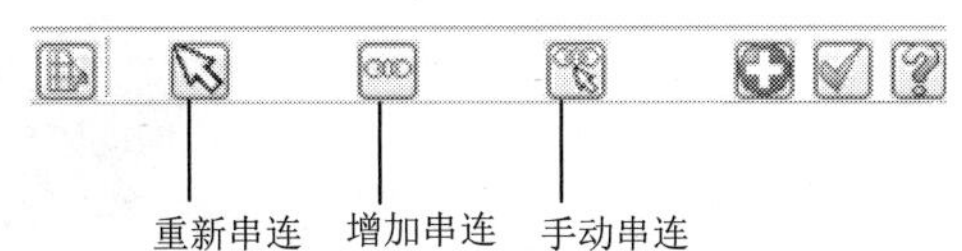

图 3-69 【平面修剪】状态栏

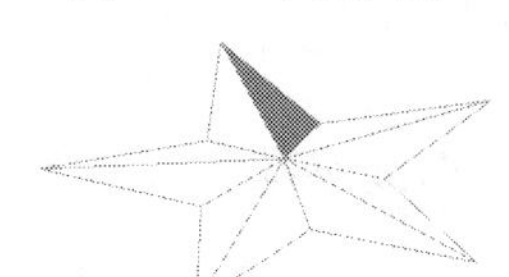

图 3-70 边界曲面

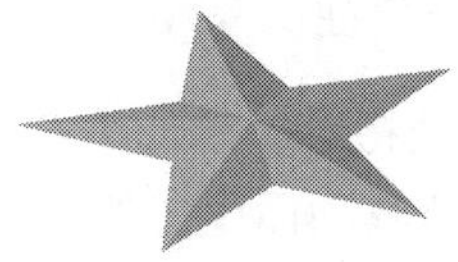

图 3-71 五星曲面

当使用平面修剪命令创建平整曲面时，如果选取多个封闭边界时，则允许在一个最大边界的内部再选取小的边界，但创建曲面后，小边界的内部将成为空洞，如图 3-72 所示。

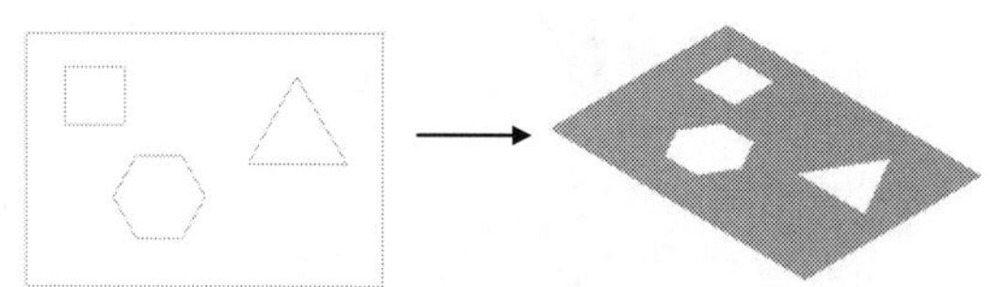

图 3-72 平面修剪

10. 绘制旋转曲面

旋转曲面是将选取的曲线串连，按指定的旋转轴旋转一定角度而生成的曲面。在创建旋转曲面之前，需要绘制好一条或多条旋转母线和旋转轴。

(1) 选择【绘图】|【曲面】|【旋转曲面】菜单命令或单击 Surfaces 工具栏中的【旋转曲面】按钮，弹出【串连选项】对话框，同时系统出现“选取轮廓曲线 1”的提示信息。选取串连图素，单击【串连选项】对话框中单击【确定】按钮，系统出现“选取旋转轴”的提示，选择竖直中心线为旋转轴，如图 3-73 所示。

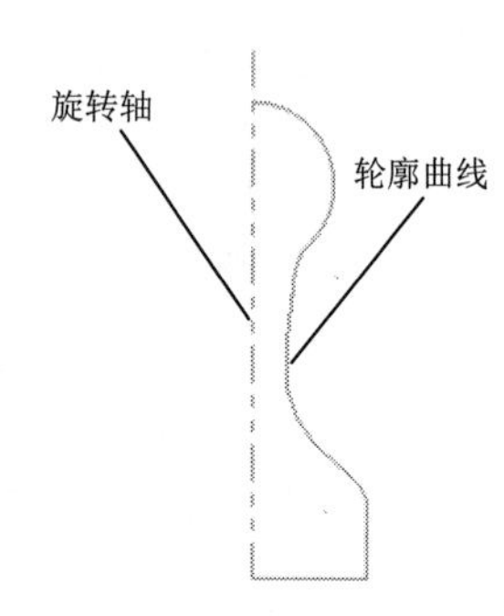

图 3-73 选择轮廓曲线及旋转轴

(2) 设置【旋转曲面】状态栏如图 3-74 所示。单击【确定】按钮完成旋转曲面的创建，如图 3-75 所示。

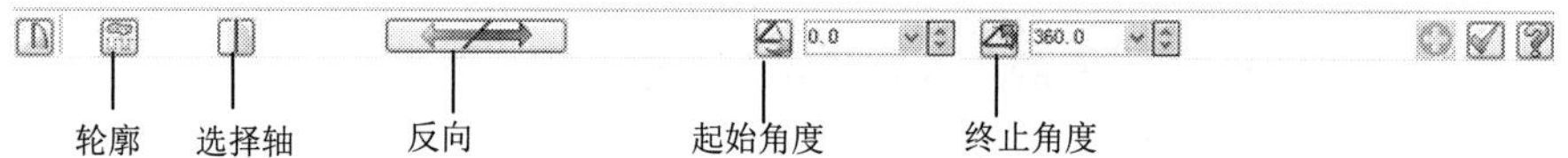

图 3-74 【旋转曲面】状态栏

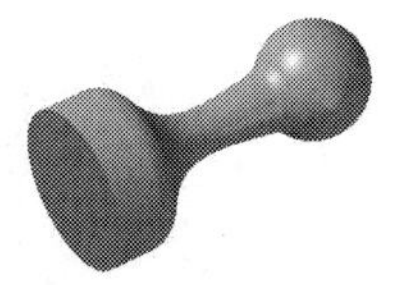

图 3-75 旋转曲面

11. 绘制扫描曲面

扫描曲面是将选取的一个截面外形沿着一个或两个轨迹曲线移动，或将多个截面外形沿着一个轨迹曲线移动而生成的曲面，如图 3-76 和图 3-77 所示。

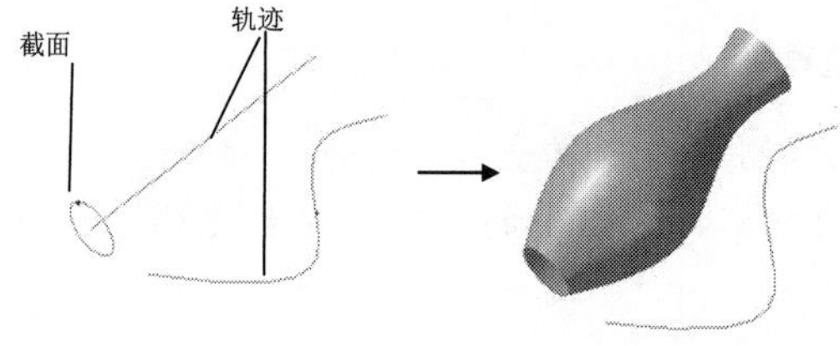

图 3-76 一个截面两条路径扫描

(1) 选择【绘图】|【曲面】|【扫描曲面】菜单命令或单击 Surfaces 工具栏中的【扫描曲面】按钮，弹出【串连选项】对话框，同时系统出现“扫描曲面：定义截面方向外形”的提示信息。

(2) 选取凸形截面为截面外形，单击【串连选项】对话框中单击【确定】按钮，系统出现“扫描曲面：定义引导方向外形”的提示，选择矩形轮廓为引导方向，如图 3-78 所示。在【串连选项】对话框中单击【确定】按钮。

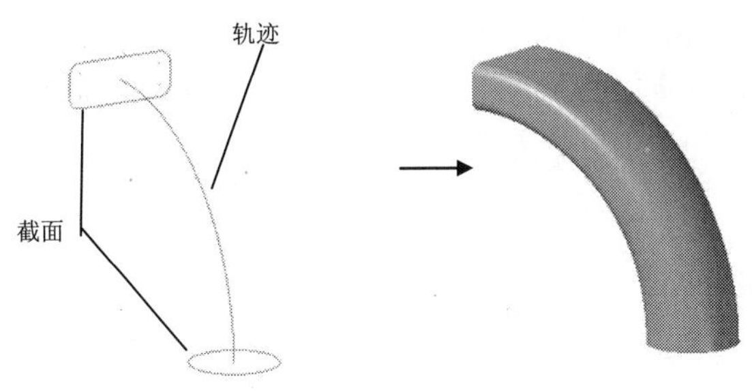

图 3-77 两个截面一条路径扫描

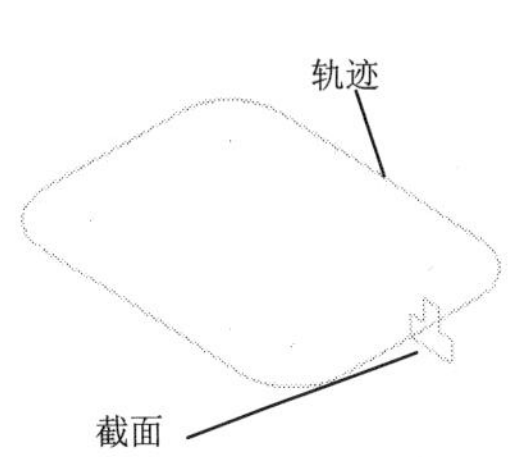

图 3-78 扫描截面及引导外形

(3) 设置【扫描曲面】状态栏如图 3-79 所示。单击【确定】按钮完成扫描曲面的创建，如图 3-80 所示。

图 3-79 【扫描曲面】状态栏

平移扫描和选择扫描的区别在于：采用平移扫描时的截面外形沿引导方向移动时仍保持其原有的方位不变，而旋转扫描时，截面外形在移动的同时还包括旋转的运动。图 3-81 就是采用平移旋转后得到的曲面。

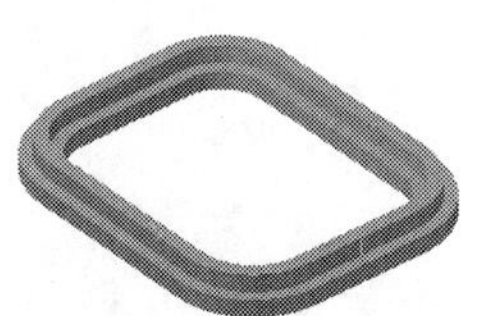

图 3-80 扫描曲面

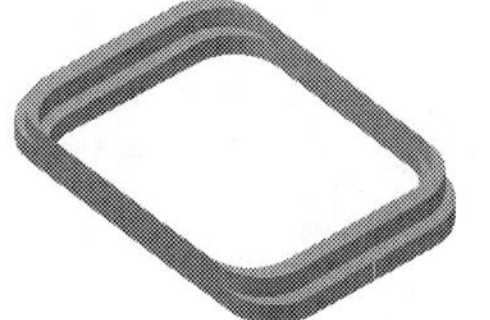

图 3-81 平移扫描

12. 网状曲面

网状曲面是指由一系列沿引导方向和截断方向所绘制的曲线，在相交的区域范围内所构建的曲面。网状曲面是一种比较复杂的曲面，可以是单片曲面，也可以是由多片曲面组成。在 MasterCAM X7 中绘制单片的网状曲面时，一般采用自动串连生成方式；绘制多片网状曲面时，则采用手动串连生成方式。自动串连生成方式通过选用至少 3 个有效串连图素来定义曲面。当分歧点较多或线架结构复杂时，通常使用手动串连方式定义曲面，在操作过程中需要指定顶点基准点。

(1) 选择【绘图】|【曲面】|【网状曲面】菜单命令或单击 Surfaces 工具栏中的【创建网状曲面】按钮，弹出如图 3-82 所示的【串连选项】对话框，同时出现如图 3-83 所示的【创建网状曲面】状态栏。

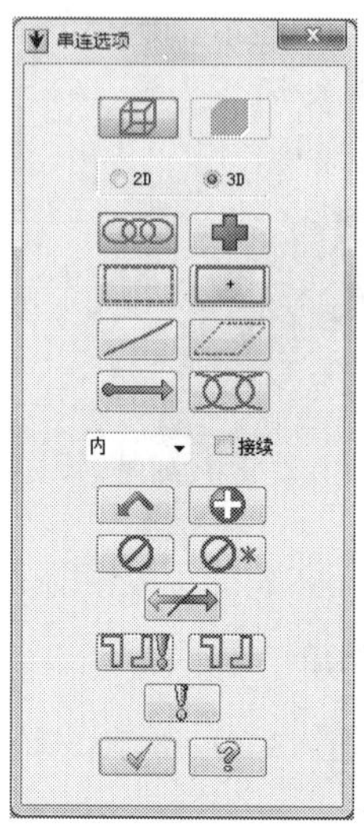

图 3-82 【串连选项】对话框

图 3-83 【创建网状曲面】状态栏

(2) 在【串连选项】对话框中单击【部分串连】按钮，然后在绘图区分别按照如图 3-84 所示的顺序选择曲线。单击【串连选项】对话框中【确定】按钮，再在【创建网状曲面】状态栏中单击【应用】按钮，创建的网状曲面如图 3-85 所示。

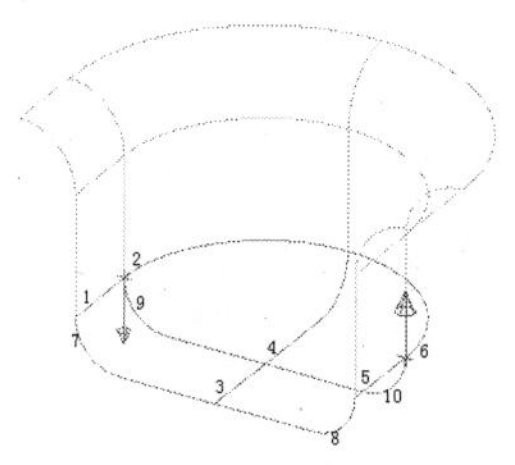

图 3-84 选择串连图素

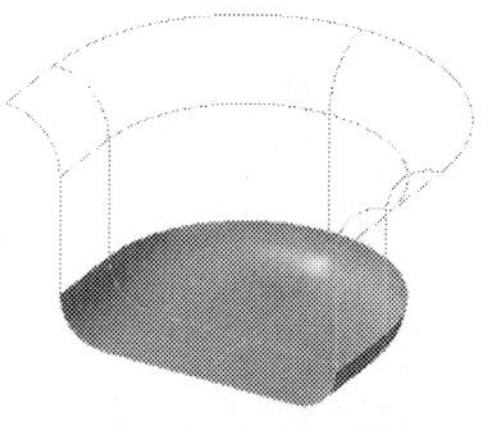

图 3-85 网状曲面

在选择串连图素时，图素的选取点一定要靠近相交点，这样就能够使串连的方向(箭头指向)由相交点开始指向外。

(3) 继续选择【网状曲面】命令，系统再次出现【串连选项】对话框，在对话框中单击【部分串连】按钮，然后在绘图区分别按照如图 3-86 所示的顺序选择曲线。单击【串连选项】对话框中【确定】按钮，再在【创建网状曲面】状态栏中单击【确定】按钮，完成网状曲面的创建，如图 3-87 所示。

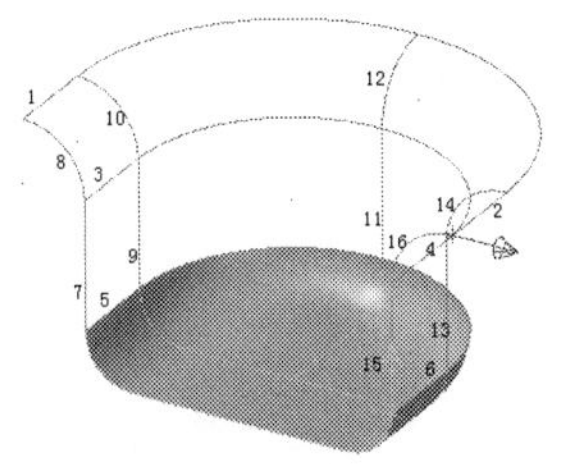

图 3-86 选择串连图素

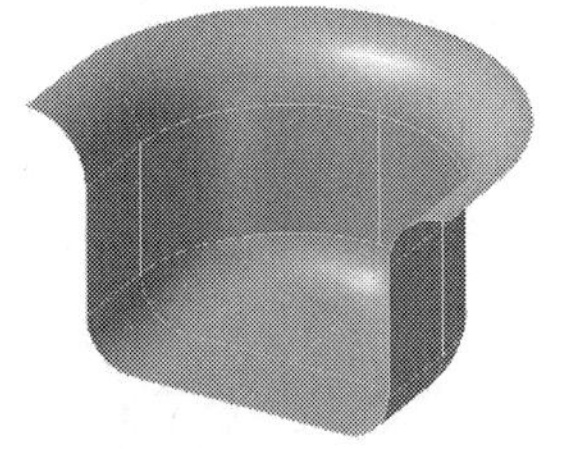

图 3-87 网状曲面

13. 创建放式曲面

创建放式曲面在 MasterCAM X7 中对应的命令是【围篱曲面】。该命令是依据选取的曲面及曲面上的一条或几条曲线，来构建一个直纹曲面。在构建直纹曲面时，该曲面曲线将作为直纹曲面的一个边界，而另一个边界的位置则可以通过【围篱曲面】状态栏设置的高度及角度来决定。如果在构建围篱曲面时，选取的曲线串连没有完全位于选取的曲面上，系统将以该曲线在曲面上的投影曲线，作为直纹曲面的边界曲线。

选择【绘图】|【曲面】|【围篱曲面】菜单命令或单击 Surfaces 工具栏上【创建围篱曲面】按钮，系统出现“选取曲面”的提示信息，选择曲面。

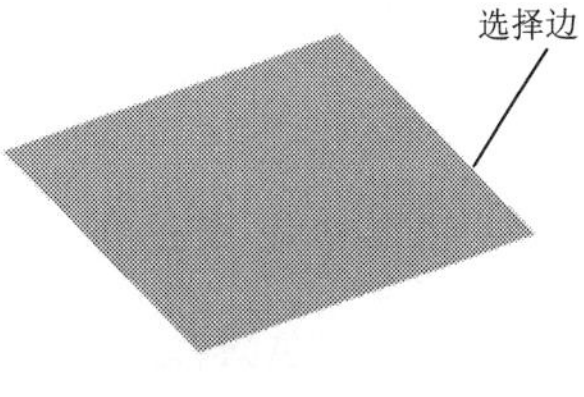

系统弹出【串连选项】对话框，在【串连选项】对话框中单击【部分串连】按钮，然后在绘图区选择如图 3-88 所示的边界。在【串连选项】对话框中单击【确定】按钮。

选择边

图 3-88 选择部分串连

在【创建围篱曲面】状态栏中的【熔接方式】下拉列表中选择【相同圆角】，设置起始高度为 20，起始角度为 0°，如图 3-89 所示。单击状态栏中的【应用】按钮，完成围篱曲面的创建，如图 3-90 所示。

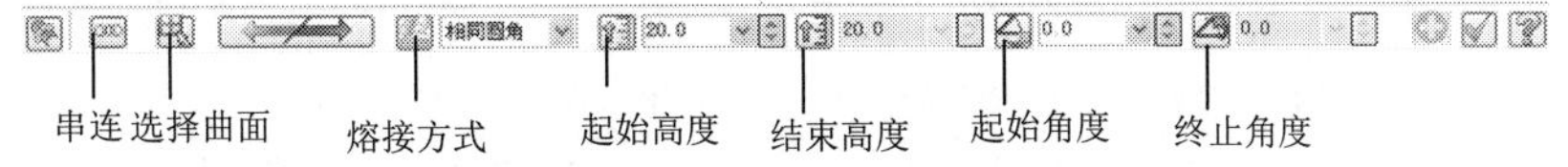

图 3-89 【围篱曲面】状态栏

之后系统提示选取曲面，继续选取原始曲面。系统又出现【串连选项】对话框，在【串连选项】对话框中单击【部分串连】按钮，然后在绘图区选择如图 3-91 所示的边界。在【串连选项】对话框中单击【确定】按钮。

图 3-90 围篱曲面

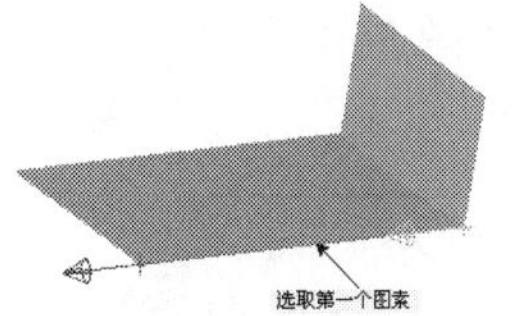

图 3-91 选择部分串连

在【围篱曲面】状态栏中的【熔接方式】下拉列表中选择【线锥】，设置起始高度为

30，结束高度为 50；起始角度为-10°，终止角度为-10°。单击状态栏中的【应用】按钮，完成围篱曲面的创建，如图 3-92 所示。

用同样方法选择原始曲面的一条边线为部分串连，在【围篱曲面】状态栏中的【熔接方式】下拉列表中选择【混合立体】，设置起始高度为 30，结束高度为 50；起始角度和终止角度均为-10°，得到的围篱曲面如图 3-93 所示。

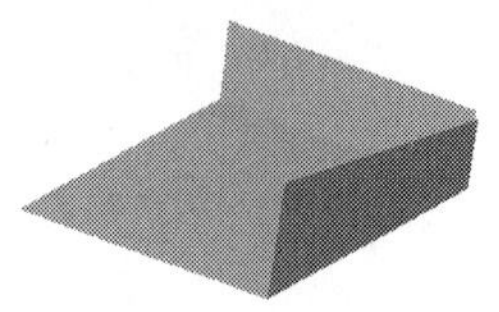

图 3-92　围篱曲面

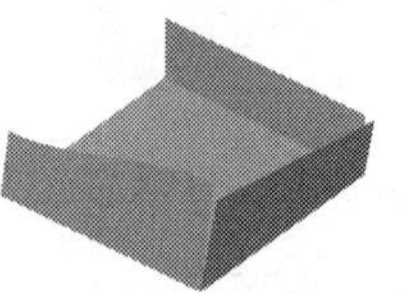

图 3-93　围篱曲面

创建围篱曲面时的熔接方式包括：【相同圆角】、【线锥】和【混合立体】。当选择【相同圆角】时，围篱曲面的高度及角度是恒定的，只有一个高度参数和一个角度参数可以设置；当选择【线锥】时，围篱曲面的展开边界按线性变化；选择【混合立体】时，围篱曲面的展开边界按立方曲线变化。当选择【线锥】和【混合立体】时，可分别设置起始高度和结束高度以及起始角度和终止角度。

14. 由实体生成曲面

在 MasterCAM X7 中，实体与曲面是可以相互转化的。由实体生成曲面就是将实体造型的表面剥离而形成的曲面。

选择【绘图】|【曲面】|【由实体生成曲面】菜单命令或单击 Surfaces 工具栏真的【依照实体产生曲面)按钮，系统出现“请选择要产生曲面的主体或面”的提示信息。在【标准选择】工具栏中单击【选择实体面】按钮，并关闭其他按钮，如图 3-94 所示。

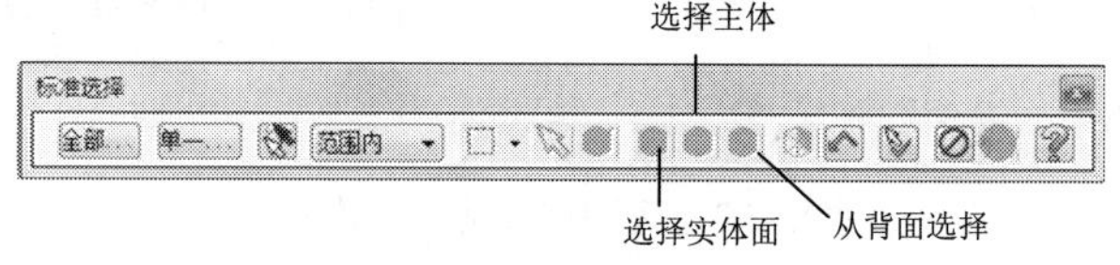

图 3-94　【标准选择】工具栏

选择如图 3-95 所示的实体上表面，按 Enter 键。在弹出的【由实体生成曲面】状态栏中单击【删除】按钮，如图 3-96 所示。单击状态栏中的【确定】按钮，完成曲面的创建，如图 3-97 和图 3-98 所示。

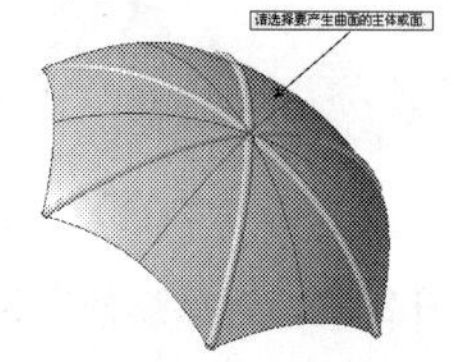

图 3-95　选择产生曲面的实体面

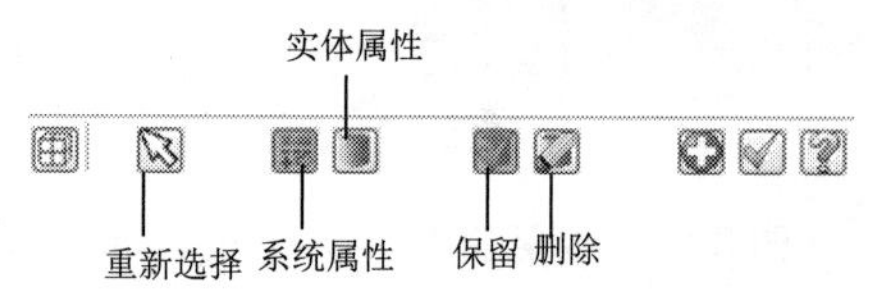

图 3-96　【由实体生成曲面】状态栏

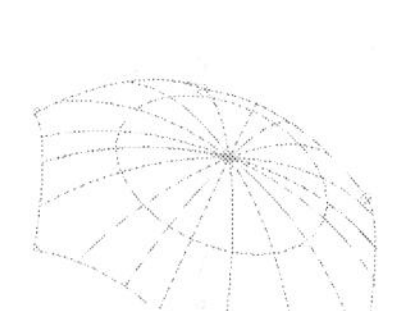

图 3-97 以线架显示的曲面效果

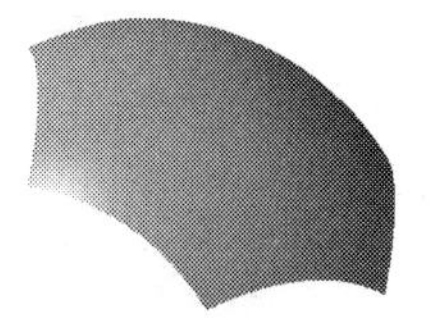

图 3-98 隐藏其他实体后的曲面效果

曲面造型案例 1

案例文件：ywj /03/01.MCX-7

视频文件：光盘→视频课堂→第 3 章→3.1.1

step 01 单击【草图】工具栏中的【绘制任意线】按钮，绘制长为 20 的直线草图，如图 3-99 所示。

step 02 在【草图】工具栏中单击【已知圆心点画圆】按钮，绘制直径为 6 的两个圆，如图 3-100 所示。

图 3-99 绘制直线

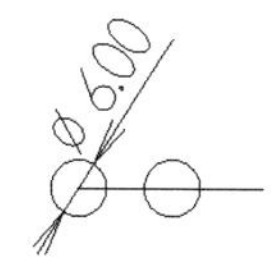

图 3-100 绘制圆

step 03 单击【草图】工具栏中的【绘制任意线】按钮，绘制长为 100 的两条直线，如图 3-101 所示。

step 04 单击【修剪/打断】工具栏中的【修剪/打断/延伸】按钮，修剪草图，如图 3-102 所示。

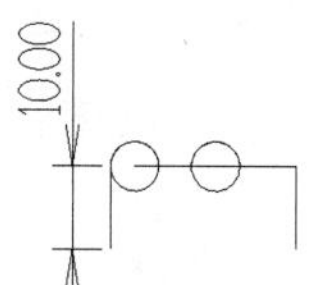

图 3-101 绘制直线

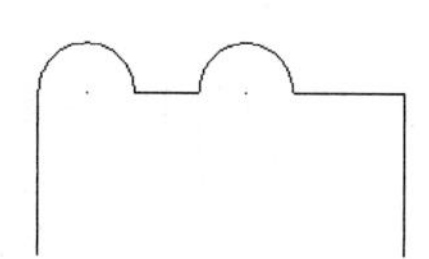

图 3-102 修剪草图

step 05 单击 Surfaces 工具栏中的【旋转曲面】按钮，弹出【串连选项】对话框，如图 3-103 所示。选择旋转草图和旋转轴，【确定】按钮。完成的旋转曲面如图 3-104 所示。

step 06 在【草图】工具栏中单击【已知圆心点画圆】按钮，绘制直径为 6 的圆，如图 3-105 所示。

step 07 单击 Surfaces 工具栏中的【挤出曲面】按钮，弹出【串连选项】对话框，如图 3-106 所示，选择草图，单击【确定】按钮。

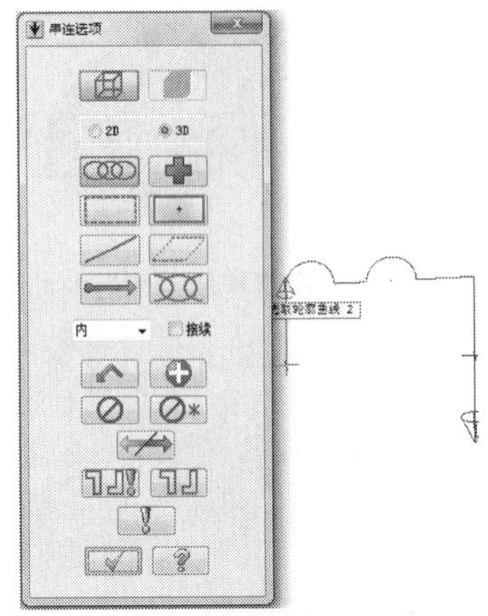

图 3-103　选择串连草图

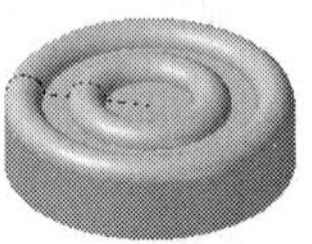

图 3-104　旋转曲面

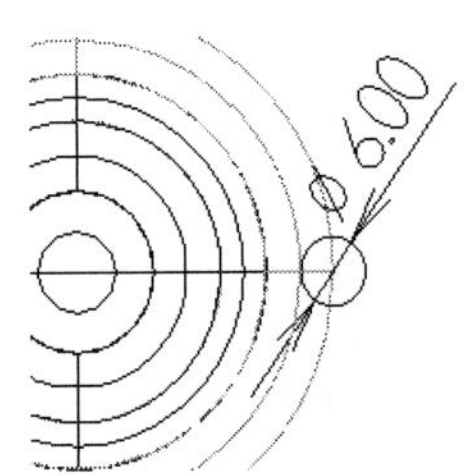

图 3-105　绘制小圆

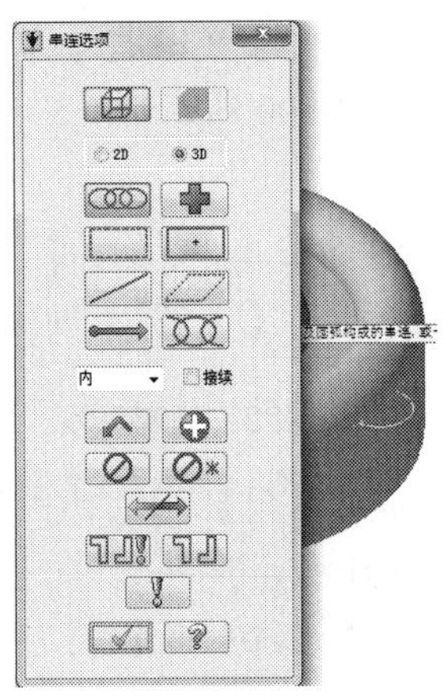

图 3-106　选择串连图形

step 08 在弹出的【挤出曲面】对话框中，设置延伸距离为 10，创建圆柱曲面，如图 3-107 所示。

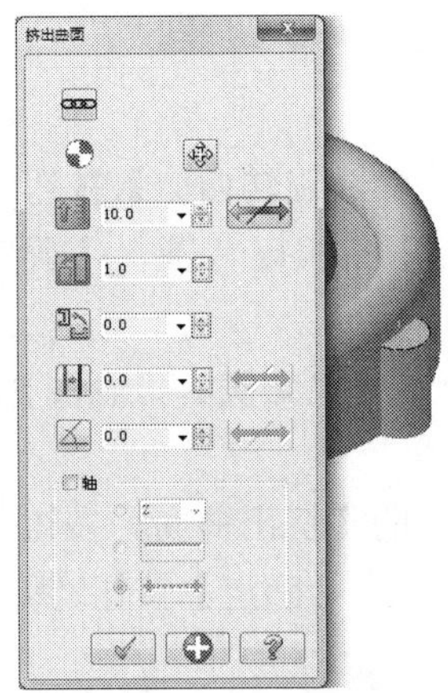

图 3-107　【挤出曲面】对话框

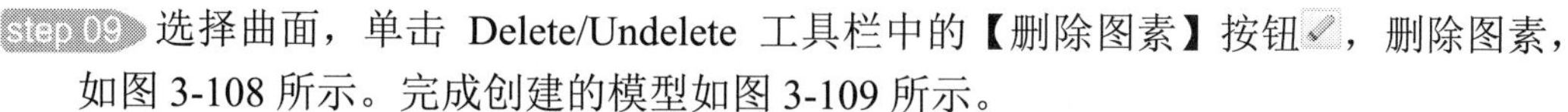

step 09 选择曲面，单击 Delete/Undelete 工具栏中的【删除图素】按钮，删除图素，如图 3-108 所示。完成创建的模型如图 3-109 所示。

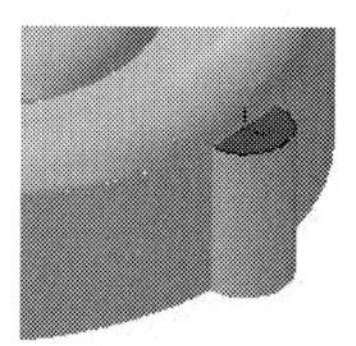

图 3-108　删除面

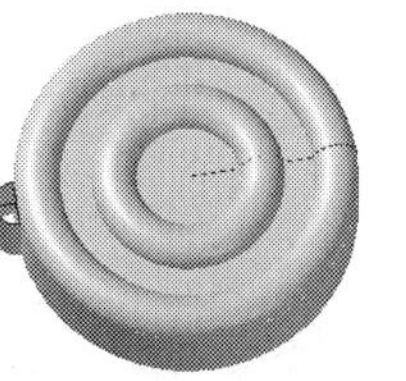

图 3-109　完成模型

曲面造型案例 2

案例文件：ywj /03/01.MCX-7、02.MCX-7

视频文件：光盘→视频课堂→第 3 章→3.1.2

step 01 选择【绘图】|【曲面曲线】|【单一边界】菜单命令，选择曲面，选择方向，创建边界线，如图 3-110 所示。

step 02 选择【绘图】|【曲面曲线】|【缀面边线】菜单命令，选择曲面，选择方向，创建参数曲线，如图 3-111 所示。

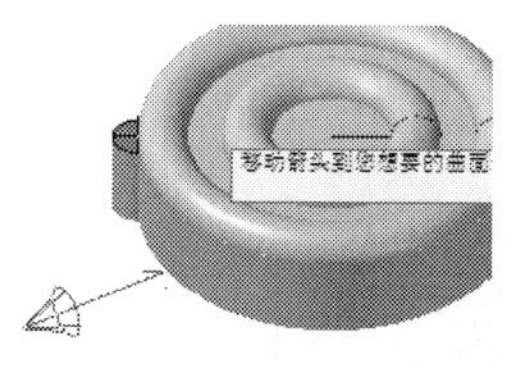

图 3-110　绘制边界曲线

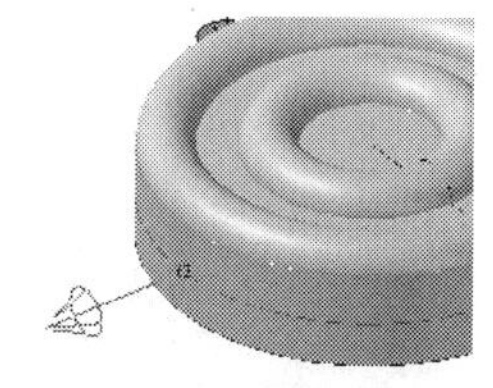

图 3-111　绘制参数曲线

step 03 选择【绘图】|【曲面曲线】|【曲面流线】菜单命令，选择曲面，设置【弦高】为 0.1，创建曲面流线，如图 3-112 所示。

step 04 选择【绘图】|【曲面曲线】|【动态绘曲线】菜单命令，选择曲面，在曲面上绘制点，创建动态曲线，如图 3-113 所示。

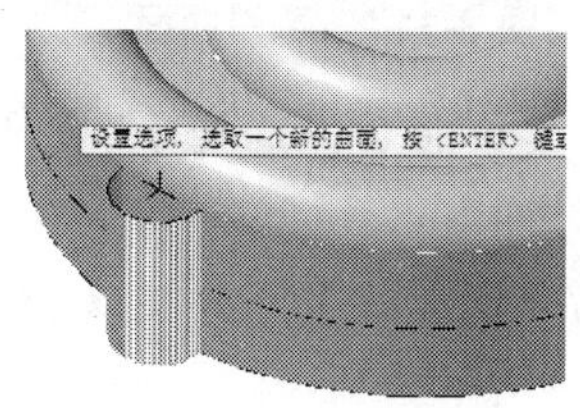

图 3-112　绘制曲面流线

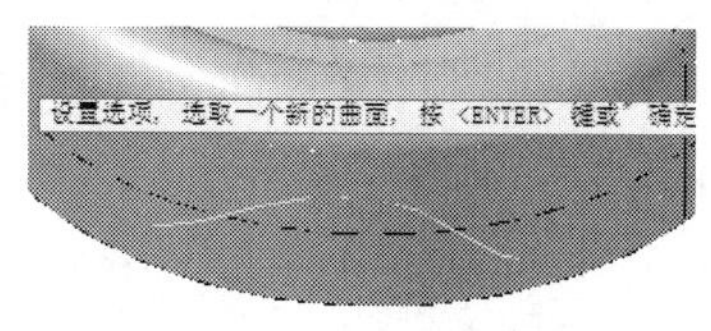

图 3-113　绘制动态曲线

step 05 选择【绘图】|【曲面曲线】|【曲面剖切线】菜单命令，选择曲面，设置【间距】为 5，创建剖切曲线，如图 3-114 所示。

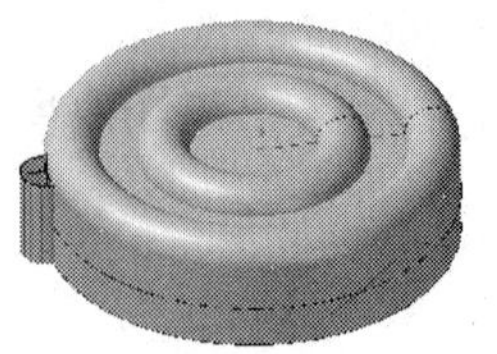

图 3-114　完成模型曲线

曲面造型案例 3

案例文件：ywj /03/01.MCX-7、03.MCX-7

视频文件：光盘→视频课堂→第 3 章→3.1.3

step 01 单击【草图】工具栏中的【绘制任意线】按钮，绘制直线草图，如图 3-115 所示。

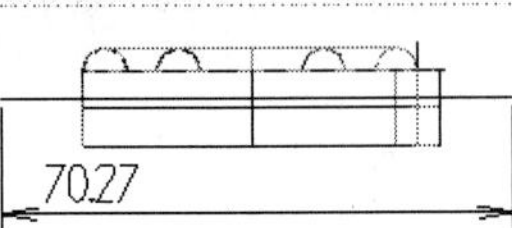

图 3-115　绘制直线

step 02 Surfaces 工具栏中的【牵引曲面】按钮，弹出【串连选项】对话框，选择串连图素，如图 3-116 所示。

step 03 在弹出的【牵引曲面】对话框中，设置牵引距离为 30，如图 3-117 所示。

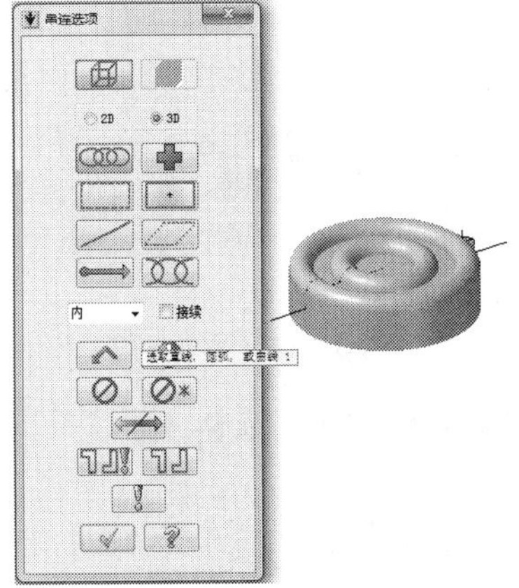

图 3-116　选择串连图形

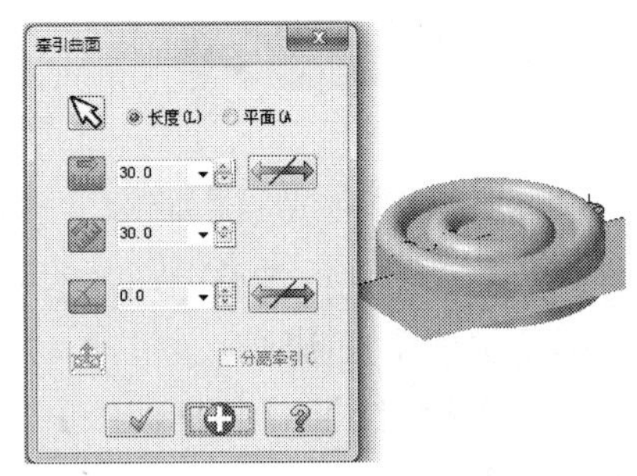

图 3-117　牵引曲面

step 04 选择【绘图】|【曲面曲线】|【曲面交线】菜单命令，选择平面，选择曲面，创建曲面交线，如图 3-118 所示。

step 05 选择平面，如图 3-119 所示，单击【删除/取消删除】工具栏【删除图素】按钮，删除平面。

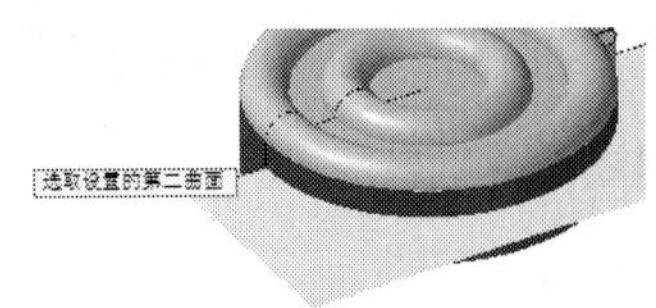

图 3-118　绘制曲面交线

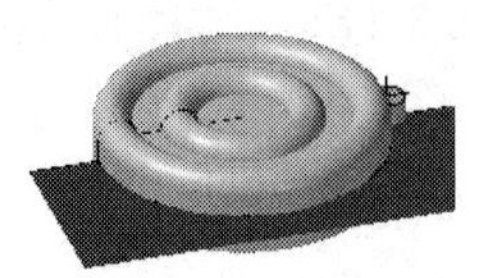

图 3-119　删除面

step 06 选择【绘图】|【曲面曲线】|【单一边界】菜单命令，选择相交线，进行转换。选择相交线，选择【分析】|【图素属性】菜单命令，弹出【线的属性】对话框，如图 3-120 所示。

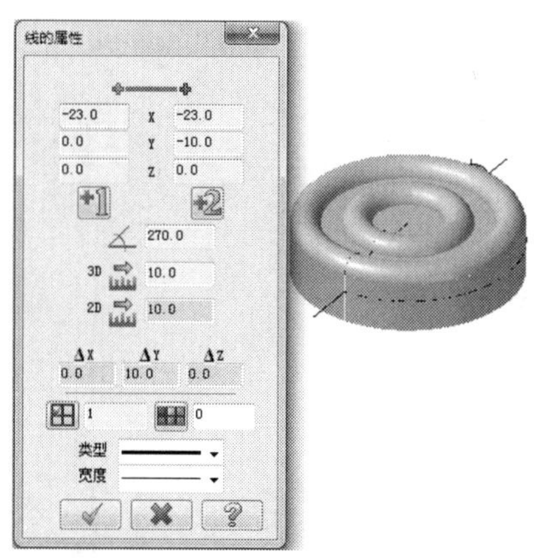

图 3-120 转换曲面曲线

曲面造型案例 4

案例文件：ywj /03/04.MCX-7

视频文件：光盘→视频课堂→第 3 章→3.1.4

step 01 单击【草图】工具栏中【画圆柱体】按钮，弹出【圆柱】对话框，如图 3-121 所示。选择圆柱体中心，创建半径为 50，高为 20 的圆柱体曲面。

step 02 单击【草图】工具栏中【画球体】按钮，弹出如图 3-122 所示【圆球】对话框。选择球体中心，创建半径为 35 的球体曲面。

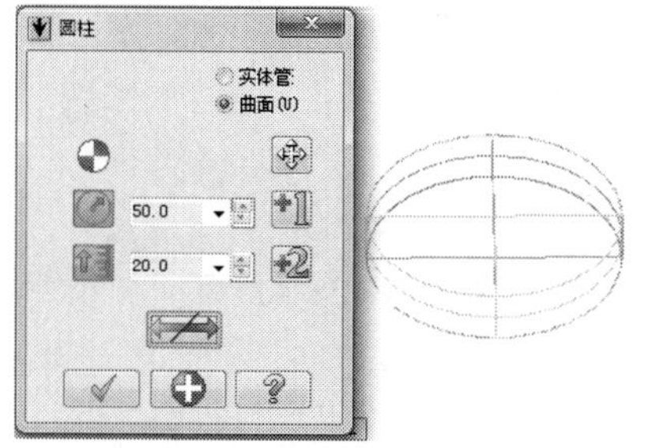

图 3-121 创建圆柱体曲面

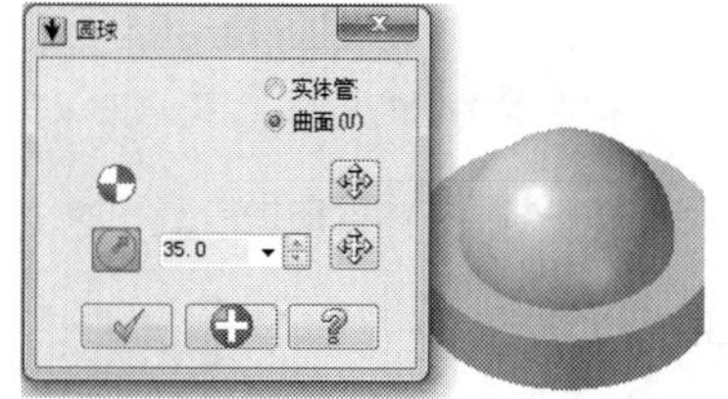

图 3-122 绘制球体

step 03 单击 Surfaces 工具栏中的【修整至曲面】按钮，修剪曲面，如图 3-123 所示。

step 04 单击【草图】工具栏中的【绘制任意线】按钮，绘制直线草图，如图 3-124 所示。

step 05 单击 Surfaces 工具栏中的【牵引曲面】按钮，弹出【串连选项】对话框，选择串连图素，如图 3-125 所示。

step 06 在弹出的【牵引曲面】对话框中，设置牵引距离为 50，如图 3-126 所示。

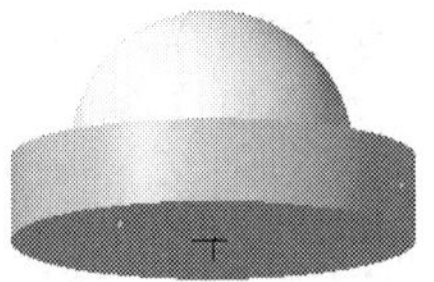

图 3-123　修剪曲面

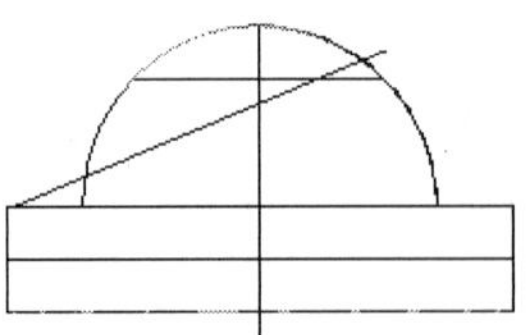

图 3-124　绘制直线

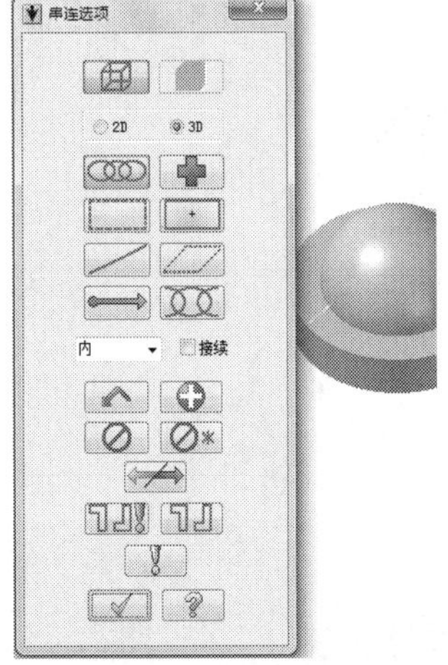

图 3-125　选择串连图形

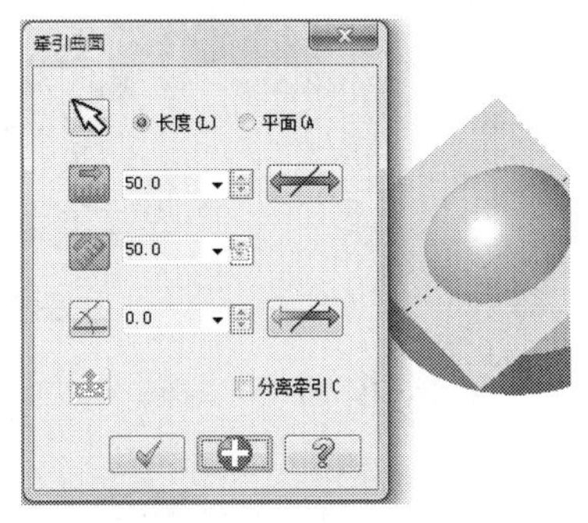

图 3-126　牵引曲面

step 07 单击 Surfaces 工具栏中的【修整至曲面】按钮，修剪曲面，如图 3-127 所示。

step 08 单击【草图】工具栏中【画球体】按钮，弹出如图 3-128 所示【圆球】对话框。选择球体中心，创建半径为 30 的球体曲面。

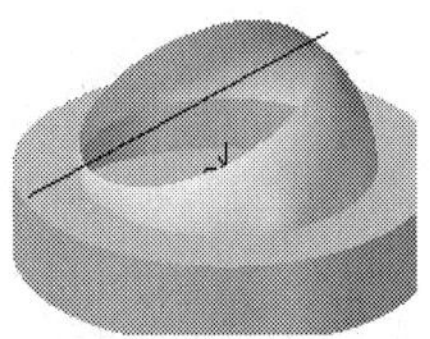

图 3-127　修剪曲面

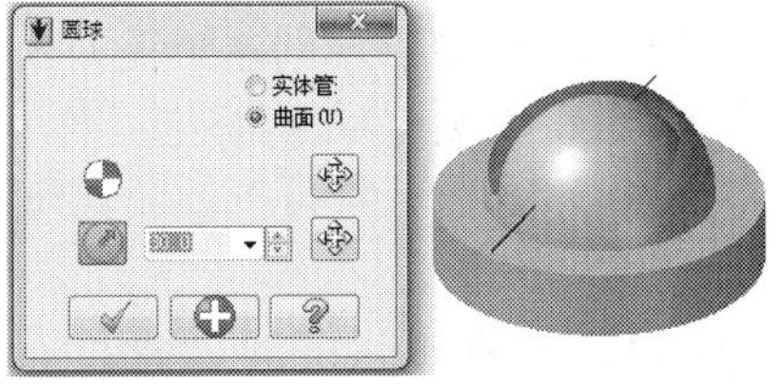

图 3-128　创建球体曲面

曲面造型案例 5

案例文件：ywj /03/05.MCX-7

视频文件：光盘→视频课堂→第 3 章→3.1.5

step 01 在【草图】工具栏中单击【画椭圆】按钮，弹出【椭圆选项】对话框，绘制长短轴分别为 50 和 20 的椭圆，如图 3-129 所示。再绘制长短轴分别为 60 和 30 的椭圆，如图 3-130 所示。

step 02 单击 Surfaces 工具栏中的【创建直纹/举升曲面】按钮，弹出【串连选项】对话框，选择截面草图，创建举升曲面，如图 3-131 所示。完成的举升曲面如图 3-132 所示。

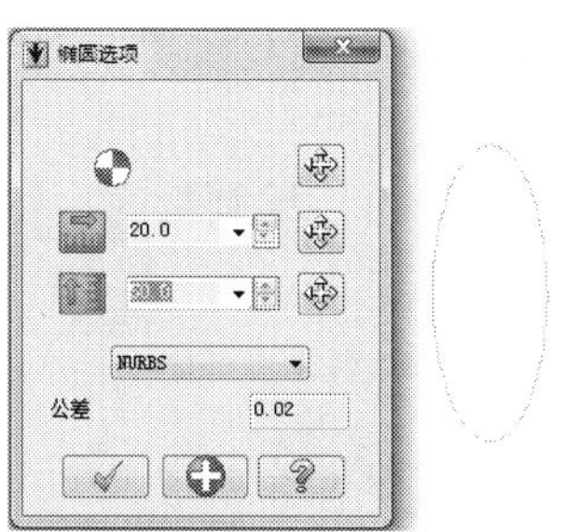

图 3-129 绘制椭圆 1

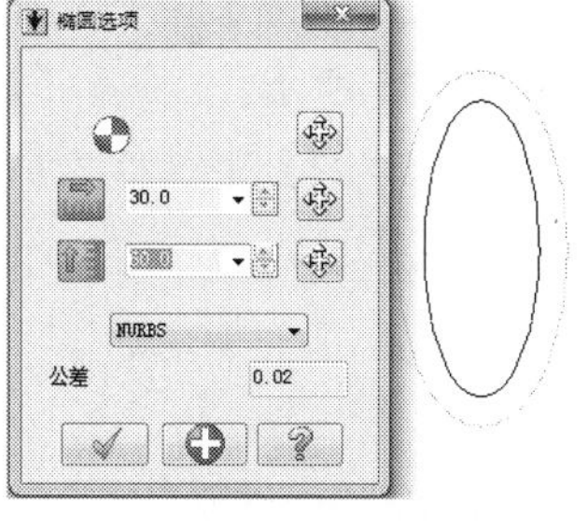

图 3-130 绘制椭圆 2

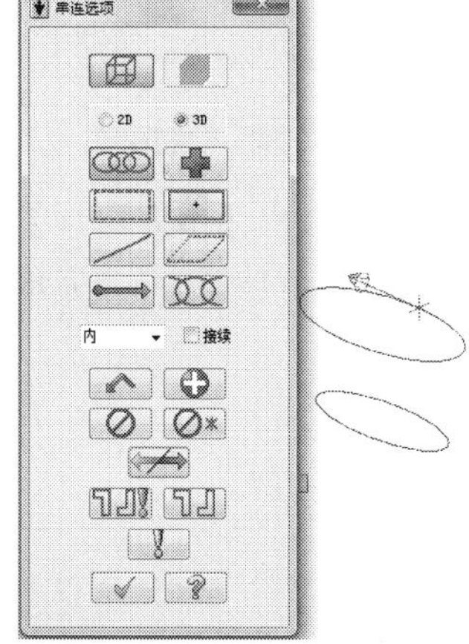

图 3-131 选择串连图素

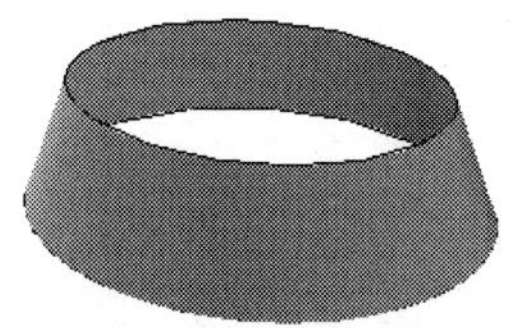

图 3-132 举升曲面

step 03 单击 Surfaces 工具栏上【创建围篱曲面】按钮，弹出【串连选项】对话框，选择边线，如图 3-133 所示。

step 04 在【创建围篱曲面】状态栏中，设置起始高度为 10，完成围篱曲面创建，如图 3-134 所示。

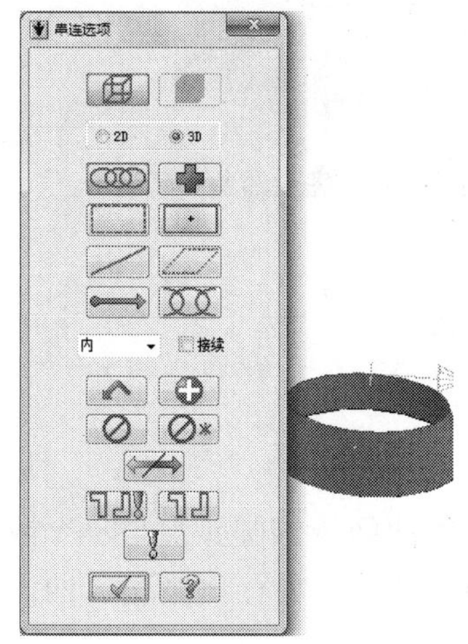

图 3-133 选择串连图素

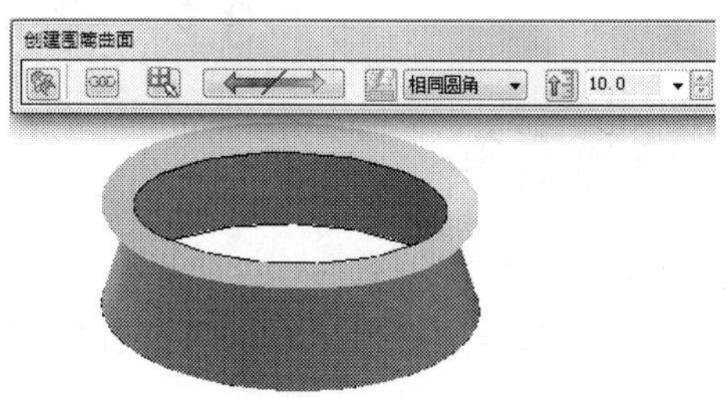

图 3-134 创建围篱曲面

step 05 单击【草图】工具栏中的【手动画曲线】按钮，绘制右视图上的样条曲线，如图 3-135 所示。

step 06 在【草图】工具栏中单击【已知圆心点画圆】按钮，绘制直径为 8 的圆，如图 3-136 所示。

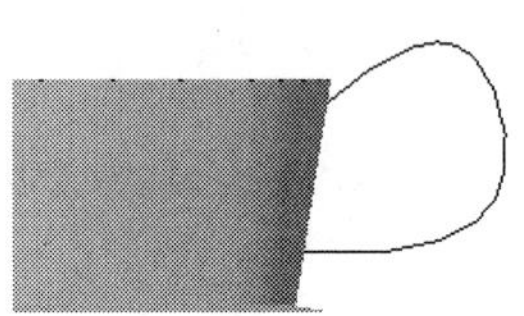

图 3-135 绘制曲线

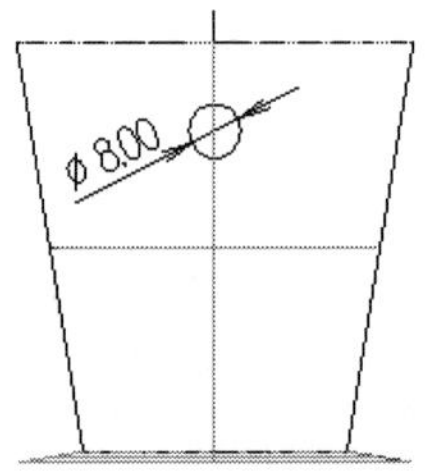

图 3-136 绘制小圆

step 07 单击 Surfaces 工具栏中的【扫描曲面】按钮，弹出【串连选项】对话框，如图 3-137 所示，选择截面，选择扫描路径，单击【确定】按钮。完成创建的曲面模型如图 3-138 所示。

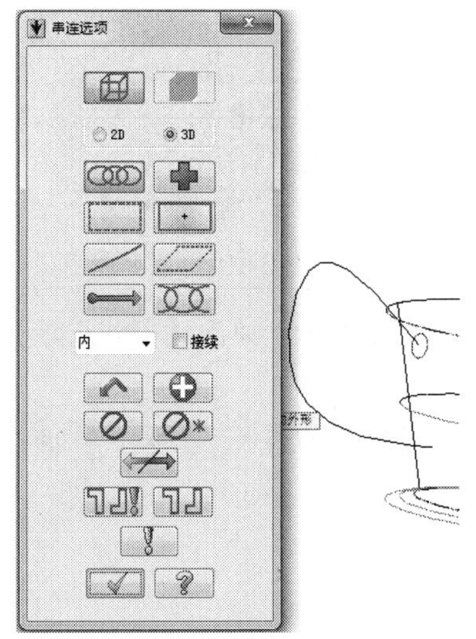

图 3-137 选择扫描特征

图 3-138 完成的曲面模型

3.2 曲 面 编 辑

3.2.1 曲面圆角

曲面倒圆角是指在已有曲面上产生一组由圆弧面构成的曲面，该圆弧面与一个或两个原曲面相切。曲面倒圆角共有三种方式：曲面与曲面倒圆角、曲线与曲面倒圆角、曲面与平面倒圆角。

选择【绘图】|【曲面】|【圆角】菜单命令或单击 Surfaces 工具栏上按钮右侧的下三角按钮，选择相应的圆角命令，如图 3-139、图 3-140 所示。

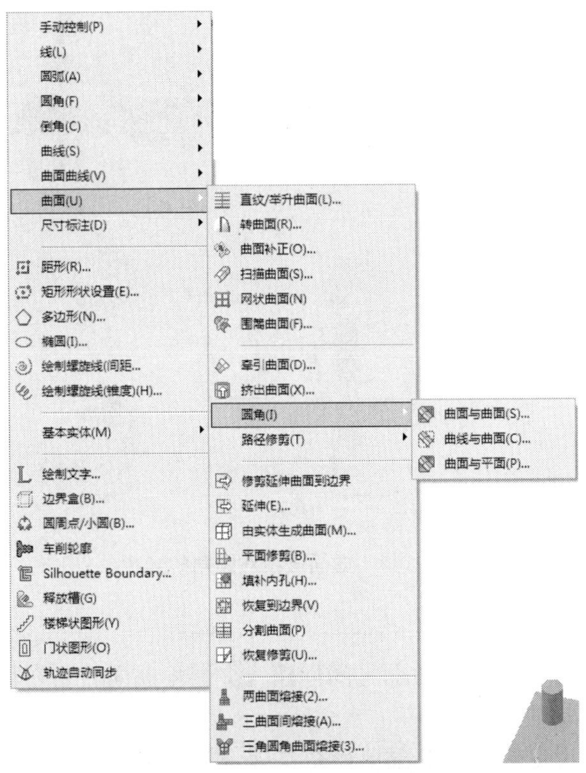

图 3-139 【圆角】菜单命令

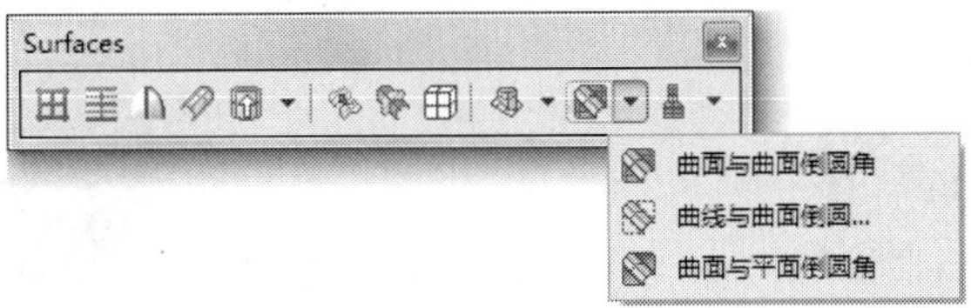

图 3-140 Surfaces 工具栏

1. 曲面法向对圆角的影响

在对曲面进行倒圆角时，曲面的法向对圆角的位置有很大的影响。因为生成的圆角位置总是在两曲面的正面一侧，即两曲面的法线方向都指向倒圆角曲面的圆心。在曲面与曲面倒圆角、曲线与曲面倒圆角、曲面与平面倒圆角时，如果曲面与曲面的法向、曲面法向与曲线串连法向、曲面法向与平面法向不一致，就不能生成正确的倒圆角，甚至不能生成倒圆角曲面。

图 3-141 列出了相同两个曲面当法线方向不同时产生的不同圆角。

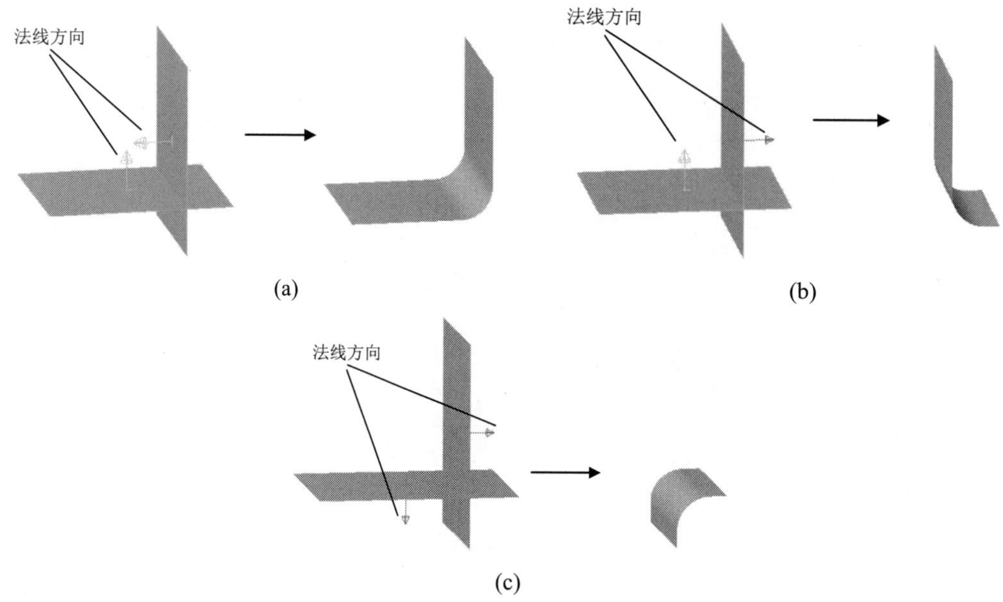

图 3-141　曲面法线对圆角的影响

2. 曲面与曲面倒圆角

曲面与曲面倒圆角是指在两个曲面之间创建一个圆角曲面。要在如图 3-142 所示的曲面上创建圆角，需要先进行法线的变更。

(1) 选择【编辑】|【更改法向】菜单命令，保证要圆角的两个曲面的法线方向朝内，如图 3-143 所示。

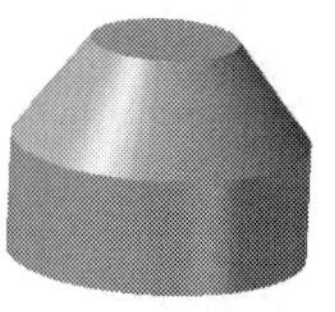

图 3-142　曲面模型

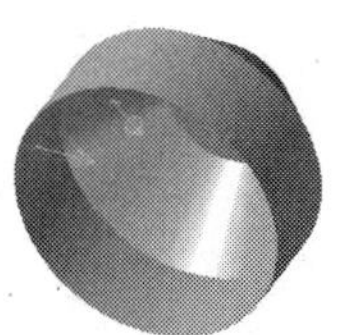

图 3-143　设置曲面法线方向

在倒圆角时，两组曲面的法线方向必须同时指向圆角的圆心方向，否则无法创建圆角。要改变法线方向，也可在接下来出现的【曲面与曲面倒圆角】对话框中单击【法向切换】按钮，然后选择相应的曲面来改变法线方向。

(2) 选择【绘图】|【曲面】|【圆角】|【曲面与曲面倒圆角】菜单命令或单击 Surfaces 工具栏中的【曲面与曲面倒圆角】按钮，系统出现“选取第一个曲面或按<Esc>键去退出”的提示信息。在绘图区选择如图 3-144 所示的锥形曲面。按 Enter 键。

(3) 系统出现“选取第二个曲面或按<Esc>键退出”的提示信息，在绘图区选择如图 3-145 所示的柱形曲面。按 Enter 键。

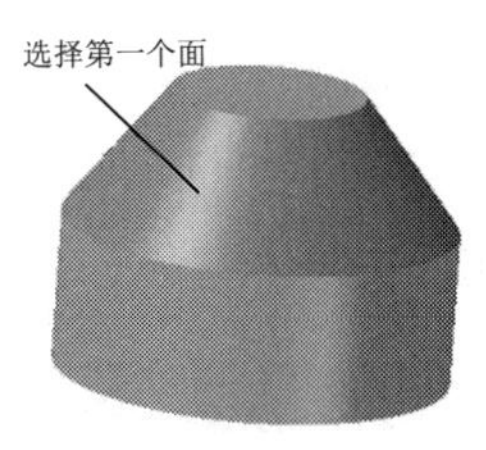

图 3-144 选取第一个曲面

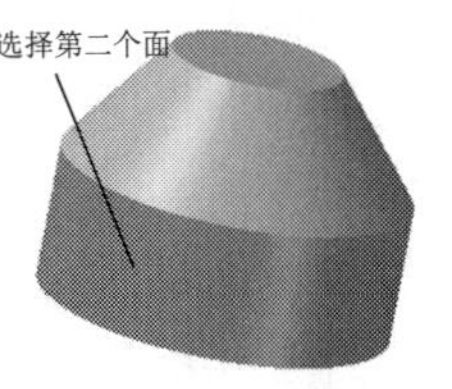

图 3-145 选取第二个曲面

在选取两个要圆角的曲面时，也可以采用只选取一组曲面的方法来快速选取多个曲面，当系统出现“选取第二个曲面或按<Esc>键退出”的提示信息时，按Enter键结束。此时系统将在第一组选取的曲面中自动搜索相交的曲面。但这样可能会增加计算时间。

(4) 系统弹出【曲面与曲面倒圆角】对话框。输入圆角半径为5，设置参数，如图3-146所示。单击对话框中【确定】按钮，完成圆角操作，效果如图3-147所示。

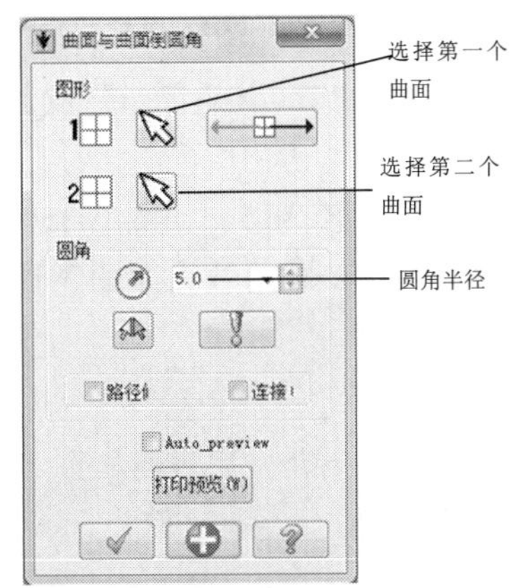

图 3-146 【曲面与曲面倒圆角】对话框

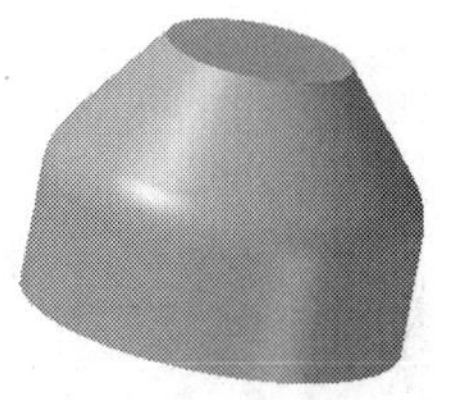

图 3-147 两曲面圆角效果

在【曲面与曲面倒圆角】对话框中单击【选项】按钮，系统会弹出【曲面倒圆角选项】对话框。该对话框各项参数功能如图3-148所示。

3. 曲线与曲面倒圆角

曲线与曲面倒圆角可在曲线与曲面之间进行倒圆角操作，创建的圆角曲面以曲线为其一条边界，另一边界则与曲面相切。

(1) 选择【绘图】|【曲面】|【圆角】|【曲线与曲面】菜单命令或单击Surfaces工具栏中的【曲线与曲面倒圆】按钮，系统出现“选择曲面或按<Esc>键退出”的提示信息。在绘图区选择图3-149所示的曲面，按Enter键。

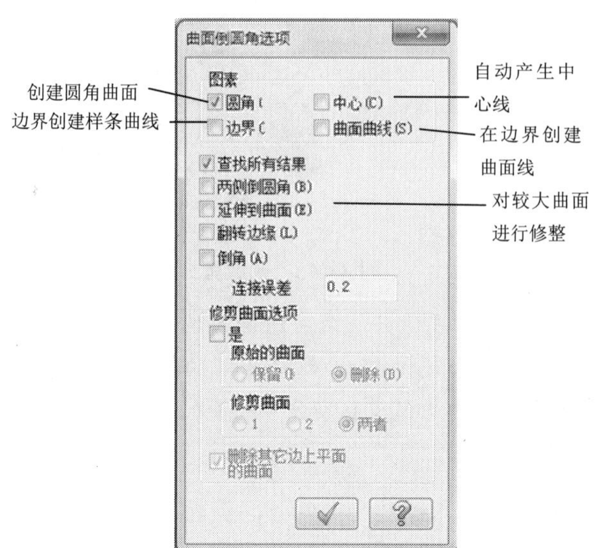

图 3-148 【曲面倒圆角选项】对话框　　　图 3-149 选择曲线和曲面

(2) 系统弹出【串连选项】对话框，同时出现“请选取曲线 1”的提示信息，在绘图区选择曲线。单击对话框中【确定】按钮☑。

(3) 系统弹出【曲线与曲面倒圆角】对话框。输入圆角半径为 5，如图 3-150 所示。单击对话框中的【确定】按钮☑，完成曲线与曲面倒圆角的操作，圆角效果如图 3-151 所示。

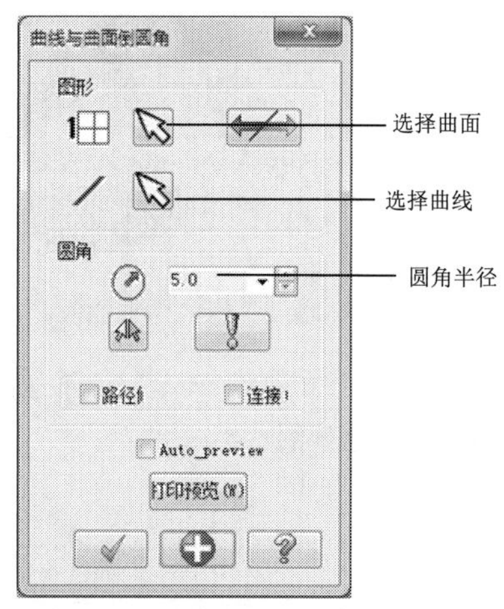

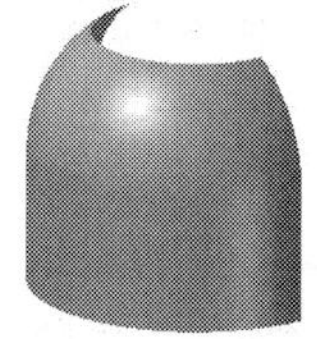

图 3-150 【曲线与曲面倒圆角】对话框　　　图 3-151 曲线与曲面圆角效果

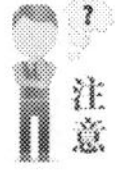

注意：在进行曲线与曲面倒圆角时，如果设置的半径值过小，或者曲线的串连方向不对，系统会弹出【警告】对话框，提示找不到圆角。关闭该对话框，并重新设置圆角半径和串连，直到设置正确后才能生成圆角。

4. 曲面与平面倒圆角

曲面与平面倒圆角命令可在曲面与平面之间进行倒圆角操作，创建的圆角曲面与曲面及

平面均相切，而平面可以是构图面也可以由图素定面。

(1) 选择【绘图】|【曲面】|【圆角】|【曲面与平面】菜单命令或单击 Surfaces 工具栏中的【曲面与平面倒圆角】按钮，系统出现“选择曲面或按[Esc]离开”的提示信息。在绘图区选择图 3-152 所示的曲面，按 Enter 键。

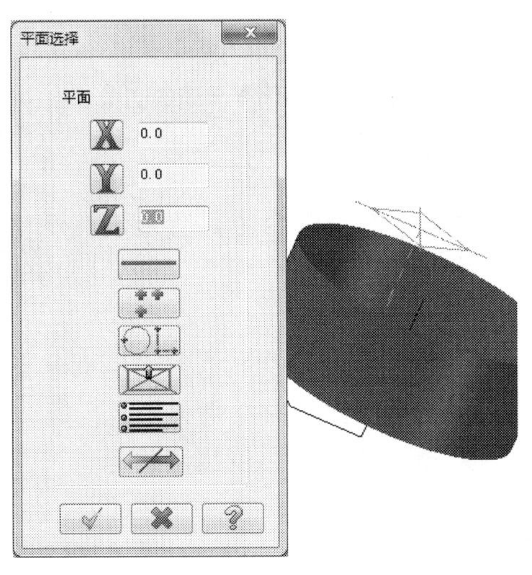

图 3-152 【平面选择】对话框及 Z 平面法向

(2) 系统弹出【曲面与平面倒圆角】对话框和【平面选择】对话框。在【平面选择】对话框中选择 Z 平面，并设置深度为-40，单击对话框中【方向切换】按钮，保证 Z 平面的法向朝下，单击对话框中的【确定】按钮。

(3) 系统弹出【曲面与平面倒圆角】对话框，设置圆角半径为 5，启用【修剪】复选框，如图 3-153 所示。单击对话框中【确定】按钮，完成圆角的创建，效果如图 3-154 所示。

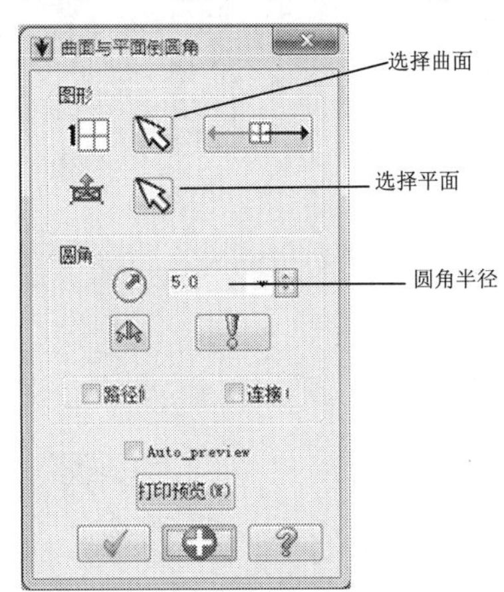

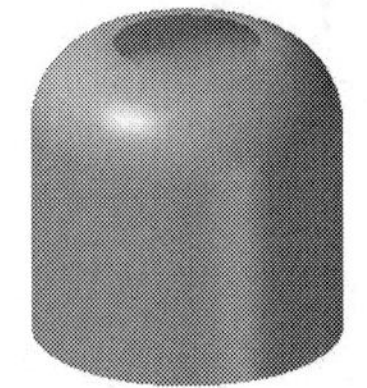

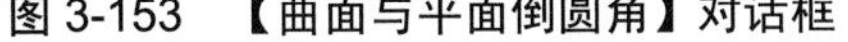

图 3-153 【曲面与平面倒圆角】对话框

图 3-154 圆角效果

在曲面与平面倒圆角中，如果圆角半径设置不正确，不仅有时不能生成圆角，而且半径不同生成的圆角曲面也不同。在上例中其他设置不变，只改变半径值，生成的圆角曲面如图 3-155 所示。

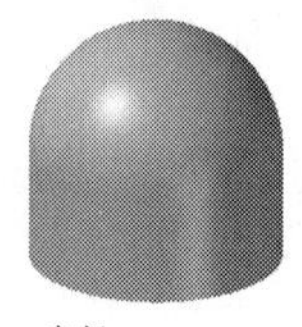
半径 35.5

半径 60

图 3-155　不同半径值的圆角

5. 曲面变半径倒圆角

在曲面与曲面倒圆角和曲面与平面倒圆角中，可以设置变化半径倒圆角。选择【编辑】|【更改法向】菜单命令，保证要圆角的两个曲面的法线方向，如图 3-156 所示。

图 3-156　设置法线方向

(1) 选择【绘图】|【曲面】|【圆角】|【曲面与曲面倒圆角】菜单命令或单击 Surfaces 工具栏中的【曲面与曲面倒圆角】按钮，系统出现“选取第一个曲面或按<Esc>键退出”的提示信息。在绘图区选择斜平面，按 Enter 键。

(2) 系统出现“选取第二个曲面或按<Esc>键退出”的提示信息，在绘图区选择柱形曲面，按 Enter 键。

(3) 系统弹出【曲面与曲面倒圆角】对话框，单击对话框标题栏中的按钮可以使该对话框显示更多的选项。设置圆角半径为 5，如图 3-157 所示。

(4) 在【曲面与曲面倒圆角】对话框中启用【变化圆角】选项组，设置变化圆角半径为 5，然后单击【动态插入】按钮，系统出现“选择中心曲线”的提示信息。单击 Shading 工具栏中的【线架构】按钮，使曲面模型以线框形式显示。然后用鼠标光标捕捉圆角中线，并移动箭头，在合适位置单击，设置一个动态变化位置点。同样方法设置其他位置点，如图 3-158 所示。

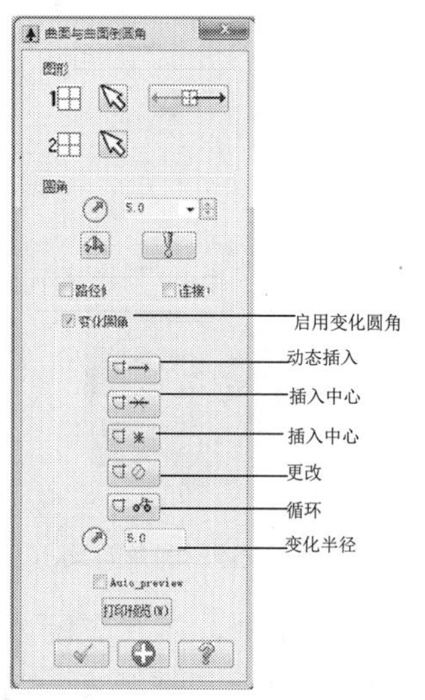

图 3-157　【曲面与曲面倒圆角】对话框

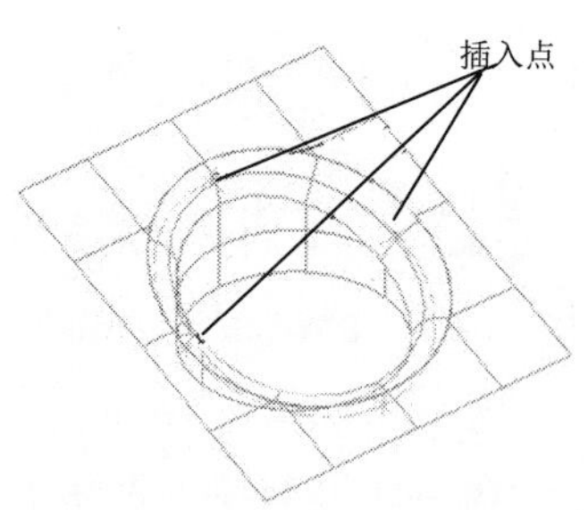

图 3-158　动态插入点

在选择中心曲线时，最好以线架结构显示模型，这样便于光标的捕捉。

(5) 在【曲面与曲面倒圆角】对话框中单击【更改】按钮，系统出现“选择半径标记”提示信息。选择如图 3-159 所示的点，系统又出现“输入新的半径”的提示信息，在【曲面与曲面倒圆角】对话框中输入变化半径为 10，单击对话框中【确定】按钮，完成圆角操作，效果如图 3-160 所示。

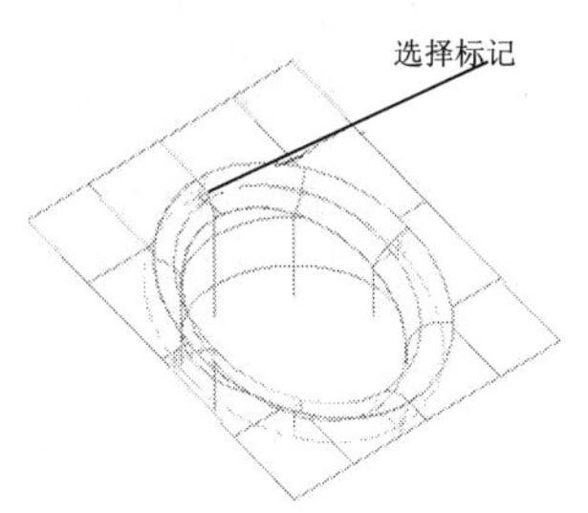

图 3-159　选择半径标记

图 3-160　变半径圆角效果

3.2.2　偏置曲面

偏置曲面在 MasterCAM X7 软件中称为曲面补正。曲面补正是指将选取的曲面按照指定的距离沿曲面的法线方向进行偏移产生的另一个新的曲面。它与平面图形的偏移一样，曲面补正命令在移动曲面的同时，也可以复制曲面。

(1) 打开如图 3-161 所示的模型。选择【编辑】|【更改法向】菜单命令，保证要偏移的曲面的法线方向向上，如图 3-162 所示。

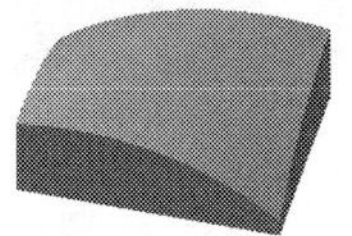

图 3-161　打开模型

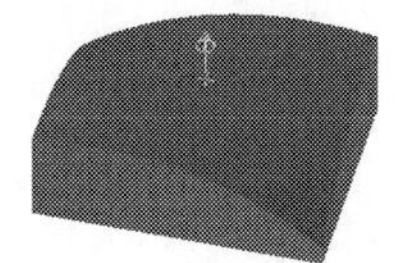

图 3-162　更改法向

(2) 选择【绘图】|【曲面】|【曲面补正】菜单命令或单击【曲面】工具栏中的【创建曲面补正】按钮，系统出现“选择要补正的曲面”的提示信息，在绘图区选择模型的上曲面，按 Enter 键。

(3) 在【曲面补正】状态栏设置【补正距离】为 20，单击【移动】按钮，如图 3-163 所示。单击【确定】按钮，完成曲面补正的操作，效果如图 3-164 所示。

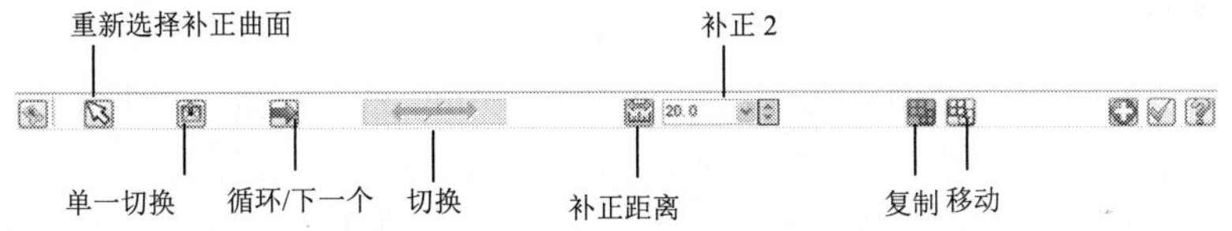

图 3-163　【曲面补正】状态栏

(4) 如果单击【曲面补正】状态栏中【方向切换】按钮，调整补正曲面的法线方向，则得到的补正曲面效果如图 3-165 所示。

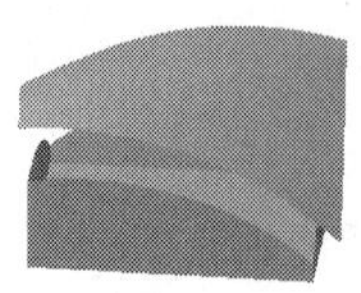

图 3-164　曲面补正

图 3-165　更改法向后的曲面补正

在【曲面补正】状态栏中，方向切换按钮与单一切换按钮的含义相同，可以改变补正曲面产生的方向。但有时，方向切换按钮为状态时，不可用。这时可以通过单击【循环/下一个】按钮，使方向切换按钮变为状态，激活该按钮。

3.2.3　曲面修剪和延伸

曲面修剪是指通过选取已知曲面进行修剪操作而产生新的曲面。但在使用曲面修剪功能时，必须有一个已知的曲面和至少一个图素作为修剪的边界，修剪的边界可以是曲线、曲面和平面。曲面修剪有 3 种方式：修整至曲面、修整至曲线和修整至平面。如图 3-166、图 3-167 所示分别为曲面修剪的功能菜单和工具栏命令按钮。

修整至曲面(S)...
修整至曲线(C)...
修整至平面(P)...

图 3-166　【修剪】菜单

图 3-167　Surfaces 工具栏

曲面延伸是指将选取的曲面沿着指定的方向延伸指定的长度，或延伸到指定的平面。其中曲面延伸包括线性延伸和非线性延伸。线性延伸是将原曲面按指定的方向和距离进行线性延伸；非线性延伸是指将原曲面按原曲面的曲率变化进行非线性延伸。

1. 修整至曲面

修整至曲面功能可在一个曲面与多个曲面的相交处，对它们进行修剪。可以选择只修剪一个曲面、多个曲面或两者都进行修剪，对修剪掉的曲面还可以选择保留。

(1) 选择【绘图】|【曲面】|【路径修剪】|【修整至曲面】菜单命令或单击 Surfaces 工具栏中的【修整至曲面】按钮，分别选取要修剪的两组曲面并按 Enter 键，系统出现如图 3-168 所示的【曲面至曲面】状态栏。

(2) 选择【修整至曲面】命令，系统出现“选取第一个曲面或按<Esc>键退出”的提示信息，在绘图区选择模型中的扫描曲面，按 Enter 键，如图 3-169 所示。

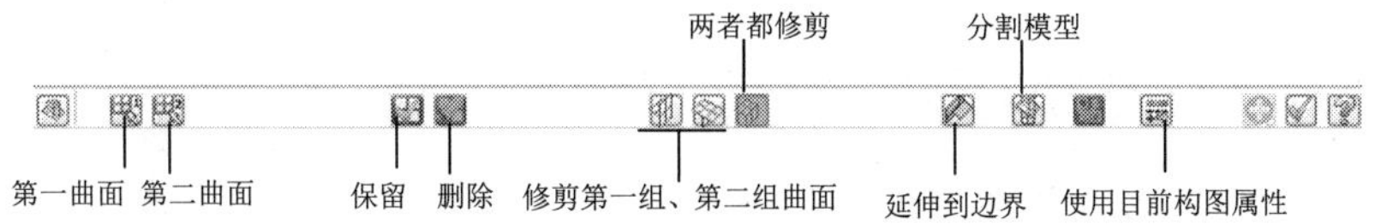

图 3-168 【曲面至曲面】状态栏

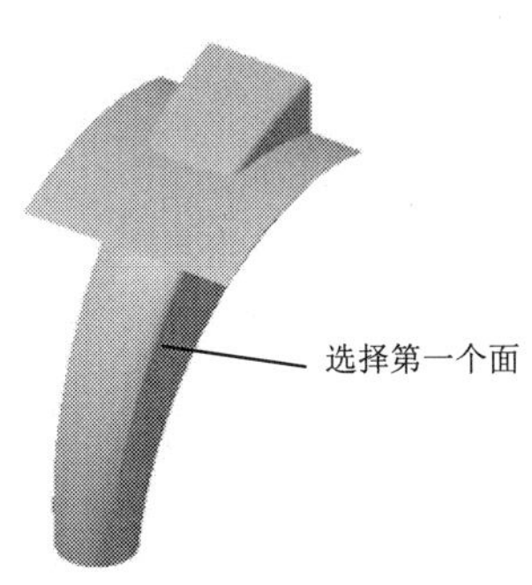

图 3-169 选择第一个曲面

(3) 系统出现“选取第二个曲面或按<Esc>键退出”的提示信息。在绘图区选择模型中的牵引曲面，按 Enter 键，如图 3-170 所示。

(4) 系统出现“指出保留区域-选取曲面去修剪”的提示信息。在【曲面至曲面】状态栏中单击【删除】按钮和【两者】按钮，然后在绘图区用鼠标左键单击第一个曲面，系统将在第一个曲面上显示一个移动的箭头。移动箭头到指定需要保留的区域并单击鼠标左键，如图 3-171 所示。

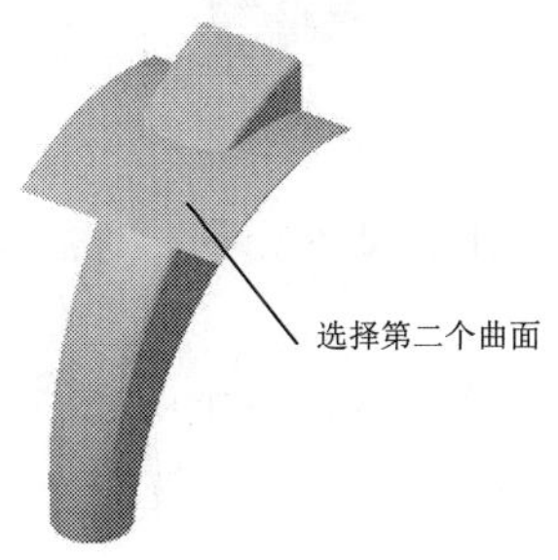

图 3-170 选择第二个曲面

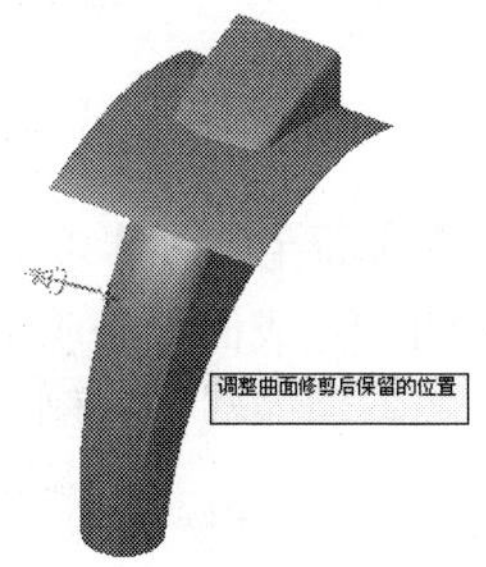

图 3-171 指定保留区域

系统出现“指出保留区域-选取曲面去修剪”的提示信息，在绘图区用鼠标左键单击第二个曲面，系统将在第二个曲面上显示一个移动的箭头。移动箭头到指定需要保留的区域并单击鼠标左键，如图 3-172 所示。

单击【曲面至曲面】状态栏中【确定】按钮。完成曲面修剪的创建，效果如图 3-173 所示。

2. 修整至曲线

修整至曲线功能可利用一条或多条曲线(直线、圆弧、样条曲线或曲面曲线)对曲面进行修剪。当用于修剪的曲线不在曲面上时，系统将以投影方式来确定修剪边界。

(1) 选择【绘图】|【曲面】|【路径修剪】|【修整至曲线】菜单命令或单击 Surfaces 工具栏中的【修整至曲线】按钮，系统出现“选择曲面或按[Esc]离开”的提示信息，在绘图区选择如图 3-174 所示的曲面，按 Enter 键。

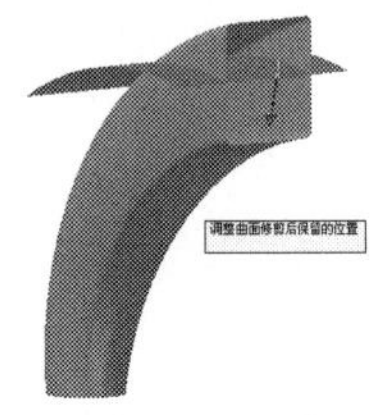

图 3-172　指定保留位置

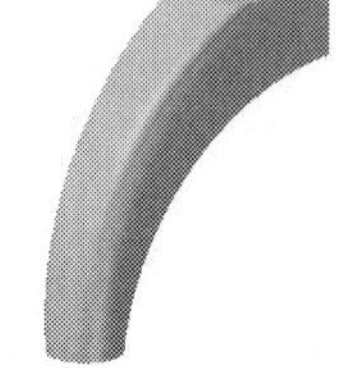

图 3-173　修剪曲面

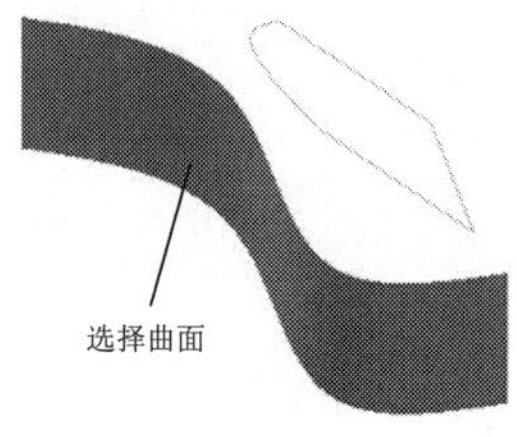

图 3-174　选取修剪曲面

(2) 系统弹出【串连选项】对话框。单击【串连】按钮，在绘图区选择如图 3-175 所示的串连曲线为修剪曲线，按 Enter 键。

(3) 系统出现“指出保留区域-选取曲面去修剪”的提示信息。选择要修剪的曲面模型，系统将在修剪的曲面上显示一个箭头，并出现“调整曲面修剪后保留的位置”的提示信息。移动箭头至曲线投影的内侧，单击鼠标左键，如图 3-176 所示。

图 3-175　选择修剪曲线

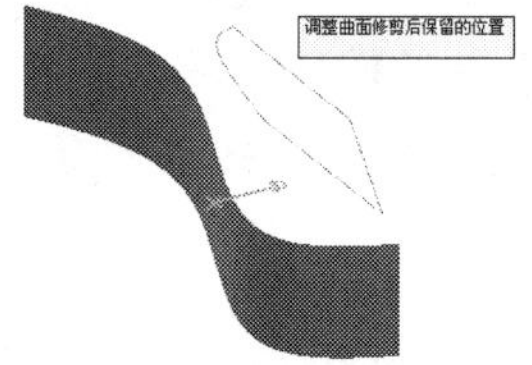

图 3-176　选择要保留的位置

(4) 在【曲面至曲线】状态栏中单击【删除】按钮，其他设置如图 3-177 所示。单击【确定】按钮完成曲面修剪的操作，修剪效果如图 3-178 所示。

如果选择投影曲线的外侧为保留位置，其他设置不变，得到的修剪曲面如图 3-179 所示。

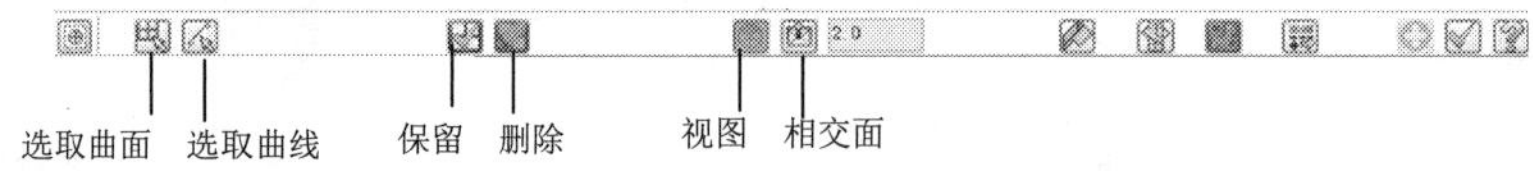

图 3-177　【曲面至曲线】状态栏

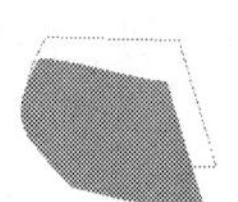

图 3-178　曲面修剪

图 3-179　曲面修剪

3. 修整至平面

修整至平面功能可通过定义的平面对多个曲面进行修整，并保留平面法线方向一侧的曲面。

(1) 选择【绘图】|【曲面】|【路径修剪】|【修整至平面】菜单命令或单击 Surfaces 工具栏中的【修整至平面】按钮，系统出现“选择曲面或按[Esc]离开”的提示信息，在绘图区选择图 3-180 所示的曲面，按 Enter 键。

(2) 系统弹出【平面选择】对话框，并出现“选取平面”的提示信息。在【平面选择】对话框中选择 Z 平面，设置深度为 35，如图 3-181 和图 3-182 所示。

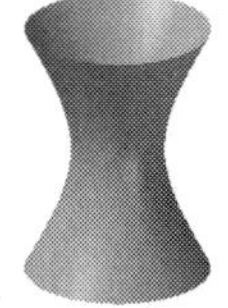

图 3-180　选择曲面

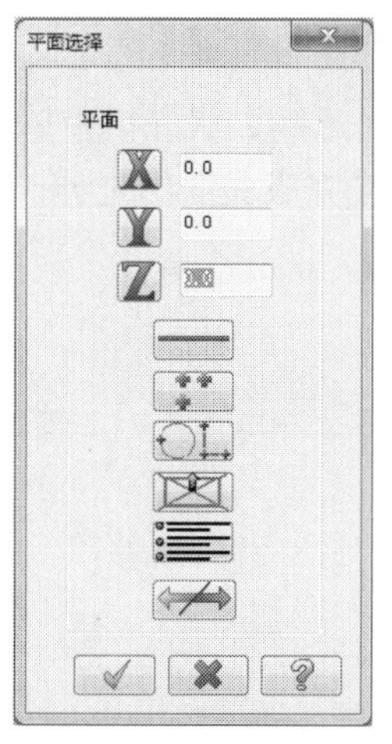

图 3-181　【平面选择】对话框

(3) 单击【平面选择】对话框中的【确定】按钮。在【曲面至平面】状态栏中单击【删除】按钮，单击【确定】按钮完成曲面修剪的创建，效果如图 3-183 所示。

图 3-182　选择的平面

图 3-183　曲面修剪

在修整至平面操作中，修剪曲面的保留部分为选取平面的法线正方向所指的部分。用户可以通过单击【平面选择】对话框中的【方向切换】按钮调整所选曲面的法向，以确定要保留的曲面部分。

4. 曲面延伸

曲面的线性延伸是指原曲面将以构图平面的法线，按指定距离进行线性延伸，或以线性方式延伸到指定平面。

(1) 选择【绘图】|【曲面】|【曲面延伸】菜单命令或单击 Surfaces 工具栏中的【曲面延伸】按钮，系统出现“选取要延伸的曲面”的提示信息，在绘图区选择如图 3-184 所示的

曲面。

(2) 在选取的曲面上显示一个红色的移动箭头，并出现“移动箭头到要延伸的边界”的提示信息。移动箭头到如图 3-185 所示的边界，单击鼠标左键。

图 3-184　选择曲面　　图 3-185　移动箭头到要延伸的边界

(3) 在【曲面延伸】状态栏中单击【线性】按钮，设置长度为 80，如图 3-186 所示。单击【确定】按钮完成曲面的延伸，效果如图 3-187 所示。

图 3-186　【曲面延伸】状态栏

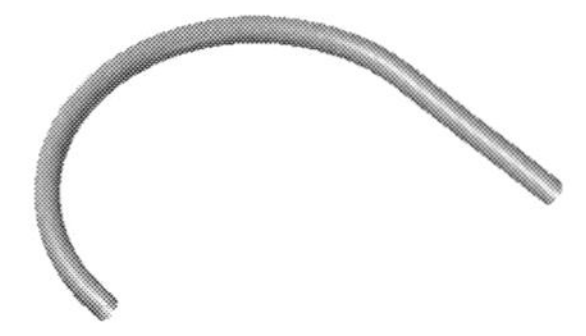

图 3-187　曲面线性延伸

5. 沿原始曲率延伸

曲面延伸的非线性延伸是指按原曲面的曲率变化进行指导距离非线性延伸，或以非线性方式延伸到指定的平面。非线性延伸的操作步骤和线性延伸的操作步骤类似。

(1) 选择【绘图】|【曲面】|【曲面延伸】菜单命令或单击 Surfaces 工具栏中的【曲面延伸】按钮，系统出现“选取要延伸的曲面”的提示信息，在绘图区选择模型曲面。

(2) 在选取的曲面上显示一个红色的移动箭头，并出现“移动箭头到要延伸的边界”的提示信息。移动箭头到如图 3-188 所示的边界，单击鼠标左键。

(3) 在【曲面延伸】状态栏中单击【非-线性】按钮，设置长度为 80。单击【确定】按钮完成曲面的延伸，效果如图 3-189 所示。

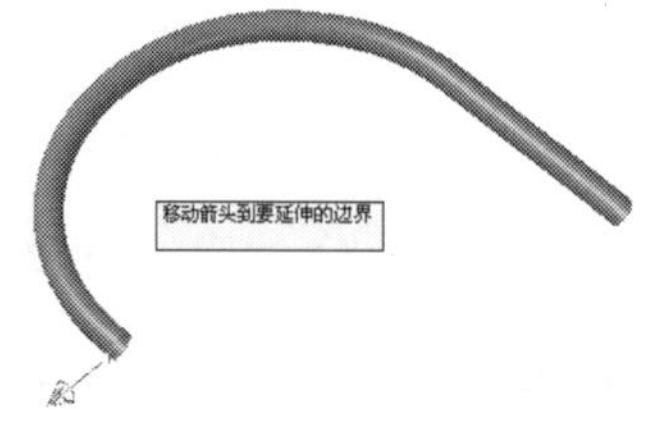

图 3-188　移动箭头到要延伸的边界

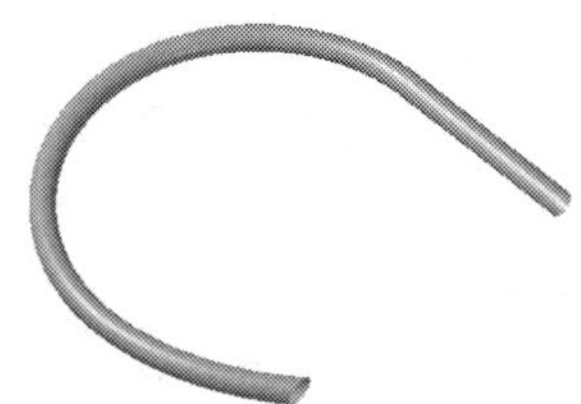

图 3-189　曲面非线性延伸

3.2.4 恢复修剪

恢复修剪曲面是指将修剪过的曲面恢复到原状，并对修剪过的曲面进行保留或删除操作。

(1) 选择【绘图】|【曲面】|【恢复修剪曲面】菜单命令或单击 Surfaces 工具栏中的【恢复修剪曲面】按钮，根据系统提示选择要恢复修剪的曲面，单击状态栏中的【确定】按钮即可完成恢复修剪曲面操作。

(2) 选择【绘图】|【曲面】|【恢复修剪曲面】菜单命令或单击 Surfaces 工具栏中的【恢复修剪曲面】按钮，系统出现“选取曲面”的提示信息。选择如图 3-190 所示的修剪过的曲面。

(3) 在绘图区域选择模型曲面，在【恢复修剪曲面】状态栏中单击【删除】按钮，单击【确定】按钮完成恢复修剪曲面操作，效果如图 3-191 所示。

图 3-190　修剪模型

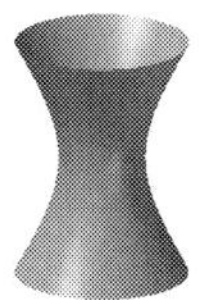

图 3-191　恢复修剪曲面

3.2.5 恢复边界

恢复边界可对选取的曲面边界区域恢复其曲面，该功能不会产生新的曲面，而是将原曲面恢复成一个完整的曲面。

(1) 选择【绘图】|【曲面】|【恢复到边界】菜单命令或单击 Surfaces 工具栏中的【恢复曲面边界】按钮，系统出现“选取一曲面”的提示信息。

(2) 选择打开的模型曲面，系统出现“请将箭头移到要恢复的边界”的提示信息，并在所选曲面上出现一个红色的移动箭头。根据提示移动箭头到模型的内部大孔边界，如图 3-192 所示。

图 3-192　移动箭头到要恢复的边界

(3) 单击鼠标左键，系统弹出【警告】对话框，提示是否要移除所有的内边界，如图 3-193 所示。单击【是】按钮则将所选曲面的所有的内边界移除；单击【否】按钮则只恢复选取的内边界。图 3-194 所示为单击【否】按钮后的效果。

图 3-193　【警告】对话框

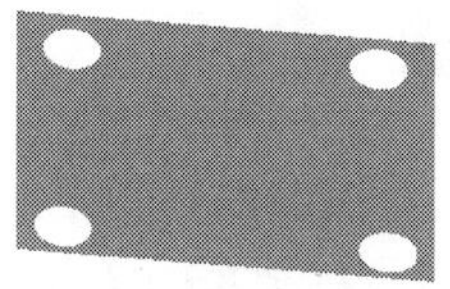

图 3-194　恢复曲面边界

3.2.6 填补内孔

填补内孔是对曲面或实体上的孔洞进行修补，从而产生一个新的独立的曲面。该命令与恢复曲面边界的操作方法类似。

(1) 选择【绘图】|【曲面】|【填补内孔】菜单命令或单击 Surfaces 工具栏中的【填补曲面内孔】按钮，系统出现“选择一曲面或实体面”的提示信息。

(2) 选择打开的模型曲面，系统出现“选择要填补的内孔边界”的提示信息，并在所选曲面上出现一个红色的移动箭头。根据提示移动箭头到如图 3-195 所示模型的内部孔边界。

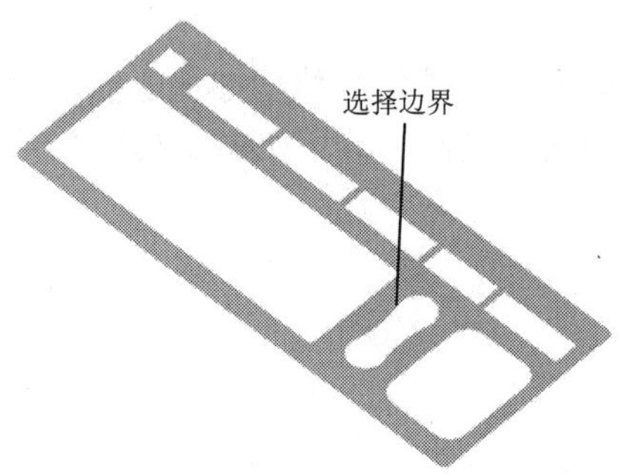

图 3-195 选择要填补的内孔边界

(3) 单击鼠标左键，系统弹出【警告】对话框，提示是否要填补所有的内孔，如图 3-196 所示。单击【是】按钮则将填补所选曲面的所有内孔；单击【否】按钮则只填补选取的内孔。图 3-197 所示为单击【否】按钮后的效果。

图 3-196 【警告】对话框

图 3-197 填补内孔

填补内孔和恢复曲面边界功能类似，但填补内孔命令是添加新的曲面而不是恢复原曲面。它们的另一个不同之处是，填补内孔可以通过选取实体面及孔边界在有实体孔的平面表面创建曲面。

3.2.7 分割曲面

分割曲面是指将原始曲面按指定的位置和方向，分割成两个独立的曲面。

(1) 选择【绘图】|【曲面】|【分割曲面】菜单命令或单击 Surfaces 工具栏中的【分割曲面】按钮，系统出现“选取曲面”的提示信息。

(2) 选择打开的模型曲面，系统出现“请将游标移至欲分割的位置”的提示信息，并在所

选曲面上出现一个红色的移动箭头。根据提示移动箭头到如图 3-198 所示位置，单击鼠标左键。

(3) 系统出现“选取‘切换’去转换分割方向，或者选取其他的曲面去分割”的提示信息，模型曲面出现如图 3-199 所示的分割预览。单击【分割曲面】状态栏中的【方向切换】按钮，将垂直分割的曲面切换为水平分割。单击状态栏中的【确定】按钮，完成曲面分割的创建，分割的效果如图 3-200 所示。

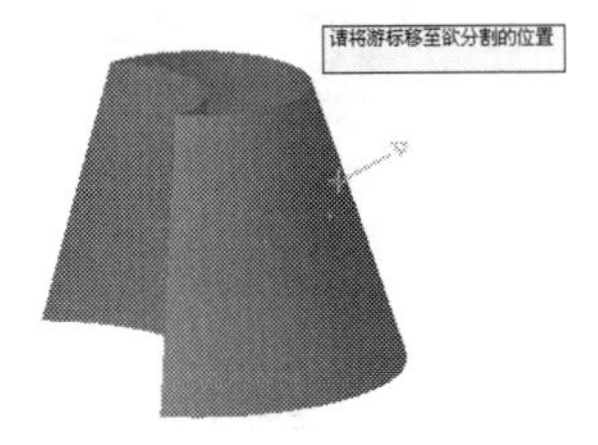

图 3-198　移动游标到分割的位置

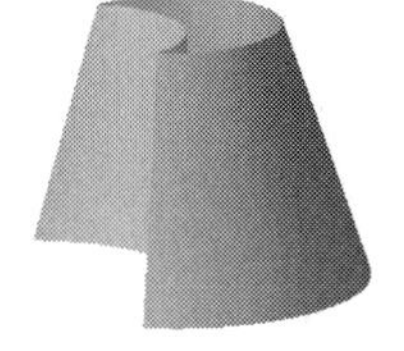

图 3-199　垂直分割效果

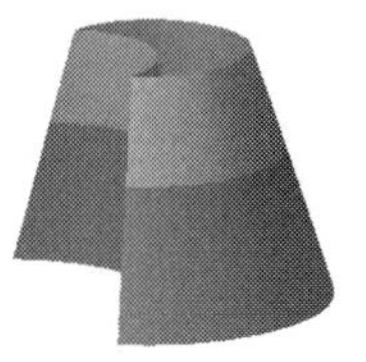

图 3-200　水平分割效果

3.2.8　曲面熔接

曲面熔接是指将两个或两个以上的曲面以一个或多个平滑的曲面进行相切连接。曲面熔接功能包括两曲面熔接、三曲面间熔接和三圆角曲面熔接，其中以【三圆角曲面熔接】命令使用最多。

图 3-201 所示为 Surfaces 工具栏中曲面熔接功能的下拉菜单。

图 3-201　曲面熔接工具栏命名菜单

1. 两曲面熔接

两曲面熔接能够在两曲面之间产生顺滑曲面将两曲面熔接起来。

(1) 选择【绘图】|【曲面】|【两曲面熔接】菜单命令或单击 Surfaces 工具栏中的【创建两曲面熔接】按钮，系统弹出【两曲面熔接】对话框，如图 3-202 所示。同时出现“选取曲面去熔接”的提示信息。

(2) 选择打开的模型的柱形曲面，系统出现“移动箭头到要熔接的位置”的提示信息，并在所选曲面上出现一个红色的移动箭头。根据提示移动箭头到如图 3-203 所示位置，单击鼠标左键。

(3) 系统出现“选取曲面去熔接”的提示信息，选取模型锥形曲面为第二曲面，系统出现“移动箭头到要熔接的位置”的提示信息，并在所选曲面上出现一个红色的移动箭头。根据提示移动箭头到如图 3-204 所示位置，单击鼠标左键。系统出现如图 3-205 所示的熔接预览效果。

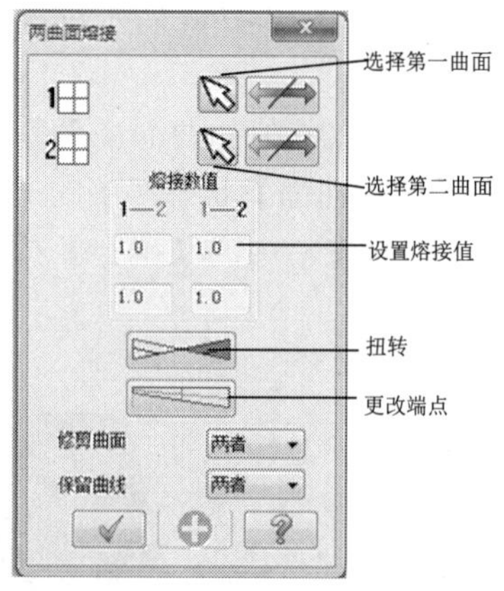

图 3-202　【两曲面熔接】对话框

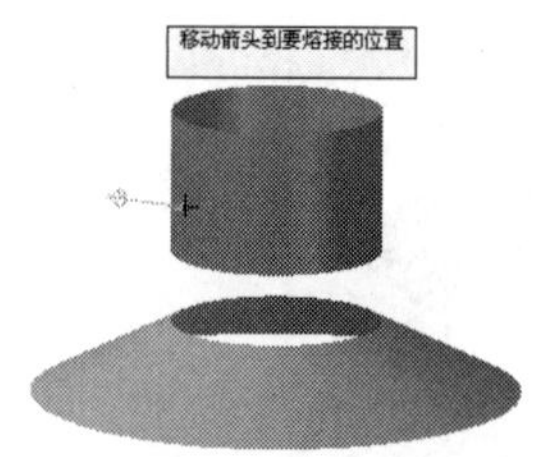

图 3-203　移动箭头到要熔接的位置

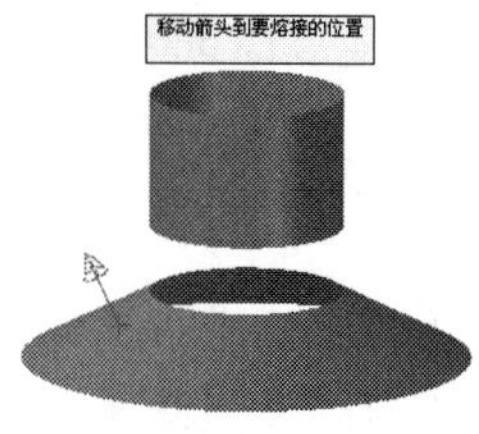

图 3-204　移动箭头到要熔接的位置

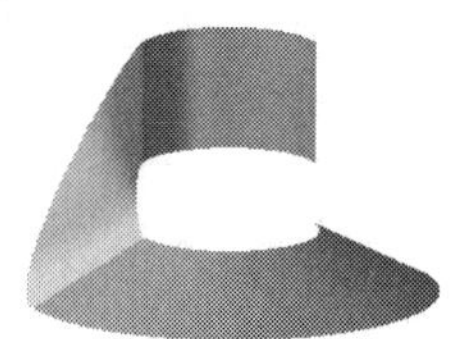

图 3-205　熔接效果

(4) 在【两曲面熔接】对话框中单击1和2图标旁的【方向切换】按钮，调整两曲面的熔接方式，使之符合设计要求。对话框中其他设置如图 3-206 所示。单击【确定】按钮完成曲面熔接的创建，效果如图 3-207 所示。

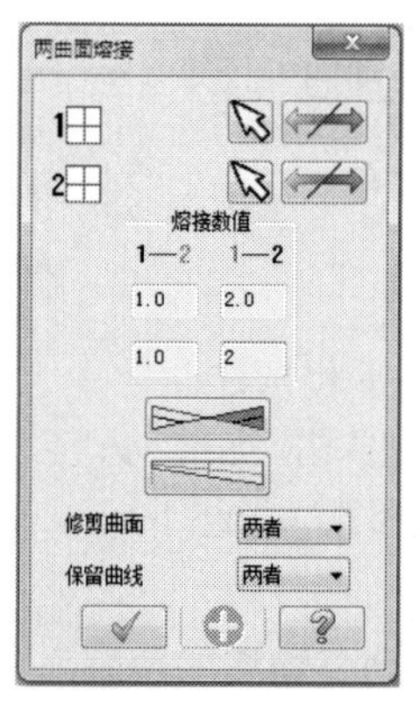

图 3-206　【两曲面熔接】对话框

图 3-207　熔接效果

2. 三曲面熔接

三曲面熔接是指创建平滑的溶解曲面，将三个曲面熔接起来。其操作过程与两曲面熔接相似，但此时设置的熔接值是包括三个曲面的熔接值。

(1) 选择【绘图】|【曲面】|【三曲面熔接】菜单命令或单击 Surfaces 工具栏中的【创建三曲面熔接】按钮，系统出现“选择第一熔接曲面”的提示信息。选择第一个熔接曲面，

系统在所选曲面上出现一个红色的移动箭头，同时出现“移动箭头到要熔接的位置”的提示信息。根据提示移动箭头到如图 3-208 所示位置，单击鼠标左键。

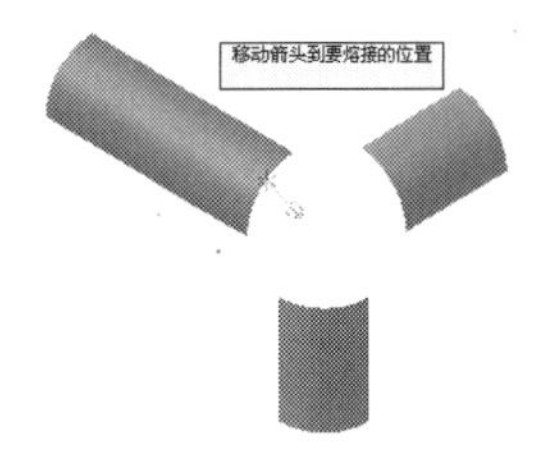

图 3-208　选择第一熔接曲面

(2) 系统出现“按<F>切换到曲线方向；按<Enter>或选择下一个熔接曲面”的提示信息。选择第二个熔接曲面，系统在所选曲面上出现一个红色的移动箭头，同时出现“移动箭头到要熔接的位置”的提示信息。根据提示移动箭头到如图 3-209 所示位置，单击鼠标左键。

(3) 根据系统提示，选取第三个熔接曲面，系统在所选曲面上出现一个红色的移动箭头，同时出现“移动箭头到要熔接的位置”的提示信息。根据提示移动箭头到如图 3-210 所示位置，单击鼠标左键。

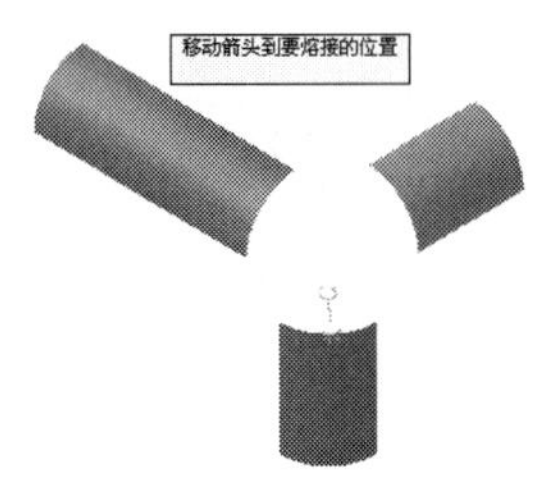

图 3-209　选择第二熔接曲面

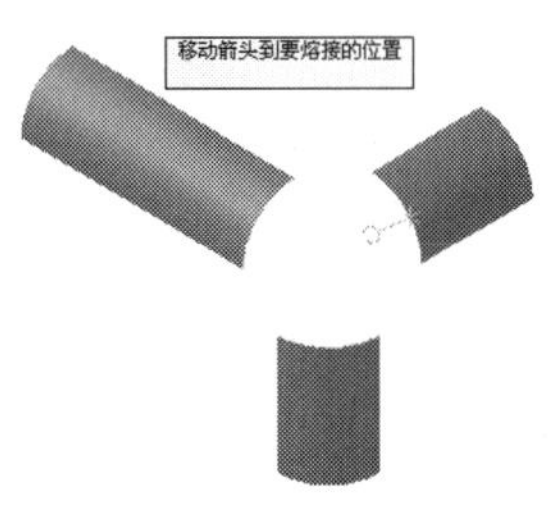

图 3-210　选择第三熔接曲面

(4) 系统出现“按<F>切换到曲线方向；按<Enter>”的提示信息，按 Enter 键，系统弹出【三曲面熔接】对话框，如图 3-211 所示。单击【确定】按钮完成曲面熔接的创建，效果如图 3-212 所示。

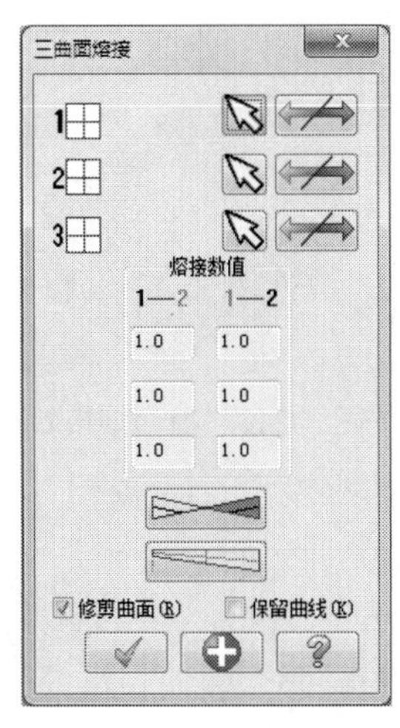

图 3-211　【三曲面熔接】对话框

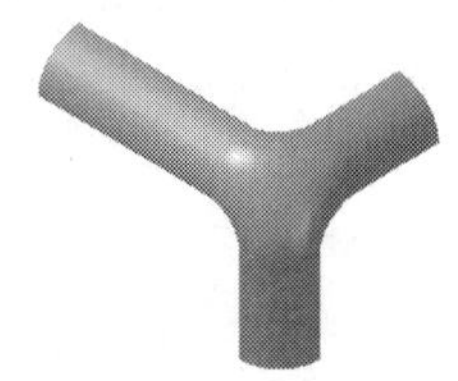

图 3-212　三曲面熔接效果

3. 三圆角熔接

三圆角熔接一般用于在曲面与曲面倒圆角后，对创建的 3 个圆角曲面进行熔接，以便在 3 圆角曲面的交接处得到光滑的圆角过渡。

(1) 选择【绘图】|【曲面】|【三角圆角曲面熔接】菜单命令或单击 Surfaces 工具栏中的【创建三角圆角曲面熔接】按钮，选择如图 3-213 所示的两组曲面，设置圆角半径为 5，生成圆角曲面。

(2) 选择【创建三角圆角曲面熔接】命令，选择如图 3-214 所示的两组曲面，设置圆角半径为 8mm，生成圆角曲面。

(3) 选择【创建三角圆角曲面熔接】命令，选择如图 3-215 所示的两组曲面，设置圆角半径为 10mm，生成圆角曲面。

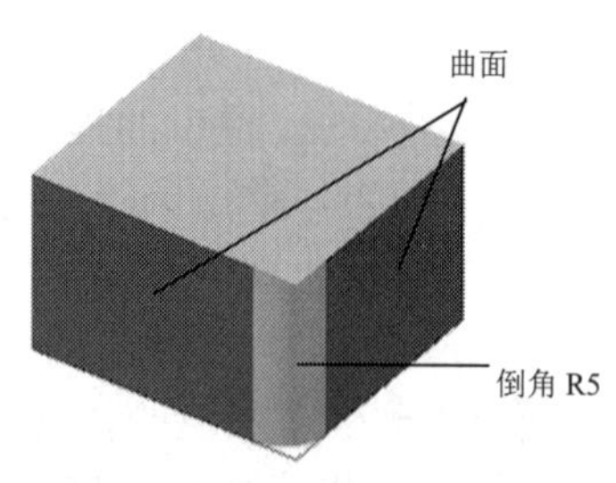

图 3-213　曲面与曲面倒角

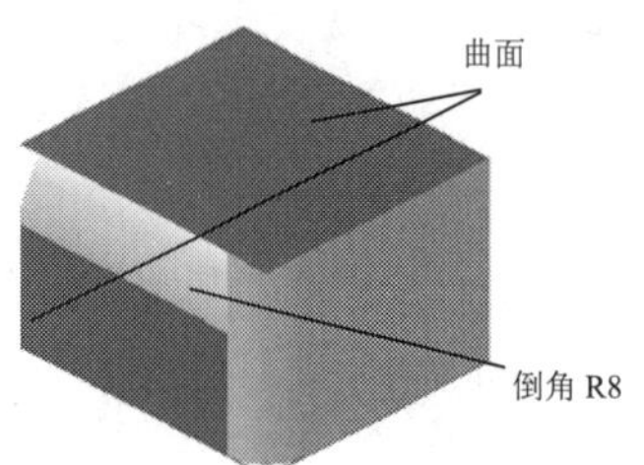

图 3-214　曲面与曲面倒角

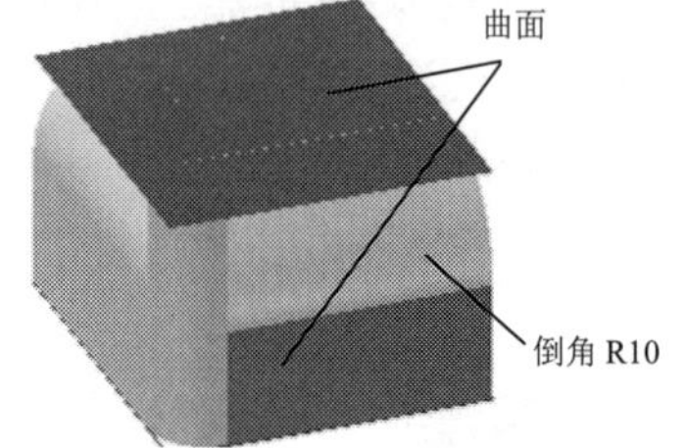

图 3-215　曲面与曲面倒角

(4) 选择【绘图】|【曲面】|【三角圆角曲面熔接】菜单命令或单击 Surfaces 工具栏中的【创建三角圆角曲面熔接】按钮，系统出现“选择第一个圆角曲面”的提示信息，选择半径为 5 的圆角曲面；系统出现“选择第二个圆角曲面”的提示信息，选择半径为 8 的圆角曲面；系统出现“选择第三个圆角曲面”的提示信息，选择半径为 10 的圆角曲面。

(5) 系统弹出【三圆角面熔接】对话框，选中单选按钮，启用【修剪曲面】复选框，如图 3-216 所示。单击【确定】按钮完成曲面熔接的创建，效果如图 3-217 所示。

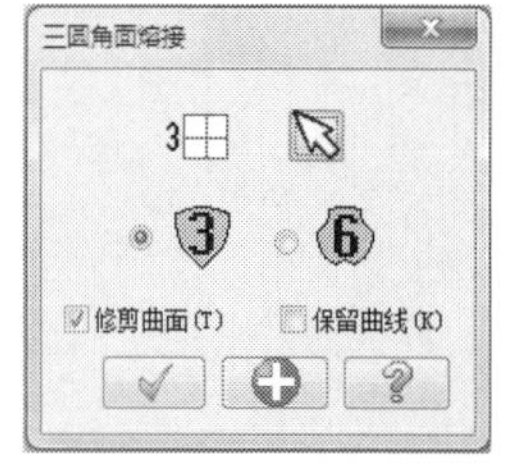

图 3-216　【三圆角面熔接】对话框

图 3-217　曲面熔接效果

曲面编辑案例 1

案例文件：ywj /03/01.MCX-7、06.MCX-7

视频文件：光盘→视频课堂→第 3 章→3.2.1

step 01 选择【文件】|【打开文件】菜单命令，打开【打开】对话框，在对话框中选择要打开的文件 01.MCX-7。单击 Surfaces 工具栏中的【修整至曲面】按钮，修剪曲面，如图 3-218 所示。

step 02 单击 Surfaces 工具栏中的【曲面与曲面倒圆角】按钮，弹出【曲面与曲面倒圆角】对话框，选择两个曲面，设置圆角的半径为 5，如图 3-219 所示。

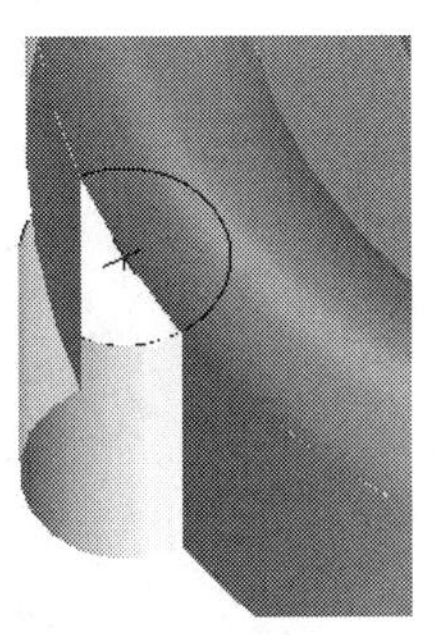

图 3-218 修剪曲面

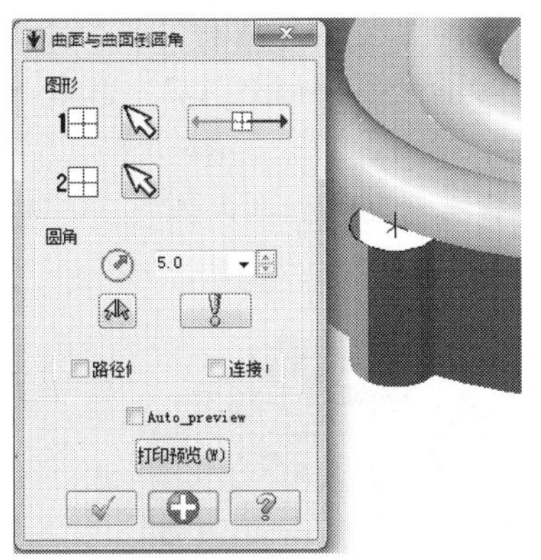

图 3-219 倒圆角

step 03 单击 Surfaces 工具栏中的【曲面与曲面倒圆角】按钮，弹出【曲面与曲面倒圆角】对话框，选择另外两个曲面，设置圆角的半径为 5，如图 3-220 所示。

step 04 单击 Surfaces 工具栏中的【修整至平面】按钮，弹出【平面选择】对话框，选择分割平面，如图 3-221 所示。完成编辑的模型如图 3-222 所示。

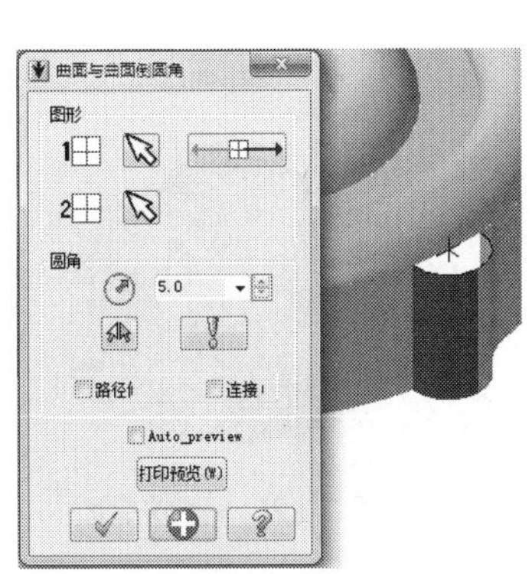

图 3-220 曲面倒圆角

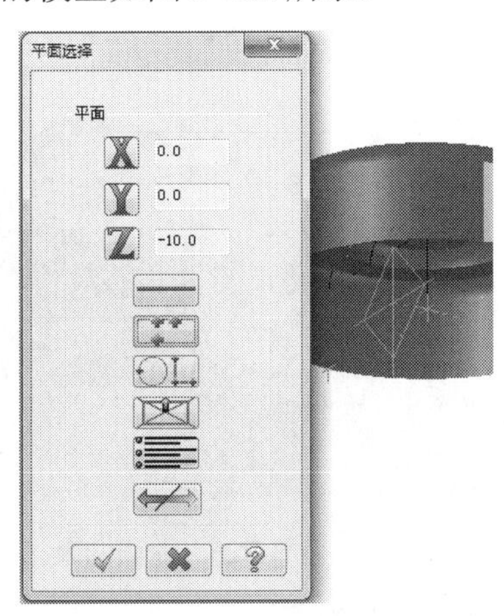

图 3-221 选择平面

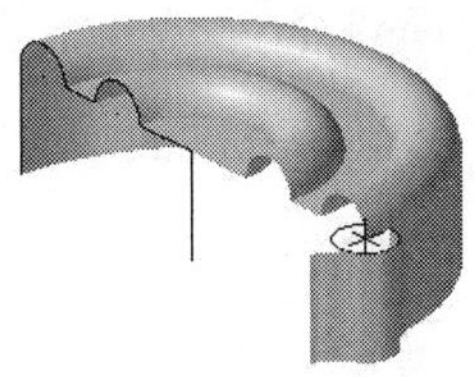

图 3-222 完成曲面

曲面编辑案例 2

案例文件：ywj /03/04.MCX-7、07.MCX-7

视频文件：光盘→视频课堂→第 3 章→3.2.2

step 01 选择【文件】|【打开文件】菜单命令，打开【打开】对话框，在对话框中选择要打开的文件 04.MCX-7。单击 Surfaces 工具栏中的【修整至曲面】按钮，修剪曲面，如图 3-223 所示。

step 02 查看修剪的曲面，如图 3-224 所示。

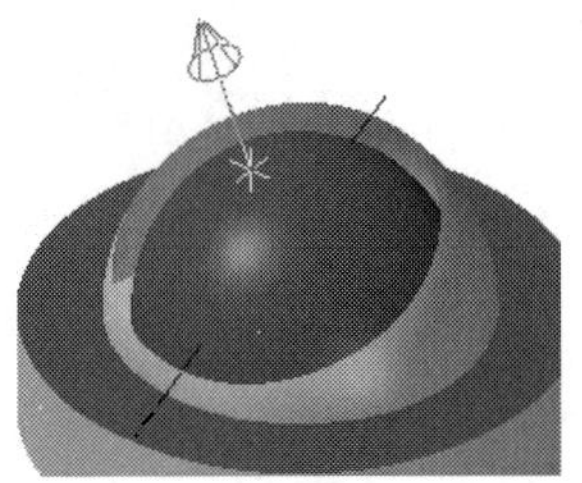

图 3-223 修剪曲面

图 3-224 查看曲面

step 03 单击 Surfaces 工具栏中的【曲面与曲面倒圆角】按钮，弹出【曲面与曲面倒圆角】对话框，选择两个曲面，设置圆角的半径为 5，如图 3-225 所示。完成编辑的模型如图 3-226 所示。

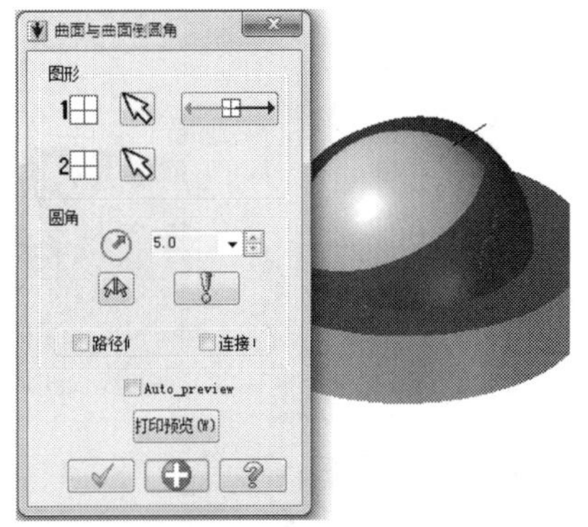

图 3-225 曲面圆角

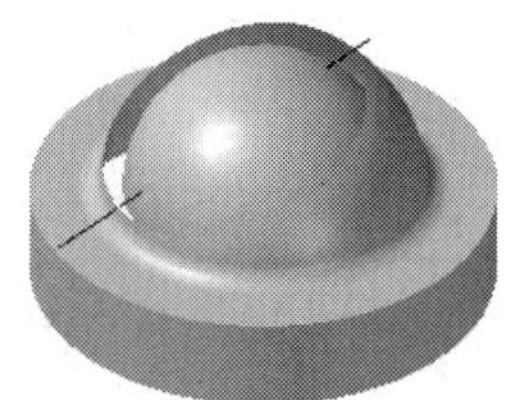

图 3-226 完成曲面

曲面编辑案例 3

案例文件：ywj /03/05.MCX-7、08.MCX-7
视频文件：光盘→视频课堂→第 3 章→3.2.3

step 01 选择【文件】|【打开文件】菜单命令，打开【打开】对话框，在对话框中选择要打开的文件 05.MCX-7。单击 Surfaces 工具栏中的【修整至曲面】按钮，修剪曲面，如图 3-227 所示。

step 02 单击 Surfaces 工具栏上【创建围篱曲面】按钮，弹出【串连选项】对话框，选择边线，如图 3-228 所示。

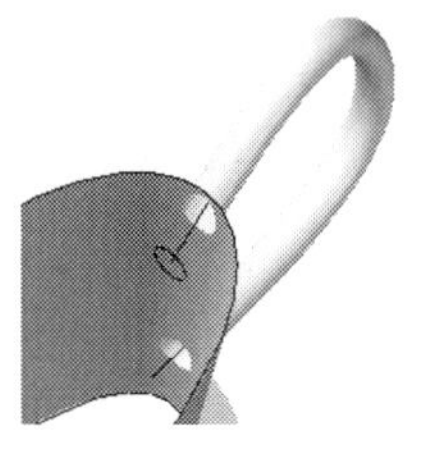

图 3-227　修剪曲面

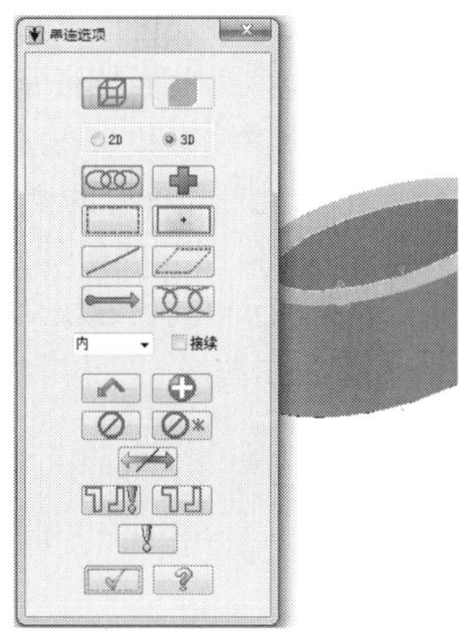

图 3-228　选择串连图素

step 03 在【创建围篱曲面】状态栏中，设置起始高度为 20，完成曲面创建，如图 3-229 所示。

step 04 单击【曲面】工具栏中的【创建曲面补正】按钮，选择补正曲面，如图 3-230 所示。

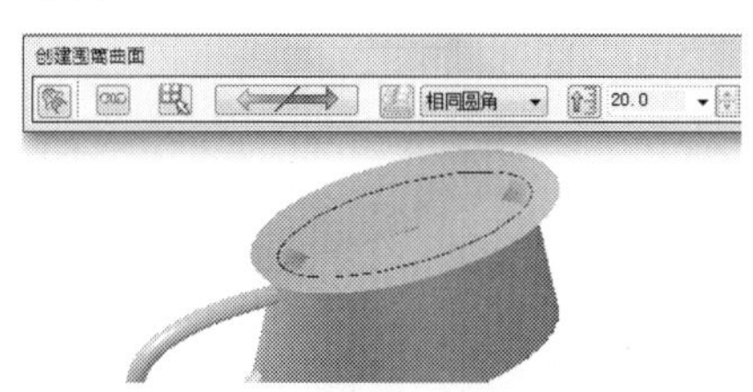

图 3-229　创建围篱曲面

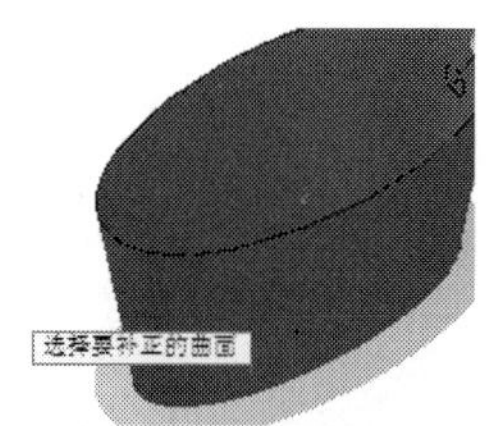

图 3-230　补正曲面

step 05 在弹出的【曲面补正】工具栏中设置偏移参数为 4，如图 3-231 所示。完成编辑的模型如图 3-232 所示。

图 3-231　曲面补正参数

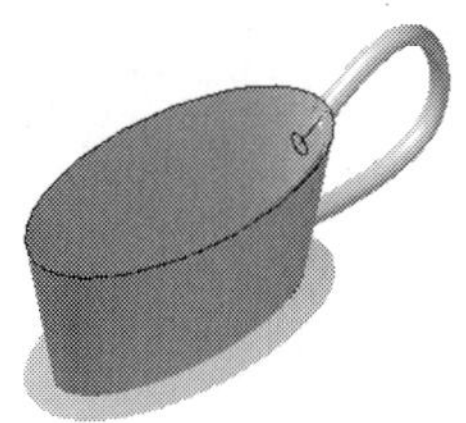

图 3-232　完成曲面

3.3　本章小结

曲面是利用各种曲面命令对点、线进行操作后生成的面体，是一种定义边界的非实体特征。基本三维曲面的创建和基本三维实体的创建方法相同，都是使用已有的线架创建曲面，但也有着本质的区别，实体特征可以直接形成具有一定体积和质量的模型实体，主要包括基础特征和工程特征两种类型；曲面特征是构建特殊造型模型必备的参考元素，有大小但没有质量，并且不影响模型的属性参数。在进行曲面设计时，往往要借助于曲面的编辑功能对创建的曲面进行编辑，才能达到设计时的要求。

本章在介绍构图面和构图深度的基础上，讲解了线架模型的创建，为构建曲面打下基础，并分别介绍了基本曲面和其他高级曲面的创建，曲面编辑的各种命令功能，使读者对曲面创建过程有一个整体的了解。

第 4 章

2 轴铣削加工(上)

在 MasterCAM X7 加工模块中，2 轴铣削加工是 MasterCAM 相对于业内其他的 CAM 软件最大的优势，MasterCAM 中的 2 轴铣削加工操作方式简单，刀路计算快捷，深受广大用户的喜爱。本章主要详细讲解外形铣削和挖槽加工的参数设置和操作步骤，这两个刀路是 MasterCAM X7 中的 2 轴铣削加工使用最多的加工方式。

4.1　外形铣削加工

外形铣削加工是对外形轮廓进行加工，通常是用于二维工件或三维工件的外形轮廓加工。二维外形铣削加工刀具路径的切削深度不变，深度值为用户指定的值，而三维外形铣削加工刀具路径的切削深度是随外形的位置变化而变化的。三维外形铣削加工在实际中应用比较少。

4.1.1　2D 外形铣削加工

选择【刀具路径】|【外形铣削】菜单命令，选取串联后确定，系统弹出【2D 刀具路径-外形】对话框，在该对话框中单击【切削参数】节点，弹出【切削参数】设置界面，在外形铣削方式栏可以设置外形加工类型，如图 4-1 所示。

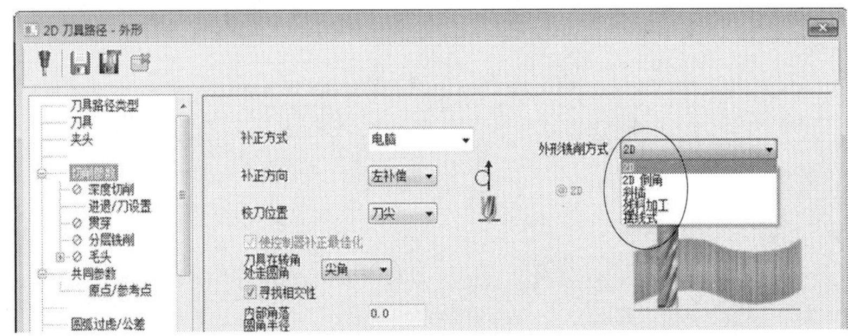

图 4-1　【2D 刀具路径-外形】对话框

外形加工类型包括 2D、2D 倒角、斜插、残料加工、摆线式等 5 种加工方式。其中 2D 外形加工主要是沿外形轮廓进行加工，可以加工凹槽也可以加工外形凸缘，比较常用，后 4 种方式用来辅助，进行倒角或残料加工。

如果选取的外形串联是三维的线架，则该对话框如图 4-2 所示。外形铣削方式有 2D、3D 和 3D 倒角加工。

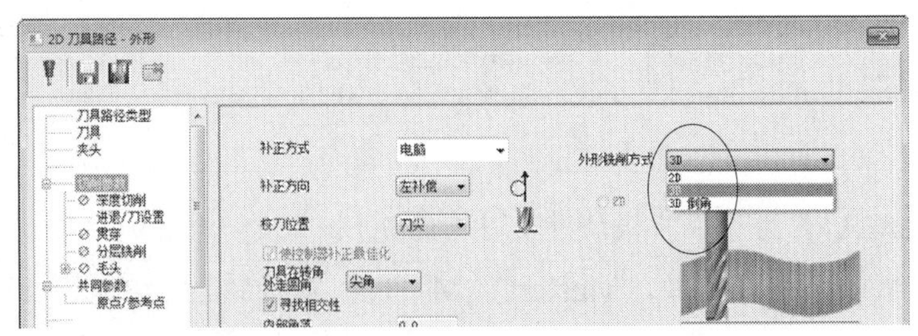

图 4-2　【2D 刀具路径-外形】对话框

选择【刀具路径】|【外形铣削】菜单命令，选取串联后，系统弹出【2D 刀具路径-外形】对话框，该对话框用来设置所有的外形加工参数，如图 4-3 所示。

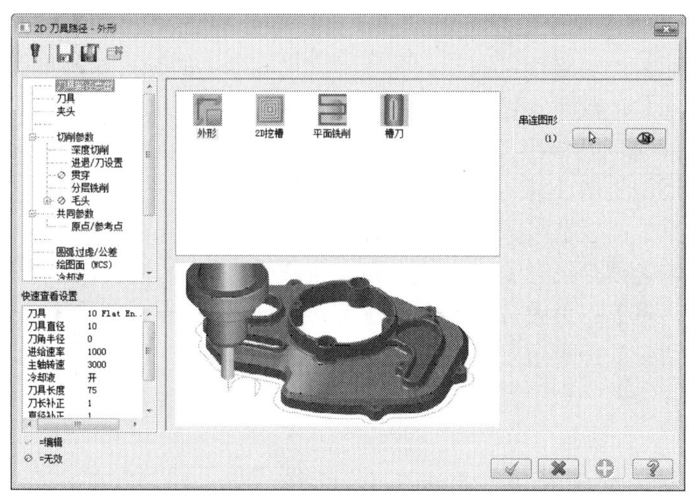

图 4-3　外形参数

各参数含义如下。

- 【串联图形】：选取要加工的串联几何。
- 【刀具路径类型】：用来选取二维加工类型。
- 【刀具】：用来设置刀具及其相关参数。
- 【夹头】：用来设置夹头。
- 【切削参数】：用来设置深度分层及外形分层和进退刀等参数。
- 【共同参数】：用来设置二维公共参数，包括安全高度、参考高度、进给平面、工件表面、深度等参数。
- 【快速查看设置】：显示加工的一些常用参数设置项。

在【2D 刀具路径-外形】对话框中选取刀具路径类型为【外形】参数后，再单击【切削参数】节点，系统弹出【切削参数】设置界面，该选项卡用来设置外形加工类型、补正类型及方向、转角设置等，如图 4-4 所示。

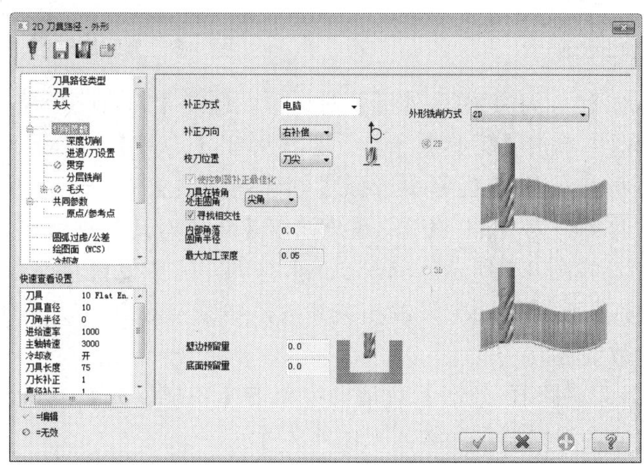

图 4-4　【切削参数】设置界面

各参数含义如下。

- 【补正方式】：设置补偿类型，有电脑、控制器、磨损、反向磨损和关 5 种。
- 【补正方向】：设置补偿的方向，有左和右两种。2D 外形铣削加工刀具路径铣削凹槽形工件或铣削凸缘形工件主要是通过控制补偿方向向左或向右，来控制刀具是铣削凹槽形还是铣削凸缘形。
- 【校刀位置】：设置校刀参考，有刀尖和球心。
- 【刀具在转角处走圆角】：设置转角过渡圆弧，有无、尖部和全部。
- 【壁边预留量】：设置加工侧壁的预留量。
- 【底面预留量】：设置加工底面 Z 方向预留量。

外形铣削案例 1

案例文件：ywj /04/基础/4-1.MCX-7，ywj /04/结果/4-1.MCX-7

视频文件：光盘→视频课堂→第 4 章→4.1.1

step 01 打开“4-1.MCX-7”文件，如图 4-5 所示，然后选择【刀具路径】|【外形铣削】菜单命令，弹出【输入新 NC 名称】对话框，按默认名称，再单击【确定】按钮，系统弹出【串联选项】对话框，选取串联，方向如图 4-6 所示。单击【确定】按钮，完成选取。

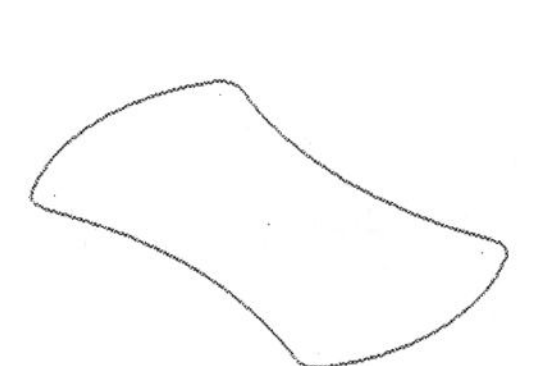

图 4-5　加工图形

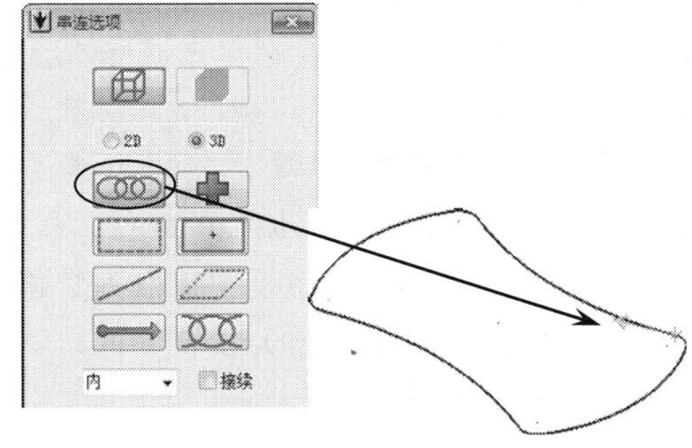

图 4-6　选取串联

step 02 系统弹出【2D 刀具路径-外形】对话框，选择【刀具路径类型】为【外形】。

step 03 在对话框中单击【刀具】节点，系统弹出【刀具】设置界面，在空白处单击鼠标右键，在弹出的快捷菜单中选择【创建新刀具】命令，弹出【定义刀具】对话框，选取刀具类型为 End Mill，系统弹出【新建刀具】对话框，将参数设置直径为 10 的平底刀，如图 4-7 所示。单击 Finish 按钮，完成设置。

step 04 在【刀具】设置界面中设置相关参数，如图 4-8 所示。单击【确定】按钮完成刀具参数设置。

step 05 在【2D 刀具路径-外形】对话框中单击【切削参数】节点，系统弹出【切削参数】设置界面，设置切削参数，如图 4-9 所示。

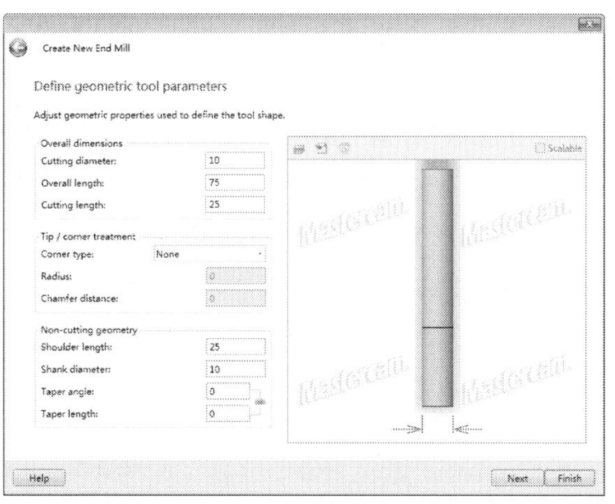

图 4-7 设置刀具参数

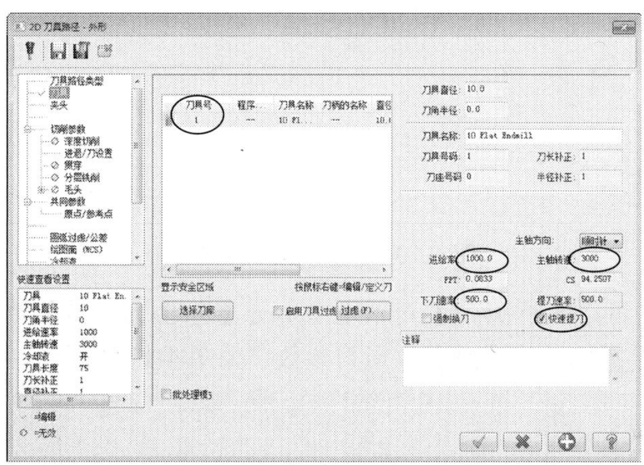

图 4-8 刀具相关参数设置

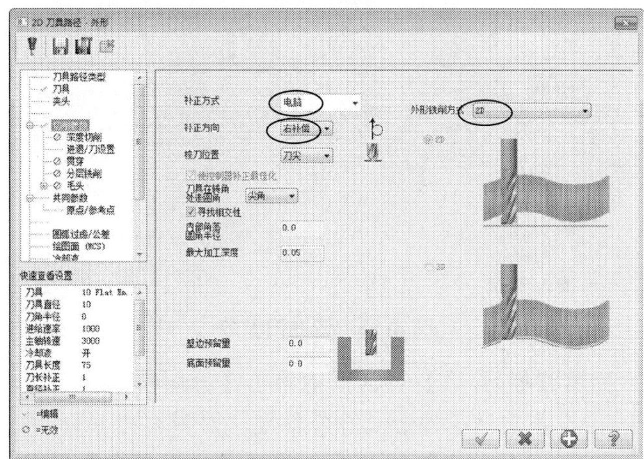

图 4-9 切削参数设置

此处的【补正方向】设置要参考刚才选取的外形串联的方向和要铣削的区域，本例要铣削轮廓外的区域，电脑补偿要向外，而串联是逆时针，所以补正方向向右即朝外。补正方向的判断法则是：假若人面向串联方向，并沿串联方向行走，要铣削的区域在人的左手侧即向左补正，在右手侧即向右补正。

step 06 在【2D 刀具路径-外形】对话框中单击【深度切削】节点，系统弹出【深度切削】设置界面，设置深度分层等参数，如图 4-10 所示。

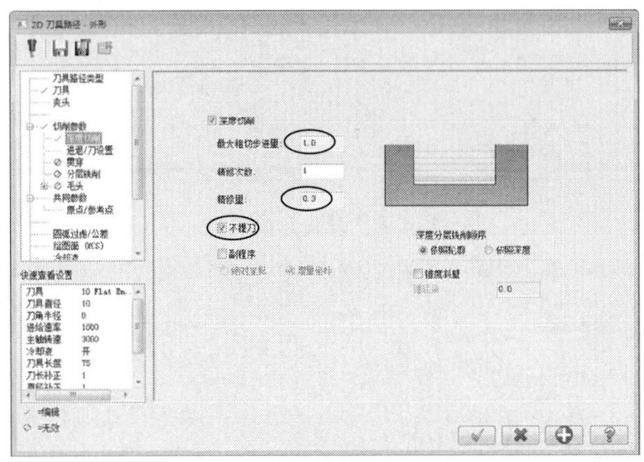

图 4-10　深度切削参数设置

step 07 在【2D 刀具路径-外形】对话框中单击【进退/刀设置】节点，系统弹出【进/退刀设置】设置界面，设置进刀和退刀参数，如图 4-11 所示。

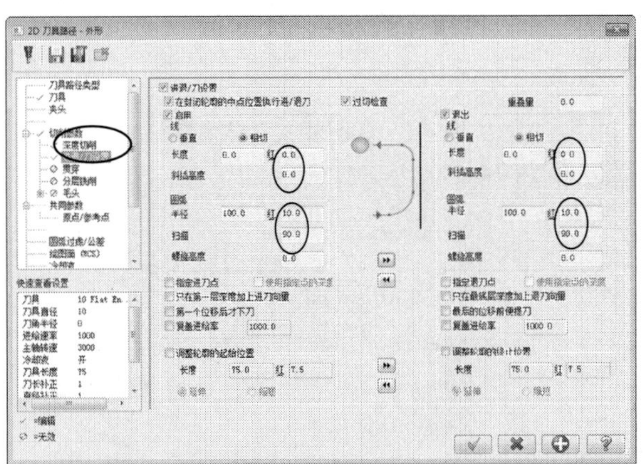

图 4-11　进退刀参数

step 08 在【2D 刀具路径-外形】对话框中单击【分层铣削】节点，系统弹出【分层铣削】设置界面，设置刀具在外形上等分参数，如图 4-12 所示。

step 09 在【2D 刀具路径-外形】对话框中单击【共同参数】节点，系统弹出【共同参数】设置界面，设置二维刀具路径共同的参数，如图 4-13 所示。

step 10 系统根据所设参数，生成刀具路径，如图 4-14 所示。

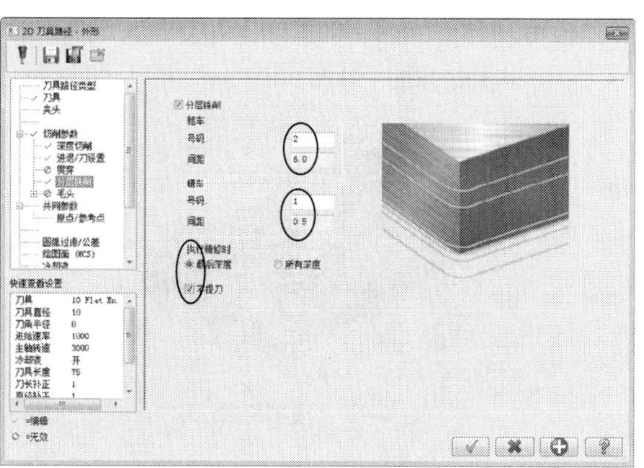

图 4-12　分层参数设置

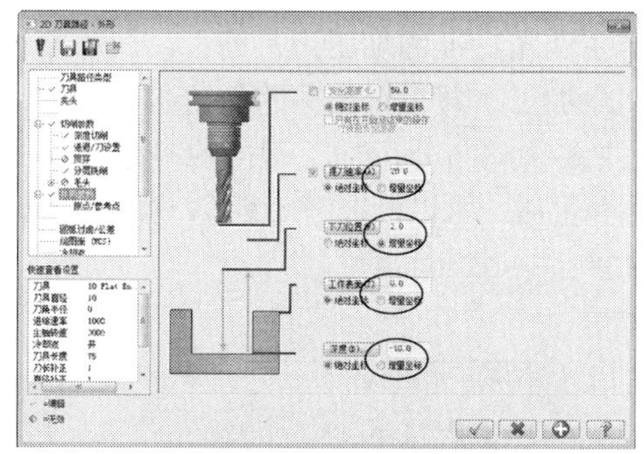

图 4-13　共同参数设置

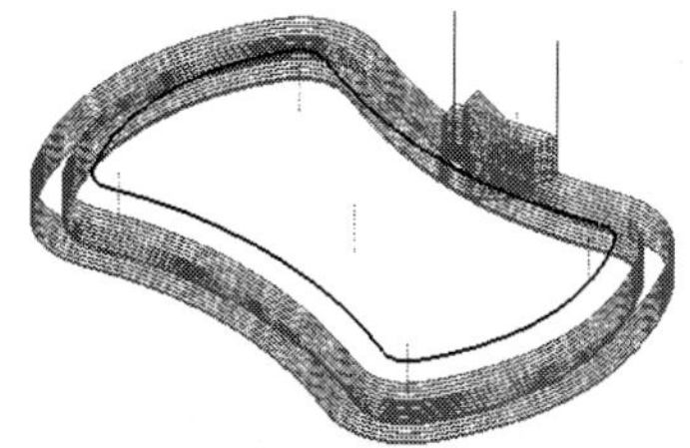

图 4-14　生成刀路

step 11 在【刀具操作管理器】中单击【属性】中的【材料设置】节点，弹出【机器群组属性】对话框，单击【材料设置】标签，切换到【材料设置】选项卡，如图 4-15 所示设置加工坯料的尺寸，单击【确定】按钮完成参数设置。

step 12 坯料设置结果如图 4-16 所示，虚线框显示的即为毛坯。

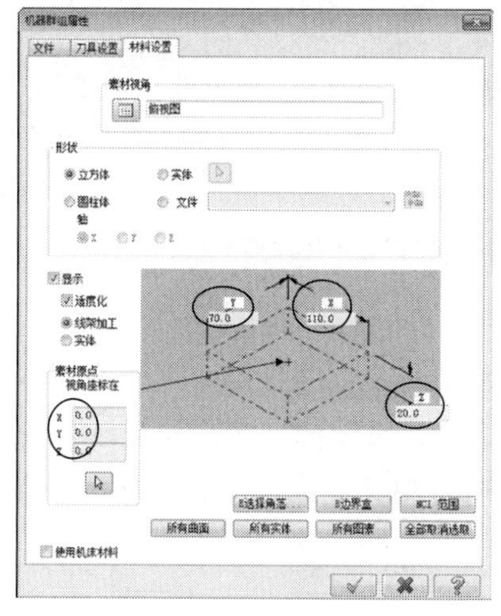

图 4-15　设置毛坯

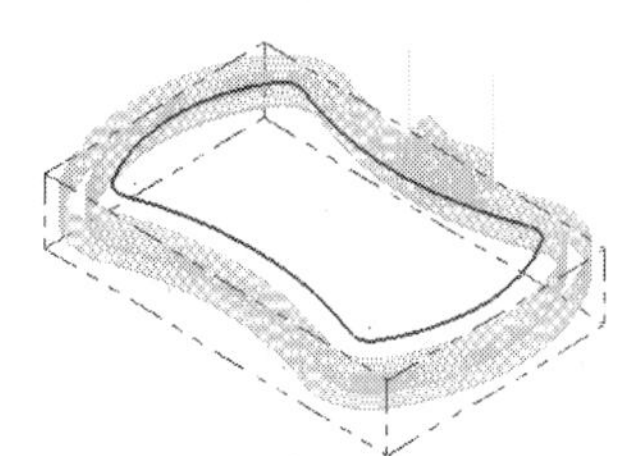

图 4-16　毛坯

step 13 单击【实体模拟】按钮，系统弹出 Verify 对话框，单击【播放】按钮，模拟结果如图 4-17 所示。

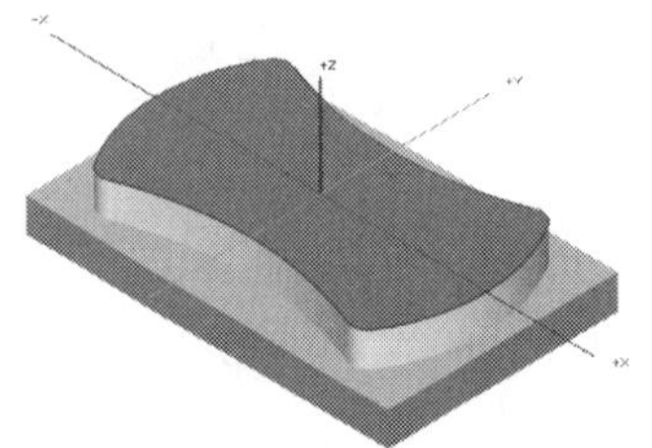

图 4-17　模拟结果

4.1.2　2D 外形倒角加工

2D 外形倒角铣削加工是利用 2D 外形来产生倒角特征的加工刀具路径。加工路径的步骤与 2D 外形加工类似。只是要设置加工类型为倒角加工，并设置相关的倒角参数。

倒角加工参数与外形参数基本相同，这里主要讲解与外形加工不同的参数。在【切削参数】设置界面中选择【外形铣削方式】为【2D 倒角】后，可以设置倒角参数，如图 4-18 所示。

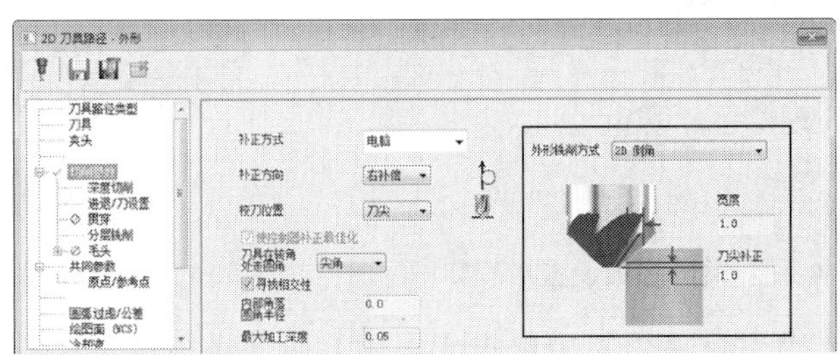

图 4-18　倒角参数

各参数含义如下。

- 【宽度】：设置倒角加工第一侧的宽度。倒角加工的第二侧的宽度主要是通过倒角刀具的角度来控制。
- 【尖角补偿】：设置倒角刀具的尖部往倒角最下端补偿一段距离，消除毛边。

外形铣削案例 2

案例文件：ywj /04/基础/4-2.MCX-7，ywj /04/结果/4-2.MCX-7

视频文件：光盘→视频课堂→第 4 章→4.1.2

step 01 打开“4-2.MCX-7”文件，如图 4-19 所示。

step 02 选择【刀具路径】|【外形铣削】菜单命令，系统弹出【输入新 NC 名称】对话框，按默认名称，再单击【确定】按钮系统弹出【串联选项】对话框，选取串联，方向如图 4-20 所示。单击【确定】按钮，完成选取。

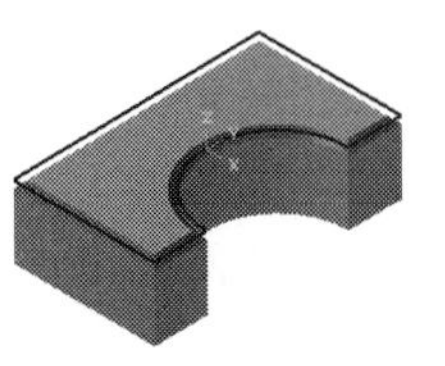

图 4-19　加工图形

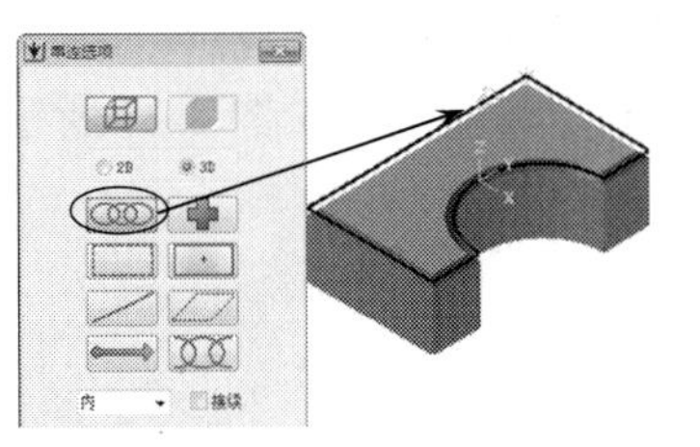

图 4-20　选取串联

step 03 系统弹出【2D 刀具路径-外形】对话框，选择【刀具路径类型】为【外形】。

step 04 在对话框中单击【刀具】节点，系统弹出【刀具】设置界面，在【刀具】设置界面的空白处单击鼠标右键，从弹出的快捷菜单中选择【创建新刀具】命令，弹出【定义刀具】对话框，选取刀具类型为 Chamfer Mil，系统弹出【新建刀具】对话框，将参数设置直径为 8 的倒角刀，底部宽度为 1，锥度角为 45°，单击【确定】按钮，完成设置。

step 05 在【刀具】设置界面中设置相关参数，如图 4-21 所示。单击【确定】按钮完成刀具参数设置。

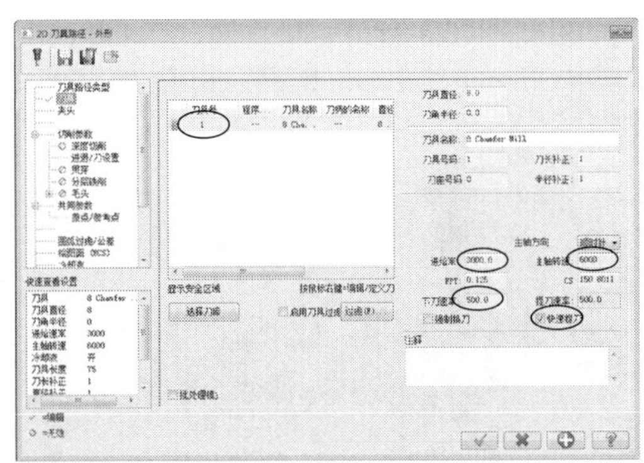

图 4-21　刀具相关参数

step 06 在对话框中单击【切削参数】节点，系统弹出【切削参数】设置界面，设置切削参数，如图 4-22 所示。

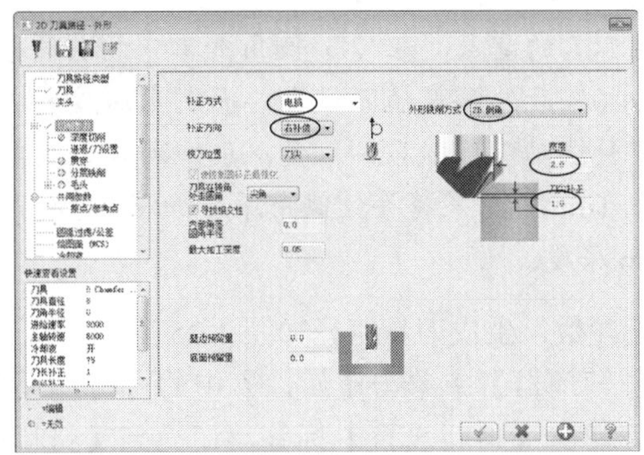

图 4-22　切削参数

step 07 在对话框中单击【进退/刀设置】节点，系统弹出【进退/刀设置】设置界面，设置进刀和退刀参数，如图 4-23 所示。

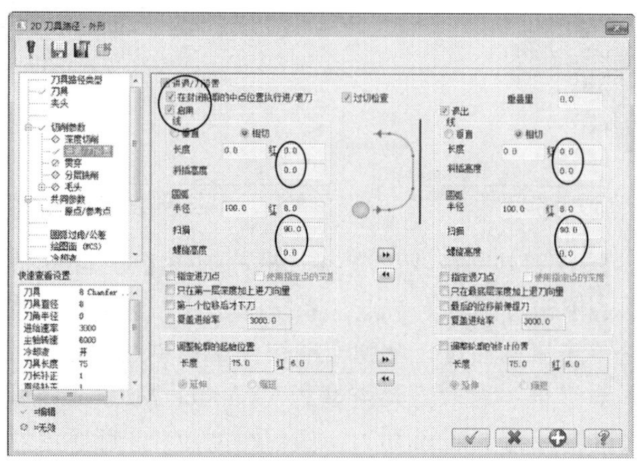

图 4-23 进退刀参数

step 08 在对话框中单击【共同参数】节点，系统弹出【共同参数】设置界面，设置二维刀具路径共同的参数，如图 4-24 所示。

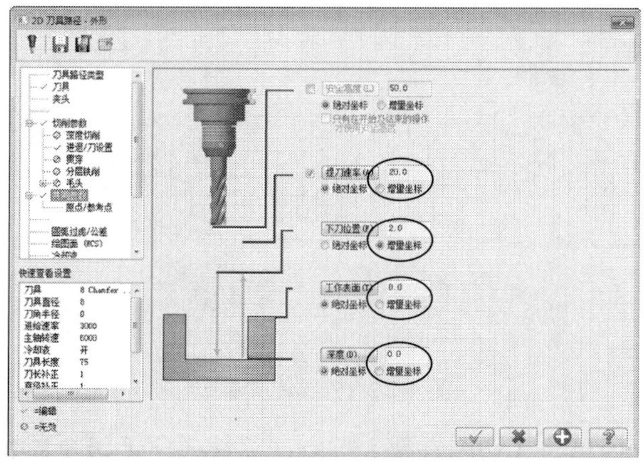

图 4-24 共同参数

此处是倒角加工的重点，在 2D 倒角加工中的共同参数对话框设置的工件表面和深度值都为 0，此处深度值不设置，而倒角深度的控制由倒角参数来控制，倒角参数有尖部补偿功能可以控制倒角深度。所以，用户需要注意，此处倒角加工深度值若是给-1mm，结果将导致倒角深度加深 1mm，即是在深度-1 的基础上向下再补偿 1mm 深度。

step 09 系统根据所设参数，生成刀具路径如图 4-25 所示。

step 10 在【刀具操作管理器】中单击【属性】中的【材料设置】节点，弹出【机器群组属性】对话框，单击【材料设置】标签，切换到【材料设置】选项卡，设置加工坯料的尺寸，单击【确定】按钮完成参数设置。坯料设置结果如图 4-26 所示，虚

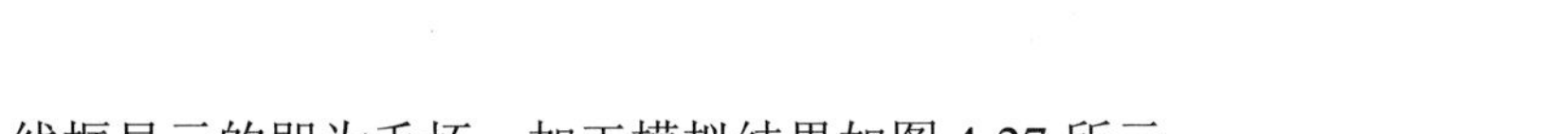

线框显示的即为毛坯。加工模拟结果如图 4-27 所示。

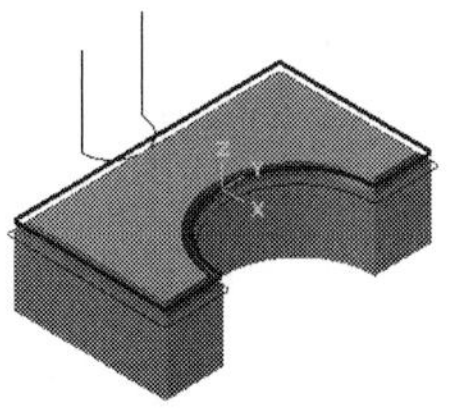

图 4-25　生成刀路

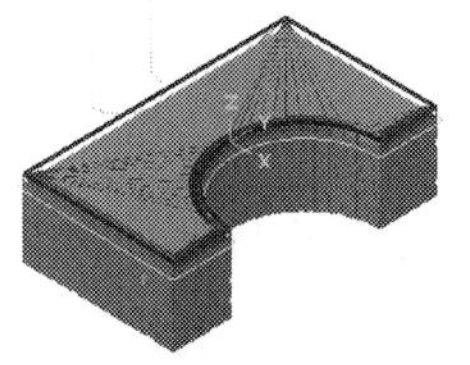

图 4-26　毛坯

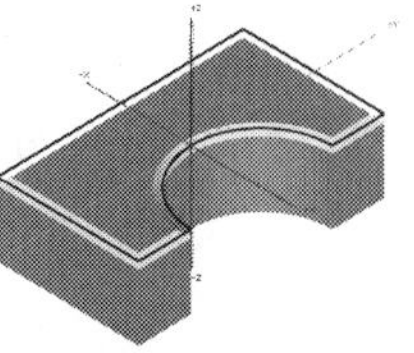

图 4-27　模拟结果

4.1.3　外形铣削斜插加工

斜插下刀加工一般是用来加工铣削深度较大的二维外形，主要是控制下刀类型，采用多种控制方式优化下刀刀路，使起始切削负荷均匀，切痕平滑，减少刀具损伤。

斜插加工参数与外形参数基本相同，这里主要讲解斜插参数。在【切削参数】设置界面中选择【外形铣削方式】为【斜插】后，可用来设置斜插下刀参数，如图 4-28 所示。

图 4-28　斜插下刀加工参数

各参数含义如下。

- 【斜插方式】：用来设置斜插下刀走刀方式。有角度、深度和钻削式。
  - 【角度】：下刀和走刀都以设置的角度值铣削。
  - 【深度】：下刀和走刀在每层上都以设置的深度值倾斜铣削。
  - 【钻削式】：在下刀处以设置的深度值垂直下刀，走刀时深度值不变。
- 【斜插角度】：设置下刀走刀斜插的角度值。
- 【斜插深度】：设置下刀走刀斜插的深度值，此选项只有深度和垂直下刀选项勾选时才被激活。
- 【开放式轮廓单向斜插】：设置开放式的轮廓时采用单向斜插走刀。
- 【在最终深度处补平】：在最底部的一刀采用平铣，即深度不变，此处只有在【深度】单选按钮选中时才被激活。
- 【将 3D 螺旋打断成若干线段】：将走刀的螺旋刀具路径打断成直线，以小段直线逼近曲线的方式进行铣削。

- 【曲线打断成线段的误差】：设置将 3D 螺旋打断成若干线段的误差值，此值越小，打断成直线的段数越多，直线长度也越小，铣削的效果越接近理想值，但计算时间就越长。反之亦然。

外形铣削案例 3

案例文件：ywj /04/基础/4-3.MCX-7，ywj /04/结果/4-3.MCX-7

视频文件：光盘→视频课堂→第 4 章→4.1.3

step 01 打开“4-3.MCX-7”文件，如图 4-29 所示。

step 02 选择【刀具路径】|【外形铣削】菜单命令，系统弹出【输入新 NC 名称】对话框，按默认名称，再单击【确定】按钮系统弹出【串联选项】对话框，选取串联，方向如图 4-30 所示。单击【确定】按钮，完成选取。

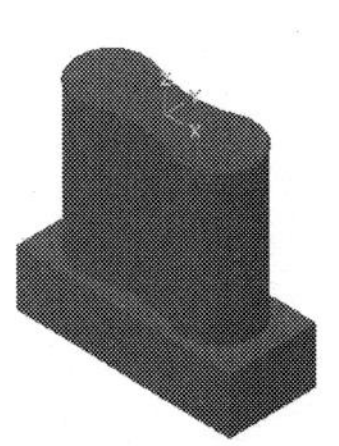

图 4-29　源文件

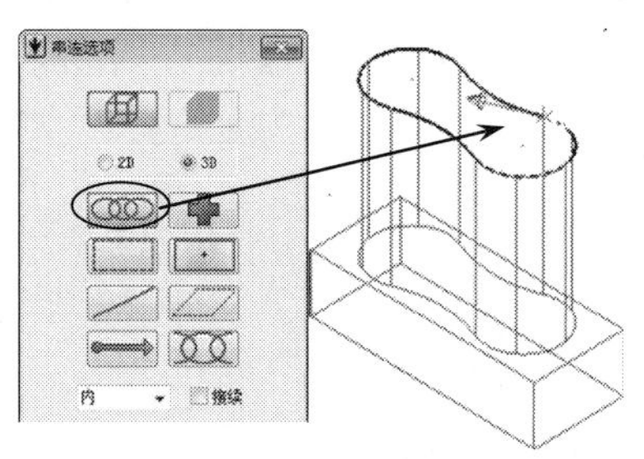

图 4-30　选取串联

step 03 系统弹出【2D 刀具路径-外形】参数对话框，切换到【刀具】设置界面，在其空白处单击鼠标右键，从弹出的快捷菜单中选择【创建新刀具】命令，弹出【定义刀具】对话框，选取刀具类型为 End Mill，系统弹出【新建刀具】对话框，将参数设置直径为 16 的平底刀，单击【确定】按钮，完成设置。

step 04 在【刀具】设置界面中设置相关参数，如图 4-31 所示。单击【确定】按钮完成刀具参数设置。

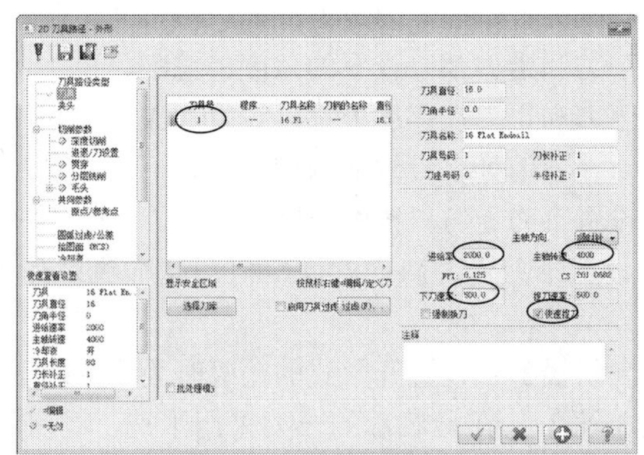

图 4-31　刀具相关参数

step 05 在对话框中单击【切削参数】节点，系统弹出【切削参数】设置界面，设置切削参数。在对话框中单击【进退/刀设置】节点，系统弹出【进退/刀设置】设置界面，设置进刀和退刀参数。单击【共同参数】节点，弹出【共同参数】设置界面，设置二维刀具路径共同的参数。系统根据所设参数，生成刀具路径如图 4-32 所示。加工模拟结果如图 4-33 所示。

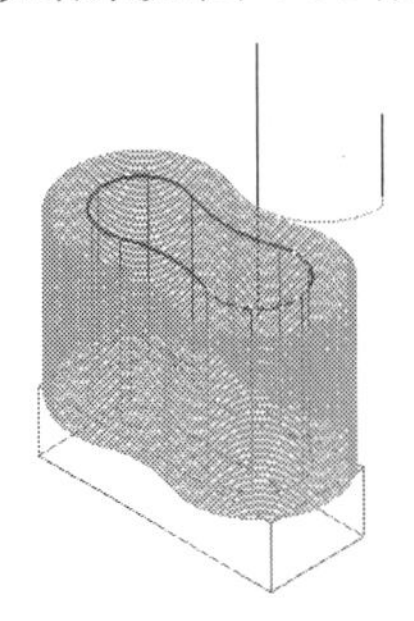

图 4-32　生成刀路

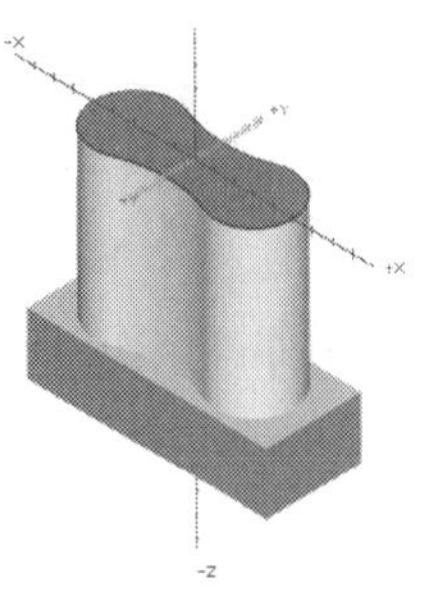

图 4-33　模拟结果

4.1.4　外形铣削残料加工

残料加工一般用于上一次外形铣削加工后留下的残余材料。为了提高加工速度，当铣削加工的铣削量较大时，开始采用大直径刀具和大的进给量，再采用残料外形加工来加工到最后的效果。

残料加工参数与外形参数基本相同，这里主要讲解残料参数。在【切削参数】设置界面中选择【外形铣削方式】为【残料加工】后，可以用来设置残料加工参数，如图 4-34 所示。

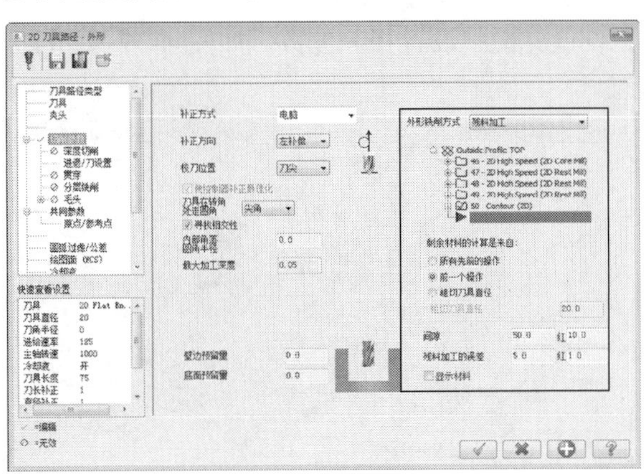

图 4-34　残料加工

各选项含义如下。

- 【剩余材料的计算是来自】：设置残料计算依据类型。
    - ◆ 【所有先前的操作】：依据所有先前操作进行计算残料。
    - ◆ 【前一个操作】：只依据前一个操作计算残料。
    - ◆ 【粗切刀具直径】：依据所设的粗切刀具直径来计算残料。

- 【粗切刀具直径】：设置粗切刀具直径，此选项只有【粗切刀具直径】选项前勾选时才被激活。

外形铣削案例 4

案例文件：ywj /04/基础/4-4.MCX-7，ywj /04/结果/4-4.MCX-7

视频文件：光盘→视频课堂→第 4 章→4.1.4

step 01 打开“4-4.MCX-7”文件，如图 4-35 所示。

step 02 选择【刀具路径】|【外形铣削】菜单命令，系统弹出【串联选项】对话框，选取串联，方向如图 4-36 所示。单击【确定】按钮，完成选取。

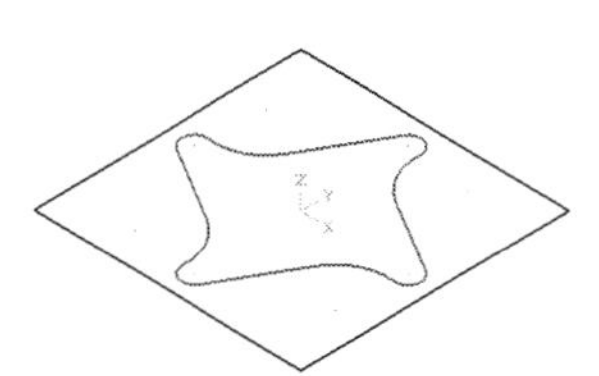

图 4-35　源文件

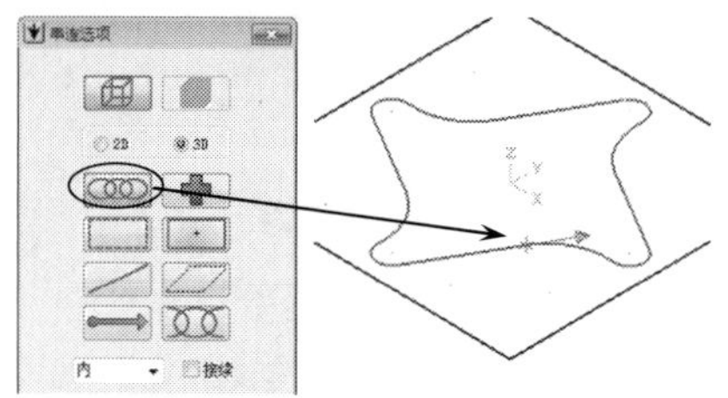

图 4-36　选取串联

step 03 系统弹出【2D 刀具路径-外形】对话框，在【刀具】设置界面的空白处单击鼠标右键，从弹出的快捷菜单中选择【创建新刀具】命令，弹出【定义刀具】对话框，选取刀具类型为 End Mil，系统弹出【新建刀具】对话框，将参数设置直径为 8 的平底刀，单击【确定】按钮，完成设置。

step 04 在【刀具】设置界面中设置相关参数，如图 4-37 所示。单击【确定】按钮完成刀具参数设置。

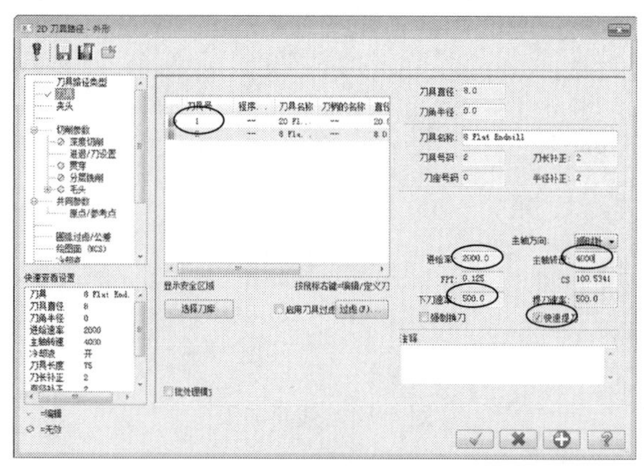

图 4-37　刀具相关参数

step 05 在对话框中单击【切削参数】节点，系统弹出【切削参数】设置界面，设置切削参数。在对话框中单击【深度切削】节点，弹出【深度切削】设置界面，设置深度切削参数。在对话框中单击【进退/刀设置】节点，系统弹出【进退/刀设置】设置

界面，设置进刀和退刀参数。在对话框中单击【共同参数】节点，系统弹出【共同参数】设置界面，设置二维刀具路径共同的参数。系统根据所设参数，生成刀具路径如图 4-38 所示。

step 06 在【刀具操作管理器】中单击【属性】中的【材料设置】节点，弹出【机器群组属性】对话框，单击【材料设置】标签，切换到【材料设置】选项卡，设置加工坯料的尺寸，单击【确定】按钮完成参数设置。坯料设置结果如图 4-39 所示，虚线框显示的即为毛坯。加工模拟结果如图 4-40 所示。

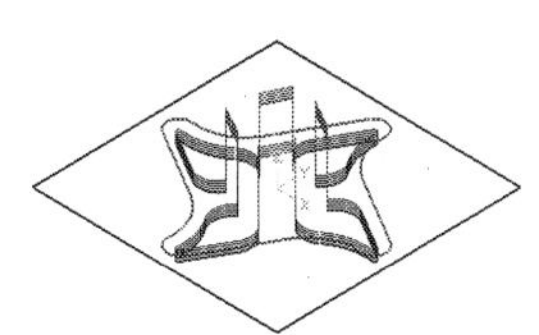

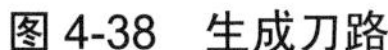

图 4-38　生成刀路

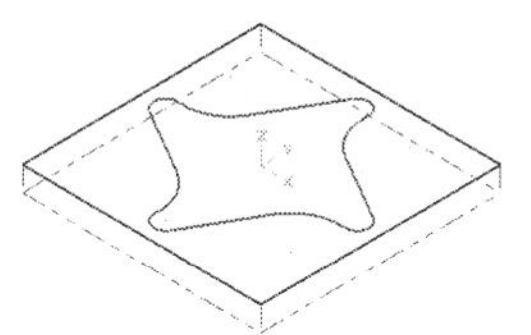

图 4-39　毛坯

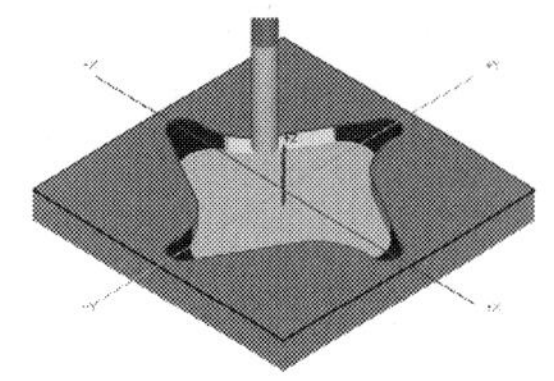

图 4-40　模拟结果

4.1.5　外形铣削摆线式加工

摆线式加工是加工时沿外形轨迹线增加在 Z 轴的摆动，这样可以减少刀具磨损，对切削更加稀薄的材料时或被碾压的材料，这种方法是特别有效的。

摆线式加工参数与外形参数基本相同，这里主要讲解摆线式参数。在【切削参数】设置界面选择【外形铣削方式】为【摆线式】后，可以用来设置摆线式加工参数，如图 4-41 所示。

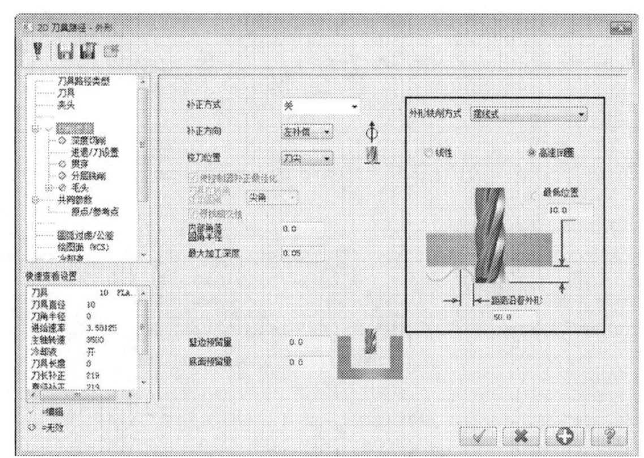

图 4-41　摆线式加工

各选项含义如下。

- 【线性】：在外形线 Z 轴方向摆动轨迹为线性之字形轨迹。
- 【高速回圈】：在外形线 Z 轴方向摆动轨迹为正弦线轨迹。
- 【最低位置】：设置摆动轨迹离深度平面的偏离值。
- 【距离沿着外形】：沿着外形方向摆动的距离值。

外形铣削案例 5

案例文件：ywj /04/基础/4-5.MCX-7，ywj /04/结果/4-5.MCX-7
视频文件：光盘→视频课堂→第 4 章→4.1.5

step 01 打开“4-5.MCX-7”文件，如图 4-42 所示。

step 02 选择【刀具路径】|【外形铣削】菜单命令，弹出【输入新 NC 名称】对话框，按默认名称，再单击【确定】按钮，系统弹出【串联选项】对话框，框选矩形内的线条，方向如图 4-43 所示。单击【确定】按钮，完成选取。

图 4-42　源文件

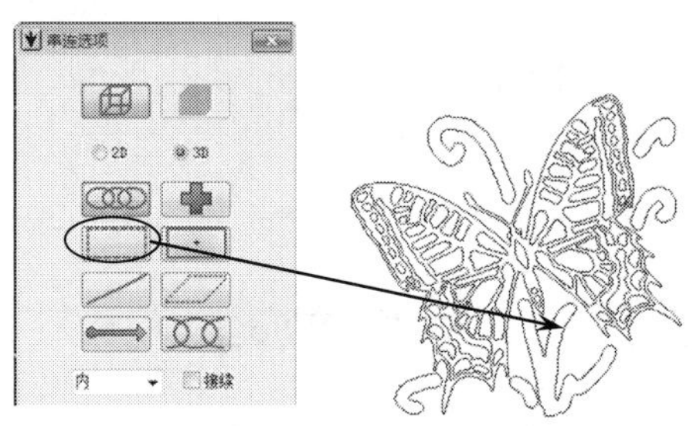

图 4-43　选取串联

step 03 系统弹出【2D 刀具路径-外形】对话框，在【刀具】设置界面的空白处单击鼠标右键，从弹出的快捷菜单中选择【创建新刀具】命令，弹出【定义刀具】对话框，选取刀具类型为 End Mile，系统弹出【新建刀具】对话框，将参数设置直径为 10 的平底刀，单击【确定】按钮，完成设置。

step 04 在【刀具】设置界面中设置相关参数，如图 4-44 所示。单击【确定】按钮完成刀具参数设置。

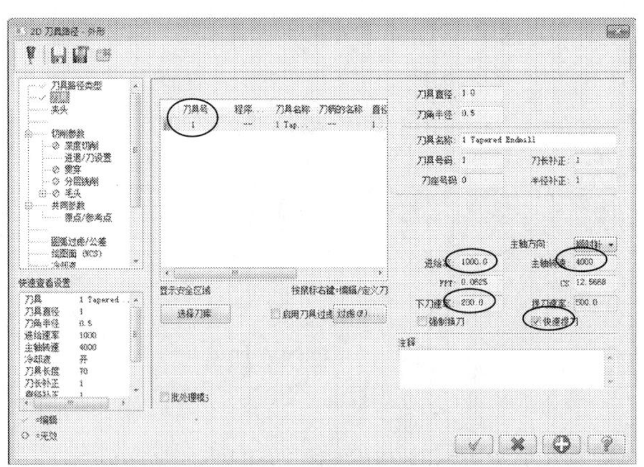

图 4-44　刀具相关参数

step 05 在【2D 刀具路径-外形】对话框中单击【切削参数】节点，系统弹出【切削参数】设置界面，设置切削参数。单击【进退/刀设置】节点，弹出【进退/刀设置】设置界面，设置进刀和退刀参数。单击【共同参数】节点，弹出【共同参数】设置界

面，设置二维刀具路径共同的参数。系统根据所设参数，生成刀具路径如图 4-45 所示。

step 06 在【刀具操作管理器】中单击【属性】中的【材料设置】节点，弹出【机器群组属性】对话框，单击【材料设置】标签，切换到【材料设置】选项卡，设置加工坯料的尺寸，单击【确定】按钮完成参数设置。坯料设置结果如图 4-46 所示，虚线框显示的即为毛坯。加工模拟结果如图 4-47 所示。

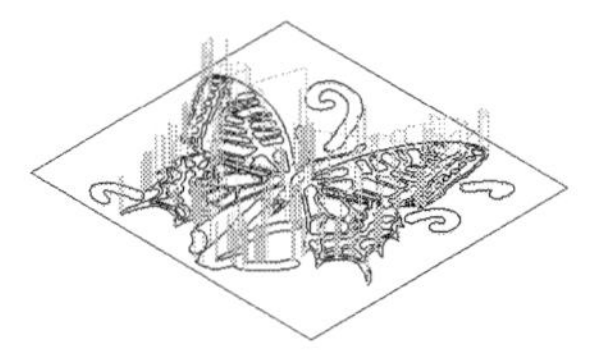

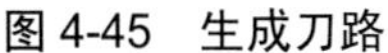

图 4-45　生成刀路

图 4-46　毛坯

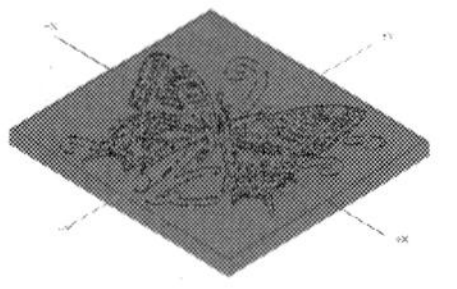

图 4-47　模拟结果

4.1.6　3D 外形加工

当选择的加工串联为二维图线时，外形铣削只能是 2D 铣削加工，当选择的加工串联是三维线架时，则外形铣削可以是 2D 外形铣削加工，也可以是 3D 铣削加工，2D 铣削即是将 3D 线架投影到平面后进行加工，3D 铣削即是按照选取的线架进行走刀。下面主要讲解 3D 铣削部分。

选择【刀具路径】|【外形铣削】菜单命令，选取串联后确定，系统弹出【2D 刀具路径-外形】对话框，在该对话框中单击【切削参数】节点，系统弹出【切削参数】设置界面，在【外形铣削方式】下拉列表框中设置外形加工类型为 3D，如图 4-48 所示。

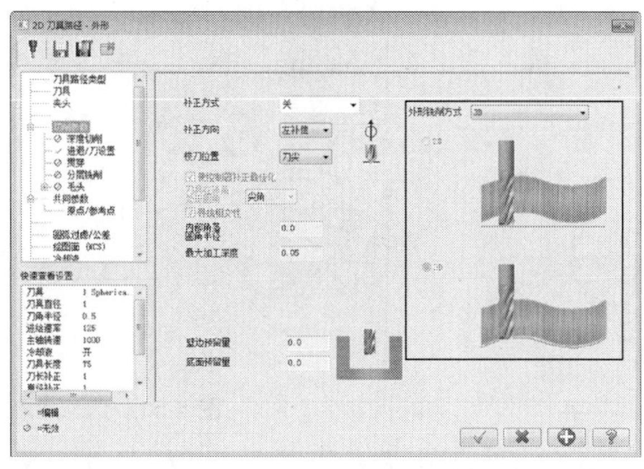

图 4-48　3D 外形铣削

3D 外形铣削加工的参数设置和 2D 外形铣削加工参数设置相同，主要的区别是在加工深度的控制方面，3D 外形倒角加工参数设置和 2D 外形倒角参数设置相同，如图 4-49 所示。具体参数在此处不再讲述。下面进行案例详解。

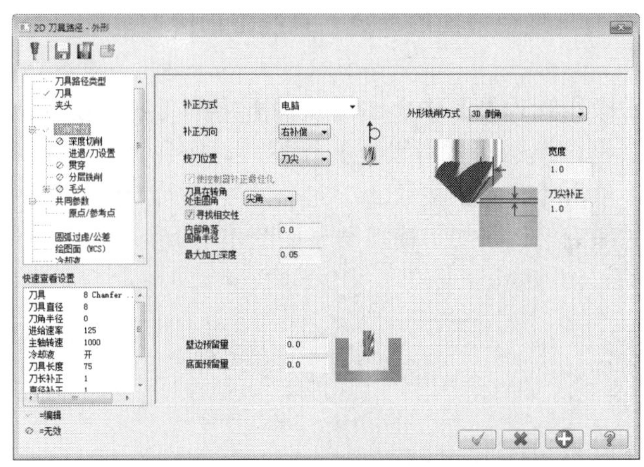

图 4-49　3D 外形倒角

外形铣削案例 6

案例文件：ywj /04/基础/4-6.MCX-7，ywj /04/结果/4-6.MCX-7

视频文件：光盘→视频课堂→第 4 章→4.1.6

step 01 打开“4-6.MCX-7”文件，如图 4-50 所示。

step 02 选择【刀具路径】|【外形铣削】菜单命令，弹出【输入新 NC 名称】对话框，按默认名称，再单击【确定】按钮，系统弹出【串联选项】对话框，选取串联，方向如图 4-51 所示。单击【确定】按钮，完成选取。

图 4-50　三维“福”字

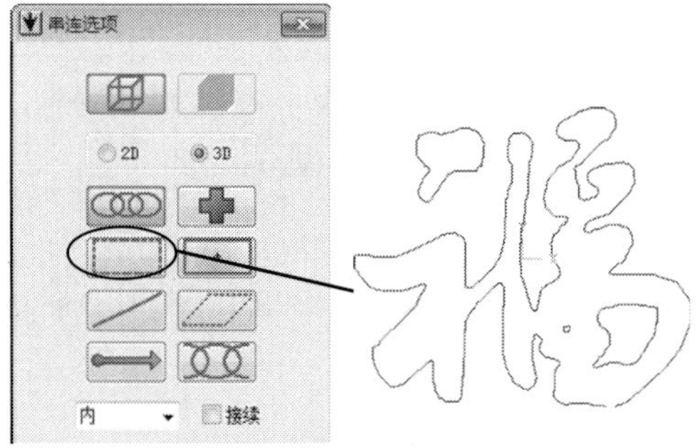

图 4-51　选取串联

step 03 系统弹出【2D 刀具路径-外形】对话框，在【刀具】设置界面的空白处单击鼠标右键，从弹出的快捷菜单中选择【创建新刀具】命令，弹出【定义刀具】对话框，选取刀具类型为 End Mill，系统弹出【新建刀具】对话框，将刀具参数设置直径为 1 的锥度球刀，单击【确定】按钮，完成设置。

step 04 在【刀具】设置界面中设置相关参数。打开【切削参数】设置界面，设置切削参数，如图 4-52 所示。

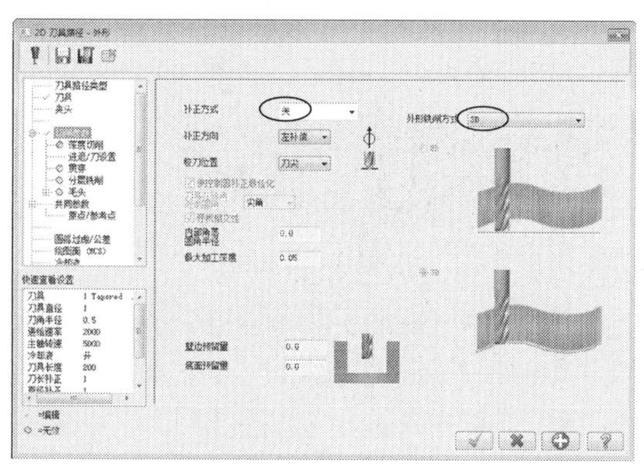

图 4-52　切削参数

补正方式是控制刀具偏移方式，当设置为关表示不进行偏移，刀具将按照线架进行走刀，刀具中心始终落在线架上。刀具走刀轨迹即是线架本身。

step 05 打开【进退/刀设置】设置界面，设置进刀和退刀参数，将默认的进刀和退刀参数全部关闭。打开【共同参数】设置界面，设置二维刀具路径共同的参数。系统根据所设参数，生成刀具路径如图 4-53 所示。

step 06 打开毛坯层。按 Alt+Z 快捷键，系统弹出【层别管理】对话框，单击图层 1 的突显列，将毛坯层勾选显示，显示的实体毛坯如图 4-54 所示。

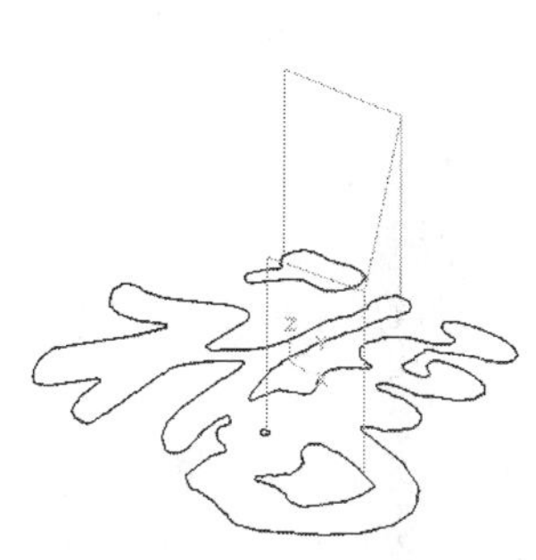

图 4-53　生成刀路

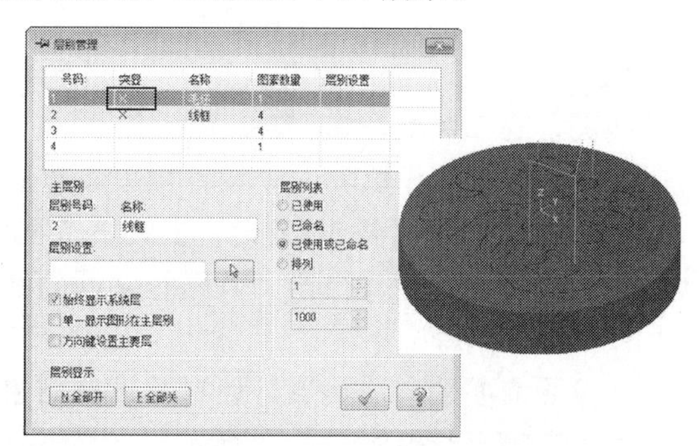

图 4-54　打开毛坯层

step 07 在【刀具操作管理器】中单击【属性】中的【材料设置】节点，弹出【机器群组属性】对话框，单击【材料设置】标签，切换到【材料设置】选项卡，设置实体为毛坯，单击【确定】按钮完成参数设置。坯料设置结果如图 4-55 所示，虚线框显示的即为毛坯。加工模拟结果如图 4-56 所示。

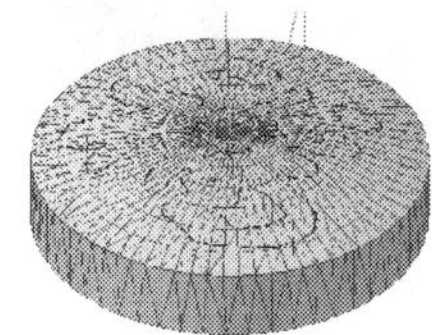

图 4-55　毛坯

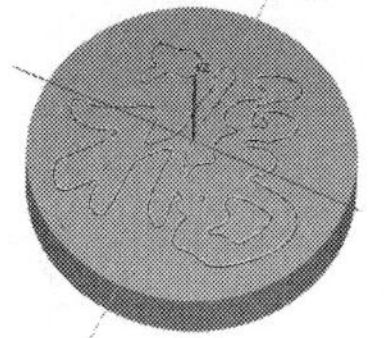

图 4-56　模拟结果

外形铣削案例 7

案例文件：ywj /04/基础/4-7.MCX-7，ywj /04/结果/4-7.MCX-7

视频文件：光盘→视频课堂→第 4 章→4.1.7

step 01 打开“4-7.MCX-7”文件，如图 4-57 所示。

step 02 选择【刀具路径】|【外形铣削】菜单命令，系统弹出【输入新 NC 名称】对话框，按默认名称，再单击【确定】按钮，系统弹出【串联选项】对话框，选取串联，方向如图 4-58 所示。单击【确定】按钮，完成选取。

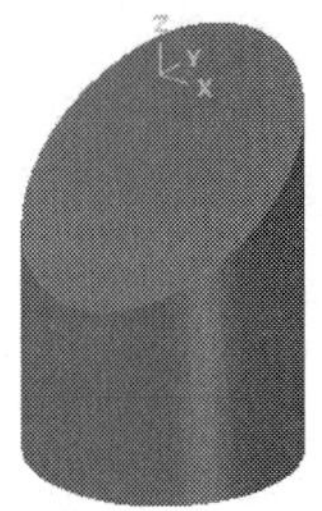

图 4-57　加工图形

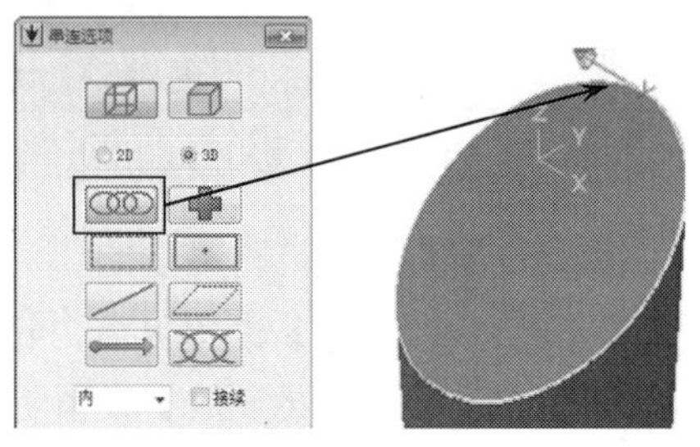

图 4-58　选取串联

step 03 系统弹出【2D 刀具路径-外形】对话框，在【刀具】设置界面的空白处单击鼠标右键，从弹出的快捷菜单中选择【创建新刀具】命令，弹出【定义刀具】对话框，选取刀具类型为 End Mill，系统弹出【新建刀具】对话框，将参数设置直径为 8 的倒角刀，底部宽度为 0，锥度角为 45°，单击【确定】按钮，完成设置。

step 04 在【刀具】设置界面中设置相关参数，然后打开【切削参数】设置界面，设置切削参数。打开【进退/刀设置】设置界面，设置进刀和退刀参数。打开【共同参数】设置界面，设置二维刀具路径共同的参数。系统根据所设参数，生成刀具路径如图 4-59 所示。

step 05 按照前面的方法设置好坯料，设置结果如图 4-60 所示，虚线框显示的即为毛坯。加工模拟结果如图 4-61 所示。

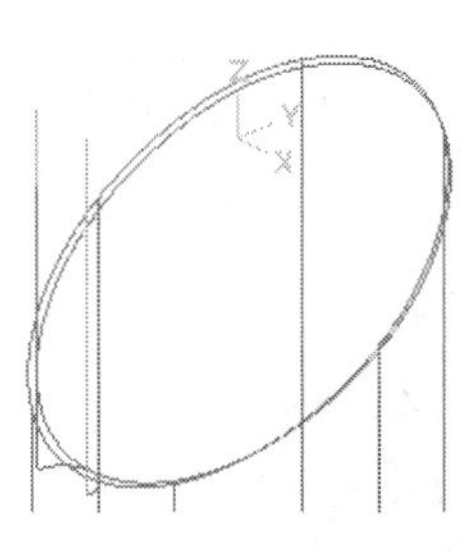

图 4-59　生成刀路

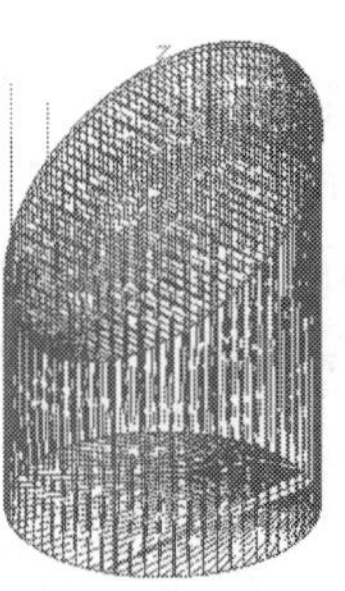

图 4-60　毛坯

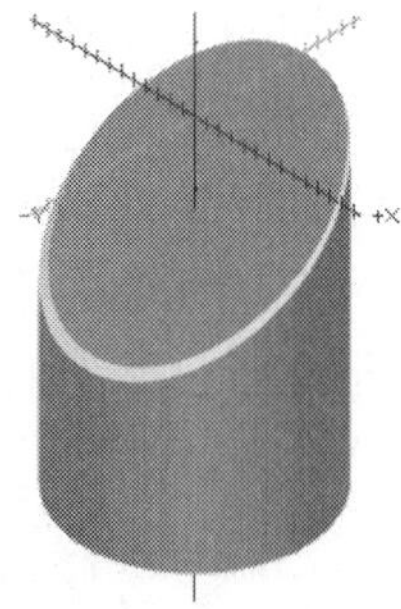

图 4-61　模拟结果

4.2 挖 槽 加 工

二维挖槽加工刀具路径主要用来切除封闭的或开放的外形所包围的材料(槽形)。系统会自动侦测槽内的残料并进行清除，所以 MasterCAM 挖槽加工去残料的效率是非常高的，而且不需要设置外形分层的层数，系统根据选取的槽形轮廓线自动计算需要走刀的次数。

选择【刀具路径】|【2D 挖槽】菜单命令，选取串联后确定，系统弹出【2D 刀具路径-2D 挖槽】对话框，在该对话框中单击【切削参数】节点，系统弹出【切削参数】设置界面，在【挖槽加工方式】下拉列表框中可以设置 2D 挖槽加工类型，如图 4-62 所示。二维挖槽加工刀具路径有【标准】、【平面铣削】、【使用岛屿深度】、【残料加工】和【打开】5 种挖槽加工类型。

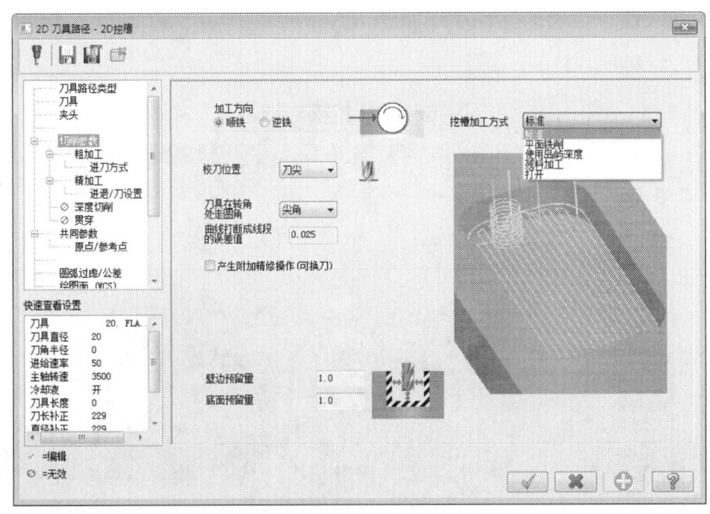

图 4-62 挖槽类型

4.2.1 2D 挖槽

2D 挖槽加工专门对平面槽形工件加工，且二维加工轮廓必须是封闭的，不能是开放的。用 2D 挖槽加工槽形的轮廓时，参数设置非常方便，系统根据轮廓自动计算走刀次数，无须用户计算。此外，2D 挖槽加工采用逐层加工的方式，在每一层内，刀具会以最少的刀具路径、最快的速度去除残料，因此 2D 挖槽加工效率非常高。

选择【刀具路径】|【2D 挖槽】菜单命令，选取挖槽串联并确定后，系统弹出【2D 刀具路径】对话框，在【2D 刀具路径】对话框设置【刀具路径类型】为【2D 挖槽】，系统弹出【2D 刀具路径-2D 挖槽】对话框，如图 4-63 所示。

1. 切削参数

在【2D 刀具路径-2D 挖槽】对话框中可以设置生成挖槽刀具路径的基本挖槽参数，包括切削参数和共同参数等，下面主要讲解切削参数。

在【2D 刀具路径-2D 挖槽】对话框中单击【切削参数】节点，系统弹出【切削参数】设置界面，用来设置切削有关的参数，如图 4-64 所示。

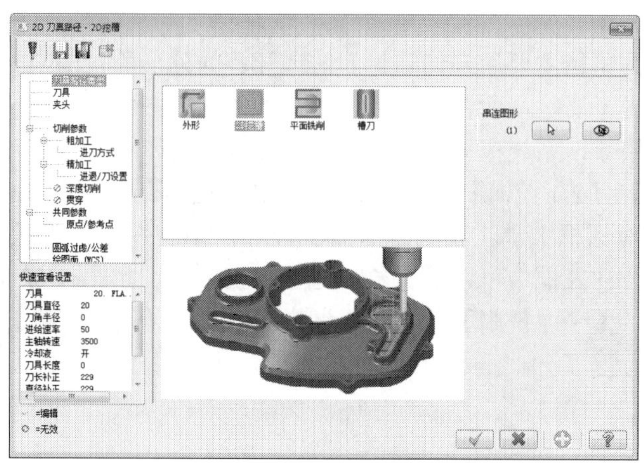

图 4-63　2D 挖槽对话框

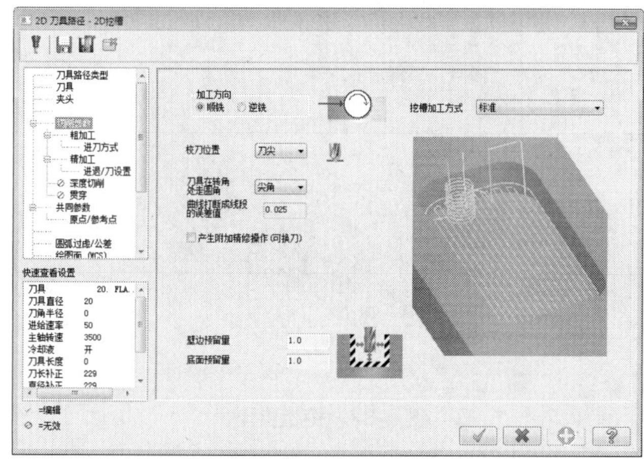

图 4-64　切削参数

各选项含义如下。

- 【加工方向】：用来设置刀具相对工件的加工方向，有顺铣和逆铣两种。
  - 【顺铣】：根据顺铣的方向生成挖槽的加工刀具路径。
  - 【逆铣】：根据逆铣的方向生成挖槽的加工刀具路径。

顺铣与逆铣的示意图如图 4-65 所示。

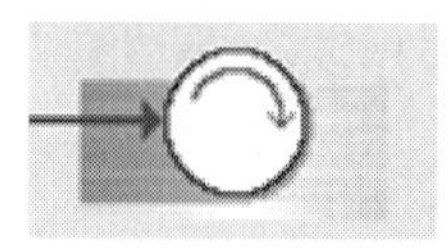

顺铣

逆铣

图 4-65　顺铣和逆铣

- 【挖槽加工方式】：用来设置挖槽的类型，有【标准】、【平面铣削】、【使用岛

屿深度】、【残料加工】和【打开】挖槽。

- 【较刀位置】：设置较刀参考为刀尖或球心。
- 【刀具在转角处走圆角】：设置刀具在折角地方走刀方式，有【全部】、【无】和【尖角】3 个选项。
  - 【无】：不走圆弧。
  - 【全部】：全部走圆弧。
  - 【尖角】：小于 135° 的尖角走圆弧。
- 【侧边预留量】：XY 方向上预留残料量。
- 【底面预留量】：槽底部 Z 方向上预留残料量。

2. 粗加工参数

在【2D 刀具路径-2D 挖槽】对话框中单击【粗加工】节点，系统弹出【粗加工】设置界面，用来设置粗加工参数，如图 4-66 所示。

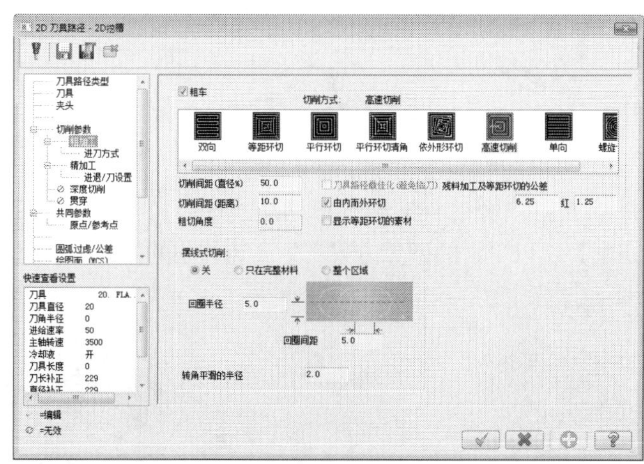

图 4-66　粗加工参数

各选项含义如下。

- 【切削方式】：设置切削加工的走刀方式，共有 8 种。
  - 【双向】切削：产生一组来回的直线刀具路径来切削槽。刀具路径的方向由粗切角度决定，如图 4-67 所示。
  - 【单向】切削：产生的刀具路径与双向类似，所不同的是单向切削的刀具路径按同一个方向切削，如图 4-68 所示。

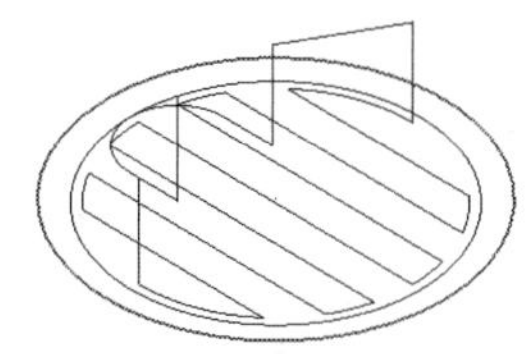

图 4-67　双向

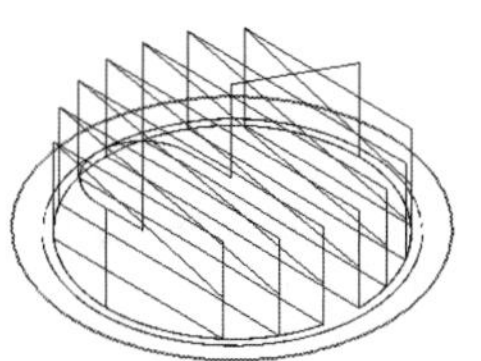

图 4-68　单向

- ◆ 【等距环切】：以等距切削的螺旋方式产生挖槽刀具路径，如图 4-69 所示。
- ◆ 【平行环切】：以平行螺旋方式产生挖槽刀具路径，如图 4-70 所示。

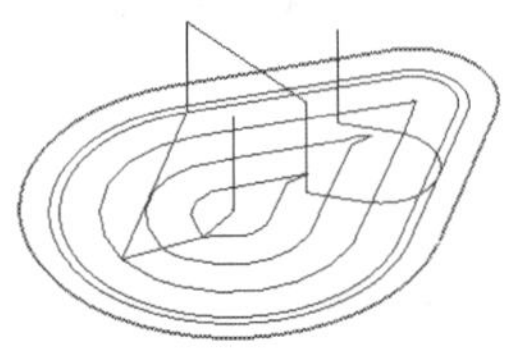

图 4-69　等距环切

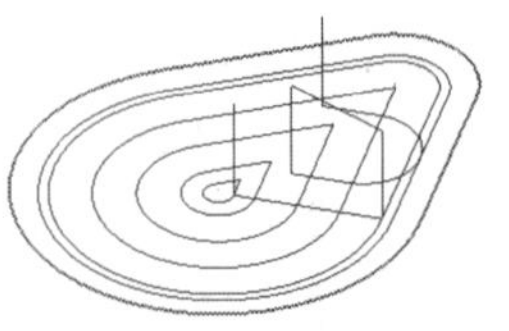

图 4-70　平行环切

- ◆ 【平行环切清角】：以平行螺旋并清角的方式产生挖槽刀具路径，如图 4-71 所示。
- ◆ 【依外形环切】：依外形螺旋方式产生挖槽刀具路径，如图 4-72 所示。

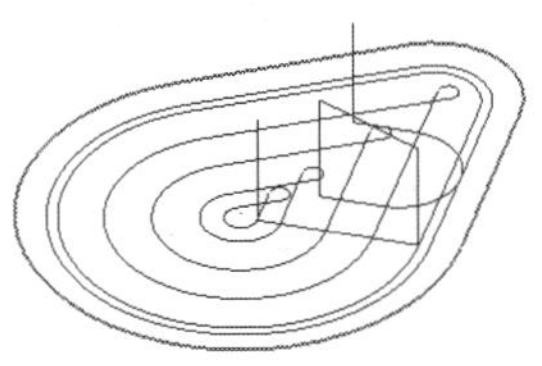

图 4-71　平行环切清角

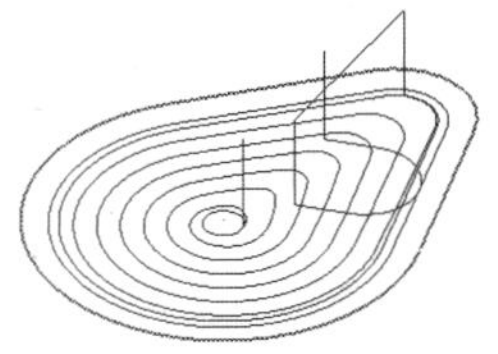

图 4-72　依外形环切

- ◆ 【高速切削】：以圆弧、螺旋进行摆动式产生挖槽刀具路径，如图 4-73 所示。
- ◆ 【螺旋切削】：以平滑的圆弧方式产生高速切削的挖槽刀具路径，如图 4-74 所示。

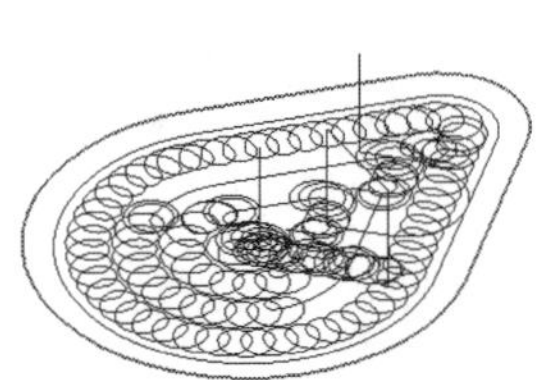

图 4-73　高速切削

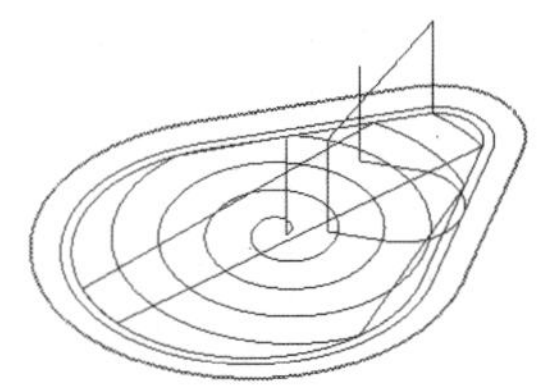

图 4-74　螺旋切削

- 【切削间距】：设置两条刀具路径之间的距离。
  - ◆ 【切削间距(直径%)】：以刀具直径的百分比来定义刀具路径的间距。一般 60%～75%。
  - ◆ 【切削间距(距离)】：直接以距离来定义刀具路径的间距。它与直径百分比选项是连动的。
- 【粗切角度】：用来控制刀具路径的铣削方向，指的是刀具路径切削方向与 X 轴的夹角。此项只有【切削方式】为【双向】和【单向】切削时才激活可用。
- 【由内而外环切】：环切刀具路径的挖槽进刀起点都有两种方法决定，它是由【由内而外环切】复选框来决定的。当启用该复选框时，切削方法是以挖槽中心或用户指定的起点开始，螺旋切削至挖槽边界，如图 4-75 所示。当未启用该复选框时，切削方法是以挖槽边界或用户指定的起点开始，螺旋切削至挖槽中心，如图 4-76 所示。

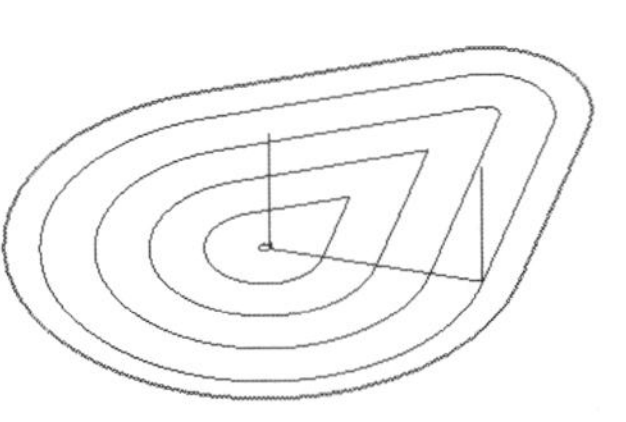
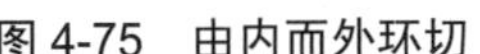

图 4-75　由内而外环切

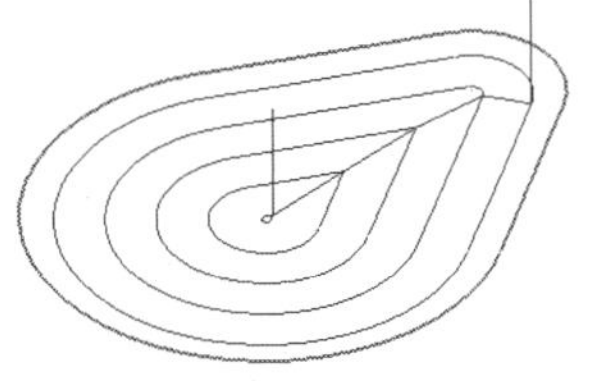

图 4-76　由外而内环切

挖槽加工案例 1

案例文件：ywj /04/基础/4-8.MCX-7，ywj /04/结果/4-8.MCX-7

视频文件：光盘→视频课堂→第 4 章→4.2.1

step 01 打开“4-8. MCX-7”文件，如图 4-77 所示。

step 02 选择【刀具路径】|【2D 挖槽】菜单命令，弹出【输入新 NC 名称】对话框，按默认名称，再单击【确定】按钮，系统弹出【串联选项】对话框，选取串联，方向如图 4-78 所示。单击【确定】按钮，完成选取。

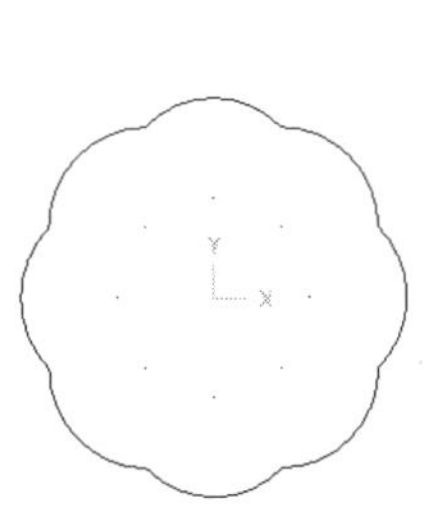

图 4-77　加工图形

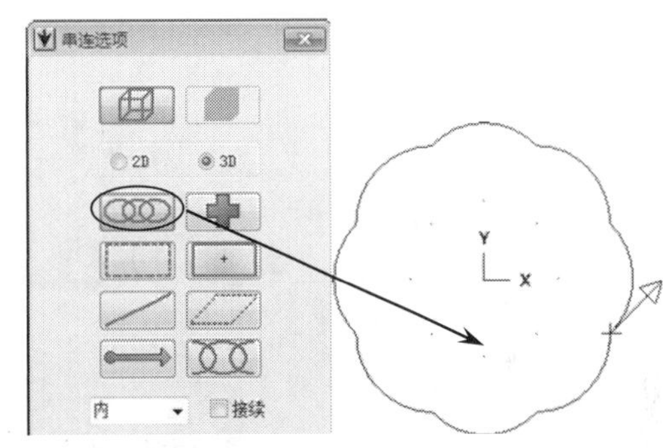

图 4-78　选取串联

step 03 系统弹出【2D 刀具路径-2D 挖槽】对话框，在【刀具】设置界面的空白处单击鼠标右键，从弹出的空间菜单中选择【创建新刀具】命令，弹出【定义刀具】对话框，选取刀具类型为 End Mill，系统弹出【新建刀具】对话框，将参数设置直径为 10 的平底刀，单击【确定】按钮，完成设置。

step 04 在【刀具】设置界面中设置相关参数，如图 4-79 所示。单击【确定】按钮完成刀具参数设置。

step 05 在对话框中单击【切削参数】节点，系统弹出【切削参数】设置界面，设置切削相关参数，如图 4-80 所示。

step 06 在对话框中单击【粗加工】节点，系统弹出【粗加工】设置界面，设置粗切削走刀以及刀间距等参数，如图 4-81 所示。

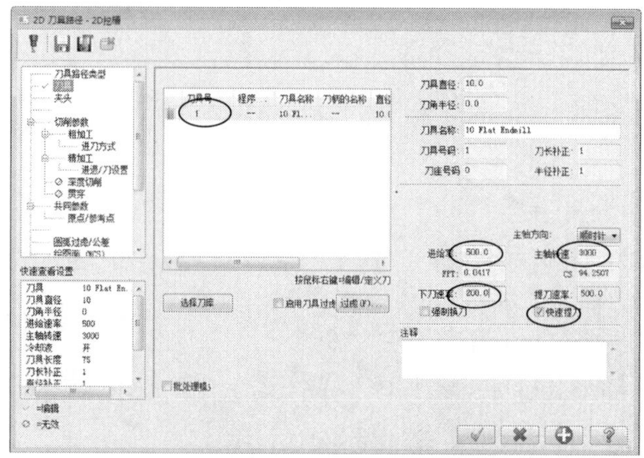

图 4-79　刀具相关参数

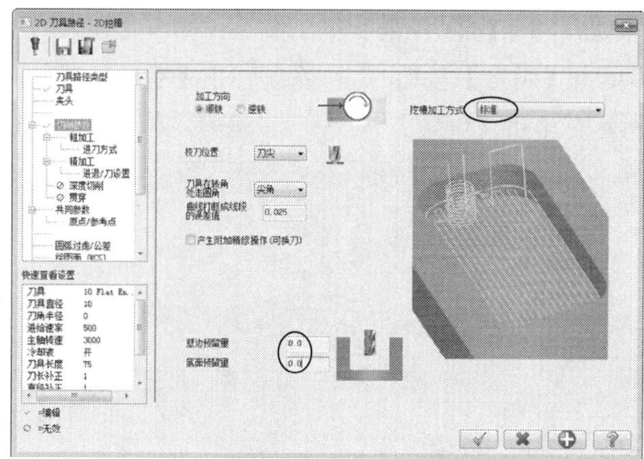

图 4-80　切削参数

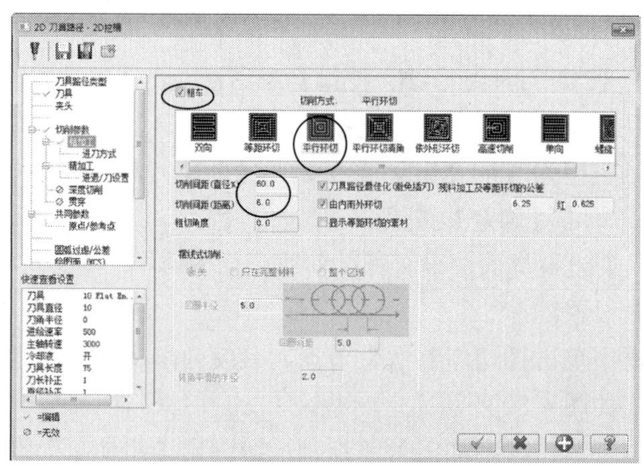

图 4-81　粗加工参数

step 07 在对话框中单击【进刀方式】节点，系统弹出【进刀方式】设置界面，设置粗切削进刀参数，选取进刀模式为【斜插】下刀，如图 4-82 所示。

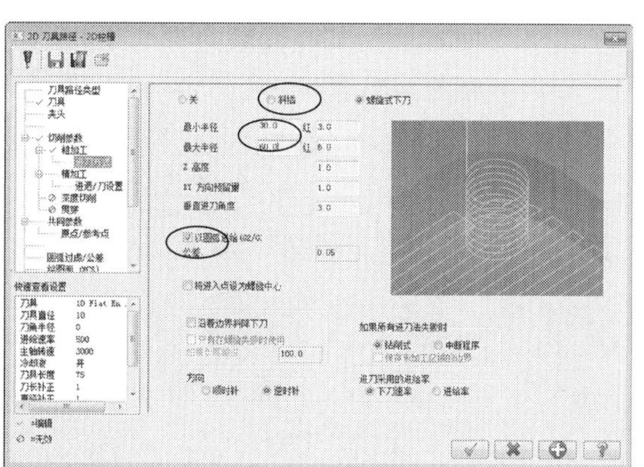

图 4-82 进刀方式

step 08 在对话框中单击【精加工】节点，系统弹出【精加工】设置界面，设置精加工参数，如图 4-83 所示。

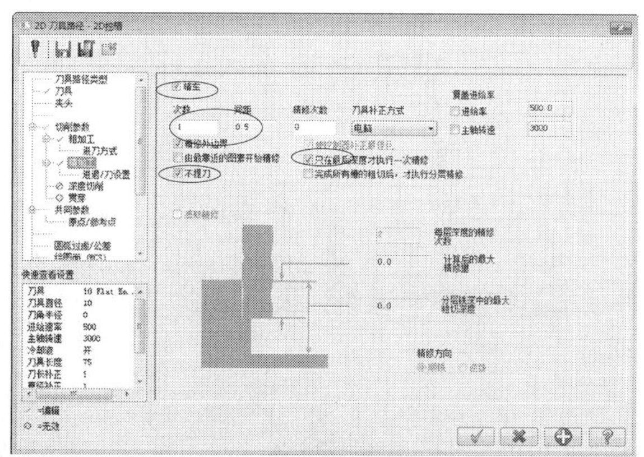

图 4-83 精加工参数

step 09 在对话框中单击【深度切削】节点，系统弹出【深度切削】设置界面，设置刀具在深度方向上切削参数，如图 4-84 所示。

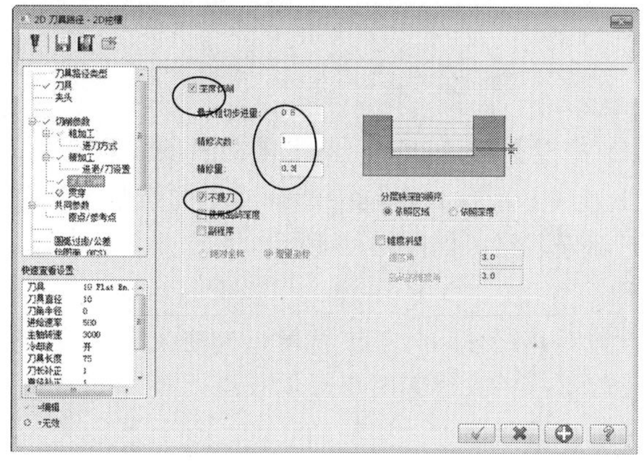

图 4-84 深度切削参数

step 10 在对话框中单击【共同参数】节点，系统弹出【共同参数】设置界面，设置二维刀具路径共同的参数，如图 4-85 所示。

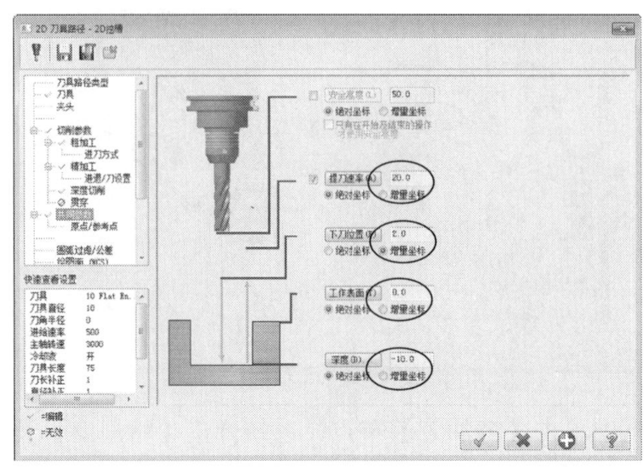

图 4-85 共同参数

step 11 系统根据所设参数，生成刀具路径，如图 4-86 所示。

step 12 在【刀具操作管理器】中单击【属性】中的【材料设置】节点，弹出【机器群组属性】对话框，单击【材料设置】标签，切换到【材料设置】选项卡，设置加工坯料的尺寸，单击【确定】按钮完成参数设置。坯料设置结果如图 4-87 所示，虚线框显示的即为毛坯。

step 13 单击【实体模拟】按钮，系统弹出 Verify 对话框，单击【播放】按钮，模拟结果如图 4-88 所示。

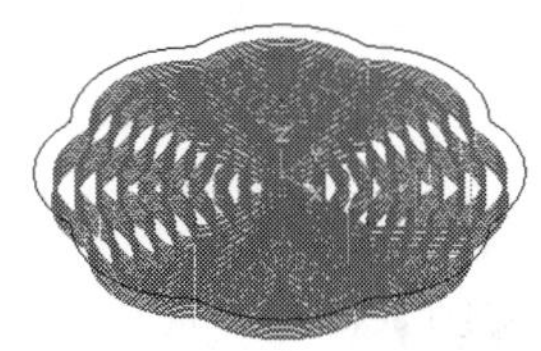

图 4-86 生成刀路

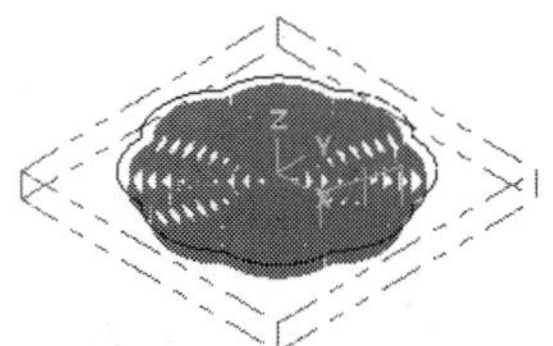

图 4-87 毛坯

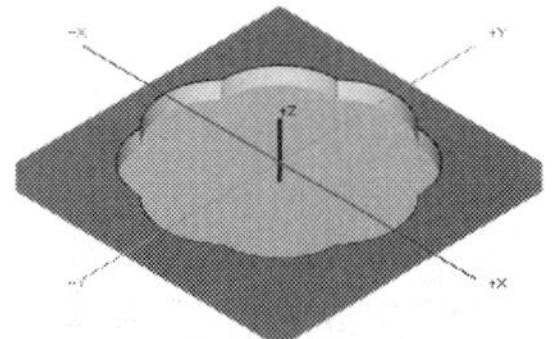

图 4-88 模拟结果

4.2.2 平面铣削

在【2D 刀具路径-2D 挖槽】对话框中，单击【切削参数】节点，系统弹出【切削参数】设置界面，在【挖槽加工方式】下拉列表框中选择【平面铣削】选项，该项专门用来在原有的刀路边界上额外的扩充部分刀路，如图 4-89 所示。

其部分参数含义如下。

- 【重叠量】：设置刀具路径向外扩展宽度，与前面的刀具重叠百分比是连动的。
- 【引进时延伸长度】：输入进刀时引线的长度。
- 【退出引线长度】：输入退刀时引线的长度。

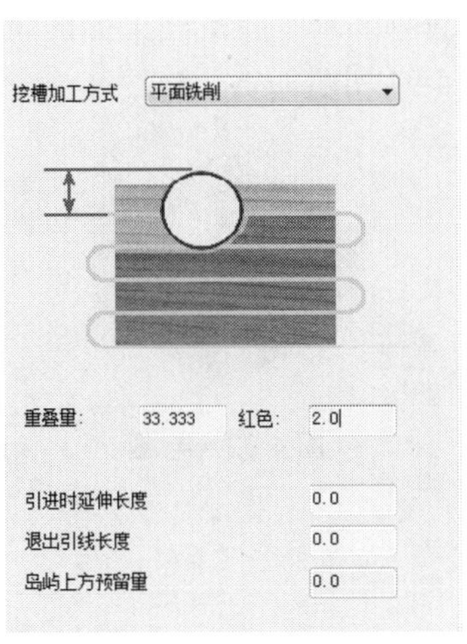

图 4-89　挖槽平面铣削

挖槽加工案例 2

案例文件：ywj /04/基础/4-9.MCX-7，ywj /04/结果/4-9.MCX-7

视频文件：光盘→视频课堂→第 4 章→4.2.2

在加工零件的基础上加工挂台孔(孔单边大 2，深度 4)。

step 01 打开“4-9. MCX-7”文件，如图 4-90 所示。

step 02 选择【刀具路径】|【2D 挖槽】菜单命令，系统弹出【串联选项】对话框，选取串联，方向如图 4-91 所示。单击【确定】按钮，完成选取。

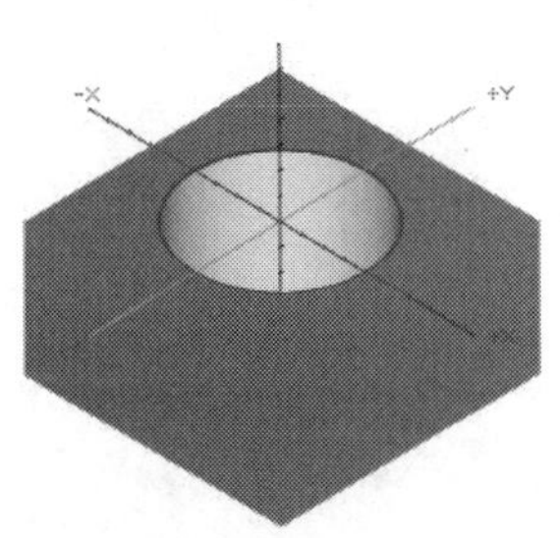

图 4-90　源文件

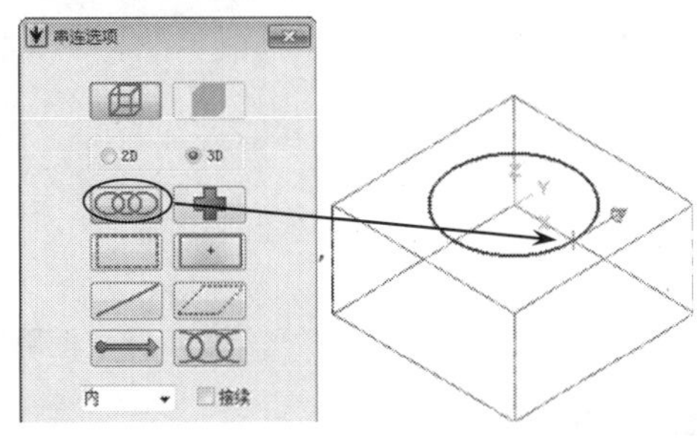

图 4-91　选取串联

step 03 系统弹出【2D 刀具路径-2D 挖槽】对话框，单击【刀具】节点，系统弹出【刀具】设置界面，将先前已经使用的刀具作为本次刀轨使用的刀具。打开【切削参数】设置界面，设置切削相关参数。打开【粗加工】设置界面，设置粗切削走刀以及刀间距等参数。打开【进刀方式】设置界面，设置粗切削进刀参数，选取进刀模式为螺旋式下刀。打开【精加工】设置界面，设置精加工参数。打开【深度切削】设置界面，设置刀具在深度方向上切削参数。打开【共同参数】设置界面，设置二维刀具路径共同的参数。系统根据所设参数，生成刀具路径，如图 4-92 所示。

step 04 按照前面的方法设置好坯料，设置结果如图 4-93 所示，虚线框显示的即为毛坯。加工模拟结果如图 4-94 所示。

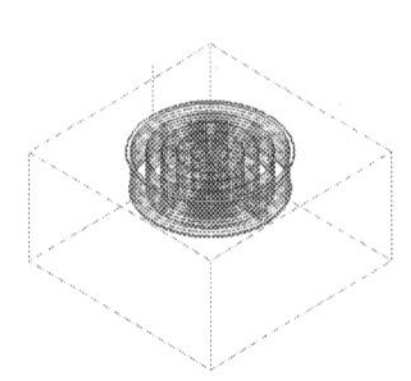
图 4-92　生成刀路

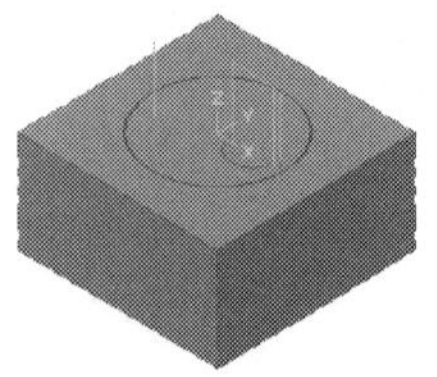
图 4-93　毛坯

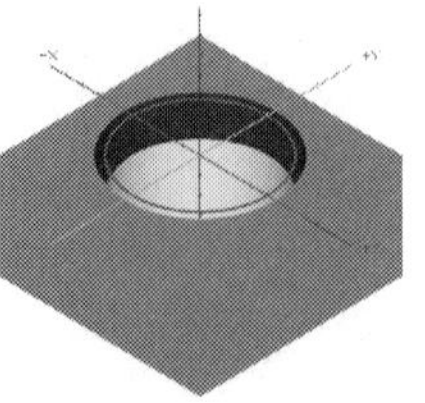
图 4-94　模拟结果

4.2.3　使用岛屿深度

在【2D 刀具路径-2D 挖槽】对话框中，单击【切削参数】节点，系统弹出【切削参数】设置界面，在【挖槽加工方式】下拉列表框中选择【使用岛屿深度】选项，该项专门用来控制岛屿的加工深度，如图 4-95 所示。岛屿深度的控制参数主要是【岛屿上方预留量】，此值应是负值，含义和槽深度类似，是岛屿的上方距离工件表面的深度值。

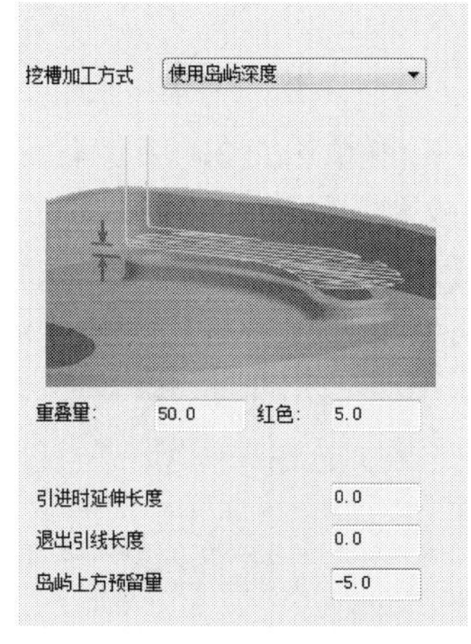

图 4-95　使用岛屿深度

挖槽加工案例 3

案例文件：ywj /04/基础/4-10.MCX-7，ywj /04/结果/4-10.MCX-7

视频文件：光盘→视频课堂→第 4 章→4.2.3

step 01 打开“4-10. MCX-7”文件，如图 4-96 所示。

step 02 选择【刀具路径】|【2D 挖槽】菜单命令，弹出【输入新 NC 名称】对话框，按默认名称，再单击【确定】按钮，系统弹出【串联选项】对话框，选取串联，方向如图 4-97 所示。单击【确定】按钮，完成选取。

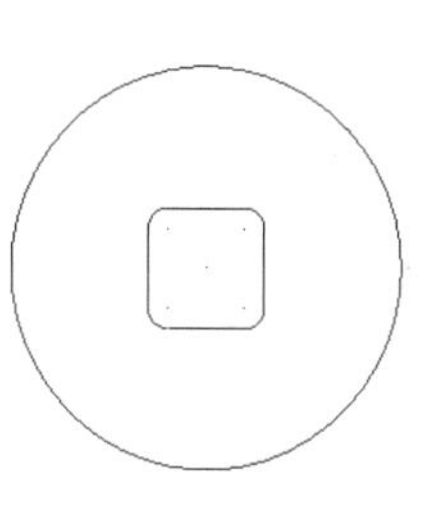

图 4-96　源文件

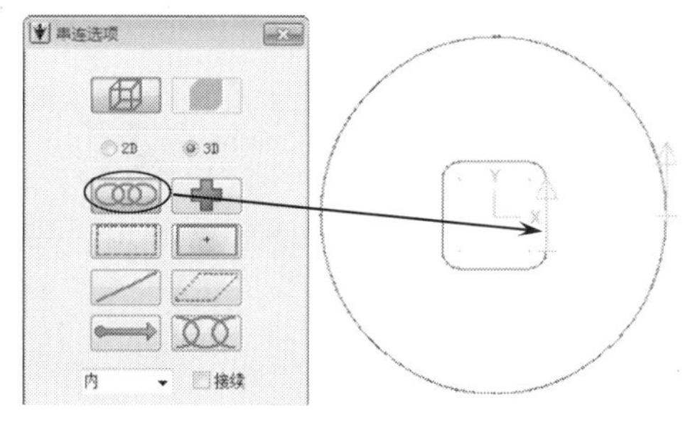

图 4-97　选取串联

step 03 系统弹出【2D 刀具路径-2D 挖槽】对话框，在【刀具】设置界面的空白处单击鼠标右键，从弹出的快捷菜单中选择【创建新刀具】命令，弹出【定义刀具】对话框，选取刀具类型为 End Mill，系统弹出【新建刀具】对话框，将参数设置直径为 10 的平底刀，单击【确定】按钮✓，完成设置。

step 04 在【刀具】设置界面中设置相关参数，然后打开【切削参数】设置界面，设置切削相关参数。打开【粗加工】设置界面，设置粗切削走刀以及刀间距等参数。打开【精加工】设置界面，设置精加工参数。打开【深度切削】设置界面，设置刀具在深度方向上切削参数。打开【共同参数】设置界面，设置二维刀具路径共同的参数。系统根据所设参数，生成刀具路径，如图 4-98 所示。

step 05 按照前面的方法设置好坯料，设置结果如图 4-99 所示，虚线框显示的即为毛坯。加工模拟结果如图 4-100 所示。

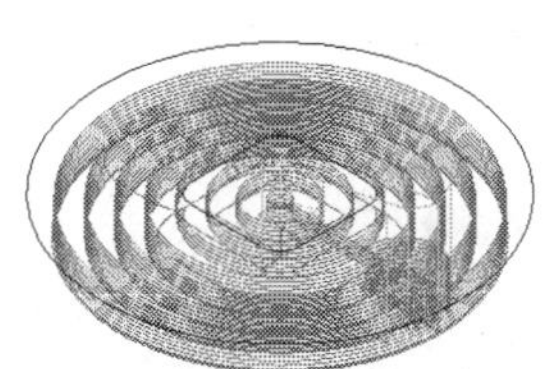

图 4-98　生成刀路

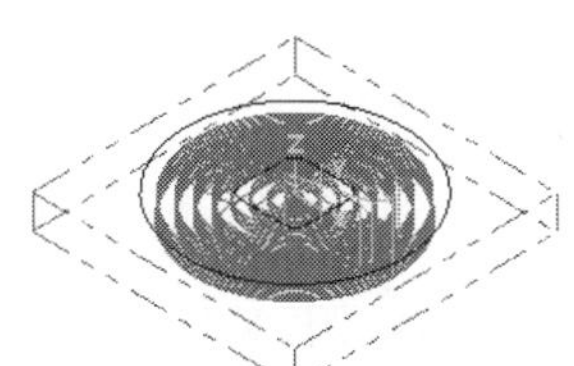

图 4-99　毛坯

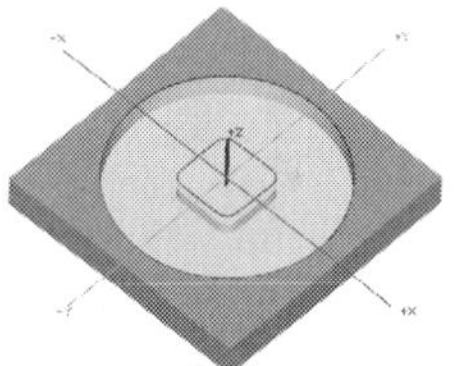

图 4-100　模拟结果

4.2.4　残料加工

残料加工一般用于铣削上一次挖槽加工后留下的残余材料。残料加工可以用来加工以前加工预留的部分，也可以用来加工由于采用大直径刀具加工时在转角处遗留不能被铣削的部分。在【2D 刀具路径-2D 挖槽】对话框中，单击【切削参数】节点，系统弹出【切削参数】设置界面，在【挖槽加工方式】下拉列表框中选择【残料加工】选项，该项专门用来清除残料，如图 4-101 所示。通常采用大直径刀具进行快速清除残料，提高效率，因此就需要采用小直径刀具进行清除残料，如图 4-102 所示为残料加工结果。

其部分参数含义如下。

- 【剩余材料的计算是来自】：设置剩余材料的计算依据。
  - ◆ 【所有先前的操作】：系统对前面所有的操作所留下来的残料进行计算。

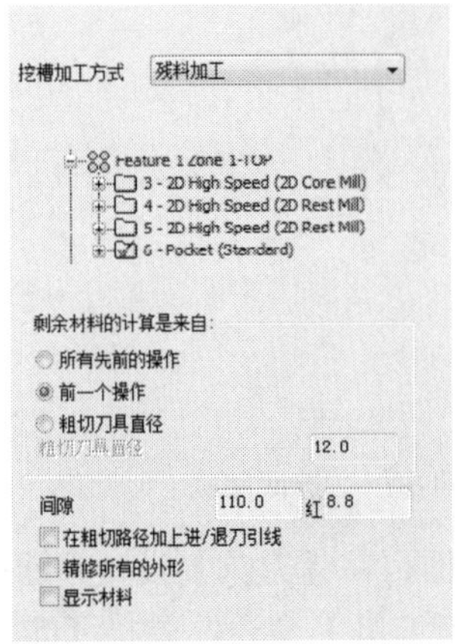

图 4-101 残料加工参数

图 4-102 残料加工结果

- ◆ 【前一个操作】：依据前一操作留下来的残料进行计算。
- 【粗切刀具直径】：输入先前刀具路径所使用的刀具直径，依据此刀具直径在曲面上加工所留下来的残料进行计算。
- 【间隙】百分比：此处用来设置残料加工的刀具路径的长度与刀具直径的百分比。

如图 4-103 所示为【间隙】百分比设置为 100%效果。图 4-104 所示为【间隙】百分比设置为 200%效果，很明显刀具路径变长了。

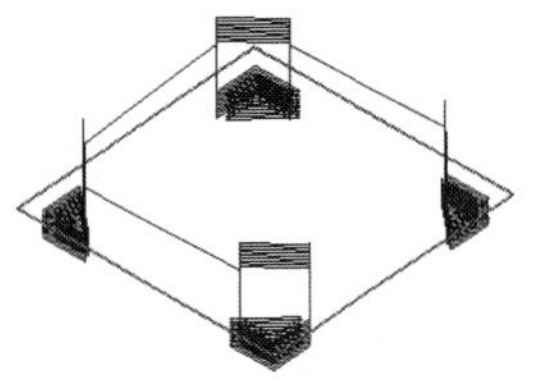

图 4-103 间隙为 100%的刀路

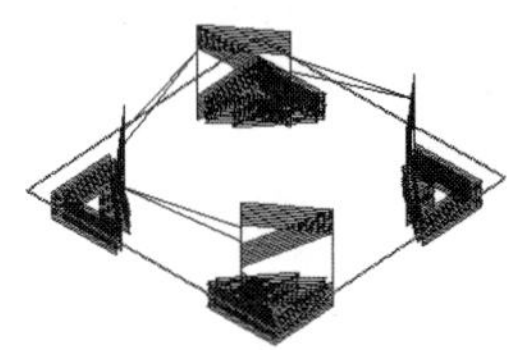

图 4-104 间隙为 200%的刀路

- 【在粗切路径加上进/退刀引线】：在粗切刀具路径上增加进刀或退刀引线。
- 【精修所有的外形】：在所有外形上进行精修操作。
- 【显示材料】：启用该复选框时，在参数设置完毕后，会将粗加工能加工到的区域，精加工能加工到的区域以及最后剩余的材料区域分别显示在屏幕上，供用户参考。

挖槽加工案例 4

案例文件：ywj /04/基础/4-11.MCX-7，ywj /04/结果/4-11.MCX-7

视频文件：光盘→视频课堂→第 4 章→4.2.4

step 01 打开“4-11. MCX-7”文件，如图 4-105 所示。

step 02 选择【刀具路径】|【2D 挖槽】菜单命令，系统弹出【串联选项】对话框，选取串联，方向如图 4-106 所示。单击【确定】按钮，完成选取。

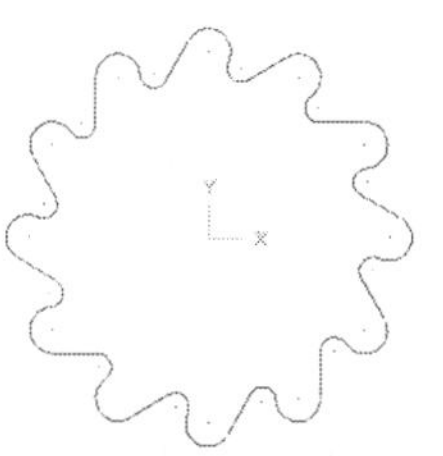

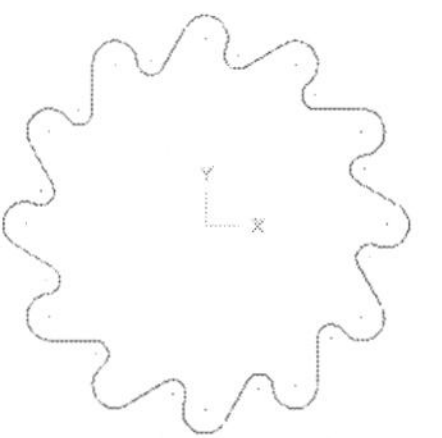

图 4-105 源文件

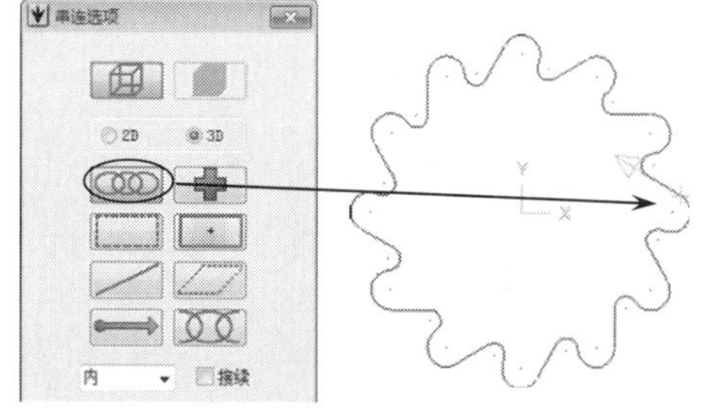

图 4-106 选取串联

step 03 系统弹出【2D 刀具路径-2D 挖槽】参数对话框，打开【刀具】设置界面，在其空白处单击右键，从弹出的快捷菜单中选择【创建新刀具】命令，弹出【定义刀具】对话框，选取刀具类型为 End Mill，系统弹出【新建刀具】对话框，将参数设置直径为 10 的平底刀，单击【确定】按钮，完成设置。

step 04 在【刀具】设置界面中设置相关参数，然后打开【切削参数】设置界面，设置切削相关参数。打开【粗加工】设置界面，设置粗切削走刀以及刀间距等参数。打开【精加工】设置界面，设置精加工参数，将精加工关闭。打开【深度切削】设置界面，设置刀具在深度方向上切削参数。打开【共同参数】设置界面，设置二维刀具路径共同的参数。系统根据所设参数，生成刀具路径，如图 4-107 所示。

step 05 按照前面的方法设置好坯料，设置结果如图 4-108 所示，虚线框显示的即为毛坯。加工结果如图 4-109 所示。

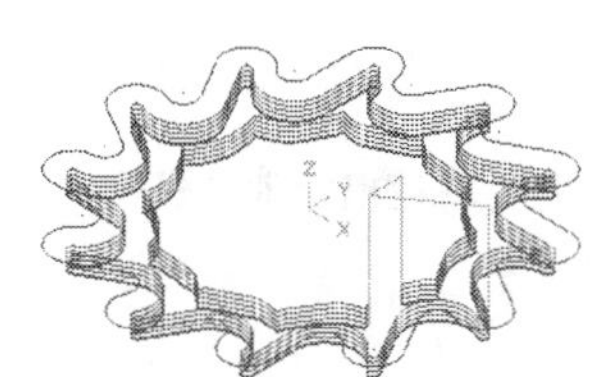

图 4-107 生成刀路

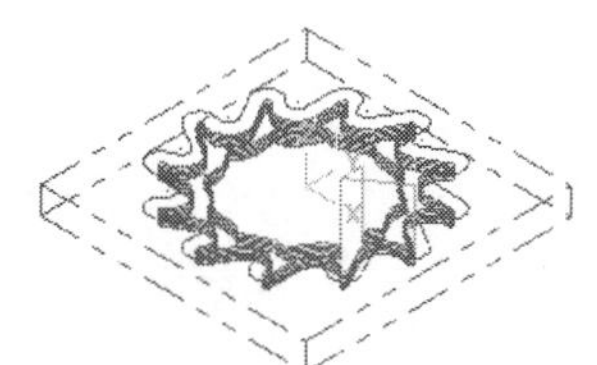

图 4-108 毛坯

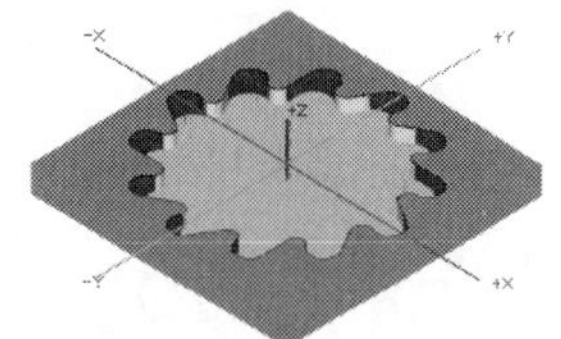

图 4-109 模拟结果

4.2.5 打开式挖槽

由于 2D 挖槽要求串联必须封闭，因而对于一些开放的串联，就无法进行 2D 挖槽。打开式挖槽就是专门针对串联不封闭的零件进行加工。在【2D 刀具路径-2D 挖槽】对话框中，单击【切削参数】节点，系统弹出【切削参数】设置界面，在【挖槽加工方式】下拉列表框中选择【打开】选项，该选项专门用来加工打开式轮廓，如图 4-110 所示。由于轮廓是开放的，因而可以采用从切削范围外进刀。因此，打开式轮廓挖槽进刀非常安全，而且可以使用专门的开放轮廓切削方法来加工。如图 4-111 所示即采用打开式式挖槽结果。

其部分参数含义如下。

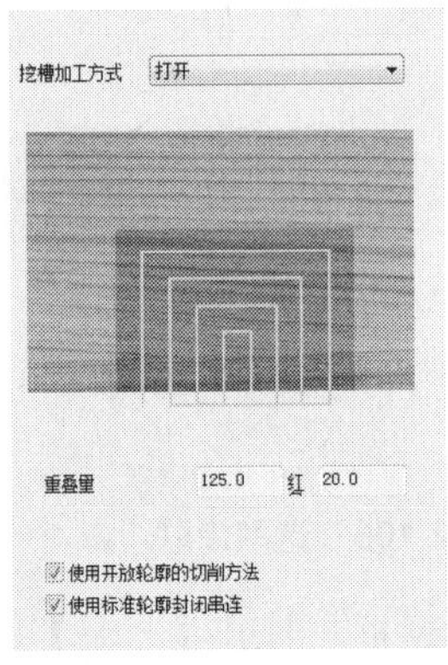

图 4-110 打开式挖槽参数

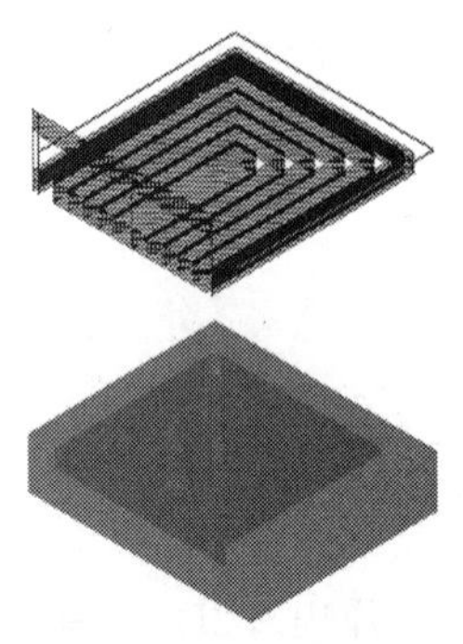

图 4-111 打开式挖槽结果

- 【重叠量】：设置开放加工刀具路径超出开放边界的距离。
- 【使用开放轮廓的切削方法】：启用该复选框，开放式加工刀具路径以开放轮廓的端点作为起点，并采用开放式轮廓挖槽加工的切削方式加工，此时在【粗加工设置界面中设置的【切削方式】不起作用。

图 4-112 为采用双向切削方式加工的刀具路径，图 4-113 为采用开放挖槽切削方式加工的刀具路径。

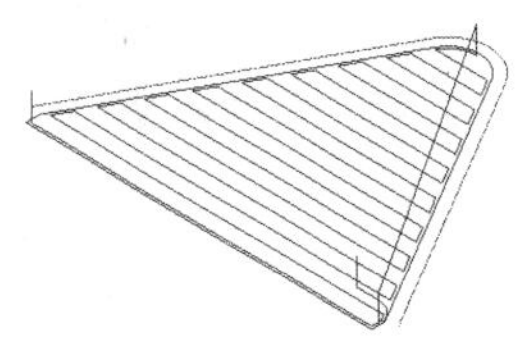

图 4-112 双向切削方式

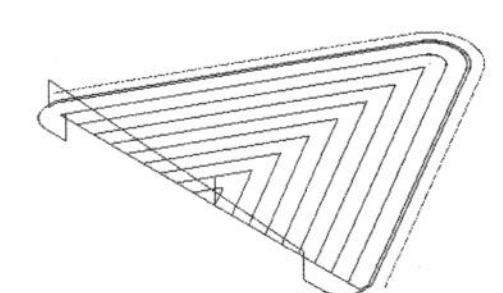

图 4-113 打开式挖槽切削方式

挖槽加工案例 5

案例文件：ywj /04/基础/4-12.MCX-7，ywj /04/结果/4-12.MCX-7

视频文件：光盘→视频课堂→第 4 章→4.2.5

step 01 打开“4-12. MCX-7”文件，如图 4-114 所示。

step 02 延伸图素。在工具栏单击【修剪】按钮，系统弹出修剪状态条，在【扩展长度】栏输入长度 40，选取要延伸的右上侧端和左下侧端。在工具栏单击【切弧】按钮，系统弹出切弧工具条，单击【相切于一物体】按钮，选取左上角圆弧为相切图素及其端点为切点。

step 03 选择【刀具路径】|【2D 挖槽】菜单命令，系统弹出【串联选项】对话框，选取串联，方向如图 4-115 所示。单击【确定】按钮，完成选取。

step 04 系统弹出【2D 刀具路径-2D 挖槽】对话框，在【刀具】设置界面的空白处单击鼠标右键，从弹出的快捷菜单中选择【创建新刀具】命令，弹出【定义刀具】对话框，选取刀具类型为 End Mill，系统弹出【新建刀具】对话框，将参数设置直径为 16 的平底刀，单击【确定】按钮，完成设置。

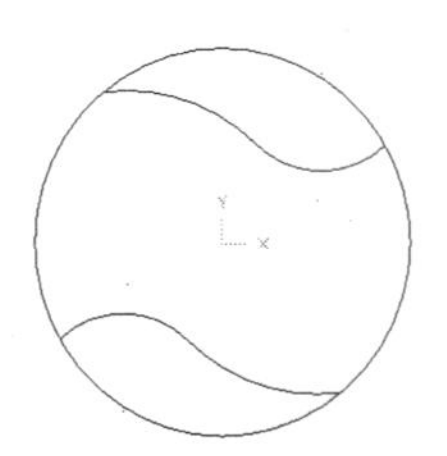

图 4-114 源文件

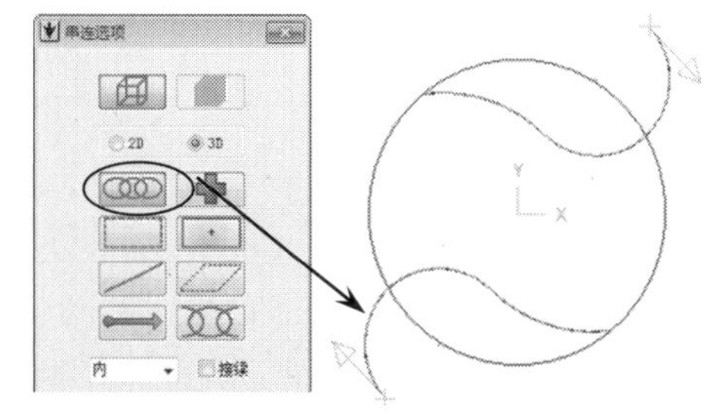

图 4-115 选取串联

step 05 在【刀具】设置界面中设置相关参数，然后打开【切削参数】设置界面，设置切削相关参数。打开【粗加工】设置界面，设置粗切削走刀以及刀间距等参数。打开【精加工】设置界面，将精加工关闭。打开【深度切削】设置界面，设置刀具在深度方向上切削参数。打开【共同参数】设置界面，设置二维刀具路径共同的参数。系统根据所设参数，生成刀具路径，如图 4-116 所示。

step 06 按照前面的方法设置好坯料，设置结果如图 4-117 所示，虚线框显示的即为毛坯。加工模拟结果如图 4-118 所示。

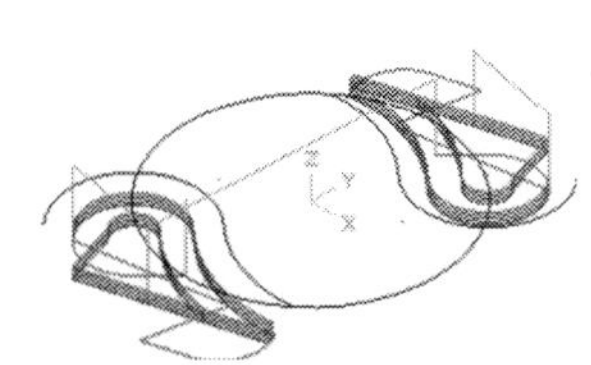

图 4-116 生成刀路

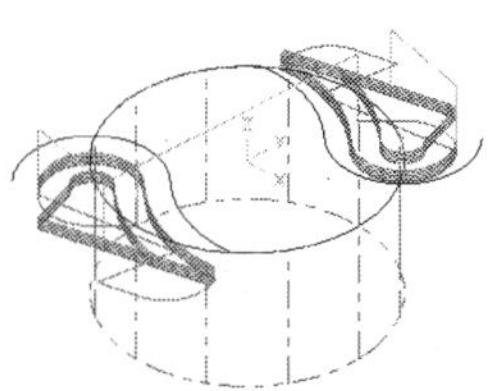

图 4-117 毛坯

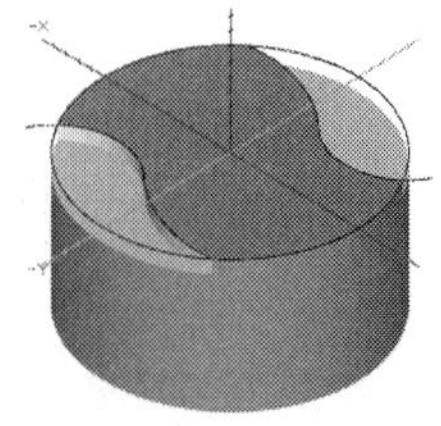

图 4-118 模拟结果

4.3 2 轴铣削加工综合案例

外形铣削和挖槽加工是二维加工中比较经典的刀具路径，使用非常多，可以完成实际中 80%以上的二维刀路。因此掌握好外形铣削和挖槽加工是本章的重点。下面将以实际案例来说明其操作方法和步骤。

案例文件：ywj /04/基础/4-13.MCX-7，ywj /04/结果/4-13.MCX-7

视频文件：光盘→视频课堂→第 4 章→4.3

step 01 打开“4-13. MCX-7”文件，如图 4-119 所示。

step 02 首先采用 D8 的平底刀对 70×20 的凹槽进行标准挖槽加工。选择【刀具路径】|【2D 挖槽】菜单命令，弹出【输入新 NC 名称】对话框，按默认名称，再单击【确定】按钮，系统弹出【串联选项】对话框，选取串联，方向如图 4-120 所示。单击【确定】按钮，完成选取。

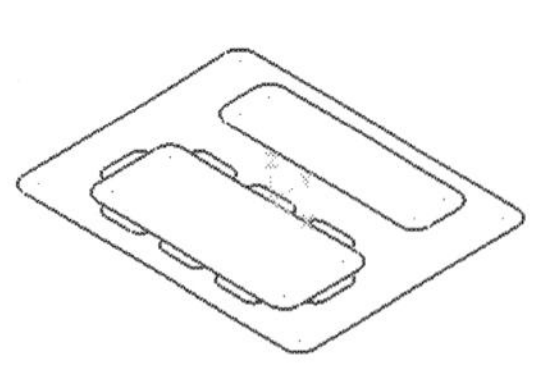

图 4-119 源文件

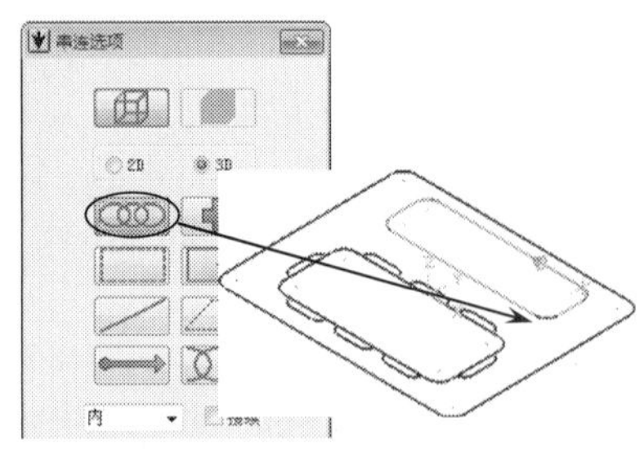

图 4-120 选取串联

step 03 系统弹出【2D 刀具路径-2D 挖槽】对话框，打开【刀具】设置界面，在其空白处单击鼠标右键，从弹出的快捷菜单中选择【创建新刀具】命令，弹出【定义刀具】对话框，选取刀具类型为 End Mill，系统弹出【新建刀具】对话框，将参数设置直径为 8 的平底刀，单击【确定】按钮，完成设置。

step 04 在【刀具】设置界面中设置相关参数，然后打开【切削参数】设置界面，设置切削相关参数。打开【粗加工】设置界面，设置粗切削走刀以及刀间距等参数。打开【进刀方式】设置界面，设置粗切削进刀参数，选取进刀模式为斜插下刀。打开【精加工】设置界面，设置精加工参数。打开【深度切削】设置界面，设置刀具在深度方向上切削参数。打开【共同参数】设置界面，设置二维刀具路径共同的参数。系统根据所设参数，生成刀具路径，如图 4-121 所示。

step 05 接下来采用 D12 的平底刀对 70×30 的凹槽进行 2D 挖槽加工。选择【刀具路径】|【2D 挖槽】菜单命令，系统弹出【串联选项】对话框，选取串联，方向如图 4-122 所示。单击【确定】按钮，完成选取。

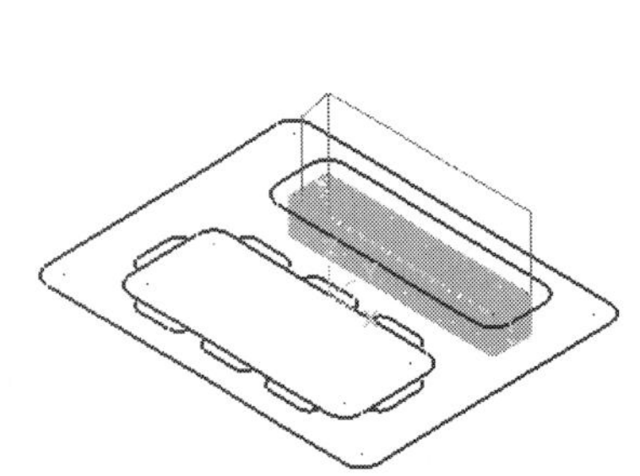

图 4-121 生成刀路

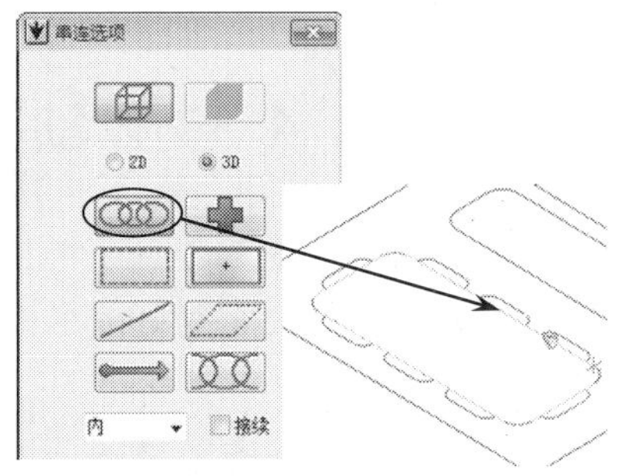

图 4-122 选取串联

step 06 系统弹出【2D 刀具路径-2D 挖槽】对话框，在【刀具】设置界面的空白处单击鼠标右键，从弹出的快捷菜单中选择【创建新刀具】命令，弹出【定义刀具】对话框，选取刀具类型为 End Mill，系统弹出【新建刀具】对话框，将参数设置直径为 12 的平底刀，单击【确定】按钮，完成设置。

step 07 在【刀具】设置界面中设置相关参数，然后打开【切削参数】设置界面设置切削相关参数。打开【粗加工】设置界面，设置粗切削走刀以及刀间距等参数。打开【进刀方式】设置界面，设置粗切削进刀参数，选取进刀模式为斜插下刀。打开

【精加工】设置界面，设置精加工参数。打开【深度切削】设置界面，设置刀具在深度方向上切削参数。打开【共同参数】设置界面，设置二维刀具路径共同的参数，如图 4-123 所示。系统根据所设参数，生成刀具路径，如图 4-124 所示。

step 08 下面采用 D6 的平底刀对键槽形的凹槽进行打开式挖槽加工。选择【刀具路径】|【2D 挖槽】菜单命令，系统弹出【串联选项】对话框，选取串联，方向如图 4-125 所示。单击【确定】按钮，完成选取。

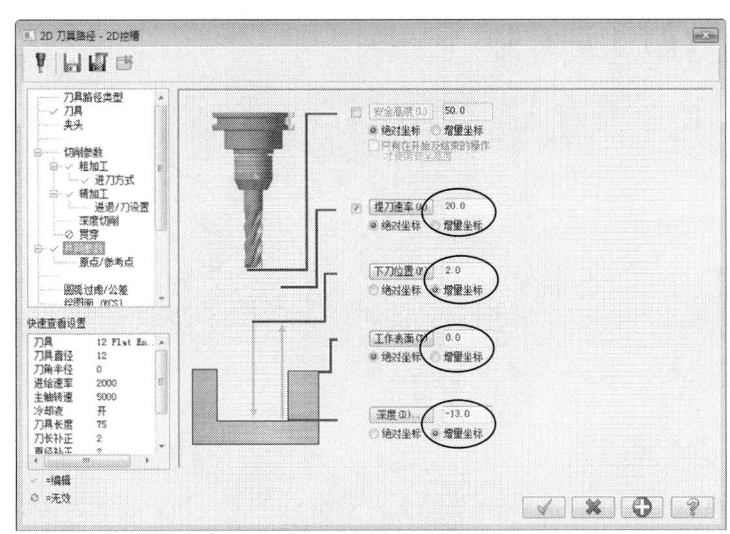

图 4-123　共同参数

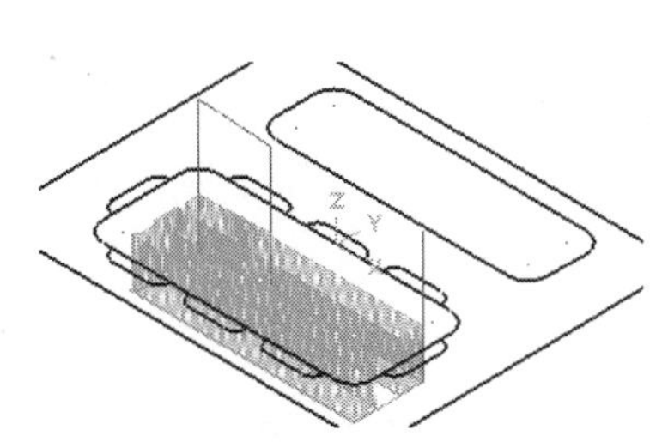

图 4-124　生成刀路

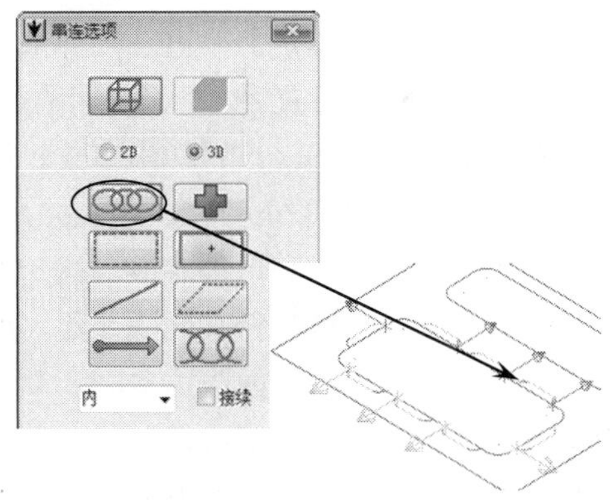

图 4-125　选取串联

step 09 系统弹出【2D 刀具路径-2D 挖槽】对话框，在【刀具】设置界面的空白处单击鼠标右键，从弹出的快捷菜单中选择【创建新刀具】命令，弹出【定义刀具】对话框，选取刀具类型为 End Mill，系统弹出【新建刀具】对话框，将参数设置直径为 6 的平底刀，单击【确定】按钮，完成设置。

step 10 在【刀具】设置界面中设置相关参数，然后打开【切削参数】设置界面，设置切削相关参数。打开【粗加工】设置界面，设置刀间距等参数。打开【进刀方式】

设置界面，设置粗切削进刀参数，将进刀模式关闭。打开【精加工】设置界面，设置精加工参数。打开【深度切削】设置界面，设置刀具在深度方向上切削参数。打开【共同参数】设置界面，设置二维刀具路径共同的参数。这样系统根据所设参数，生成刀具路径，如图 4-126 所示。

step 11 下面采用直径为 16 的平底刀对零件外周进行外形加工。选择【刀具路径】|【外形铣削】菜单命令，系统弹出【串联选项】对话框，选取串联，方向如图 4-127 所示。单击【确定】按钮，完成选取。

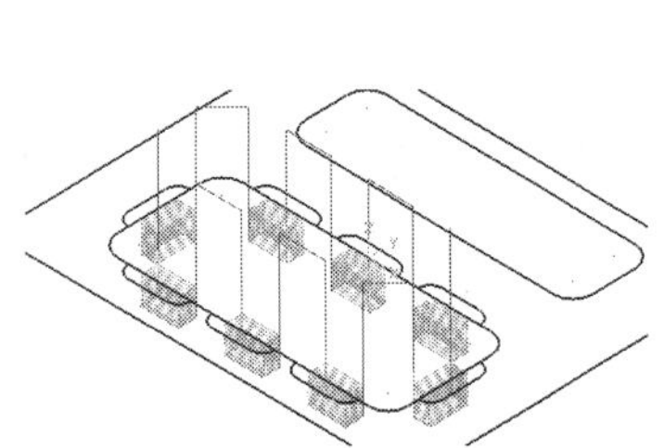

图 4-126　生成刀路

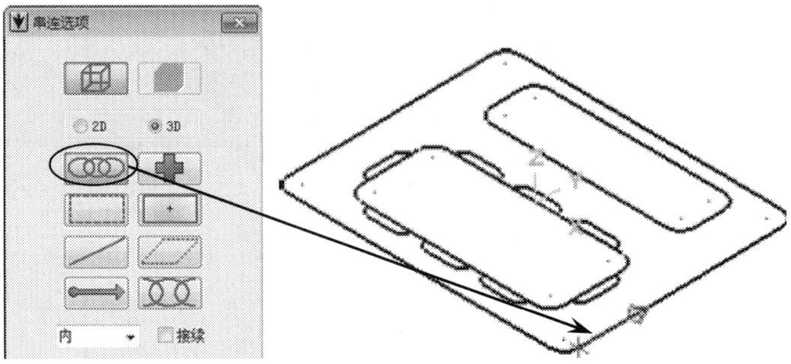

图 4-127　选取串联

step 12 系统弹出【2D 刀具路径-外形】对话框，在【刀具】设置界面的空白处单击鼠标右键，从弹出的快捷菜单中选择【创建新刀具】命令，弹出【定义刀具】对话框，选取刀具类型为 End Mill，系统弹出【新建刀具】对话框，将参数设置直径为 16 的平底刀，单击【确定】按钮，完成设置。

step 13 在【刀具】设置界面中设置相关参数，然后打开【切削参数】设置界面，设置切削参数。打开【深度切削】设置界面，设置深度分层等参数。打开【进退/刀设置】设置界面，设置进刀和退刀参数。打开【共同参数】设置界面，设置二维刀具路径共同的参数。系统根据所设参数，生成刀具路径如图，如图 4-128 所示。

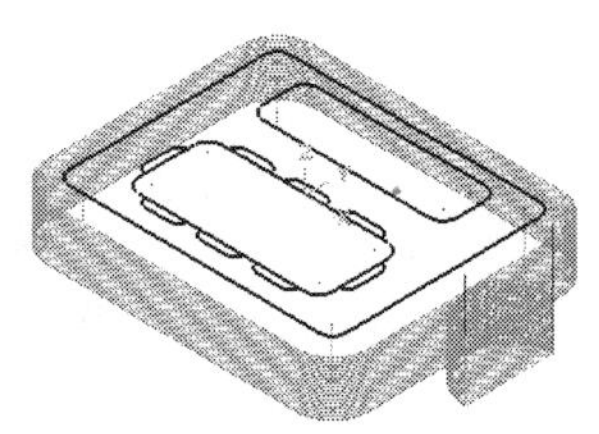

图 4-128　生成刀路

step 14 最后进行实体模拟仿真加工。在【刀具操作管理器】中单击【属性】中的【材料设置】节点，弹出【机器群组属性】对话框，单击【材料设置】标签，切换到【材料设置】选项卡，如图 4-129 所示设置加工坯料的尺寸，单击【确定】按钮完成参数设置。坯料设置结果如图 4-130 所示，虚线框显示的即为毛坯。

step 15 单击【实体模拟】按钮，系统弹出 Verify 对话框，设置实体模拟的参数设置，如图 4-131 所示。在 Verify 对话框中单击【播放】按钮，模拟结果如图 4-132 所示。

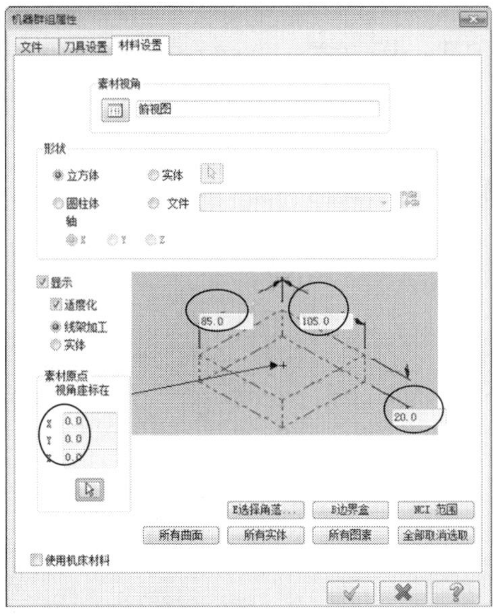

图 4-129　设置毛坯

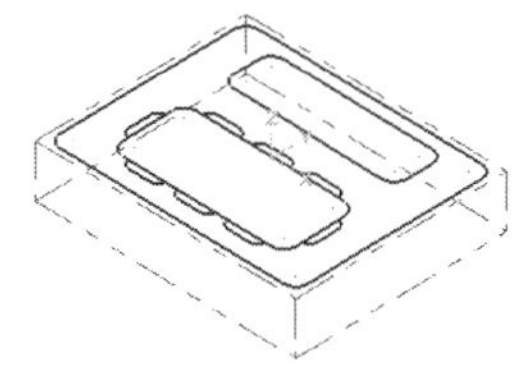

图 4-130　毛坯

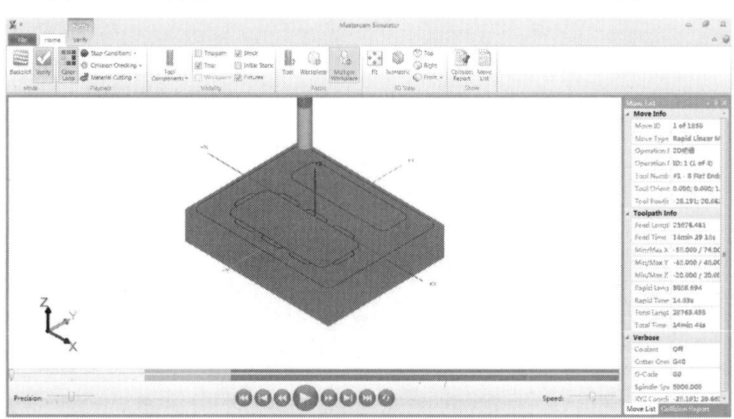

图 4-131　Verify 对话框

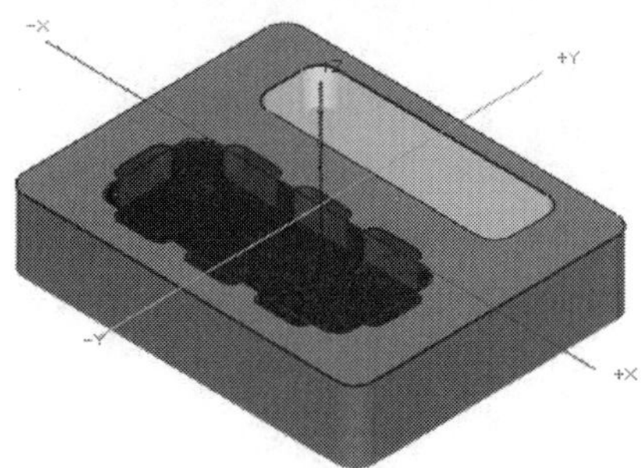

图 4-132　模拟结果

4.4 本章小结

本章主要讲解二维外形加工和二维挖槽加工，其中二维外形加工可以加工凸缘形零件或者凹槽形零件，而二维挖槽加工只能加工凹槽类零件。此两种加工方式在实际中应用较多，读者应重点进行学习掌握。

第 5 章

2 轴铣削加工(下)

钻削加工、平面铣削加工和雕刻加工也属于 2 轴铣削加工。这些加工类型在实际加工过程中也是经常会用到。下面将详细讲解其工艺和操作步骤。

5.1 钻 削 加 工

钻削加工主要针对的是圆孔。采用麻花钻进行钻削加工，当孔径较大时，采用铣刀进行铣削加工。主要有钻孔、全圆铣削和螺旋铣孔加工。

5.1.1 钻孔加工

钻孔刀具路径主要用于钻孔、镗孔和攻牙等加工。钻孔加工除了要设置通用参数外还要设置专用钻孔参数。

选择【刀具路径】|【钻孔】菜单命令，选取钻孔点后确定，系统弹出【2D 刀具路径-钻孔/全圆铣削 深孔钻-无啄孔】对话框，选择【刀具路径类型】为【钻孔】，如图 5-1 所示。

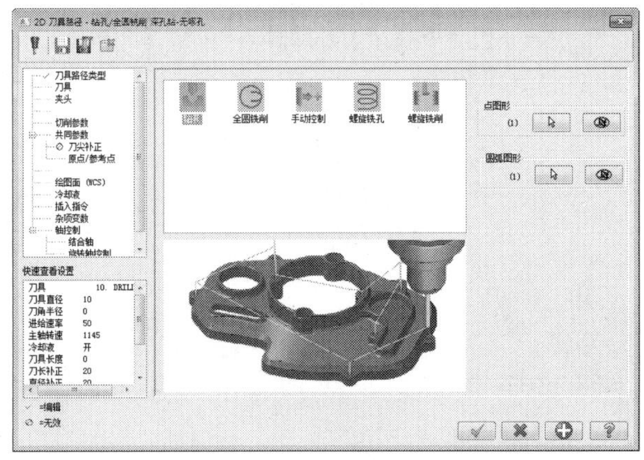

图 5-1 钻孔

MasterCAM 系统提供了多种类型的钻孔循环，在【2D 刀具路径-钻孔/全圆铣削 深孔钻-无啄孔】对话框中单击【切削参数】节点，打开【切削参数】设置界面，在【循环方式】下拉列表框中包括 6 种钻孔循环和自设循环类型，如图 5-2 所示。

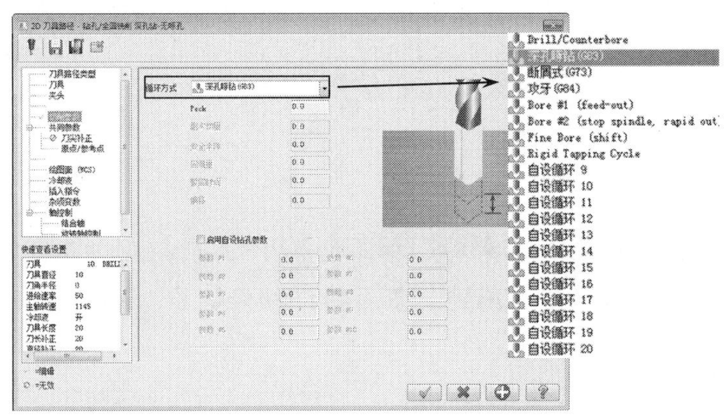

图 5-2 钻孔循环

各钻孔循环含义如下：

- 【标准钻孔 Drill(G81/G82)】循环：标准钻孔(G81/G82)循环是一般简单钻孔，一次钻孔直接到底，执行此指令时，钻头先快速定位至所指定的坐标位置，再快速定位(G00)至参考点，接着以所指定的进给速率 F 向下钻削至所指定的孔底位置，可以在孔底设置停留时间 P，最后快速退刀至起始点(G98 模式)或参考点(G99 模式)完成循环。
- 【深孔啄钻(G83)】：深孔啄钻循环是钻头先快速定位至所指定的坐标位置，再快速定位到参考高度，接着向 Z 轴下钻所指定的距离 Q(Q 必为正值)，再快速退回到参考高度，这样便可把切屑带出孔外，以免切屑将钻槽塞满而增加钻削阻力或使切削剂无法到达切边，故 G83 适于深孔钻削，依此方式一直钻孔到所指定的孔底位置。最后快速抬刀到起始高度。
- 【断屑式(G73)】循环：断屑式循环是钻头先快速定位至所指定的坐标位置，再快速定位参考高度，接着向 Z 轴下钻所指定的距离 Q(Q 必为正值)，再快速退回距离 d，依此方式一直钻孔到所指定的孔底位置。此种间歇进给的加工方式可使切屑裂断且切削剂易到达切边，进而使排屑容易且冷却、润滑效果佳。
- 【攻牙(G84)】循环：攻牙(G84)循环用于右手攻牙，使主轴正转，刀具先快速定位至所指定的坐标位置，再快速定位到参考高度，接着攻牙至所指定的孔座位置，主轴改为反转且同时向 Z 轴正方向退回至参考高度，退至参考高度后主轴会恢复原来的正转。
- 【Bore #1(镗孔 G85)】循环：镗孔(G85)循环是镗刀或铰刀先快速定位至所指定的坐标位置，再快速定位至参考高度，接着以所指定的进给速率向下铰削至所指定的孔座位置，仍以所指定的进给速率向上退刀(对孔进行两次镗削)，能产生光滑的镗孔效果。
- 【Bore #2(镗孔 G86)】循环：镗孔(G86)循环是镗刀先快速定位至所指定的坐标位置，再快速定位至参考高度，接着以所指定的进给速率向下铰削至所指定的孔座位置，停止主轴旋转，以 G00 速度回抽至原起始高度，而后主轴再恢复顺时针旋转。

钻削加工案例 1

案例文件：ywj /05/基础/5-1.MCX-7，ywj /05/结果/5-1.MCX-7

视频文件：光盘→视频课堂→第 5 章→5.1.1

step 01 打开“5-1. MCX-7”文件，如图 5-3 所示。

step 02 选择【刀具路径】|【钻孔】菜单命令，弹出【输入新 NC 名称】对话框，按默认名称，再单击【确定】按钮，系统弹出【选取钻孔的点】对话框，选取 4 个小圆圆心点，如图 5-4 所示。单击【确定】按钮，完成选取。

step 03 系统弹出【2D 刀具路径-钻孔/全圆铣削 深孔钻-无啄孔】对话框，选择【刀具路径类型类型】为【钻孔】，然后在【刀具】设置界面的空白处单击鼠标右键，从弹出的快捷菜单中选择【创建新刀具】，弹出【定义刀具】对话框，如图 5-5 所示。选择刀具类型为 Drill，系统弹出【新建刀具】对话框，将参数设置直径为 11 的钻头，如图 5-6 所示。单击【确定】按钮，完成设置。

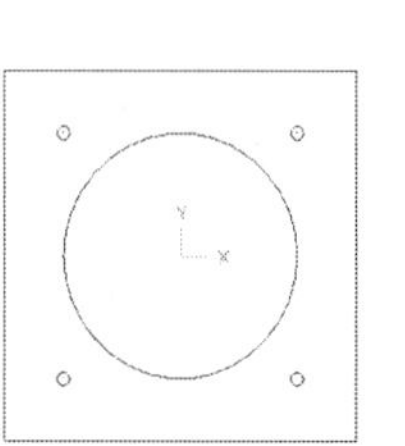

图 5-3　源文件

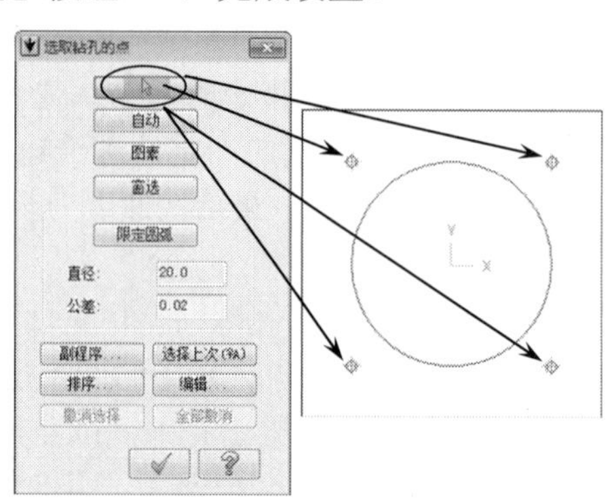

图 5-4　选取钻孔点

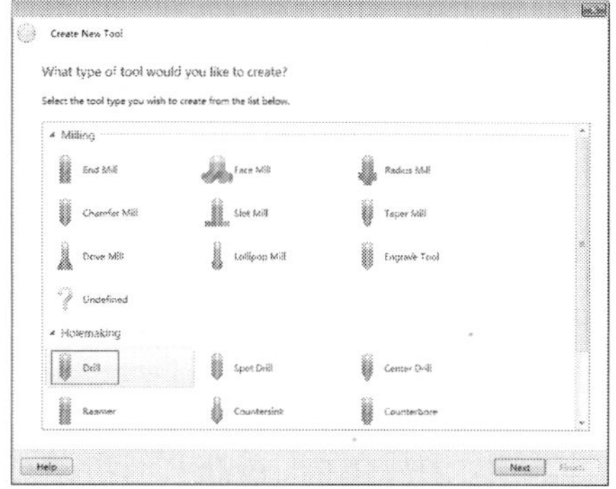

图 5-5　新建刀具

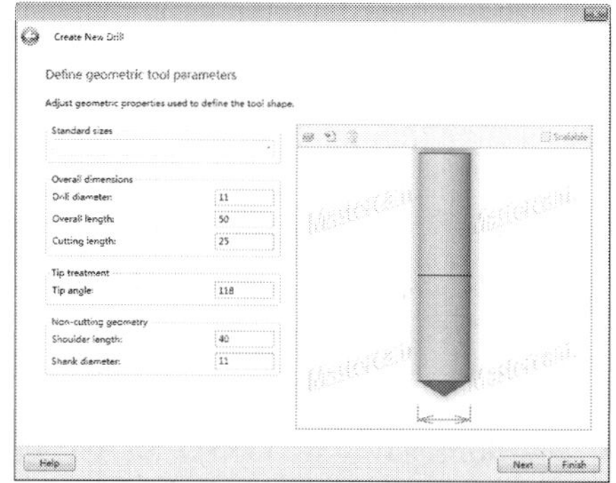

图 5-6　设置刀具参数

step 04 在【刀具】设置界面中设置相关参数，如图 5-7 所示。单击【确定】按钮完成刀具参数设置。

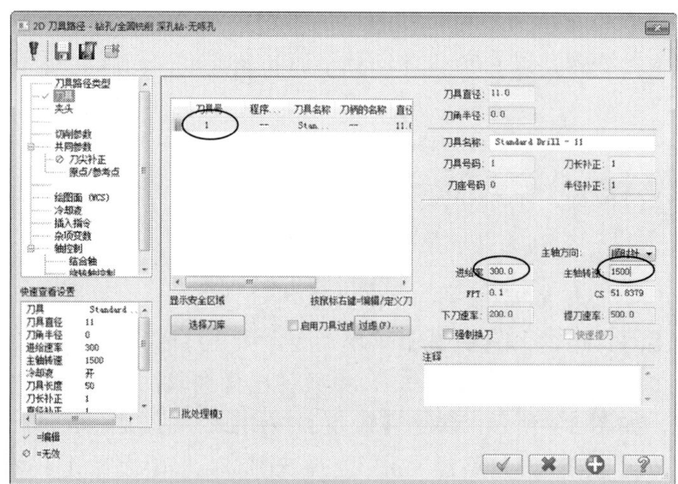

图 5-7　刀具相关参数

step 05 在对话框中单击【切削参数】节点，系统弹出【切削参数】设置界面，设置切削相关参数，如图 5-8 所示。

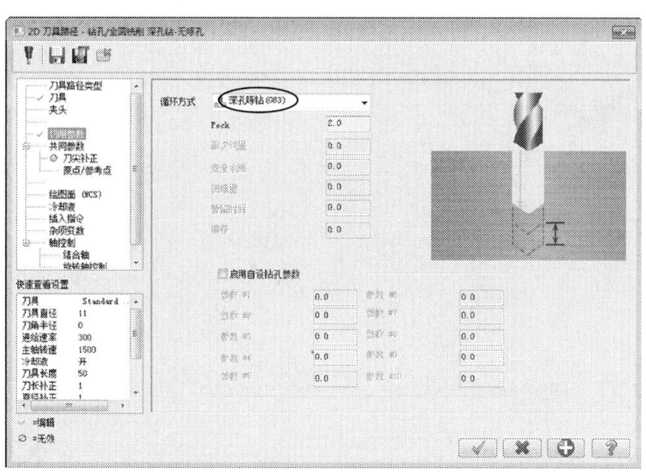

图 5-8　切削参数

step 06 在对话框中单击【共同参数】节点，系统弹出【共同参数】设置界面，设置二维刀具路径共同的参数，如图 5-9 所示。

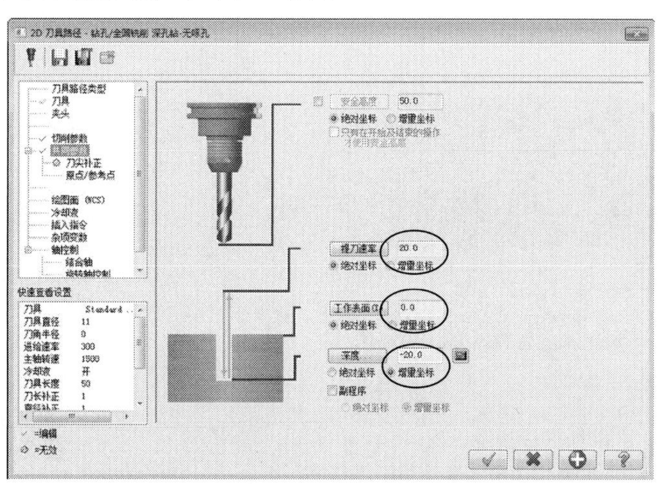

图 5-9　共同参数

step 07 在对话框中单击【刀尖补正】节点，系统弹出【刀尖补正】设置界面，设置刀尖补偿的参数，如图 5-10 所示。系统根据所设参数，生成钻孔刀具路径，如图 5-11 所示。

step 08 在【刀具路径操作管理器】中单击【属性】中的【材料设置】节点，弹出【机器群组属性】对话框，单击【材料设置】标签，切换到【材料设置】选项卡，如图 5-12 所示设置加工坯料的尺寸，单击【确定】按钮 完成参数设置，坯料设置结果如图 5-13 所示，虚线框显示的即为毛坯。

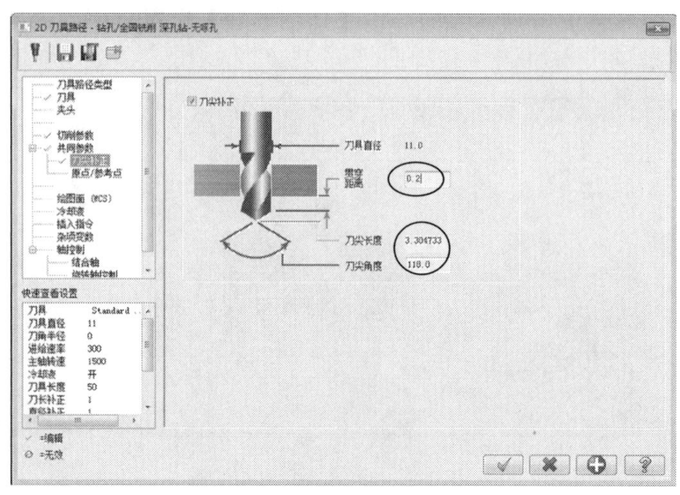

图 5-10　刀尖补正

图 5-11　生成刀路

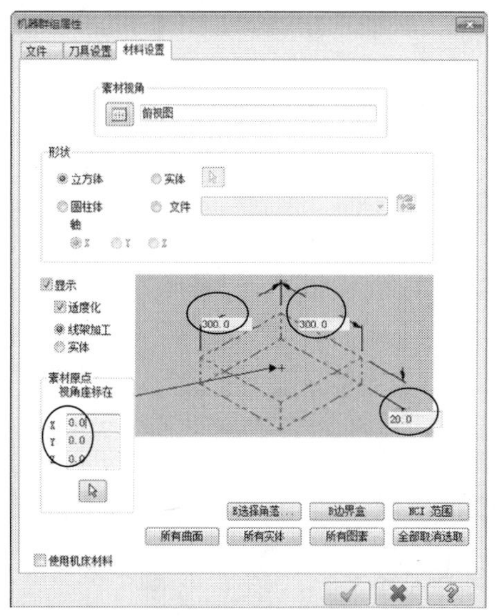

图 5-12　设置毛坯

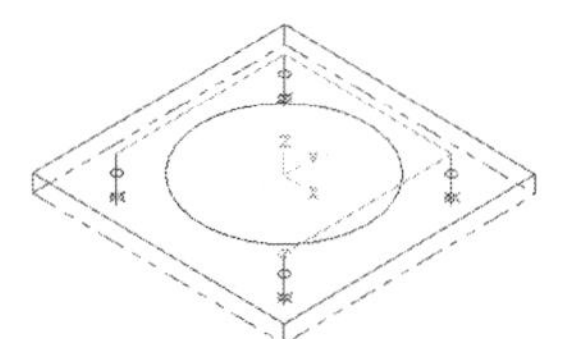

图 5-13　毛坯

step 09 单击【实体模拟】按钮，系统弹出 Verify 对话框，单击【播放】按钮，模拟结果如图 5-14 所示。

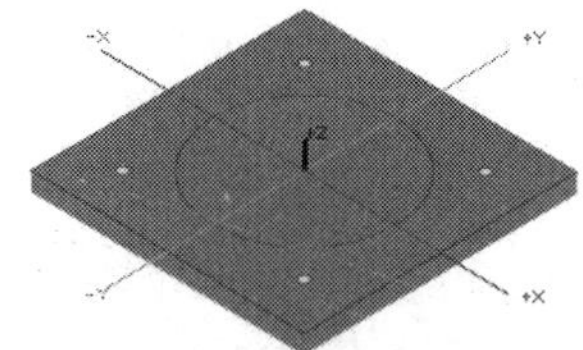

图 5-14　模拟结果

5.1.2　全圆铣削

全圆铣削主要是用来铣削圆轮廓的，一般沿圆轮廓进行加工。全圆铣削参数和外形铣削参数相似，主要是进刀方式有些区别。

选择【刀具路径】|【钻孔】菜单命令，选取钻孔点后确定，系统弹出【2D 刀具路径-钻孔/全圆铣削 深孔钻】对话框，选择【刀具路径类型】为【全圆铣削】，系统弹出【2D 刀具路径-全圆铣削】对话框，如图 5-15 所示。

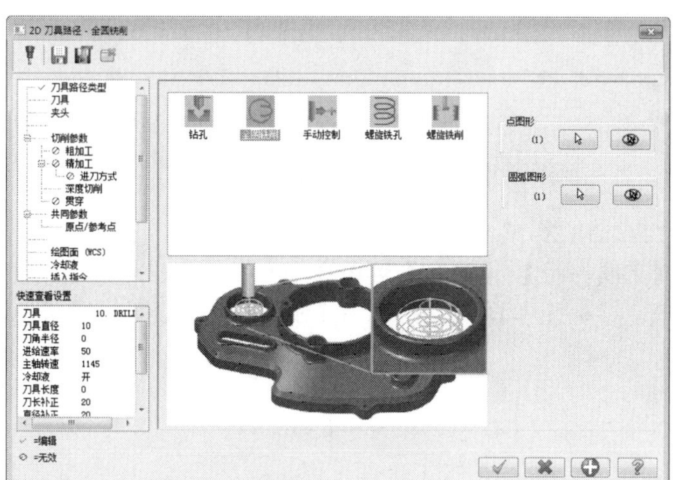

图 5-15　全圆铣削

在【2D 刀具路径-全圆铣削】对话框单击【进刀方式】节点，系统弹出【进刀方式】设置界面，如图 5-16 所示。

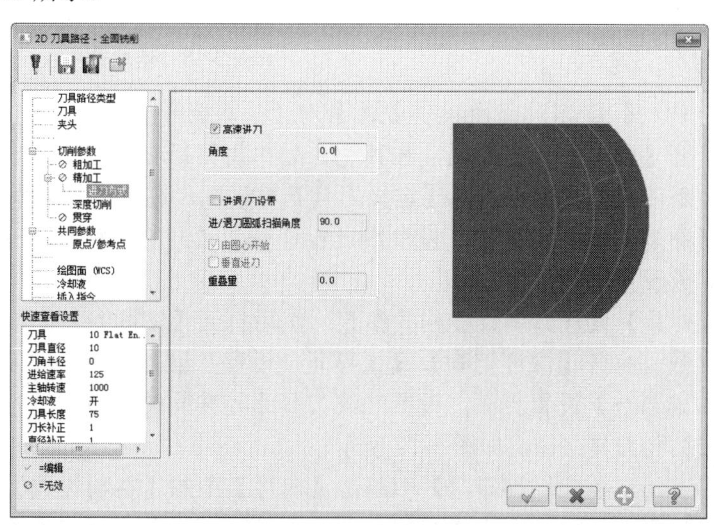

图 5-16　进刀方式

各选项含义如下。

- 【高速进刀】：采用高速切削的进刀方式，即刀具在进刀时采用圆滑切弧进入工件，在退刀时采用圆滑切弧退出工件。还可以设置以一定的角度进退刀。
- 【进/退刀圆弧扫描角度】：在以圆弧进退刀时圆弧包含的角度。
- 【由圆心开始】：进刀从圆心开始，退刀到圆心结束。
- 【垂直进刀】：相对于切削圆弧采用垂直的方式进刀。
- 【重叠量】：退刀点相对于进刀点重叠一定的距离后再执行退刀。

钻削加工案例 2

案例文件：ywj /05/基础/5-2.MCX-7，ywj /05/结果/5-2.MCX-7
视频文件：光盘→视频课堂→第 5 章→5.1.2

step 01 打开“5-2. MCX-7”文件，如图 5-17 所示。

step 02 选择【刀具路径】|【钻孔】菜单命令，系统弹出【选取钻孔的点】对话框，选取大圆的圆心，如图 5-18 所示。单击【确定】按钮，完成选取。

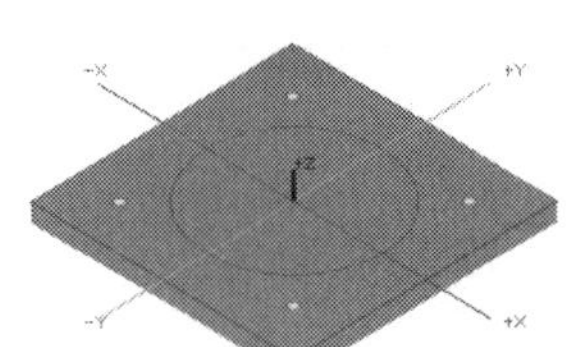

图 5-17　源文件

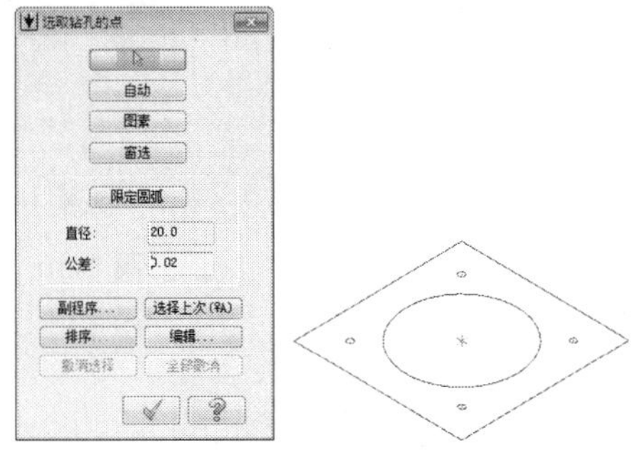

图 5-18　选取钻孔点

step 03 系统弹出【2D 刀具路径-全圆铣削】对话框，选择【刀具路径类型】为【全圆铣削】，打开【刀具】设置界面，在其空白处单击鼠标右键，从弹出的快捷菜单中选择【创建新刀具】命令，弹出【定义刀具】对话框，选取刀具类型为 End Mill，系统弹出【新建刀具】对话框，将参数设置直径为 20 的平底刀，单击【确定】按钮，完成设置。

step 04 在【刀具】设置界面设置相关参数，然后打开【切削参数】设置界面，设置切削相关参数。打开【深度切削】设置界面，设置二维刀具路径深度分层切削参数。打开【共同参数】设置界面，设置二维刀具路径共同的参数。这样系统根据所设参数，生成钻孔刀具路径，如图 5-19 所示。

step 05 在【刀具路径操作管理器】中单击【属性】中的【材料设置】节点，弹出【机器群组属性】对话框，单击【材料设置】标签，切换到【材料设置】选项卡，设置加工坯料的尺寸，单击【确定】按钮完成参数设置，坯料设置结果如图 5-20 所示，虚线框显示的即为毛坯。

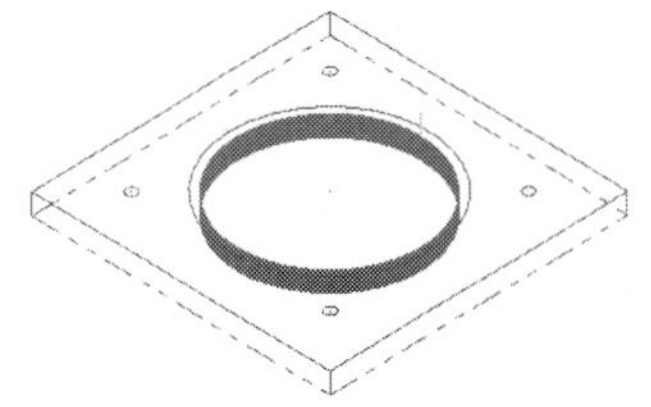

图 5-19　生成刀轨

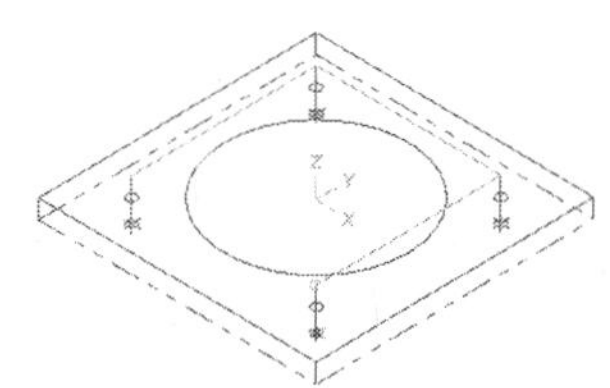

图 5-20　毛坯

step 06 在【刀具路径操作管理器】中选中所有刀轨，再单击【实体模拟】按钮，系统弹出 Verify 对话框，单击【播放】按钮，模拟结果如图 5-21 所示。

step 07 在 Verify 对话框单击 Verify 标签，切换到 Verify 选项卡，再单击 Remove Chips(移除残料)按钮，然后按住 Ctrl 键并且鼠标左键单击中间的残料进行移除，剩余部分即为产品，结果如图 5-22 所示。

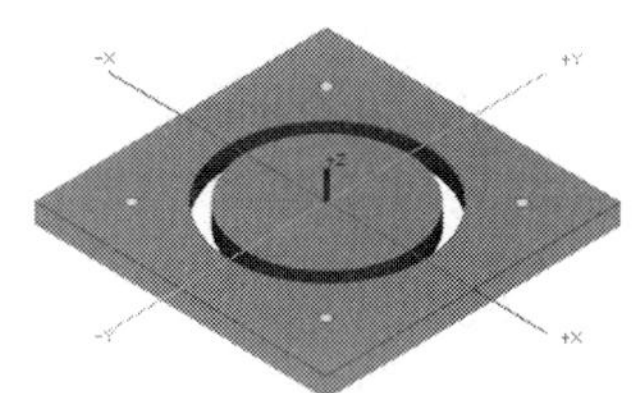

图 5-21 实体模拟

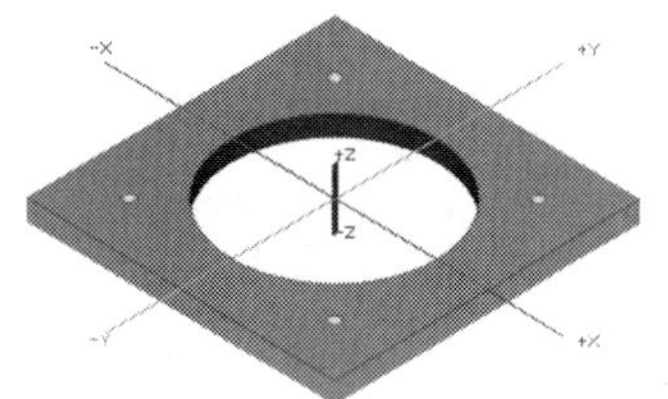

图 5-22 移除残料

5.1.3 螺旋铣孔

螺旋铣孔和全圆铣削类似，主要是采用铣削的方式来加工孔。与全圆加工不同的是螺旋铣孔是采用螺旋向下的方式进行加工，避免全圆铣削的在下刀处切削负荷不均匀的缺点。螺旋铣孔采用螺旋向下的方式加工，切削负荷平稳，也是比较实用于比较大的孔扩孔加工或直接铣孔加工。

选择【刀具路径】|【钻孔】菜单命令，选取钻孔点后确定，系统弹出【2D 刀具路径-钻孔/全圆铣削 深孔钻】对话框，再选择【刀具路径类型】为【螺旋铣孔】，系统弹出【2D 刀具路径-螺旋铣孔】对话框，如图 5-23 所示。

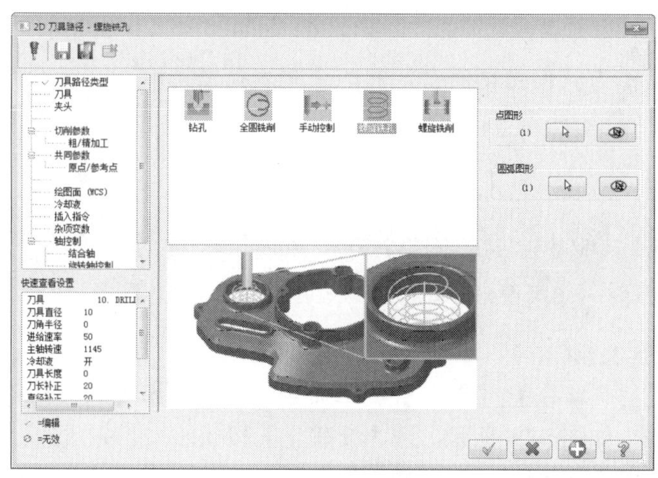

图 5-23 螺旋铣孔

在【2D 刀具路径-螺旋铣孔】对话框中单击【切削参数】节点，系统弹出【切削参数】设置界面，如图 5-24 所示。

该设置界面与全圆铣削相似，另外还需要用户设置螺旋铣孔的圆柱直径，此直径即是螺旋加工的直径。

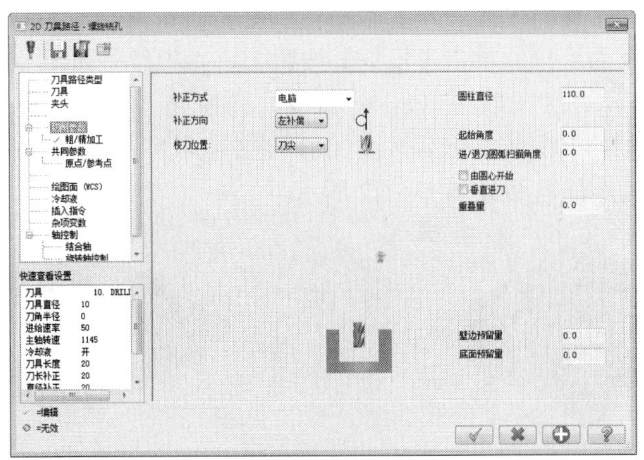

图 5-24　切削参数

与传统的钻削加工相比，螺旋铣孔采用了完全不同的加工方式。螺旋铣孔过程由主轴的“自转”和主轴绕孔中心的“公转”两个运动复合而成，这种特殊的运动方式决定了螺旋铣孔的优势。首先，刀具中心的轨迹是螺旋线而非直线，即刀具中心不再与所加工孔的中心重合，为偏心加工。刀具的直径与孔的直径不一样，这突破了传统钻孔技术中一把刀具加工同一直径孔的限制，实现了单一直径刀具加工一系列直径孔。这不仅提高了加工效率，同时也大大减少了存刀数量和种类，降低了加工成本。

其次，螺旋铣孔过程是断续铣削过程，有利于刀具的散热，从而降低了因温度累积而造成刀具磨损失效的风险。更重要的是，与传统钻孔相比，螺旋铣孔过程在冷却液的使用上有了很大的改进，整个铣孔过程可以采用微量润滑甚至空冷方式来实现冷却，是一个绿色环保的过程。

第三，偏心加工的方式使得切屑有足够的空间从孔槽排出，排屑方式不再是影响孔质量的主要因素。

钻削加工案例 3

案例文件：ywj /05/基础/5-3.MCX-7，ywj /05/结果/5-3.MCX-7

视频文件：光盘→视频课堂→第 5 章→5.1.3

step 01 打开“5-3. MCX-7”文件，如图 5-25 所示。

step 02 选择【刀具路径】|【钻孔】菜单命令，系统弹出【选取钻孔的点】对话框，选取圆的圆心，如图 5-26 所示。单击【确定】按钮，完成选取。

step 03 系统弹出【2D 刀具路径-螺旋铣孔】对话框，选择【刀具路径类型】为【螺旋铣孔】，打开【刀具】设置界面，在其空白处单击鼠标右键，从弹出的快捷菜单中选择【创建新刀具】命令，弹出【定义刀具】对话框，选取刀具类型为 End Mill，系统弹出【新建刀具】对话框，将参数设置直径为 20 平底刀，单击【确定】按钮，完成设置。

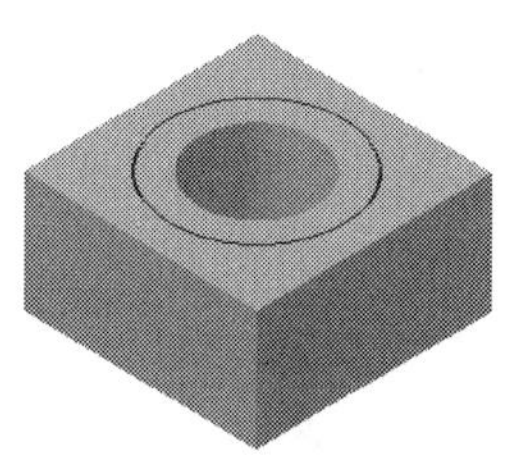

图 5-25 源文件

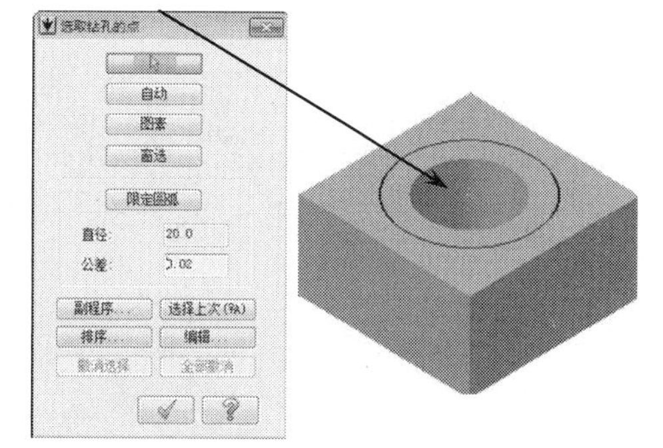

图 5-26 选取钻孔点

step 04 在【刀具】设置界面中设置相关参数，然后打开【切削参数】设置界面，设置切削相关参数。打开【深度切削】设置界面，设置二维刀具路径深度分层切削参数。打开【共同参数】设置界面，设置二维刀具路径共同的参数。系统根据所设参数，生成钻孔刀具路径，如图 5-27 所示。

step 05 按照前面的方法设置毛坯，结果如图 5-28 所示。加工模拟结果如图 5-29 所示。

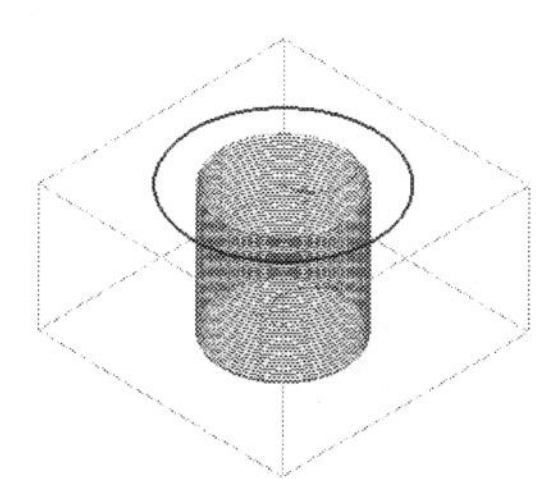
图 5-27 生成刀轨

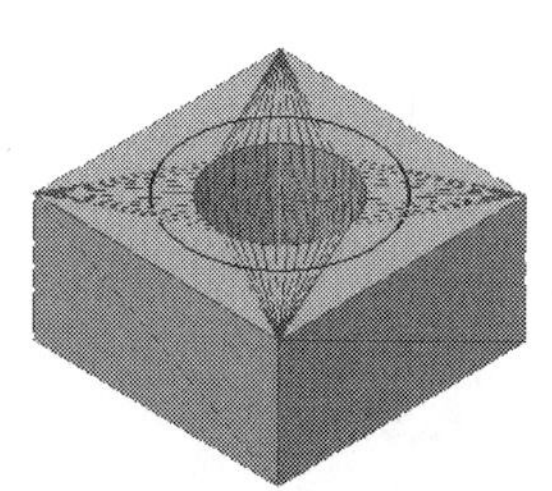
图 5-28 毛坯结果

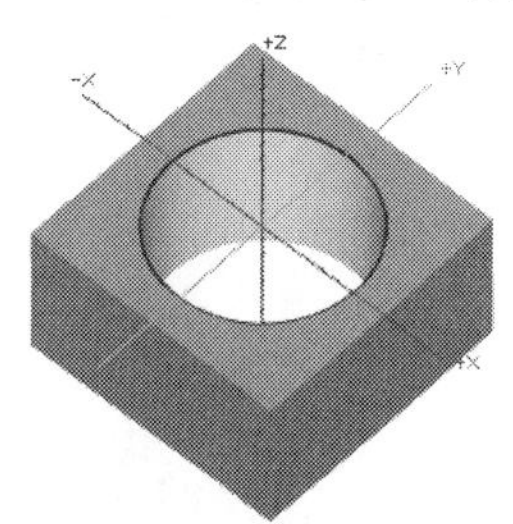
图 5-29 实体模拟

5.2 平 面 铣

平面铣削加工主要是对零件表面上的平面进行铣削加工，或对毛坯表面进行加工，加工需要得到的结果是平整的表面。平面铣削采用的刀具是面铣刀，一般尽量采用大的面铣刀，以保证快速得到平整表面，而较少考虑加工表面的光洁度。

平面铣削专门用来铣坯料的某个面或零件的表面。用来消除坯料或零件表面不平、沙眼等，提高坯料或零件的平整度、表面粗糙度。选择【刀具路径】|【面铣削】菜单命令，弹出【2D 刀具路径】对话框，在【2D 刀具路径】对话框中单击【刀具路径类型】节点，打开【刀具路径类型】设置界面，选择【刀具路径类型】为【平面铣削】，如图 5-30 所示。

面铣加工通常采用大直径的面铣刀，对工件表面材料进行快速去除，在【2D 刀具路径-平面铣削】对话框中单击【切削参数】节点，系统弹出【切削参数】设置界面，用来设置切削的常用参数。在【切削参数】设置界面的【类型】下拉列表框中共有 4 种面铣加工类型，如图 5-31 所示。分别讲解如下。

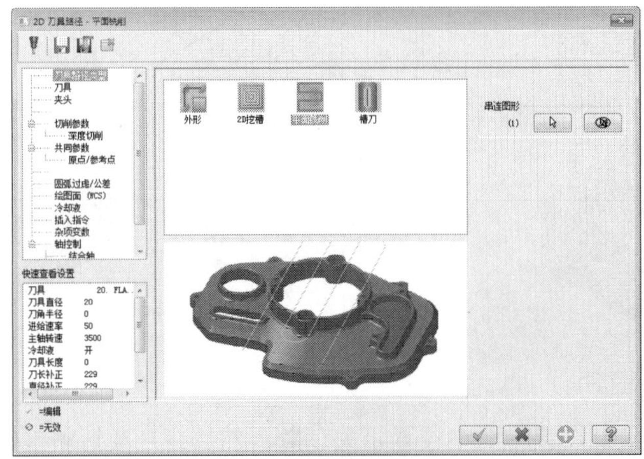

图 5-30　平面铣

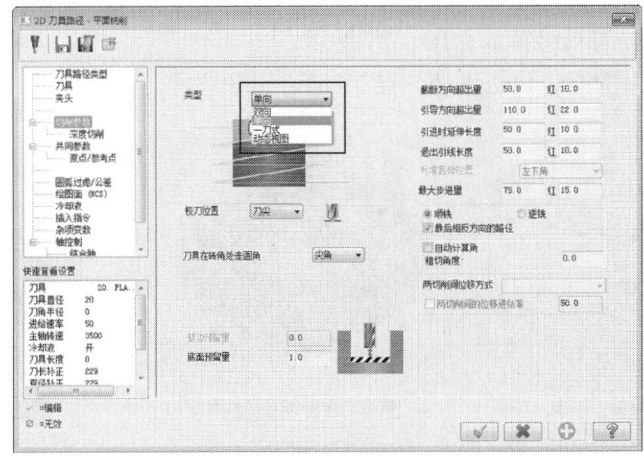

图 5-31　平面铣削类型

- 【双向】：采用双向来回切削方式。
- 【单向】：采用单向切削方式。
- 【一刀式】：将工件只切削一刀即可完成切削。
- 【动态视图】：跟随工件外形进行切削。

平面铣削加工的 4 种铣削方式示意图如图 5-32 所示。

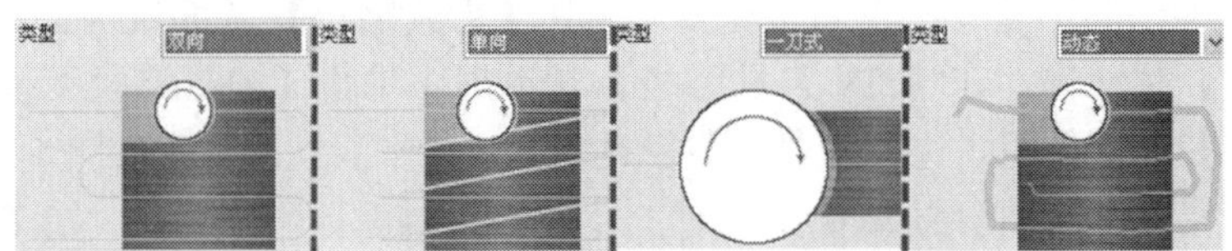

图 5-32　面铣类型

在【切削参数】设置界面中有刀具超出量的控制选项，刀具超出量控制包括 4 个方面，如图 5-33 所示。

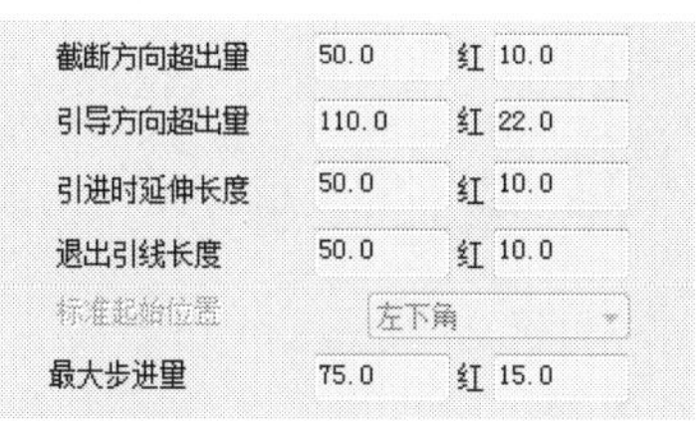

图 5-33　刀具超出量

其参数含义如下。

- 【截断方向超出量】：截断方向切削刀具路径超出面铣轮廓的量。
- 【引导方向超出量】：切削方向切削刀具路径超出面铣轮廓的量。
- 【引进时延伸长度】：面铣削导引入切削刀具路径超出面铣轮廓的量。
- 【退出引线长度】：面铣削导引出切削刀具路径超出面铣轮廓的量。

平面铣案例 1

案例文件：ywj/05/基础/5-4.MCX-7，ywj/05/结果/5-4.MCX-7

视频文件：光盘→视频课堂→第 5 章→5.2.1

step 01 打开“5-4. MCX-7”文件，如图 5-34 所示。

step 02 选择【刀具路径】|【面铣削】菜单命令，弹出【输入新 NC 名称】对话框，按默认名称，在【输入新 NC 名】称对话框中单击【确定】按钮，系统弹出【串连选项】对话框，选取串联，方向如图 5-35 所示。单击【确定】按钮，完成选取。

图 5-34　源文件

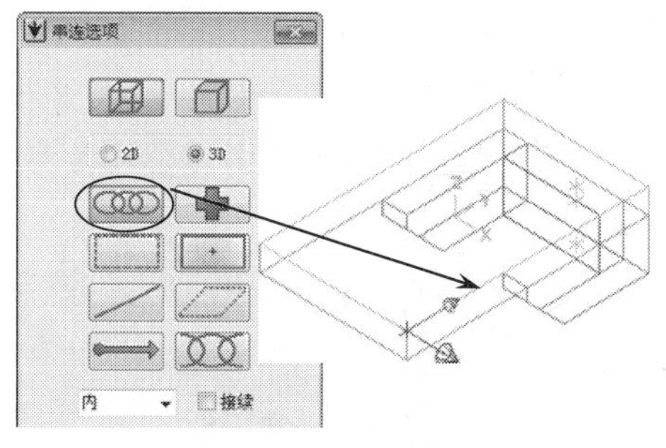

图 5-35　选取串联

step 03 系统弹出【2D 刀具路径】对话框，选择【刀具路径类型】为【平面铣削】，如图 5-36 所示。

step 04 在【2D 路径-平面铣削】对话框中单击【刀具】节点，打开【刀具】设置界面，在其空白处单击鼠标右键，从弹出的快捷菜单中选择【创建新刀具】命令，弹出【定义刀具】对话框，如图 5-37 所示。选取刀具类型为 End Mill，系统弹出【新建刀具】对话框，将参数设置直径为 20 的平底刀，如图 5-38 所示。单击【确定】按钮，完成设置。

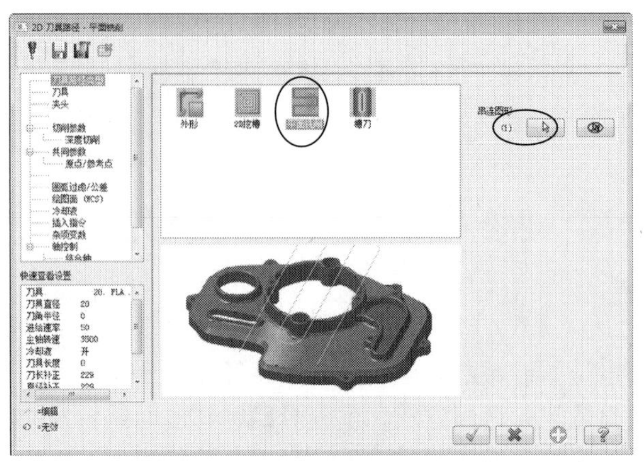

图 5-36　2D 刀具路径-平面铣削

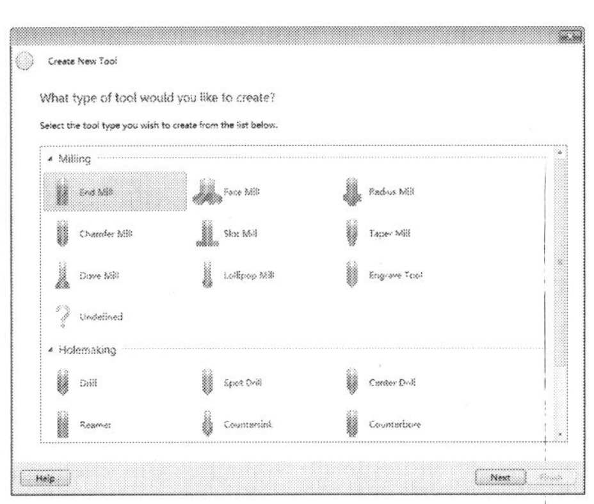

图 5-37　新建刀具

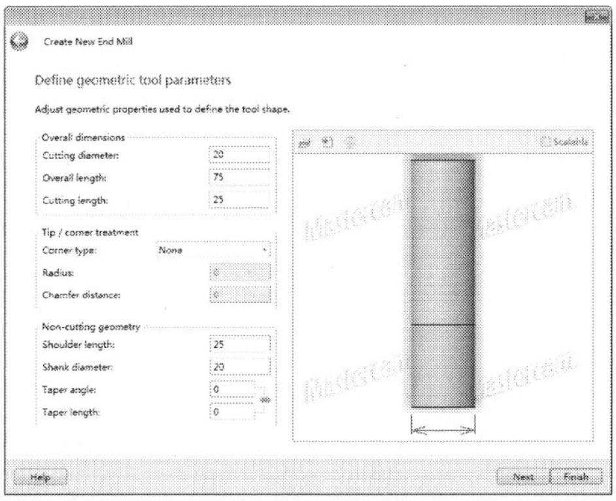

图 5-38　设置刀具参数

step 05 在【刀具】设置界面中设置相关参数，如图 5-39 所示。单击【确定】按钮完成刀具参数设置。

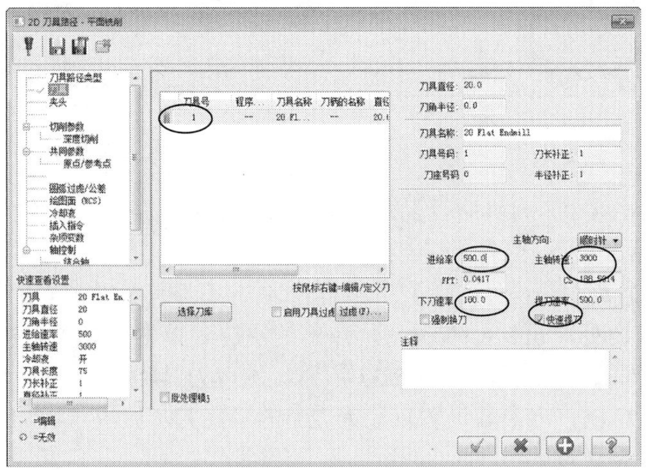

图 5-39　刀具相关参数

step 06 在对话框中单击【切削参数】节点，系统弹出【切削参数】设置界面，设置切削相关参数，如图 5-40 所示。

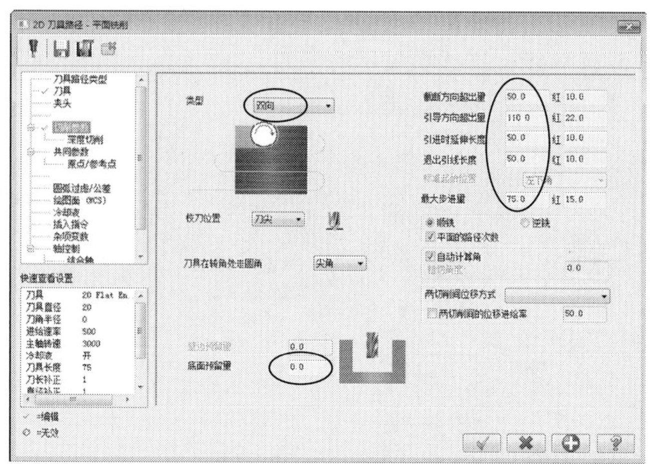

图 5-40 切削参数

step 07 在对话框中单击【共同参数】节点，系统弹出【共同参数】设置界面，设置二维刀具路径共同的参数，如图 5-41 所示。这样系统根据所设参数，生成刀具路径，如图 5-42 所示。

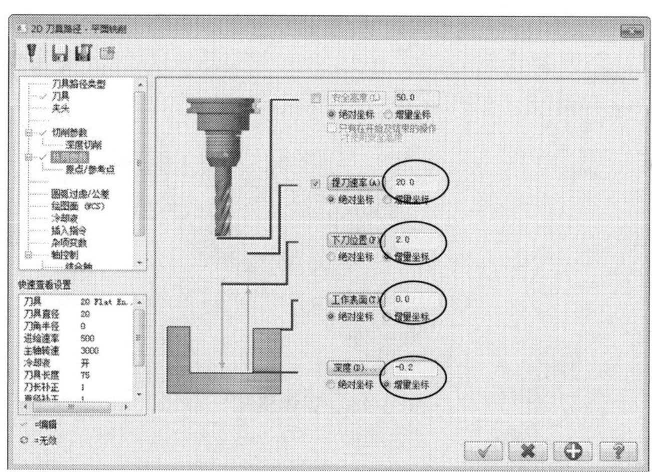

图 5-41 共同参数

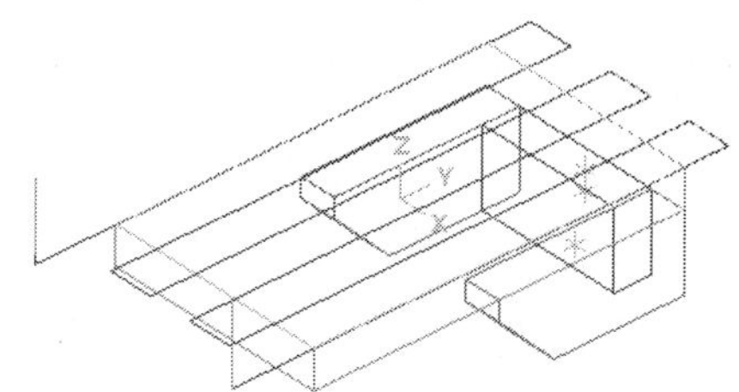

图 5-42 生成刀路

step 08 在【刀具路径操作管理器】中单击【属性】中的【材料设置】节点，弹出【机器群组属性】对话框，单击【材料设置】标签，切换到【材料设置】选项卡，设置加工坯料的尺寸，如图 5-43 所示，单击【确定】按钮完成参数设置，坯料设置结果如图 5-44 所示，虚线框显示的即为毛坯。

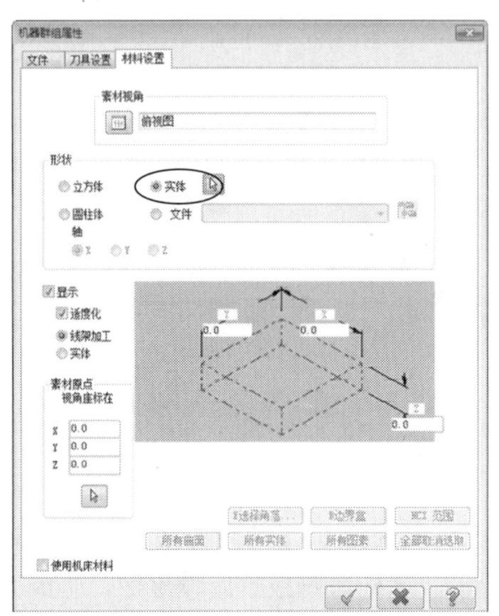

图 5-43　设置毛坯

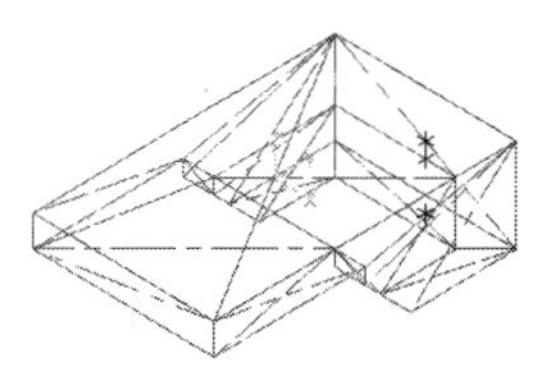

图 5-44　毛坯

step 09 在【刀具路径操作管理器】中选中所有刀轨，再单击【实体模拟】按钮，系统弹出 Verify 对话框，单击【播放】按钮，模拟结果如图 5-45 所示。

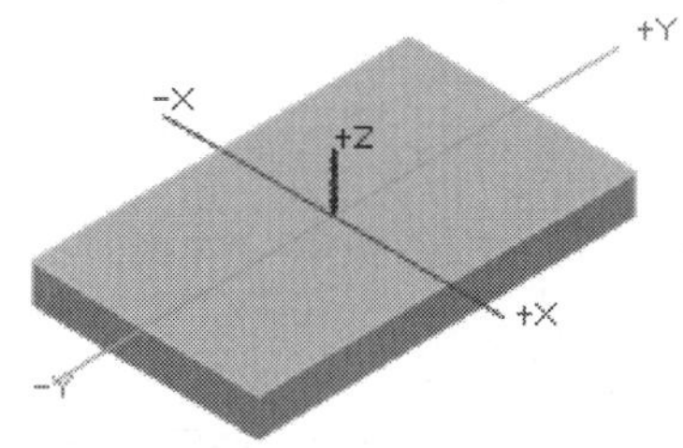

图 5-45　实体模拟

平面铣案例 2

案例文件：ywj/05/基础/5-5.MCX-7，ywj/05/结果/5-5.MCX-7

视频文件：光盘→视频课堂→第 5 章→5.2.2

step 01 打开“5-5. MCX-7”文件，如图 5-46 所示。

step 02 选择【刀具路径】|【面铣削】菜单命令，弹出【输入新 NC 名称】对话框，按默认名称，在【输入新 NC 名称】对话框中单击【确定】按钮，系统弹出【串连选项】对话框，选取串联，方向如图 5-47 所示。单击【确定】按钮，完成选取。

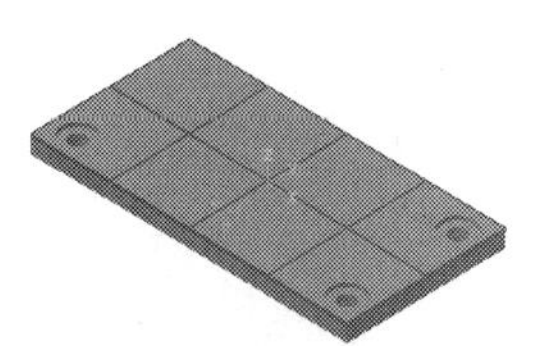
图 5-46 检具底板

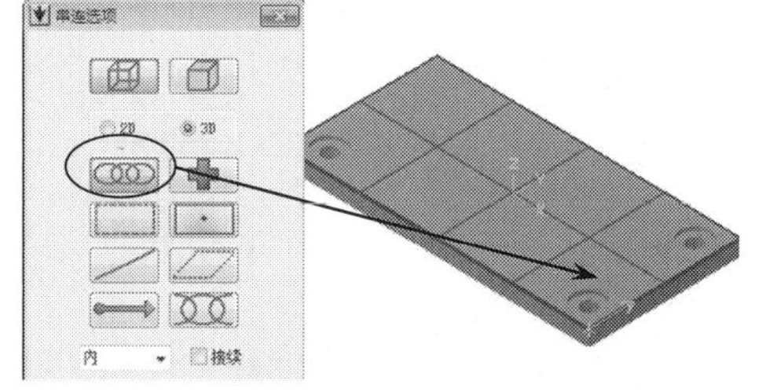
图 5-47 选取串联

step 03 系统弹出【2D 刀具路径】对话框，选择【刀具路径类型】为【平面铣削】，在【刀具】设置界面的空白处单击鼠标右键，从弹出的快捷菜单中选择【创建新刀具】命令，弹出【定义刀具】对话框，选取刀具类型为 End Mill，系统弹出【新建刀具】对话框，将参数设置为直径为 10 的平底刀，单击【确定】按钮，完成设置。

step 04 在【刀具】设置界面中设置相关参数，然后打开【切削参数】设置界面，设置切削相关参数。打开【共同参数】设置界面，设置二维刀具路径共同的参数。此时系统根据所设参数，生成刀具路径，如图 5-48 所示。

step 05 按照前面的方法设置毛坯，得到坯料设置结果如图 5-49 所示，虚线框显示的即为毛坯。加工模拟结果如图 5-50 所示。

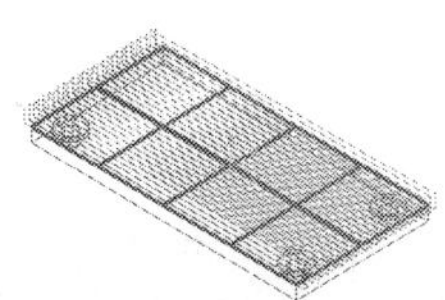
图 5-48 生成刀路

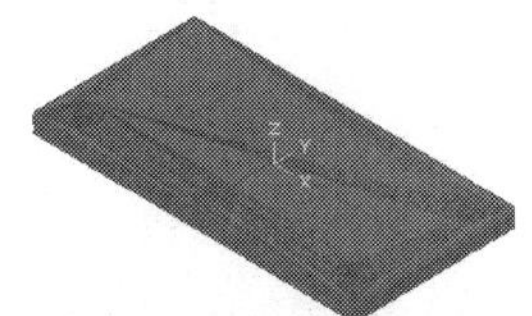
图 5-49 毛坯

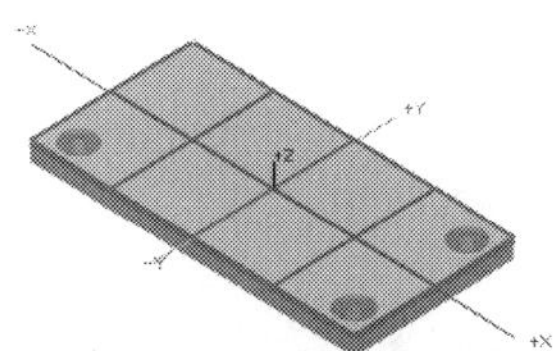
图 5-50 实体模拟

平面铣案例 3

案例文件：ywj/05/基础/5-6.MCX-7，ywj/05/结果/5-6.MCX-7

视频文件：光盘→视频课堂→第 5 章→5.2.3

step 01 打开“5-6. MCX-7”文件，如图 5-51 所示。

step 02 选择【刀具路径】|【面铣削】菜单命令，弹出【输入新 NC 名称】对话框，按默认名称，在【输入新 NC 名称】对话框中单击【确定】按钮，系统弹出【串连选项】对话框，选取串联，方向如图 5-52 所示。单击【确定】按钮，完成选取。

step 03 系统弹出【2D 刀具路径】对话框，选择【刀具路径类型】为【平面铣削】，在【刀具】设置界面的空白处单击鼠标右键，从弹出的快捷菜单中选择【创建新刀具】命令，弹出【定义刀具】对话框，选取刀具类型为 End Mill，系统弹出【新建刀具】对话框，将参数设置直径为 50 的面铣刀，单击【确定】按钮，完成设置。

step 04 在【刀具】设置界面中设置相关参数，如图 5-53 所示，单击【确定】按钮 完成刀具参数设置。

图 5-51 源文件

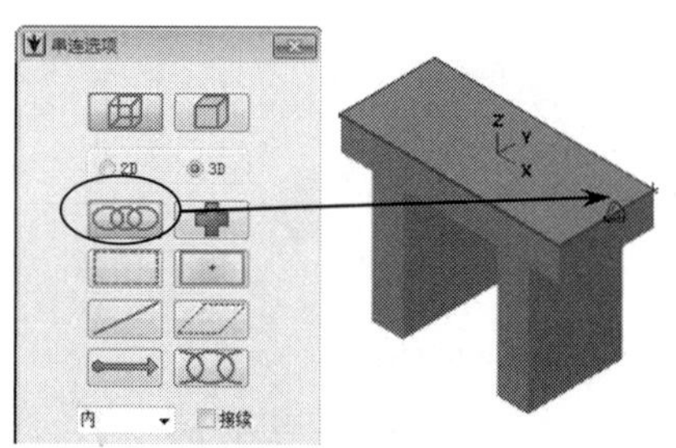

图 5-52 选取串联

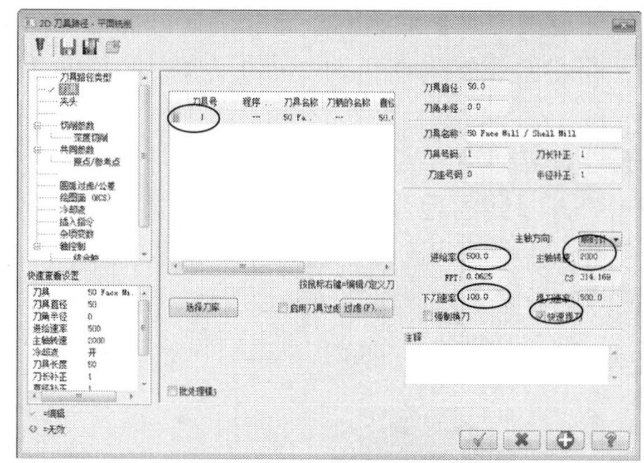

图 5-53 刀具相关参数

step 05 在【2D 刀具路径平面铣削】对话框中单击【切削参数】节点，系统弹出【切削参数】设置界面，设置切削相关参数，如图 5-54 所示。

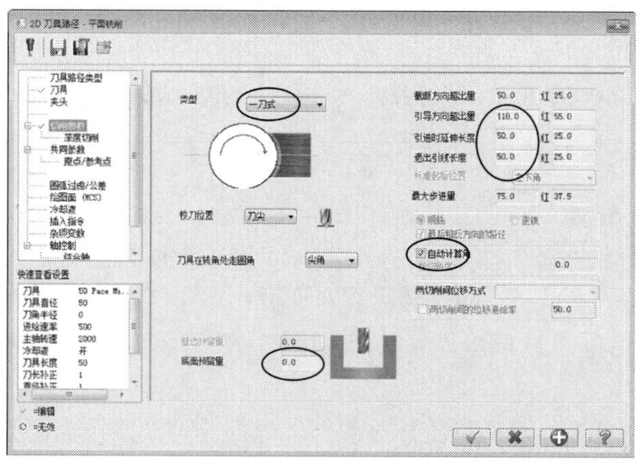

图 5-54 切削参数

step 06 在对话框中单击【共同参数】节点，系统弹出【共同参数】设置界面，设置二维刀具路径共同的参数。这样系统根据所设参数，生成刀具路径，如图 5-55 所示。

step 07 按照前面的方法设置毛坯，得到坯料设置结果如图 5-56 所示，虚线框显示的即为毛坯。加工模拟结果如图 5-57 所示。

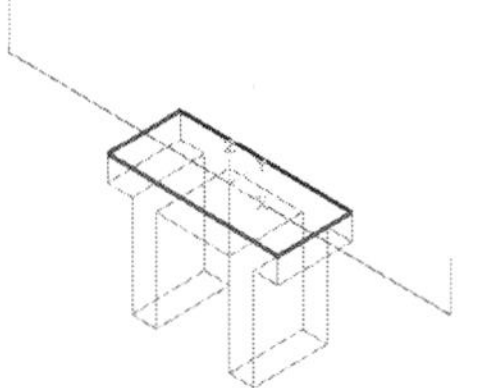
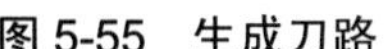

图 5-55 生成刀路

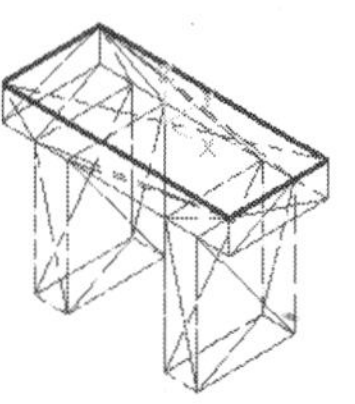

图 5-56 毛坯

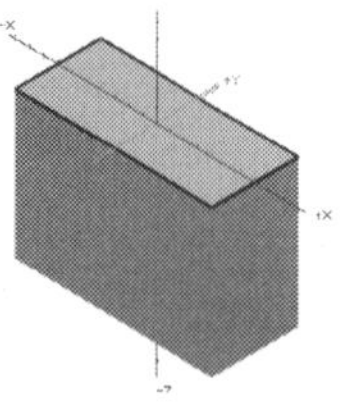

图 5-57 实体模拟

平面铣案例 4

案例文件：ywj/05/基础/5-7.MCX-7，ywj/05/结果/5-7.MCX-7

视频文件：光盘→视频课堂→第 5 章→5.2.4

step 01 打开“5-7. MCX-7”文件，如图 5-58 所示。

step 02 选择【刀具路径】|【面铣削】菜单命令，弹出【输入新 NC 名称】对话框，按默认名称，再单击【确定】按钮，系统弹出【串连选项】对话框，选取串联，方向如图 5-59 所示。单击【确定】按钮，完成选取。

图 5-58 源文件

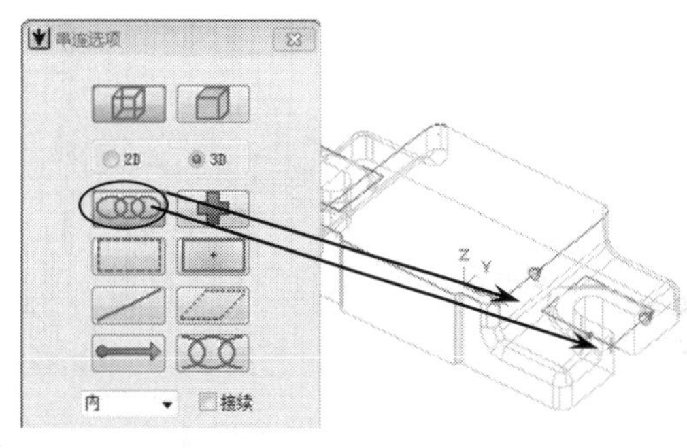

图 5-59 选取串联

step 03 系统弹出【2D 刀具路径】对话框，选择【刀具路径类型】为【平面铣削】，在【刀具】设置界面的空白处单击鼠标右键，从弹出的快捷菜单中选择【创建新刀具】命令，弹出【定义刀具】对话框，选取刀具类型为 End Mill，系统弹出【新建刀具】对话框，将参数设置直径为 8 的平底刀，单击【确定】按钮，完成设置。

step 04 在【刀具】设置界面中设置相关参数，如图 5-60 所示，单击【确定】按钮完成刀具参数设置。

step 05 在【2D 刀具路径-平面铣削】对话框中单击【切削参数】节点，系统弹出【切削参数】设置界面，设置切削相关参数，如图 5-61 所示。

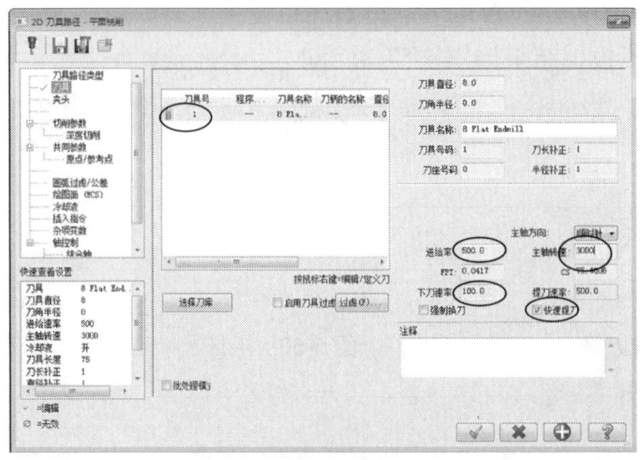

图 5-60　刀具相关参数

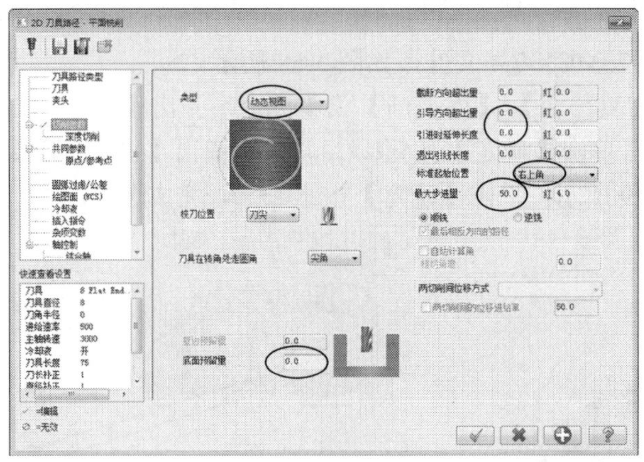

图 5-61　切削参数

step 06 在对话框中单击【共同参数】节点，系统弹出【共同参数】设置界面，设置二维刀具路径共同的参数。系统根据所设参数，生成刀具路径，如图 5-62 所示。

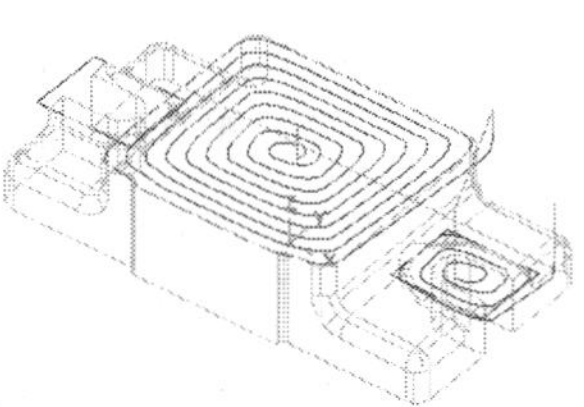

图 5-62　生成刀路

step 07 复制粘贴刀路。在【刀具路径操作管理器器】中选中刚才编制的刀轨上单击鼠标右键，在弹出的快捷菜单中选择【复制】命令，再次在快捷菜单中选择【粘贴】命令，操作如图 5-63 所示。

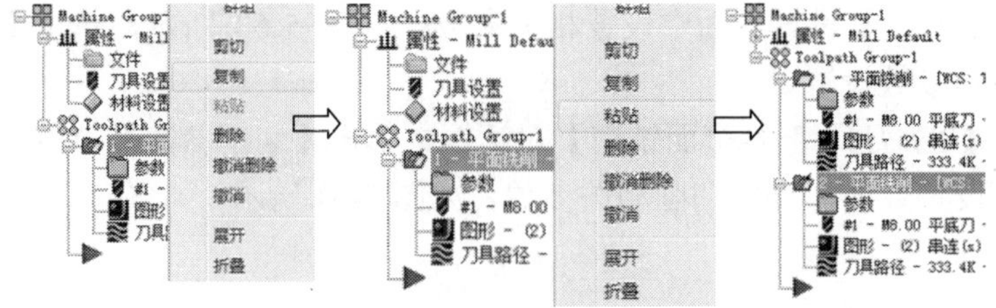

图 5-63　复制粘贴操作

step 08 修改加工串联。在【刀具路径操作管理器】中单击复制后的刀具路径中的【加工串联】按钮 图形 - (2) 串连(s)，系统弹出【串连管理】对话框，在该对话框中单击鼠标右键，在弹出的快捷菜单中选择【全部重新串连】命令，再选取左侧串联，单击【确定】按钮完成修改。操作如图 5-64 所示。

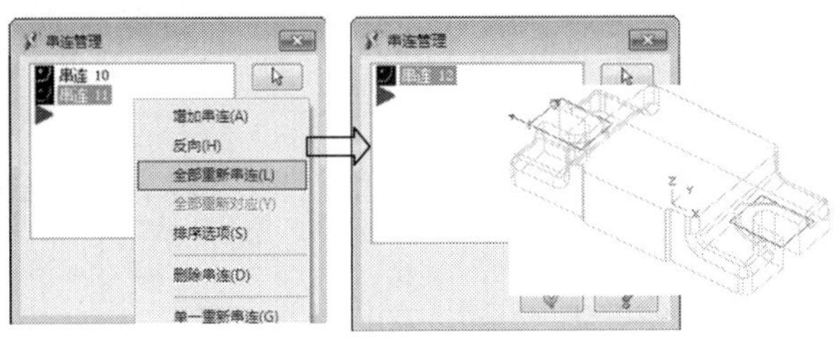

图 5-64　选取串连

step 09 修改参数。在【刀具路径操作管理器】中单击复制后的刀具路径中参数选项，系统弹出【2D 刀具路径-平面铣削】对话框，在【切削参数】设置界面中将【标准起始位置】修改为【左下角】，单击【确定】按钮完成修改，如图 5-65 所示。

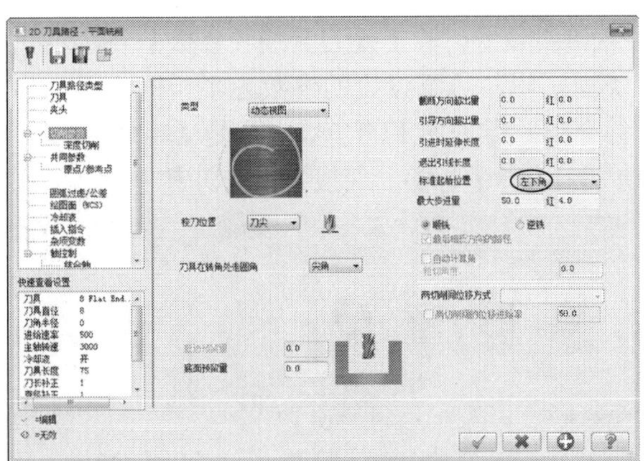

图 5-65　修改参数

step 10 重新计算刀轨。在【刀具路径操作管理器】中单击【重建所有已失败的操作】按钮，系统进行重新计算，结果如图 5-66 所示。

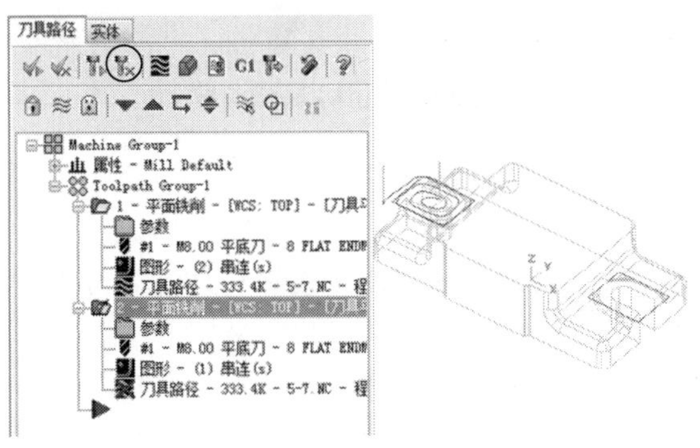

图 5-66　重建操作

step 11 按照前面的方法设置毛坯，得到坯料设置结果如图 5-67 所示，虚线框显示的即为毛坯。加工模拟结果如图 5-68 所示。

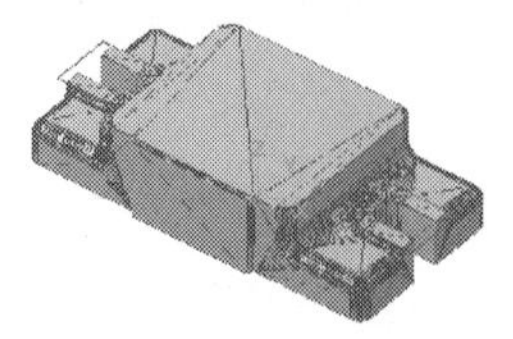

图 5-67 毛坯

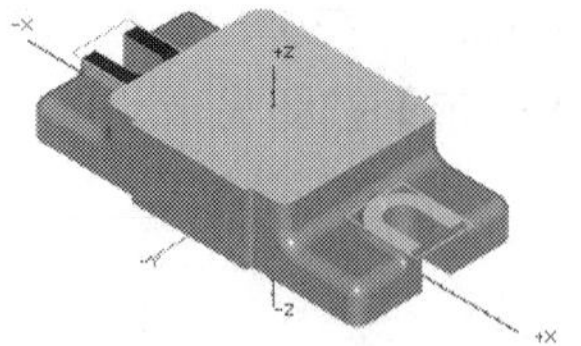

图 5-68 实体模拟

5.3 雕 刻 加 工

雕刻加工主要用雕刻刀具对文字及产品装饰图案进行雕刻加工，以提高产品的美观性。一般加工深度不大，但加工主轴转速比较高。此雕刻加工主要用于二维加工，加工的类型有多种，如线条雕刻加工、凸型雕刻加工、凹形雕刻加工等。主要是根据选取的二维线条的不同而产生差别。

雕刻加工有 3 组参数需要设置，除了【刀具路径参数】外，还有【雕刻参数】和【粗切/精修参数】，根据加工类型不同，需要设置的参数也不相同。雕刻加工的参数与挖槽非常类似，在这里将不同处进行介绍。雕刻加工的参数主要是【粗切/精修参数】有些不同，在【雕刻】对话框中单击【粗切/精修参数】标签，切换到【粗切/精修参数】选项卡，如图 5-69 所示。

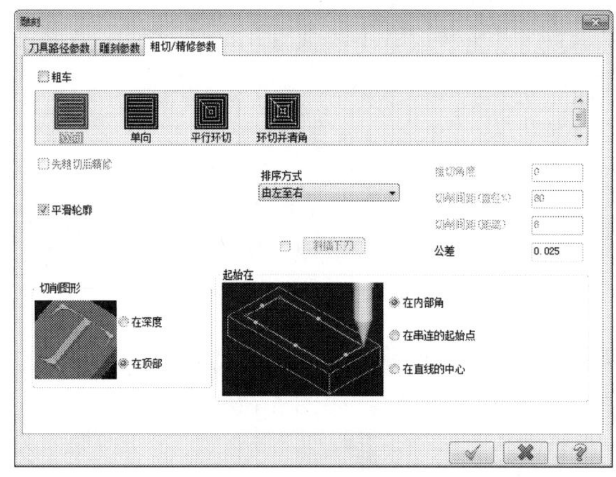

图 5-69 粗切/精修参数

5.3.1 粗加工

雕刻加工的粗切方式与挖槽类似，主要用来设置粗切走刀方式。走刀方式共有 4 种，其中前两种是线性刀路，后两种是环切刀路。其参数含义如下。

- 【双向】：刀具切削采用来回走刀的方式，中间不做提刀动作。
- 【单向】：刀具只按某一方向切削到终点后抬刀返回起点，再以同样的方式进行循环。

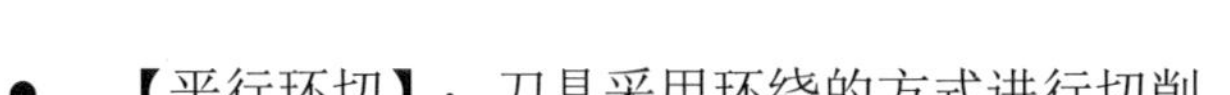

- 【平行环切】：刀具采用环绕的方式进行切削。

- 【环切并清角】：刀具采用环绕并清角的方式进行切削。

如图 5-70 所示为采用双向的走刀方式。图 5-71 所示为采用单向走刀方式，抬刀次数非常多。图 5-72 为采用平行环绕的走刀方式，图 5-73 为采用清角的走刀方式。

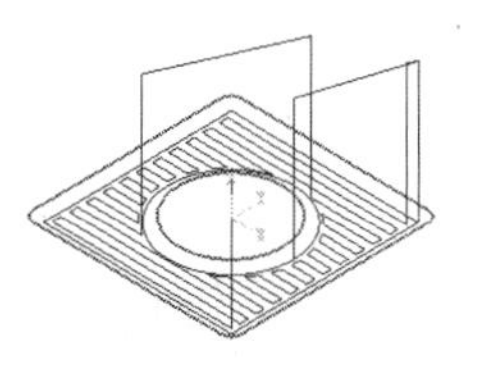

图 5-70　双向

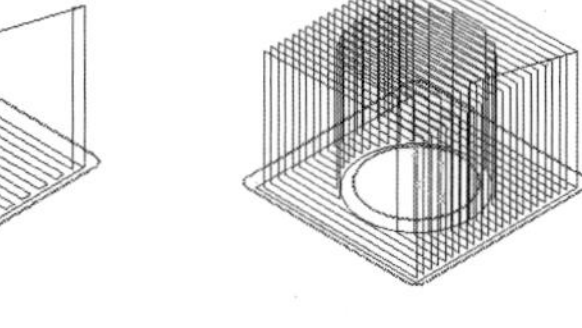

图 5-71　单向

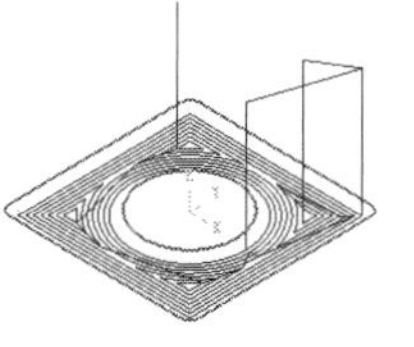

图 5-72　平行环切

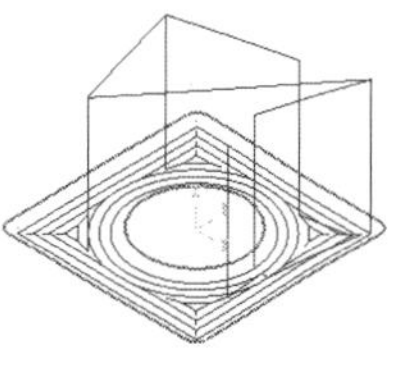

图 5-73　环切并清角

5.3.2　加工顺序

在【粗切/精修参数】选项卡的【顺序方式】下拉列表框中有【按选取的顺序】、【由上至下】和【由左至右】3 种加工顺序。可以用于设置当雕刻的线架由多个区域组成时粗切精修的加工顺序。

其参数含义如下。

- 【按选取的顺序】：按用户选取串联的顺序进行加工。
- 【由上至下】：按从上往下的顺序进行加工。
- 【由左至右】：按从左往右的顺序进行加工。

具体选择哪种方式还要视选取的图形而定。

5.3.3　切削参数

雕刻切削参数包括粗切角度、切削间距、切削图形等，下面将分别讲解。

1．粗切角度

该项只有当粗切的方式为双向切削或单向切削时才被激活，在【粗切/精修参数】选项卡的【粗切角度】文本框输入粗切角度值，即可设置雕刻加工的切削方向与 X 轴的夹角方向。此处默认值为 0，有时为了切削效果，可将粗加工的角度和精加工角度交错开，即将粗加工设置不同的角度来达到目的。

2．切削间距

【切削间距】是用来设置切削路径之间的距离，避免刀具间距过大，导致刀具损伤或加工后出现过多的残料。一般设为 60%～75%，如果是 V 形刀，即刀具底下有效距离的 60%～75%。

3．切削图形

由于雕刻刀具采用 V 形刀具，加工后的图形呈现上大下小的槽形。【切削图形】就是用来控制刀具路径是在深度上，还是在坯料顶部采用所选串联外型的形式，也就是选择让加工结果在深度上(即底部)反映设计图形，还是在顶部反映出设计图形。

其参数含义如下。

- 【在深度】：加工结果在加工的最后深度上与加工图形保持一致，而顶部比加工图形要大。
- 【在顶部】：加工结果在顶端加工出来的形状与加工图形保持一致，底部比加工图形要小。

4. 平滑轮廓

【平滑轮廓】是指将图形中某些局部区域的折角部分不便加工，系统对其进行平滑化处理，使其便于刀具加工。

5. 斜插下刀

【斜插下刀】是指刀具在槽形工件内部采用斜向下刀的方式进行进刀，避免直接进刀对刀具造成损伤，也可能对工件造成损伤。采用斜插下刀利于刀具平滑、顺利进入工件。

6. 【起始在】选项组

设置雕刻的刀具路径起始位置有三种，【在内部角】、【在串连的起始点】和【在直线的中心】，主要适合雕刻线条。

各参数含义如下。

- 【在内部角】：在线架的内部转折的角点作为起始点进刀。
- 【在串连的起始点】：在选取的串联的起始点作为进刀点。
- 【在直线的中心】：以直线的中点作为进刀点。

雕刻加工案例 1

案例文件：ywj /05/基础/5-8.MCX-7，ywj /05/结果/5-8.MCX-7

视频文件：光盘→视频课堂→第 5 章→5.3.1

step 01 打开“5-8. MCX-7”文件，如图 5-74 所示。

step 02 选择【刀具路径】|【雕刻】菜单命令，弹出【输入新 NC 名称】对话框，按默认名称，单击确定，系统弹出【串连选项】对话框，单击【窗选】按钮，在绘图区选取所有串联。单击【确定】按钮完成选取，如图 5-75 所示。

图 5-74 源文件

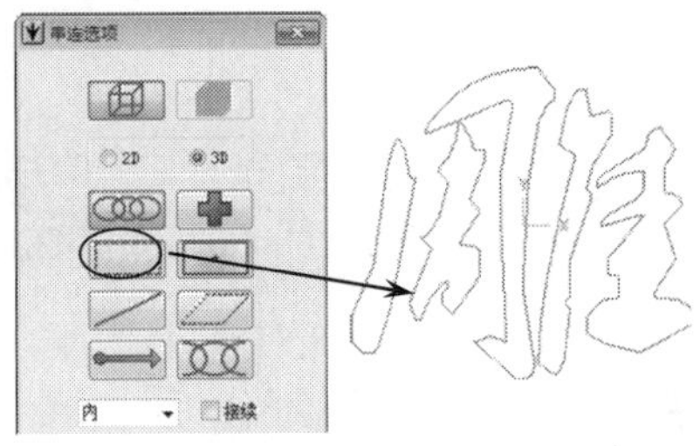

图 5-75 选取串联

step 03 系统弹出【雕刻】对话框，设置雕刻加工所需要的加工参数，如图 5-76 所示。

图 5-76 【雕刻】对话框

step 04 在【刀具路径参数】选项卡的空白处单击鼠标右键，从弹出的快捷菜单中选择【创建新刀具】命令，弹出【定义刀具】对话框，如图 5-77 所示。选取刀具类型为 Engrave Tool，系统弹出【新建刀具】对话框，将参数设置直径为 6 的雕刻刀，刀具尖角直径 0.2，如图 5-78 所示。单击【确定】按钮，完成设置。

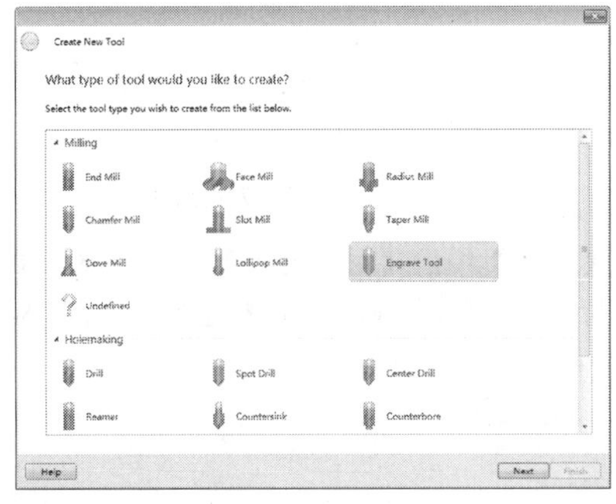

图 5-77 新建刀具

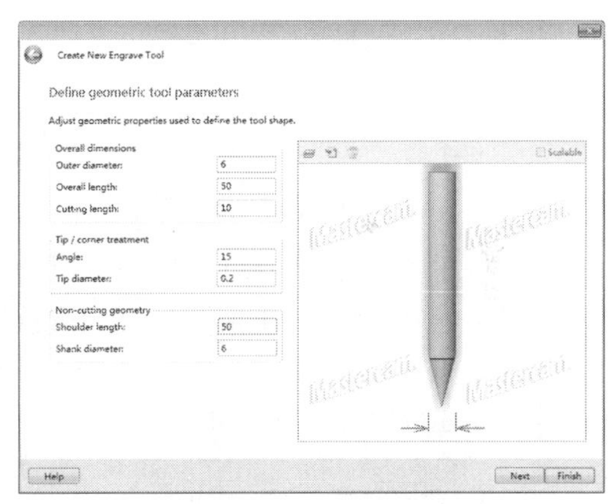

图 5-78 设置刀具参数

step 05 在【刀具路径参数】选项卡中设置相关参数，如图 5-79 所示。单击【确定】按钮完成刀具参数设置。

step 06 在【雕刻】对话框中单击【雕刻参数】标签，系统切换到【雕刻参数】选项卡，设置二维共同参数，将【深度】设置为-2，单击【确定】按钮，完成参数设置，如图 5-80 所示。

step 07 在【雕刻】对话框中单击【确定】按钮，系统根据设置的参数生成刀具路径如图 5-81 所示。

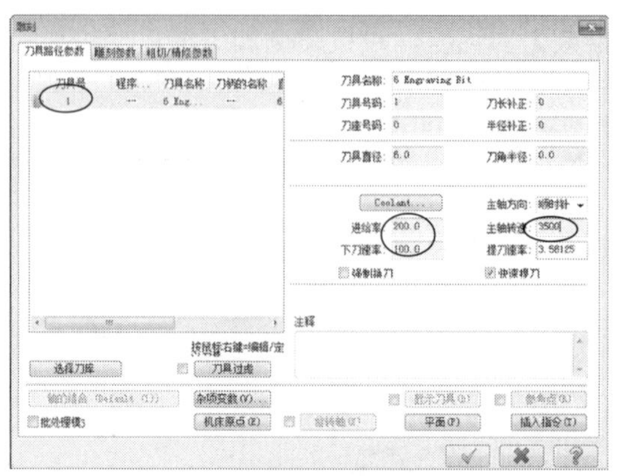

图 5-79　刀具相关参数

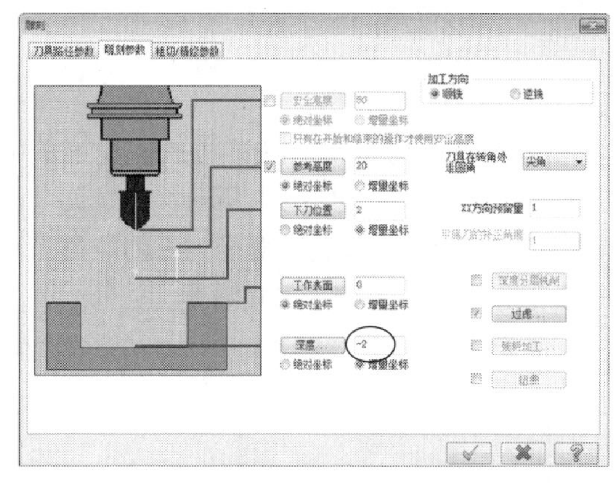

图 5-80　雕刻参数

图 5-81　刀具路径

step 08 在【刀具路径操作管理器】中单击【属性】中的【材料设置】节点，弹出【机器群组属性】对话框，单击【材料设置】标签，切换到【材料设置】选项卡，如图 5-82 所示设置加工坯料的尺寸，单击【确定】按钮完成参数设置。

step 09 坯料设置结果如图 5-83 所示，虚线框显示的即为毛坯。

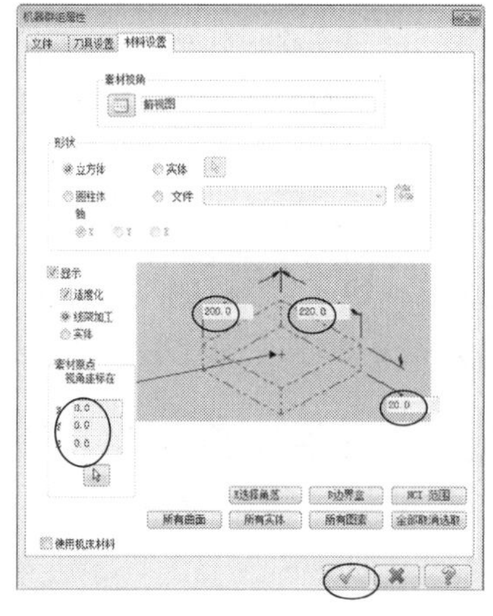

图 5-82　设置毛坯

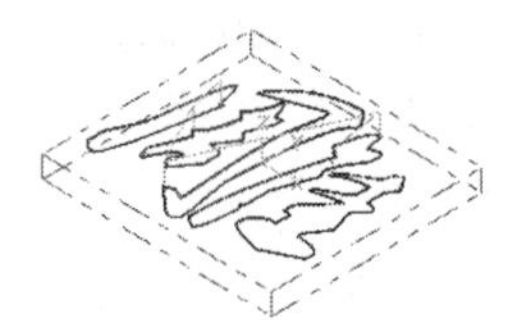

图 5-83　毛坯

step 10 在【刀具路径操作管理器】中选中所有刀轨，再单击【实体模拟】按钮，系统弹出 Verify 对话框，单击【播放】按钮，模拟结果如图 5-84 所示。

图 5-84　实体模拟

雕刻加工案例 2

案例文件：ywj /05/基础/5-9.MCX-7，ywj /05/结果/5-9.M CX-7

视频文件：光盘→视频课堂→第 5 章→5.3.2

step 01 打开“5-9. MCX-7”文件，如图 5-85 所示。

step 02 选择【刀具路径】|【雕刻】菜单命令，弹出【输入新 NC 名称】对话框，按默认名称，单击【确定】按钮，系统弹出【串连选项】对话框，单击【串联】按钮，在绘图区选取所有串联。单击【确定】按钮完成选取，如图 5-86 所示。

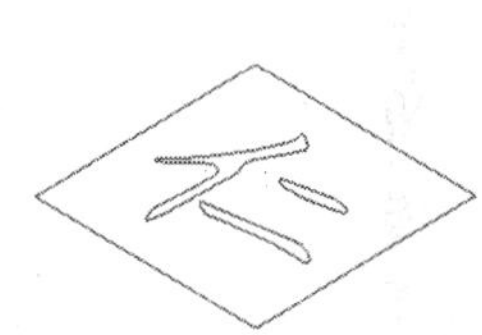

图 5-85　源文件

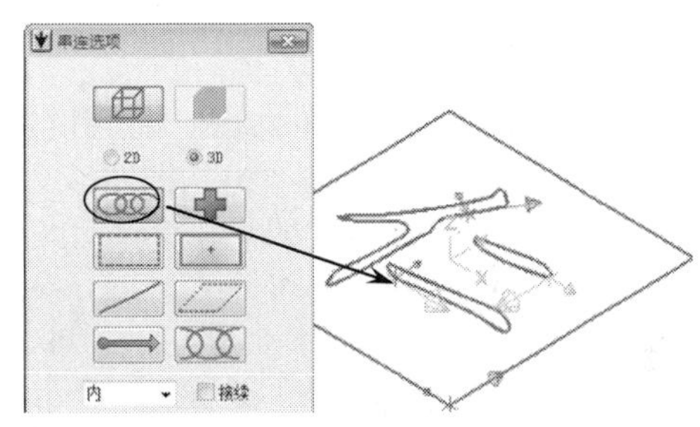

图 5-86　选取串联

step 03 系统弹出【雕刻】对话框，在【刀具路径参数】选项卡的空白处单击鼠标右键，从弹出的菜单中选择【创建新刀具】命令，弹出【定义刀具】对话框，选取刀具类型为 Engrave Tool，系统弹出【新建刀具】对话框，将参数设置直径为 6 的雕刻刀，刀具尖角直径 0.2，单击【确定】按钮，完成设置。

step 04 在【刀具路径参数】选项卡中设置相关参数，然后切换到【雕刻参数】选项卡，设置二维共同参数，将深度设为-0.2。切换到【粗切/精修参数】选项卡，设置粗切方式和精修相关参数，如图 5-87 所示。单击【确定】按钮，完成参数设置。

step 05 在【粗切/精修参数】选项卡中启用【斜插下刀】复选框，再单击【斜插下刀】按钮，系统弹出【斜插】对话框，设置斜插下刀的角度，如图 5-88 所示。系统根据所设置的参数生成雕刻刀具路径，如图 5-89 所示。

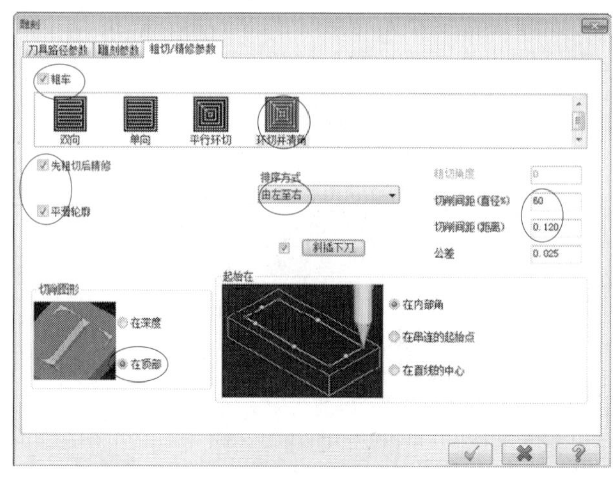

图 5-87　粗切/精修参数

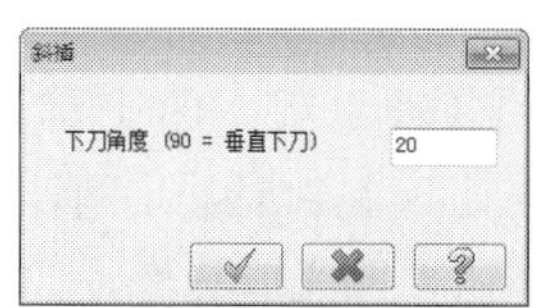

图 5-88　斜插下刀

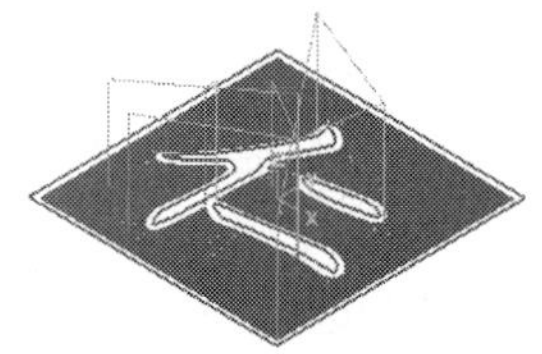

图 5-89　刀具路径

step 06 按照前面方法设置毛坯，坯料设置结果如图 5-90 所示，虚线框显示的即为毛坯。加工模拟结果如图 5-91 所示。

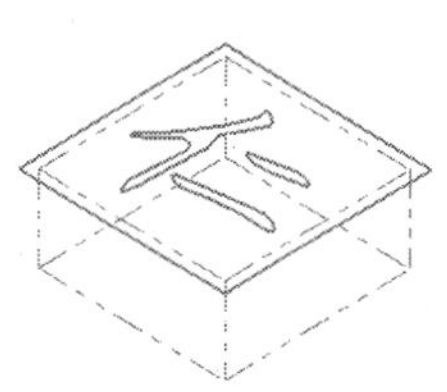

图 5-90　毛坯

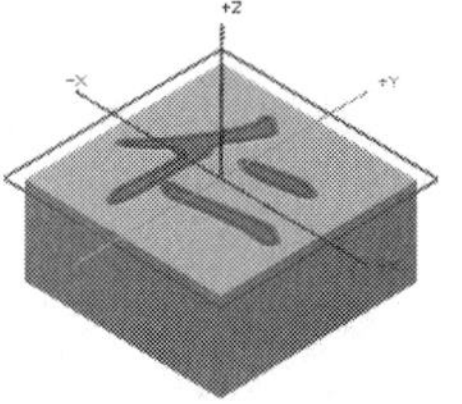

图 5-91　实体模拟

雕刻加工案例 3

案例文件：ywj /05/基础/5-10.MCX-7，ywj /05/结果/5-10.MCX-7

视频文件：光盘→视频课堂→第 5 章→5.3.3

step 01 打开“5-10. MCX-7”文件，如图 5-92 所示。

step 02 选择【刀具路径】|【雕刻】菜单命令，弹出【输入新 NC 名称】对话框，按默认名称，单击【确定】按钮，系统弹出【串连选项】对话框，单击【串联】按钮，在绘图区选取所有串联。单击【确定】按钮完成选取，如图 5-93 所示。

图 5-92 源文件

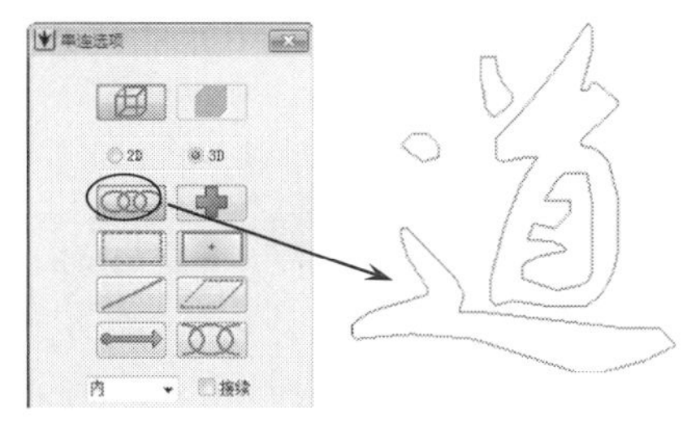

图 5-93 选取串联

step 03 系统弹出【雕刻】对话框，在【刀具路径参数】选项卡的空白处单击鼠标右键，从弹出的快捷菜单中选择【创建新刀具】命令，弹出【定义刀具】对话框，选取刀具类型为 Engrave Tool，系统弹出【新建刀具】对话框，将参数设置直径为 6 的雕刻刀，刀具尖角直径 0.2，单击【确定】按钮，完成设置。

step 04 在【刀具路径参数】选项卡中设置相关参数，然后切换到【雕刻参数】选项卡，设置二维共同参数，将【深度】设置为-0.2，单击【确定】按钮，完成参数设置。切换到【粗切/精修参数】选项卡，设置粗切方式和精修相关参数。在【粗切/精修参数】选项卡中启用【斜插下刀】复选框，再单击【斜插下刀】按钮，系统弹出【斜插】对话框，设置斜插下刀的角度。系统根据所设置的参数生成雕刻刀具路径，如图 5-94 所示。

step 05 按照前面的方法设置毛坯，坯料设置结果如图 5-95 所示，虚线框显示的即为毛坯。加工模拟结果如图 5-96 所示。

图 5-94 刀具路径

图 5-95 毛坯

图 5-96 实体模拟

5.4 2 轴铣削加工综合案例

案例文件：ywj /05/基础/5-11.MCX-7，ywj /05/结果/5-11.MCX-7

视频文件：光盘→视频课堂→第 5 章→5.4

step 01 打开“5-11. MCX-7”文件，如图 5-97 所示。

step 02 首先采用 D12 的平底刀进行挖槽加工。选择【刀具路径】|【2D 挖槽】菜单命令，弹出【输入新 NC 名称】对话框，按默认名称，再单击【确定】按钮，系统弹出【串连选项】对话框，选取串联，方向如图 5-98 所示。单击【确定】按钮，完成选取。

图 5-97　源文件

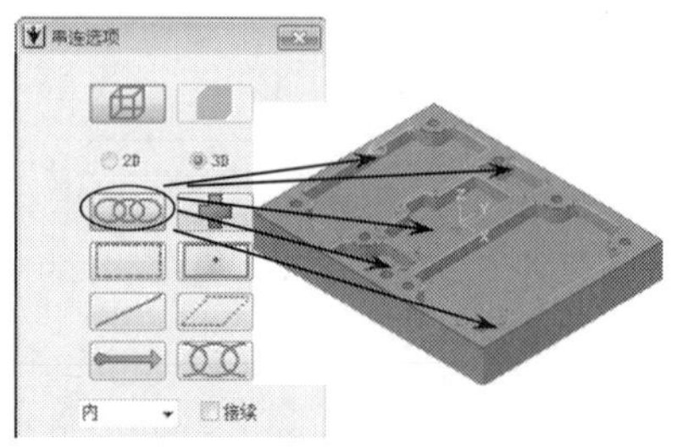

图 5-98　选取串联

step 03 系统弹出【2D 刀具路径】对话框，选择【刀具路径类型】为【2D 挖槽】。在【刀具】设置界面的空白处单击鼠标右键，从弹出的快捷菜单中选择【创建新刀具】命令，弹出【定义刀具】对话框，选取刀具类型为 End Mill，系统弹出【新建刀具】对话框，将参数设置直径为 12 的平底刀，单击【确定】按钮，完成设置。

step 04 在【刀具】设置界面中设置相关参数，然后打开【切削参数】设置界面，设置切削相关参数。打开【粗加工】设置界面，粗切削走刀以及刀间距等参数。打开【进刀方式】设置界面，设置粗切削进刀参数，选取进刀模式为斜插下刀。打开【精加工】设置界面，设置精加工参数。打开【深度切削】设置界面，设置刀具在深度方向上切削参数。打开【共同参数】设置界面，设置二维刀具路径共同的参数。这样系统根据所设参数，生成刀具路径，如图 5-99 所示。

step 05 下面采用 D2 的平底刀进行残料挖槽加工。选择【刀具路径】|【2D 挖槽】菜单命令，系统弹出【串连选项】对话框，选取串联，方向如图 5-100 所示。单击【确定】按钮，完成选取。

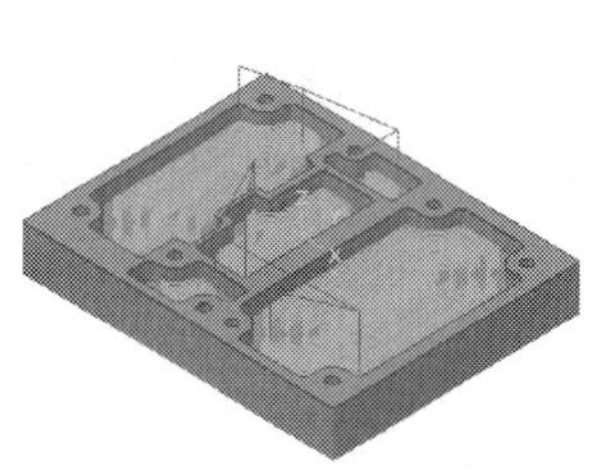

图 5-99　生成刀路

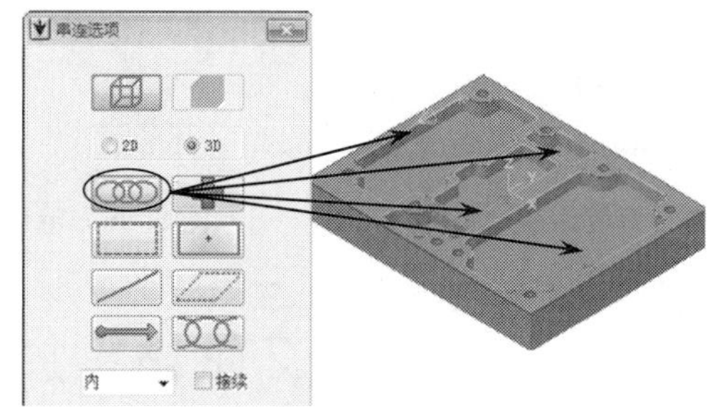

图 5-100　选取串联

step 06 系统弹出【2D 刀具路径】对话框，选择【刀具路径类型】为【2D 挖槽】，在【刀具】设置界面的空白处单击鼠标右键，从弹出的快捷菜单中选择【创建新刀具】命令，弹出【定义刀具】对话框，选取刀具类型为 End Mill，系统弹出【新建刀具】对话框，将参数设置直径为 2 的平底刀，单击【确定】按钮，完成设置。

step 07 在【刀具】设置界面中设置相关参数，然后打开【切削参数】设置界面，设置切削相关参数。打开【粗加工】设置界面，设置粗切削走刀以及刀间距等参数。打

开【精加工】设置界面，设置精加工参数。打开【深度切削】设置界面，设置刀具在深度方向上切削参数，如图 5-101 所示。打开【共同参数】设置界面，设置二维刀具路径共同的参数。系统根据所设参数，生成刀具路径，如图 5-102 所示。

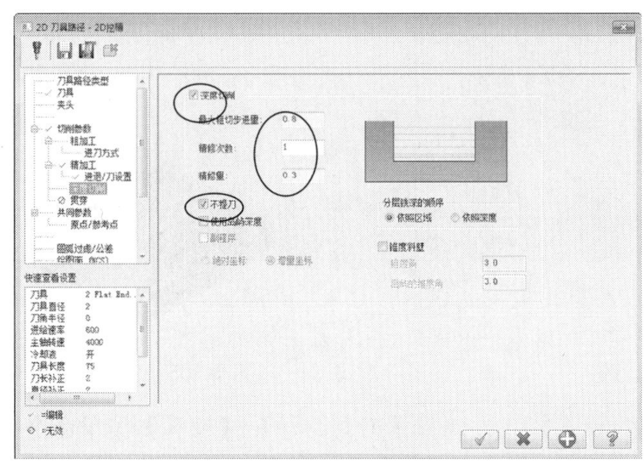

图 5-101　深度切削参数

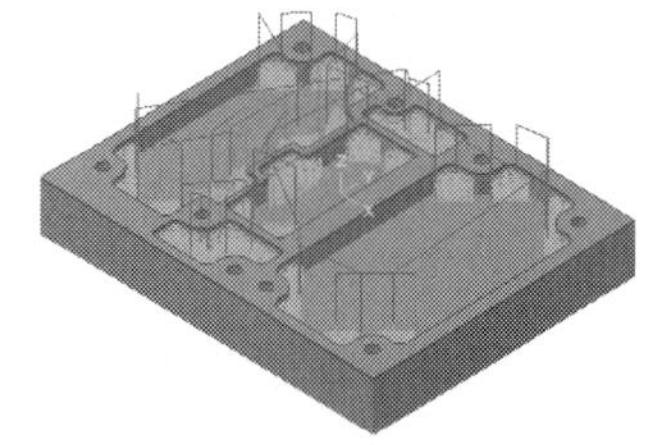

图 5-102　生成刀路

step 08 下面采用 D6 的点钻进行点钻加工。选择【刀具路径】|【钻孔】菜单命令，系统弹出【选取钻孔的点】对话框，选取圆心点，如图 5-103 所示。单击【确定】按钮，完成选取。

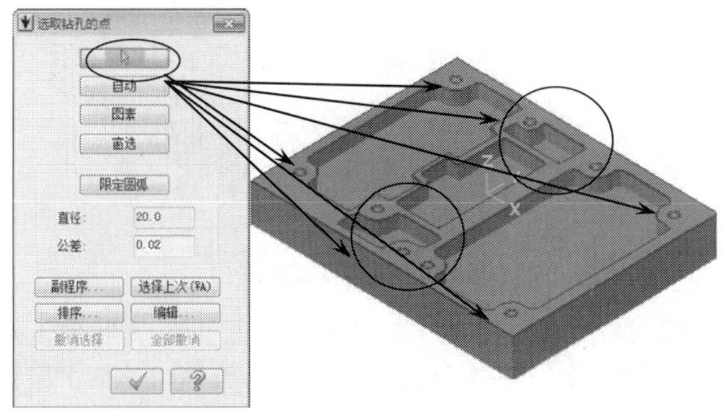

图 5-103　选取钻孔点

step 09 系统弹出【2D 刀具路径-钻孔/全圆铣削 深孔钻-无啄钻】对话框，选择【刀具路径类型】为【钻孔】，在【刀具】设置界面的空白处单击鼠标右键，从弹出的快捷菜单中选择【创建新刀具】命令，弹出【定义刀具】对话框，选取刀具类型为 Spot Drill，系统弹出【新建刀具】对话框，将参数设置直径为 6 的点钻，单击【确定】按钮，完成设置。

step 10 在【刀具】设置界面中设置相关参数，然后打开【切削参数】设置界面，设置钻孔类型为标准的 Drill/counterbore。打开【共同参数】设置界面，设置二维刀具路径共同的参数，如图 5-104 所示。系统根据所设参数，生成钻孔刀具路径，如图 5-105 所示。

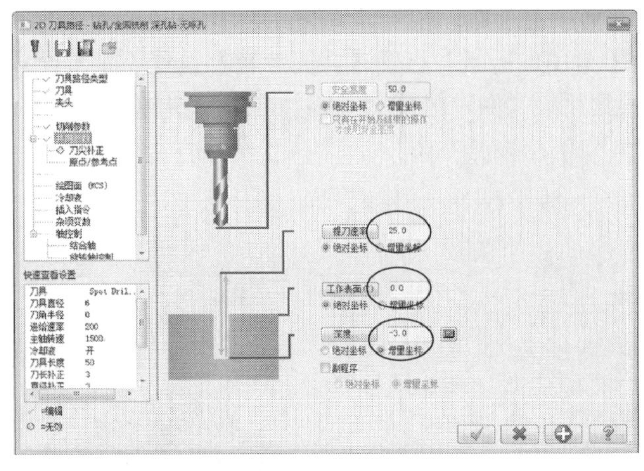

图 5-104　共同参数

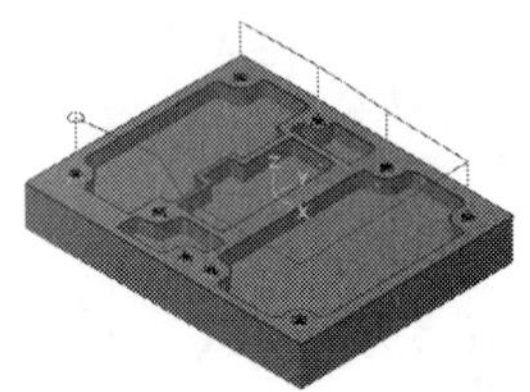

图 5-105　生成刀路

step 11 下面采用 D4.2 的钻头进行钻孔加工。选择【刀具路径】|【钻孔】菜单命令，系统弹出【选取钻孔的点】对话框，选取圆心点，如图 5-106 所示。单击【确定】按钮，完成选取。

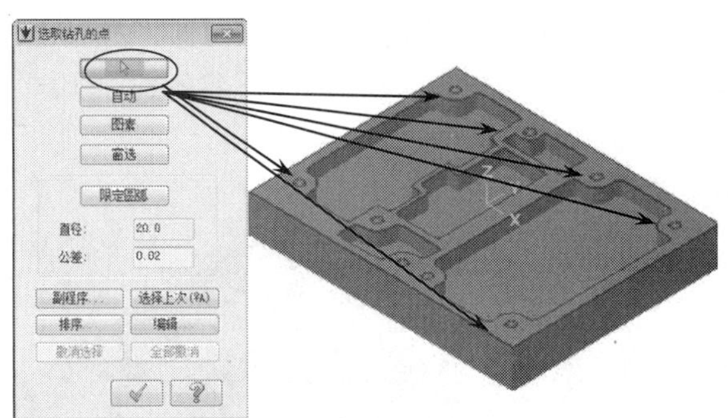

图 5-106　选取钻孔点

step 12 系统弹出【2D 刀具路径-钻孔/全圆铣削 深孔钻-无啄钻】对话框，选择【刀具路径】类型为【钻孔】，在【刀具】设置界面的空白处单击鼠标右键，从弹出的快捷菜单中选择【创建新刀具】命令，弹出【定义刀具】对话框，选取刀具类型为 Drill，系统弹出钻【新建刀具】对话框，将钻头参数设置直径为 4.2，单击【确定】按钮，完成设置。

step 13 在【刀具】设置界面中设置相关参数，然后打开【切削参数】设置界面，设置切削相关参数。打开【共同参数】设置界面，设置二维刀具路径共同的参数。接下来在对话框中单击【刀尖补正】节点，打开【刀尖补正】设置界面，设置刀尖补偿的参数，如图 5-107 所示。系统根据所设参数，生成钻孔刀具路径，如图 5-108 所示。

step 14 下面采用 D5 的铰刀进行绞孔加工。选择【刀具路径】|【钻孔】菜单命令，系统弹出【选取钻孔的点】对话框，选取圆心点，如图 5-109 所示。单击【确定】按钮，完成选取。

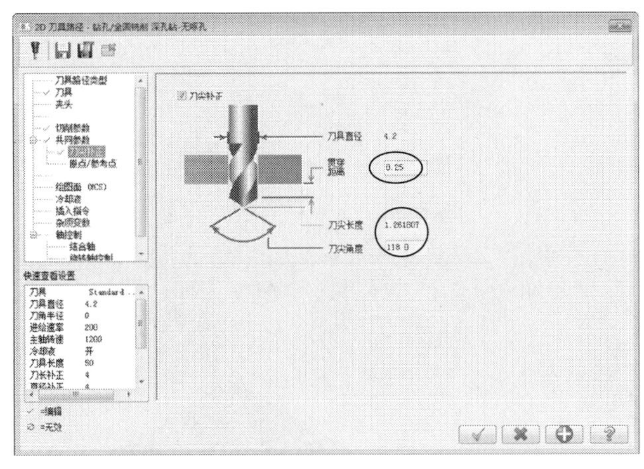

图 5-107　刀尖补偿

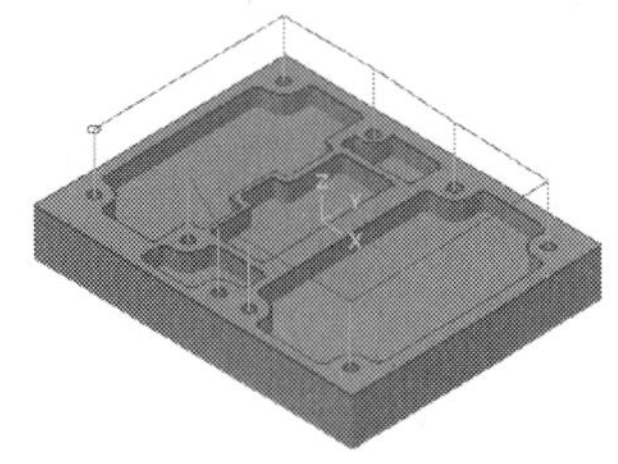

图 5-108　生成刀路

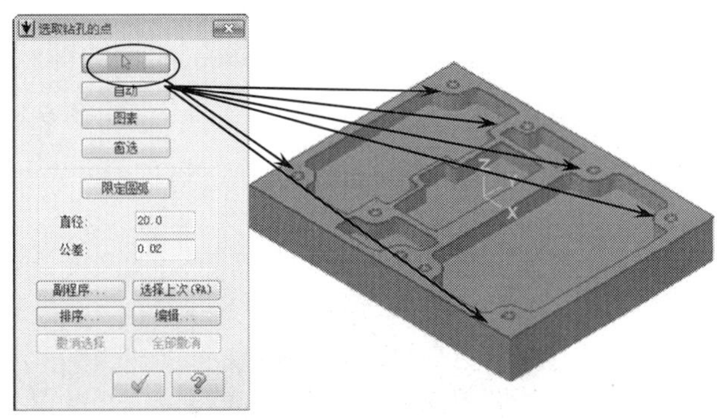

图 5-109　选取钻孔点

step 15 系统弹出【2D 刀具路径-钻孔/全圆铣削 深孔钻-无啄钻】对话框，选择【刀具路径类型】为【钻孔】，在【刀具】设置界面的空白处单击鼠标右键，从弹出的快捷菜单中选择【创建新刀具】命令，弹出【定义刀具】对话框，选取刀具类型为 Reamer，系统弹出【新建刀具】对话框，将参数设置直径为 5 的铰刀，单击【确定】按钮，完成设置。

step 16 在【刀具】设置界面中设置相关参数，然后打开【切削参数】设置界面，设置切削相关参数，设置类型为 Bore #1(feed-out)。打开【共同参数】设置界面，设置二维刀具路径共同的参数。这样系统根据所设参数，生成钻孔刀具路径，如图 5-110 所示。

图 5-110　生成刀路

step 17 最后来进行实体仿真模拟加工。在【刀具路径操作管理器】中单击【属性】中的【材料设置】节点，弹出【机器群组属性】对话框，单击【材料设置】标签，切换到【材料设置】选项卡，如图 5-111 所示设置加工坯料的尺寸，单击【确定】按钮完成参数设置，坯料设置结果如图 5-112 所示，半透明框显示的即为毛坯。

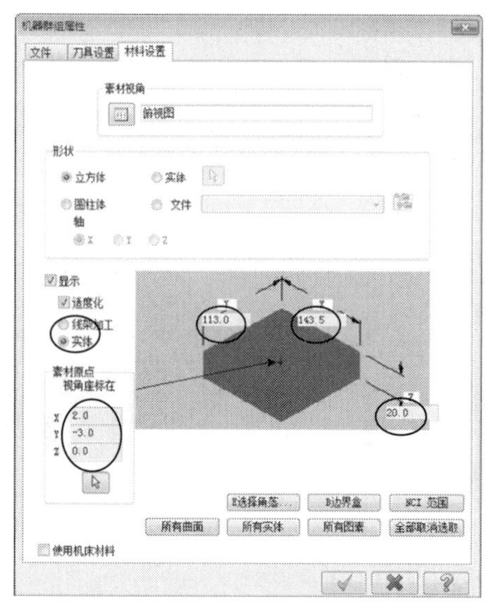

图 5-111　设置毛坯

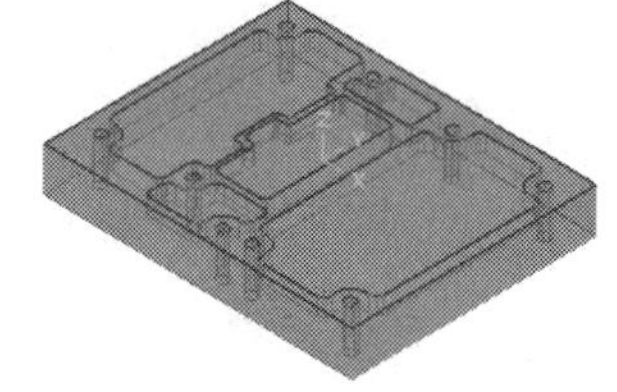

图 5-112　毛坯

step 18 单击【实体模拟】按钮，系统弹出 Verify 对话框，单击【播放】按钮，模拟结果如图 5-113 所示。

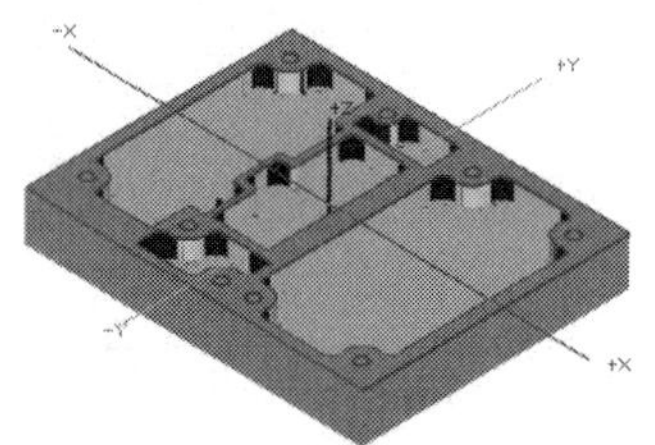

图 5-113　模拟结果

5.5　本章小结

二维刀具路径是 MasterCAM 系统的最具优势的刀路，计算时间短，加工效率高，在业内享有盛誉。

本章主要讲解的二维刀具路径有平面铣削、外形铣削、2D 挖槽、雕刻、钻孔等。其中外形加工和挖槽加工又分多种刀路，在实际加工过程中使用也比较频繁。钻孔刀具路径有多种钻孔方式，理解每一种钻孔方式的差异，并加以灵活运用。

本章重点掌握外形铣削加工和 2D 挖槽加工刀具路径，这两个刀具路径基本上可以完成 80%以上的二维加工，加工效率和加工质量都非常高。

第 6 章
三维曲面粗加工

三维曲面粗加工主要是用来对工件进行清除残料加工。MasterCAM X7 提供了 8 种曲面粗加工方式来进行粗加工。这 8 种粗加工分别为平行粗加工、放射粗加工、投影粗加工、流线粗加工、等高外形粗加工、挖槽粗加工、残料粗加工和钻削粗加工，每种粗加工都有其专用的加工参数。粗加工的目的是尽可能快地去除残料，所以粗加工一般尽可能使用大的刀具，这样刀具刚性好，可以用大的切削量，快速地清除残料并提高效率。下面将对这些粗加工形式进行讲解。

6.1 粗加工平行铣削加工

平行粗加工是刀具沿指定的进给方向进行切削，生成的刀具路径相互平行。平行粗加工刀具路径比较适合加工凸台或凹槽不多或相对比较平坦的曲面。

在【曲面粗加工平行铣削】对话框的【粗加工平行铣削参数】选项卡中可以设置平行粗加工专有参数，包括整体误差、切削方式和下刀的控制等参数，如图 6-1 所示。

图 6-1 粗加工平行铣削参数

6.1.1 切削方式

在【切削方式】下拉列表框中，有【双向】和【单向】两种方式。

- 【双向】：刀具在完成一行切削后立即转向下一行进行切削。
- 【单向】：加工时刀具只沿一个方向进行切削，完成一行后，需要提刀返回到起点再进行下一行的切削。

双向切削有利于缩短加工时间，而单向切削可以保证一直采用顺铣或逆铣的方式，以获得良好的加工质量。如图 6-2 所示为单向切削刀具路径，图 6-3 为双向切削刀具路径。

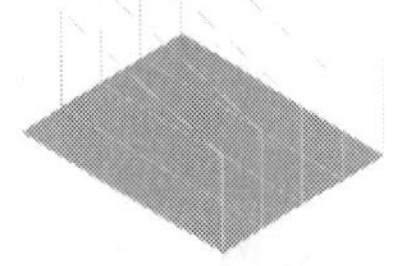

图 6-2 单向切削

图 6-3 双向切削

6.1.2 下刀的控制

【下刀的控制】决定了刀具下刀或退刀时在 Z 方向的运动方式。其参数含义如下。

- 【单侧切削】：从一侧切削，只能对一个坡进行加工，另一侧则无法加工，如图 6-4 所示。

- 【双侧切削】：在加工完一侧后，另一侧再进行加工的，可以加工到两侧，但是每次只能加工一侧，如图 6-5 所示。
- 【切削路径允许连续下刀提刀】：刀具将在坡的两侧连续的下刀提刀，同时对两侧进行加工，如图 6-6 所示。

图 6-4　单向

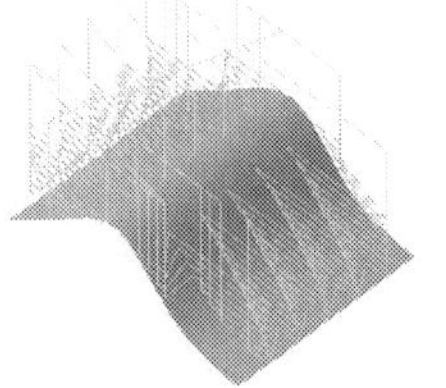

图 6-5　双向

图 6-6　连续

6.1.3　切削间距

在【粗加工平行铣削参数】选项卡【最大切削间距】后的文本框中可以设置切削路径间距大小。为了加工效果，此值必须小于直径，若刀具间距过大，两条路径之间会有部分材料加工不到位，留下残脊。一般设为刀具直径的 60%～75%。在粗加工过程中，为了提高效率，可以把这个值在允许的范围内尽量设大一些。

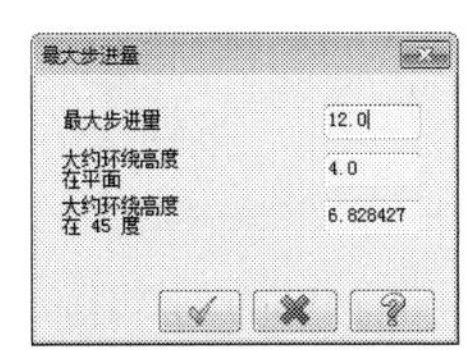

图 6-7　最大步进量

单击【最大切削间距】按钮，弹出【最大步进量】对话框，如图 6-7 所示，该对话框用来设置环绕高度等参数。

曲面粗加工案例 1

案例文件：ywj /06/基础/6-1.MC X-7，ywj /06/结果/6-1.MCX-7

视频文件：光盘→视频课堂→第 6 章→6.1

step 01 打开“6-1. MCX-7”文件，如图 6-8 所示。

step 02 选择【刀具路径】|【曲面粗加工】|【粗加工平行铣削加工】菜单命令，弹出【选择工件形状】对话框，选取曲面的类型，选中【未定义】单选按钮，再单击【确定】按钮，如图 6-9 所示。

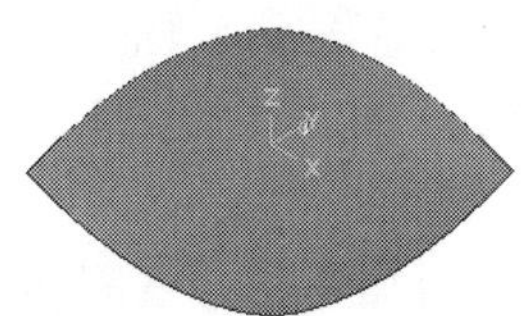

图 6-8　加工图形

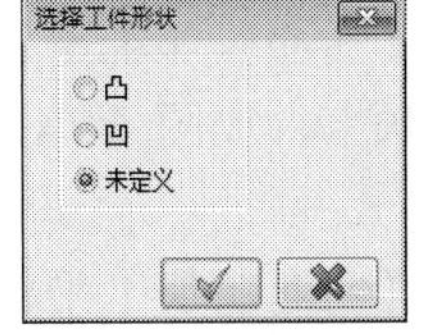

图 6-9　选取曲面类型

step 03 系统弹出【输入新 NC 名称】对话框，在文本框中按默认名称，单击【确定】按钮。弹出【刀具路径的曲面选取】对话框，如图 6-10 所示。选取加工曲面和曲面加工范围，单击【确定】按钮完成选取。

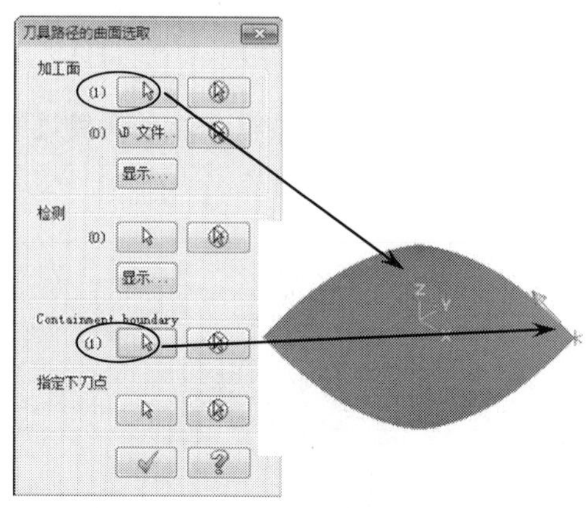

图 6-10　选取曲面和边界

step 04 系统弹出【曲面粗加工平行铣削】对话框，在【刀具路径参数】选项卡的空白处单击鼠标右键，从弹出的快捷菜单中选择【创建新刀具】命令，弹出【定义刀具】对话框，如图 6-11 所示。选取刀具类型为【圆鼻刀】，系统弹出【新建刀具】对话框，将圆鼻刀参数设置为直径：10，圆角：1，如图 6-12 所示。单击【确定】按钮，完成设置。

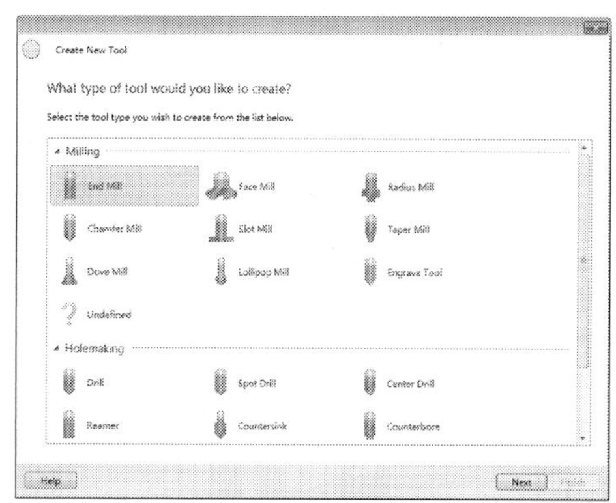

图 6-11　定义刀具

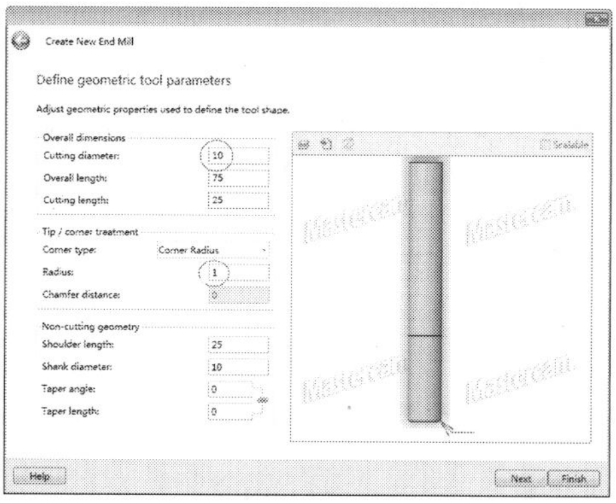

图 6-12　设置圆鼻刀参数

step 05 在【刀具路径参数】选项卡中设置相关参数，如图 6-13 所示。单击【确定】按钮完成刀具参数设置。

step 06 在【曲面粗加工平行铣削】对话框中单击【曲面参数】标签，切换到【曲面参数】选项卡，如图 6-14 所示。设置曲面相关参数。单击【确定】按钮完成参数设置。

step 07 在【曲面粗加工平行铣削】对话框中单击【粗加工平行铣削参数】标签，切换到【粗加工平行铣削参数】选项卡，如图 6-15 所示。可以设置平行粗加工专用参数。设置加工角度为 45°，单击【确定】按钮完成参数设置。

图 6-13 刀具相关参数

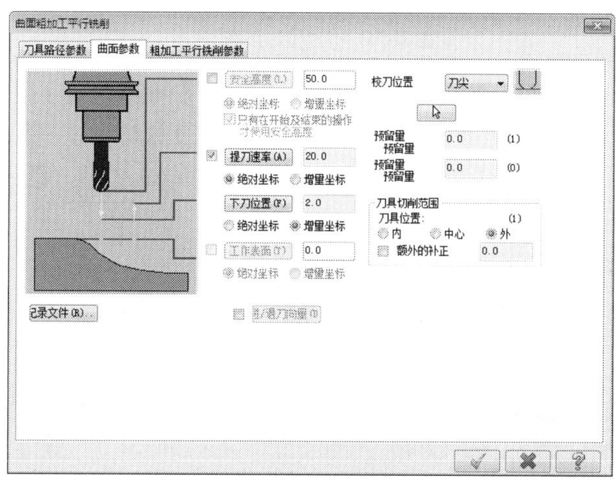

图 6-14 曲面参数

图 6-15 平行粗加工专用参数

step 08 在【粗加工平行铣削参数】选项卡中单击【切削深度】按钮，系统弹出【切削深度的设置】对话框，该对话框用来设定第一层切削深度和最后一层的切削深度，如图 6-16 所示。单击【确定】按钮，完成切削深度设置。

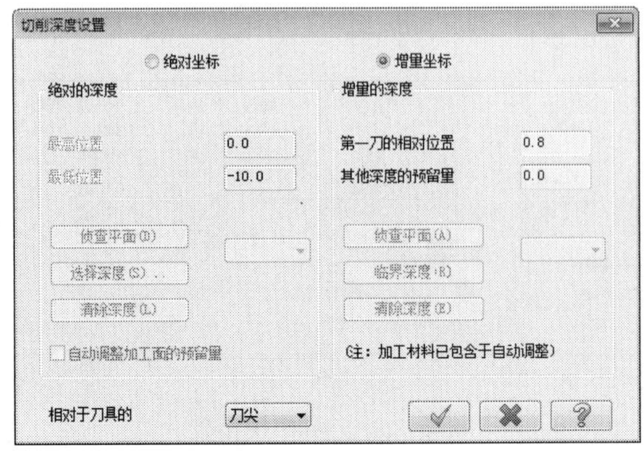

图 6-16　设置切削深度

step 09 在【粗加工平行铣削参数】选项卡中单击【间隙设置】按钮，系统弹出【刀具路径的间隙设置】对话框，该对话框用来设置刀具路径在遇到间隙时的处理方式，如图 6-17 所示。单击【确定】按钮，完成间隙设置。系统会根据设置的参数生成平行粗加工刀具路径，如图 6-18 所示。

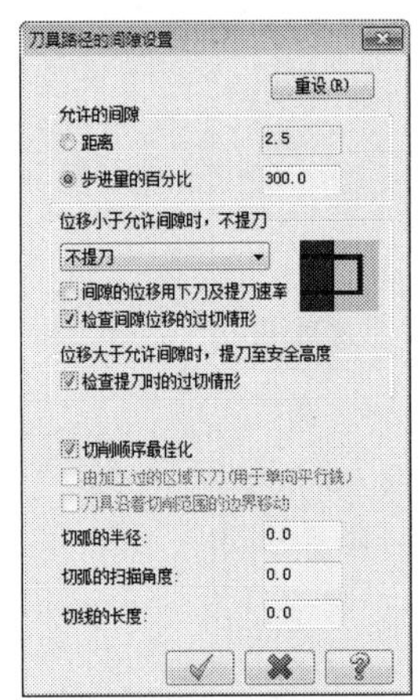

图 6-17　间隙设置

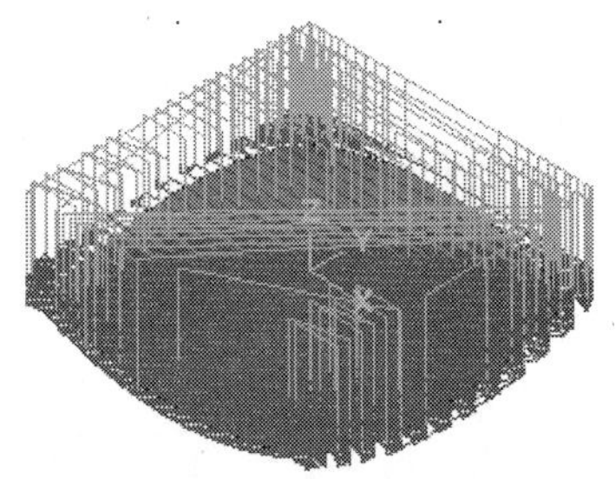

图 6-18　平行粗加工刀具路径

step 10 在【刀具路径操作管理器】中单击【属性】中的【材料设置】节点，弹出【机器群组属性】对话框，单击【材料设置】标签，切换到【材料设置】选项卡，设置加工坯料的尺寸，如图 6-19 所示，单击【确定】按钮完成参数设置，坯料设置结果如图 6-20 所示，虚线框显示的即为毛坯。

step 11 单击【实体模拟】按钮，系统弹出 Verify 对话框，单击【播放】按钮，模拟结果如图 6-21 所示。

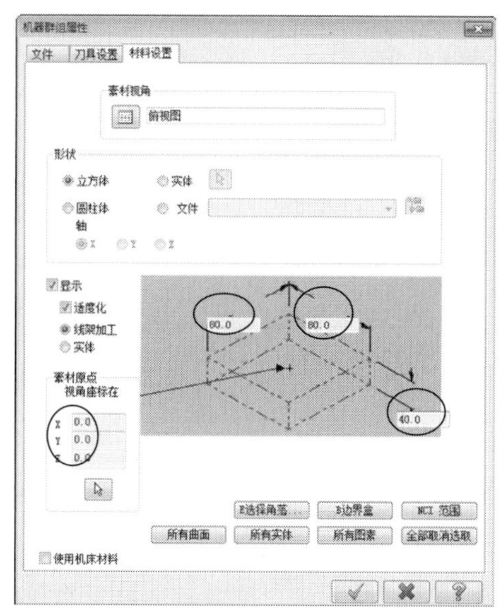

图 6-19 设置毛坯

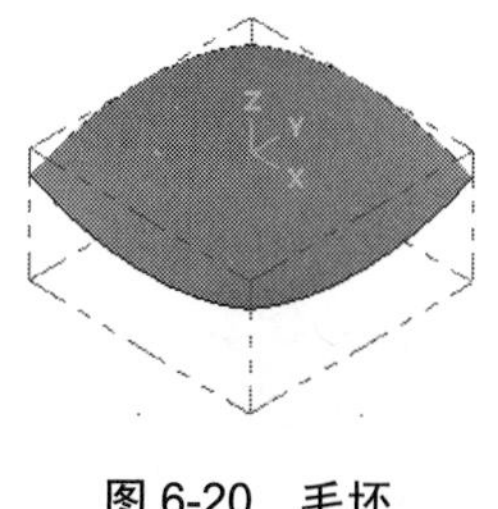

图 6-20 毛坯

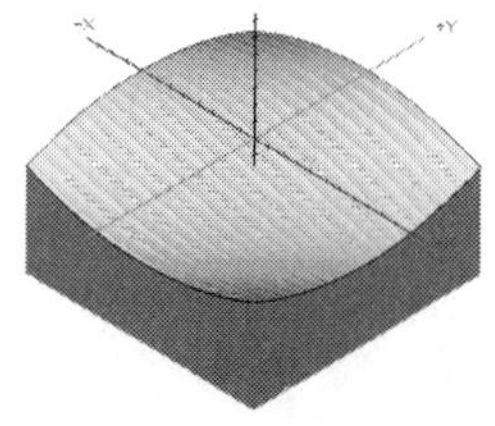

图 6-21 模拟结果

6.2 粗加工放射状加工

放射状粗加工是以某一点为中心向四周发散，或者由四周向一点集中的一种刀具路径，放射状粗加工刀轨不均匀，在中心处加工效果比较好，靠近边缘加工效果差，效率不高，一般实际应用不多。适用于回转体工件的加工或者类似于回转体的工件加工。

选择【刀具路】|【曲面粗加工】|【粗加工放射状加工】菜单命令，弹出【选择工件形状】对话框，选择相应类型后，弹出【曲面粗加工放射状】对话框，单击【放射状粗加工参数】标签，切换到【放射状粗加工参数】选项卡，如图 6-22 所示，设置放射加工的专用参数。

其参数含义如下。

- 【最大角度增量】：设置放射加工两条相邻的刀具路径之间夹角。
- 【起始补正距离】：设置放射状粗加工刀具路径以指定的中心为圆心，以起始补正距离为半径的范围内不产生刀具路径，在此范围外开始放射加工。
- 【起始角度】：放射状粗加工在 XY 平面上开始加工的角度。

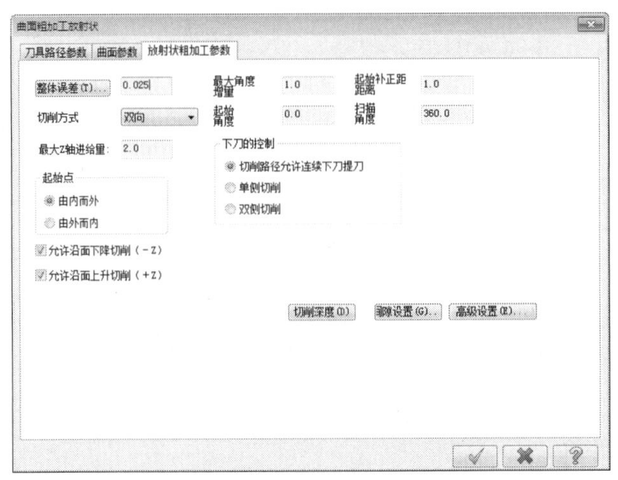

图 6-22　放射状加工专用参数

- 【扫掠角度】：放射状路径从起始角度开始到加工终止位置所扫描过的范围。规定以逆时针为正，顺时针为负。
- 【由内而外】：起始点在内，放射状加工从内向外发散，刀具路径由内向外加工。
- 【由外而内】：起始点在外，放射状加工从外向内收敛，刀具路径由外向内加工。

曲面粗加工案例 2

案例文件：ywj /06/基础/6-2.MCX-7，ywj /06/结果/6-2.MCX-7

视频文件：光盘→视频课堂→第 6 章→6.2

step 01 打开“6-2. MCX-7”文件，如图 6-23 所示。

step 02 系统弹出【选择工件形状】对话框，在该对话框中选中【凸】单选按钮后单击确定，系统弹出【输入新 NC 名称】对话框，在文本框中按默认名称，单击【确定】按钮 。弹出【刀具路径的曲面选取】对话框，如图 6-24 所示。选取加工曲面和曲面加工范围，单击【确定】按钮 完成选取。

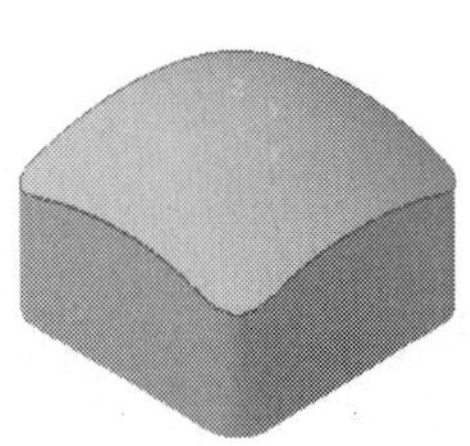

图 6-23　加工图形

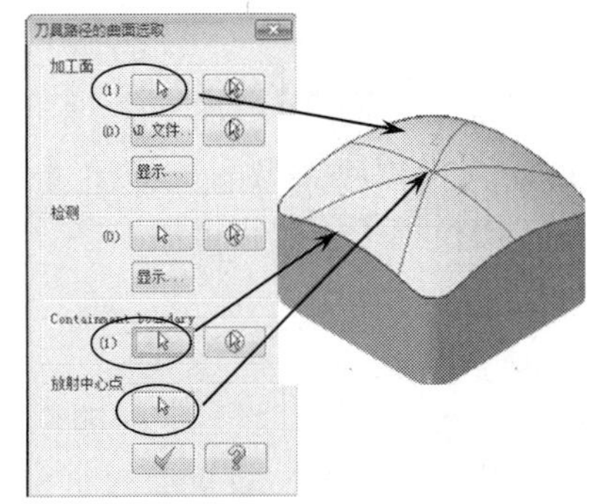

图 6-24　选取曲面和范围

step 03 此时弹出【曲面粗加工放射状】对话框，在【刀具路径参数】选项卡的空白处单击鼠标右键，从弹出的快捷菜单中选择【创建新刀具】命令，弹出【定义刀具】对话框，选取刀具类型为【圆鼻刀】，系统弹出【新建刀具】对话框，将圆鼻刀参数设置为直径：10，圆角：1，单击【确定】按钮，完成设置。

step 04 在【刀具路径参数】选项卡中设置相关参数，然后切换到【曲面参数】选项卡设置曲面相关参数。切换到【放射状粗加工参数】选项卡，设置放射状粗加工专用参数。在【放射状粗加工参数】选项卡中单击【切削深度】按钮，系统弹出【切削深度设置】对话框，设定第一层切削深度和最后一层的切削深度。在【放射状粗加工参数】选项卡中单击【间隙设置】按钮，系统弹出【刀具路径的间隙设置】对话框，设置刀具路径在遇到间隙时的处理方式。单击【确定】按钮，完成间隙设置。系统会根据设置的参数生成放射状粗加工刀具路径，如图 6-25 所示。

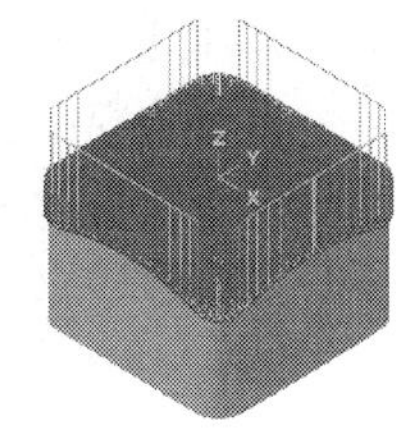

图 6-25　放射状粗加工刀具路径

step 05 打开第 3 层毛坯层。按 Alt+Z 快捷键，系统弹出【层别管理】对话框，将第 3 层显示，如图 6-26 所示。

图 6-26　显示毛坯

step 06 按照前面的方法设置毛坯，坯料设置结果如图 6-27 所示，虚线框显示的即为毛坯。加工模拟结果如图 6-28 所示。

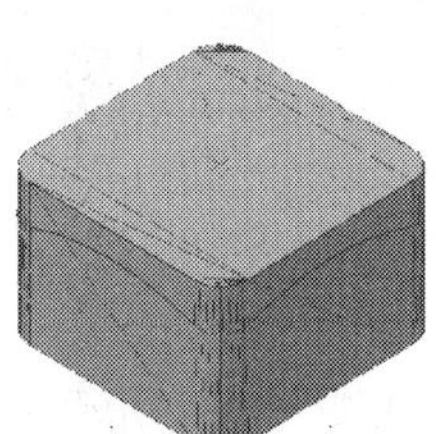

图 6-27　毛坯

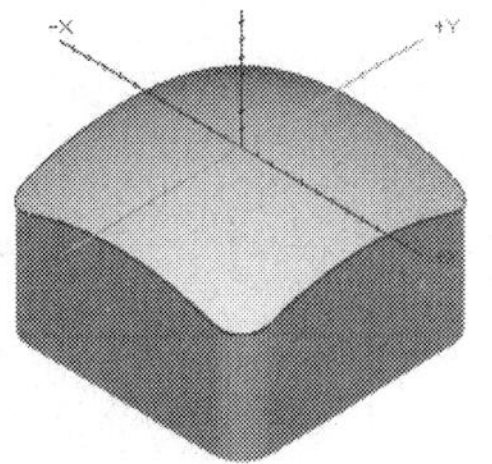

图 6-28　模拟结果

6.3 粗加工投影加工

投影粗加工是将已经存在的刀具路径或几何图形投影到曲面上产生刀具路径。投影加工的类型有：曲线投影加工、NCI 文件投影加工和点集投影加工。

选择【刀具路径】|【曲面粗加工】|【粗加工投影加工】菜单命令，弹出【曲面粗加工投影】对话框，单击【投影粗加工参数】标签，切换到【投影粗加工参数】选项卡，如图 6-29 所示，用来设置放射加工的专用参数。

图 6-29 放射状加工专用参数

各参数含义如下。

- 【最大 Z 轴进给量】：每层最大的进给深度。
- 【投影方式】：设置投影加工的投影类型。
  - 【NCI】：投影刀路。
  - 【曲线】：投影曲线生成刀路。
  - 【点】：投影点生成刀路。

曲面粗加工案例 3

案例文件：ywj /06/基础/6-3.MCX-7，ywj /06/结果/6-3.MCX-7

视频文件：光盘→视频课堂→第 6 章→6.3

step 01 打开“6-3. MCX-7”文件，如图 6-30 所示。

step 02 选择【刀具路径】|【曲面粗加工】|【粗加工投影加工】菜单命令，弹出【选择工件形状】对话框，选取曲面的类型，选中【凸】单选按钮，再单击【确定】按钮 ✔。弹出【刀具路径的曲面选取】对话框，如图 6-31 所示。选取加工曲面和曲面加工范围，单击【确定】按钮 ✔ 完成选取。

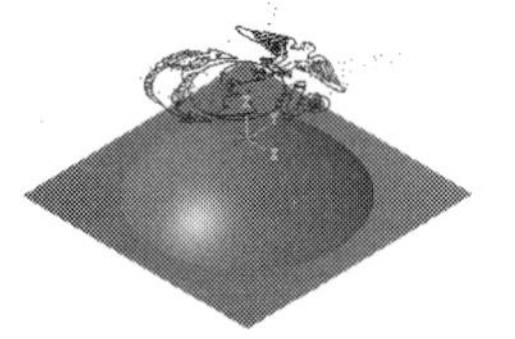

图 6-30　粗加工投影

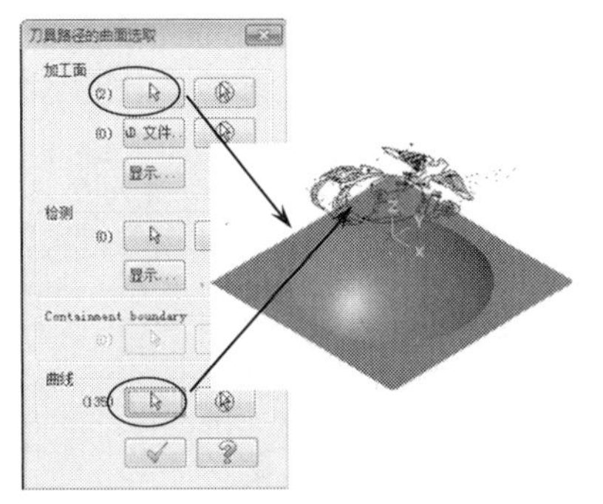

图 6-31　选取曲面和投影曲线

step 03 弹出【曲面粗加工投影】对话框，在【刀具路径参数】选项卡的空白处单击鼠标右键，从弹出的快捷菜单中选择【创建新刀具】命令，弹出【定义刀具】对话框，选取刀具类型为【球刀】，系统弹出【新建刀具】对话框，将球刀直径参数设置为 1，单击【确定】按钮，完成设置。

step 04 单击确定后，在【刀具路径参数】选项卡中设置相关参数，然后切换到【曲面参数】选项卡，设置曲面相关参数。切换到【投影粗加工参数】选项卡，设置投影粗加工专用参数。单击【切削深度】按钮，打开【切削深度设置】对话框，设定第一层切削深度和最后一层的切削深度。然后单击【间隙设置】按钮，系统弹出【刀具路径的间隙设置】对话框，设置刀具路径在遇到间隙时的处理方式，单击【确定】按钮，完成间隙设置。系统会根据设置的参数生成放射状粗加工刀具路径，如图 6-32 所示。

step 05 按照前面的方法设置毛坯，坯料设置结果如图 6-33 所示，虚线框显示的即为毛坯。加工模拟结果如图 6-34 所示。

图 6-32　投影粗加工刀具路径

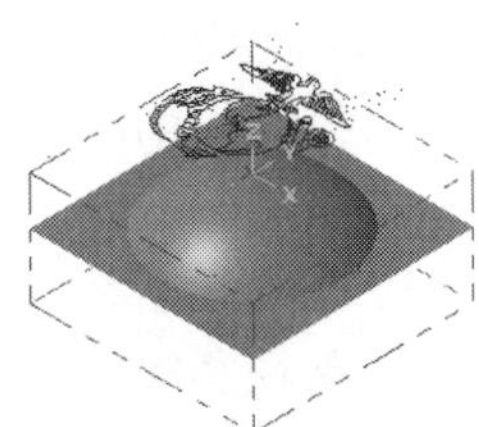

图 6-33　毛坯

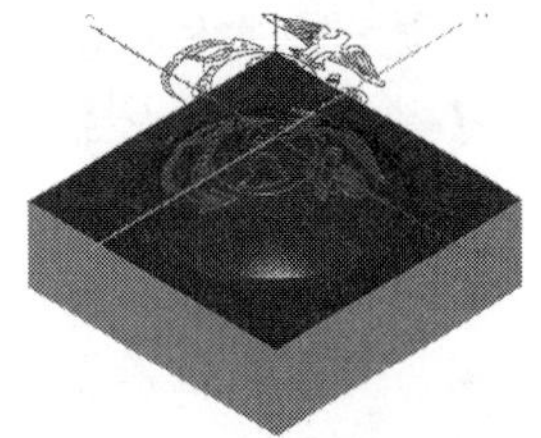

图 6-34　模拟结果

6.4　粗加工流线加工

曲面流线粗加工能产生沿着曲面的引导方向(U 向)或曲面的截断方向(V 向)加工的刀具路径。可以采用控制残脊高度来进行精准控制残料，也可以采用步进量即刀间距来控制残料。曲面流线加工比较适合曲面流线相同或类似的曲面加工，对曲面要求只要流线不交叉，产生的路径不交叉即可生成刀具路径。

选择【刀具路径】|【曲面粗加工】|【粗加工流线加工】命令，弹出【曲面粗加工流线】

对话框，单击【曲面流线粗加工参数】标签，切换到【曲面流线粗加工参数】选项卡，该选项卡主要用来设置流线粗加工参数，如图 6-35 所示。

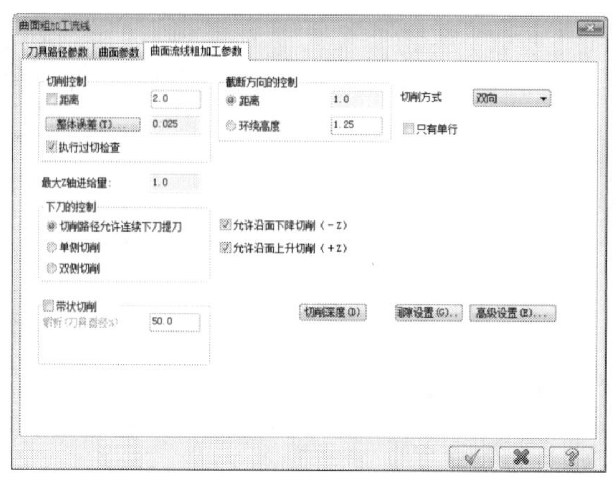

图 6-35　粗加工参数

各选项含义如下。

- 【切削控制】：控制切削方向加工误差。有【距离】和【整体误差】两个参数来控制。
  - ◆ 【距离】：采用切削方向上的曲线打断成直线的最小距离即移动增量来控制加工精度。这种方式的精度较差。要得到高精度，此距离值要设置得非常小。但是计算时间会变长。
  - ◆ 【整体误差】：以设定刀具路径与曲面之间的误差来决定切削方向路径的精度。所有超过此设定误差的路径系统会自动增加节点，使路径变短，误差减少。
  - ◆ 【执行过切检查】：启用此复选框，如果刀具过切，系统会自动调整刀具路径，避免过切，该选项会增加计算时间。
- 【截断方向的控制】：用来设置控制切削路径之间的距离。有【距离】和【环绕高度】两个选项。
  - ◆ 【距离】：设定两切削路径之间的距离。
  - ◆ 【环绕高度】：设定两切削路径之间所留下的残料的高度。系统根据高度来控制距离。
- 【切削方式】：设置切削加工走刀方式，有【双向】、【单向】和【螺旋式】。
  - ◆ 【双向】：以来回的方式切削加工。
  - ◆ 【单向】：从某一方向切削到终点侧，抬刀回到起点侧，再以同样的方向到达终点侧，所有切削路径都朝同一方向。
  - ◆ 【螺旋式】：产生螺旋式切削路径，适合封闭式流线曲面。
- 【只有单行】：限定只有排成一列的曲面上进行流线加工。
- 【最大 Z 轴进给量】：设定粗切每层最大切削深度。
- 【下刀的控制】：控制下刀侧。可以单侧下刀、双侧下刀以及连续下刀。
- 【允许沿面下降切削】：允许刀具在曲面上沿着曲面下降切削。

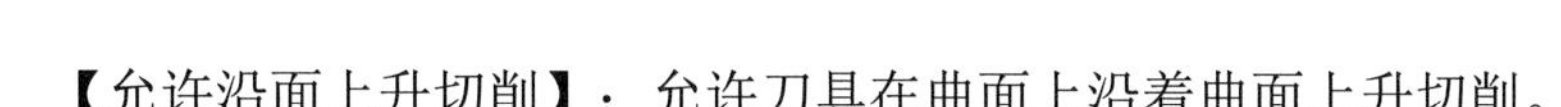

- 【允许沿面上升切削】：允许刀具在曲面上沿着曲面上升切削。

曲面粗加工案例 4

案例文件：ywj /06/基础/6-4.MCX-7，ywj /06/结果/6-4.MCX-7

视频文件：光盘→视频课堂→第 6 章→6.4

step 01 打开“6-4. MCX-7”文件，如图 6-36 所示。

step 02 选择【刀具路径】|【曲面粗加工】|【粗加工流线铣削加工】菜单命令，弹出【选择工件形状】对话框，选取曲面的类型，选中【未定义】单选按钮，再单击【确定】按钮✓。系统弹出【输入新 NC 名称】对话框，在文本框中按默认名称，单击【确定】按钮✓。

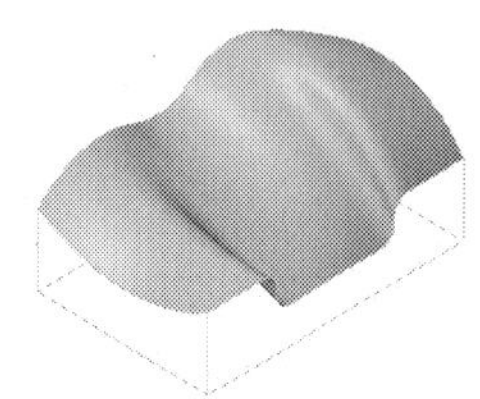

图 6-36　加工图形

step 03 选择【刀具路径】|【曲面粗加工】|【粗加工流线铣削加工】菜单命令，系统弹出【流线设置】对话框，如图 6-37 所示。选取曲面为加工面，切削方向和补正方向如图中所示。单击【确定】按钮✓，完成流线选项设置。

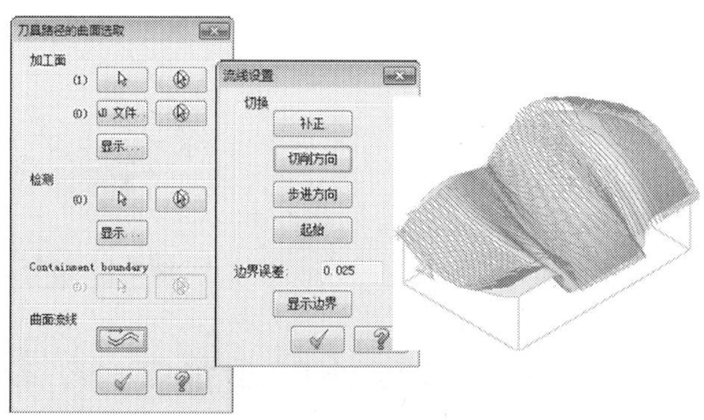

图 6-37　流线选项

step 04 系统弹出【曲面粗加工流线】对话框，在【刀具路径参数】选项卡的空白处单击鼠标右键，在弹出的快捷菜单中选择【创建新刀具】命令，系统弹出【定义刀具】对话框，选取球刀，选择【刀具类型】为【球刀】，系统弹出【新建刀具】对话框，单击【确定】按钮✓，完成刀具参数设置。

step 05 在【刀具路径参数】选项卡中创建 D10 的球刀，设置进给率为 800，下刀速率为 400，主轴转速为 3000。切换到【曲面参数】选项卡，设置高度参数。切换到【曲面流线粗加工参数】选项卡，设置曲面粗加工流线铣削加工参数，如图 6-38 所示。

step 06 在【曲面流线粗加工参数】选项卡中单击【切削深度】按钮，系统弹出【切削深度设置】对话框，设定第一层切削深度和最后一层的切削深度，单击【确定】按钮✓，完成切削深度设置。单击【间隙设置】按钮，系统弹出【刀具路径的间隙设置】对话框，设置刀具路径在遇到间隙时的处理方式，单击【确定】按钮✓，完成间隙设置。系统根据参数生成流线粗加工刀具路径，如图 6-39 所示。

图 6-38　流线加工参数

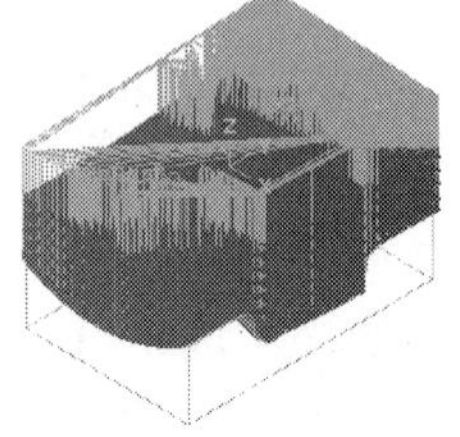

图 6-39　生成残料刀路

step 07 按照前面的方法设置毛坯，坯料设置结果如图 6-40 所示，虚线框显示的即为毛坯。加工模拟结果如图 6-41 所示。

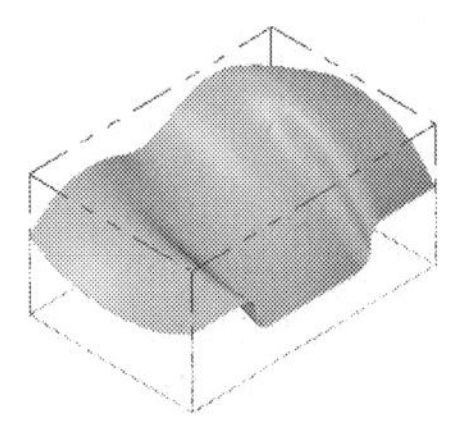

图 6-40　毛坯

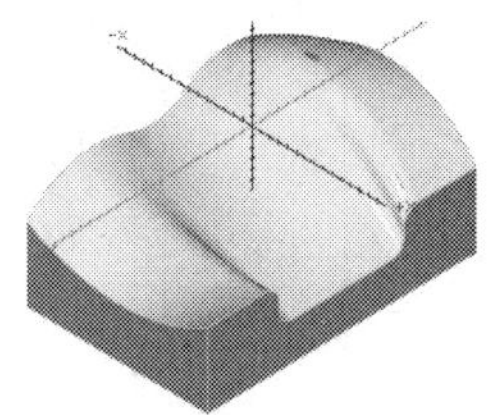

图 6-41　模拟结果

6.5　等高外形粗加工

等高粗加工是采用等高线的方式进行逐层加工，曲面越陡，等高加工效果越好。等高粗加工常作为二次开粗，或者用于铸件毛坯的开粗。等高加工是绝大多数高速机所采用的加工方式。

等高粗加工参数与其他粗加工类似，这里主要讲解等高粗加工特有的参数。选择【刀具路径】|【粗加工】|【等高粗加工】菜单命令，弹出【曲面粗加工等高外形】对话框，切换到【等高外形粗加工参数】选项卡，如图 6-42 所示。该选项卡用来设置等高加工相关参数。

各选项参数如下。

- 【整体误差】：设定刀具路径与曲面之间的误差值。
- 【Z 轴最大进给量】：设定 Z 轴方向每刀最大切深。
- 【转角走圆的半径】：设定刀具路径的转角处走圆弧的半径。小于或等于 135° 的转角处将采用圆弧刀具路径。
- 【进/退刀/切弧/切线】：在每一切削路径的起点和终点产生一条进刀或退刀的圆弧或者切线。

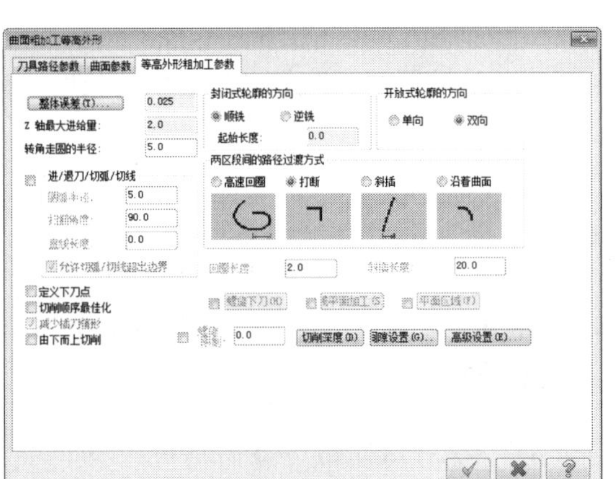

图 6-42 等高加工

- 【允许切弧/切线超出边界】：允许进退刀圆弧超出切削范围。
- 【定义下刀点】：用来设置刀具路径的下刀位置，刀具路径会从最接近选择点的曲面角落下刀。
- 【切削顺序最佳化】：使刀具尽量在一区域加工，直到该区域所有切削路径都完成后，再移动到下一区域进行加工。这样可以减少提刀次数，提高加工效率。
- 【减少插刀情形】：只在启用【切削顺序最佳化】复选框后才会被激活，当启用【切削顺序最佳化】复选框时，刀具切削完当前区域再切削下一区域，如果两区域刀具路径之间距离小于刀具直径时，有可能导致刀具埋入量过深，刀具负荷过大，很容易损坏刀具。因而，选中此参数，系统对刀具路径距离小于刀具直径的区域直接加工，而不采用刀具路径切削顺序最佳化。
- 【封闭式轮廓的方向】：设定等高加工运算中封闭式路径的切削方向，提供了【顺铣】和【逆铣】两种。
- 【起始长度】：设定封闭式切削路径起点之间的距离，这样可以使路径起点分散，不会在工件上留下明显的痕迹。
- 【开放式轮廓的方向】：设定等高加工中开放式路径的切削方式，有【双向】和【单向】两种。
- 【两区段间的路径过滤方式】：设定两路径之间刀具的移动方式，即路径终点到下一路径的起点。系统提供了 4 种过渡方式：【高速回圈】、【打断】、【斜插】和【沿着曲面】4 种。
  - 【高速回圈】：该项用于高速加工，是尽量在两切削路径间插入一圆弧形平滑路径，使刀具路径尽量平滑，减少不必要的转角。
  - 【打断】：在两切削间，刀具先上移然后平移，再下刀，避免撞刀。
  - 【斜插】：以斜进下刀的方式移动。
  - 【沿着曲面】：刀具沿着曲面方式移动。
- 【回圈长度】：只有当两区域间的路径过渡方式设为【高速回圈】时该项才会被激活。该项用来设置残料加工两切削路径之间刀具移动方式。如果两路径之间距离小于循环长度，会插入一循环，如果大于循环长度，则插入一平滑的曲线路径。

- 【斜插长度】：该选项是设置等高路径之间的斜插长度，只有在选中【高速回圈】和【斜插】时该项才被激活。
- 【螺旋下刀】：以螺旋的方式下刀。

曲面粗加工案例 5

案例文件：ywj /06/基础/6-5.MCX-7，ywj /06/结果/6-5.MCX-7

视频文件：光盘→视频课堂→第 6 章→6.5

step 01 打开“6-5. MCX-7”文件，如图 6-43 所示。

step 02 选择【刀具路径】|【曲面粗加工】|【粗加工等高外形加工】菜单命令，系统提示选取曲面，选择曲面后弹出【刀具路径的曲面选取】对话框，选取要加工的曲面和定义切削范围，如图 6-44 所示。单击【确定】按钮完成选取。

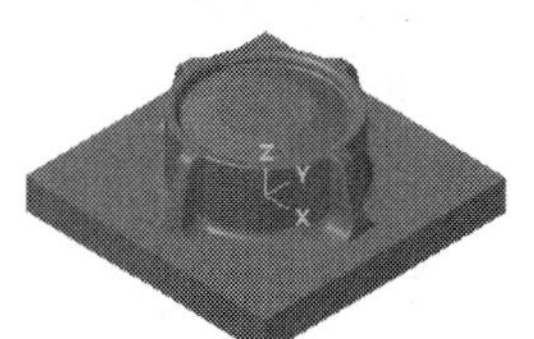

图 6-43　加工图形

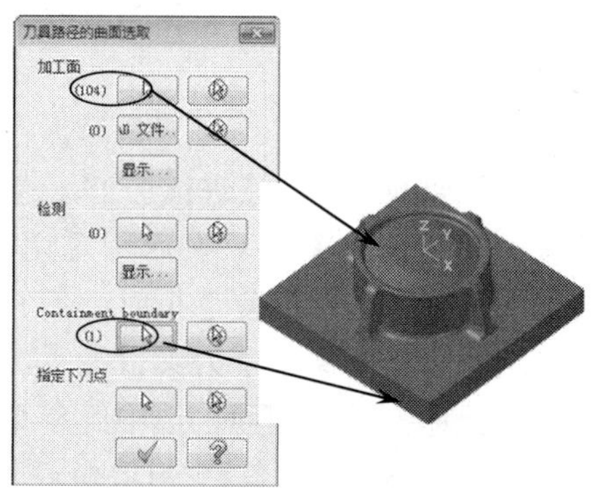

图 6-44　曲面和加工范围的选取

step 03 系统弹出【曲面粗加工等高外形】对话框，在【刀具路径参数】选项卡的空白处单击鼠标右键，从弹出的快捷菜单中选择【创建新刀具】命令，弹出【定义刀具】对话框，选取刀具类型为【球刀】，系统弹出【新建刀具】对话框，将球刀直径参数设置为 8，单击【确定】按钮，完成设置。

step 04 在【刀具路径参数】选项卡中设置相关参数，然后切换到【曲面参数】选项卡，设置曲面相关参数。切换到【等高外形粗加工参数】选项卡，设置残料加工相关参数，如图 6-45 所示。单击【确定】按钮完成参数设置。

step 05 在【等高外形粗加工参数】选项卡中单击【切削深度】按钮，系统弹出【切削深度设置】对话框，设定最高和最低位置。在【等高外形粗加工参数】选项卡中单击【间隙设置】按钮，系统弹出【刀具路径的间隙设置】对话框，设置刀具路径在遇到间隙时的处理方式，单击【确定】按钮，完成间隙设置。系统根据参数生成残料加工刀具路径，如图 6-46 所示。

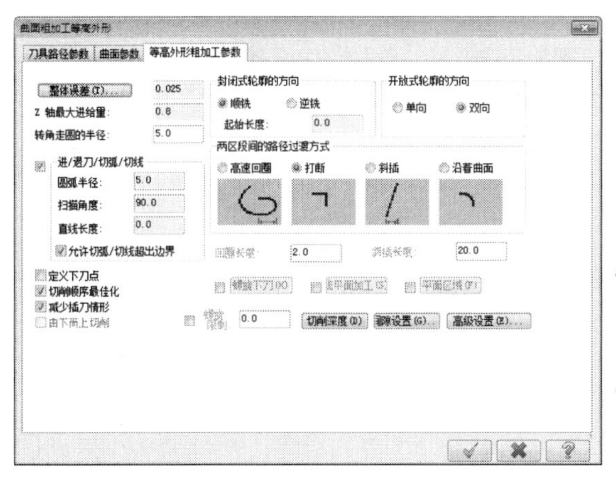

图 6-45　等高外形加工参数

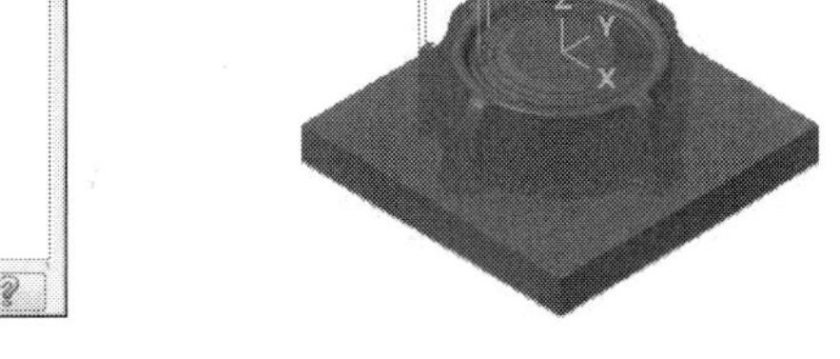

图 6-46　生成等高外形刀路

step 06 按照前面的方法设置毛坯，坯料设置结果如图 6-47 所示，虚线框显示的即为毛坯。加工模拟结果如图 6-48 所示。

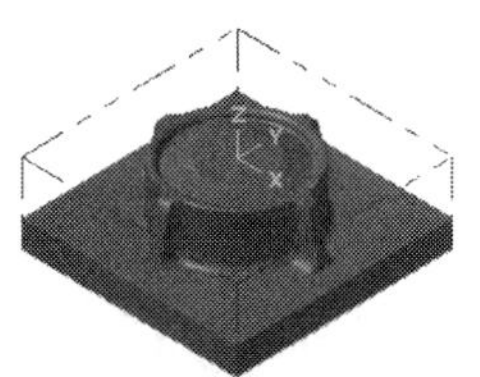

图 6-47　毛坯

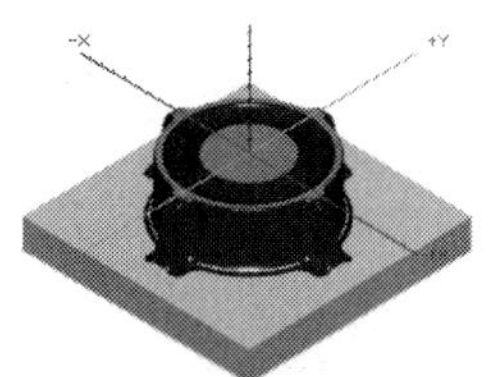

图 6-48　模拟结果

6.6　残料粗加工

残料粗加工可以侦测先前曲面粗加工刀具路径留下来的残料，并用等高加工方式铣削残料。残料加工主要用于二次开粗。

残料粗加工除了前面讲的刀具路径参数和曲面参数选项卡外，还有两个选项卡即残料粗加工参数和剩余材料参数。残料粗加工参数主要用来设置残料加工的开粗参数。剩余材料参数用来设置剩余材料计算依据。

在【曲面残料粗加工】对话框中单击【残料加工参数】标签，切换到【残料加工参数】选项卡，如图 6-49 所示。参数与等高外形粗加工参数类似。

在【曲面残料粗加工】对话框中单击【剩余材料参数】标签，切换到【剩余材料参数】选项卡，如图 6-50 所示，可以设置残料加工的剩余残料计算依据。

剩余材料参数含义如下。

- 【所有先前的操作】：所有先前的刀具路径都被作为残料计算的来源。
- 【另一个操作(使用记录文件)】：选中该单选按钮时在右边的操作显示区会显示被选择的操作记录文件作为残料的来源。选中该项后计算粗铣刀具无法进入的区域作为残料区域。如没选中该单选按钮，可计算被选择的刀具路径中计算出残料区域。

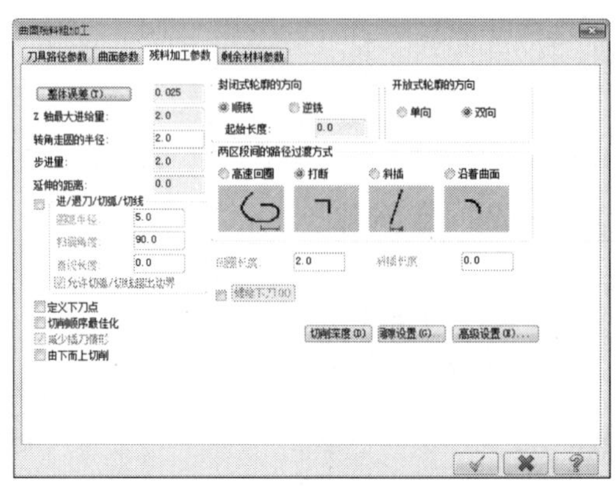

图 6-49 残料加工参数

图 6-50 剩余材料参数

- 【自设的粗加工刀具路径】：用来设置粗铣的刀具的【直径】和【刀角半径】来计算残料区域。
- 【STL 文件】：用来设置残料计算的依据是与 STL 文件比较后剩余的部分作为残料区域。
- 【材料的解析度】：材料解析度即材料的分辨率，可用来控制残料的计算误差，数值愈小，残料愈精准，计算时间愈长。
- 【剩余材料的调整】：在粗加工中采用大直径刀具进行切削，导致曲面表面留下阶梯式残料，如图 6-51 所示。可用该项参数来增加或减小残料范围，设定阶梯式残料是否要加工。
- 【直接使用剩余材料的范围】：该项表示不做调整运算。
- 【减少剩余材料的范围】：允许忽略阶梯式残料，残料范围减少，可加快刀具路径计算速度。
- 【增加剩余材料的范围】：通过增加残料范围，产生将阶梯式的残料移除的刀具路径。
- 【调整的距离】：设定加大或缩小残料范围的距离。

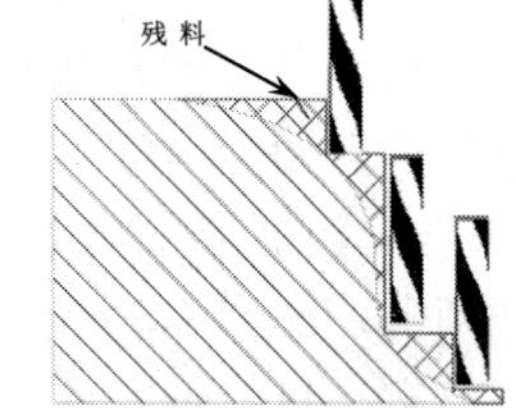

图 6-51 残料区域

曲面粗加工案例 6

案例文件：ywj /06/基础/6-6.MCX-7，ywj /06/结果/6-6.MCX-7

视频文件：光盘→视频课堂→第 6 章→6.6

step 01 打开“6-6. MCX-7”文件，如图 6-52 所示。

step 02 选择【刀具路径】|【曲面粗加工】|【粗加工残料加工】菜单命令，系统要求选取曲面，选择曲面后弹出【刀具路径的曲面选取】对话框，选取要加工的曲面和定义切削范围，如图 6-53 所示。单击【确定】按钮完成选取。

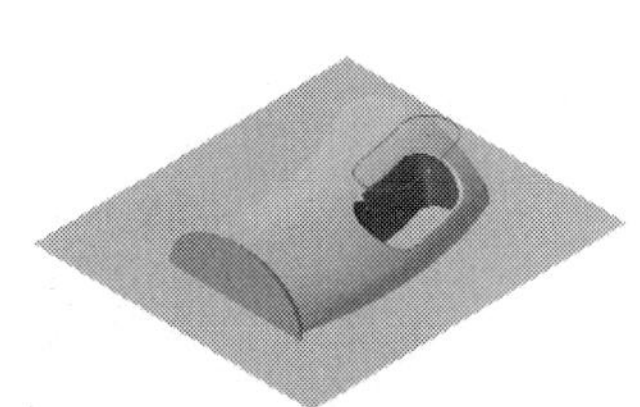

图 6-52　挖槽结果

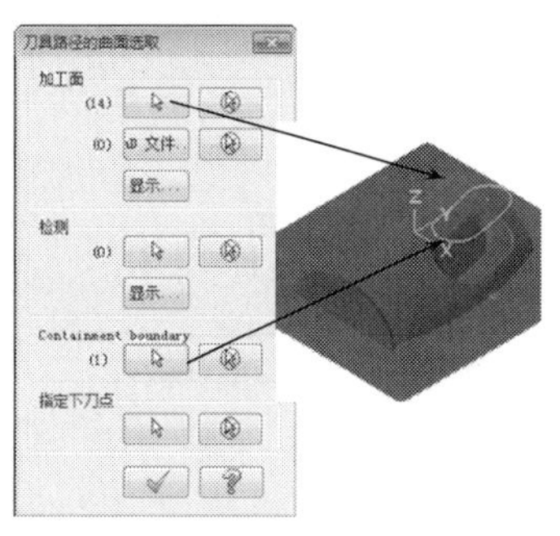

图 6-53　曲面和加工范围的选取

step 03 系统弹出【曲面残料粗加工】对话框，在【刀具路径参数】选项卡的空白处单击鼠标右键，从弹出的快捷菜单中选择【创建新刀具】命令，弹出【定义刀具】对话框，选取刀具类型为 End Mill，系统弹出【新建刀具】对话框，将圆鼻刀参数设置为直径：3，圆角：0.5，单击【确定】按钮完成设置。

step 04 在【刀具路径参数】选项卡中设置相关参数，然后切换到【曲面参数】选项卡，设置曲面相关参数。切换到【残料加工参数】选项卡，设置残料加工相关参数，如图 6-54 所示。单击【确定】按钮完成参数设置。

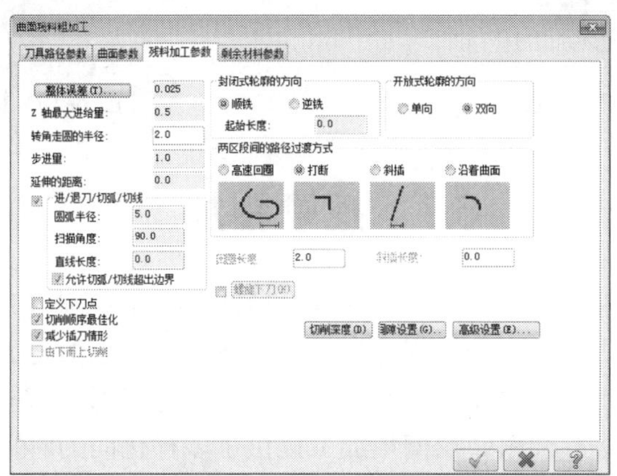

图 6-54　残料加工参数

step 05 在【残料加工参数】选项卡中单击【切削深度】按钮，打开【切削深度设置】对话框，设定第一层切削深度和最后一层的切削深度。在【残料加工参数】选项卡中单击【间隙设置】按钮，系统弹出【刀具路径的间隙设置】对话框，设置刀具路径在遇到间隙时的处理方式，单击【确定】按钮完成间隙设置。

step 06 在【曲面残料粗加工】对话框中单击【剩余材料参数】标签，切换到【剩余材料参数】选项卡，设置残料加工剩余材料的计算依据，如图 6-55 所示。单击【确定】按钮完成参数设置。系统根据参数生成残料加工刀具路径，如图 6-56 所示。

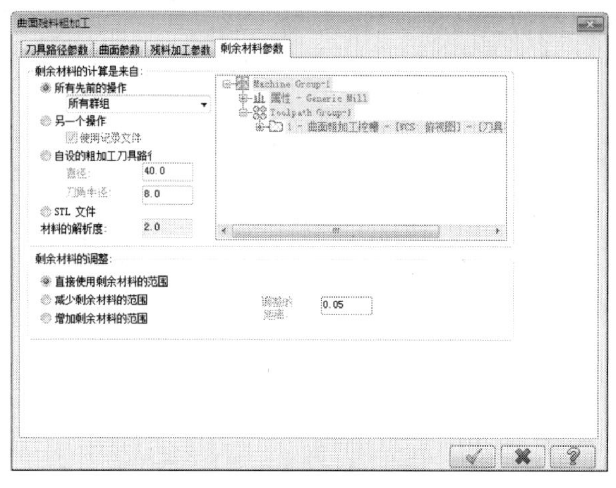

图 6-55　剩余材料参数

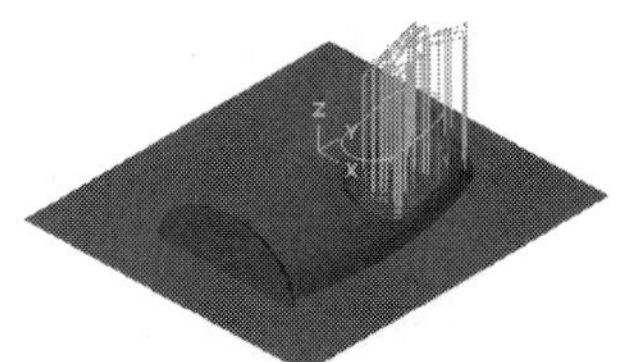

图 6-56　生成残料刀路

step 07 按照前面的方法设置毛坯，坯料设置结果如图 6-57 所示，虚线框显示的即为毛坯。加工模拟结果如图 6-58 所示。

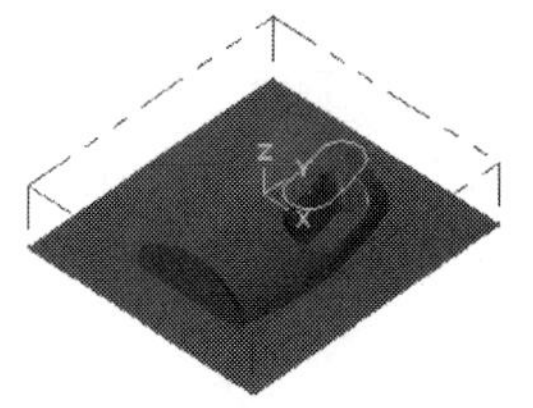

图 6-57　毛坯

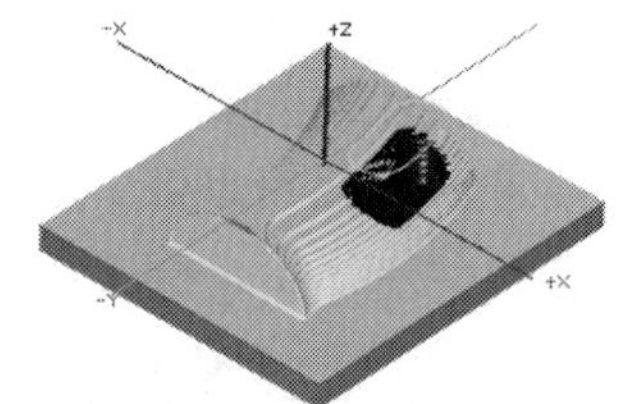

图 6-58　模拟结果

6.7　挖槽粗加工

挖槽粗加工是将工件在同一高度上进行等分后产生分层铣削的刀具路径，即在同一高度上完成所有的加工后再进行下一个高度的加工。它在每一层上的走刀方式与二维挖槽类似。挖槽粗加工在实际粗加工过程中使用频率最多，所以也称其为“万能粗加工”，绝大多数的工件都可以利用挖槽来进行开粗。挖槽粗加工提供了多样化的刀具路径、多种下刀方式，是粗加工中最为重要的刀具路径。

在【曲面粗加工挖槽】对话框中单击【粗加工参数】标签，切换到【粗加工参数】选项卡，如图 6-59 所示可以设置挖槽粗加工所需要的一些参数，包括 Z 轴最大进刀量、粗加工下

刀方式、切削深度、平面设置等。

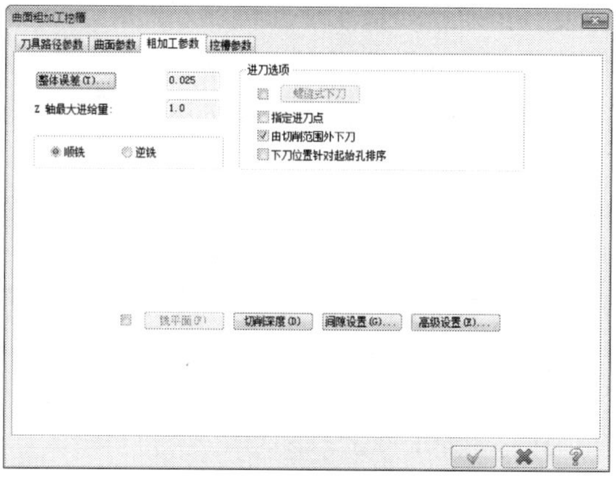

图 6-59　挖槽粗加工参数

其参数含义如下。

- 【Z 轴最大进给量】：设置 Z 轴方向每刀最大切削深度。
- 【螺旋式下刀】：启用【螺旋式下刀】复选框，将采用螺旋式下刀。未启用该复选框，将采用直线下刀。
- 【指定进刀点】：启用该复选框，输入所有加工参数，会提示选取进刀点，所有每层切削路径都会以选取的下刀点作为起点。
- 【由切削范围外下刀】：允许切削刀具路径从切削范围外下刀。此选项一般在凸形工件中选中，刀具从范围外进刀，不会产生过切。
- 【下刀位置针对起始孔排序】：启用该复选框，每层下刀位置安排在同一位置或区域，如有钻起始孔，可以钻的起始孔作为下刀位置。
- 【顺铣】：以顺铣方式加工。
- 【逆铣】：以逆铣方式加工。

在【曲面粗加工挖槽】对话框中单击【挖槽参数】标签，切换到【挖槽参数】选项卡，如图 6-60 所示，此选项卡用来设置挖槽专用参数。

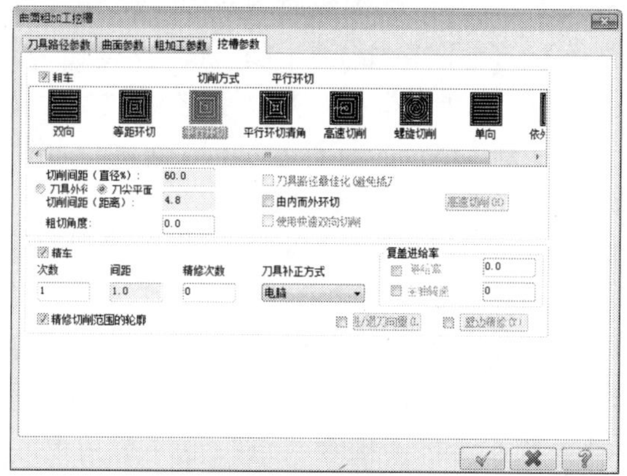

图 6-60　挖槽参数

各选项含义如下。

- 【粗车】：启用该复选框时，可按设定的切削方式执行分层粗加工路径。
- 【切削方式】：这里提供了 8 种切削方式，其含义与二维挖槽一样。
- 【切削间距】：设置两刀具路径之间的距离，可以用刀具直径的百分比或直接输入距离来表示。
- 【粗切角度】：此文本框只在双向或单向切削时被激活，设定刀具切削方向与 X 轴的方向。
- 【刀具路径最佳化】：启用该复选框时，可优化挖槽刀具路径，尽量减少刀具负荷，以最优化的走刀方式进行切削。
- 【由内而外环切】：挖槽刀具路径由中心向外加工到边界，适合所有的环绕式切削路径。该项只有选中环绕式加工方式才能选中。若没启用该复选框，则由外向内加工。
- 【使用快速双向切削】：该项只有在粗加工切削方式为双向切削时才可以被选用。启用该复选框时可优化计算刀路，尽量以最短的时间进行加工。
- 【精车】：启用该复选框，每层粗铣后会对外形和岛屿进行精加工，且能减小精加工刀具切削负荷。
- 【次数】：设置精加工次数。
- 【间距】：设置精加工刀具路径间的距离。
- 【精修次数】：设置产生沿最后精修路径重复加工的次数。如果刀具刚性不好，在加工侧壁时刀具受力会产生让刀，导致垂直度不高，可以采用精修次数进行重复走刀，以提高垂直度。
- 【刀具补正方式】：有【电脑】、【两者】和【两者反向】三种选项。
- 【覆盖进给率】：可设置精修刀具路径的转速和进给率。

曲面粗加工案例 7

案例文件：ywj /06/基础/6-7.MCX-7，ywj /06/结果/6-7.MCX-7

视频文件：光盘→视频课堂→第 6 章→6.7

step 01 打开“6-7. MCX-7”文件，如图 6-61 所示。

step 02 选择【刀具路径】|【曲面粗加工】|【粗加工挖槽加工】菜单命令，弹出【输入新 NC 名称】对话框，在文本框中按默认的名称，单击【确定】按钮✓完成输入，选取曲面后弹出【刀具路径的曲面选取】对话框，如图 6-62 所示。选取曲面和边界后，单击【确定】按钮✓完成选取。

step 03 此时弹出【曲面粗加工挖槽】对话框，在【刀具路径参数】选项卡的空白处单击鼠标右键，从弹出的快捷菜单中选择【创建新刀具】命令，弹出【定义刀具】对话框，选取刀具类型为【圆鼻刀】，系统弹出【新建刀具】对话框，将圆鼻刀参数设置为直径：10，圆角：1，单击【确定】按钮✓完成设置。

step 04 在【刀具路径参数】选项卡中设置进给速率和转速等相关参数，然后切换到【曲面参数】选项卡，设置曲面相关参数。切换到【粗加工参数】选项卡，设置挖槽粗加工参数，如图 6-63 所示。单击【确定】按钮✓完成参数设置。

图 6-61 挖槽图形

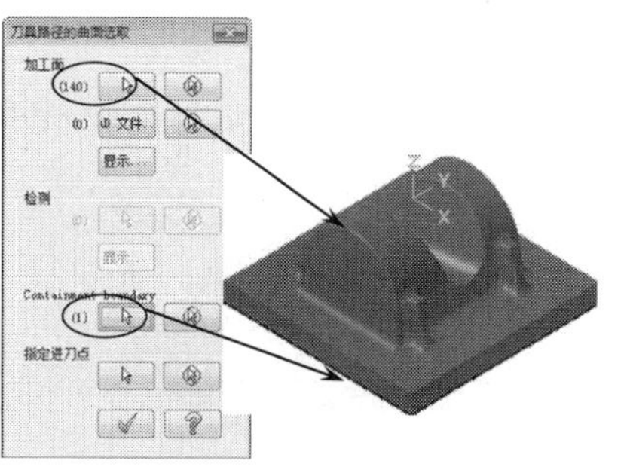

图 6-62 曲面的选取

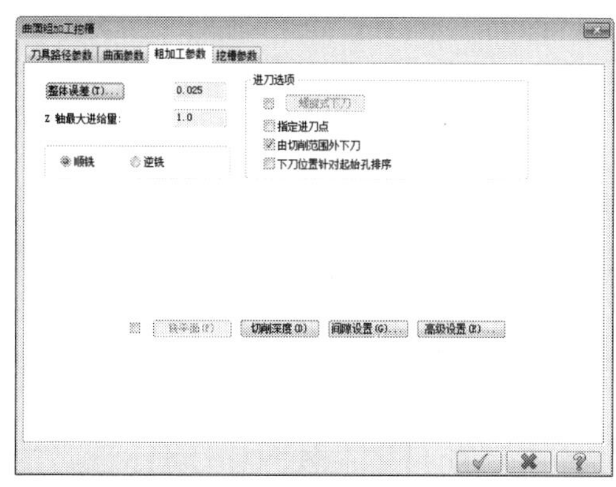

图 6-63 挖槽粗加工参数

step 05 在【粗加工参数】选项卡中单击【切削深度】按钮，系统弹出【切削深度设置】对话框，设定第一层切削深度和最后一层的切削深度，单击【确定】按钮 ✓，完成切削深度设置。在【粗加工参数】选项卡中单击【间隙设置】按钮，系统弹出【刀具路径的间隙设置】对话框，设置刀具路径在遇到间隙时的处理方式，单击【确定】按钮 ✓，完成间隙设置。

step 06 在【曲面粗加工挖槽】对话框中单击【挖槽参数】标签，切换到【挖槽参数】选项卡，设置挖槽参数，如图 6-64 所示。单击【确定】按钮 ✓ 完成参数设置。系统会根据设置的参数生成挖槽粗加工刀具路径，如图 6-65 所示。

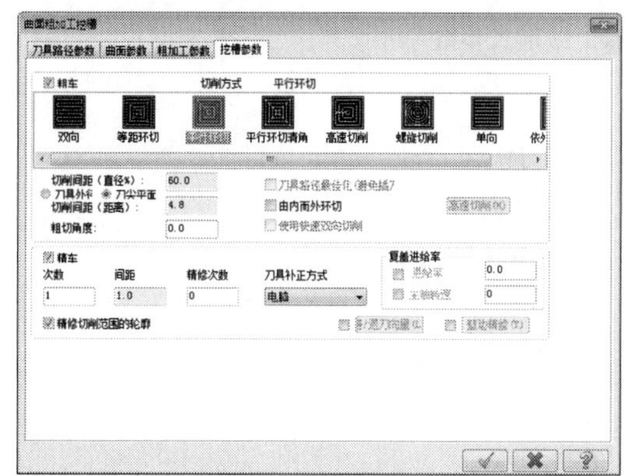

图 6-64 挖槽参数

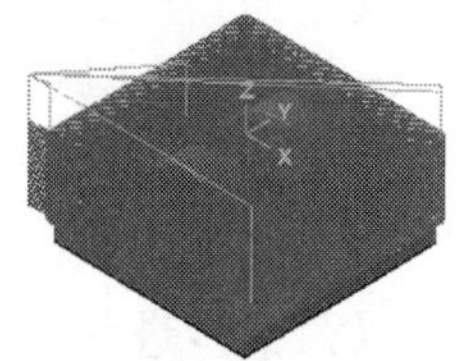

图 6-65 挖槽粗加工刀具路径

step 07 按照前面的方法设置毛坯，坯料设置结果如图 6-66 所示，虚线框显示的即为毛坯。加工模拟结果如图 6-67 所示。

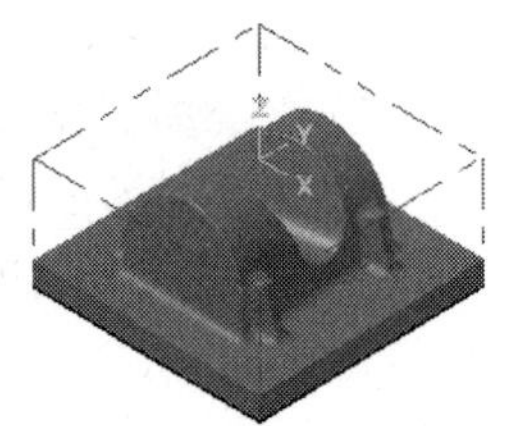

图 6-66　毛坯

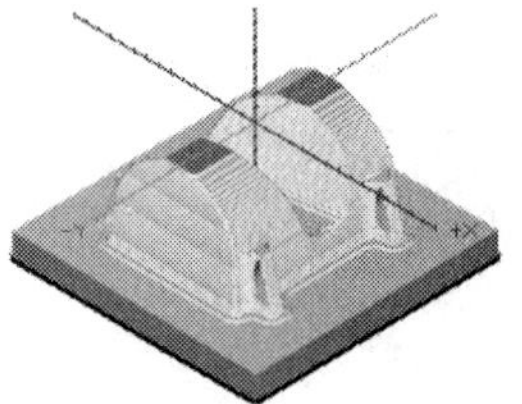

图 6-67　模拟结果

6.8　钻削式粗加工

钻削式粗加工是使用类似钻孔的方式，快速地对工件做粗加工。这种加工方式有专用刀具，刀具中心有冷却液的出水孔，以供钻削时顺利的排屑，适合比较深的工件进行加工。

选择【刀具路径】|【曲面粗加工】|【钻削式粗加工】菜单命令，弹出【曲面粗加工钻削式】对话框，单击【钻削式粗加工参数】标签，切换到【钻削式粗加工参数】对话框，如图 6-68 所示。

图 6-68　粗加工钻削式参数

该对话框各参数含义如下。

- 【整体误差】：设定刀具路径与曲面之间的误差。
- 【最大 Z 轴进给量】：设定 Z 轴方向每刀最大切削深度。
- 【下刀路径】：钻削路径的产生方式，有 NCI 和【双向】两种。
  - NCI：参考某一操作的刀具路径来产生钻削路径。钻削的位置会沿着被参考的路径，这样可以产生多样化的钻削顺序。
  - 【双向】：如选择双向，会提示选择两对角点来决定钻削的矩形范围。
- 【最大步进量】：设定两钻削路径之间的距离。
- 【螺旋下刀】：以螺旋的方式下刀。

曲面粗加工案例 8

案例文件：ywj /06/基础/6-8.MCX-7，ywj /06/结果/6-8.MCX-7

视频文件：光盘→视频课堂→第 6 章→6.8

step 01 打开“6-8. MCX-7”文件，如图 6-69 所示。

step 02 选择【刀具路径】|【曲面粗加工】|【粗加工钻削式加工】菜单命令，选择曲面单击【确定】按钮，弹出【刀具路径的曲面选取】对话框，再选取网格点，选取左下角点和右上角点，如图 6-70 所示。单击【确定】按钮完成选取。

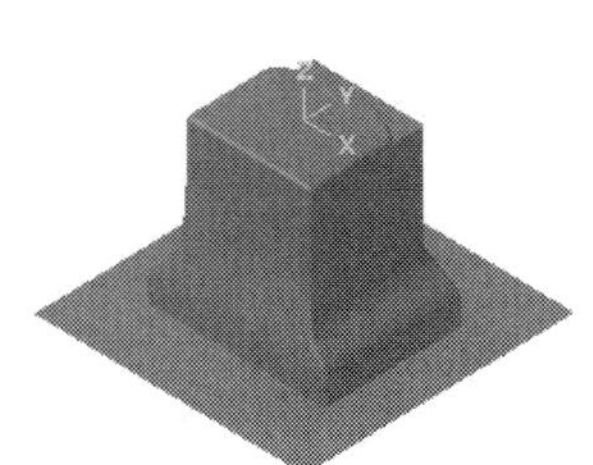

图 6-69　钻削粗加工图形

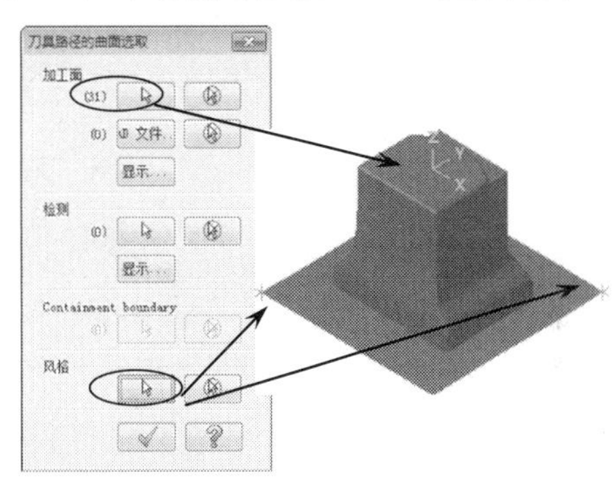

图 6-70　选取曲面和网格点

step 03 此时弹出【曲面粗加工钻削式】对话框，在【刀具路径参数】选项卡的空白处单击鼠标右键，从弹出的快捷菜单中选择【创建新刀具】命令，弹出【定义刀具】对话框，选取刀具类型为【钻头】，系统弹出【新建刀具】对话框，将钻头参数设置直径为 10，单击【确定】按钮完成设置。

step 04 在【刀具路径参数】选项卡中设置相关参数，然后切换到【曲面参数】选项卡，设置曲面相关参数。切换到【钻削式粗加工参数】选项卡，设置钻削式粗加工参数。然后在【切削深度设置】对话框中设置第一层切削深度和最后一层的切削深度。参数设置完毕后，系统会根据设置的参数生成钻削式粗加工刀具路径，如图 6-71 所示。

step 05 按照前面的方法设置毛坯，坯料设置结果如图 6-72 所示，虚线框显示的即为毛坯。加工模拟结果如图 6-73 所示。

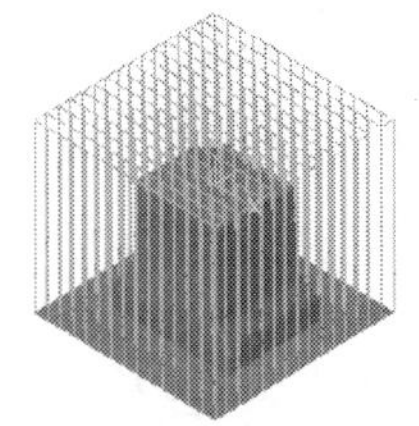

图 6-71　钻削式加工路径

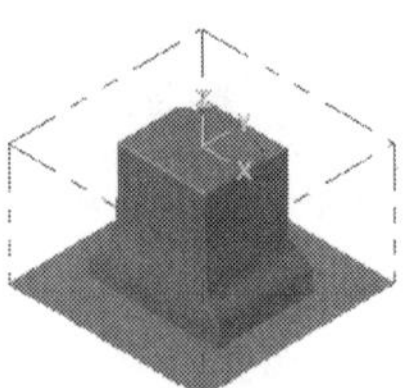

图 6-72　毛坯

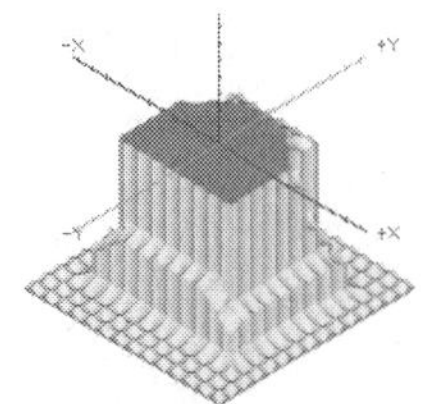

图 6-73　模拟结果

6.9 曲面粗加工综合案例

粗加工的目的是将除产品之外的毛坯料全部去掉，留下少部分的残料供后续精加工或半精加工进行切削。因此，粗加工讲究效率，而不需要加工的非常美观，也不需要达到高精度，通常进行多次开粗，尽量采用大刀，以提高加工效率。

6.9.1 曲面粗加工综合案例 1

案例文件：ywj /06/基础/6-9.MCX-7，ywj /06/结果/6-9.MCX-7

视频文件：光盘→视频课堂→第 6 章→6.9.1

step 01 选择打开“6-9. MCX-7”文件，如图 6-74 所示。

step 02 首先采用 D8R1 的圆鼻刀进行挖槽开粗。选择【刀具路径】|【曲面粗加工】|【粗加工挖槽加工】菜单命令，弹出【输入新 NC 名称】对话框，在文本框中按默认的名称，单击【确定】按钮完成输入。选取曲面后弹出【刀具路径的曲面选取】对话框，如图 6-75 所示。选取曲面和边界后，单击【确定】按钮完成选取。此时弹出【曲面粗加工挖槽】对话框，在【刀具路径参数】选项卡的空白处单击鼠标右键，从弹出的快捷菜单中选择【创建新刀具】命令，弹出【定义刀具】对话框，选取刀具类型为 End Mill，系统弹出【新建刀具】对话框，将圆鼻刀参数设置为直径：8，圆角：1，单击【确定】按钮完成设置。

图 6-74　源文件

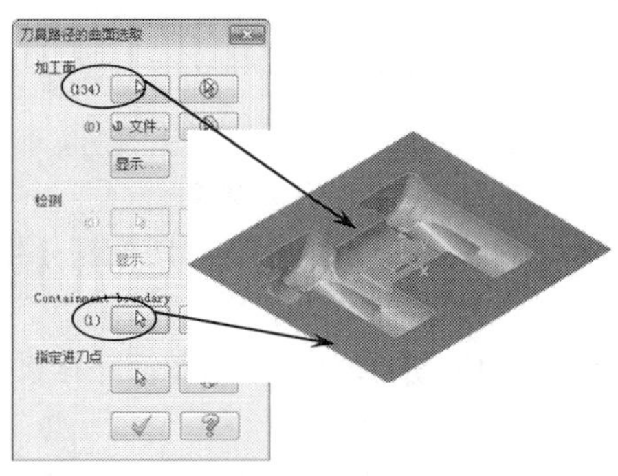

图 6-75　曲面的选取

step 03 在【刀具路径参数】选项卡中设置进给速率和转速等相关参数，如图 6-76 所示。接着单击【曲面参数】标签，切换到【曲面参数】选项卡，如图 6-77 所示。设置曲面相关参数，单击【确定】按钮完成参数设置。

step 04 在【曲面粗加工挖槽】对话框中单击【粗加工参数】标签，切换到【粗加工参数】选项卡，如图 6-78 所示，设置挖槽粗加工参数，单击【确定】按钮完成参数设置。在【粗加工参数】选项卡中单击【螺旋式下刀】按钮，系统弹出【螺旋/斜插式下刀参数】对话框，设置螺旋式下刀参数，如图 6-79 所示。在【粗加工参数】选项卡中单击【切削深度】按钮，系统弹出【切削深度设置】对话框，设定第一层

切削深度和最后一层的切削深度，如图 6-80 所示。单击【确定】按钮，完成切削深度设置。

图 6-76　刀具相关参数

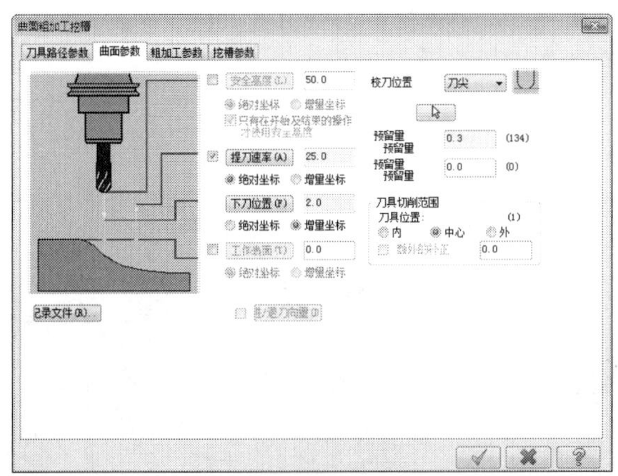

图 6-77　曲面参数

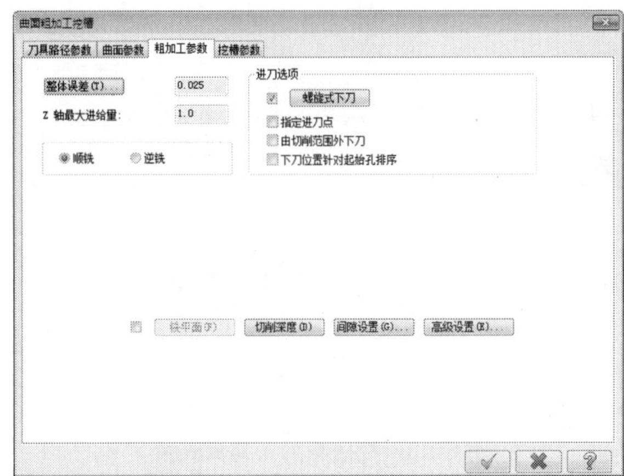

图 6-78　挖槽粗加工参数

图 6-79　螺旋式下刀

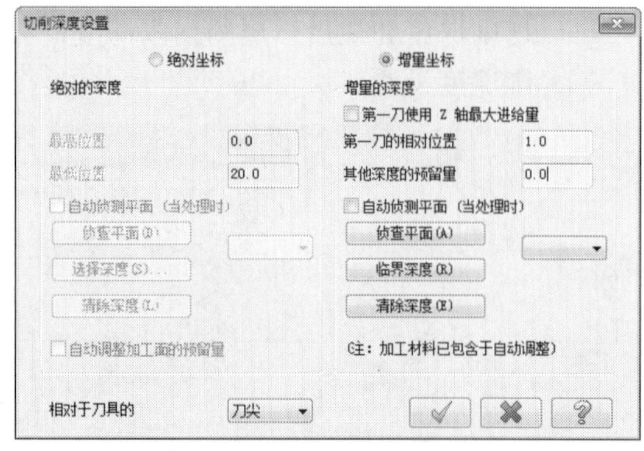

图 6-80　切削深度

step 05 在【粗加工参数】选项卡中单击【间隙设置】按钮，系统弹出【刀具路径的间隙设置】对话框，设置刀具路径在遇到间隙时的处理方式，如图 6-81 所示。单击【确定】按钮完成间隙设置。在【曲面粗加工挖槽】对话框中单击【挖槽参数】标签，切换到【挖槽参数】选项卡，设置挖槽参数，如图 6-82 所示。单击【确定】按钮完成参数设置。系统会根据设置的参数生成挖槽粗加工刀具路径，如图 6-83 所示。

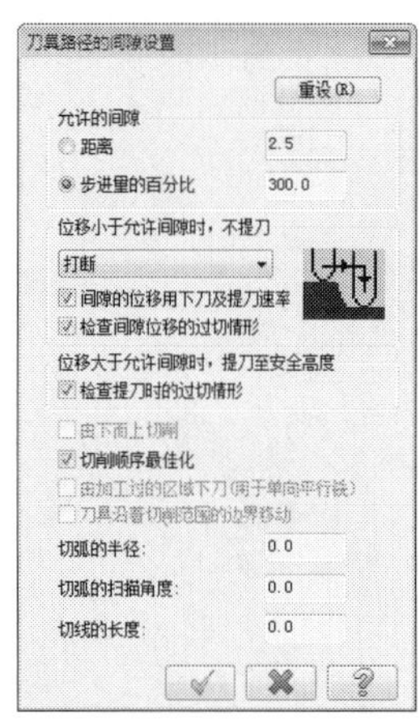

图 6-81　间隙设置

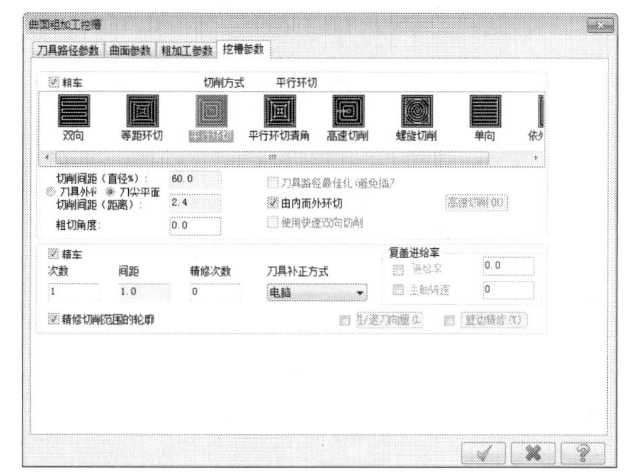

图 6-82　挖槽参数

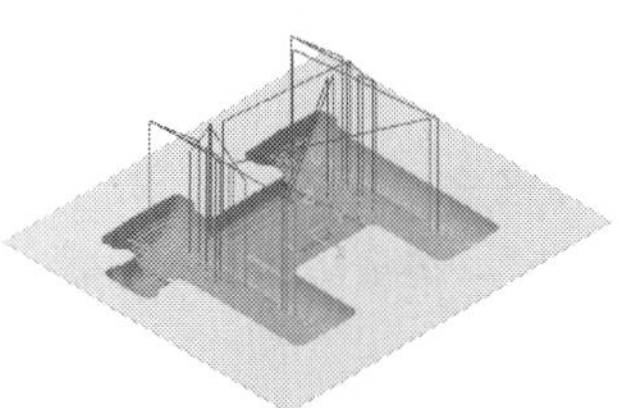

图 6-83　挖槽粗加工刀具路径

step 06 下面采用 D4 的球刀进行残料二次开粗。选择【刀具路径】|【曲面粗加工】|【粗加工残料加工】菜单命令，选择曲面后弹出【刀具路径的曲面选取】对话框，选取要加工的曲面和定义切削范围，如图 6-84 所示，单击【确定】按钮完成选

取。此时弹出【曲面残料粗加工】对话框，在【刀具路径参数】选项卡的空白处单击鼠标右键，从弹出的快捷菜单中选择【创建新刀具】命令，弹出【定义刀具】对话框，选取刀具类型为 End Mill，系统弹出【新建刀具】对话框，将圆鼻刀参数设置为直径：4，圆角：1，单击【确定】按钮完成设置。

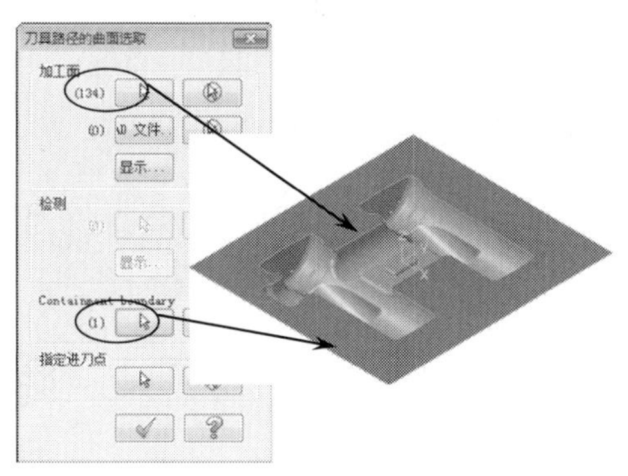

图 6-84 曲面和加工范围的选取

step 07 在【刀具路径参数】选项卡中设置相关参数，然后切换到【曲面参数】选项卡，设置曲面相关参数。切换到【残料加工参数】选项卡，设置残料加工相关参数，如图 6-85 所示，单击【确定】按钮完成参数设置。

step 08 设置刀具路径在遇到间隙时的处理方式。切换到【剩余材料参数】选项卡，设置残料加工剩余材料的计算依据，单击【确定】按钮完成参数设置。系统根据参数生成残料加工刀具路径，如图 6-86 所示。

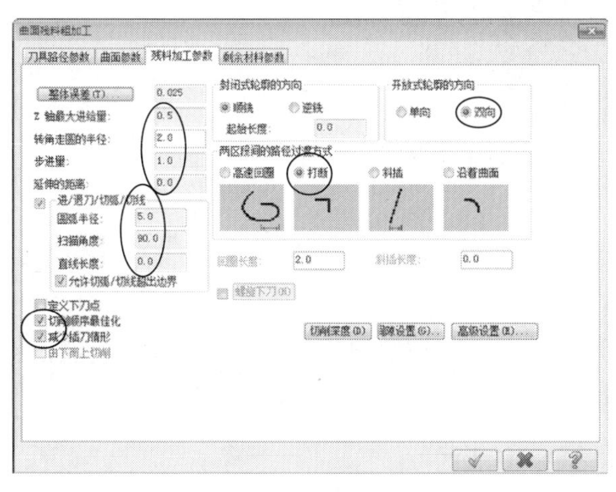

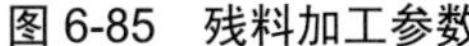

图 6-85 残料加工参数

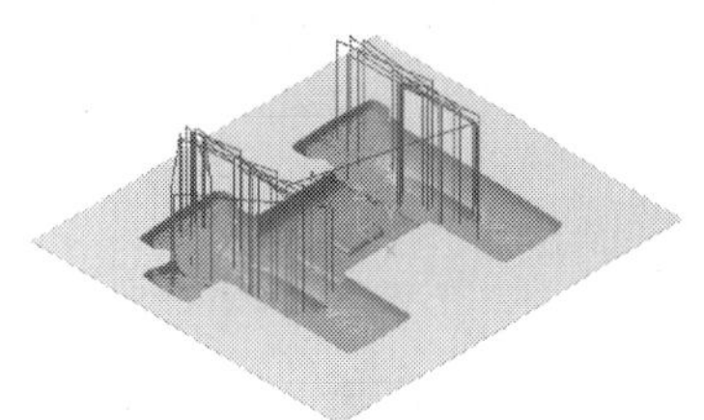

图 6-86 生成残料刀路

step 09 模拟仿真加工。在【刀具路径操作管理器】中单击【属性】中的【材料设置】节点，弹出【机器群组属性】对话框，单击【材料设置】标签，切换到【材料设置】选项卡，如图 6-87 所示设置加工坯料的尺寸，单击【确定】按钮完成参数设置，坯料设置结果如图 6-88 所示，虚线框显示的即为毛坯。

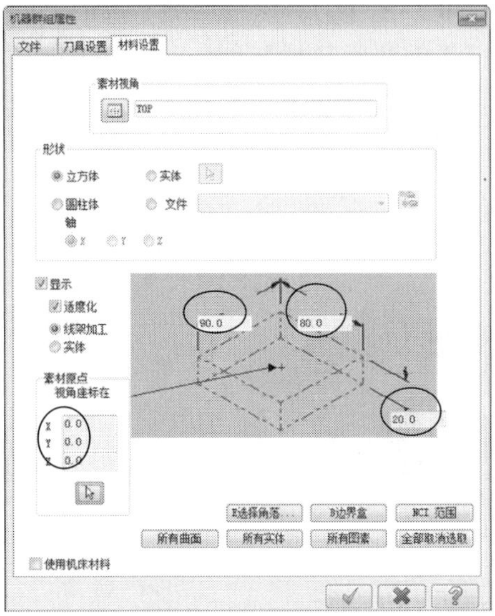

图 6-87　设置毛坯

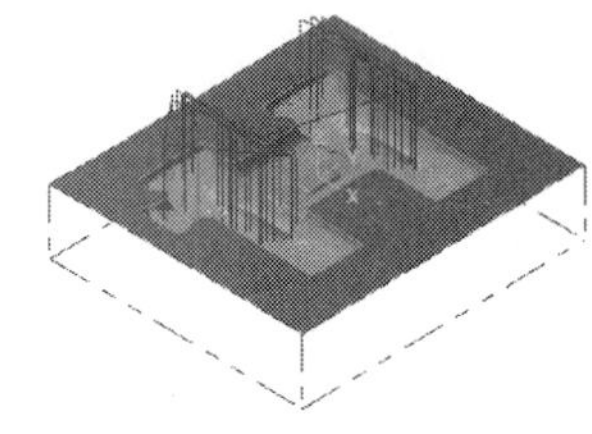

图 6-88　毛坯

step 10 单击【实体模拟】按钮，系统弹出 Verify 对话框，单击【播放】按钮，模拟结果如图 6-89 所示。

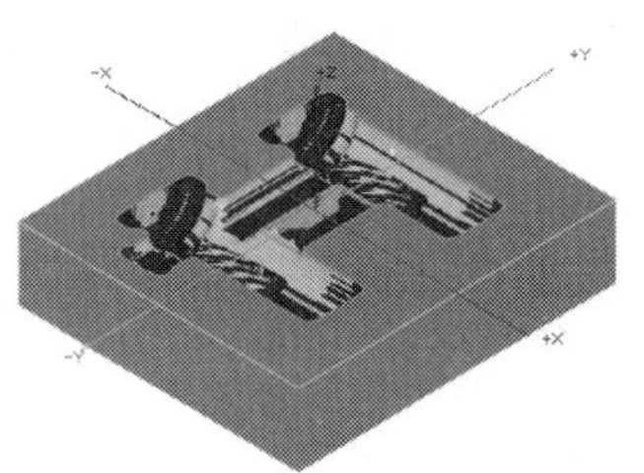

图 6-89　模拟结果

6.9.2　曲面粗加工综合案例 2

案例文件：ywj /06/基础/6-10.MCX-7，ywj /06/结果/6-10.MCX-7

视频文件：光盘→视频课堂→第 6 章→6.9.2

step 01 打开“6-10. MCX-7”文件，如图 6-90 所示。

step 02 首先采用 D16 的平底刀进行挖槽开粗。选择【刀具路径】|【曲面粗加工】|【粗加工挖槽加工】菜单命令，弹出【输入新 NC 名称】对话框，在文本框中按默认的名称，单击【确定】按钮完成输入。选取曲面后弹出【刀具路径的曲面选取】对话框，如图 6-91 所示。选取曲面和边界后，单击【确定】按钮完成选取。此时弹出【曲面粗加工挖槽】对话框，在【刀具路径参数】选项卡的空白处单击鼠标右键，从弹出的快捷菜单中选择【创建新刀具】命令，弹出【定义刀具】对话框，选取刀具类型为 End Mill，系统弹出【新建刀具】对话框，将直径参数设置为 16 的

平底刀。单击【确定】按钮完成设置。

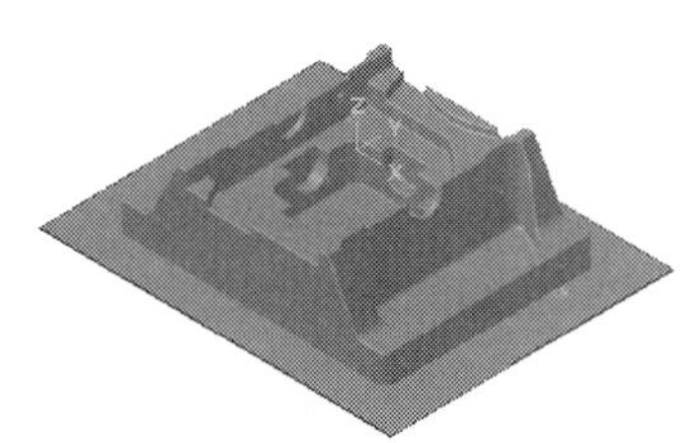

图 6-90 源文件

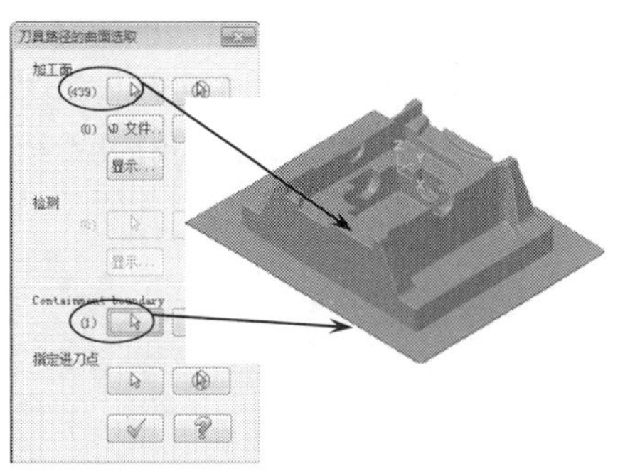

图 6-91 曲面的选取

step 03 在【刀具路径参数】选项卡中设置进给速率和转速等相关参数，然后切换到【曲面参数】选项卡，设置曲面相关参数，切换到【粗加工参数】选项卡，设置挖槽粗加工参数。单击【确定】按钮完成参数设置。

step 04 打开【切削深度设置】对话框，设定第一层切削深度和最后一层的切削深度，然后打开【刀具路径的间隙设置】对话框，设置刀具路径在遇到间隙时的处理方式，单击【确定】按钮完成间隙设置。切换到【挖槽参数】选项卡，设置挖槽参数。单击【确定】按钮完成参数设置。系统会根据设置的参数生成挖槽粗加工刀具路径，如图 6-92 所示。

step 05 采用 D6 的球刀进行等高外形二次开粗。选择【刀具路径】|【曲面粗加工】|【粗加工等高外形加工】菜单命令，系统提示选取曲面，选择曲面后弹出【刀具路径的曲面选取】对话框，选取要加工的曲面和定义切削范围。单击【确定】按钮完成选取。系统弹出【曲面粗加工等高外形】对话框，在【刀具路径参数】选项卡的空白处单击鼠标右键，从弹出的快捷菜单中选择【创建新刀具】命令，弹出【定义刀具】对话框，选取刀具类型为 End Mill，系统弹出【新建刀具】对话框，将直径参数设置为 6 的球刀。单击【确定】按钮完成设置。

step 06 在【刀具路径参数】选项卡中设置相关参数后，切换到【曲面参数】选项卡，设置曲面相关参数。切换到【等高外形粗加工参数】选项卡，设置等高外形加工相关参数。单击【确定】按钮完成参数设置。

step 07 打开【切削深度设置】对话框，设定最高和最低位置。然后打开【刀具路径的间隙设置】对话框，设置刀具路径在遇到间隙时的处理方式，单击【确定】按钮完成间隙设置。系统根据参数生成残料加工刀具路径，如图 6-93 所示。

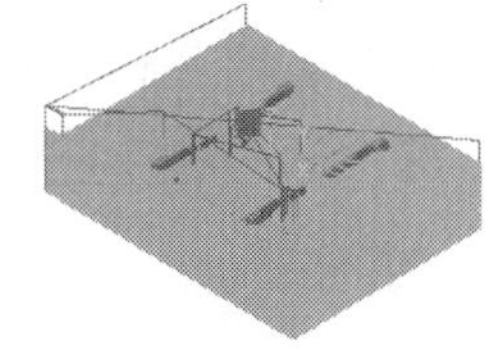

图 6-92 挖槽粗加工刀具路径

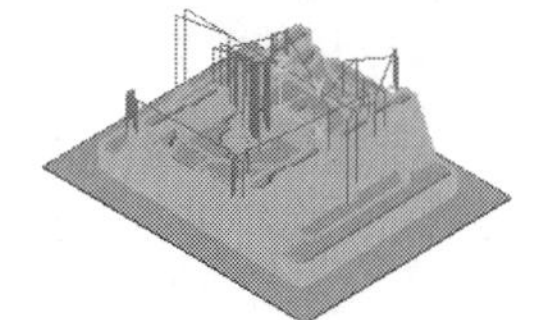

图 6-93 生成等高外形刀路

step 08 最后来进行实体模拟仿真加工。在【刀具路径操作管理器】中单击【属性】中的【材料设置】节点，弹出【机器群组属性】对话框，单击【材料设置】标签，切换到【材料设置】选项卡，如图 6-94 所示设置加工坯料的尺寸，单击【确定】按钮完成参数设置，坯料设置结果如图 6-95 所示，虚线框显示的即为毛坯。

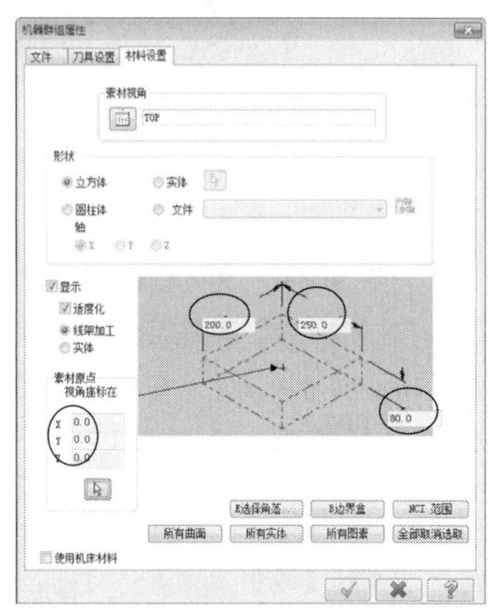

图 6-94　设置毛坯

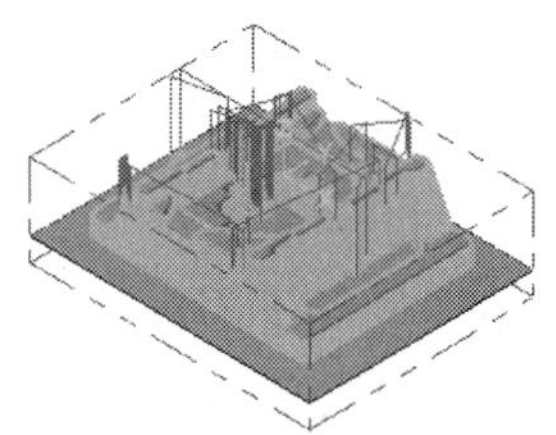

图 6-95　毛坯

step 09 单击【实体模拟】按钮，系统弹出 Verify 对话框，单击【播放】按钮，模拟结果如图 6-96 所示。

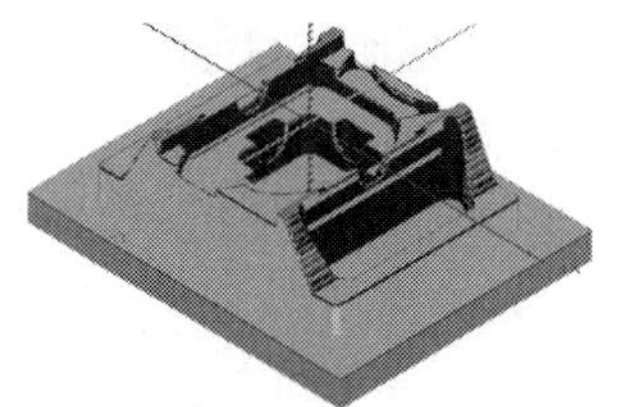

图 6-96　模拟结果

6.10　本 章 小 结

本章主要讲解曲面粗加工刀具路径编程方法，曲面粗加工刀具路径主要用来开粗，即快速的去除大部分的残料，要求的是效率。因此，在 8 种粗加工刀具路径中，挖槽粗加工一般作为首次开粗，应用非常多。其次，等高外形粗加工和残料粗加工一般用于二次开粗，进行局部残料的清除。有时挖槽粗加工也可以进行范围限定后的二次开粗，效率非常高。用户要掌握各自刀路的优缺点，进行相互组合，优劣互补。

第 7 章
三维曲面精加工

三维曲面精加工主要是对上一工序的粗加工或半精加工后剩余的残料进行再加工，以进一步的清除残料，达到所要求的尺寸精度和表面光洁度。因此，三维曲面精加工直接影响产品的精度，也是曲面加工的重点，下面将以案例进行详细讲解。

7.1 曲面精加工

曲面精加工共有 11 种，选择【刀具路径】|【曲面精加工】菜单命令，即可调取所需要的精加工，包括平行精加工、放射精加工、投影精加工、流线精加工、等高外形精加工、陡斜面加工、浅平面加工、交线清角加工、残料清角加工、环绕等距精加工、熔接精加工。利用曲面精加工刀具路径可产生精准的精修曲面。曲面精加工的目的主要是通过精修获得必要的加工精度和表面粗糙度。

7.1.1 平行铣削精加工

平行铣削精加工是以指定的角度产生平行的刀具切削路径。刀具路径相互平行，在加工比较平坦的曲面，此刀具路径加工的效果非常好，精度也比较高。

选择【刀具路径】|【曲面精加工】|【平行精加工平行铣削】菜单命令，选取工件形状和要加工的曲面，单击【确定】按钮 ✓，弹出【曲面精加工平行铣削】对话框，如图 7-1 所示。

图 7-1 曲面精加工平行铣削参数

曲面精加工平行铣削参数含义如下。

- 【整体误差】：设定刀具路径与曲面之间的误差。误差值越大，计算速度越快，但精度越差。误差值越小，计算速度越慢，但可以获得高的精度。
- 【最大切削间距】：设定刀具路径之间的距离，此处精加工采用球刀，所以间距要设小一些。单击【最大切削间距】按钮，弹出【最大步进量】对话框，如图 7-2 所示。该对话框还提供了平坦区域和在 45° 斜面区域产生的残脊高度供用户参考。
- 【切削方式】：设定曲面加工平行铣削刀具路径的切削方式，有单向切削和双向切削方式两种。
  - ◆ 【双向】：以来回两方向切削工件，如图 7-3 所示。
  - ◆ 【单向】：单方向切削，以一方向切削后，快速提刀，提刀到参考点再平移到起点后再下刀。单向抬刀的次数比较多，如图 7-4 所示。

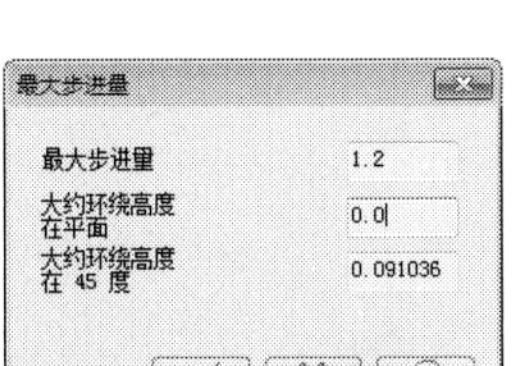

图 7-2 最大步进量

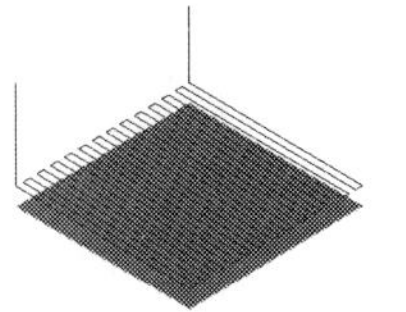

图 7-3 双向

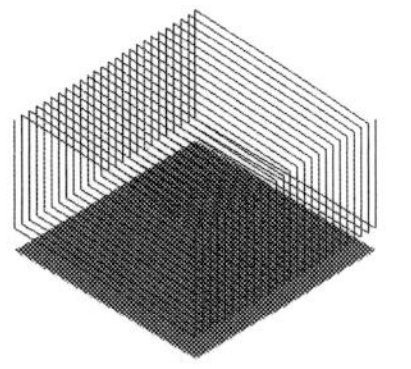

图 7-4 单向

- 【加工方式角度】：设定刀具路径的切削方向与当前 X 轴的角度，以逆时针为正，顺时针为负。
- 【定义下刀点】：如启用该复选框，系统会要求选取或输入下刀点位置，刀具从最接近选取点进刀。

曲面精加工案例 1

案例文件：ywj /07/基础/7-1.MCX-7，ywj /07/结果/7-1.MCX-7

视频文件：光盘→视频课堂→第 7 章→7.1.1

step 01 打开“7-1. MCX-7”文件。

step 02 选择【刀具路径】|【曲面精加工】|【精加工平行铣削加工】菜单命令，弹出【刀具路径的曲面选取】对话框，选取加工曲面和曲面加工范围，单击【确定】按钮完成选取。如图 7-5 所示。

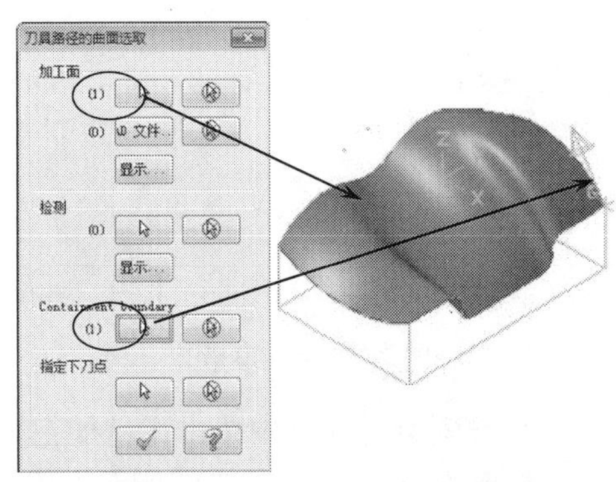

图 7-5 曲面和边界的选取

step 03 系统弹出【曲面精加工平行铣削】对话框，在【刀具路径参数】选项卡的空白处单击鼠标右键，从弹出的快捷菜单中选择【创建新刀具】命令，弹出【定义刀具】对话框，选取刀具类型为 End Mill。系统弹出【新建刀具】对话框，将刀具球刀的直径参数设置为直径 10。

step 04 在【刀具路径参数】选项卡中设置相关参数，如图 7-6 所示。单击【确定】按钮完成刀具路径参数设置。

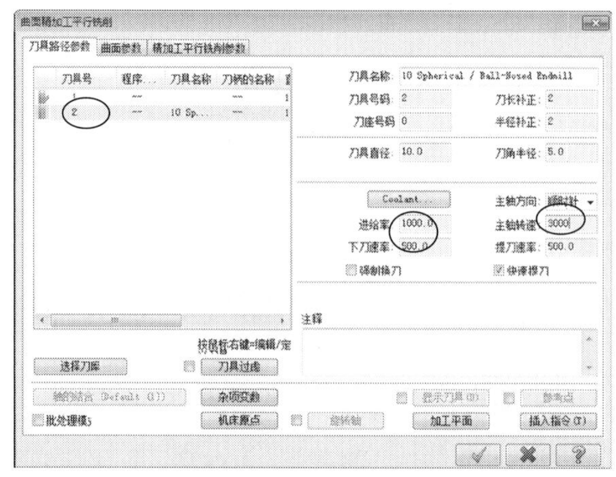

图 7-6　刀具相关参数

step 05 在【曲面精加工平行铣削】对话框中单击【曲面参数】标签，切换到【曲面参数】选项卡，如图 7-7 所示设置曲面相关参数，单击【确定】按钮完成参数设置。

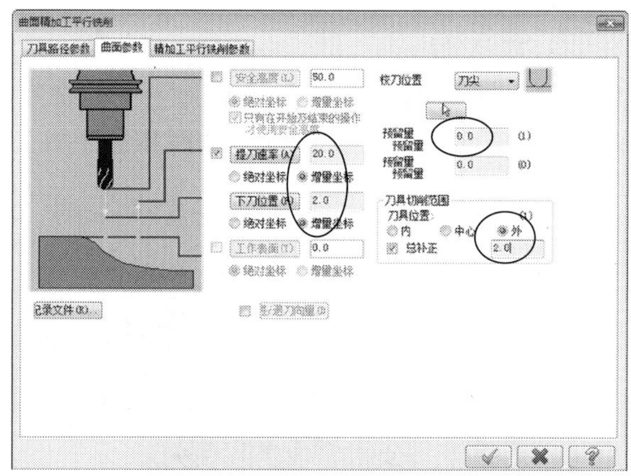

图 7-7　曲面参数

step 06 在【曲面精加工平行铣削】对话框中单击【精加工平行铣削参数】标签，切换到【精加工平行铣削参数】选项卡，如图 7-8 所示设置平行精加工专用参数，单击【确定】按钮完成参数设置。

step 07 在【曲面精加工平行铣削】对话框中单击【间隙设置】按钮，系统弹出【刀具路径的间隙设置】对话框，设置刀具路径在遇到间隙时的处理方式，如图 7-9 所示。单击【确定】按钮完成间隙设置。

step 08 系统会根据所设置的参数生成平行精加工刀具路径，如图 7-10 所示。

step 09 在【刀具路径操作管理器】中单击【属性】中的【材料设置】节点，弹出【机器群组属性】对话框，单击【材料设置】标签，切换到【材料设置】选项卡，如图 7-11 所示设置加工坯料的尺寸，单击【确定】按钮完成参数设置。

step 10 坯料设置结果如图 7-12 所示，虚线框显示的即为毛坯。

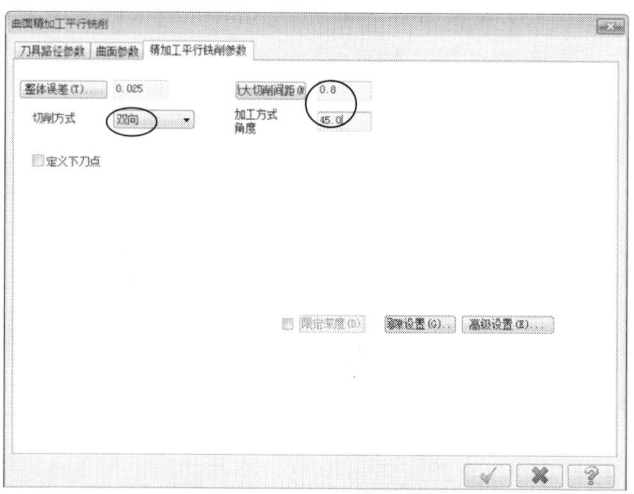

图 7-8　平行精加工专用参数

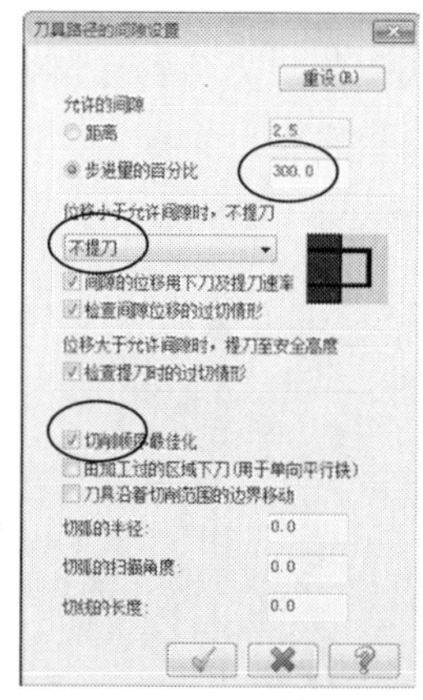

图 7-9　间隙设置

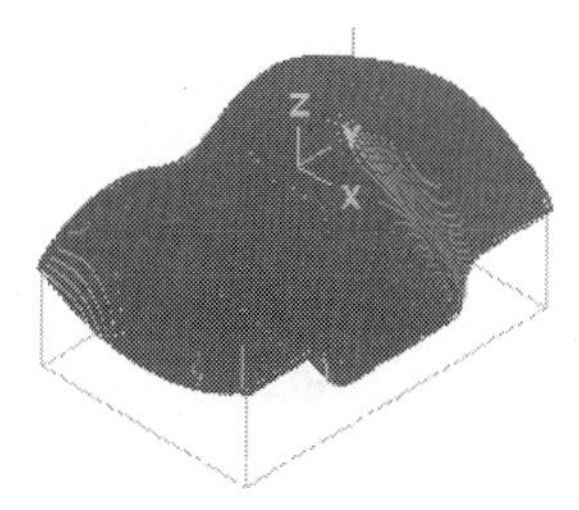

图 7-10　平行精加工刀具路径

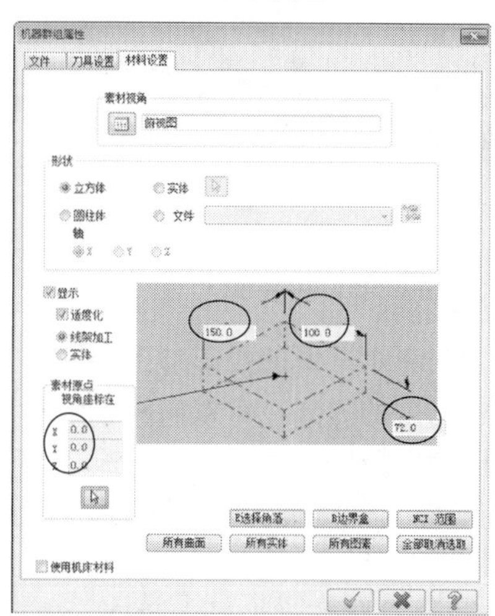

图 7-11　设置毛坯

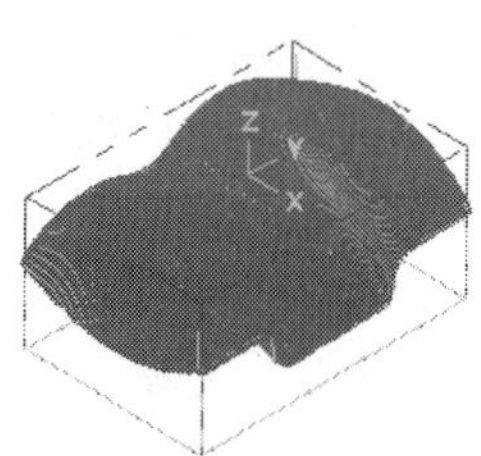

图 7-12　毛坯

step 11 单击【实体模拟】按钮，系统弹出 Verify 对话框，在 Verify 对话框单击【播放】按钮，模拟结果如图 7-13 所示。

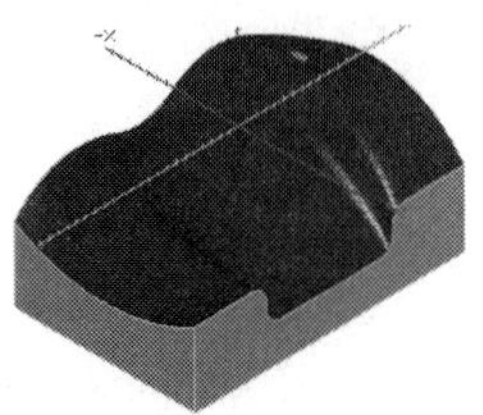

图 7-13　模拟结果

7.1.2　平行陡斜面精加工

陡斜面精加工适用于比较陡的斜面的精加工，可在陡斜面区域上以设定的角度产生相互平行的陡斜面精加工刀具路径，与平行精加工刀路相似。

选择【刀具路径】|【精加工】|【陡斜面精加工】菜单命令，弹出【曲面精加工平行式陡斜面】对话框，在该对话框中单击【陡斜面精加工参数】标签，切换到【陡斜面精加工参数】选项卡，如图 7-14 所示。该选项卡用来设置陡斜面精加工参数。

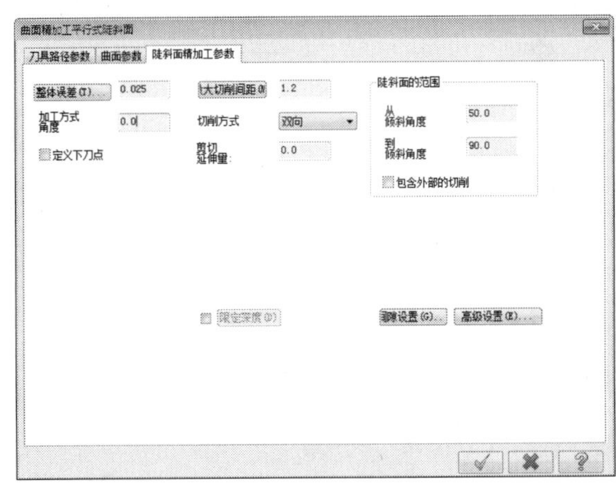

图 7-14　陡斜面加工

各参数含义如下。

- 【整体误差】：设定刀具路径与曲面之间的误差值。
- 【最大切削间距】：设定两刀具路径之间的距离。
- 【加工方式角度】：设定陡斜面加工切削方向在水平面的投影与 X 轴的夹角。
- 【切削方式】：设置陡斜面精加工刀具路径切削的方式，有双向和单向两种方式。
- 【陡斜面的范围】：限定陡斜面加工的曲面角度范围。
- 【从倾斜角度】：设定陡斜面范围的起始角度，此角度为最小角度。角度大于该角度时被认为是陡斜面将进行陡斜面精加工。
- 【到倾斜角度】：设定陡斜面范围的终止角度，此角度为最大角度。角度小于该角度而大于最小角度时被认为是陡斜面范围将进行陡斜面精加工。

- 【定义下刀点】：指定刀点，陡斜面精加工刀具路径下刀时，将以最接近点的地方开始进刀。
- 【剪切延伸量】：在陡斜面切削路径中，由于只加工陡斜面，没有加工浅平面，因而在陡斜面刀具路径之间将有间隙断开，形成内边界。而曲面的边界形成外边界。此参数的意义是在内边界的切削方向上沿曲面延伸一段设定的值，来清除部分残料区域。

图 7-15 所示为【剪切延伸量】为 0 时的刀具路径。图 7-16 所示为【剪切延伸量】为 10 时的刀具路径。可以看出后面的刀具路径在内边界延伸了一段距离，此距离即是用户所设置的延伸值。

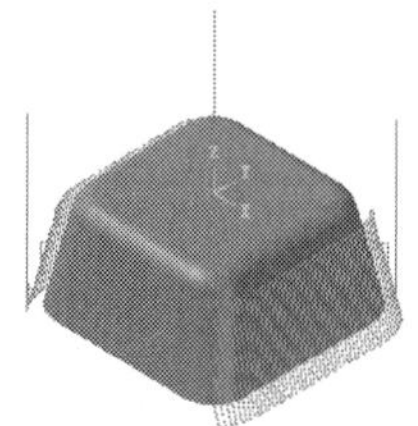

图 7-15　延伸距离为 0

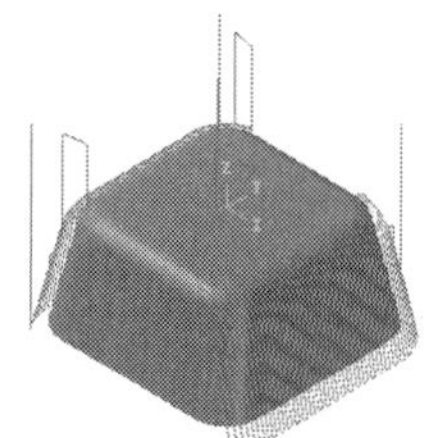

图 7-16　延伸距离为 10

- 【包含外部的切削】：为了解决浅平面区域较大，而陡斜面精加工对浅平面加工效果不佳的问题，可以设置【包含外部的切削】选项。该项是在切削方向延伸量的基础上将全部的浅平面进行覆盖。在启用【包含外部的切削】复选框后就不需要再设置切削方向延伸量了，因为【包含外部的切削】相当于将切削方向延伸量设定延伸到曲面边界。图 7-17 所示为未启用【包含外部的切削】复选框的刀具路径。图 7-18 所示为启用【包含外部的切削】复选框时的刀具路径。

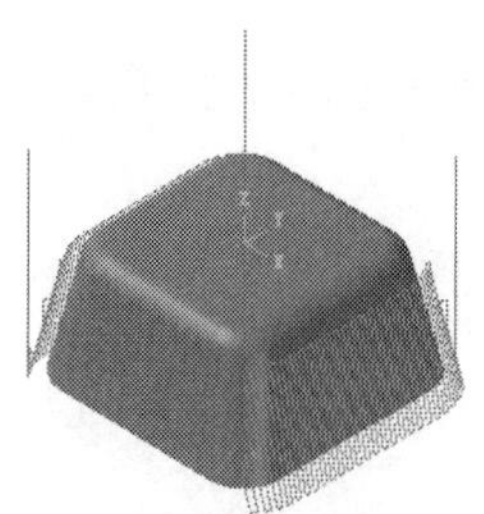

图 7-17　不包含外部切削的路径

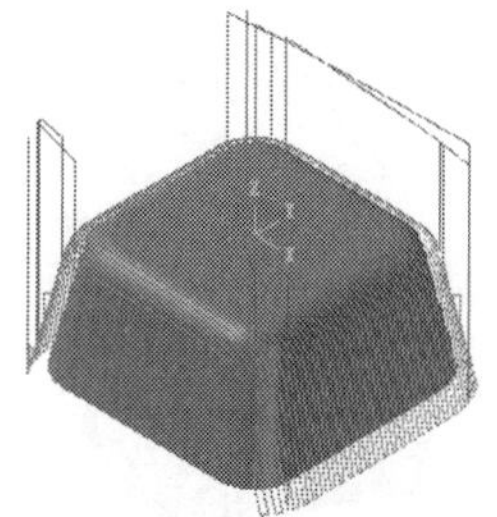

图 7-18　包含外部切削的路径

曲面精加工案例 2

案例文件：ywj /07/基础/7-2.MCX-7，ywj /07/结果/7-2.MCX-7

视频文件：光盘→视频课堂→第 7 章→7.1.2

step 01 打开“7-2. MCX-7”文件。选择【刀具路径】|【曲面精加工】|【精加工陡斜面加工】菜单命令，弹出【刀具路径曲面的选取】对话框，选取加工曲面和边界范围

曲线，如图 7-19 所示。单击【确定】按钮完成选取。

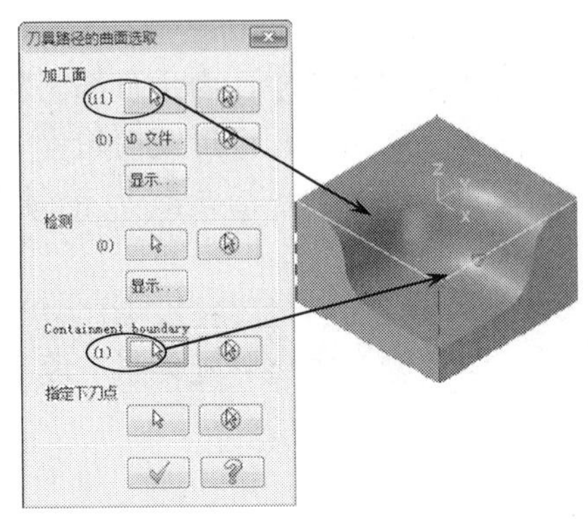

图 7-19 选取加工曲面和范围

step 02 弹出【曲面精加工平行式陡斜面】对话框，在【刀具路径参数】选项卡的空白处单击鼠标右键，从弹出的快捷菜单中选择【创建新刀具】命令，弹出【定义刀具】对话框，选取刀具类型为 End Mill。单击【下一步】按钮后，系统弹出【新建刀具】对话框，将球刀的直径参数设置为 8。

step 03 在【刀具路径参数】选项卡中设置相关参数。切换到【曲面参数】选项卡，设置曲面相关参数。切换到【陡斜面精加工参数】选项卡，设置陡斜面精加工专用参数，设置【加工方式角度】为 135°。

step 04 系统会根据设置的参数生成陡斜面精加工刀具路径。

step 05 在【刀具路径操作管理器】中单击【属性】中的【材料设置】节点，弹出【机器群组属性】对话框，单击【材料设置】标签，切换到【材料设置】选项卡，单击【确定】按钮完成参数设置，坯料设置结果如图 7-20 所示，虚线框显示的即为毛坯。

step 06 在 Verify 对话框单击【播放】按钮，模拟结果如图 7-21 所示。

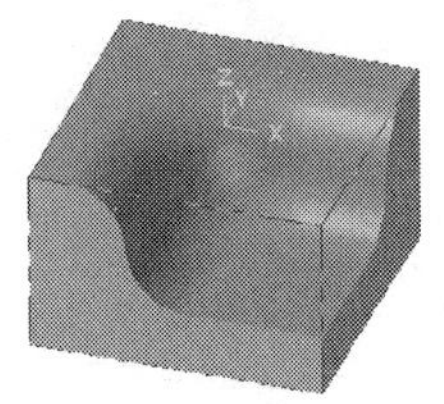

图 7-20 毛坯

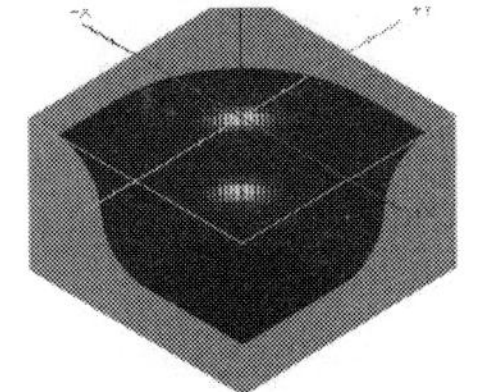

图 7-21 模拟结果

7.1.3 放射状精加工

放射状精加工主要用于回转体类工件的加工，和放射状粗加工一样，产生从一点向四周发散或者从四周向中心集中的精加工刀具路径。值得注意的是此刀具路径中心加工效果比较好，边缘加工效果差，整体加工不均匀。

选择【刀具路径】|【精加工】|【精加工放射状加工】菜单命令，选取工件类型和加工曲

面，单击【确定】按钮，弹出【曲面精加工放射状】对话框，在该对话框中单击【放射状精加工参数】标签，切换到【放射状精加工参数】选项卡，如图 7-22 所示。该选项卡用来设置放射状精加工参数。

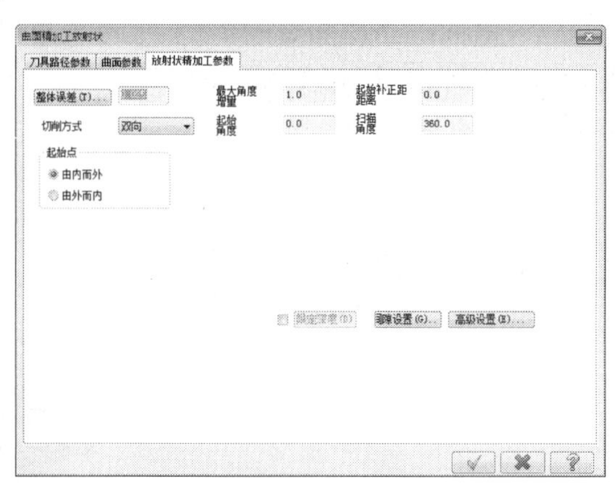

图 7-22　曲面粗加工放射状参数

该对话框各参数含义如下。

- 【整体误差】：设定刀具路径与曲面之间的误差。
- 【切削方式】：设置切削走刀的方式，有【双向】切削和【单向】切削两种。
- 【最大角度增量】：设定放射状精加工刀具路径之间的角度。
- 【起始补正距离】：以指定的点为中心，向外偏移一定的半径后再切削。
- 【起始角度】：设置放射状精加工刀具路径起始加工与 X 轴的夹角。
- 【扫掠角度】：设置放射状路径加工的角度范围。以逆时针为正。
- 【起始点】：设置刀具路径的加工起始点。
    - 【由内向外】：加工起始点在放射中心点，加工方向从内向外铣削。
    - 【由外向内】：加工起始点在放射边缘，加工方向从外向内铣削。

曲面精加工案例 3

案例文件：ywj /07/基础/7-3.MCX-7，ywj /07/结果/7-3.MCX-7

视频文件：光盘→视频课堂→第 7 章→7.1.3

step 01 打开“7-3. MCX-7”文件。选择【刀具路径】|【曲面精加工】|【精加工放射状加工】菜单命令，弹出【刀具路径的曲面选取】对话框，如图 7-23 所示。选取加工曲面和曲面加工范围以及放射中心点，单击【确定】按钮完成选取。

step 02 弹出【曲面精加工放射状】参数对话框，在【刀具路径参数】选项卡的空白处单击鼠标右键，从弹出的快捷菜单中选择【创建新刀具】命令，弹出【定义刀具】对话框，选取刀具类型为 End Mill，系统弹出【新建刀具】对话框，将球刀直径参数设置为 10。

step 03 在【刀具路径参数】选项卡中设置相关参数。切换到【曲面参数】选项卡，设置曲面相关参数。切换到【放射状精加工参数】选项卡，设置平行精加工专用参数。

step 04 在【放射状精加工参数】选项卡中单击【间隙设置】按钮，打开【刀具路径的间隙设置】对话框，设置间隙处理方式等参数。系统会根据设置的参数生成放射状精加工刀具路径，如图 7-24 所示。

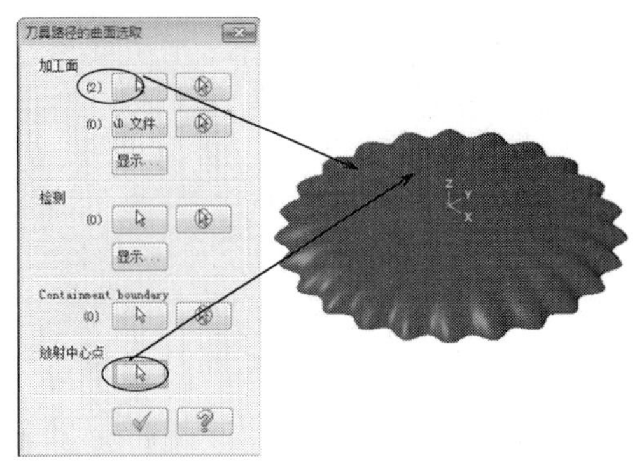

图 7-23　曲面及加工范围和放射中心点的选取

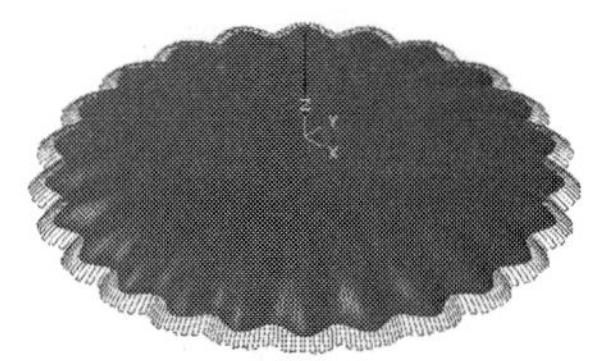

图 7-24　放射状加工刀具路径

step 05 在【刀具路径操作管理器】中单击【属性】中的【材料设置】节点，弹出【机器群组属性】对话框，单击【材料设置】标签，切换到【材料设置】选项卡，设置加工坯料的尺寸，单击【确定】按钮完成参数设置，坯料设置结果如图 7-25 所示，虚线框显示的即为毛坯。

step 06 模拟结果如图 7-26 所示。

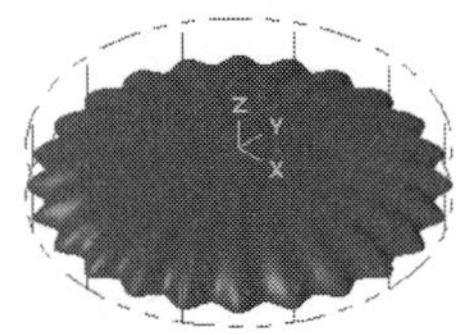

图 7-25　毛坯

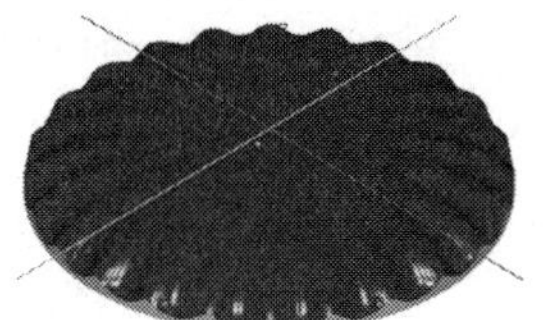

图 7-26　模拟结果

7.1.4　投影精加工

投影精加工是将已经存在的刀具路径或几何图形，投影到曲面上产生刀具路径。投影加工的类型有：NCI 文件投影加工、曲线投影加工和点集投影加工，加工方法与投影粗加工类似。

选择【刀具路径】|【精加工】|【精加工投影加工】菜单命令，选取加工曲面和投影曲线，单击【确定】按钮，弹出【曲面精加工投影】对话框，在该对话框中单击【投影精加工参数】标签，切换到【投影精加工参数】选项卡，设置投影精加工参数，如图 7-27 所示。

其参数含义如下。

- 【整体误差】：设置刀具路径与曲面之间的误差值。
- 【投影方式】：设置投影加工刀具路径的类型，有 NCI、【选取曲线】和【选取点】3 种方式。NCI 是采用刀具路径投影。选取曲线是将曲线投影到曲面进行加工。

选取点是将点或多个点投影到曲面上进行加工。

图 7-27　投影精加工参数

- 【两切削间提刀】：在两切削路径之间提刀。
- 【增加深度】：此项只有在 NCI 投影时才被激活，是在原有的基础上增加一定的深度。
- 【原始操作】：此项只有在 NCI 投影时才被激活，选取 NCI 投影加工所需要的刀具路径文件。

曲面精加工案例 4

案例文件：ywj /07/基础/7-4.MCX-7，ywj /07/结果/7-4.MCX-7

视频文件：光盘→视频课堂→第 7 章→7.1.4

step 01 打开 “7-4. MCX-7”文件，如图 7-28 所示。

step 02 选择【刀具路径】|【精加工】|【精加工投影加工】菜单命令，弹出【刀具路径的曲面选取】对话框，如图 7-29 所示。选取加工曲面和投影曲线，单击【确定】按钮完成选取。

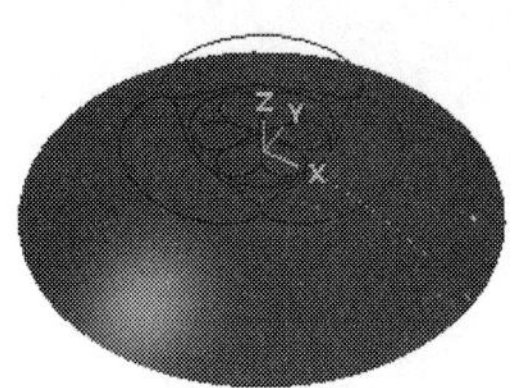

图 7-28　精加工投影

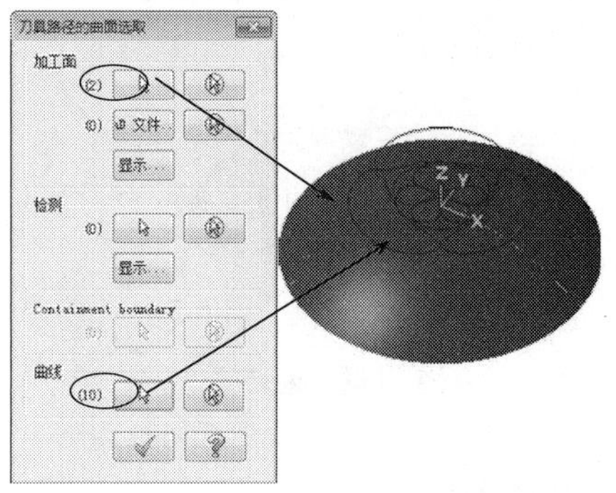

图 7-29　加工曲面和投影曲线的选取

step 03 系统弹出【曲面精加工投影】对话框，在【刀具路径参数】选项卡的空白处单击鼠标右键，从弹出的快捷菜单中选择【创建新刀具】命令，弹出【定义刀具】对话框，选取刀具类型为 End Mill，系统弹出【新建刀具】对话框，将球刀直径参数设置为 2，单击【确定】按钮完成设置。

step 04 在【刀具路径参数】选项卡中设置相关参数，切换到【曲面参数】选项卡，设置【预留量】为-0.5，切换到【投影精加工参数】选项卡，设置投影精加工专用参数，单击【确定】按钮完成参数设置。

step 05 在【曲面精加工投影】选项卡中单击【间隙设置】按钮，打开【刀具路径的间隙设置】对话框，设置间隙处理方式等参数，如图 7-30 所示。系统会根据设置的参数生成放射状精加工刀具路径，如图 7-31 所示。

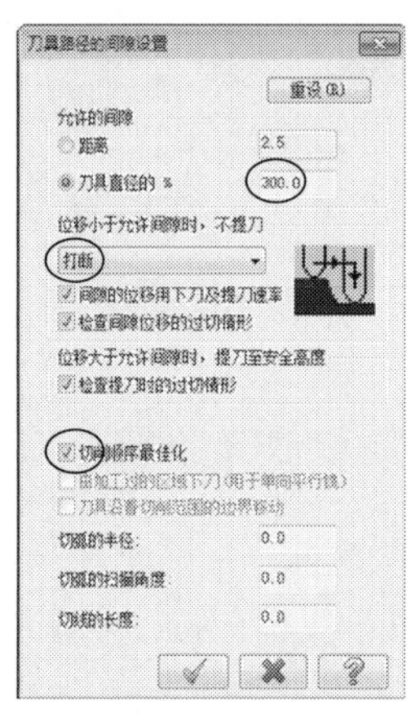

图 7-30　间隙设置

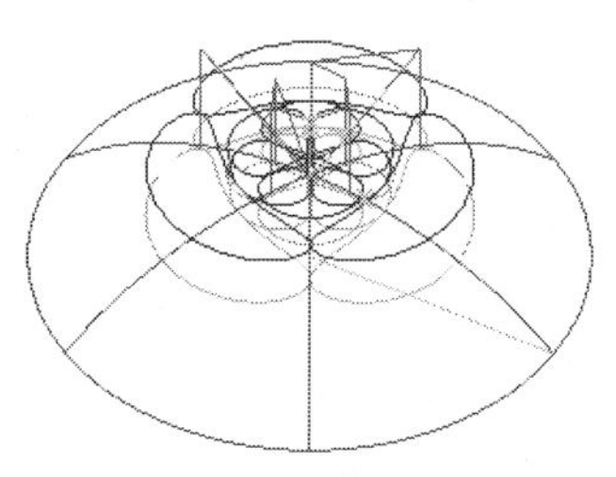

图 7-31　加工刀具路径

step 06 在【刀具路径操作管理器】中单击【属性】中的【材料设置】节点，弹出【机器群组属性】对话框，单击【材料设置】标签，切换到【材料设置】选项卡，设置加工坯料的尺寸，单击【确定】按钮完成参数设置，坯料设置结果如图 7-32 所示，虚线框显示的即为毛坯。

step 07 单击【实体模拟】按钮，系统弹出 Verify 对话框，单击【播放】按钮，模拟结果如图 7-33 所示。

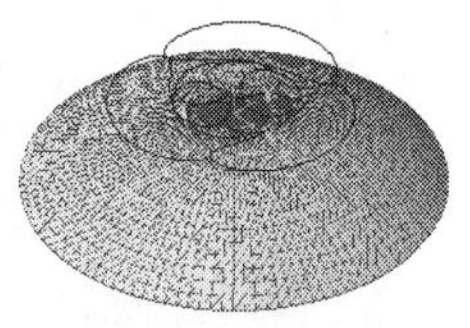

图 7-32　毛坯

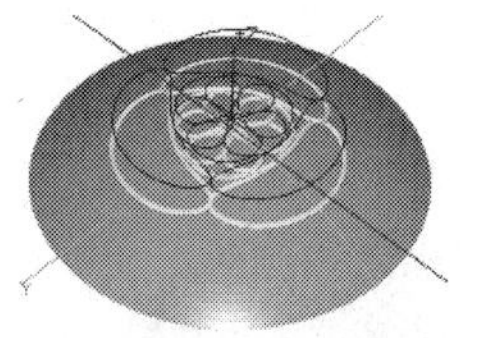

图 7-33　模拟结果

7.1.5　流线精加工

曲面流线精加工是沿着曲面的流线产生相互平行的刀具路径，选择的曲面最好不要相交，且流线方向相同，刀具路径不产生冲突，才可以产生流线精加工刀具路径。曲面流线方

向一般有两个方向，且两方向相互垂直，所以流线精加工刀具路径也有两个方向，可产生曲面引导方向或截断方向加工刀具路径。

选择【刀具路径】|【精加工】|【流线精加工】菜单命令，系统会要求用户选择流线加工所需曲面，选取完毕后，弹出【刀具路径的曲面选取】对话框，如图 7-34 所示。该对话框可以用来设置加工曲面、干涉曲面和曲面流线参数。

在【刀具路径的曲面选取】对话框中单击【曲面流线】按钮，弹出【流线设置】对话框，如图 7-35 所示。该对话框可以用来设置曲面流线的相关参数。

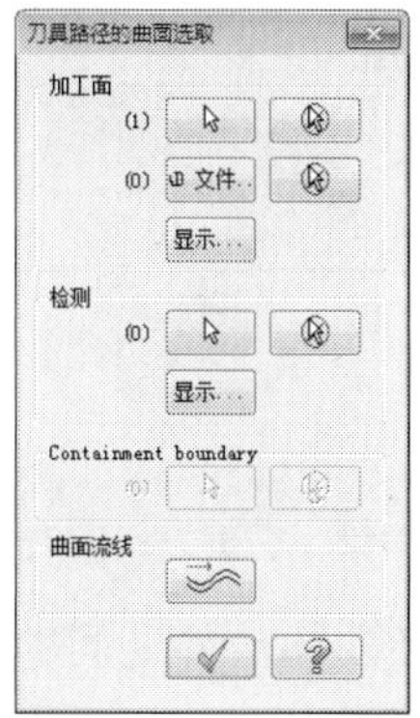

图 7-34　曲面选取

图 7-35　曲面流线参数

曲面流线参数各项参数含义如下。

- 【补正】：刀具路径产生在曲面的正面或反面的切换按钮。如图 7-36 所示为补正方向向外，图 7-37 所示为补正方向向内。

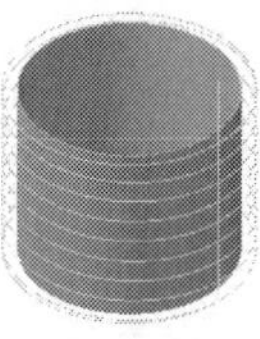

图 7-36　补正方向向外

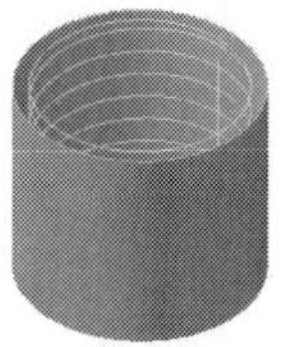

图 7-37　补正方向向内

- 【切削方向】：刀具路径切削方向的切换按钮。如图 7-38 所示加工方向为切削方向，图 7-39 所示加工方向为截断方向。

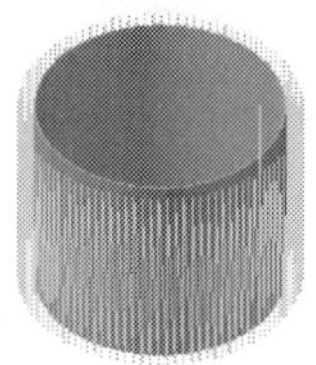

图 7-38　切削方向

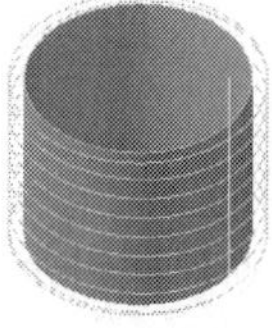

图 7-39　截断方向

- 【步进方向】：刀具路径截断方向起始点的控制按钮。图 7-40 所示为从下向上加工，图 7-41 所示为从上向下加工。

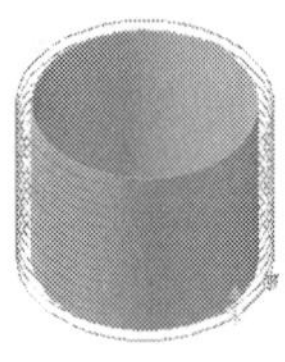

图 7-40　从下向上加工

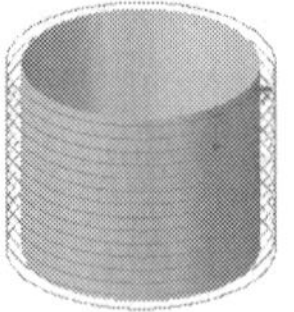

图 7-41　从上向下加工

- 【起始】：刀具路径切削方向起点的控制按钮。图 7-42 所示的切削方向向左，图 7-43 所示的切削方向向右。

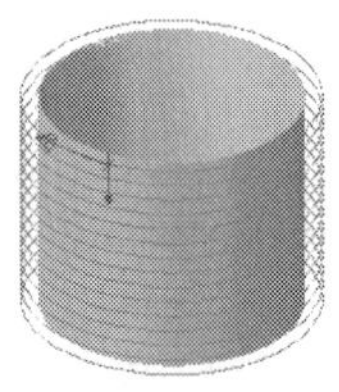

图 7-42　切削方向向左

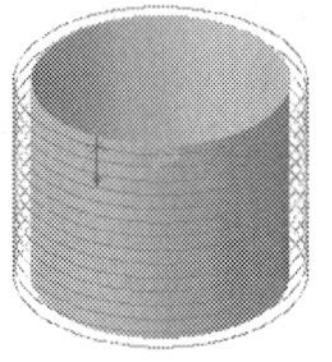

图 7-43　切削方向向右

- 【边界误差】：设置曲面与曲面之间的间隙值。当曲面边界之间的值大于此值，被认为曲面不连续，刀具路径也不会连续。当曲面边界之间的值小于此值，系统可以忽略曲面之间的间隙，认为曲面连续，会产生连续的刀具路径。

在【曲面精加工流线】对话框中单击【曲面流线精加工参数】标签，切换到【曲面流线精加工参数】选项卡，如图 7-44 所示。该选项卡用来设置流线精加工参数。

图 7-44　曲面精加工流线

该选项卡各项参数含义如下。

- 【切削控制】：控制沿着切削方向路径的误差。系统提供两种方式：【距离】和【整体误差】。
  - 【距离】：输入数值设定刀具在曲面上沿切削方向的移动的增量。此方式误差较大。
  - 【整体误差】：以设定刀具路径与曲面之间的误差值来控制切削方向路径的误差。

- ◆ 【执行过切检查】：该参数会对刀具过切现象进行调整，避免过切。
- 【截断方向的控制】：控制垂直切削方向路径的误差。系统提供两种方式：【距离】和【环绕高度】。
  - ◆ 【距离】：设置切削路径之间的距离。
  - ◆ 【环绕高度】：设置切削路径之间留下的残料高度。残料超过设置高度，系统自动调整切削路径之间的距离。
- 【切削方式】：设置流线加工的切削方式，有 3 种，包括【双向】、【单向】和【螺旋式】切削。
  - ◆ 【双向】：以双向来回切削的方式进行加工。
  - ◆ 【单向】：以单方向进行切削，提刀到参考高度，再下刀到起点循环切削。
  - ◆ 【螺旋式】：产生螺旋式切削刀具路径。
- 【只有单行】：限定只能在排成一列的曲面上产生流线加工刀具路径。

曲面精加工案例 5

案例文件：ywj /07/基础/7-5.MCX-7，ywj /07/结果/7-5.MCX-7

视频文件：光盘→视频课堂→第 7 章→7.1.5

step 01 打开“7-5. MCX-7”文件，如图 7-45 所示。

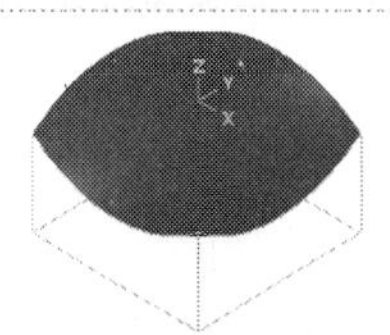

图 7-45　流线精加工图形

step 02 选择【刀具路径】|【曲面精加工】|【精加工流线加工】菜单命令，弹出【刀具路径的曲面选取】对话框，如图 7-46 所示。选取加工曲面，再单击【曲面流线】按钮，弹出【流线设置】对话框，如图 7-47 所示。单击【确定】按钮完成设置。

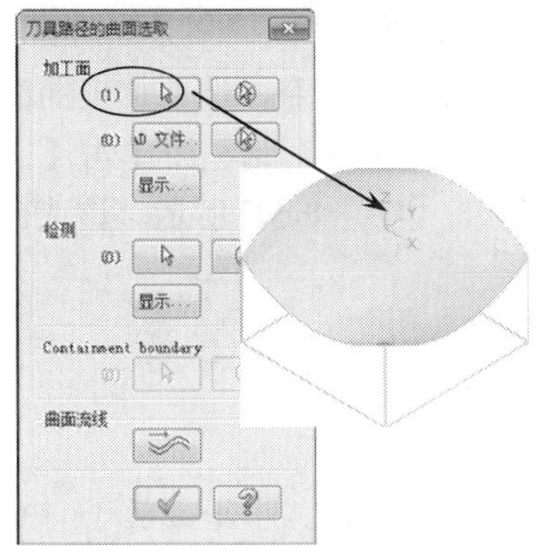

图 7-46　曲面选取

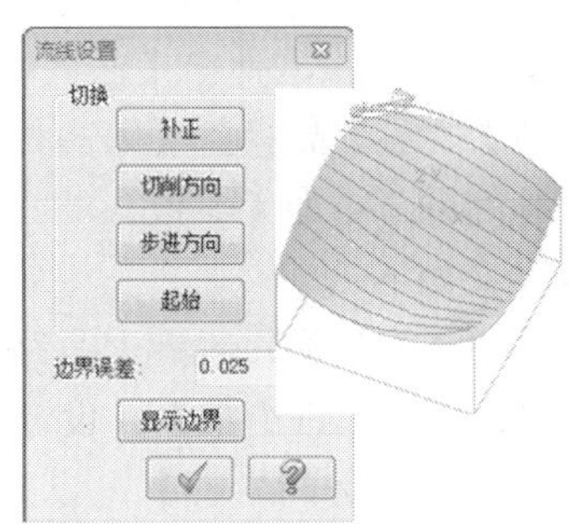

图 7-47　曲面流线设置

step 03 弹出【曲面精加工流线】对话框，在【刀具路径参数】选项卡的空白处单击鼠标右键，从弹出的快捷菜单中选择【创建新刀具】命令，弹出【定义刀具】对话框。选取刀具类型为 End Mill，系统弹出【新建刀具】对话框，将球刀直径参数设置为 8。单击【确定】按钮，完成设置。

step 04 在【刀具路径参数】选项卡中设置相关参数，单击【确定】按钮完成刀具路径参数设置。

step 05 在【曲面精加工流线】对话框中切换到【曲面参数】选项卡，设置曲面相关参数，然后切换到【曲面流线精加工参数】选项卡，设置流线精加工专用参数，单击【确定】按钮完成参数设置。

step 06 在【曲面流线精加工参数】选项卡中单击【间隙设置】按钮，弹出【刀具路径的间隙设置】对话框，设置间隙的控制方式。系统会根据用户所设置的参数生成流线精加工刀具路径，如图 7-48 所示。

step 07 在【刀具路径操作管理器】中单击【属性】中的【材料设置】节点，弹出【机器群组属性】对话框，单击【材料设置】标签，切换到【材料设置】选项卡，设置加工坯料的尺寸，单击【确定】按钮完成参数设置，坯料设置结果如图 7-49 所示，虚线框显示的即为毛坯。

step 08 单击【实体模拟】按钮，系统弹出 Verify 对话框，单击【播放】按钮，模拟结果如图 7-50 所示。

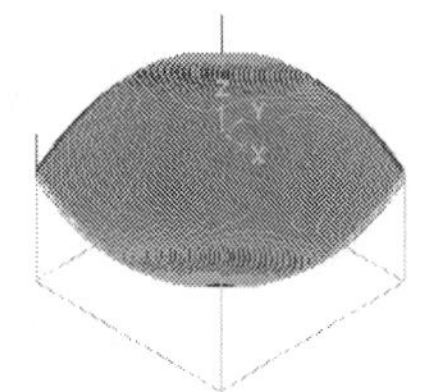

图 7-48　流线刀具路径

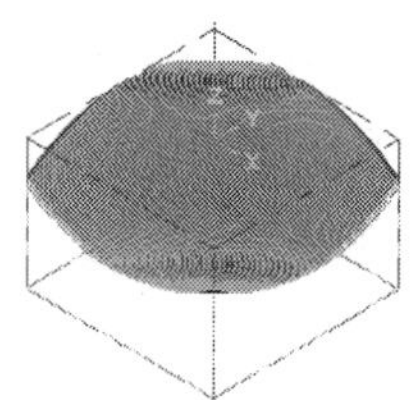

图 7-49　毛坯

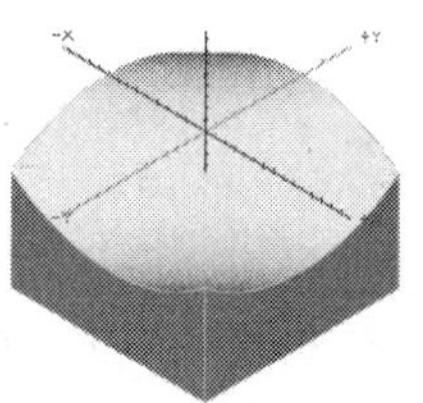

图 7-50　模拟结果

7.1.6　等高外形精加工

等高外形精加工适用于陡斜面加工，在工件上产生沿等高线分布的刀具路径，相当于将工件沿 Z 轴进行等分。除了可以沿 Z 轴等分外，还可以沿外形等分。

选择【刀具路径】|【精加工】|【精加工等高外形加工】菜单命令，选取加工曲面后，单击【确定】按钮，弹出【曲面精加工等高外形】对话框，在该对话框中单击【等高外形精加工参数】标签，切换到【等高外形精加工参数】选项卡，如图 7-51 所示。该选项卡可以用来设置等高外形精加工参数。

参数含义如下。

- 【整体误差】：设定刀具路径与曲面之间的误差值。
- 【Z 轴最大进给量】：设定 Z 轴方向每刀最大切深。
- 【转角走圆的半径】：设定刀具路径的转角处圆弧的半径。小于或等于 135°的转角将采用圆弧刀具路径。
- 【进/退刀/切弧/切线】：在每一切削路径的起点和终点产生一进刀或退刀的圆弧或者切线。
- 【允许切弧/切线超出边界】：允许进退刀圆弧超出切削范围。
- 【定义下刀点】：此选项用来设置刀具路径的下刀位置，刀具路径会从最接近选择点的曲面角落下刀。

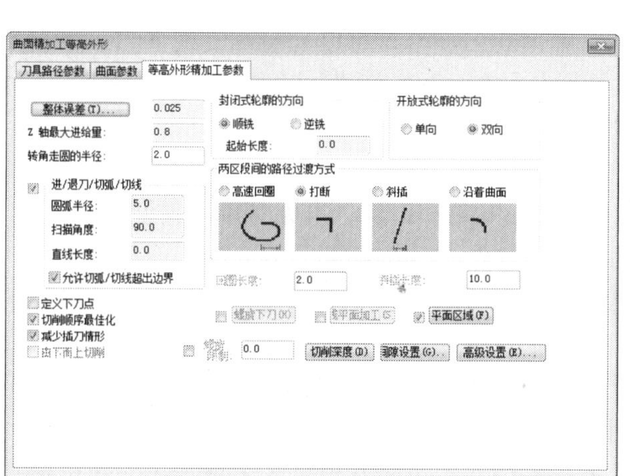

图 7-51 等高外形精加工

- 【切削顺序最佳化】：使刀具尽量在一区域加工，直到该区域所有切削路径都完成后，才移动到下一区域进行加工。这样可以减少提刀次数，提高加工效率。
- 【减少插刀情形】：该参数只在启用【切削顺序最佳化】复选框时才会激活，在启用该复选框时，系统对刀具路径距离小于刀具直径的区域直接加工，而不采用最佳化的刀具路径切削顺序。
- 【由下而上切削】：会使刀具路径由工件底部开始加工到工件顶部。
- 【封闭式轮廓的方向】：设定残料加工在运算中封闭式路径的切削方向，有【顺铣】和【逆铣】两种。
- 【起始长度】：设定封闭式切削路径起点之间的距离，这样可以使路径起点分散，不在工件上留下明显的痕迹。
- 【开放式轮廓的方向】：设定残料加工中开放式路径的切削方式，有【双向】和【单向】两种。
- 【两区段间的路径过渡方式】：设定两路径之间刀具的移动方式，即路径终点到下一路径的起点。系统提供了 4 种过渡方式：【高速回圈】、【打断】、【斜插】和【沿着曲面】4 种。4 种方式的含义如下。
    - ◆ 【高速回圈】：此选项常用于高速切削中，在两切削路径间插入一圆弧路径，使刀具路径尽量平滑过渡。
    - ◆ 【打断】：在两切削间，刀具先上移后平移，再下刀，可避免撞刀。
    - ◆ 【斜插】：以斜进下刀的方式移动。
    - ◆ 【沿着曲面】：刀具沿着曲面方式移动。
- 【回圈长度】：只有选中【高速回圈】切削时该项才被激活。该项用来设置残料加工两切削路径之间刀具移动方式。如果两路径之间距离小于循环长度，就插入循环，如果大于循环长度，则插入一平滑的曲线路径。
- 【斜插长度】：该选项可设置等高路径之间的斜插长度，只有在选中【高速回圈】和【斜插】时才被激活。
- 【螺旋下刀】：以螺旋方式下刀。有些残料区域是封闭的，没有可供直线下刀的空间。且直线下刀容易断刀，这时可以采用螺旋式下刀。单击【螺旋下刀】按钮，弹出如图 7-52 所示的【螺旋下刀参数】对话框。该对话框可以用来设置以螺旋的方式进行下刀的参数。

- ◆ 【半径】：输入螺旋半径值。
- ◆ 【Z 方向开始螺旋位置】：输入开始螺旋的高度值。
- ◆ 【进刀角度】：输入进刀时角度。
- ◆ 【以圆弧进给(G2/G3)输出】：将螺旋式下刀的刀具路径以圆弧的方式输出。
- ◆ 【方向】：设置螺旋的方向，以【顺时针】或【逆时针】进行螺旋。
- ◆ 【进刀采用的进给率】：设置螺旋进刀时采用的速率，有【下刀速率】和【进给率】两种。

- 【浅平面加工】：专门对等高外形无法加工或加工不便的地方进行移除或增加刀具路径。选中【浅平面加工】复选框，单击【浅平面加工】按钮，弹出【浅平面加工】对话框，如图 7-53 所示。该对话框可以用来设置工件中比较平坦的曲面刀具路径。

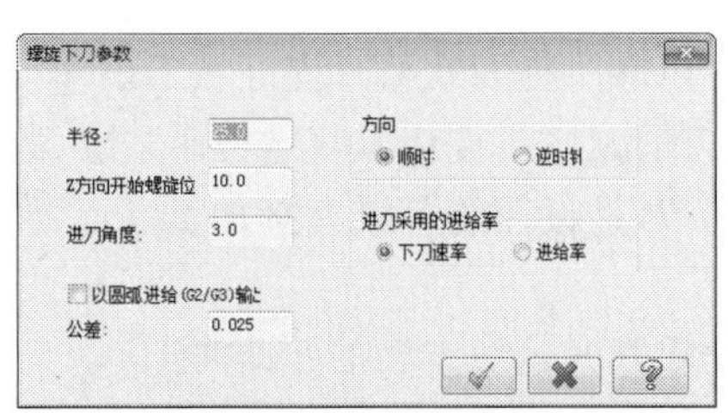

图 7-52　螺旋式下刀

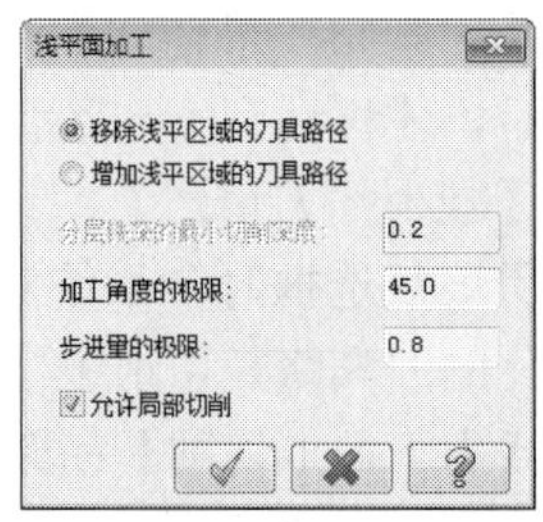

图 7-53　浅平面加工设置

- ◆ 【移除浅平区域的刀具路径】：将浅平面区域比较稀疏的等高刀具路径移除，然后再用其他刀路进行弥补。
- ◆ 【增加浅平区域的刀具路径】：在浅平面区域的比较稀疏的等高刀具路径中增加部分开放的刀具路径。
- ◆ 【分层铣深的最小切削深度】：设置【增加浅平面区域的刀具路径】的最小切削深度。
- ◆ 【加工角度的极限】：设置浅平面的分界角度，所有小于该角度的都被认为是浅平面。
- ◆ 【步进量的极限】：设置浅平面区域的刀具路径间的最大距离。
- ◆ 【允许局部切削】：允许刀具路径在局部区域形成开放式切削。

图 7-54 所示为未选中浅平面加工选项时的刀具路径，图 7-55 所示为选中并移除 30° 浅平面区域的刀具路径，图 7-56 所示为选中并增加浅平面区域的刀具路径。

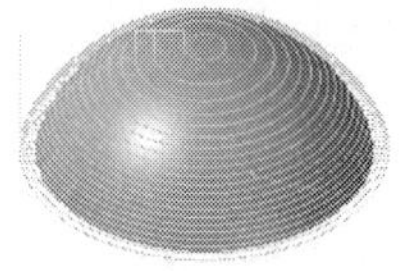

图 7-54　不进行浅平面加工

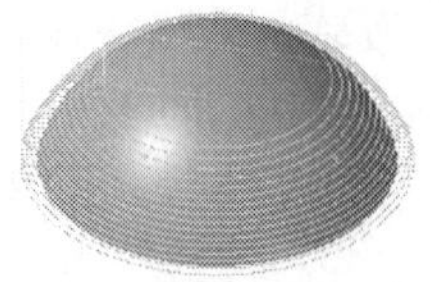

图 7-55　移除浅平面加工

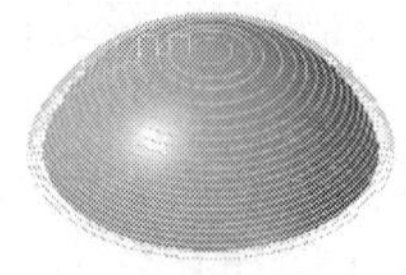

图 7-56　增加浅平面加工

- 【平面区域】：对工件平面或近似平面进行加工设置。单击【平面区域】按钮，弹出【平面区域加工设置】对话框，可以用来设置平面区域的步进量，如图7-57所示。

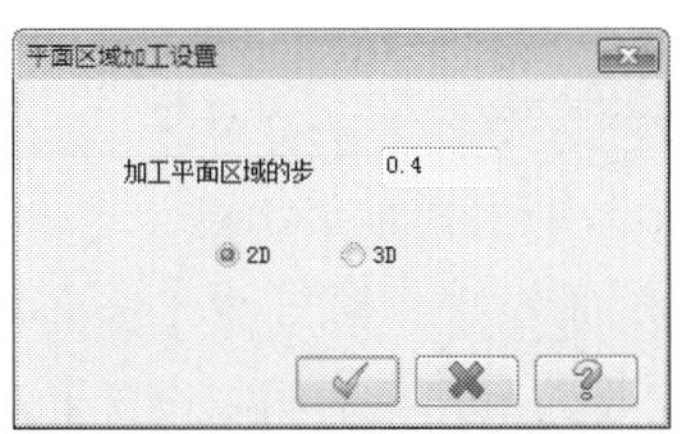

图7-57　平面区域加工设置

图7-58所示为未选中平面区域时的刀具路径，图7-59所示为选中平面区域时的刀具路径。

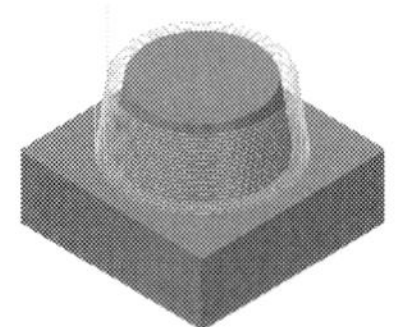

图7-58　未选中平面区域

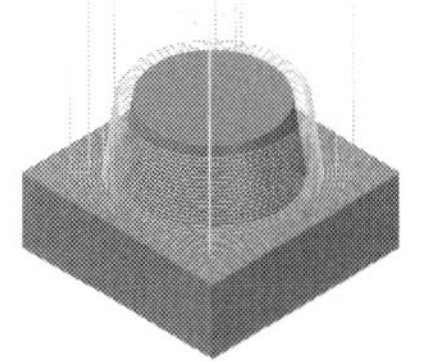

图7-59　选中平面区域

曲面精加工案例6

案例文件：ywj /07/基础/7-6.MCX-7，ywj /07/结果/7-6.MCX-7

视频文件：光盘→视频课堂→第7章→7.1.6

step 01 打开“7-6. MCX-7”文件，如图7-60所示。

step 02 选择【刀具路径】|【曲面精加工】|【精加工等高外形加工】菜单命令，系统弹出【刀具路径的曲面选取】对话框，如图7-61所示，选取加工曲面和边界范围曲线，单击【确定】按钮完成选取。

图7-60　等高外形加工图形

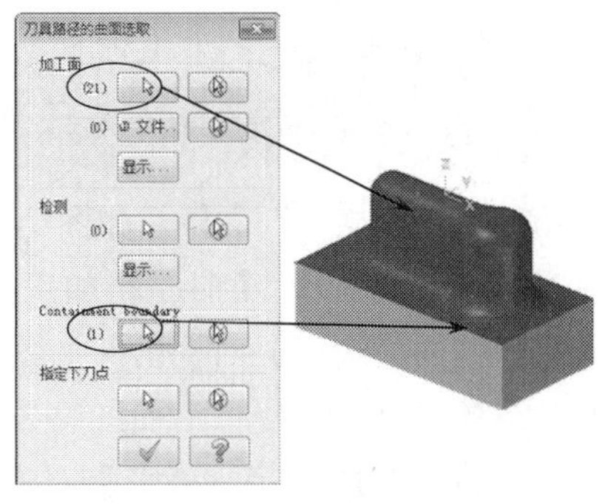

图7-61　选取曲面和加工范围

step 03 系统弹出【曲面精加工等高外形】对话框，在【刀具路径参数】选项卡的空白处单击鼠标右键，从弹出的快捷菜单中选择【创建新刀具】命令，弹出【定义刀具】对话框，选取刀具类型为【球刀】，系统弹出【新建刀具】对话框，将球刀直径参数设置为 8，单击【确定】按钮完成设置。

step 04 在【刀具路径参数】选项卡中设置相关参数，切换到【曲面参数】选项卡设置曲面相关参数，切换到【等高外形精加工参数】选项卡，设置等高外形精加工专用参数，单击【确定】按钮完成参数设置。

step 05 在【等高外形精加工参数】选项卡中单击【切削深度】按钮，弹出【切削深度设置】对话框，设置切削的深度。然后在【等高外形精加工参数】选项卡中单击【间隙设置】按钮，弹出【刀具路径的间隙设置】对话框，设置间隙的控制方式。

step 06 在【等高外形精加工参数】选项卡中启用【平面区域】复选框，再单击【平面区域】按钮，系统弹出【平面区域加工设置】对话框，设置曲面中的平面区域加工刀路。系统会根据设置的参数生成等高外形精加工刀具路径，如图 7-62 所示。

step 07 在【刀具路径操作管理器】中单击【属性】中的【材料设置】节点，弹出【机器群组属性】对话框，单击【材料设置】标签，切换到【材料设置】选项卡，设置加工坯料的尺寸，单击【确定】按钮完成参数设置，坯料设置结果如图 7-63 所示，虚线框显示的即为毛坯。

step 08 单击【实体模拟】按钮，系统弹出 Verify 对话框，单击【播放】按钮，模拟结果如图 7-64 示。

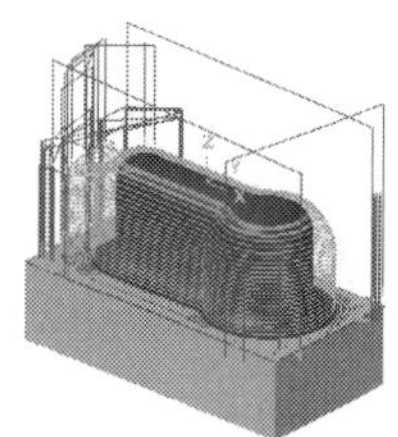

图 7-62　加工刀路

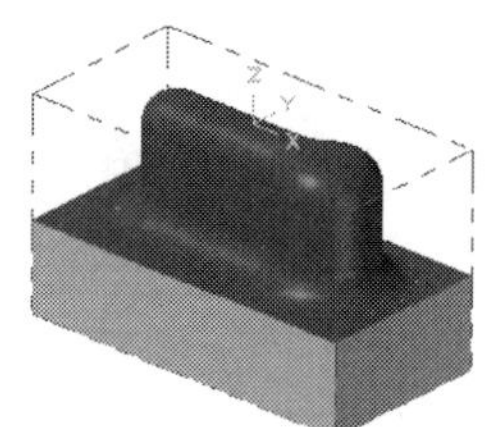

图 7-63　毛坯

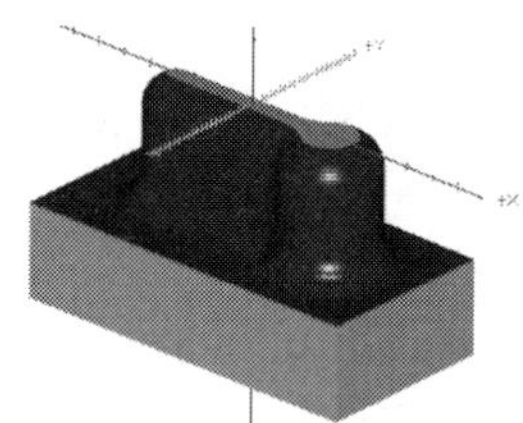

图 7-64　模拟结果

曲面精加工案例 7

案例文件：ywj /07/基础/7-7.MCX-7，ywj /07/结果/7-7.MCX-7

视频文件：光盘→视频课堂→第 7 章→7.1.7

step 01 打开“7-7. MCX-7”文件，如图 7-65 所示。

step 02 选择【刀具路径】|【曲面精加工】|【精加工等高外形加工】菜单命令，弹出【刀具路径的曲面选取】对话框，如图 7-66 所示，选取加工曲面和图形中的外形曲线，此外形曲线是用来提供沿曲线等分的依据。单击【确定】按钮完成选取。

step 03 弹出【曲面精加工等高外形】对话框，在【刀具路径参数】选项卡的空白处单击鼠标右键，从弹出的快捷菜单中选择【创建新刀具】命令，弹出【定义刀具】对话框，选取刀具类型为 End Mill，系统弹出【新建刀具】对话框，将球刀直径参数设置为 10，单击【确定】按钮完成设置。

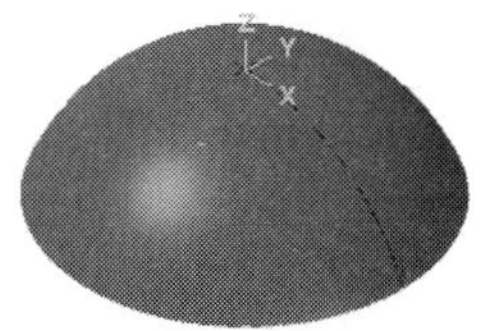
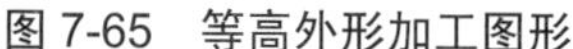

图 7-65　等高外形加工图形

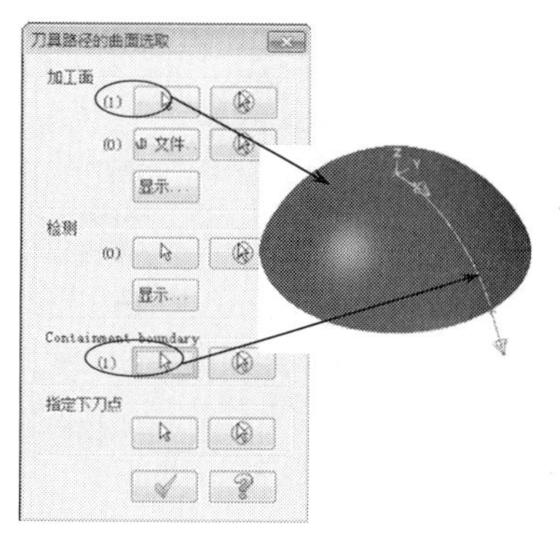

图 7-66　选取曲面和外形等分线

step 04 在【刀具路径参数】选项卡中设置相关参数，然后切换到【曲面参数】选项卡，设置曲面相关参数，切换到【等高外形精加工参数】选项卡，设置等高外形精加工专用参数，单击【确定】按钮完成参数设置。

step 05 在【等高外形精加工参数】选项卡中单击【切削深度】按钮，弹出【切削深度设置】对话框，设置切削的深度。然后在【等高外形精加工参数】选项卡中单击【间隙设置】按钮，弹出【刀具路径的间隙设置】对话框，设置间隙的控制方式。系统会根据设置的参数生成等高外形精加工刀具路径，如图 7-67 所示。

step 06 在【刀具路径操作管理器】中单击【属性】中的【材料设置】节点，弹出【机器群组属性】对话框，单击【材料设置】标签，切换到【材料设置】选项卡，设置加工坯料的尺寸，单击【确定】按钮完成参数设置，坯料设置结果如图 7-68 所示，虚线框显示的即为毛坯。

step 07 单击【实体模拟】按钮，系统弹出 Verify 对话框，单击【播放】按钮，模拟结果如图 7-69 所示。

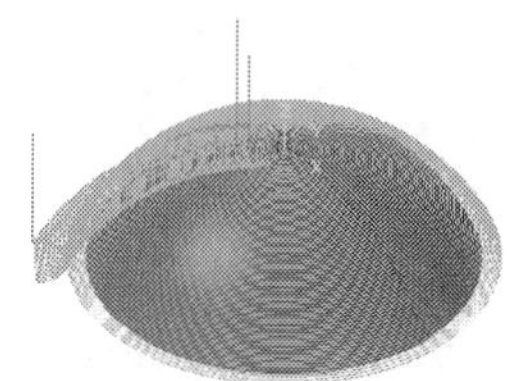

图 7-67　加工刀路

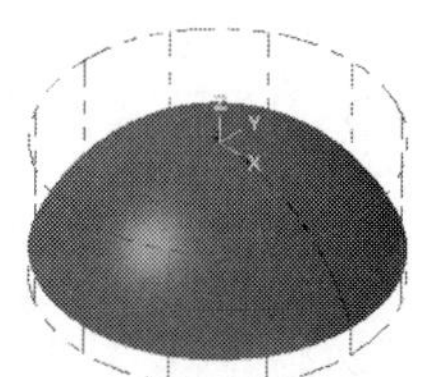

图 7-68　毛坯

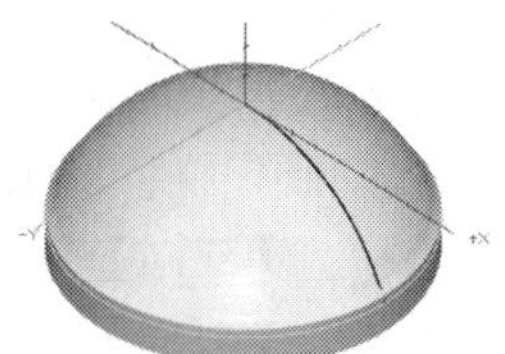

图 7-69　模拟结果

7.1.7　浅平面精加工

浅平面精加工适合对比较平坦的曲面。某些刀路在浅平面区域加工的效果不佳，如挖槽粗加工、等高外形精加工、陡斜面精加工等，常常会留下非常多的残料，而浅平面精加工可以对这些残料区域进行加工。

选择【刀具路径】|【精加工】|【浅平面精加工】菜单命令，弹出【曲面精加工浅平面】对话框，在该对话框中单击【浅平面精加工参数】标签，切换到【浅平面精加工参数】选项卡，如图 7-70 所示。该对话框用来设置浅平面精加工参数。

图 7-70　浅平面精加工

其部分参数含义如下。

- 【整体误差】：设定刀具路径与曲面之间的误差值。
- 【最大切削间距】：设定刀具路径之间的最大间距。
- 【加工方式角度】：设定刀具路径切削方向与 X 轴夹角。此项只有在【切削方式】为【双向】或【单向】时才有效，【切削方式】为【3D 环绕】时此处角度值无效。
- 【加工方向】：当设置【切削方式】为【3D 环绕】时有效，有【逆时针】和【顺时针】两个选项。
- 【由内而外环切】：加工时从内向外进行切削。此项只在切削方式为【3D 环绕】时才被激活。
- 【切削顺序依照最短距离】：该项可以在加工刀具路径提刀次数较多时进行优化处理，减少提刀次数。
- 【定义下刀点】：选择一点，刀具路径从最靠近此点处进行下刀。
- 【切削方式】：设定浅平面精加工刀具路径的切削方式，有【双向】、【单向】和【3D 环绕】切削 3 种。
  - 【双向】：以双向来回切削工件。
  - 【单向】：以单一方向进行切削到终点后，提刀到参考高度，再回到起点重新循环。
  - 【3D 环绕】：以等距环绕的方式进行切削。
- 【从倾斜角度】：设定浅平面的最小角度值。
- 【到倾斜角度】：设定浅平面的最大角度值。最小角度值到最大角度值即是要加工的浅平面区域。
- 【剪切延伸量】：在浅平面区域的切削方向沿曲面延伸一定距离。只适合双向切削和单向切削。图 7-71 所示是延伸量为 0 时的刀具路径，图 7-72 所示是延伸量为 5 时的刀具路径。
- 【环绕设置】：当【切削方式】为【3D 环绕】时，可设置环绕切削参数。单击【环绕设置】按钮，弹出【环绕设置】对话框，如图 7-73 所示，可以重新设置环绕精度。

- 【覆盖自动精度计算】：启用时系统将先前的部分设置值覆盖，采用步进量的百分比来控制切削间距。取消启用该复选框，系统自动以设置的误差值和切削间距进行计算。
- 【将限定区域的边界存为图形】：启用该复选框将限定为浅平面的区域边界保存为图形。

图 7-71　延伸量为 0

图 7-72　延伸量为 5

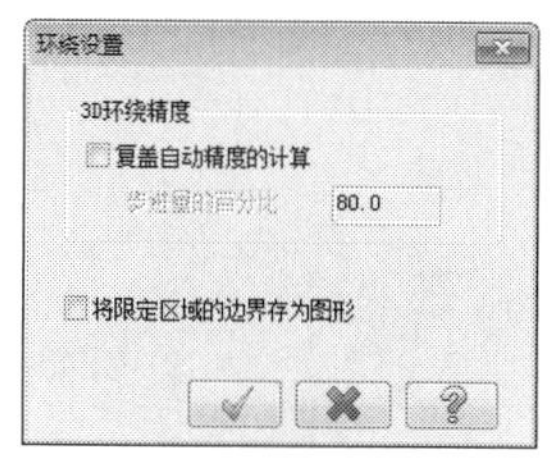

图 7-73　环绕设置

曲面精加工案例 8

案例文件：ywj /07/基础/7-8.MCX-7，ywj /07/结果/7-8.MCX-7

视频文件：光盘→视频课堂→第 7 章→7.1.8

step 01 打开“7-8. MCX-7”文件，如图 7-74 所示。

step 02 选择【刀具路径】|【曲面精加工】|【精加工浅平面加工】菜单命令，弹出【刀具路径的曲面选取】对话框，如图 7-75 所示。选取加工曲面和边界范围曲线，单击【确定】按钮完成选取。

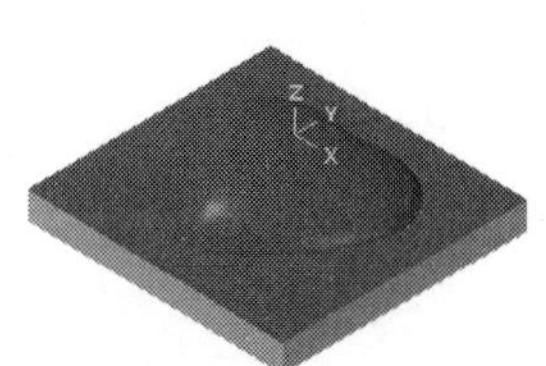
图 7-74　浅平面加工图形

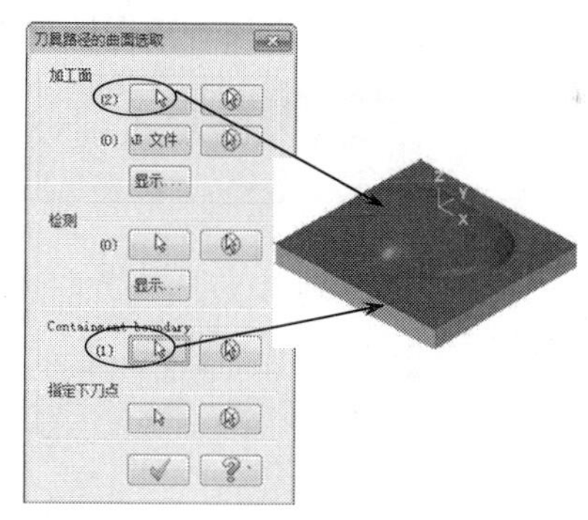

图 7-75　选取曲面和加工范围

step 03 弹出【曲面精加工浅平面】对话框，在【刀具路径参数】选项卡的空白处单击鼠标右键，从弹出的快捷菜单中选择【创建新刀具】命令，弹出【定义刀具】对话框，选取刀具类型为 End Mill，系统弹出【新建刀具】对话框，将球刀直径参数设置为 10，单击【确定】按钮完成设置。

step 04 在【刀具路径参数】选项卡中设置相关参数，然后切换到【曲面参数】选项卡，设置曲面相关参数。切换到【浅平面精加工参数】选项卡，设置浅平面精加工专用参数。单击【确定】按钮完成参数设置。系统会根据用户所设置的参数生成浅平面精加工刀具路径，如图 7-76 所示。

step 05 在【刀具路径操作管理器】中单击【属性】中的【材料设置】节点，弹出【机器群组属性】对话框，单击【材料设置】标签，切换到【材料设置】选项卡，设置加工坯料的尺寸，单击【确定】按钮完成参数设置，坯料设置结果如图 7-77 所示，虚线框显示的即为毛坯。

step 06 单击【实体模拟】按钮，系统弹出 Verify 对话框，单击【播放】按钮，模拟结果如图 7-78 所示。

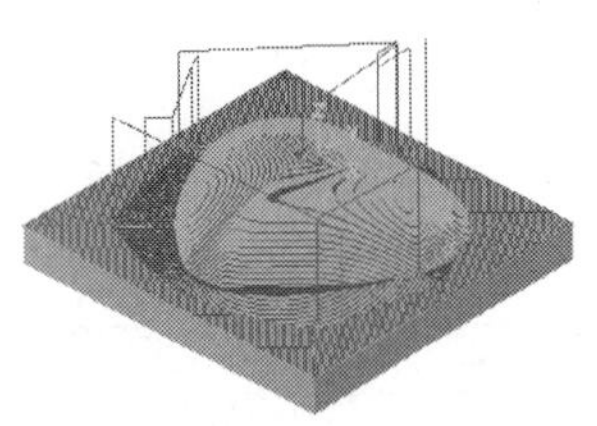

图 7-76 浅平面刀具路径

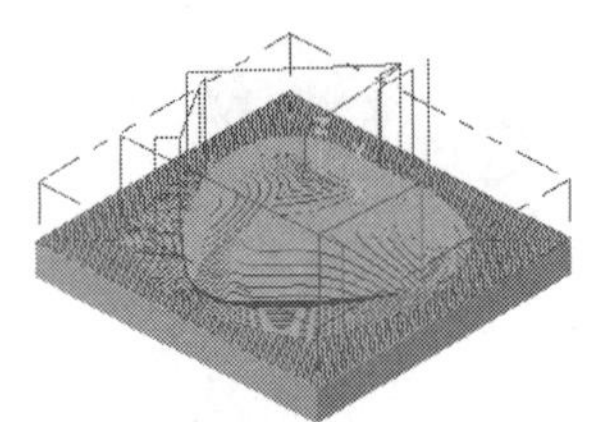

图 7-77 毛坯

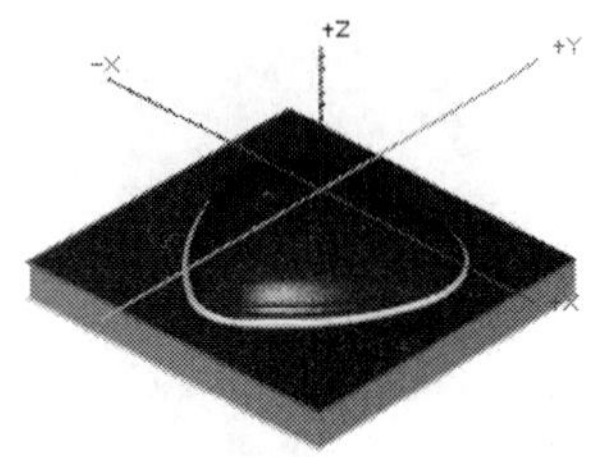

图 7-78 模拟结果

7.1.8 环绕等距精加工

环绕等距精加工可在多个曲面零件时采用环绕式切削，而且刀具路径采用等距式排列，残料高度固定，在整个区域上产生首尾一致的表面光洁度，抬刀次数少，因而是比较好的精加工刀具路径。常作为工件最后一层残料的清除工序。

选择【刀具路径】|【精加工】|【环绕等距精加工】菜单命令，弹出【曲面精加工环绕等距】对话框，在该对话框中单击【环绕等距精加工参数】标签，切换到【环绕等距精加工参数】选项卡，如图 7-79 所示。该对话框用来设置环绕等距精加工参数。

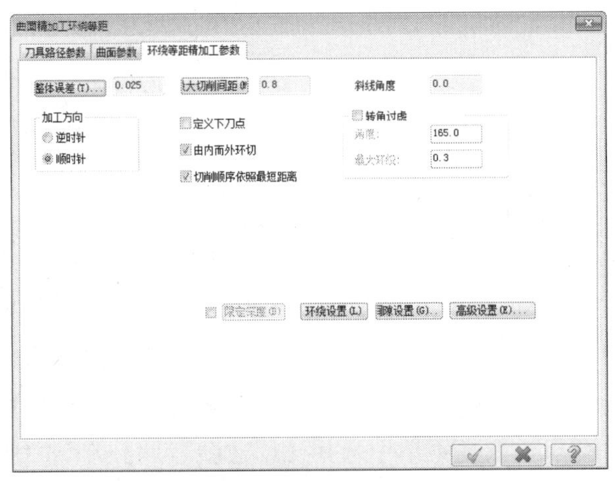

图 7-79 环绕等距精加工

环绕等距精加工部分参数含义如下。

- 【整体误差】：设定刀具路径与曲面之间的误差值。
- 【最大切削间距】：设定刀具路径之间的最大间距。
- 【加工方向】：设定环绕方向，是逆时针还是顺时针。

- 【定义下刀点】：选择一点作为下刀点，刀具会在最靠近该点的地方进刀。
- 【由内而外环切】：设定环绕的起始点从内向外切削，不选中该项即从外向内切削。
- 【切削顺序依照最短距离】：适合对抬刀次数多的零件进行优化，减少抬刀次数。
- 【转角过滤】：设置环绕等距切削转角设置。
  - 【角度】：输入临界角度值，所有在此角度值范围内的都在转角处走圆弧。
  - 【最大环绕】：输入环绕转角圆弧半径值。

图 7-80 所示为转角过滤的角度设为 120°，半径为 0.2 时的刀具路径。图 7-81 所示为转角过滤的角度设为 60°，半径为 0.2 时的刀具路径。由于刀具路径间夹角为 90°，所以设置为 60°将不走圆角。图 7-82 所示为转角过滤的角度设为 91°，半径为 2 时的刀具路径。可以看出转角半径变大。

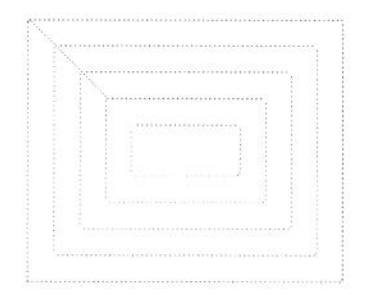

图 7-80 角度 120°、半径 0.2

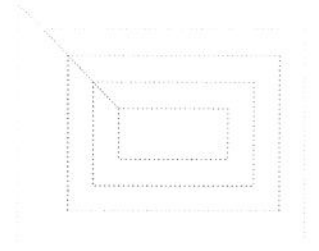

图 7-81 角度 60°、半径 0.2

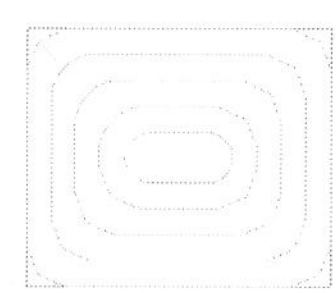

图 7-82 角度 91°、半径 2

- 【斜线角度】：输入环绕等距刀具路径转角的斜线角度。如图 7-83 所示是斜线角度为 0°时的刀具路径，图 7-84 所示是斜线角度为 45°时的刀具路径。

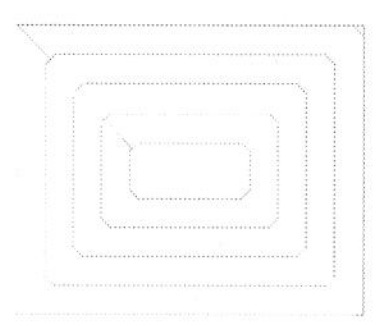

图 7-83 斜线角度 0°

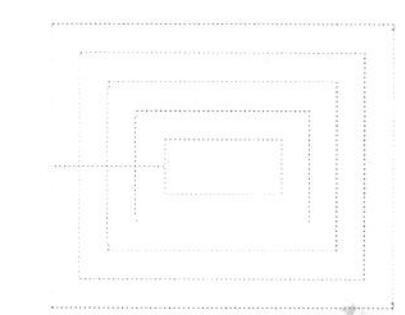

图 7-84 斜线角度 45°

曲面精加工案例 9

案例文件：ywj /07/基础/7-9.MCX-7，ywj /07/结果/7-9.MCX-7

视频文件：光盘→视频课堂→第 7 章→7.1.9

step 01 打开“7-9. MCX-7”文件，如图 7-85 所示。

step 02 选择【刀具路径】|【曲面精加工】|【精加工环绕等距加工】菜单命令，弹出【刀具路径的曲面选取】对话框，如图 7-86 所示。选取加工曲面和边界范围曲线，单击【确定】按钮完成选取。

step 03 系统弹出【曲面精加工环绕等距】对话框，在【刀具路径参数】选项卡的空白处单击鼠标右键，从弹出的快捷菜单中选择【创建新刀具】选项，弹出【定义刀具】对话框，选取刀具类型为【球刀】，系统弹出【新建刀具】对话框，将球刀直径参数设置为 6，单击【确定】按钮完成设置。

图 7-85　环绕等距加工图形

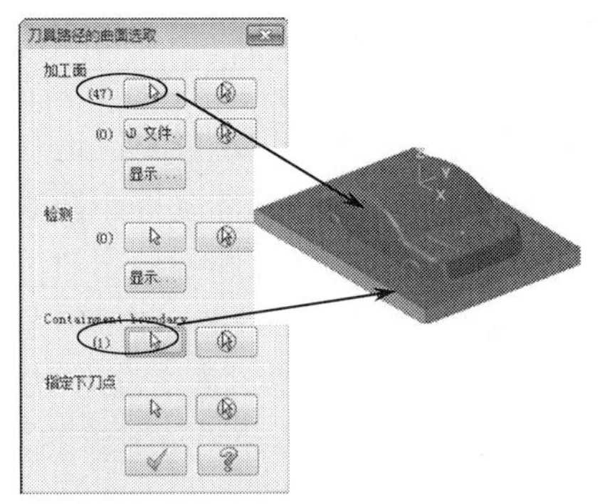

图 7-86　选取曲面和范围

step 04 在【刀具路径参数】选项卡中设置相关参数，然后切换到【曲面参数】选项卡，设置曲面相关参数，切换到【环绕等距精加工参数】选项卡，设置环绕等距精加工专用参数，单击【确定】按钮完成参数设置。

step 05 在【曲面精加工环绕等距】对话框中单击【间隙设置】按钮，弹出【刀具路径的间隙设置】对话框，设置间隙的控制方式。系统会根据用户所设置的参数，生成环绕等距精加工刀具路径，如图 7-87 所示。

step 06 在【刀具路径操作管理器】中单击【属性】中的【材料设置】节点，弹出【机器群组属性】对话框，单击【材料设置】标签，切换到【材料设置】选项卡，设置加工坯料的尺寸，单击【确定】按钮完成参数设置，坯料设置结果如图 7-88 所示，虚线框显示的即为毛坯。

step 07 单击【实体模拟】按钮，系统弹出 Verify 对话框，单击【播放】按钮，模拟结果如图 7-89 所示。

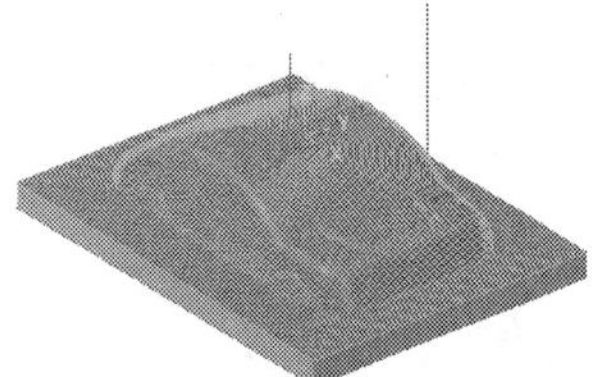

图 7-87　环绕等距刀具路径

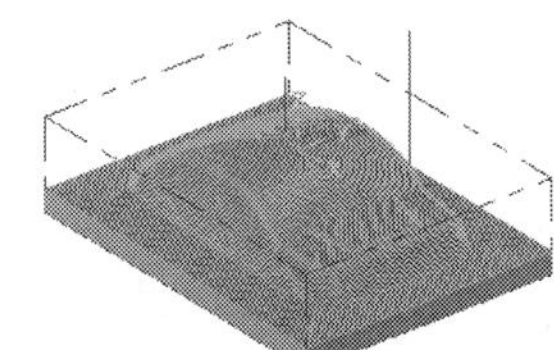

图 7-88　毛坯

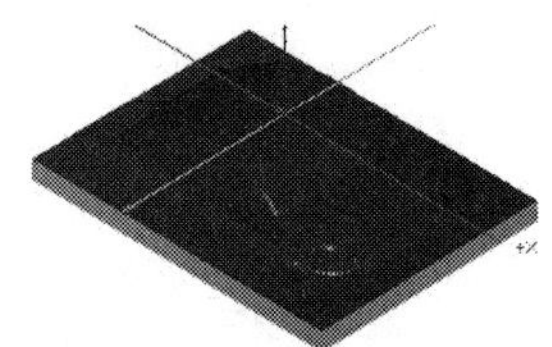

图 7-89　模拟结果

7.1.9　熔接精加工

熔接精加工是将两条曲线内形成的刀具路径投影到曲面上形成的精加工刀具路径。需要选取两条曲线作为熔接曲线。熔接精加工其实是双线投影精加工，此刀具路径从早期版本的投影精加工中分离出来，专门列为一个刀路。

选择【刀具路径】|【精加工】|【精加工熔接】菜单命令，弹出【曲面精加工熔接】对话框，在该对话框中单击【熔接精加工参数】标签，切换到【熔接精加工参数】选项卡，如图 7-90 所示。该对话框用来设置熔接精加工参数。

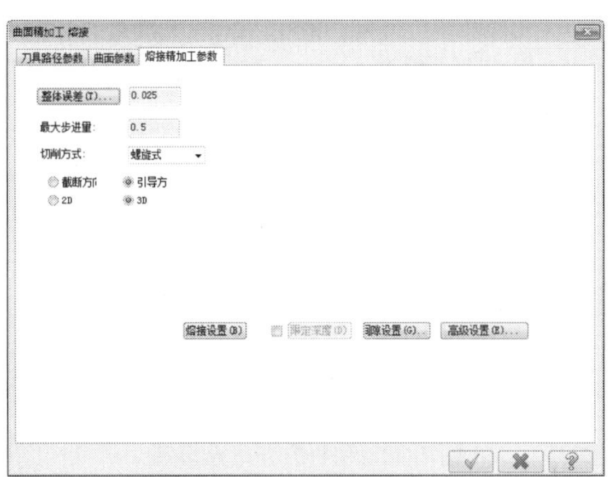

图 7-90　熔接精加工

熔接精加工部分参数含义如下。

- 【整体误差】：设定刀具路径与曲面之间的误差值。
- 【最大步进量】：设定刀具路径之间的最大间距。
- 【切削方式】：设置熔接加工切削方式，有【双向】、【单向】和【螺旋式】切削 3 种方式。
  - ◆ 【双向】：以双向来回切削工件。
  - ◆ 【单向】：以单一方向进行切削到终点后，提刀到参考高度，再回到起点重新循环。
  - ◆ 【螺旋式】：以螺旋线方式进行切削。
- 【截断方向】：在两熔接边界间产生截断方向熔接精加工刀具路径。这是一种二维切削方式，刀具路径是直线型的，适合腔体加工，不适合陡斜面的加工。
- 【引导方向】：在两熔接边界间产生切削方向熔接精加工刀具路径。可以选择 2D 或 3D 加工方式。刀具路径由一条曲线延伸到另一条曲线，适合于流线加工。

图 7-91 所示为选择引导方向时的刀具路径，图 7-92 所示为选择截断方向时的刀具路径。

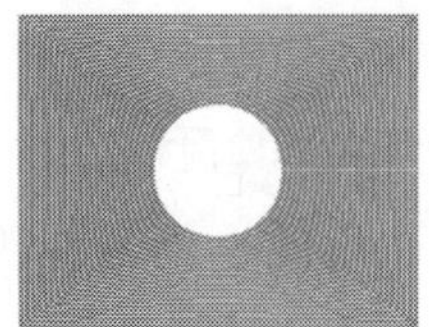

图 7-91　引导方向

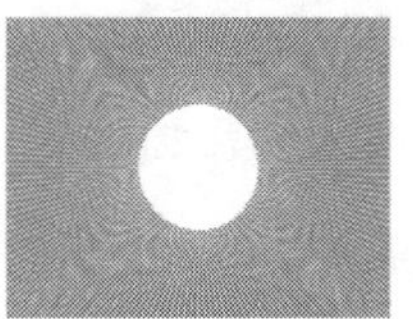

图 7-92　截断方向

- 2D：适合产生 2D 熔接精加工刀具路径。
- 3D：适合产生 3D 熔接精加工刀具路径。
- 【熔接设置】：设置两个熔接边界在熔接时横向和纵向的距离。单击【熔接设置】按钮，弹出【引导方向熔接设置】对话框如图 7-93 所示，此对话框用来设置引导方向的距离和步进量的百分比等参数。

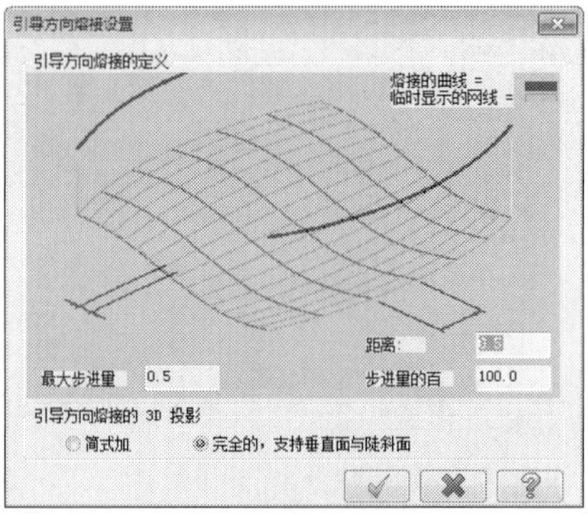

图 7-93　引导方向熔接设置

曲面精加工案例 10

案例文件：ywj /07/基础/7-10.MCX-7，ywj /07/结果/7-10.MCX-7

视频文件：光盘→视频课堂→第 7 章→7.1.10

step 01 打开“7-10. MCX-7”文件，如图 7-94 所示。

step 02 在【刀具路径】|【曲面精加工】|【精加工熔接加工】菜单命令，弹出【刀具路径的曲面选取】对话框，如图 7-95 所示。选取加工曲面和两条熔接曲线(有一条曲线退化成点)。单击【确定】按钮完成选取。

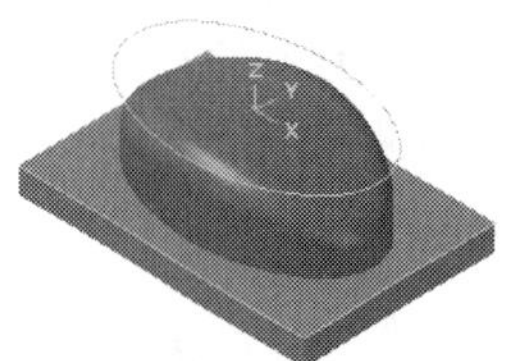

图 7-94　熔接加工图形

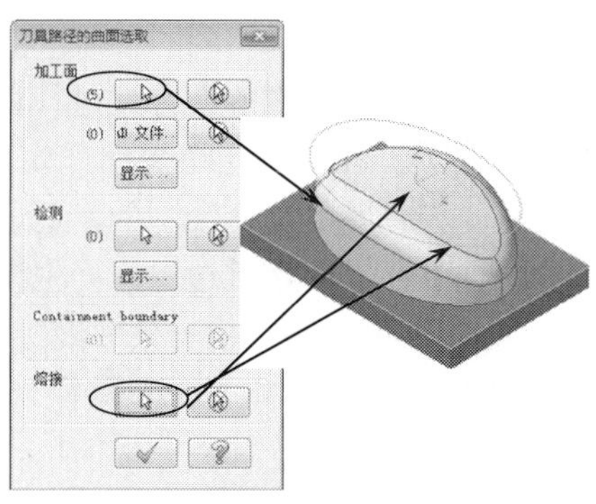

图 7-95　选取曲面和范围

step 03 系统弹出【曲面精加工熔接】对话框，在【刀具路径参数】选项卡的空白处单击鼠标右键，从弹出的快捷菜单中选择【创建新刀具】命令，弹出【定义刀具】对话框，选取刀具类型为 End Mill，系统弹出【新建刀】具对话框，将球刀直径参数设置为 10，单击【确定】按钮完成设置。

step 04 在【刀具路径参数】选项卡中设置相关参数，然后切换到【曲面参数】选项卡，设置曲面相关参数，切换到【熔接精加工参数】选项卡，设置熔接精加工专用参数。单击【确定】按钮完成参数设置。系统会根据设置的参数，生成熔接精加工刀具路径，如图 7-96 所示。

step 05 在【刀具路径操作管理器】中单击【属性】中的【材料设置】节点，弹出【机

器群组属性】对话框，单击【材料设置】标签，切换到【材料设置】选项卡，设置加工坯料的尺寸，单击【确定】按钮完成参数设置，坯料设置结果如图 7-97 所示，虚线框显示的即为毛坯。

step 06 单击【实体模拟】按钮，系统弹出 Verify 对话框，单击【播放】按钮，模拟结果如图 7-98 所示。

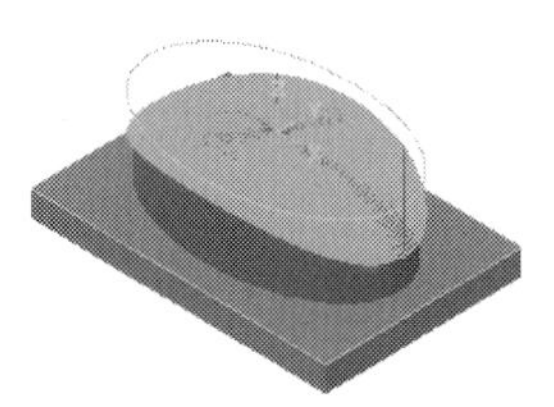

图 7-96 生成刀路

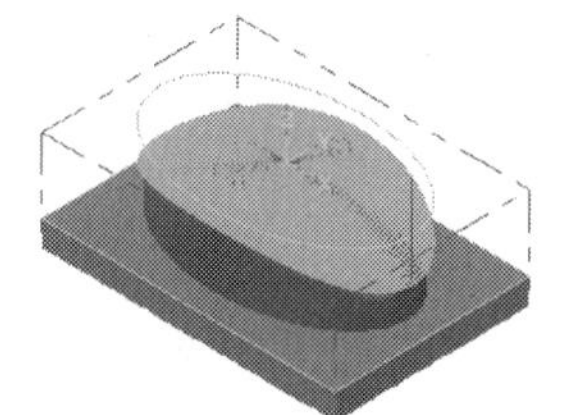

图 7-97 毛坯

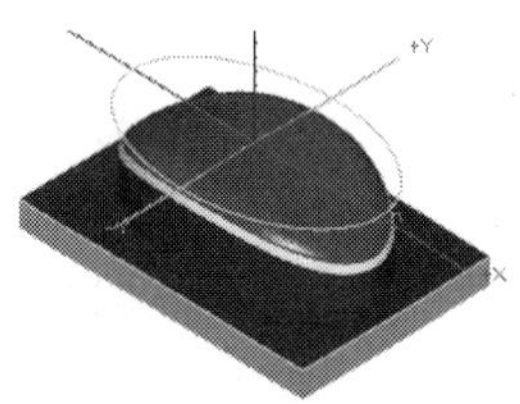

图 7-98 模拟结果

7.2 曲面精加工清角加工

曲面精加工清角加工主要用来加工精加工之后局部区域残料无法清除的区域或零件中刀具无法进入的曲面尖角部位。下面将进行详细讲解。

7.2.1 交线清角精加工

交线即两相交的曲面在相交处产生的相交线。交线清角精加工会在两相交曲面相交处产生刀具路径，用来清除交线处的残料。

选择【刀具路径】|【精加工】|【交线清角精加工】菜单命令，弹出【曲面精加工交线清角】对话框，在该对话框中单击【线清角精加工参数】标签，切换到【交线清角精加工参数】选项卡，如图 7-99 所示，该对话框用来设置交线清角精加工参数。

图 7-99 曲面精加工交线清角

曲面交线清角精加工部分参数含义如下。

- 【整体误差】：设定刀具路径与曲面之间的误差值。
- 【平行加工次数】：设置交线清角精加工次数，有【无】、【单侧的加工次数】和【无限制】3 个选项。
  - 【无】：不定义次数，即进行一刀式切削。如图 7-100 所示为次数设置为无时的刀具路径。
  - 【单侧的加工次数】：自定义单侧加工次数。图 7-101 所示为单侧加工 3 次时的刀具路径。
  - 【无限制】：不定义次数，由系统自动决定次数，直到将交线以外的曲面全部加工为止。图 7-102 所示为次数设置为无限制时的刀具路径。
- 【切削方式】：设置切削加工方式，有【单向】和【双向】两种。
- 【定义下刀点】：设置进刀点，刀具会从最接近此点处下刀。
- 【允许沿面下降切削】：允许刀具沿曲面下降切削。
- 【允许沿面上升切削】：允许刀具沿曲面上升切削。
- 【清角曲面的最大角度】：设置两曲面夹角的最大值，所有曲面夹角在此范围内都纳入交线清角的范围。

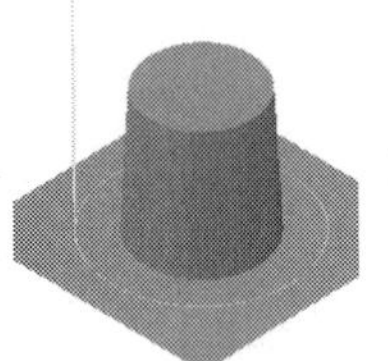

图 7-100　次数无

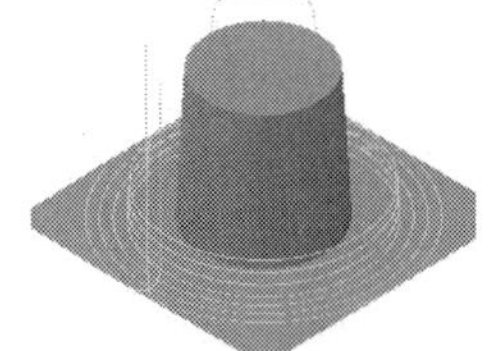

图 7-101　单侧 3 次

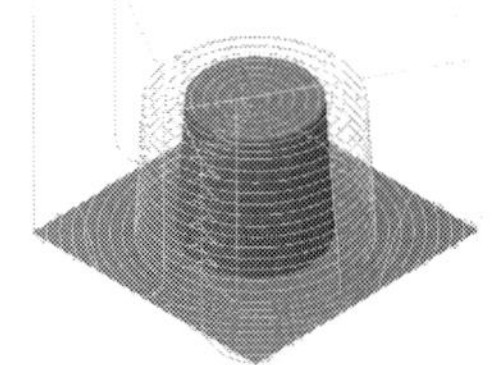

图 7-102　无限制

清角加工案例 1

案例文件：ywj /07/基础/7-11.MCX-7，ywj /07/结果/7-11.MCX-7

视频文件：光盘→视频课堂→第 7 章→7.2.1

step 01 打开“7-11. MCX-7”文件，如图 7-103 所示。

step 02 选择【刀具路径】|【曲面精加工】|【精加工交线清角加工】菜单命令，弹出【刀具路径的曲面选取】对话框，如图 7-104 所示。选取加工曲面和边界范围曲线，单击【确定】按钮完成选取。

step 03 弹出【曲面精加工交线清角】对话框，在【刀具路径参数】选项卡的空白处单击鼠标右键，从弹出的快捷菜单中选择【创建新刀具】命令，弹出【定义刀具】对话框，选取刀具类型为 End Mill，系统弹出【新建刀具】对话框，将直径参数设置为 10 的平底刀，单击【确定】按钮完成设置。

图 7-103 交线清角加工图形

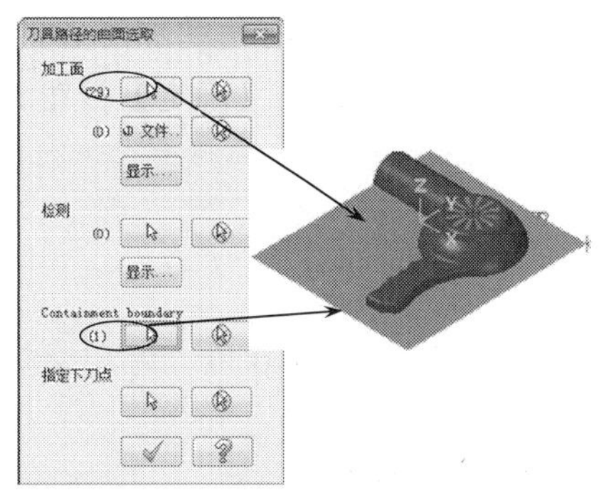

图 7-104 选取曲面和加工范围

step 04 在【刀具路径参数】选项卡中设置相关参数，如图 7-105 所示。单击【确定】按钮完成刀具路径参数设置。

图 7-105 刀具相关参数

step 05 切换到【曲面参数】选项卡，设置曲面相关参数，如图 7-106 所示，单击【确定】按钮完成参数设置。

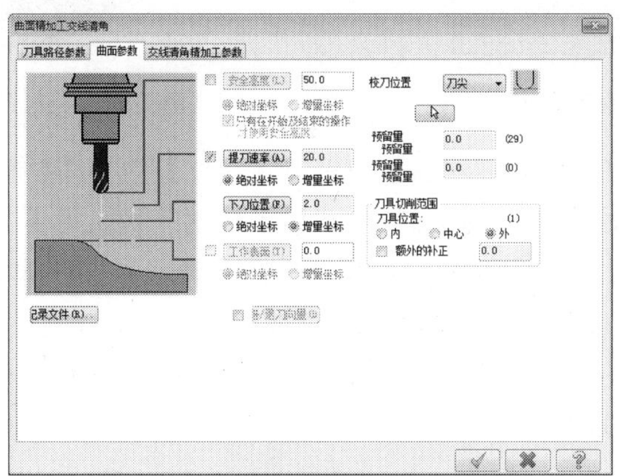

图 7-106 曲面精加工交线清角参数

step 06 切换到【交线清角精加工参数】选项卡，设置交线清角精加工专用参数，如图 7-107 所示，单击【确定】按钮完成参数设置。

图 7-107　精加工参数

step 07 选中【限定深度】复选框，单击【限定深度】按钮，弹出【限定深度】对话框，设置切削的深度，如图 7-108 所示。

step 08 系统会根据设置的参数生成交线清角精加工刀具路径，如图 7-109 所示。

图 7-108　限定深度

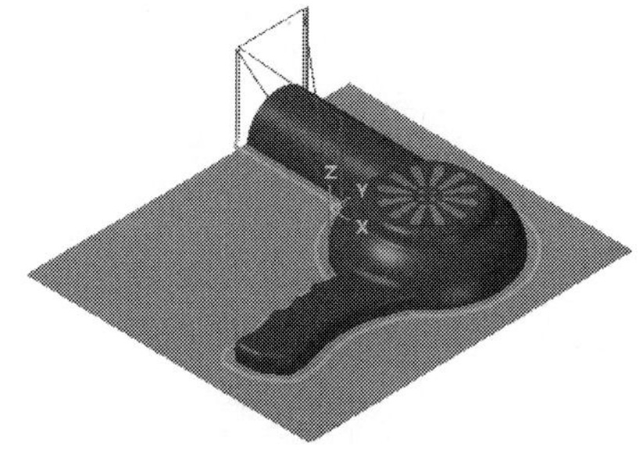

图 7-109　交线清角刀具路径

step 09 在【刀具路径操作管理器】中单击【属性】中的【材料设置】节点，弹出【机器群组属性】对话框，单击【材料设置】标签，切换到【材料设置】选项卡，设置加工坯料的尺寸，如图 7-110 所示，单击【确定】按钮完成参数设置，坯料设置结果如图 7-111 所示，虚线框显示的即为毛坯。

step 10 单击【实体模拟】按钮，系统弹出 Verify 对话框，单击【播放】按钮，模拟结果如图 7-112 所示。

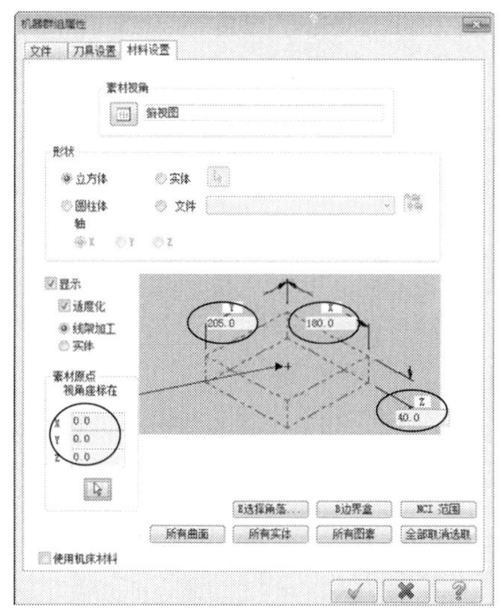

图 7-110　设置毛坯

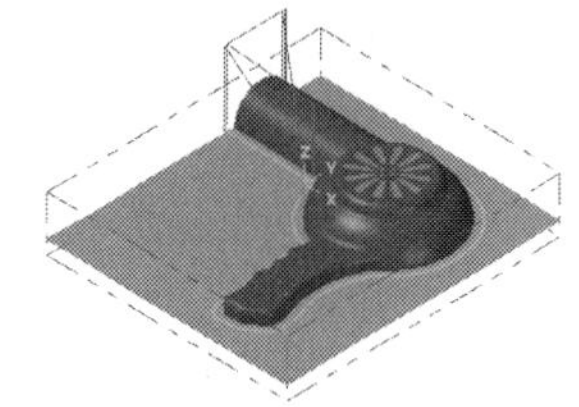

图 7-111　毛坯

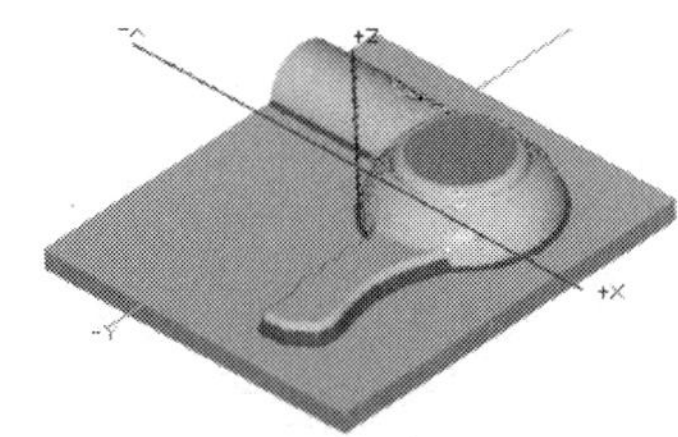

图 7-112　模拟结果

7.2.2　残料清角精加工

残料清角精加工是对先前的操作或大直径刀具所留下来的残料进行加工。残料清角精加工主要用来清除局部地方过多的残料区域，使残料均匀，避免精加工刀具接触过多的残料撞刀，为后续的精加工做准备。

选择【刀具路径】|【精加工】|【残料清角精加工】菜单命令，弹出【曲面精加工残料清角】对话框，在该对话框中单击【残料清角精加工参数】标签，切换到【残料清角精加工参数】选项卡，如图 7-113 所示。该对话框用来设置残料清角精加工参数。

残料清角精加工部分参数含义如下。

- 【整体误差】：设定刀具路径与曲面之间的误差值。
- 【最大切削间距】：设定刀具路径之间的最大间距。
- 【定义下刀点】：选择一点作为下刀点，刀具会在最靠近此点的地方进刀。
- 【从倾斜角度】：设定残料清角刀具路径的曲面最小倾斜角度。
- 【到倾斜角度】：设定残料清角刀具路径的曲面最大倾斜角度。
- 【切削方式】：设定残料清角的切削方式，有【双向】、【单向】和【3D 环绕】3 种切削方式。

图 7-113　曲面精加工残料清角

- 【混合路径】：在残料区域的斜面中，有陡斜面和浅平面之分，系统为了将残料区域铣削干净，还设置了混合路径，对陡斜面和浅平面分别采用不同的走刀方法。在浅平面采用环绕切削，在陡斜面区域采用等高切削。分界点即是中断角度，大于中断角度的斜面即是陡斜面，采用等高切削。小于中断角度为浅平面，采用环绕切削。
- 【延伸的长度】：设定熔接路径中等高切削路径的延伸距离。
- 【保持切削方向与残料区域垂直】：产生的等高切削刀具路径与曲面相垂直。
- 【加工角度】：设定刀具路径的加工角度。只在【双向】和【单向】切削方式时有用。
- 【加工方向】：设置 3D 环绕刀具路径的加工方向，逆时针或是顺时针。
- 【由内而外环切】：设置 3D 环绕刀具路径加工方式为从内向外。

在【曲面精加工残料清角】对话框中单击【残料清角的材料参数】标签，切换到【残料清角的材料参数】选项卡，如图 7-114 所示。该对话框用来设置残料清角精加工剩余材料参数。

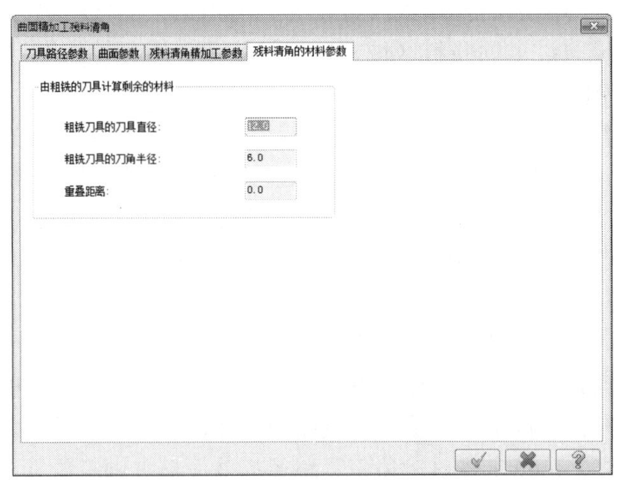

图 7-114　残料清角的材料参数

残料清角的材料部分参数含义如下。

- 【粗铣刀具的刀具直径】：输入加工刀具直径，系统会根据刀具直径计算剩余的材料。
- 【粗铣刀具的刀具半径】：输入加工刀具的刀角半径，系统会根据刀具的刀角半径精确计算刀具加工不到的剩余材料。
- 【重叠距离】：加大残料区域的切削范围。

清角加工案例 2

案例文件：ywj /07/基础/7-12.MCX-7，ywj /07/结果/7-12.MCX-7

视频文件：光盘→视频课堂→第 7 章→7.2.2

step 01 打开“7-12. MCX-7”文件，如图 7-115 所示。

step 02 选择【刀具路径】|【曲面精加工】|【精加工残料清角加工】菜单命令，弹出【刀具路径曲面的选取】对话框，如图 7-116 所示。选取加工曲面和加工范围，单击【确定】按钮完成选取。

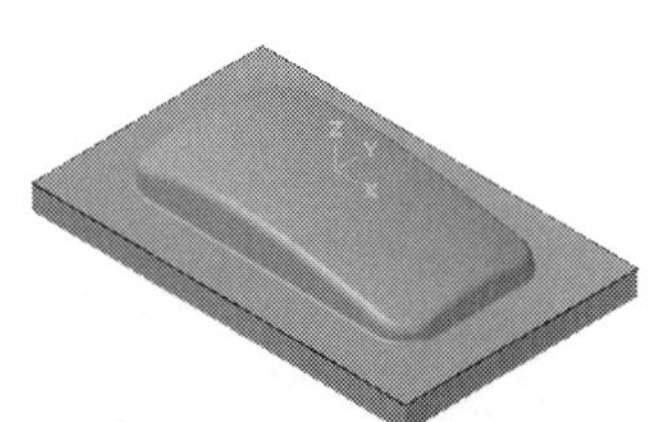

图 7-115　残料清角精加工图形

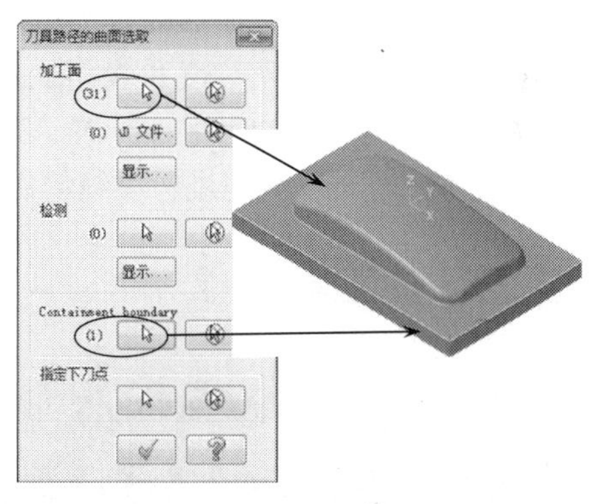

图 7-116　选取曲面和加工范围

step 03 系统弹出【曲面精加工残料清角】对话框，在【刀具路径参数】选项卡的空白处单击鼠标右键，从弹出的快捷菜单中选择【创建新刀具】命令，弹出【定义刀具】对话框，选取刀具类型为 End Mill，系统弹出【新建刀具】对话框，将圆鼻刀参数设置为直径：10，圆角：1，单击【确定】按钮，完成设置。

step 04 在【刀具路径参数】选项卡中设置相关参数，然后切换到【曲面参数】选项卡，设置曲面相关参数；切换到【残料清角精加工参数】选项卡，设置残料清角精加工专用参数；切换到【残料清角的材料参数】选项卡，设置残料清角材料依据，单击【确定】按钮完成参数设置。系统会根据用户所设置的参数，生成残料清角精加工刀具路径，如图 7-117 所示。

step 05 在【刀具路径操作管理器】中单击【属性】中的【材料设置】节点，弹出【机器群组属性】对话框，单击【材料设置】标签，切换到【材料设置】选项卡，设置加工坯料的尺寸，单击【确定】按钮完成参数设置，坯料设置结果如图 7-118 所示，虚线框显示的即为毛坯。

step 06 单击【实体模拟】按钮，系统弹出 Verify 对话框，单击【播放】按钮，模拟结果如图 7-119 所示。

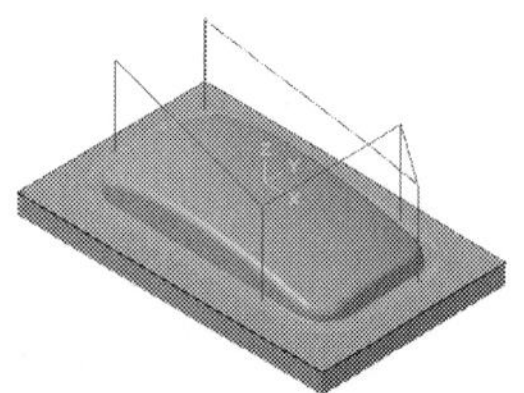
图 7-117　刀具路径

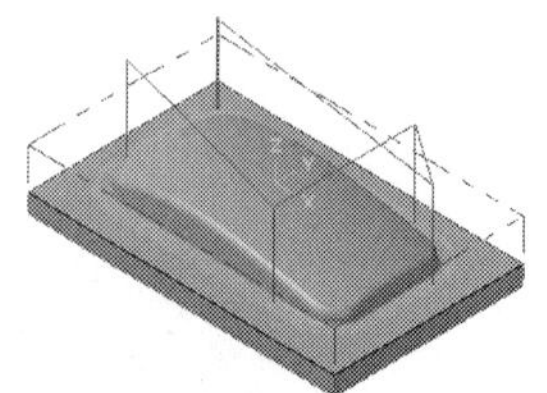
图 7-118　毛坯

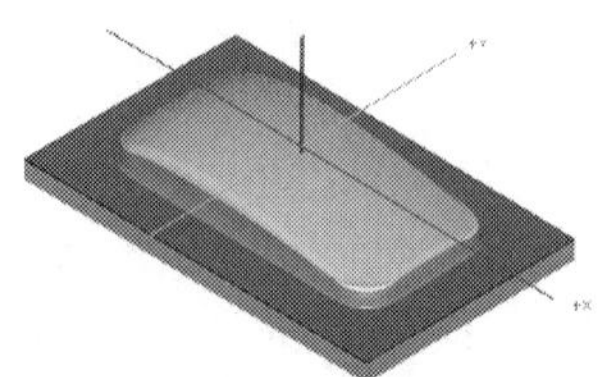
图 7-119　模拟结果

7.3　曲面精加工综合案例

曲面精加工完毕后一般是最终的产品或者是接近最终的产品了，因此，一般经过曲面精加工后需要达到一定的表面光洁度和表面加工精度，方便后续的放电加工或者电镀、咬花、蚀纹等工序。与曲面粗加工的目的不一样，所以曲面粗加工一般在保证精度和光洁度的基础上才考虑加工效率。下面以案例进行详细的讲解。

7.3.1　曲面精加工案例 1

案例文件：ywj /07/基础/7-13.MCX-7，ywj /07/结果/7-13.MCX-7
视频文件：光盘→视频课堂→第 7 章→7.3.1

step 01 打开“7-13. MCX-7”文件，如图 7-120 所示。首先采用 D16R3 的圆鼻刀进行挖槽开粗。选择【刀具路径】|【曲面粗加工】|【粗加工挖槽加工】 菜单命令，输入默认的 NC 名称。选取曲面后弹出【刀具路径的曲面选取】对话框，如图 7-121 所示。选取曲面和边界后，单击【确定】按钮完成选取。

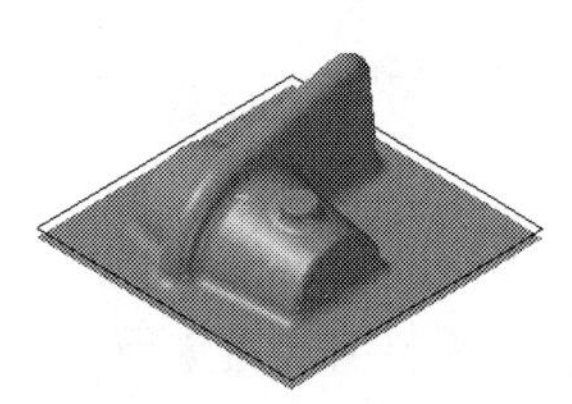
图 7-120　源文件

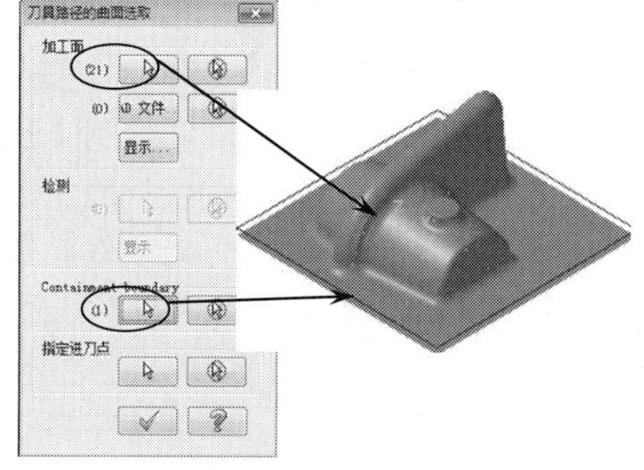

图 7-121　曲面的选取

step 02 系统弹出【曲面粗加工挖槽】对话框，在【刀具路径参数】选项卡的空白处单击鼠标右键，从弹出的快捷菜单中选择【创建新刀具】命令，弹出【定义刀具】对

话框。选取刀具类型为 End Mill，系统弹出【新建刀具】对话框，将圆鼻刀参数设置为直径：16，圆角：3。单击【确定】按钮完成设置。

step 03 在【刀具路径参数】选项卡中设置进给速率和转速等相关参数。切换到【曲面参数】选项卡，设置曲面相关参数。切换到【粗加工参数】选项卡，设置挖槽粗加工参数。在【粗加工参数】选项卡中单击【切削深度】按钮，打开【切削深度设置】对话框，设定第一层切削深度和最后一层的切削深度。在【粗加工参数】选项卡中单击【间隙设置】按钮，系统弹出【刀具路径的间隙设置】对话框，设置刀具路径在遇到间隙时的处理方式。单击【确定】按钮，完成间隙设置。切换到【挖槽参数】选项卡，设置挖槽参数。系统会根据设置的参数生成挖槽粗加工刀具路径，如图 7-122 所示。

step 04 采用 D8 的球刀进行等高外形半精加工。选择【刀具路径】|【曲面精加工】|【精加工等高外形加工】菜单命令，系统弹出【刀具路径的曲面选取】对话框，如图 7-123 所示，选取加工曲面和边界范围曲线，单击【确定】按钮完成选取。打开【曲面精加工等高外形】对话框，在【刀具参数】选项卡的空白处单击鼠标右键，从弹出的快捷菜单中选择【创建新刀具】命令，弹出【定义刀具】对话框，选取刀具类型为 End Mill，系统弹出【新建刀具】对话框，将球刀直径参数设置为 8，单击【确定】按钮完成设置。

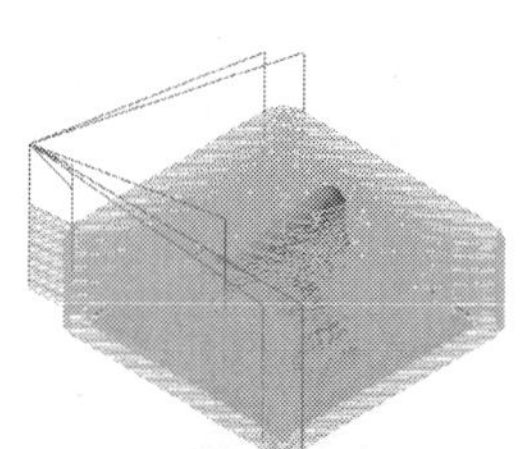
图 7-122 挖槽粗加工刀具路径

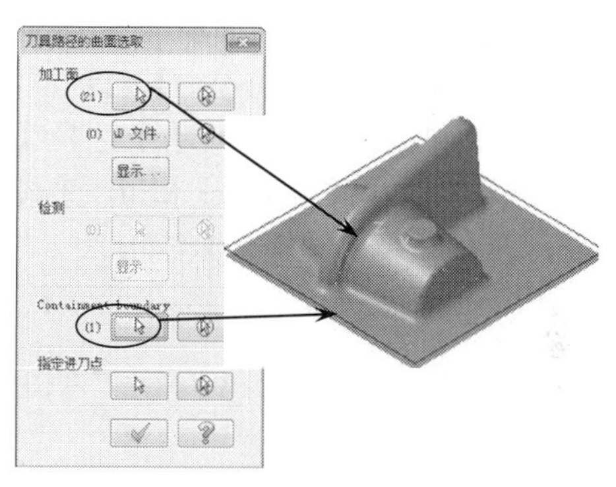

图 7-123 选取曲面和加工范围

step 05 在【刀具路径参数】选项卡中设置相关参数，然后切换到【曲面参数】选项卡，设置曲面相关参数；切换到【等高外形精加工参数】选项卡，设置等高外形精加工专用参数；打开【切削深度设置】对话框，设置切削的深度。打开【刀具路径的间隙设置】对话框，设置间隙的控制方式。系统会根据设置的参数生成等高外形精加工刀具路径，如图 7-124 所示。

step 06 采用 D6 的球刀进行浅平面半精加工。选择【刀具路径】|【曲面精加工】|【精加工浅平面加工】菜单命令，弹出【刀具路径的曲面选取】对话框，如图 7-125 所示。选取加工曲面和边界范围曲线，单击【确定】按钮完成选取。系统弹出【曲面精加工浅平面】对话框，在【刀具路径参数】选项卡的空白处单击鼠标右键，从弹出的快捷菜单中选择【创建新刀具】命令，弹出【定义刀具】对话框，选取刀具类型为 End Mill，系统弹出【新建刀具】对话框，将球刀直径参数设置为 6，

单击【确定】按钮，完成设置。

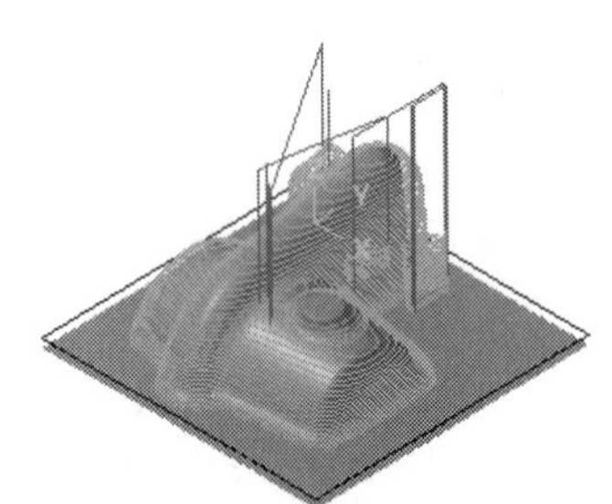

图 7-124　加工刀路

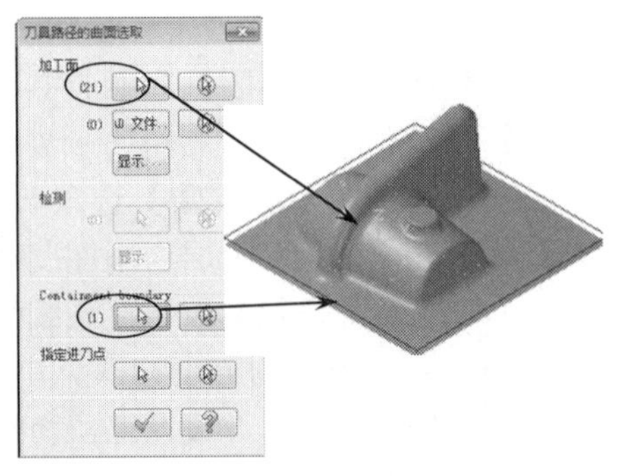

图 7-125　选取曲面和加工范围

step 07 在【刀具路径参数】选项卡中设置相关参数，然后切换到【曲面参数】选项卡，设置曲面相关参数。切换到【浅平面精加工参数】选项卡，设置浅平面精加工专用参数。单击【确定】按钮完成参数设置。系统会根据用户所设置的参数生成浅平面精加工刀具路径，如图 7-126 所示。

step 08 采用 D6 的锥度刀进行环绕等距精加工。选择【刀具路径】|【曲面精加工】|【精加工环绕等距加工】菜单命令，弹出【刀具路径的曲面选取】对话框，如图 7-127 所示。选取加工曲面和边界范围曲线，单击【确定】按钮完成选取。系统弹出【曲面精加工环绕等距】对话框，在【刀具路径参数】选项卡的空白处单击鼠标右键，从弹出的快捷菜单中选择【创建新刀具】命令，弹出【定义刀具】对话框，选取刀具类型为 Taper Mill，系统弹出【新建刀具】对话框，将锥度球刀直径参数设置为 6，单击【确定】按钮完成设置。

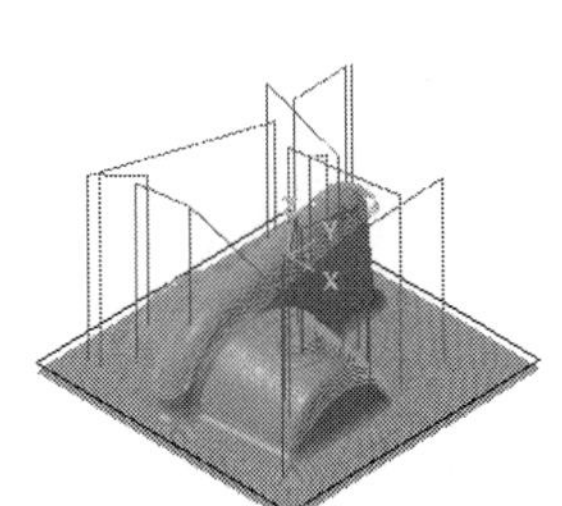

图 7-126　浅平面刀具路径

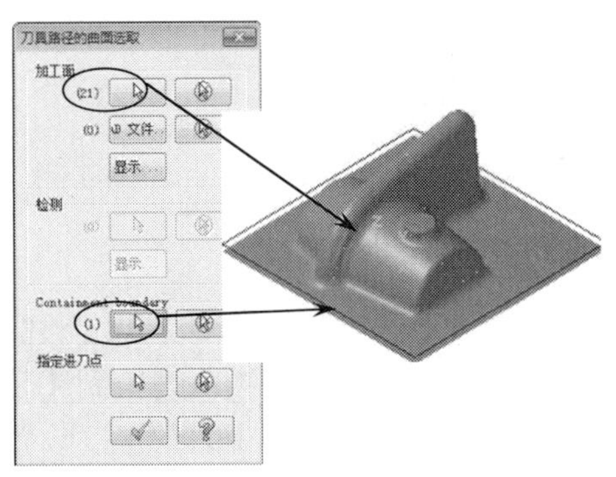

图 7-127　选取曲面和范围

step 09 在【刀具路径参数】选项卡中设置相关参数，然后切换到【曲面参数】选项卡，设置曲面相关参数；切换到【环绕等距精加工参数】选项卡，设置环绕等距精加工专用参数，单击【确定】按钮完成参数设置。在【环绕等距精加工参数】选项卡中单击【限定深度】按钮，系统弹出【限定深度设置】对话框，设置深度参数。打开【刀具路径的间隙设置】对话框，设置间隙的控制方式。系统会根据用户所设置的参数，生成环绕等距精加工刀具路径，如图 7-128 所示。

step 10 采用 D10R3 的圆鼻刀进行挖槽面铣精加工。选择【刀具路径】|【曲面粗加工】|【粗加工挖槽加工】菜单命令，选取曲面后弹出【刀具路径的曲面选取】对话框，如图 7-129 所示。选取曲面和边界后，单击【确定】按钮完成选取。系统弹出【曲面粗加工挖槽】对话框，在【刀具路径参数】选项卡的空白处单击鼠标右键，从弹出的快捷菜单中选择【创建新刀具】命令，弹出【定义刀具】对话框，选取刀具类型为 End Mill，系统弹出【新建刀具】对话框，将圆鼻刀参数设置为直径：10，圆角：3，单击【确定】按钮完成设置。

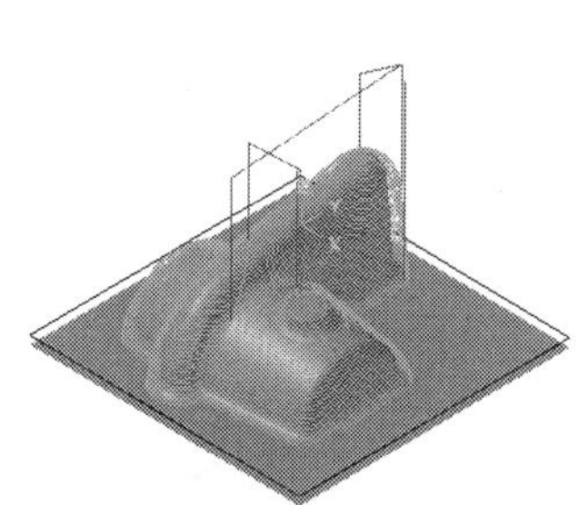

图 7-128 环绕等距刀具路径

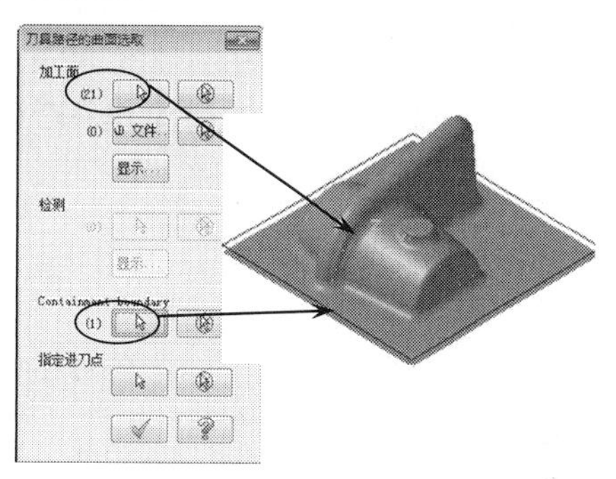

图 7-129 曲面的选取

step 11 在【刀具路径参数】选项卡中设置进给速率和转速等相关参数。切换到【曲面参数】选项卡，设置曲面相关参数。切换到【粗加工参数】选项卡，设置挖槽粗加工参数。在【粗加工参数】选项卡中单击【铣平面】按钮，系统弹出【平面铣削加工参数】对话框，设置挖槽面铣参数，单击【确定】按钮，完成铣平面设置。在【曲面粗加工挖槽】对话框中切换到【挖槽参数】选项卡，设置挖槽参数。单击【确定】按钮完成参数设置。系统会根据设置的参数生成挖槽粗加工刀具路径，如图 7-130 所示。

step 12 进行实体仿真模拟加工。在【刀具路径操作管理器】中单击【属性】中的【材料设置】节点，弹出【机器群组属性】对话框，单击【材料设置】标签，切换到【材料设置】选项卡，设置加工坯料的尺寸，单击【确定】按钮完成参数设置，坯料设置结果如图 7-131 所示，虚线框显示的即为毛坯。单击【实体模拟】按钮，打开 Verify 对话框后单击【播放】按钮，模拟结果如图 7-132 所示。

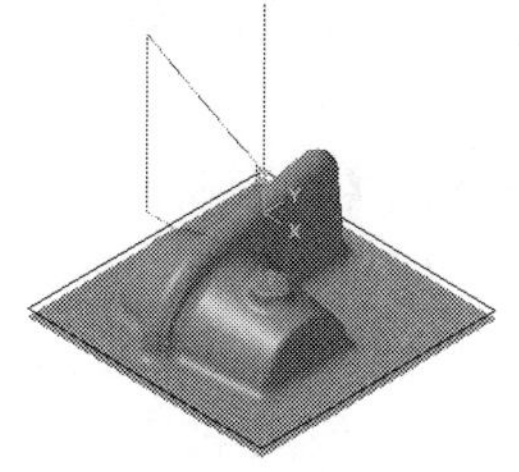

图 7-130 挖槽粗加工刀具路径

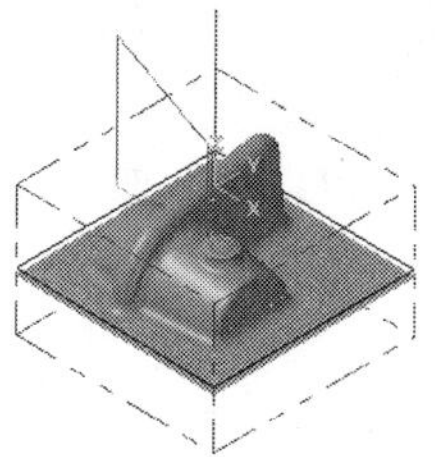

图 7-131 毛坯

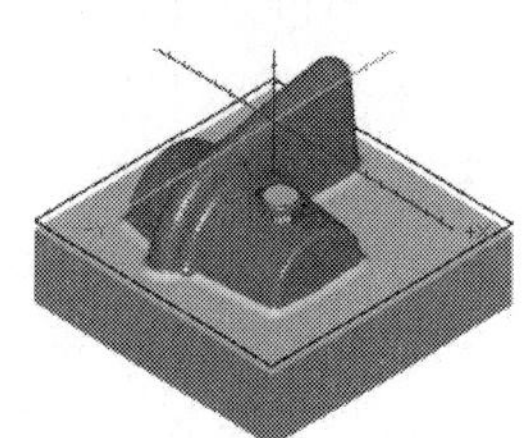

图 7-132 模拟结果

7.3.2 曲面精加工案例 2

案例文件：ywj /07/基础/7-14.MCX-7，ywj /07/结果/7-14.MCX-7

视频文件：光盘→视频课堂→第 7 章→7.3.2

step 01 打开“7-14. MCX-7”文件，如图 7-133 所示。首先采用 D16 的平底刀进行挖槽开粗加工。选择【刀具路径】|【曲面粗加工】|【粗加工挖槽加工】菜单命令，弹出【输入新 NC 名称】对话框，在文本框中按默认的名称，单击【确定】按钮完成输入。选取曲面后弹出【刀具路径的曲面选取】对话框，如图 7-134 所示。选取曲面和边界后，单击【确定】按钮完成选取。

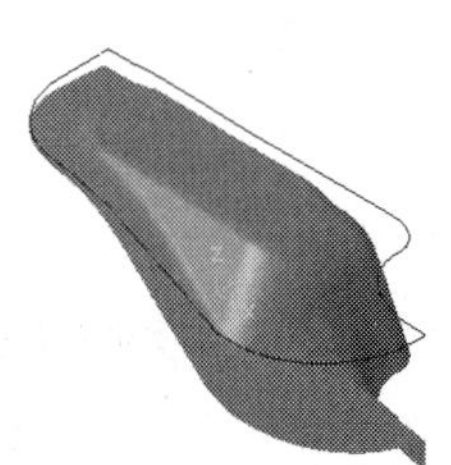

图 7-133 源文件

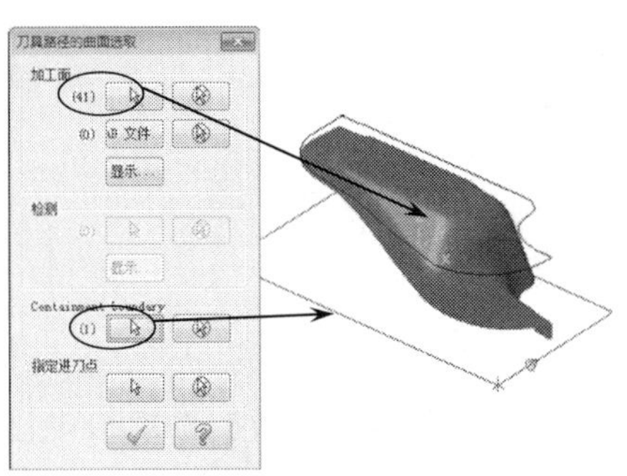

图 7-134 曲面的选取

step 02 系统弹出【曲面粗加工挖槽】对话框，在【刀具路径参数】选项卡的空白处单击鼠标右键，从弹出的快捷菜单中选择【创建新刀具】命令，弹出【定义刀具】对话框，选取刀具类型为 End Mill，系统弹出【新建刀具】对话框，将平底刀直径参数设置为 16，单击【确定】按钮完成设置。

step 03 在【刀具路径参数】选项卡中设置进给速率和转速等相关参数；切换到【曲面参数】选项卡设置曲面相关参数。切换到【粗加工参数】选项卡，设置挖槽粗加工参数。在【粗加工参数】选项卡中单击【切削深度】按钮，打开【切削深度设置】对话框，设定第一层切削深度和最后一层的切削深度。打开【刀具路径的间隙设置】对话框，设置刀具路径在遇到间隙时的处理方式。在【曲面粗加工挖槽】对话框中单击【挖槽参数】标签，切换到【挖槽参数】选项卡，设置挖槽参数。此时系统会根据设置的参数生成挖槽粗加工刀具路径，如图 7-135 所示。

step 04 采用 D16 的平底刀进行 2D 外形加工。选择【刀具路径】|【外形铣削】菜单命令，系统弹出【串联选项】对话框，选取串联，方向如图 7-136 所示。单击【确定】按钮完成选取。系统弹出【2D 刀具路径-外形】对话框，单击【刀具】节点，切换到【刀具】设置界面，设置刀具及相关参数，采用上一刀路的刀具，单击【确定】按钮完成刀具参数设置。

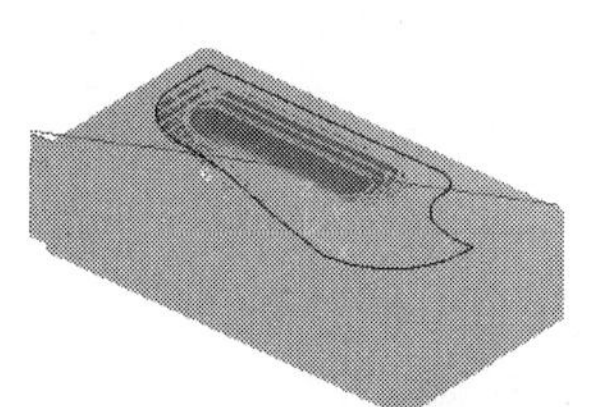

图 7-135　挖槽粗加工刀具路径

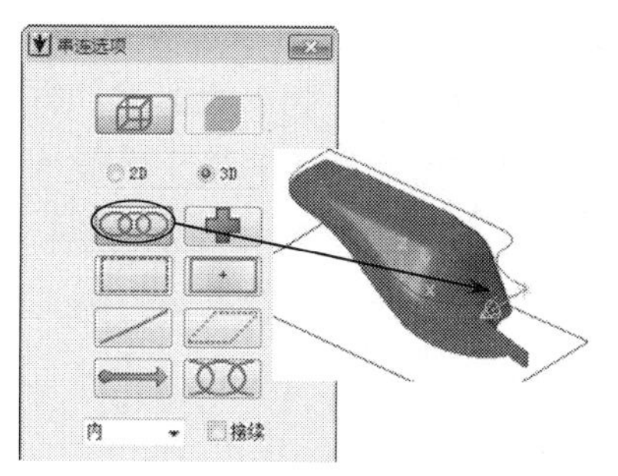

图 7-136　选取串联

step 05 在【2D 刀具路径-外形】对话框中单击【切削参数】节点，切换到【切削参数】设置界面，设置切削参数；切换到【深度切削】设置界面，设置深度分层等参数。切换到【进退刀/设置】设置界面，设置进刀和退刀参数。切换到【共同参数】设置界面，设置二维刀具路径共同的参数。此时系统根据所设参数，生成刀具路径，如图 7-137 所示。

step 06 采用 D12 的球刀进行平行精加工。选择【刀具路径】|【曲面精加工】|【精加工平行铣削加工】命令，弹出【刀具路径的曲面选取】对话框，选取加工曲面和曲面加工范围，单击【确定】按钮✔完成选取，如图 7-138 所示。此时系统弹出【曲面精加工平行铣削】对话框，在【刀具路径参数】选项卡的空白处单击鼠标右键，从弹出的快捷菜单中选择【创建新刀具】命令，弹出【定义刀具】对话框，选取刀具类型为 End Mill，系统弹出【新建刀具】对话框，将球刀直径参数设置为 12，单击【确定】按钮✔完成设置。

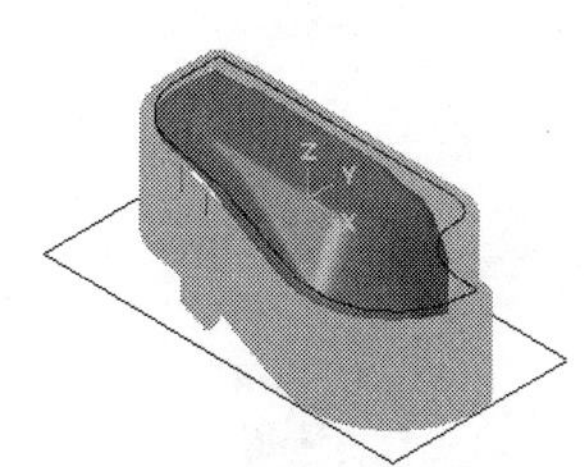

图 7-137　生成刀路

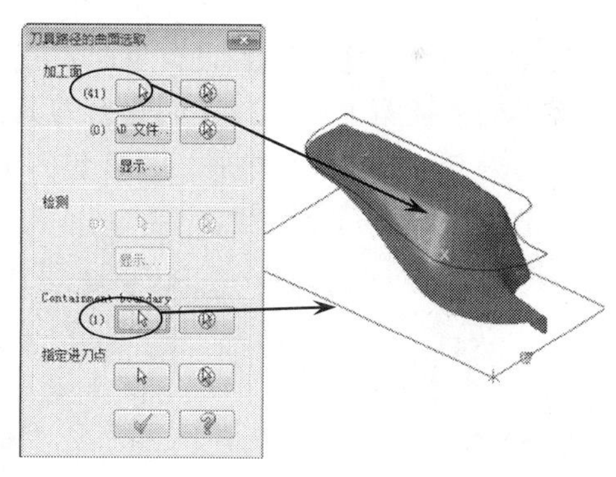

图 7-138　曲面和边界的选取

step 07 在【刀具路径参数】选项卡中设置相关参数，然后切换到【曲面参数】选项卡，设置曲面相关参数；切换到【精加工平行铣削参数】选项卡，设置平行精加工专用参数。打开【刀具路径的间隙设置】对话框，设置刀具路径在遇到间隙时的处理方式。单击【确定】按钮✔完成间隙设置。系统会根据所设置的参数生成平行精加工刀具路径，如图 7-139 所示。

step 08 采用 D10 的球刀进行环绕等距精加工。选择【刀具路径】|【曲面精加工】|【精加工环绕等距加工】命令，弹出【刀具路径的曲面选取】对话框，如图 7-140 所

示。选取加工曲面和边界范围曲线，单击【确定】按钮完成选取。系统弹出【曲面精加工环绕等距】对话框，在【刀具路径参数】选项卡的空白处单击鼠标右键，从弹出的快捷菜单中选择【创建新刀具】命令，弹出【定义刀具】对话框，选取刀具类型为 End Mill，系统弹出【新建刀具】对话框，将球刀直径参数设置为 10，单击【确定】按钮完成设置。

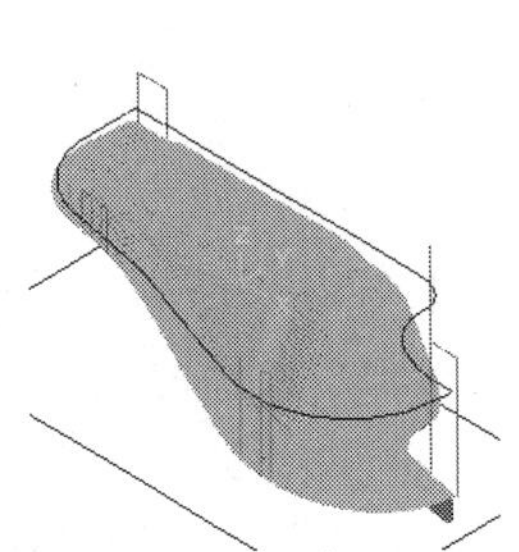

图 7-139　平行精加工刀具路径

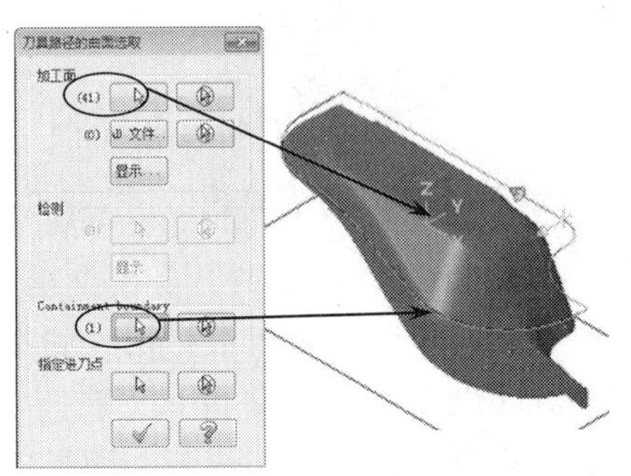

图 7-140　选取曲面和范围

step 09 在【刀具路径参数】选项卡中设置相关参数，然后切换到【曲面参数】选项卡，设置曲面相关参数；切换到【环绕等距精加工参数】选项卡，设置环绕等距精加工专用参数。打开【刀具路径的间隙设置】对话框，设置间隙的控制方式。这样系统会根据用户所设置的参数，生成环绕等距精加工刀具路径，如图 7-141 所示。

step 10 采用 D8 的平底刀进行 2D 挖槽精加工。选择【刀具路径】|【2D 挖槽】菜单命令，系统弹出【串联选项】对话框，选取串联，方向如图 7-142 所示。单击【确定】按钮完成选取。系统弹出【2D 刀具路径-2D 挖槽】对话框，单击【刀具】节点，切换到【刀具】设置界面，在【刀具】设置界面的空白处单击鼠标右键，从弹出的快捷菜单中选择【创建新刀具】命令，弹出【定义刀具】对话框，选取刀具类型为 End Mill，系统弹出【新建刀具】对话框，将平底刀参数设置为 8，单击【确定】按钮完成设置。

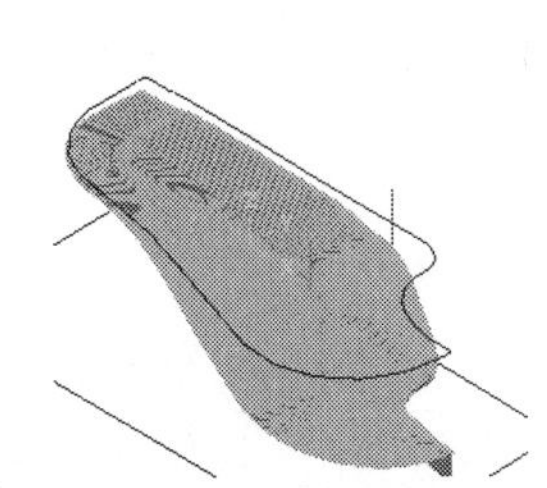

图 7-141　环绕等距刀具路径

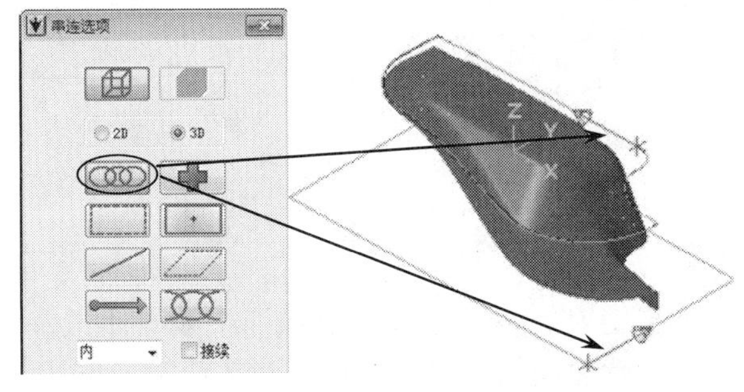

图 7-142　选取串联

step 11 在【刀具】设置界面中设置相关参数，然后切换到【切削参数】设置界面，设置切削相关参数，切换到【粗加工】设置界面，设置粗切削走刀以及刀间距等参数。切换到【进刀方式】设置界面，设置粗切削进刀参数并选取进刀模式为斜插下

刀。切换到【精加工】设置界面，设置精加工参数。切换到【共同参数】设置界面，设置二维刀具路径共同的参数。这样系统根据所设参数，生成刀具路径，如图 7-143 所示。

step 12 最后进行实体模拟仿真加工。在【刀具路径操作管理器】中单击【属性】中的【材料设置】节点，弹出【机器群组属性】对话框，单击【材料设置】标签，切换到【材料设置】选项卡，设置加工坯料的尺寸，单击【确定】按钮完成参数设置，坯料设置结果如图 7-144 所示，虚线框显示的即为毛坯。单击【实体模拟】按钮，系统弹出 Verify 对话框，单击【播放】按钮，模拟结果如图 7-145 所示。

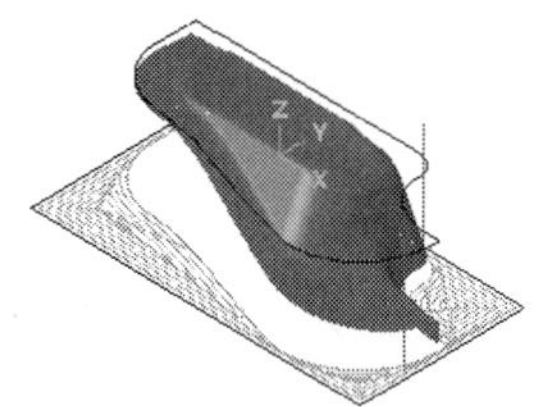

图 7-143 生成刀路

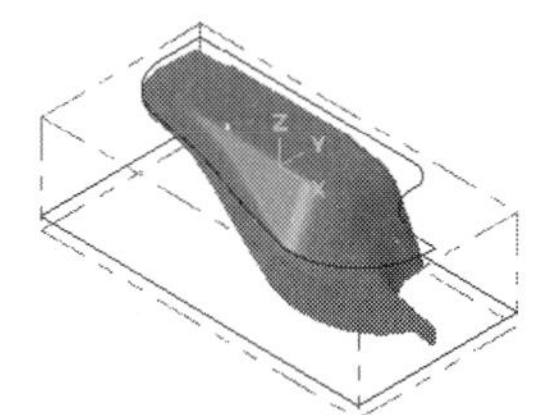

图 7-144 毛坯

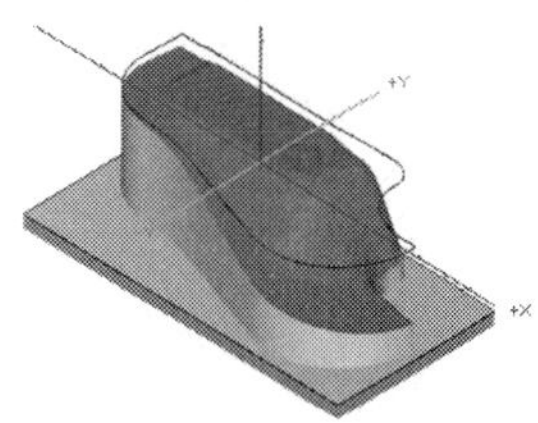

图 7-145 模拟结果

7.4 本章小结

本章主要讲解曲面精加工编程方法。MasterCAM 提供了非常多的精加工刀具路径，包括平行精加工、放射精加工、陡斜面精加工、浅平面精加工、交线清角精加工、残料清角精加工、环绕等距精加工、熔接精加工等 11 种精加工刀具路径。其中平行精加工、环绕等距精加工等使用较多。平行精加工刀具路径相互平行，刀路稳定、刀具切削负荷平稳、加工精度较好，是非常好的刀具路径。环绕等距加工通常作为曲面最后一层残料的清除，能产生在曲面上等间距排列的刀具路径，对陡斜面和浅平面都适用。用户应重点掌握这两个刀具路径，会操作其他的精加工刀具路径。能结合实际采用清角刀路进行清角加工。

第8章 多轴加工

多轴加工主要是指除两轴和三轴加工之外的四轴加工以及五轴加工，需要采用五轴机床来进行加工。五轴加工具有加工结构复杂、加工精度高、加工程序复杂等优点，越来越多地应用在现代加工制造业中。多轴加工适用于加工复杂的曲面、斜轮廓以及分布在不同平面上的孔系等。在加工过程中，由于刀具与工件的位置和方向可以随时变动，使刀具与工件达到最佳的切削状态，从而提高机床的加工效率。五轴加工是指在一台机床上至少有五个坐标轴，即 X、Y、Z 坐标轴和 A、B 旋转轴。五轴加工应用范围极为广泛，能加工普通三轴无法加工的复杂机械零件，而且大大提高加工精度，五轴加工对航天、航空、军事等诸多工业有着非常重要的影响。

本章主要讲解多轴各种形式的加工参数和编程方法，读者可以通过实例的讲解了解多轴加工概念和操作技巧。

8.1 五轴曲线加工

曲面曲线(五轴曲线)加工主要是用于加工三维曲线或可变曲面的边界线，可以加工各种图案、文字和曲线。

选择【刀具路径】|【轴刀具路径】菜单命令，在弹出的【输入新 NC 名称】对话框中按默认的名称，单击【确定】按钮后，系统弹出【多轴刀具路径】对话框，该对话框用来选取多轴加工类型，在【多轴刀具路径】对话框中选择【刀具路径类型】为【曲面曲线】，如图 8-1 所示。

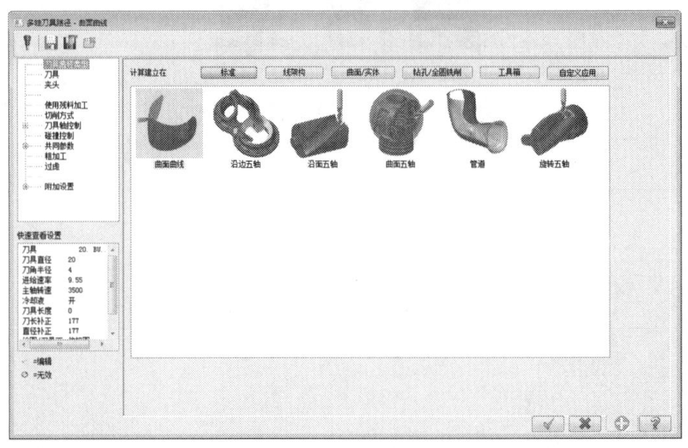

图 8-1 多轴刀具路径

在【多轴刀具路径-曲面曲线】对话框中单击【切削方式】节点，系统弹出【切削方式】设置界面，用来设置曲线的类型、补正形式、补正方向等，如图 8-2 所示。

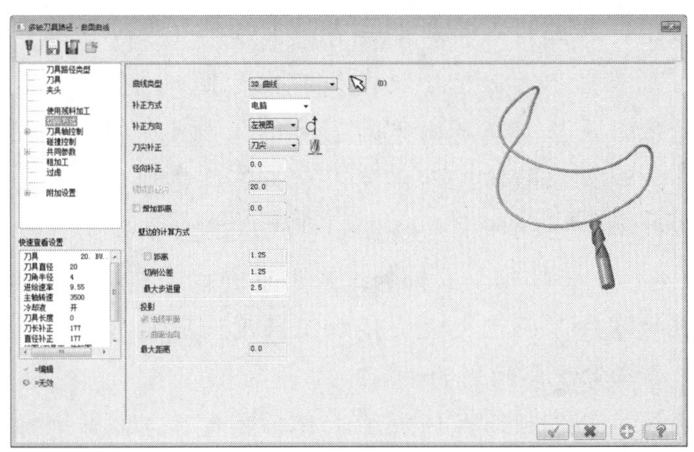

图 8-2 切削方式

各选项的含义如下。

● 【曲线类型】：用来设置曲面曲线加工中选取的曲线类型。有【3D 曲线】、【所有

曲面的边界】、【单一曲面的边界】3 种类型。

- ◆ 【3D 曲线】：选择此项，并单击右边的【选取】按钮，系统弹出【串连选项】对话框，用来选取已经存在的 3D 曲线，作为要加工的曲线。
- ◆ 【所有曲面的边界】：选择此项，并单击右边的【选取】按钮，选取曲面，则系统将该曲面的所有边界作为要加工的曲线。
- ◆ 【单一曲面的边界】：选择此项，并单击右边的【选取】按钮，选取曲面，并移动箭头到边界，则系统将曲面的该边界作为要加工的曲线。

- 【补正方式】：用于设置补偿类型。有【电脑】补偿、【控制器】补偿、【磨损】补偿、【反向磨损补偿】及【关】5 种。补偿方式与三轴加工中的补偿类型相同。
- 【补正方向】：补正方向有【左视图】和【右视图】两种。用来设置刀具补正偏移方向。
  - ◆ 【左视图】：选择此项，刀具左偏移，即沿刀具路径走向看去，刀具路径在曲线的左侧。如图 8-3 所示，沿曲面单一边界曲线向左偏移一个半径加工。
  - ◆ 【右视图】：选择此项，刀具右偏移，即沿刀具路径走向看去，刀具路径在曲线的右侧。如图 8-4 所示，沿曲面单一边界曲线向右偏移一个半径加工。

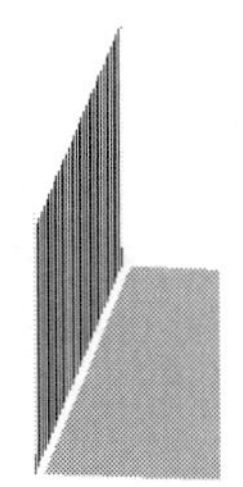

图 8-3　左偏移

图 8-4　右偏移

- 【刀尖补正】：有刀尖和中心两种，用来设置刀具轨迹计算依据。
- 【径向补正】：当设置为左偏移和右偏移时，用户在此栏设置偏移的具体值。
- 【壁边的计算方式】：有【距离】、【切削公差】、【最大步进量】3 个参数，用来控制沿曲面边界曲线方向切削的误差。
- 【投影】：用来设置曲线投影控制。有投影到【法向平面】和【曲面法向】两个选项。当选择投影到法向曲面时还可以输入最大投影距离。

在【多轴刀具路径-曲面曲线】对话框中单击【刀具轴控制】节点，系统弹出【刀具轴控制】设置界面，如图 8-5 所示。

各选项含义如下。

- 【刀具轴控制】：用来控制刀具轴向。
  - ◆ 【线】：选择此选项，用户可以选择某一线段作为刀具轴向控制线。
  - ◆ 【曲面】：系统默认的方式，用来选取某一存在的曲面来控制刀具轴向，使刀具轴向始终垂直于选取的曲面。
  - ◆ 【平面】：选择此选项，用来选取某一存在的平面来控制刀具轴向，使刀具轴向始终垂直于选取的平面。

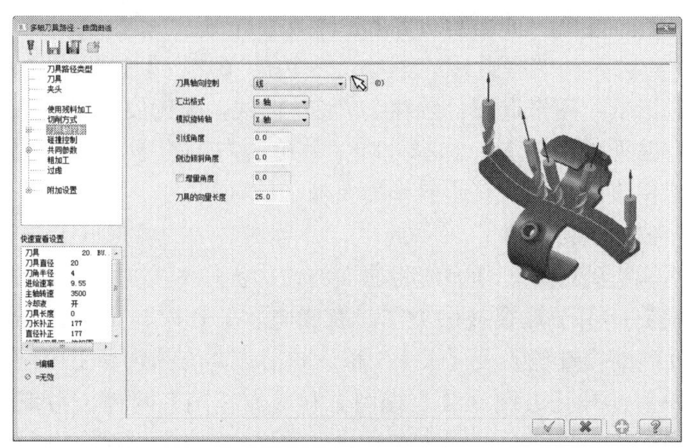

图 8-5　刀具轴控制

- ◆　【从…点】：选择此选项，用户可以选择存在的点，使刀具轴向的起点均从该点开始。
- ◆　【到…点】：选择此选项，用户可以选择存在的点，使刀具轴向的终点均至该点结束。
- ◆　【串连】：选择此选项，用户可以选择存在的串连几何图形来控制刀具的轴向。

- 【汇出格式】：设置刀具路径输出的形式，有【3 轴】、【4 轴】和【5 轴】。【3 轴】即是刀具始终垂直于当前刀具平面。【4 轴】即刀具始终垂直于选取的旋转轴。【5 轴】即刀具始终垂直于选取的曲面。
- 【模拟旋转轴】：模拟时工件绕此轴旋转。
- 【引线角度】：设置刀具前倾和后倾的角度。
- 【侧边倾斜角度】：设置刀具侧倾的角度。
- 【增量角度】：此项用于设置在弯曲的曲线段中刀具路径之间的增量角度。
- 【刀具的向量长度】：用于设置刀具路径中刀具轴线显示的长度。

在【多轴刀具路径-曲面曲线】对话框中单击【碰撞控制】节点，系统弹出【碰撞控制】设置界面，如图 8-6 所示。

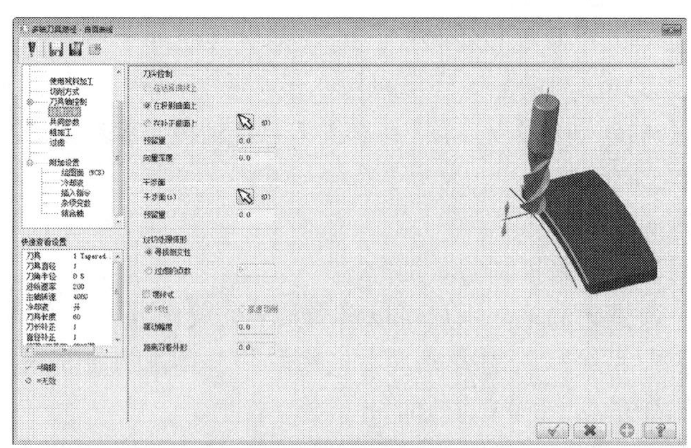

图 8-6　碰撞控制

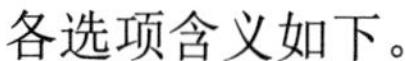

各选项含义如下。

- 【刀尖控制】：用来控制刀尖轨迹。
  - ◆ 【在选择曲线上】：选择此选项，刀尖走所选择的曲线。即从刀具路径方向看，刀尖走所选的曲线。
  - ◆ 【在投影曲面上】：选择此选项，刀尖走投影曲线。即从刀具路径方向看，刀尖走投影曲线。
  - ◆ 【在补正曲面上】：选择此选项，刀尖所走位置由所选曲面决定。
- 【干涉面】：用户可以选择曲面作为不需要加工的曲面。

多轴加工案例 1

案例文件：ywj /08/基础/8-1.MCX-7，ywj /08/结果/8-1.MCX-7

视频文件：光盘→视频课堂→第 8 章→8.1

step 01 单击【打开】按钮，选择“8-1.MCX-7”文件打开，如图 8-7 所示。

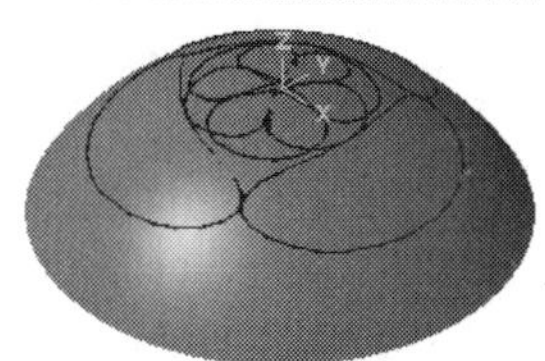

图 8-7　加工图形

step 02 选择【刀具路径】|【多轴刀具路径】菜单命令，系统弹出【输入新 NC 名称】对话框，输入名称“8-1”，单击【确定】按钮完成输入。

step 03 系统弹出【多轴刀具路径】对话框，选中类型为【曲面曲线】加工。

step 04 在【多轴刀具路径-曲面曲线】加工对话框中单击【刀具】节点，系统弹出【刀具】设置界面，在【刀具】设置界面空白处单击右键，在弹出的快捷菜单中选择【创建新刀具】命令，系统弹出【定义刀具】对话框。单击【球刀】选项，系统即弹出【球刀参数】对话框，设置球刀的参数。

step 05 刀具设置完毕后，在【刀具】设置界面中设置进给参数，如图 8-8 所示。

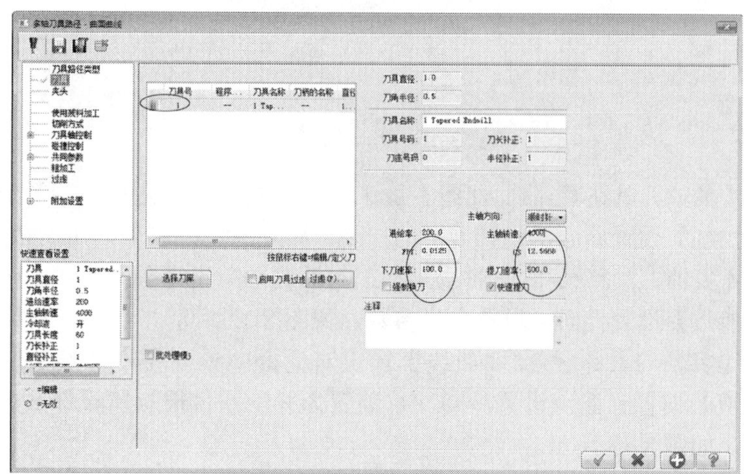

图 8-8　进给参数

step 06 在【多轴刀具路径-曲面曲线】加工对话框中单击【切削方式】节点，系统弹出【切削方式】设置界面，设置补偿、加工曲线等参数，如图 8-9 所示。

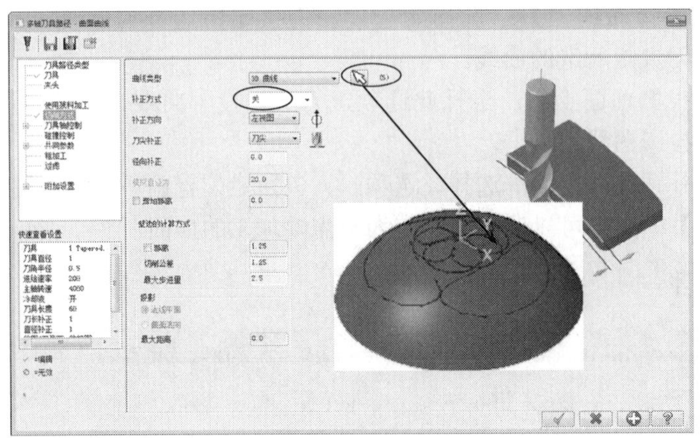

图 8-9　切削方式

step 07 在【多轴刀具路径-曲面曲线】加工对话框中单击【刀具轴控制】节点，系统弹出【刀具轴控制】设置界面，控制加工刀具轴向，如图 8-10 所示。

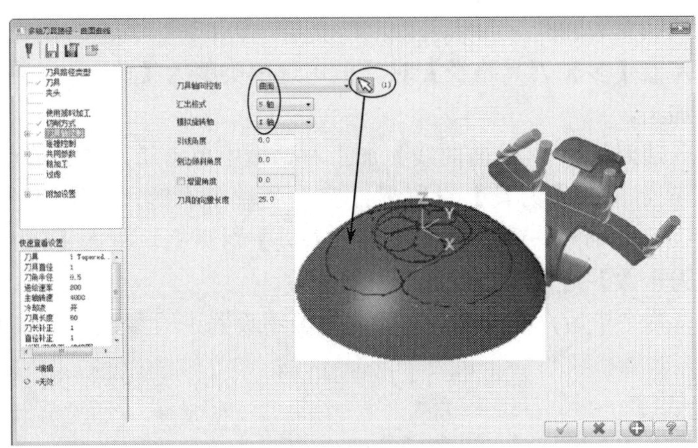

图 8-10　刀具轴控制

step 08 在【多轴刀具路径-曲面曲线】加工对话框中单击【碰撞控制】节点，系统弹出【碰撞控制】设置界面，设置刀尖的控制、向量深度等选项，如图 8-11 所示。

step 09 在【多轴刀具路径-曲面曲线】加工对话框中单击【共同参数】节点，系统弹出【共同参数】设置界面。设置高度参数，如图 8-12 所示。

step 10 在【多轴刀具路径-曲面曲线】加工对话框中单击【冷却液】节点，系统弹出【冷却液】设置界面，设置冷却冲水装置为开。系统根据所设参数生成曲面曲线刀具路径，如图 8-13 所示。

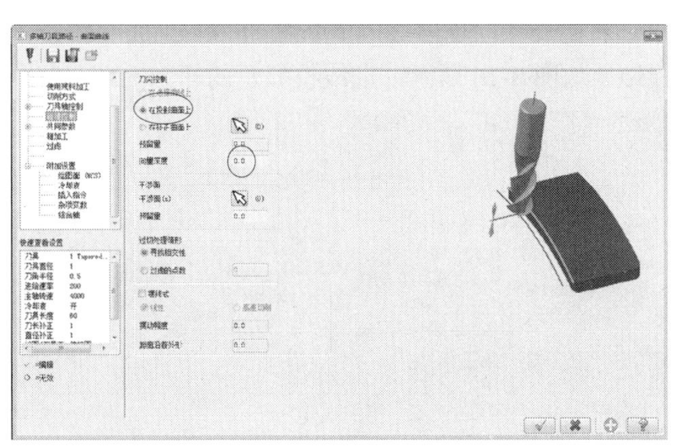

图 8-11 碰撞控制参数

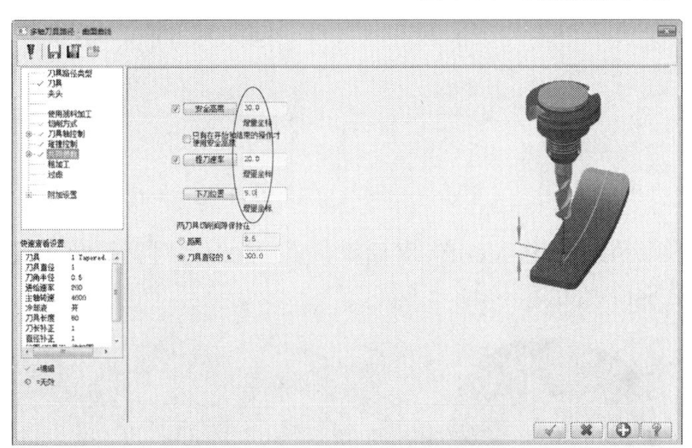

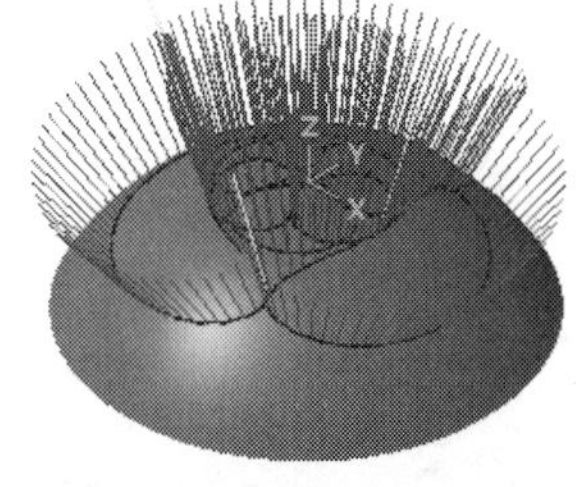

图 8-12 高度参数

图 8-13 曲面曲线刀具路径

step 11 在状态栏单击图层按钮 层别 1 ，系统弹出【层别管理】对话框，将第 2 层打开，实体毛坯即可见，如图 8-14 所示。

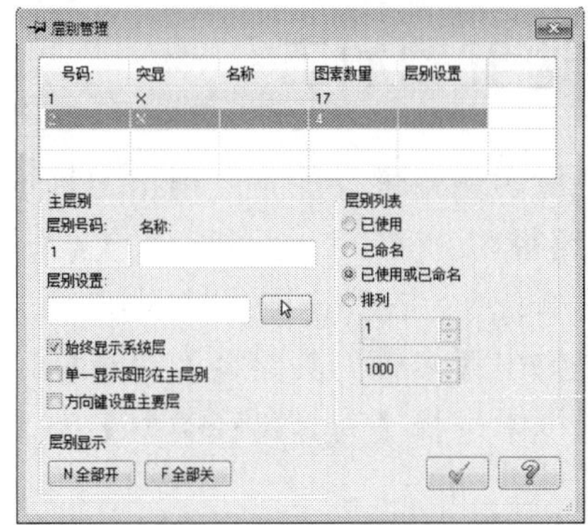

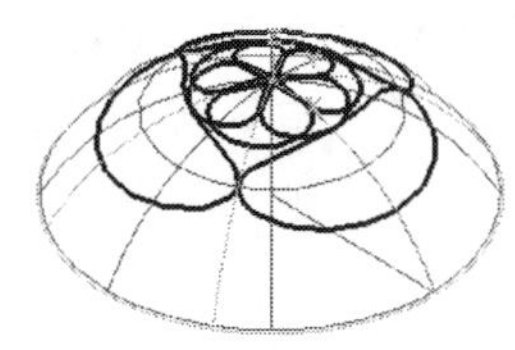

图 8-14 打开第二层

step 12 在【刀具路径操作管理器】中单击【属性】中的【材料设置】节点，弹出【机器群组属性】对话框，单击【材料设置】标签，切换到【材料设置】选项卡，图 8-15

所示设置加工坯料的尺寸，单击【确定】按钮完成参数设置。

step 13 坯料设置结果如图 8-16 所示，虚线框显示的即为毛坯。

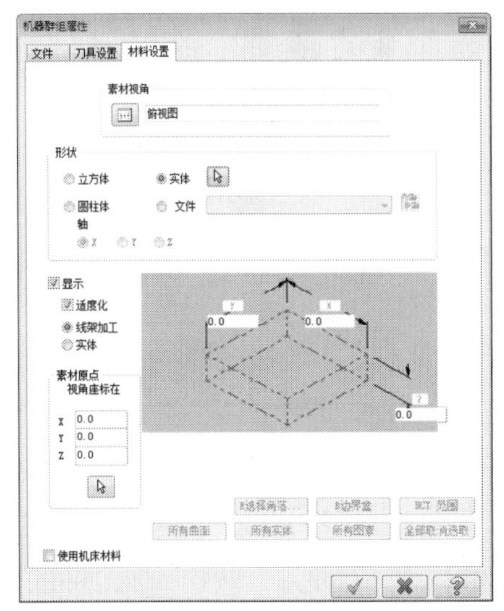

图 8-15 设置毛坯

图 8-16 毛坯

step 14 单【实体模拟】按钮，系统弹出 Verify 对话框，在 Verify 对话框单击【播放】按钮，模拟结果如图 8-17 所示。

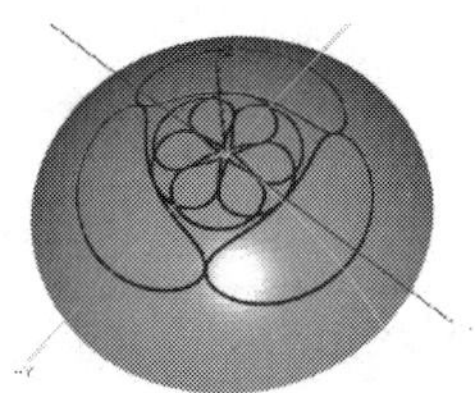

图 8-17 模拟结果

8.2 沿边五轴加工

沿边五轴加工是指利用刀具的侧刃对工件的侧壁进行加工。根据刀具轴的控制方式不同可以生成 4 轴或五轴沿侧壁铣削的加工刀具路径。

选择【刀具路径】|【多轴刀具路径】菜单命令，在弹出的【输入新 NC 名称】对话框中按默认的名称，单击【确定】按钮后，系统弹出【多轴刀具路径】对话框，该对话框用来选取多轴加工类型，在【多轴刀具路径】对话框中选择【刀具路径类型】为【沿边五轴】，如图 8-18 所示。

在【多轴刀具路径-沿边五轴】对话框中单击【切削方式】节点，系统弹出【切削方式】设置界面，用来设置沿边五轴侧壁参数以及补偿参数等，如图 8-19 所示。

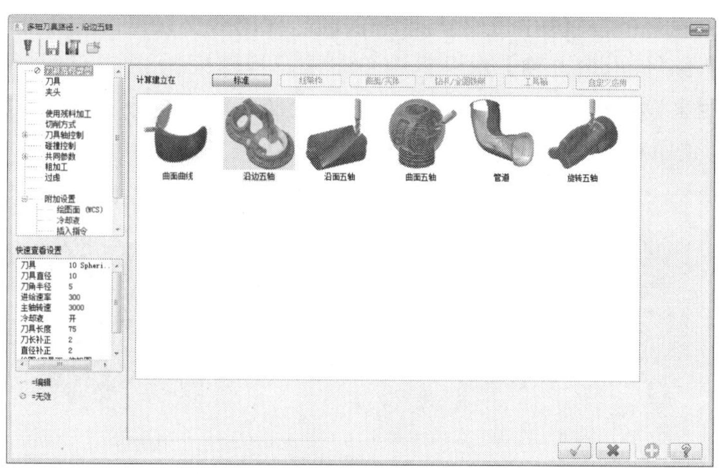

图 8-18 沿边五轴

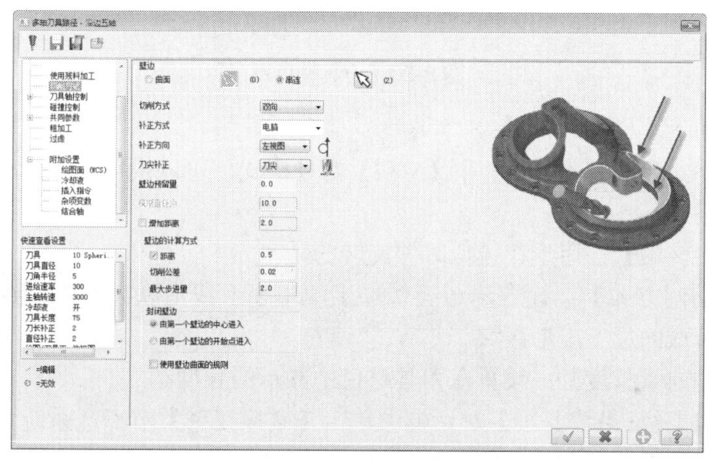

图 8-19 切削方式参数

各选项含义如下。

- 【壁边】：用来定义侧壁铣削曲面，有两种方式，即曲面和串联。
  - ◆ 【曲面】：选中此单选按钮，单击右边的【选取】按钮，用来选取侧壁加工曲面，选取完毕后再根据提示选取第一个加工曲面并定义其侧壁下沿，然后在弹出的设置边界方向对话框中设置边界方向。
  - ◆ 【串连】：选中此单选按钮，单击右边的【选取】按钮，选取两条侧壁串联来定义侧壁铣削加工曲面。首先要选取作为侧壁下沿的曲线串联，然后再选取作为侧壁上沿的曲线串联。
- 【补正方式】：用来设置补偿参数，有【电脑】、【控制器】、【两者】、【两者方向】和【无】几种方式。
- 【壁边预留量】：设置铣削侧壁曲面的预留材料。
- 【距离】：设置切削方向曲线打断成直线的最小距离。
- 【最大步进量】：设置切削方向最大的步进距离。

- 【切削公差】：设置切削方向与理想曲面之间的最小误差。

在【多轴刀具路径-沿边五轴】对话框中单击【刀具轴控制】节点，系统弹出【刀具轴控制】设置界面，用来设置沿边五轴汇出格式、模拟旋转、扇形展开等参数，如图 8-20 所示。

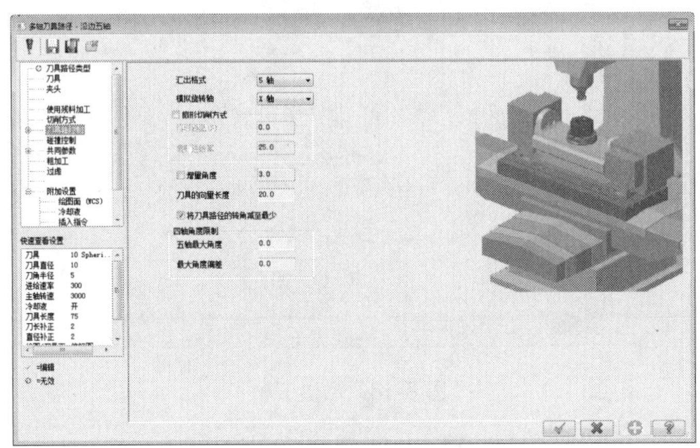

图 8-20 刀具轴控制

各选项含义如下。

- 【汇出格式】：有【4 轴】和【5 轴】两种格式，可以根据选取的工件形状特征选取合适的格式。
- 【模拟旋转轴】：用于在模拟时做旋转的轴。
- 【扇形切削方式】：设置沿边五轴加工中由于上线串联大小不一致或曲面上下大小不一致形成的加工扇形区域。
- 【刀具的向量长度】：设置在刀具路径中显示的长度。

在【多轴刀具路径-沿边五轴】对话框中单击【碰撞控制】节点，系统弹出【碰撞控制】设置界面，用来设置刀尖控制、干涉面等参数，如图 8-21 所示。

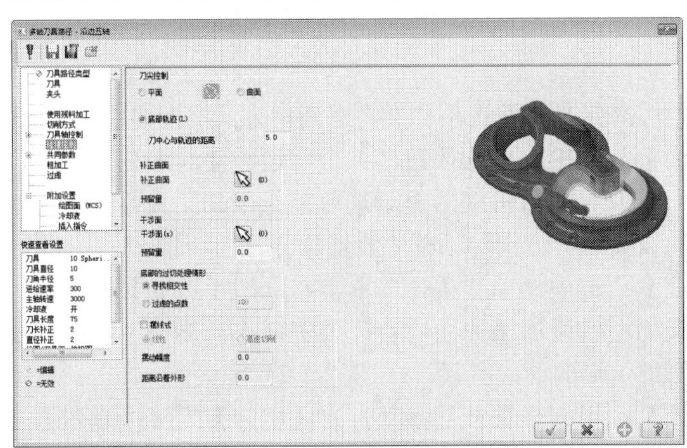

图 8-21 碰撞控制参数

各选项含义如下。

- 【刀尖控制】：该选项用于设置沿边五轴加工的刀尖位置。控制方式有三种、【平

面】、【曲面】和【底部轨迹】。

- ◆ 【平面】：选取一个平面作为刀具路径的下底面，用此平面来控制刀尖所走的位置。
- ◆ 【曲面】：选取一个曲面作为刀具路径的下底面，用此曲面来控制刀尖所走的位置。
- ◆ 【底部轨迹】：选中此单选按钮，需设置刀中心与轨迹的距离，刀尖位置由此轨迹控制。

- 【干涉面】：不需要加工的曲面或避免过切的曲面。

多轴加工案例 2

案例文件：ywj /08/基础/8-2.MCX-7，ywj /08/结果/8-2.MCX-7

视频文件：光盘→视频课堂→第 8 章→8.2

step 01 单击【打开】按钮，选择“8-2. MCX-7”文件打开，如图 8-22 所示。

图 8-22　源文件

step 02 选择【刀具路】|【多轴刀具路径】菜单命令，系统弹出【多轴刀具路径】对话框，在选择【刀具路径类型】为【沿边五轴】。

step 03 在【多轴刀具路径-沿边五轴】对话框中单击【刀具】节点，系统弹出【刀具】设置界面，在【刀具】设置界面空白处单击右键，在弹出的快捷菜单中选择【创建新刀具】命令，系统弹出【定义刀具】对话框，设置刀具类型。单击【球刀】选项，系统即弹出【球刀参数】对话框，设置球刀的参数。

step 04 刀具设置完毕后，在【刀具】设置界面中设置进给参数。

step 05 在【多轴刀具路径-沿边五轴】加工对话框中单击【切削方式】节点，系统弹出【切削方式】设置界面，设置补偿、加工曲线等参数，如图 8-23 所示。

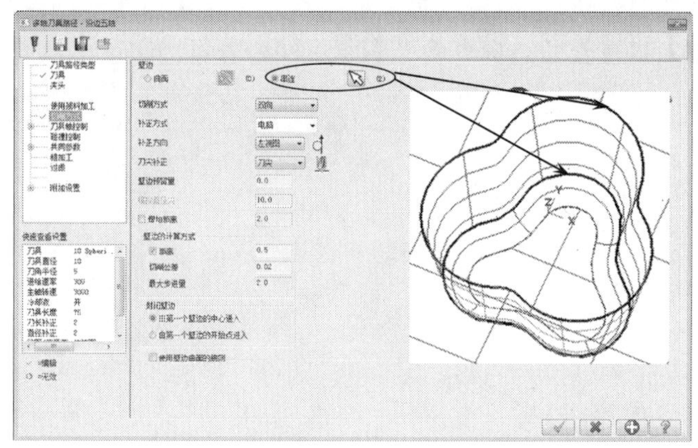

图 8-23　切削方式

step 06 在【多轴刀具路径-沿边五轴】加工对话框中单击【刀具轴控制】节点，系统弹出【刀具轴控制】设置界面，控制加工刀具轴向，如图 8-24 所示。

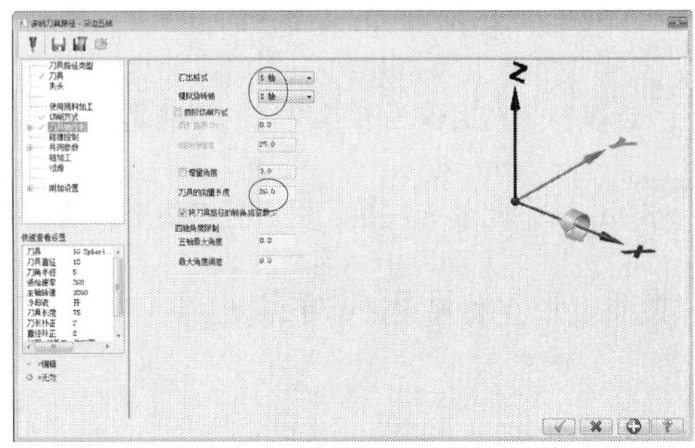

图 8-24　刀具轴控制

step 07 在【多轴刀具路径-沿边五轴】加工对话框中单击【碰撞控制】节点，系统弹出【碰撞控制】设置界面，设置刀尖的控制、向量深度等选项，如图 8-25 所示。

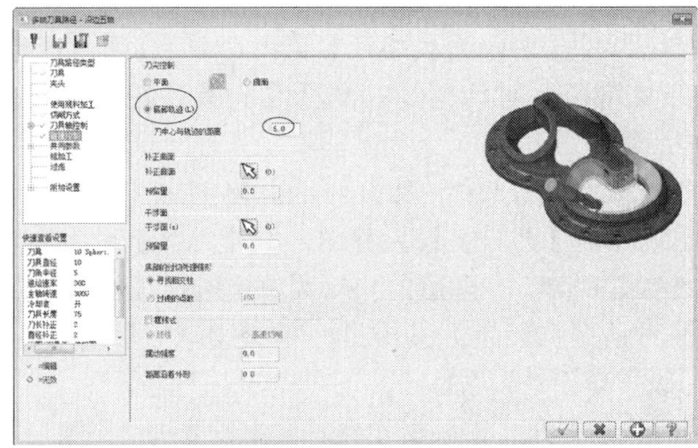

图 8-25　碰撞控制

step 08 在【多轴刀具路径-沿边五轴】加工对话框中单击【共同参数】节点，系统弹出【共同参数】设置界面。设置高度参数，如图 8-26 所示。

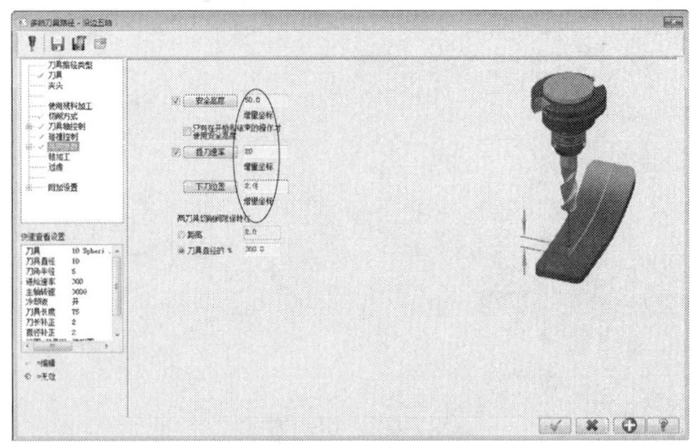

图 8-26　高度参数

step 09 在【多轴刀具路径-沿边五轴】加工对话框中单击【冷却液】节点，系统弹出【冷却液】设置界面，设置冷却冲水装置为打开。系统根据设置的参数生成刀具路径如图 8-27 所示。

step 10 在【刀具路径操作管理器】中单击【属性】中的【材料设置】节点，弹出【机器群组属性】对话框，单击【材料设置】标签，切换到【材料设置】选项卡，设置加工坯料的尺寸，单击【确定】按钮 完成参数设置。坯料设置结果如图 8-28 所示，虚线框显示的即为毛坯。

step 11 单击【实体模拟】按钮 进行模拟，模拟结果如图 8-29 所示。

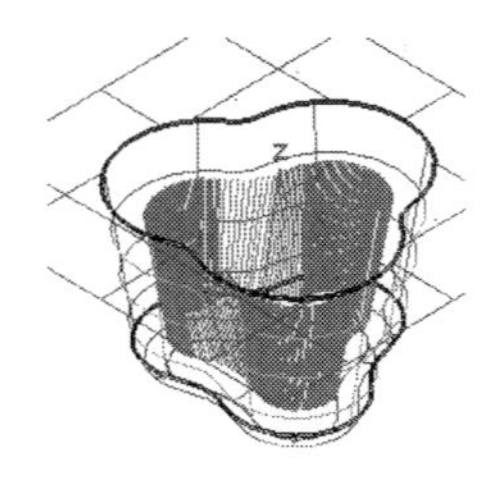

图 8-27　沿边五轴

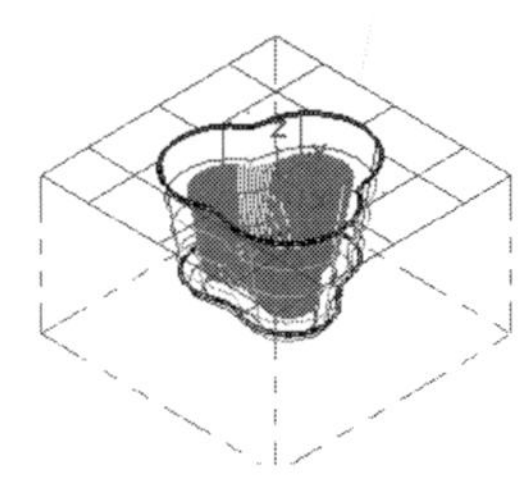

图 8-28　毛坯

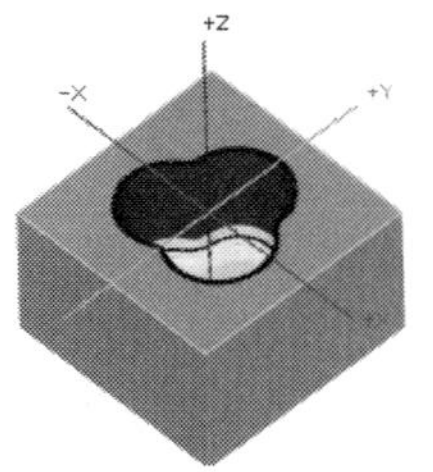

图 8-29　模拟结果

8.3　沿面五轴加工

沿面五轴加工是用来加工流线比较明显的空间曲面。沿面五轴加工即是流线五轴加工，是 MasterCAM 最先开发的比较优秀的五轴加工刀具路径，比其他的 CAM 系统都要早。沿面五轴加工与三轴的流线加工操作基本上类似，但是由于切削方向可以调整，刀具的轴向可以控制，切削的前角和后角都可以改变，因此，沿面五轴加工的适应性大大提高，加工质量也非常好，是实际中应用较多的五轴加工方法。

选择【刀具路径】|【多轴刀具路径】菜单命令，在弹出的【输入新 NC 名称】对话框中按默认的名称，单击【确定】按钮后，系统弹出【多轴刀具路径】对话框，该对话框用来选取多轴加工类型，在【多轴刀具路径】对话框中选择【刀具路径类型】为【沿面五轴】，如图 8-30 所示。

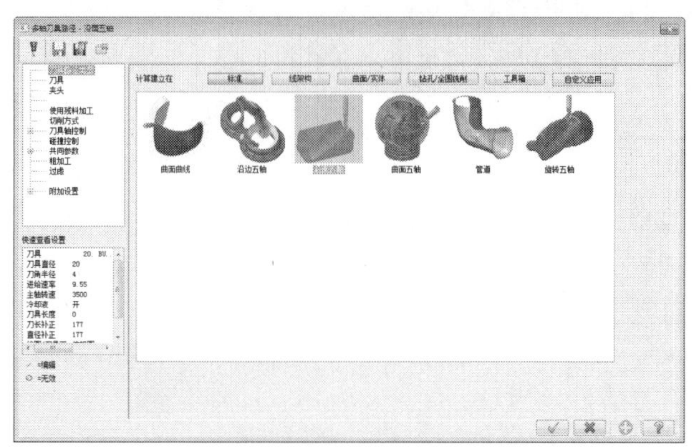

图 8-30　流线五轴

在【多轴刀具路径-沿面五轴】对话框中单击【切削方式】节点，系统弹出【切削方式】设置界面，用来设置五轴流线参数等，如图 8-31 所示。

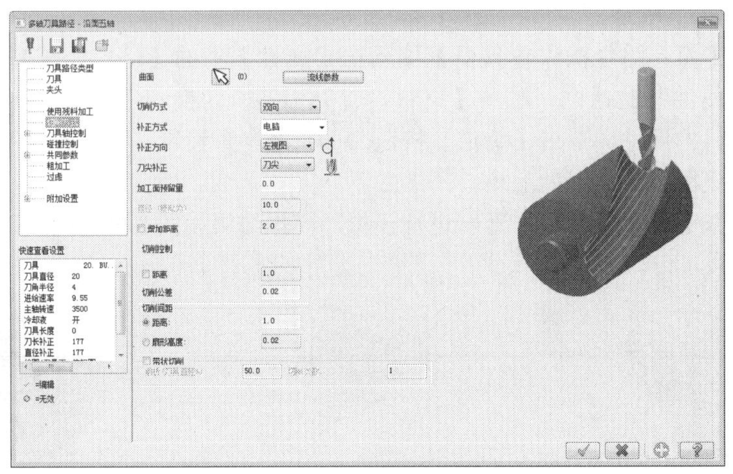

图 8-31　切削样板参数

各参数在前面已经有介绍，在这里介绍不同的参数。

- 【曲面】：选取流线加工的曲面。单击右边的【选取】按钮，即可选取需要加工的曲面。
- 【流线参数】：流线参数，用来设置控制流线加工方向等参数的选项，与三维曲面流线加工中的流线参数类似。
- 【切削控制】：切削方向控制，有【距离】和【切削公差】两种方式，控制沿切削进给方向上距离或公差。
- 【切削间距】：截断方向控制，有【距离】和【扇形高度】两种方式。【距离】是直接采用输入距离来控制在截断方向上两刀路之间的距离。【扇形高度】是采用球刀加工后留下的残脊高度来控制截断方向上刀路之间的距离。

多轴加工案例 3

案例文件：ywj /08/基础/8-3.MCX-7，ywj /08/结果/8-3.MCX-7

视频文件：光盘→视频课堂→第 8 章→8.3

step 01 单击【打开】按钮，选择“8-3. MCX-7”文件打开，如图 8-32 所示。

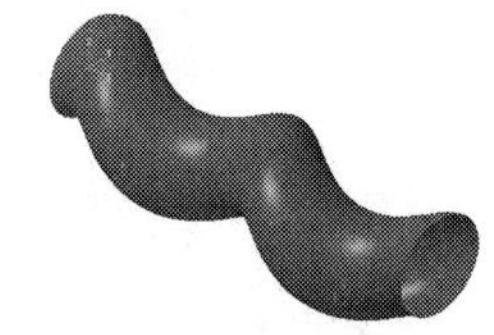

图 8-32　源文件

step 02 选择【刀具路径】|【多轴刀具路径】菜单命令，系统弹出【输入新 NC 名称对话框】，设置名称为“8-3”，单击【确定】按钮完成输入。

step 03 系统弹出【多轴刀具路径】对话框，选择【刀具路径类型】为【沿面五轴】。

step 04 在【多轴刀具路径-沿面五轴】对话框中单击【刀具】节点，系统弹出【刀具】

设置界面，在【刀具】设置界面空白处单击右键，在弹出的快捷菜单中选择【创建新刀具】命令，系统弹出【定义刀具】对话框，设置刀具类型。单击【球刀】选项，系统即弹出【球刀参数】对话框，设置球刀的参数。

step 05 刀具设置完毕后，在【刀具】设置界面中设置进给参数如图 8-33 所示。

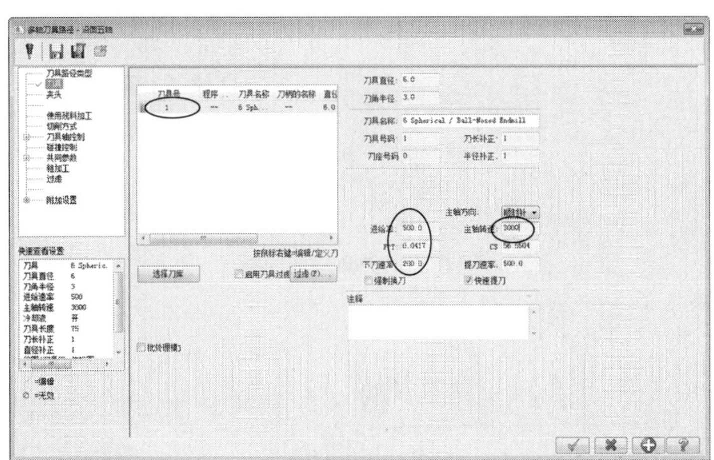

图 8-33 设置刀具参数

step 06 在【多轴刀具路径-沿面五轴】对话框中单击【切削方式】节点，系统弹出【切削方式】设置界面，设置加工曲面、切削方式等参数，如图 8-34 所示。

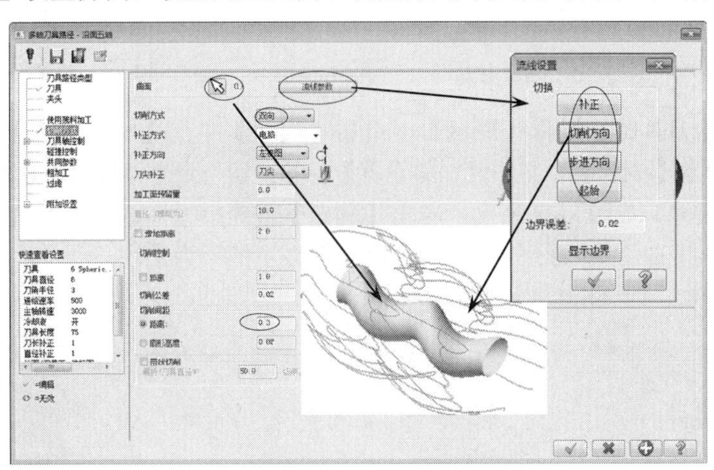

图 8-34 切削方式

step 07 在【多轴刀具路径-沿面五轴】对话框中单击【刀具轴控制】节点，系统弹出【刀具轴控制】设置界面，控制加工刀具轴向，如图 8-35 所示。

step 08 在【多轴刀具路径-沿面五轴】对话框中单击【共同参数】节点，系统弹出【共同参数】设置界面，设置高度参数，如图 8-36 所示。

step 09 在【多轴刀具路径-沿面五轴】对话框中单击【冷却液】节点，系统弹出【冷却液】设置界面，设置冷却冲水装置。系统根据所设的参数生成刀具路径如图 8-37 所示。

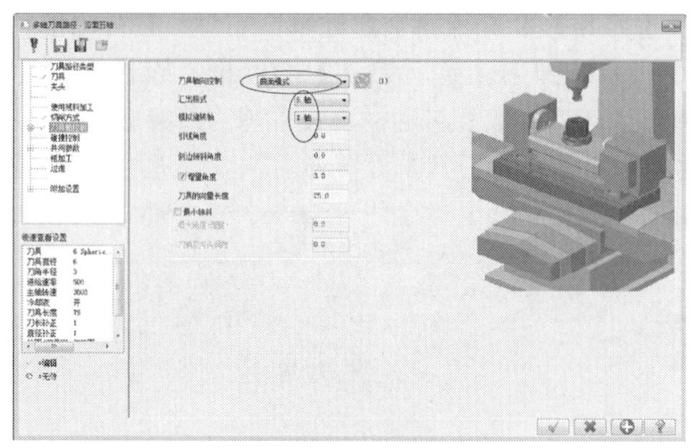

图 8-35　刀具轴的控制

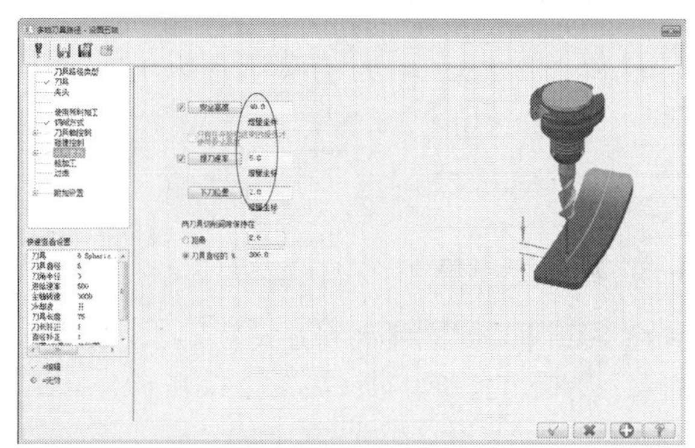

图 8-36　高度参数

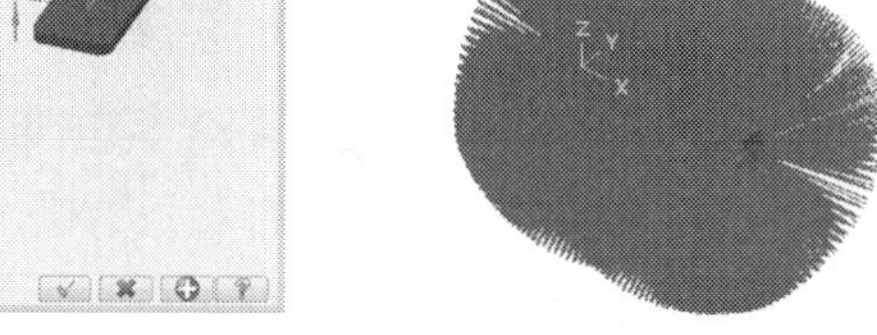

图 8-37　刀具路径

step 10 在【刀具路径操作管理器】中单击【属性】中的【材料设置】节点，弹出【机器群组属性】对话框，单击【材料设置】标签，切换到【材料设置】选项卡，设置加工坯料的尺寸，如图 8-38 所示，单击【确定】按钮完成参数设置。

step 11 坯料设置结果如图 8-39 所示，虚线框显示的即为毛坯。

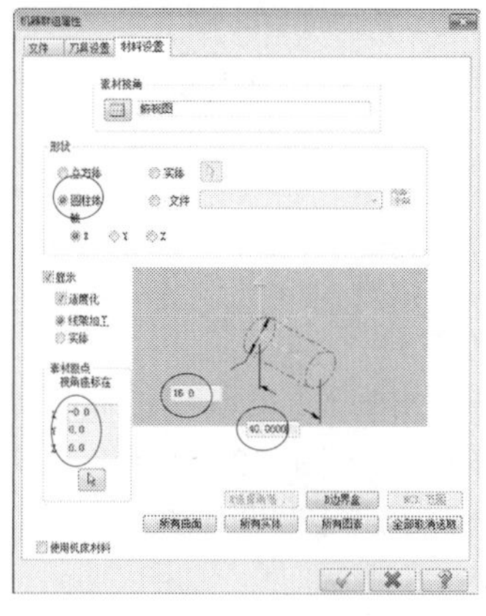

图 8-38　设置毛坯

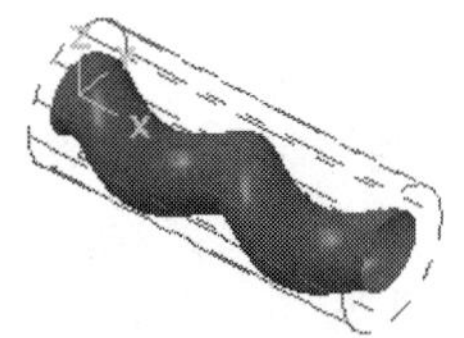

图 8-39　毛坯

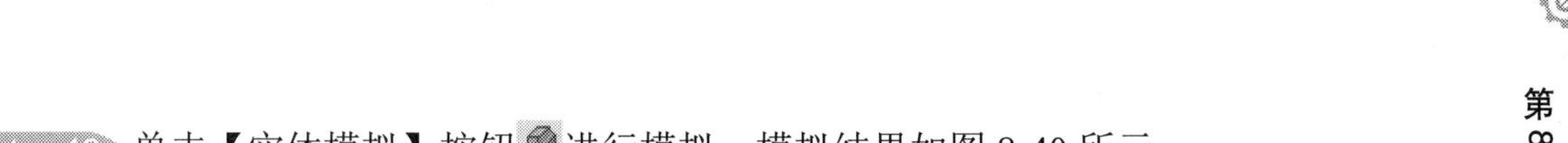

step 12 单击【实体模拟】按钮进行模拟，模拟结果如图 8-40 所示。

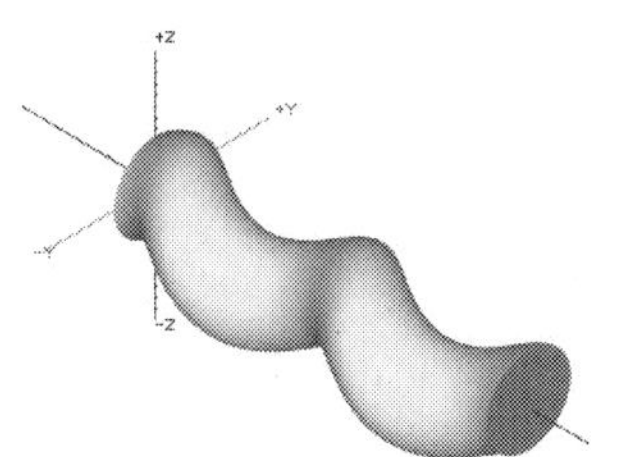

图 8-40　模拟结果

8.4　曲面五轴加工

曲面五轴加工主要是对空间的多个曲面相互连接在一起的曲面组进行加工。传统的五轴加工只能生成单个的曲面刀具路径，因此，对于多曲面而言，生成的曲面片间的刀具路径不连续，加工的效果就非常差。曲面五轴加工解决了这个问题，是采用流线加工的方式，在多曲面片之间生成连续的流线刀具路径，大大提高了多曲面片加工精度。

选择【刀具路径】|【多轴刀具路径】菜单命令，在弹出的【输入新 NC 名称】对话框中按默认的名称，单击【确定】按钮后，系统弹出【多轴刀具路径】对话框，该对话框用来选取多轴加工类型，在【多轴刀具路径】对话框中选择【刀具路径类型】为【曲面五轴】，如图 8-41 所示。

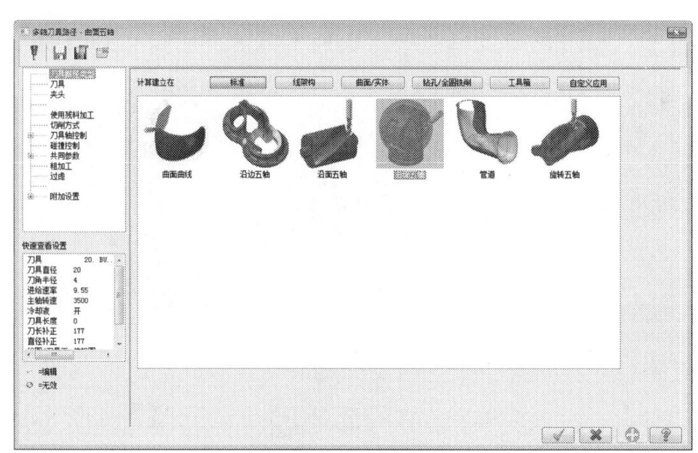

图 8-41　曲面五轴

在【多轴刀具路径-曲面五轴】参数对话框中单击【切削方式】节点，系统弹出【切削方式】设置界面，用来设置补偿和加工曲面等参数，如图 8-42 所示。

各选项含义如下。

- 模式选项：设置加工区域。有【曲面】、【圆柱体】、【球体】、【立方体】4 种方式。
  - ◆ 【曲面】：是选取多曲面片作为加工区域。

◆ 【圆柱体】：定义圆柱体范围作为加工的区域，如图 8-43 所示。

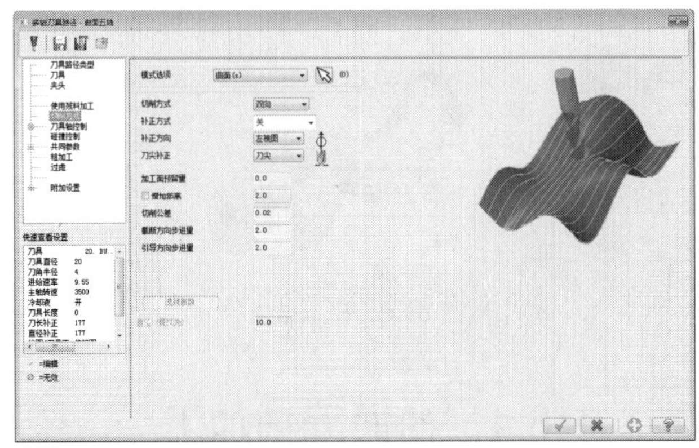

图 8-42　切削方式

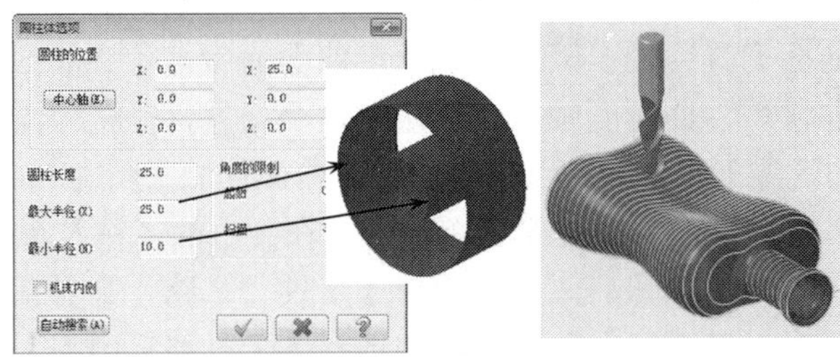

图 8-43　圆柱体区域

◆ 【球体】：定义简单球体范围作为加工区域，如图 8-44 所示。

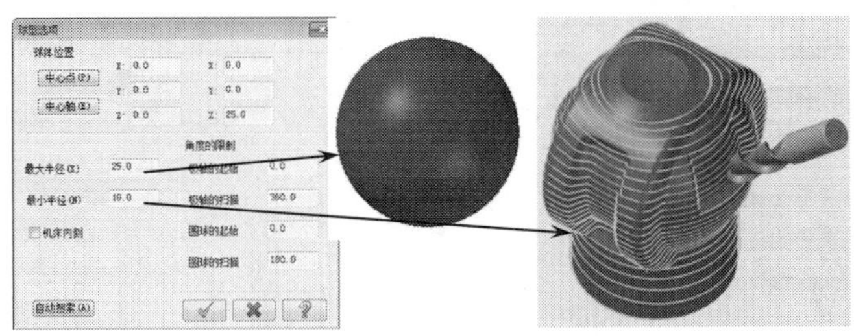

图 8-44　球体区域

◆ 【立方体】：定义简单立方体的范围作为加工区域，如图 8-45 所示。

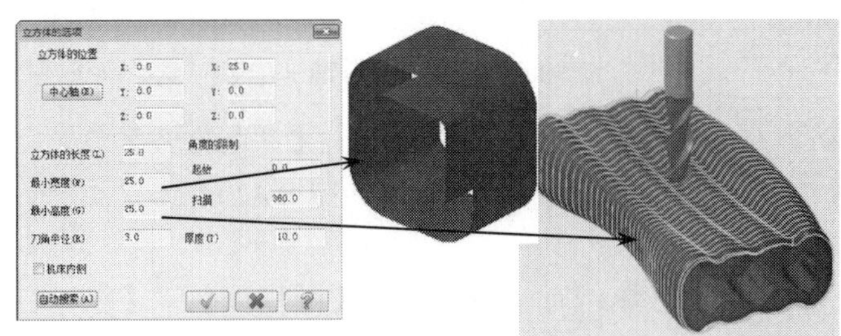

图 8-45　立方体

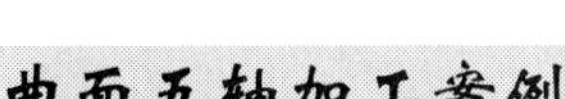

曲面五轴加工案例

案例文件：ywj /08/基础/8-4.MCX-7，ywj /08/结果/8-4.MCX-7

视频文件：光盘→视频课堂→第 8 章→8.4

step 01 单击【打开】按钮，选择“8-4. MCX-7”文件打开，如图 8-46 所示。

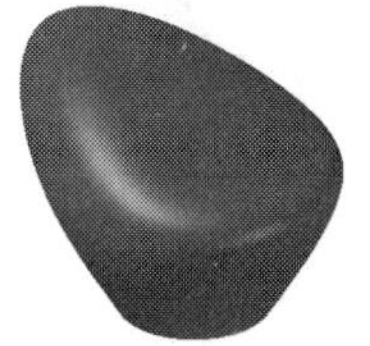

图 8-46　源文件

step 02 选择【刀具路径】|【多轴刀具路径】菜单命令，系统弹出【输入新 NC 名称】对话框，输入名称“8-4”，单击【确定】按钮完成输入。

step 03 系统弹出【多轴刀具路径】对话框，从中选择【刀具路径类型】为【曲面五轴】。

step 04 在【多轴刀具路径-曲面五轴】对话框中单击【刀具】节点，系统弹出【刀具】设置界面，在【刀具】设置界面空白处单击右键，在弹出的快捷菜单中选择【创建新刀具】命令，系统弹出【定义刀具】对话框。单击【球刀】选项，系统即弹出【球刀参数】对话框，设置球刀的参数。

step 05 刀具设置完毕后，在【刀具】设置界面中设置进给参数，如图 8-47 所示。

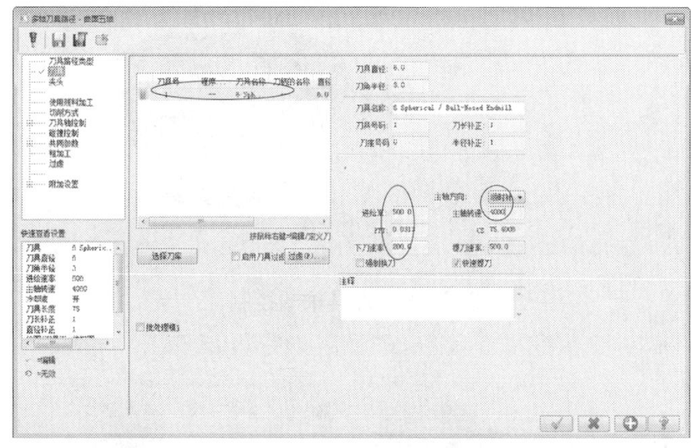

图 8-47　设置刀具进给参数

step 06 在【多轴刀具路径-曲面五轴】对话框中单击【切削方式】节点，系统弹出【切削方式】设置界面，设置加工曲面、切削方式等参数，如图 8-48 所示。

step 07 在【多轴刀具路径-曲面五轴】对话框中单击【刀具轴控制】节点，系统弹出【刀具轴控制】设置界面，控制加工刀具轴向，如图 8-49 所示。

step 08 在【多轴刀具路径-曲面五轴】对话框中单击【共同参数】节点，系统弹出【共同参数】设置界面，设置高度参数，如图 8-50 所示。

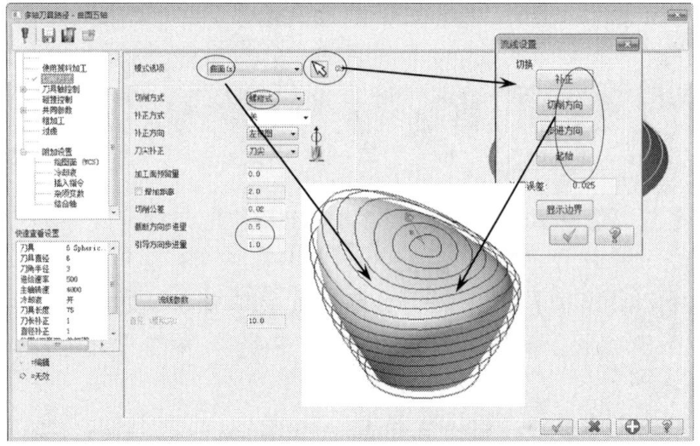

图 8-48　切削方式

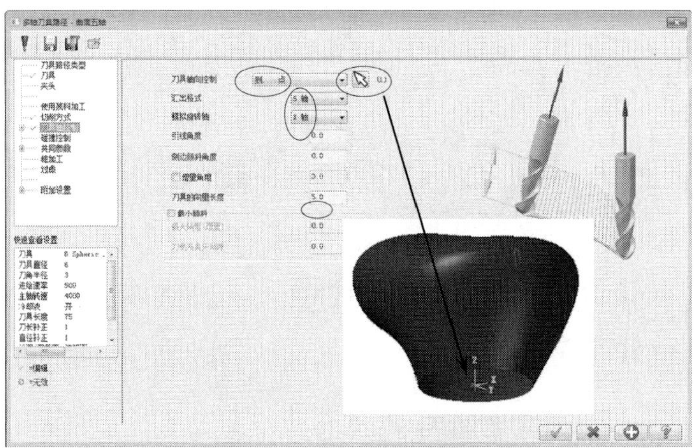

图 8-49　刀具轴的控制

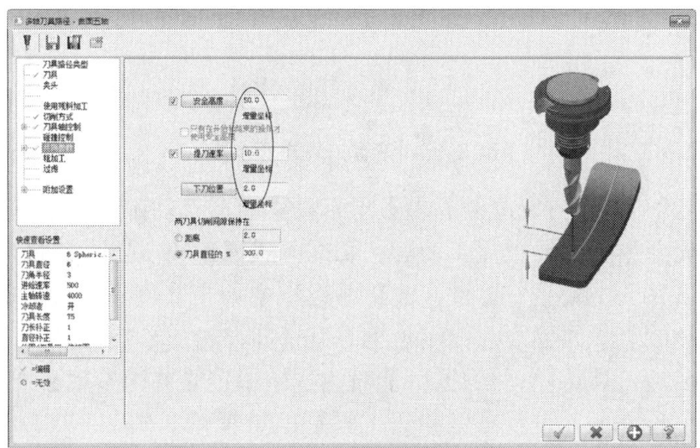

图 8-50　高度参数

step 09 在【多轴刀具路径-曲面五轴】对话框中单击【冷却液】节点，系统弹出【冷却液】设置界面，设置冷却冲水装置。系统根据所设的参数生成刀具路径，如图 8-51 所示。

step 10 在状态栏左键单击图层按钮 层别 1 ，系统弹出【层别管理】对话框，将第 2 层打开，实体毛坯即可见，如图 8-52 所示。

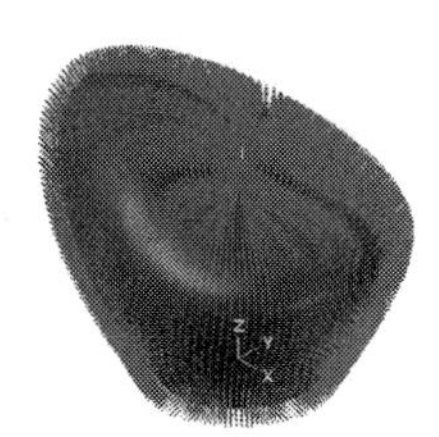

图 8-51 刀具路径

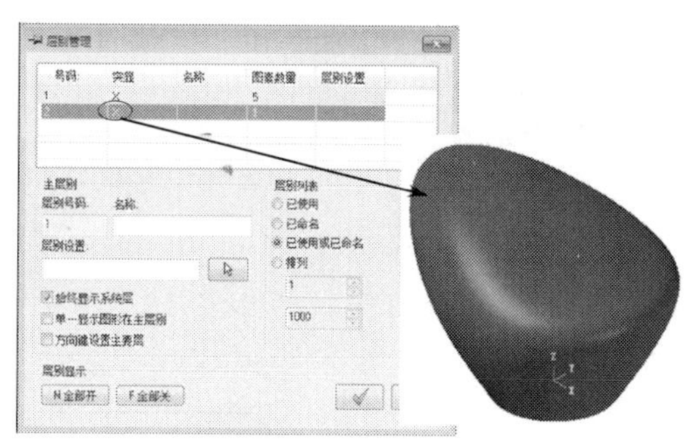

图 8-52 打开实体毛坯

step 11 在【刀具路径操作管理器】中单击【属性】中的【材料设置】节点，弹出【机器群组属性】对话框，单击【材料设置】标签，切换到【材料设置】选项卡，设置加工坯料的尺寸，单击【确定】按钮完成参数设置。

step 12 坯料设置结果如图 8-53 所示，虚线框显示的即为毛坯。

step 13 单击【实体模拟】按钮进行模拟，模拟结果如图 8-54 所示。

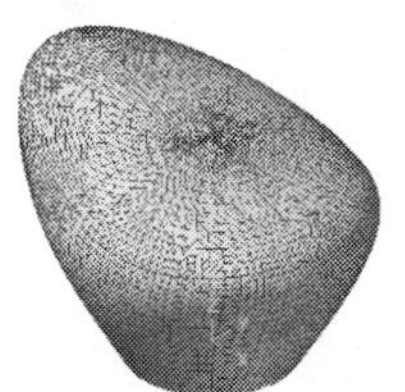

图 8-53 毛坯

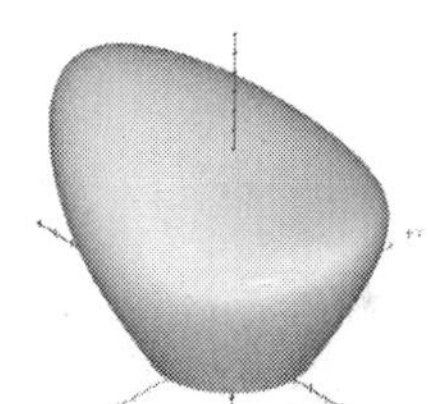

图 8-54 模拟结果

8.5 管道五轴加工

管道五轴加工刀具路径也称通道五轴加工刀具路径。管道五轴加工主要用于管件以及管件连接件的加工，也可以用于内凹的结构件加工。管道加工也是根据曲面的流线产生沿 U 向流线或 V 向流线产生五轴加工刀具路径，可以加工管道内腔，如图 8-55 所示。也可以加工管道外壁，如图 8-56 所示。

选择【刀具路径】|【多轴刀具路径】菜单命令，在弹出的【输入新 NC 名称】对话框中按默认的名称，单击【确定】按钮后，系统弹出【多轴刀具路径】对话框，该对话框用来选取多轴加工类型，在【多轴刀具路径】对话框中选择【刀具路径类型】为【管道】，如图 8-57 所示。

在【多轴刀具路径-管道】对话框中单击【切削方式】节点，系统弹出【切削方式】设置界面，用来设置切削的间距控制、补偿、加工曲面等参数，如图 8-58 所示。

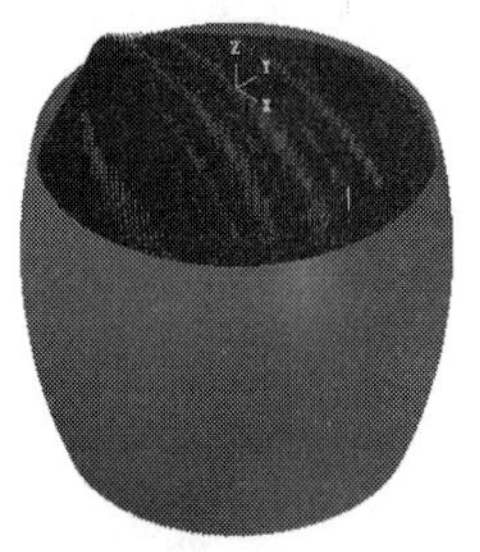

图 8-55　加工内腔

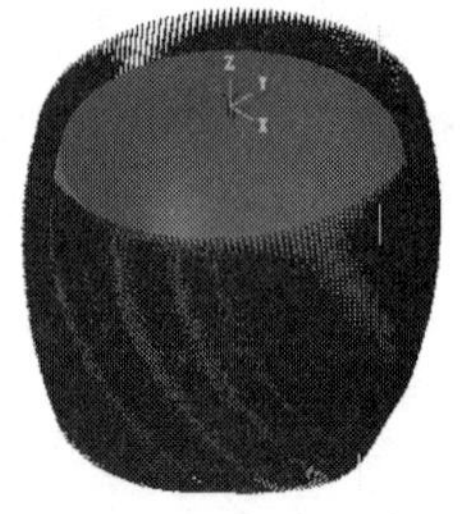

图 8-56　加工外壁

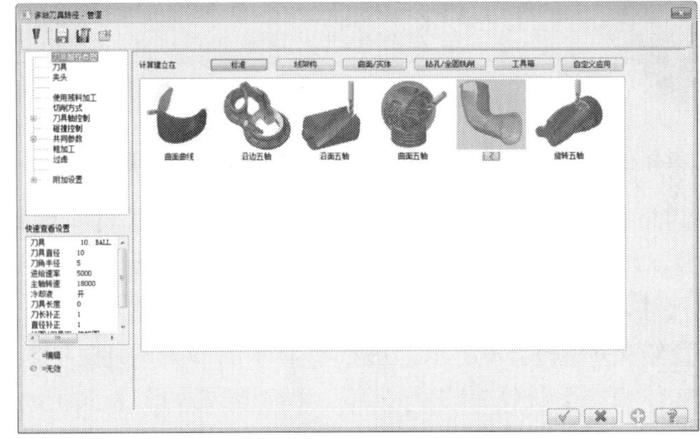

图 8-57　设置【刀具路径类型】

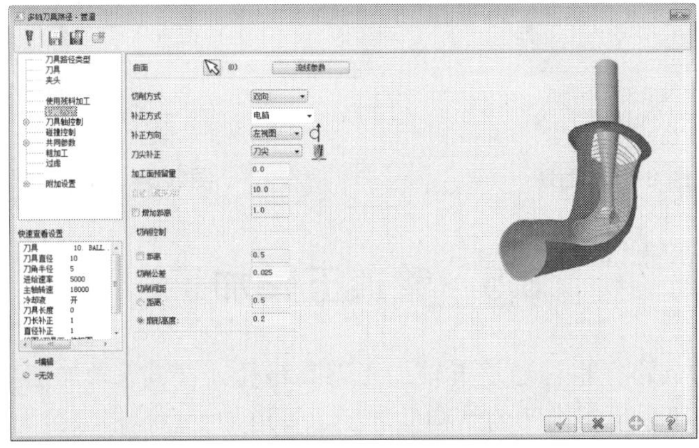

图 8-58　切削方式

各选项含义如下。

- 【曲面】：用来选取加工曲面。单击右边的【选取】按钮，即可进入绘图区选取加工曲面。
- 【流线参数】：单击此按钮，用来设置曲面流线控制选项，包括补正方向、切削方向、起始点等选项。
- 【切削控制】：设置切削方向的步进量，有距离和公差两种方式，通常采用公差控制。
- 【切削间距】：设置截断方向的步进量，有距离和扇形高度方式，通常采用距离控制。

管道五轴加工案例

案例文件：ywj /08/基础/8-5.MCX-7，ywj /08/结果/8-5.MCX-7

视频文件：光盘→视频课堂→第 8 章→8.5

step 01 单击【打开】按钮，选择“8-5. MCX-7”文件打开，如图 8-59 所示。

step 02 选择【刀具路径】|【多轴刀具路径】菜单命令，系统弹出【输入新 NC 名称】对话框，输入名称“8-5”，单击【确定】按钮完成输入。

step 03 系统弹出【多轴刀具路径】对话框，从中选择【刀具路径类型】为【管道】。

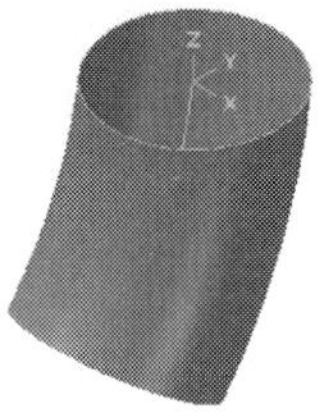

step 04 在【多轴刀具路径-管道】对话框中单击【刀具】节点，系统弹出【刀具】设置界面，在【刀具】设置界面空白处单击右键，在弹出的快捷菜单中选择【创建新刀具】命令，系统弹出【定义刀具】对话框，设置刀具类型。单击【球刀】选项，系统即弹出【球刀参数】对话框，设置球刀的参数。

图 8-59　加工图形

step 05 刀具设置完毕后，在【刀具】设置界面中设置进给参数，如图 8-60 所示。

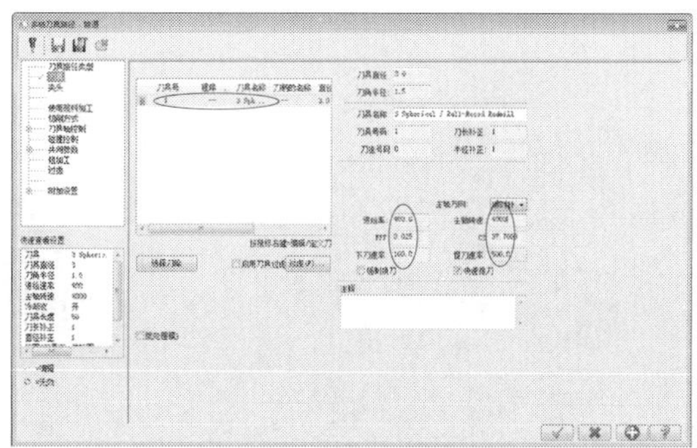

图 8-60　设置刀具进给

step 06 在【轴刀具路径-管道】对话框中单击【切削方式】节点，系统弹出【切削方式】设置界面，设置加工曲面、切削方式等参数，如图 8-61 所示。

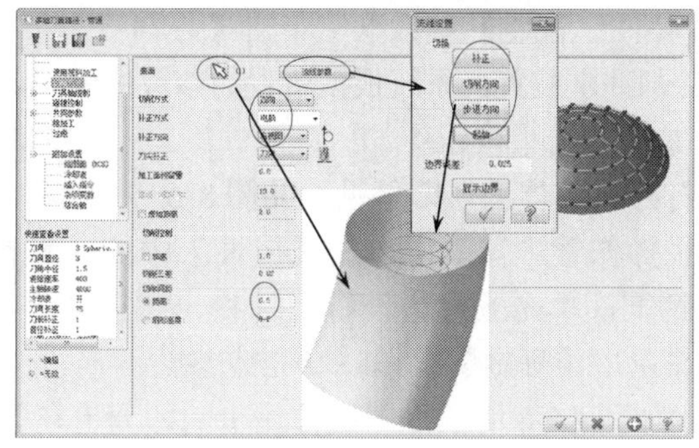

图 8-61　切削方式

step 07 在【多轴刀具路径-管道】对话框中单击【刀具轴控制】节点，系统弹出【刀具轴控制】设置界面，设置刀具轴控制、汇出格式等参数，如图 8-62 所示。

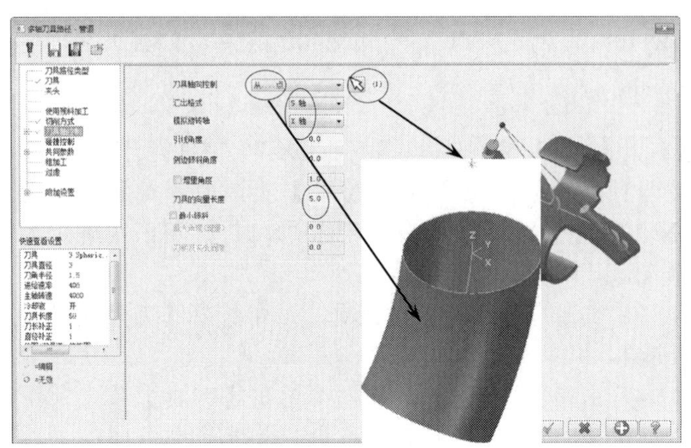

图 8-62 刀具轴的控制

step 08 在【多轴刀具路径-管道】对话框中单击【共同参数】节点，系统弹出【共同参数】设置界面，设置高度参数，如图 8-63 所示。

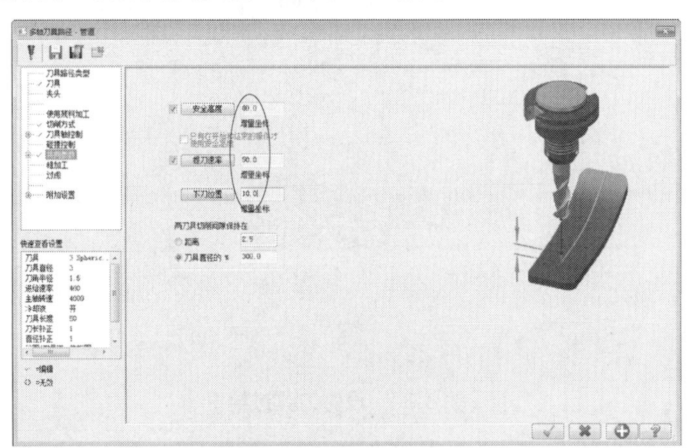

图 8-63 高度参数

step 09 在【多轴刀具路径-管道】对话框中单击【冷却液】节点，系统弹出【冷却液】设置界面，设置冷却冲水装置。系统根据所设的参数生成刀具路径，如图 8-64 所示。

step 10 在状态栏左键单击图层按钮 层别 1 ，系统弹出【层别管理】对话框，将第 2 层打开，实体毛坯即可见，如图 8-65 所示。

step 11 在【刀具路径操作管理器】中单击【属性】中的【材料设置】节点，弹出【机器群组属性】对话框，单击【材料设置】标签，切换到【材料设置】选项卡，设置加工坯料的尺寸，单击【确定】按钮完成参数设置。

step 12 坯料设置结果如图 8-66 所示，虚线框显示的即为毛坯。

step 13 单击【实体模拟】按钮进行模拟，模拟结果如图 8-67 所示。

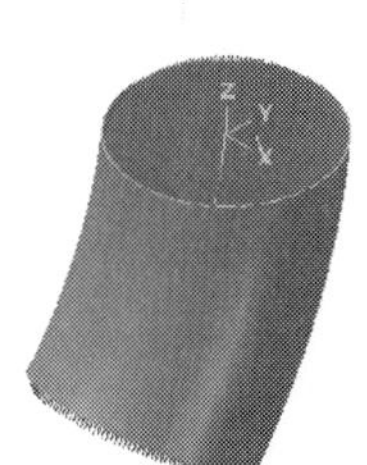

图 8-64　刀具路径

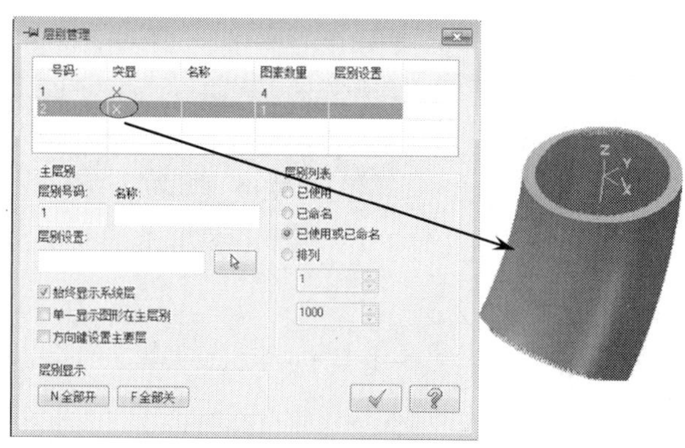

图 8-65　打开实体毛坯

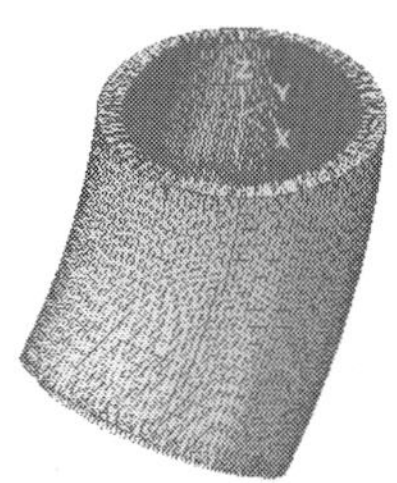

图 8-66　毛坯

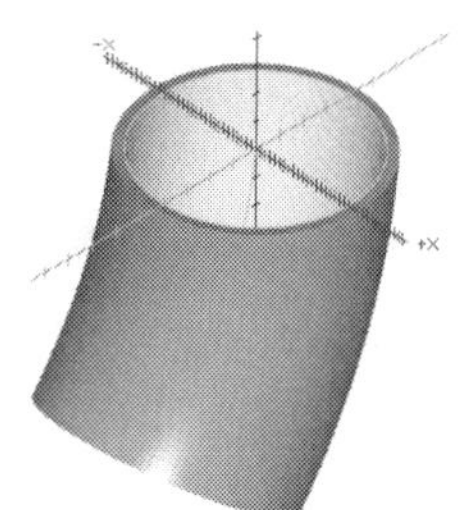

图 8-67　模拟结果

8.6　旋转五轴加工

旋转五轴加工是在三轴的基础上加上一个回转轴，因此，旋转五轴加工可以加工具有回转轴的零件或沿某一轴四周需要加工的零件。CNC 机床中的第四轴可以是绕 X、Y 或 Z 轴旋转的任意一个轴，通常是用 A、B 或 C 表示，具体是哪根轴是根据机床的配置来定的。MasterCAM 只提供了绕 A 或 B 轴产生刀具路径的功能，当机床是具有 C 轴的四轴 CNC 机床时，可以用绕 A 或 B 轴产生四轴刀具路径的方法产生刀具路径，通过修正后处理程序，可以生成具有 C 轴的四轴 CNC 机床的加工代码。

选择【刀具路径】|【多轴刀具路径】菜单命令，在弹出的【输入新 NC 名称】对话框中按默认的名称，单击【确定】按钮后，系统弹出【多轴刀具路径】对话框，该对话框用来选取多轴加工类型，在【多轴刀具路径】对话框中选择【刀具路径类型】为【旋转五轴】，如图 8-68 所示。

在【多轴刀具路径-旋转五轴】对话框中单击【切削方式】节点，系统弹出【切削方式】设置界面，用来设置切削的控制、补偿、加工曲面等参数，如图 8-69 所示。

各选项含义如下。

- 【曲面】：选取要加工的旋转曲面。
- 【切削控制】：用来设置旋转五轴加工的切削方式、补偿方式等。
- 【绕着旋转轴切削】：绕着指定的旋转轴旋转切削。

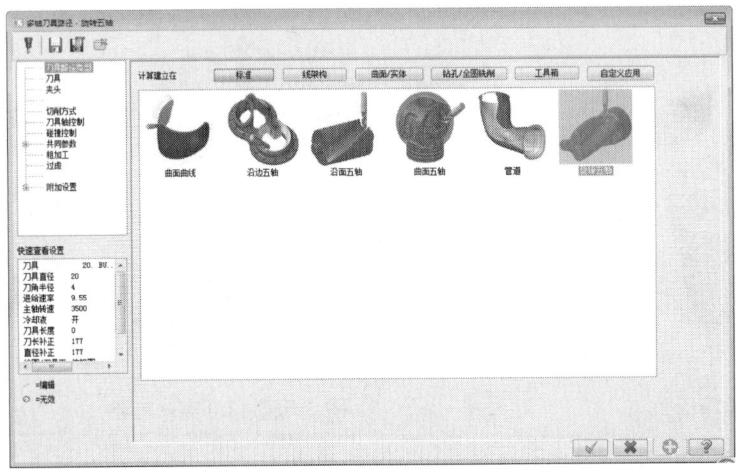

图 8-68　旋转五轴

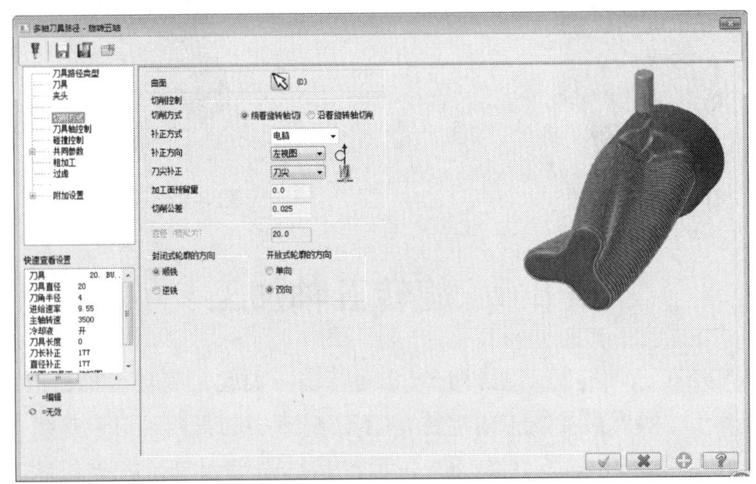

图 8-69　切削方式

- 【沿着旋转轴切削】：沿着指定的旋转轴方向切削。
- 【封闭式轮廓的方向】：设置封闭轮廓加工方向，有【顺铣】和【逆铣】两种方式。
- 【开放式轮廓的方向】：设置开放轮廓的加工方式，有【单向】和【双向】两种方式。

旋转五轴加工案例

案例文件：ywj /08/基础/8-6.MCX-7，ywj /08/结果/8-6.MCX-7

视频文件：光盘→视频课堂→第 8 章→8.6

step 01 单击【打开】按钮，选择“8-6. MCX-7”文件打开，如图 8-70 所示。

step 02 选择【刀具路径】|【多轴刀具路径】菜单命令，系统弹出【输入新 NC 名称】对话框，输入名称“8-6”，单击【确定】按钮完成输入，如图 8-71 所示。

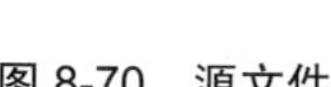

图 8-70 源文件

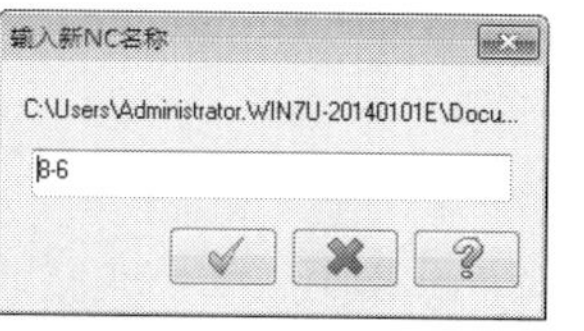

图 8-71 输入新 NC 名称

step 03 系统弹出【多轴刀具路径】对话框，从中选择【刀具路径类型】为【旋转五轴】。

step 04 在【多轴刀具路径-旋转五轴】对话框中单击【刀具】节点，系统弹出【刀具】设置界面，在【刀具】设置界面空白处单击右键，在弹出的快捷菜单中选择【创建新刀具】命令，系统弹出【定义刀具】对话框，设置刀具类型。单击【球刀】选项，系统即弹出【球刀参数】对话框，设置球刀的参数。

step 05 刀具设置完毕后，在刀具参数对话框中设置进给参数，如图 8-72 所示。

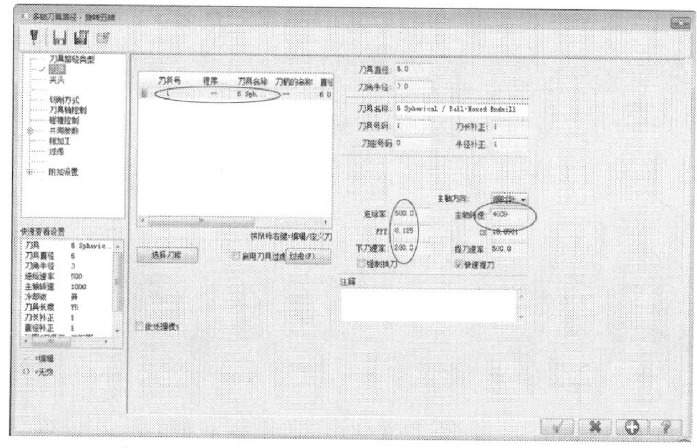

图 8-72 设置刀具参数

step 06 在【多轴刀具路径-旋转五轴】对话框中单击【切削方式】节点，系统弹出【切削方式】设置界面，设置加工曲面、切削方式等参数，如图 8-73 所示。

step 07 在【多轴刀具路径-旋转五轴】对话框中单击【刀具轴控制】节点，系统弹出【刀具轴控制】设置界面，设置旋转轴等参数，如图 8-74 所示。

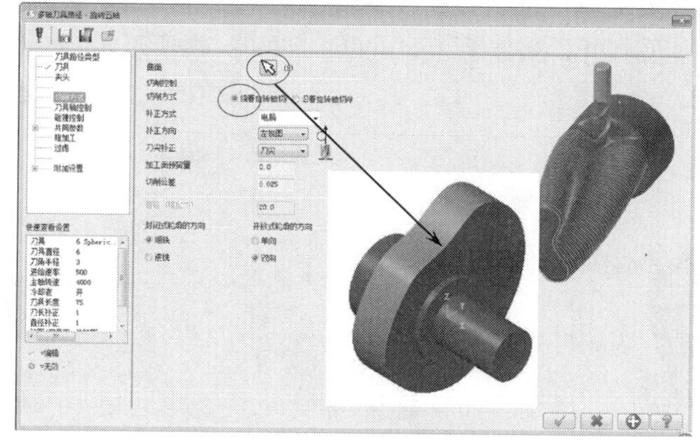

图 8-73 切削方式

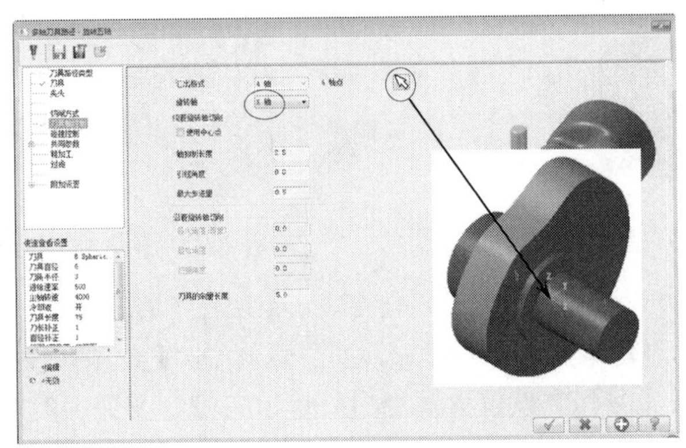

图 8-74 刀具轴的控制

step 08 在【多轴刀具路径-旋转五轴】对话框中单击【共同参数】节点，系统弹出【共同参数】设置界面，设置高度参数，如图 8-75 所示。

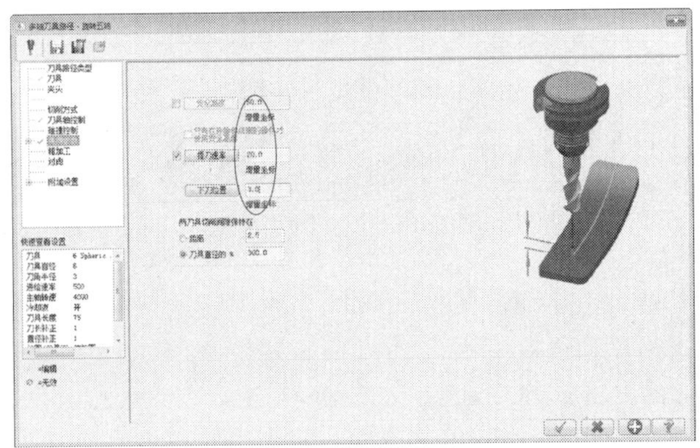

图 8-75 高度参数

step 09 在【多轴刀具路径-旋转五轴】对话框中单击【冷却液】节点，系统弹出【冷却液】设置界面，设置冷却冲水装置。

step 10 系统根据所设的参数生成刀具路径，如图 8-76 所示。

step 11 在状态栏左键单击图层按钮 层别 1，系统弹出【层别管理】对话框，将第 2 层打开，实体毛坯即可见，如图 8-77 所示。

图 8-76 刀具路径

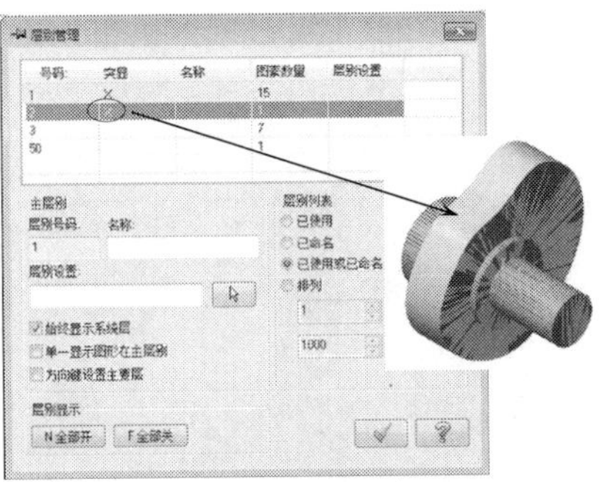

图 8-77 打开实体毛坯

step 12 在【刀具路径操作管理器】中单击【属性】中的【材料设置】节点，弹出【机器群组属性】对话框，单击【材料设置】标签，切换到【材料设置】选项卡，设置加工坯料的尺寸，单击【确定】按钮完成参数设置

step 13 坯料设置结果如图 8-78 所示，虚线框显示的即为毛坯。

step 14 单击【实体模拟】按钮进行模拟，模拟结果如图 8-79 所示。

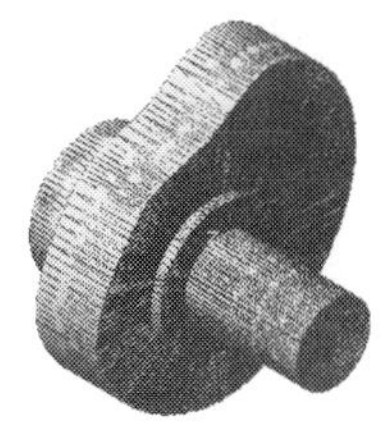

图 8-78　毛坯

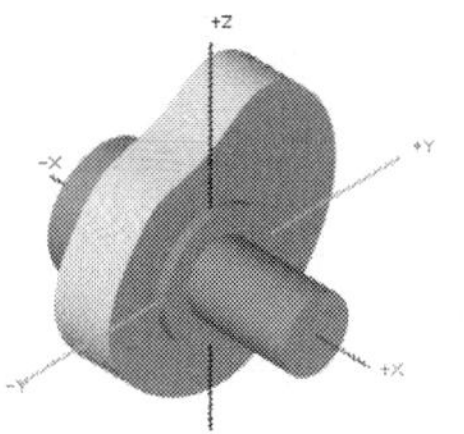

图 8-79　模拟结果

8.7　本 章 小 结

本章主要讲解多轴加工技术。MasterCAM 多轴加工功能，比行业内其他软件开发的时间都要早，而且功能也比其他软件多，随着近些年不断完善，MasterCAM 的多轴加工功能已经非常强大。包括标准的多轴加工和一些特殊的高级五轴加工，在一些特殊的行业和特殊的零件上应用。

用户在学习本章要重点掌握标准的多轴加工，在此基础上进行拓展，从而领会其他的多轴加工技法。学习多轴加工要注意多轴加工的刀具轴向控制非常重要，是五轴加工的关键。其次再根据零件的特征选用合适的五轴加工类型进行加工。

第 9 章
车削加工

在 MasterCAM X7 车削加工中包含粗车加工、精车加工、车槽、端面车削、快速车削模块和循环车削模块等。下面将详细讲解车削加工各种参数及操作步骤。

9.1 基本车削

本节主要讲解基本的车削命令，包括粗车削加工、精车削加工、车端面加工、截断车削加工。下面将进行分别讲解。

9.1.1 粗车削加工

粗车削是通过车刀逐层车削工件轮廓来产生刀具路径。粗车削目的是快速地将工件上的多余的材料去除，尽量接近设计零件外形，方便下一步进行精车削。

选择【刀具路径】|【粗车削】菜单命令，系统弹出【车床粗加工属性】对话框，该对话框用来设置粗车削参数，包括【刀具路径参数】和【粗加工参数】，单击【车床粗加工属性】对话框中的【粗加工参数】标签，切换到【粗加工参数】选项卡，该选项卡用来设置粗车削的各种参数，包括粗车步进量设置、预留量设置、车削方式设置、补偿设置、进/退刀设置、凹槽车削方式设置、过滤设置、半精车设置，如图 9-1 所示。

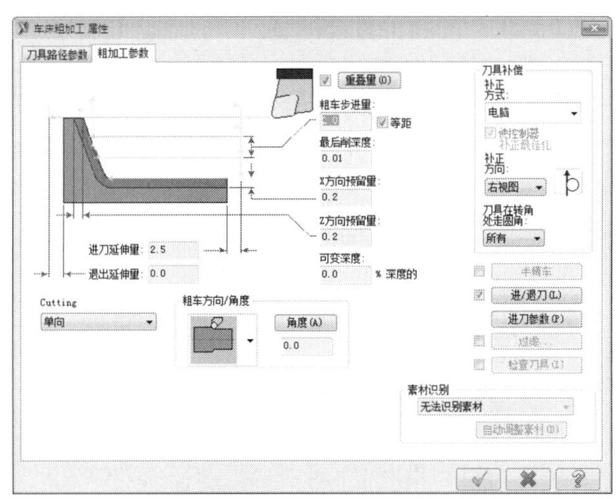

图 9-1　粗加工参数

下面将详细讲解各项参数。

1. 粗车步进量和预留量

粗车步进量和预留量等参数含义如下。

- 【粗车步进量】：表示每刀吃刀的深度。
- 【等距】：启用此复选框，粗车削每层车削的深度值相同，等距后每层切削深度将不是设置的粗车步进量。如果不启用，则每层切削深度值按粗车步进量车削，最后一层值按剩余的材料深度进行车削。
- 【最后削深度】：输入车削时最小的切削深度。
- 【重叠量】：单击此按钮，弹出【粗车重叠量参数】对话框，该对话框用于设置每

层粗车削结束后进入下一层粗车削时相对前一层的回刀量。一般设为 0.2～0.5，如图 9-2 所示。

- 【X 方向预留量】：输入 X 方向的预留量。
- 【Z 方向预留量】：输入 Z 方向的预留量。
- 【进刀延伸量】：在起点处增加粗车削的进刀刀具路径长度。

2. 车削方式

车削方式包括车削方法、粗车削方式和车削角度三个方面。

- 车削方法：车削走刀的方式，有【单向】和【双向】切削。在车削模块一般采用单向，即快速从右向左切削后快速返回右侧进行下一层切削。双向切削是来回两方向切削。
- 粗车削方式：粗车削类型，包括外径、内径、端面和背面切削四种形式。
- 【角度】：车削角度设置。单击【角度】按钮，弹出【粗车角度】对话框，如图 9-3 所示。

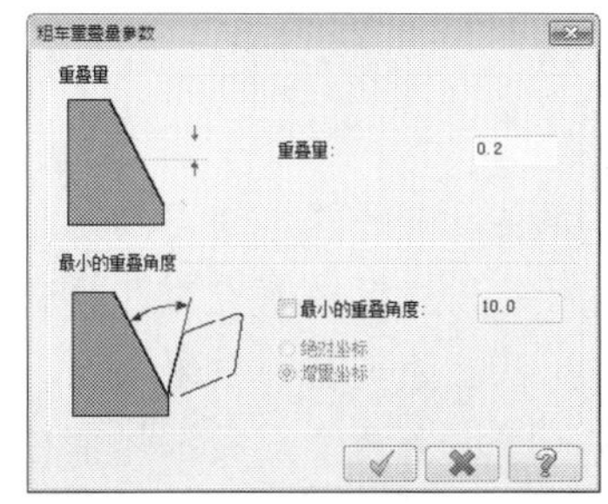

图 9-2 重叠量设置

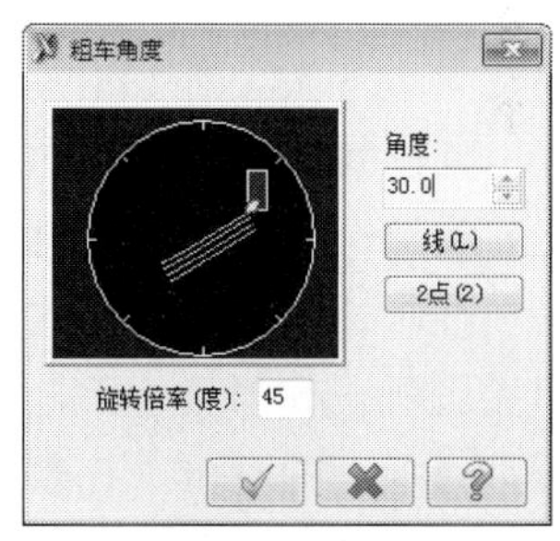

图 9-3 粗车角度

- 【角度】：输入角度值作为车削角度。
- 【线】：选择某一线段，以此线段的角度作为粗车角度。
- 【2 点】：选择任意两点，以两点的角度作为粗车的角度。
- 【旋转倍率】：输入旋转的角度基数，设置的角度值将是此值的整数倍。

3. 补偿设置

在数控车床使用过程中，为了降低被加工工件表面的粗糙度，减缓刀具磨损，提高刀具寿命，通常将车刀刀尖刃磨成圆弧，圆弧半径一般在 0.4～1.6mm。在数控车削圆柱面或端面时不会有影响，在数控车削带有圆锥或圆弧曲面的零件时，由于刀尖半径的存在，会造成过切或少切的现象，采用刀尖半径补偿，既可保证加工精度，又为编制程序提供了方便。合理编程和正确测算出刀尖圆弧半径是刀尖圆弧半径补偿功能得以正确使用的保证。

为了消除刀尖带来的误差，系统提供了多种补正方式和补正方向供用户进行选择，满足用户需要。

刀具补正方式包括【电脑】、【控制器】、【两者】、【两者反向】和【关】补偿 5 类。

- 当设置为【电脑】补偿时，系统采用电脑补偿，遇到车削锥面、圆弧面和非圆曲线面时自动将刀具圆角半径补偿量加入到刀具路径中。刀具中心向指定的方向(左或右)移动一个补偿量(一般为刀具的半径)，NC 程序中的刀具移动轨迹坐标是加入了补偿量的坐标值。

- 当设置为【控制器】补偿时，系统采用控制器补偿，遇到车削锥面、圆弧面和非圆曲线面时自动将刀具圆角半径补偿量加入到刀具路径中。刀具中心向(左或右)移动一个存储在寄存器里的补偿量(一般为刀具半径)，系统将在 NC 程序中给出补偿控制代码(左补 G41 或右补 G42)，NC 程序中的坐标值是外形轮廓值。
- 当设置为【两者】补偿时，即刀具磨损补偿时，同时具有电脑补偿和控制器补偿，且补偿方向相同，并在 NC 程序中给出加入了补偿量的轨迹坐标值，同时又输出控制代码 G41 或 G42。
- 当设置为【两者反向】补偿时，即刀具磨损反向补偿时，同样也同时具有电脑补偿和控制器补偿，但控制器补偿的补偿方向与设置的方向反向。即当采用电脑左补偿时，系统在 NC 程序中输出反向补偿控制代码 G42，当采用电脑右补偿时，系统在 NC 程序中输出反向补偿控制代码 G41。
- 当设置为【关】补偿时，系统关闭补偿设置，在 NC 程序中给出外形轮廓的坐标值，且在 NC 程序中无控制补偿代码 G41 或 G42。

在设置刀具补偿时可以设置为刀具磨损补偿或刀具磨损反向补偿，使刀具同时具有计算机刀具补偿和控制器刀具补偿，用户可以按指定的刀具刀尖圆弧直径来设置计算机补偿，而实际刀具刀尖圆弧直径与指定刀具刀尖圆弧直径的差值可以由控制器补偿来补正。当两个刀具刀尖圆弧直径相同的时候，在暂存器里的补偿值应该是零，当两个刀尖圆弧直径不相同的时候，在暂存器里的补偿值应该是两个刀尖圆弧直径的差值。

除了需要设置补正方式外，还需要设置补正方向，补正方向有左补偿和右补偿两种。刀具从选取的串连的起点方向向终点方向走刀，刀尖往工件左边偏移即为左补偿，刀尖往工件右边偏移即为右补偿。

4．刀具在转角处走圆角

刀具在转角处走圆角设置用于两条及两条以上的相连线段转角处的刀具路径，即根据不同选择模式决定在转角处是否采用弧形刀具路径。有【无】、【尖角】和【所有】三种。

- 当设置为【无】时，即不走圆角，不管转角的角度是多少，都不采用圆弧刀具路径。
- 当设置为【尖角】时，即在尖角处走圆角，在小于 135° 转角处采用圆弧刀具路径。
- 当设置为【所有】时，即在所有转角处都走圆角，在所有转角处都采用圆弧刀具路径。

5．进刀参数

进刀参数用来设置是否对粗车中的凹槽进行粗切削。单击【进刀参数】按钮，弹出【进刀的车削参数】对话框，该对话框用来设置进刀的切削设定参数，如图 9-4 所示。

进刀参数可以设置粗车时外圆方向和径向方向的凹槽是否切削和进刀时的角度等参数，便于半精加工和精加工，提高加工精度。

6. 半精车

粗车削完后在不更换刀具的情况下可以对工件进行半精加工，由于没有更换刀具，所以加工的精度和光洁度都不高，在后续的加工工序中要继续进行精加工。此工序只为将残料加工均匀，方便后续的精加工。在粗车削对话框中单击【半精车】 按钮，系统弹出【半精车参数】对话框，如图 9-5 所示。

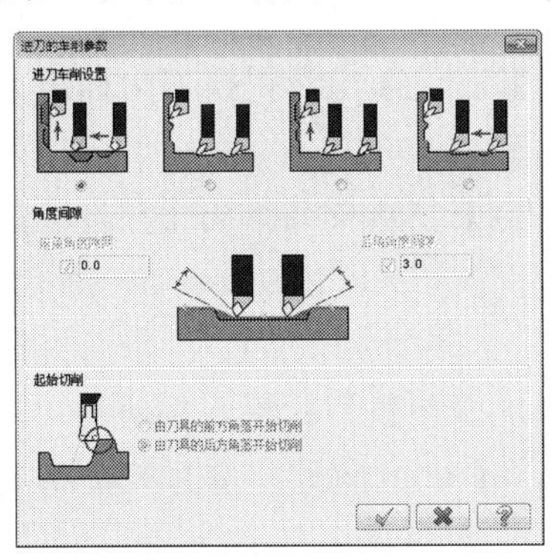

图 9-4　进刀参数

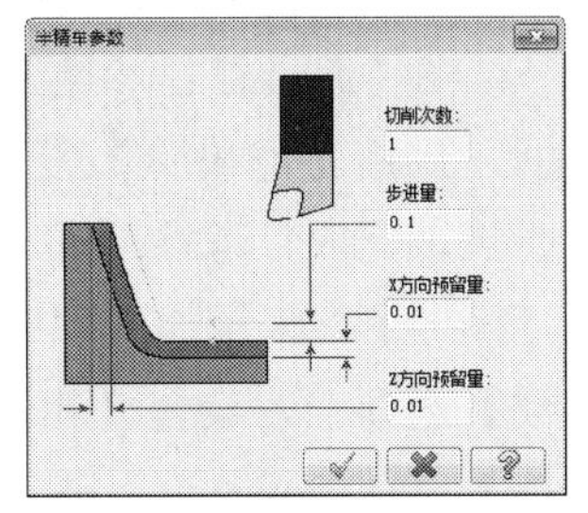

图 9-5　半精车

各选项含义如下。

- 【切削次数】：输入半精车削的次数。
- 【步进量】：输入半精车削的粗车步进量。
- 【X 方向预留量】：输入工件在 X 方向预留量。
- 【Z 方向预留量】：输入工件在 Z 方向预留量。

粗车削加工案例

案例文件：ywj /09/基础/9-1.MCX-7，ywj /09/结果/9-1.MCX-7

视频文件：光盘→视频课堂→第 9 章→9.1.1

step 01 打开 “9-1. MCX-7”文件，如图 9-6 所示。

step 02 选择【刀具路径】|【粗车削】菜单命令，系统弹出【输入新 NC 名称】对话框，输入名称“9-1”，单击【确定】按钮。系统弹出【串连选项】对话框，单击【局部串连】按钮，在绘图区选取加工串连，如图 9-7 所示。

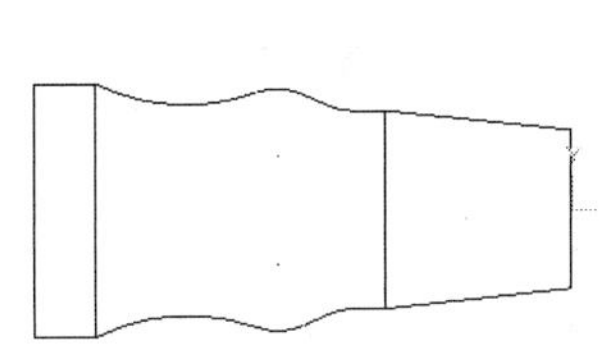

图 9-6　源文件

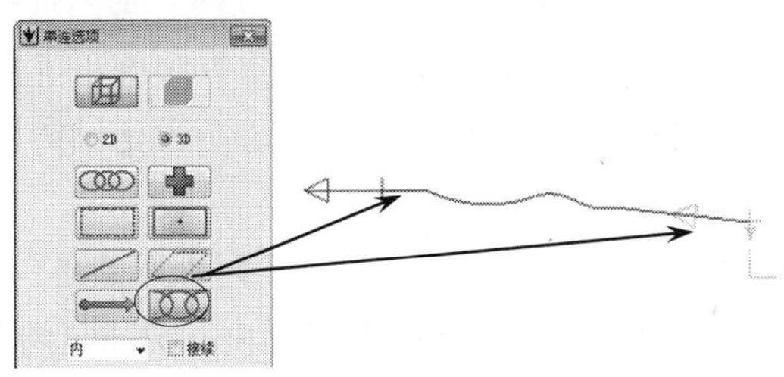

图 9-7　选取串连

step 03 弹出【车床粗加工 属性】对话框，在【刀具路径参数】选项卡设置相关参数，选择外圆车刀“T0101 R0.8 OD ROUGH RIGHT”为车削刀具，设置车削【进给率】为 0.3mm/转，【主轴转速】为 1000RPM。

step 04 在【刀具路径参数】选项卡中单击【冷却液】按钮 Coolant... ，弹出 Coolant 对话框，将 Flood(油冷)选项设为“ON”。单击【确定】按钮 ✓ ，完成冷却液设置。

step 05 在【刀具路径参数】选项卡中将【换到点】设置为【使用者定义】，单击右边的【定义】按钮，弹出【原点位置-用户定义】对话框，设置换刀坐标值为(X40，Z20)，单击【确定】按钮 ✓ ，完成换刀点设置。

step 06 在【刀具路径参数】选项卡中启用【参考点】复选框，弹出【参考位置】对话框，启用【退出点】复选框，输入退刀点坐标值为(X40,Z20)。单击【确定】按钮 ✓ ，完成参考点设置。

step 07 在【车床粗加工属性】对话框中单击【粗加工参数】标签，切换到【粗加工参数】选项卡，设置【粗车步进量】为 0.8mm，【X 方向预留量】和【Z 方向预留量】为 0.2mm，【进刀延伸量】为 2.5mm，【刀具在转角处走圆角】设置为【无】，禁用【进/退刀】复选框，如图 9-8 所示。单击【确定】按钮 ✓ ，完成参数设置。

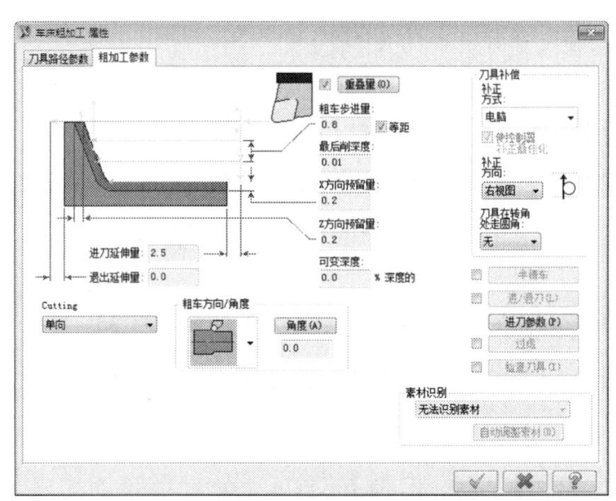

图 9-8 粗车参数

step 08 系统根据所设置的参数生成粗车刀具路径，如图 9-9 所示。

step 09 在【刀具路径操作管理器】中单击【属性】中的【材料设置】节点，系统弹出【机器群组属性】对话框，切换到【材料设置】选项卡，设置工件坯料，如图 9-10 所示。

step 10 在【材料设置】选项卡中单击【材料】选项组中的【信息内容】按钮，弹出【机床组件管理-素材】对话框，设置【外径】为 76，【长度】为 165，如图 9-11 所示。单击【确定】按钮 ✓ ，完成毛坯设置。

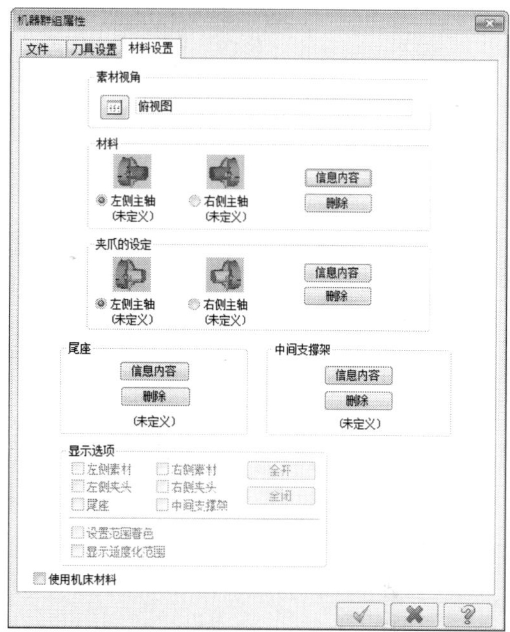

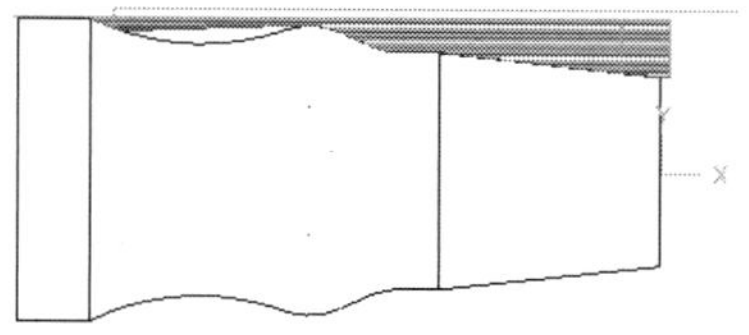

图 9-9　生成的粗车刀具路径

图 9-10　材料设置

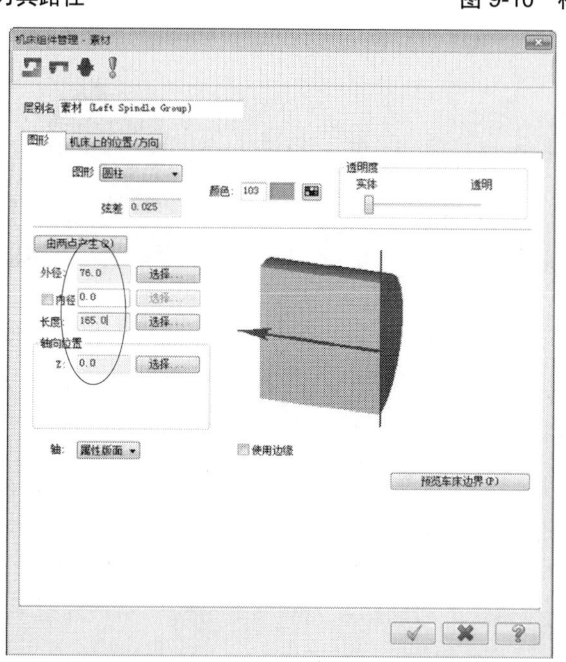

图 9-11　毛坯设置

step 11 在【材料设置】选项卡中单击【夹爪的设定】选项组中的【信息内容】按钮，弹出【机床组件管理-夹头设置】对话框，参数设置如图 9-12 所示。单击【确定】按钮，完成卡爪设置。

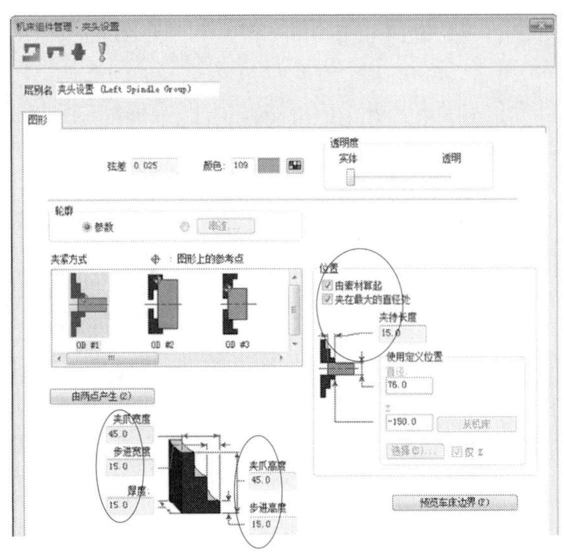

图 9-12　卡盘设置

step 12 毛坯和卡爪设置结果如图 9-13 所示。

step 13 在【刀具路径操作管理器】中单击【实体模拟】按钮进行模拟，系统即开始进行实体模拟加工，模拟结果如图 9-14 所示。

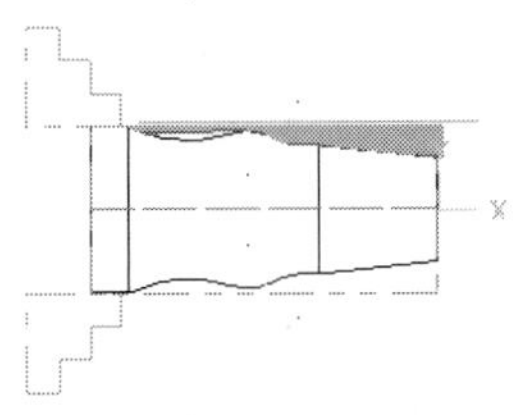

图 9-13　卡盘设置结果

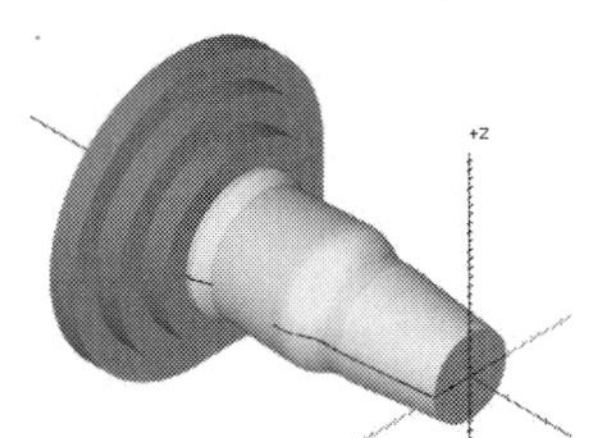

图 9-14　实体模拟

9.1.2　精车削加工

精车削主要车削工件上的粗车削后余留下的材料，精车削的目的是尽量满足加工要求和光洁度要求，达到设计图纸的要求。下面主要讲解精车削加工参数和加工步骤。

精车削参数主要包括【刀具路径参数】和【精车参数】，选择【刀具路径】|【精车削】菜单命令，弹出【车床精车属性】对话框，该对话框主要用来设置精车相关的参数，如图 9-15 所示。

精车参数主要包括精车步进量、预留量、车削方向、补偿方式、转角、进/退刀向量等。下面将详细讲解其含义。

1. 精车步进量和预留量

精车削的精车步进量一般较小，目的是清除前面粗加工留下来的材料。精车削预留量的设置是为了下一步的精车削或最后精加工，一般在精度要求比较高或表面光洁度要求比较高的零件中设置。

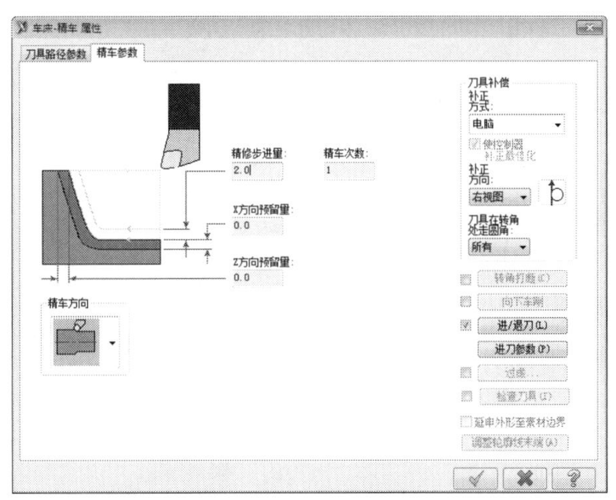

图 9-15 精车参数

- 【精修步进量】：此项用于输入精车削时每层车削的吃刀深度。
- 【精车次数】：此项用于输入精车削的层数。
- 【X 方向预留量】：此项用于精车削后在 X 方向的预留量。
- 【Z 方向预留量】：此项用于精车削后在 Z 方向的预留量。
- 【精车方向】：此项用于设置精车削的车削方式。有外径车削、内孔车削、右端面车削及左端面车削 4 种方式。

2. 补偿设置

由于试切对刀时都是对端面和圆柱面，所以对于锥面和圆弧面或非圆曲线组成的面时，精车削也会导致误差，因此需要采用刀具补偿功能来消除可能存在的过切或少切的现象。

- 【补正方式】：包括【电脑】、【控制器】、【两者】、【两者反向】和【无】补偿 5 种形式。具体含义与粗车削补偿方式相同。
- 【补偿方向】：包括【左视图】、【右视图】和【自动】3 种补偿方式。【左视图】补偿和【右视图】补偿与粗加工相同，【自动】补偿是系统根据工件轮廓自行决定。
- 【刀具在转角处走圆角】：转角设置主要是在轮廓转向的地方是否采用圆弧刀具路径。有【所有】、【无】、【尖角】3 种方式，含义与粗车削相同。

3. 进刀参数

进刀参数设置用来设置在精车削过程中是否切削凹槽。设置进刀参数可以在精车削参数对话框中单击【进刀参数】按钮，弹出【进刀的切削参数】对话框，如图 9-16 所示。参数含义与粗加工相同。

4. 圆角和倒角设置

在进行精车削时，系统允许对工件的凸角进行倒角或圆角处理。在精车参数对话框中选中转角设置前的复选框，再单击【转角打断】按钮，弹出【角落打断的参数】对话框，该对话框用来设置转角采用圆角或倒角的参数，如图 9-17 所示。

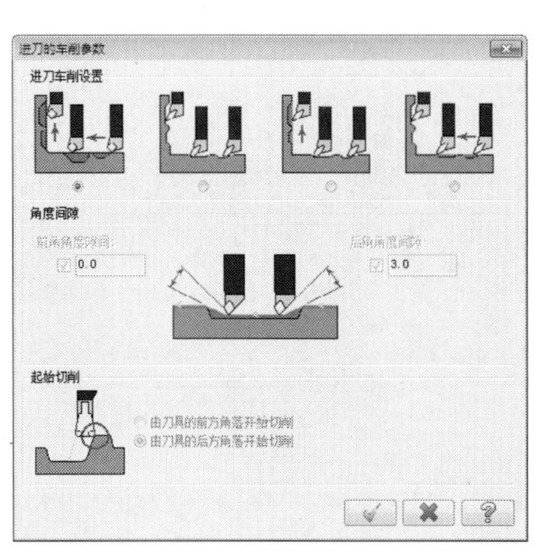

图 9-16　进刀参数

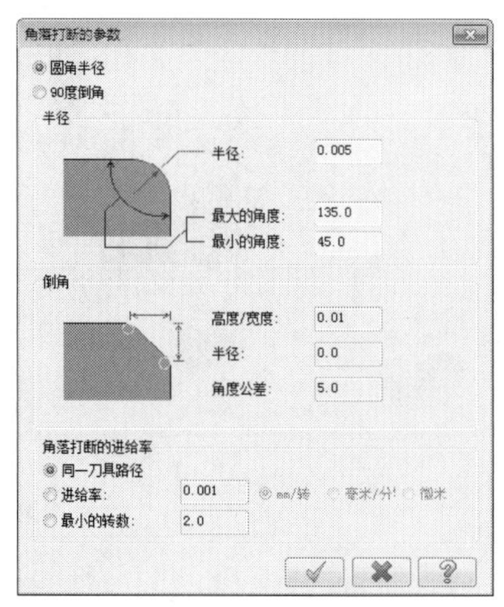

图 9-17　圆角和倒角设置

在【角落打断的参数】对话框中选中【圆角半径】选项，圆角设置被激活。可以设置圆角半径、最大的角度、最小的角度等。其参数如下。

- 【半径】：设置凸角倒圆角半径值。
- 【最大的角度】：设置凸角倒圆角的最大角度，大于此角度的凸角将不进行倒圆角。
- 【最小的角度】：设置凸角倒圆角的最小角度，小于此角度的凸角将不进行倒圆角。

选中【90 度倒角】选项，倒角设置被激活。可以设置倒角的高度/宽度，半径、角度的容差等。其参数如下。

- 【高度/宽度】：输入倒角的高度和宽度。
- 【半径】：输入倒角两端的圆角半径。
- 【角度容差】：输入倒角误差。

在【角落打断的进给率】选项组中设置切削速度，为加工出高精度的圆角和倒角。

- 【同一刀具路径】：圆角或倒角时的切削进给速度与工件轮廓切削速度相同。
- 【进给率】：输入圆角和倒角的切削进给速度。
- 【最小的转数】：输入最小进给转速。

精车削加工案例

案例文件：ywj /09/基础/9-2.MCX-7，ywj /09/结果/9-2.MCX-7

视频文件：光盘→视频课堂→第 9 章→9.1.2

step 01 打开“9-2. MCX-7”文件，如图 9-18 所示。

step 02 选择【刀具路径】|【精车削刀具路径】菜单命令，系统弹出【串连选项】对话框，选取加工串连，如图 9-19 所示。

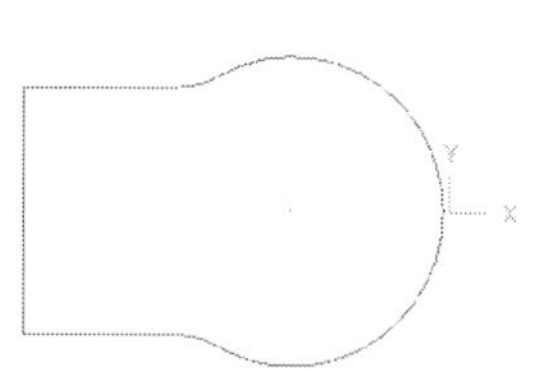

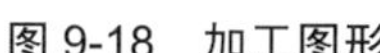

图 9-18 加工图形

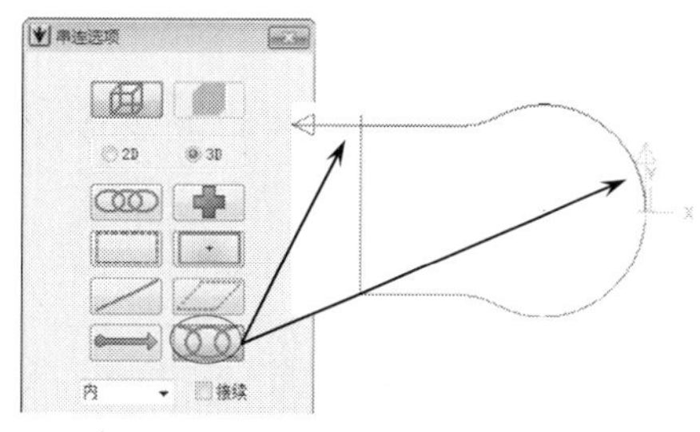

图 9-19 选取串连

step 03 串连选取完毕后单击【确定】按钮，系统弹出【车床-精车 属性】对话框，在该对话框中切换到【刀具路径参数】选项卡，选择 T2121 R0.8 OD FINISHI RIGHT 的车刀，设置【进给率】为 0.3mm/转，【主轴转速】为 1000RPM。

step 04 在【刀具路径参数】选项卡中单击冷却液按钮 Coolant... (*) ，弹出 Coolant 对话框，将 Floot(油冷)设置为 On(打开)。

step 05 在【刀具路径参数】选项卡中将【换刀点】设置为【使用者定义】，单击【定义】按钮，弹出【原点位置-用户定义】对话框，将换刀点设置为 X60Z30。单击【确定】按钮 ✓ ，完成换刀点的设置。

step 06 在【刀具路径参数】选项卡中单击【参考点】按钮，弹出【参考位置】对话框，将【退出点】设置为 X60Z30。单击【确定】按钮 ✓ ，完成参考点的设置。

step 07 在【车床-精车 属性】对话框中单击【精车参数】标签，切换到【精车参数】选项卡，将【精修步进量】设置为 0.5，【精车次数】设置为 1，【X 方向预留量】和【Z 方向预留量】设置为 0。

step 08 在【精车参数】选项卡启用【进/退刀】复选框，并单击【进/退刀】按钮，弹出【进退/刀设置】对话框，在【进刀】选项卡中禁用【使用进刀向量】复选框，启用【进刀圆弧】复选框，并单击【进刀圆弧】按钮，弹出【进/退刀圆弧】对话框，设置参数。

step 09 在【精车参数】选项卡单击【进刀参数】按钮，弹出【进刀的切削参数】对话框，设置参数如图 9-20 所示。单击【确定】按钮 ✓ ，完成精车参数设置，系统根据所设参数生成精车刀具路径。

step 10 在【刀具路径操作管理器】中单击【属性】中的【材料设置】节点，系统弹出【机器群组属性】对话框，切换到【材料设置】选项卡，设置工件坯料。

step 11 在【材料设置】选项卡中单击【材料】选项组中的【信息内容】按钮，弹出【机床组件管理-素材】对话框，设置【外径】为 100，【长度】为 180，单击【确定】按钮 ✓ ，完成毛坯设置。

step 12 在【材料设置】选项卡中单击【夹爪的设定】选项组的【信息内容】按钮，弹出【机床组件管理-夹头设置】对话框，设置参数后单击【确定】按钮 ✓ ，完成卡爪设置。毛坯和卡爪设置结果如图 9-21 所示。

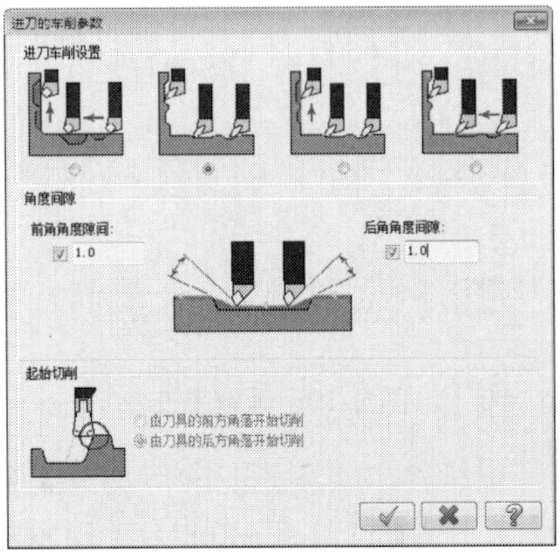

图 9-20　进刀参数

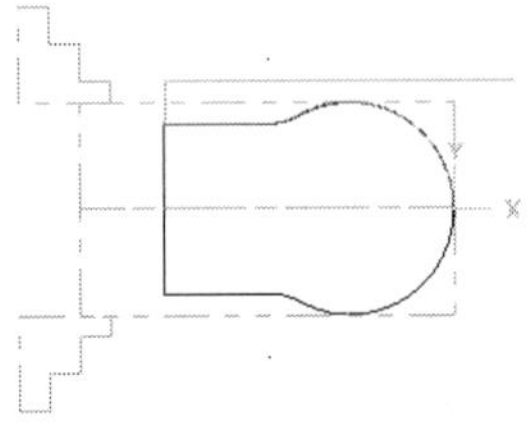

图 9-21　卡盘设置结果

step 13 在【刀具路径操作管理器】中单击【实体模拟】按钮进行实体模拟加工，模拟结果如图 9-22 所示。

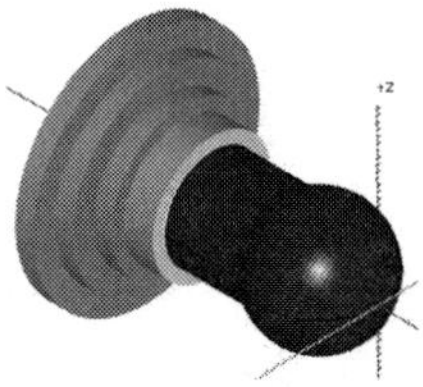

图 9-22　实体模拟

9.1.3　径向车削加工

径向车削的凹槽加工刀具路径主要用于车削工件上凹槽部分。选择【刀具路径】|【径向车削刀具路径】菜单命令，弹出【车床-进刀粗车属性】对话框，如图 9-23 所示。该对话框除了共同的【刀具路径参数】外，还有【径向外形参数】、【径向粗车参数】和【径向精车参数】。

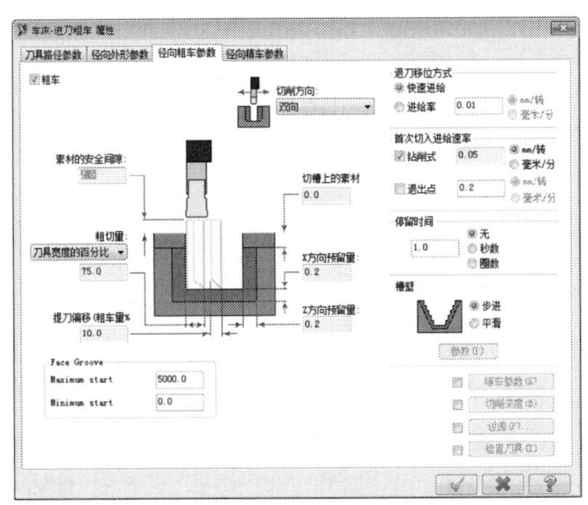

图 9-23　径向粗车

1. 切槽选项

选择【刀具路径】|【径向车削刀具路径】菜单命令，弹出【径向车削的切槽选项】对话框，如图 9-24 所示。该对话框用来设置凹槽的位置。有 5 种方式，包括【1 点】、【2 点】、【3 直线】、【串连】和【多个串连】。

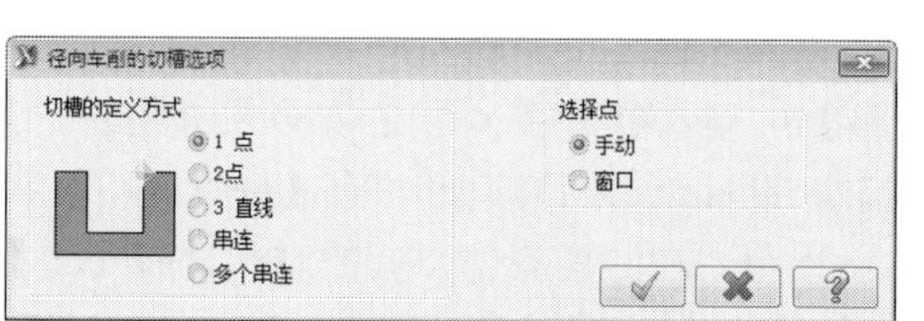

图 9-24　切槽选项

(1) 1 点：“1 点”方式通过选择凹槽右上角点的方法来定义凹槽的位置，而凹槽的大小由车槽外形参数来决定，点的选择也有两种方式，即【手动】和【窗口】。

(2) 2 点：通过选取凹槽右上角点和左下角点的方法来定义凹槽的位置，此方法还定义了凹槽的宽度和高度参数。

(3) 3 直线：通过定义凹槽的 3 条边界线来定义凹槽位置，此方法还定义了凹槽的高度、宽度和锥度。

(4) 串连：通过选取凹槽的串连几何图形和凹槽的边界的方式来定义凹槽的位置。

(5) 多个串连：通过选取多条串连几何图形来定义工件中有多处凹槽位置的零件。

2. 车削粗加工参数

在【车床-进刀粗车属性】对话框中单击【径向粗车参数】标签，切换到【径向粗车参数】选项卡，该选项卡用来设置凹槽粗车削时的粗切量、切削方向、预留量及凹槽的槽壁等参数，如图 9-25 所示。

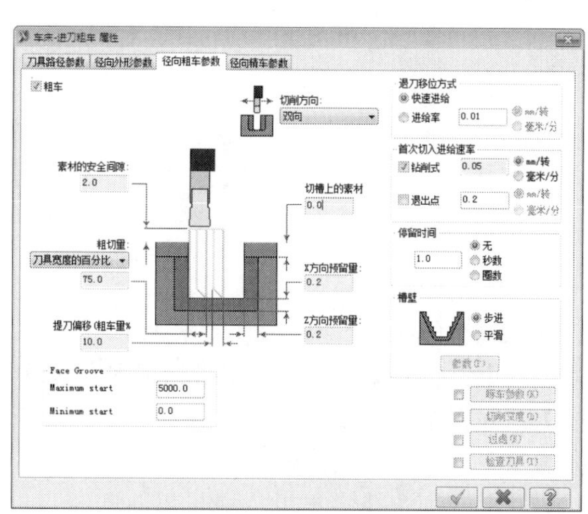

图 9-25　径向粗车参数

其选项含义如下。

- 【粗车】：启用此复选框，系统启用凹槽车削功能。
- 【切削方向】：设置凹槽车削方向，有【正数】、【负数】和【双向】。
- 【素材的安全间隙】：输入车槽时车刀起点高于工件的尺寸。
- 【粗切量】：输入凹槽车削的步进量。
- 【提刀偏移(粗车量)】：输入每车完一刀，车刀往后面的回刀量。

- 【切槽上素材】：输入工件高于轮廓的尺寸。
- 【X/Z 方向预留量】：输入粗车后 X 和 Z 方向预留量。
- 【退刀移位方式】：设置车刀回刀速度。有【快速进给】和【进给率】两种。
- 【停留时间】：设置车刀在凹槽底部停留的时间。有【无】、【秒数】和【圈数】3 种方式。
- 【槽壁】：设置凹槽斜壁的连接形式。有【步进】连接和【平滑】连接两种。

3. 径向精车参数

在【车床-进刀粗车属性】对话框中单击【径向精车参数】标签，切换到【径向精车参数】选项卡，该选项卡用来设置凹槽精车削时的精修次数、预留量及刀具补偿等参数，如图 9-26 所示。

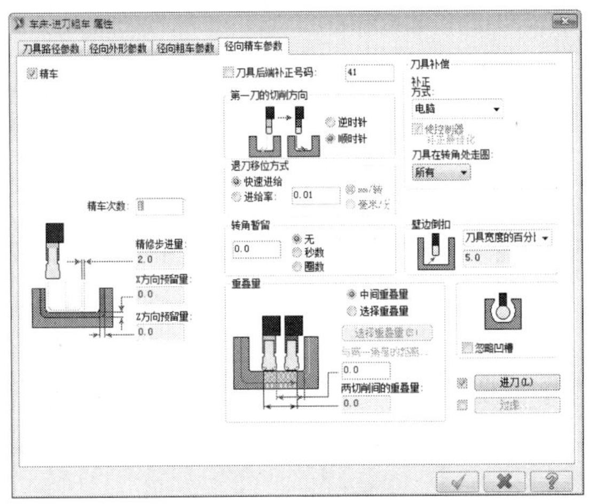

图 9-26　径向精车

其选项含义如下。

- 【精车】：启用此复选框，系统采用凹槽精车削功能。
- 【精车次数】：输入精车削次数。
- 【第一刀的切削方向】：设置第一次精车削时的车削方向。
- 【退刀移位方式】：设置车刀的回刀速度。
- 【两切削间的重叠量】：输入每次精车削的重叠量。
- 【刀具补偿】：设置精车削的补偿方式。
- 【刀具在转角处走圆】：设置刀具在转角处是否走圆弧刀具路径。

径向车削加工案例

案例文件：ywj /09/基础/9-3.MCX-7，ywj /09/结果/9-3.MCX-7

视频文件：光盘→视频课堂→第 9 章→9.1.3

step 01 打开“9-3. MCX-7”文件，如图 9-27 所示。

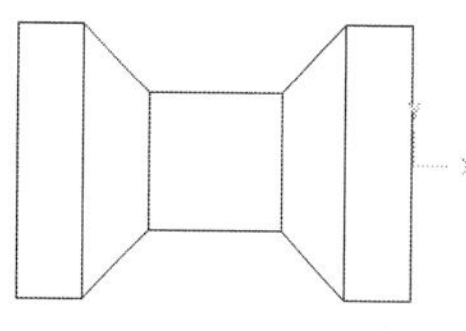

图 9-27　车槽图形

step 02 选择【刀具路径】|【径向车削刀具路径】菜单命令，系统弹出【径向车削的切槽选项】对话框，在对话框中选中【串连】单选按钮，如图 9-28 所示。系统回到绘图区选取串连，选取如图 9-29 所示的加工串连。

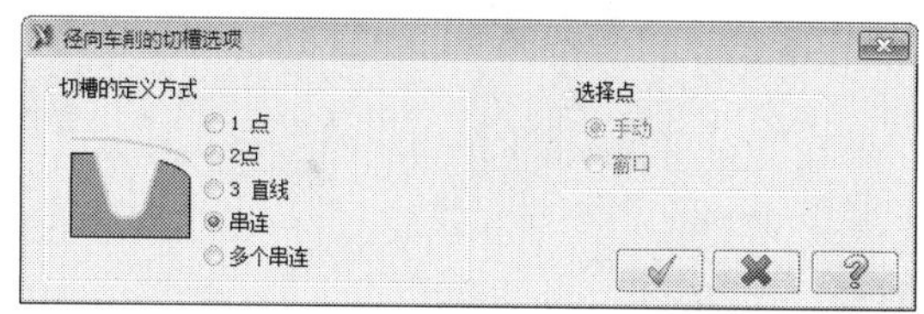

图 9-28　径向车削的切槽选项

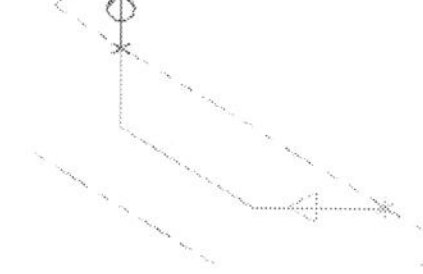

图 9-29　选取串连

step 03 弹出【车床-进刀粗车属性】对话框，在【刀具路径参数】选项卡中选择“T1818 R0.3 OD GROOVE CENTER ”车刀，并设置【进给率】为 0.3mm/转，【主轴转速】为 1000RPM。

step 04 在【刀具路径参数】选项卡中单击 Coolant... (*) 按钮，弹出 Coolant 对话框，将 Floot(油冷)设置为 On(打开)。

step 05 在【刀具路径参数】选项卡中将【换刀点】设置为【使用者定义】，单击【定义】按钮，弹出【原点位置-用户定义】对话框，将换刀点设置为 X50Z30，单击【确定】按钮 ✓，完成换刀点的设置。

step 06 在【刀具路径参数】选项卡中启用【参考点】复选框，单击【参考点】按钮，弹出【参考位置】对话框，将退刀点设为(X:50,Z:30)，单击【确定】按钮 ✓，完成参考点的设置。

step 07 在【车床-进刀粗车属性】对话框中单击【径向外形参数】标签，切换到【径向外形参数】选项卡，设置车槽外形参数，如图 9-30 所示。

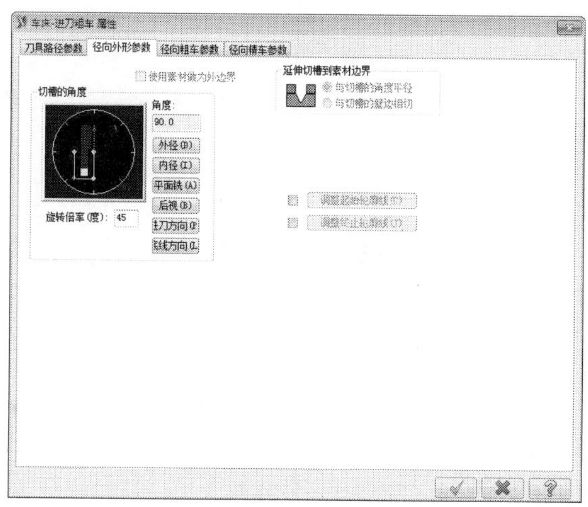

图 9-30　车槽外形设置

step 08 在【车床-进刀粗车属性】对话框中单击【径向粗车参数】标签，切换到【径向粗车参数】选项卡，设置径向粗车参数，如图 9-31 所示。

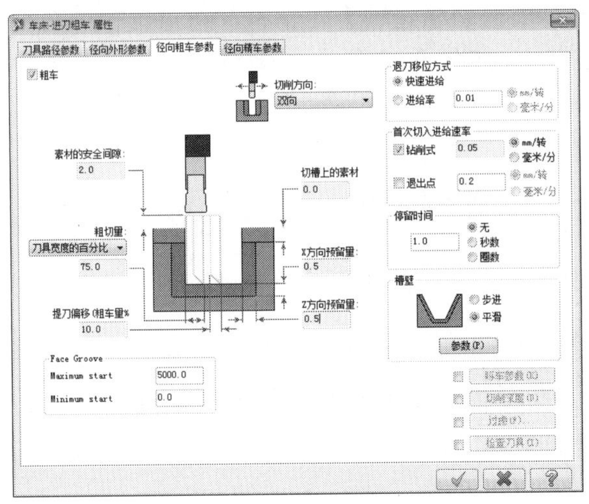

图 9-31 径向粗车参数

step 09 在【车床-进刀粗车属性】对话框中单击【径向精车参数】标签，切换到【径向精车参数】选项卡，设置径向精车参数，如图 9-32 所示。

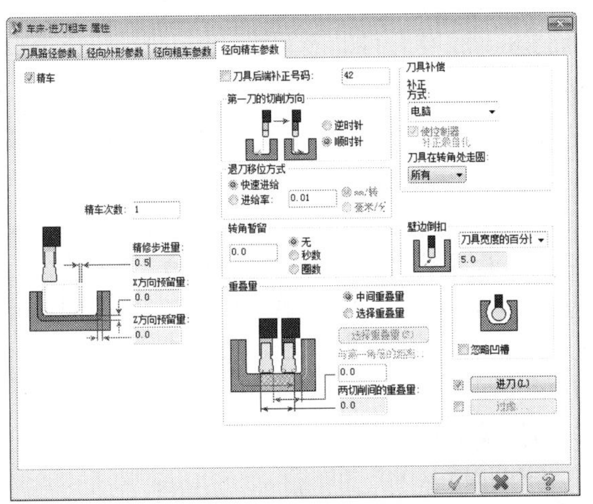

图 9-32 径向精车参数

step 10 单击【确定】按钮，完成车槽参数设置，系统根据所设参数生成车槽刀具路径，如图 9-33 所示。

step 11 在【刀具路径操作管理器】中单击【属性】中的【材料设置】节点，弹出【机器群组属性】对话框，切换到【材料设置】选项卡，设置工件坯料。

step 12 在【材料设置】选项卡中单击【材料】选项组中的【信息内容】按钮，弹出【机床组件管理-素材】对话框，设置外径为 40，长度为 80，单击【确定】按钮，完成毛坯设置。

step 13 在【材料设置】选项卡中单击【夹爪的设定】选项组中的【信息内容】按钮，

弹出【机床组件管理-夹头设置】对话框，设置参数后单击【确定】按钮 ，完成卡爪设置。毛坯和卡爪设置结果如图 9-34 所示。

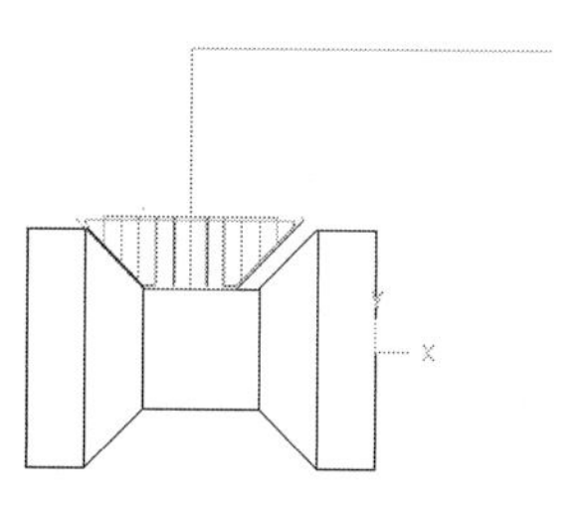

图 9-33　生成车槽刀路

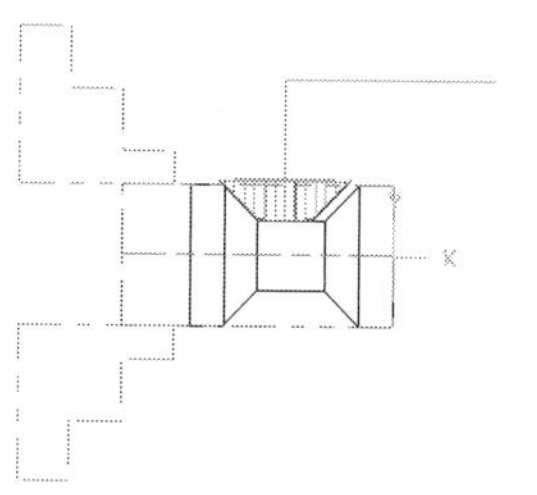

图 9-34　卡盘设置结果

step 14 在【刀具路径操作管理器】中单击【实体模拟】按钮进行实体模拟加工，模拟结果如图 9-35 所示。

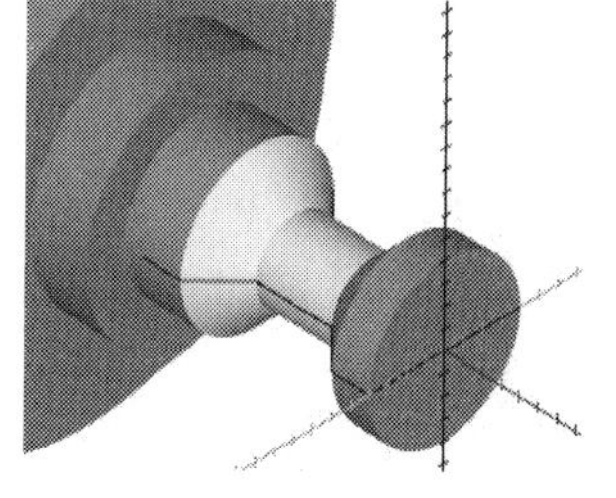

图 9-35　实体模拟

9.1.4　端面车削加工

车削端面刀具路径适合用来车削毛坯工件的端面，或零件结构在 Z 方向的尺寸较大的场合。

要启动车端面命令，可以选择【刀具路径】|【车端面】菜单命令，弹出【车床-车端面属性】对话框，该对话框用来设置刀具路径参数和车端面参数，如图 9-36 所示。

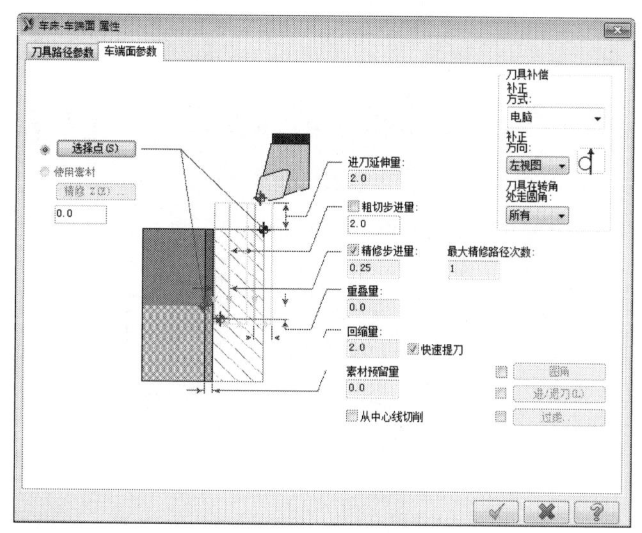

图 9-36　车削端面参数

车削端面加工参数主要用于设置端面车削时的粗车步进量、精车步进量、预留量、刀具补偿和进退刀向量等。

1．车削端面的区域

车削端面时，用户可以不用绘制端面图形，而由车端面参数设置对话框中的参数来设置端面车削区域。

- 【选择点】：用户可以在绘图区选择端面车削的两个对角点或输入两对角点坐标来生成端面车削区域。
- 【使用素材】：系统以设置的工件坯料外形来确定端面车削区域。

2．端面车削参数

端面车削参数含义如下。

- 【进刀延伸量】：输入进刀路径离开工件的距离。
- 【粗切步进量】：输入每次粗车削的厚度。
- 【精修步进量】：输入每次精车削的厚度。
- 【最大精修路径次数】：输入精车的次数。
- 【重叠量】：输入 X 方向相对于工件中心的过切量。
- 【回缩量】：在车削端面后输入 Z 方向的回缩量。
- 【素材预留量】：输入 Z 方向预留量。
- 【从中心线切削】：启用此复选框，车削由中心向外车削，否则由外向内车削。

3．刀具补偿

刀具补偿参数如下。

- 【补正方式】：选择补偿的类型。与粗车削相同。
- 【补正方向】：设置补偿方向，有【左视图】补偿和【右视图】补偿。

端面车削加工案例

案例文件：ywj /09/基础/9-4.MCX-7，ywj /09/结果/9-4.MCX-7

视频文件：光盘→视频课堂→第 9 章→9.1.4

step 01 打开“9-4. MCX-7”文件，如 9-37 所示。

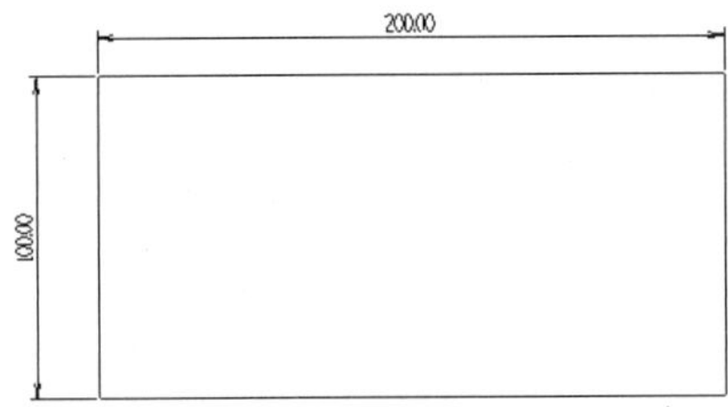

图 9-37　源文件

step 02 选择【刀具路径】|【车端面】菜单命令，弹出【输入新 NC 名称】对话框，输入名称，单击【确定】按钮，完成新 NC 名称的输入。系统弹出【车床-车端面属性】对话框，在其【刀具路径参数】选项卡中设置刀具和刀具参数。选取端面车刀“T3131 R0.8 ROUGH FACE RIGHT”，设置【进给率】为 0.3mm/转，【主轴转

速】1000RPM。

step 03 在【刀具路径参数】选项卡中单击 Coolant... 按钮，弹出 Coolant 对话框，设置冷却液的 Floot 选项设置为 On，单击【确定】按钮完成冷却液设置。

step 04 在【刀具路径参数】选项卡将【换刀点】选项设置为【使用者定义】，单击【定义】按钮，弹出【原点位置-用户定义】对话框，设置换刀点(X60,Z30)，单击【确定】按钮完成换刀点设置。

step 05 在【刀具路径参数】选项卡启用【参考点】复选框，系统弹出【参考位置】对话框，启用【退刀点】复选框，并输入 X60Z30，单击【确定】按钮完成退刀点的设置。

step 06 在【车床-车端面属性】对话框中单击【车端面参数】标签，切换到【车端面参数】选项卡，设置【进刀延伸量】为 1，【粗切步进量】为 1，【精修步进量】为 0.5，【重叠量】为 1，再设置端面区域，选取两点作为端面区域。单击“确定”按钮，完成车端面参数设置。系统根据所设参数生成车削刀具路径如图 9-38 所示。

step 07 在【刀具路径操作管理器】中单击【属性】中的【材料设置】节点，弹出【机器群组属性】对话框，切换到【材料设置】选项卡，设置工件坯料。

step 08 在【材料设置】选项卡中单击【材料】选项组中的【信息内容】按钮，弹出【机床组件管理-素材】对话框，设置外径为 100，长度为 200，单击【确定】按钮，完成毛坯设置。

step 09 在【材料设置】选项卡中单击【夹爪的设定】选项组中的【信息内容】按钮，弹出【机床组件管理-夹头设置】对话框，设置参数后单击【确定】按钮，完成卡爪设置。毛坯和卡爪设置结果如图 9-39 所示。

step 10 在【刀具路径操作管理器】中单击【实体模拟】按钮进行实体模拟加工，模拟结果如图 9-40 所示。

图 9-38　车削刀具路径

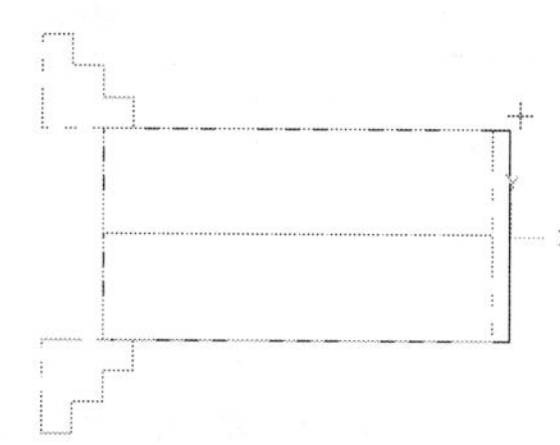

图 9-39　卡盘设置结果

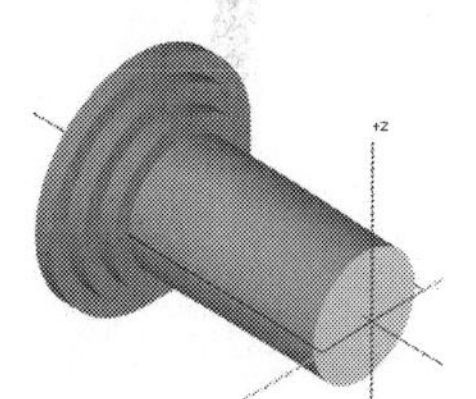

图 9-40　实体模拟

9.2　循环车削

循环车削是 MasterCAM X7 中根据设置的参数生成分层铣削的车削模组。不需要再手动计算分层铣削，可大大简化设置参数。

9.2.1　粗车循环

粗车循环是通过产生外圆粗切削复合循环指令 G71 来车削工件，参数与粗车参数类似。只是在切削时分层循环切削，并在程序中产生 G71 指令。

G71 指令的格式如下：

```
G71  U(Δd)R(e)
G71  P(ns)Q(nf)U(Δu)W(Δw)F(f)S(s)T(t)
```

其中各参数说明如下。

Δd：粗车削每层的半吃刀量。

e：每层车削完毕后进行下一层车削前在 X 方向的退刀量。

ns：精加工路线的第一个程序段的顺序号。

nf：精加工路线的最后一个程序段的顺序号。

Δu：X 方向上的精加工余量。

Δw：Z 方向上的精加工余量。

F、S、T：进给切削速度、主轴转速功能及刀具功能。

选择【刀具路】|【切削循环】|【粗车】菜单命令，按默认的输入新 NC 名称确定后，选取需要加工的串连并确定，系统弹出【车床 粗车循环 属性】对话框，切换到【循环粗车的参数】选项卡，该选项卡用来设置循环粗车的粗切量、预留量等参数，如图 9-41 所示。

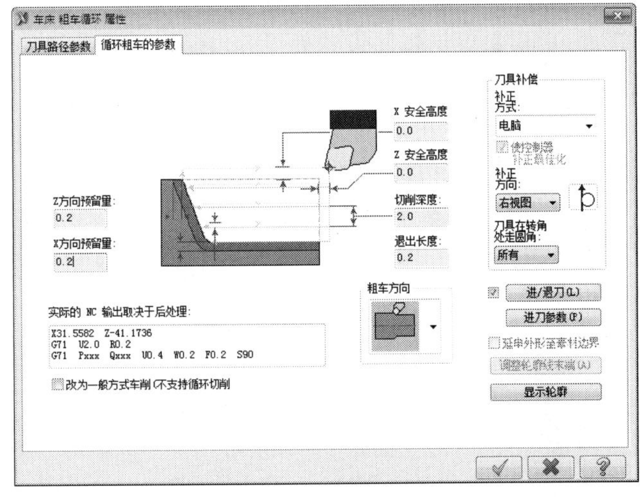

图 9-41　循环粗车参数

各选项含义如下。

- 【安全高度】：相对于工件的退刀安全距离。
- 【切削深度】：每层切削量。
- 【X 方向预留量】：在 X 方向即径向预留的量。
- 【Z 方向预留量】：在 Z 轴方向即切削进给方向的预留的量。

粗车循环案例

案例文件：ywj /09/基础/9-5.MCX-7，ywj /09/结果/9-5.MCX-7

视频文件：光盘→视频课堂→第 9 章→9.2.1

step 01 打开“9-5.MCX-7”文件，如图 9-42 所示。

step 02 选择【刀具路径】|【切削循环】|【粗车】菜单命令，系统弹出【输入新 NC 名称】对话框，输入名称，单击【确定】按钮。系统弹出【串连选项】对话框，单击【局部串连】按钮，在绘图区选取加工串连，如图 9-43 所示。

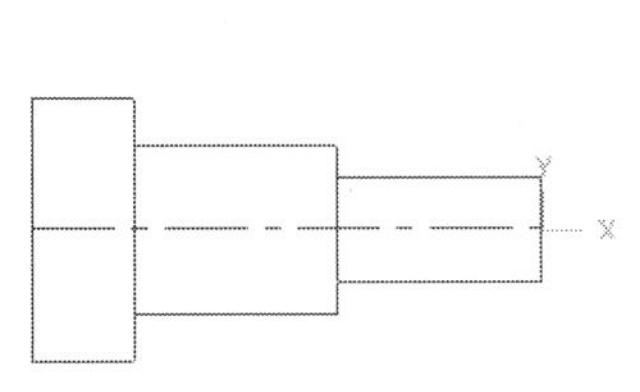

图 9-42 源文件

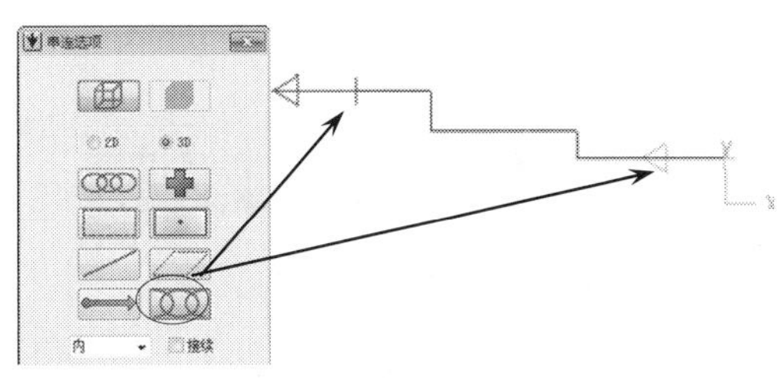

图 9-43 选取串连

step 03 此时弹出【车床 粗车循环 属性】对话框，在【刀具路径参数】选项卡设置相关参数，选择外圆车刀“T1212 R0.8 OD RIGHT 55 deg”为车削刀具，设置车削【进给率】为 0.3mm/转，【主轴转速】为 1000RPM，如图 9-44 所示。

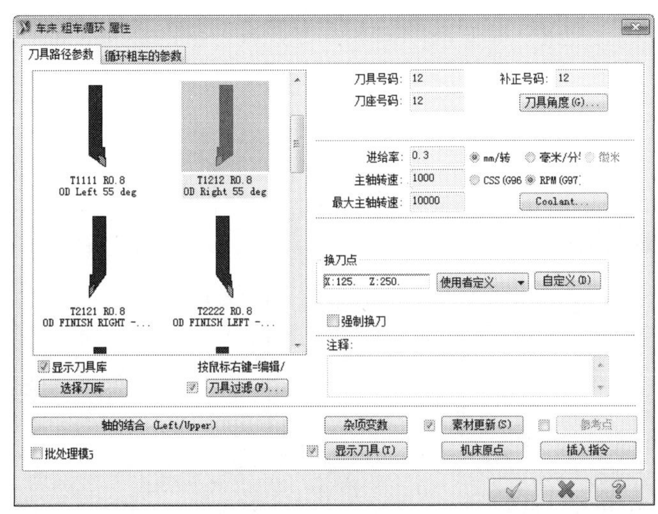

图 9-44 粗车循环

step 04 在【刀具路径参数】选项卡中单击 Coolant... 按钮，弹出 Coolant 对话框，将 Flood(油冷)选项设为 On，单击【确定】按钮，完成冷却液设置。

step 05 在【刀具路径参数】选项卡中将机床【换刀点】设置为【使用者定义】，单击右边的【定义】按钮，弹出【原点位置-用户定义】对话框，设置换刀坐标值为(X40,Z20)，如图 9-45 所示，单击【确定】按钮，完成换刀点设置。

step 06 在【刀具路径参数】选项卡中启用【参考点】复选框，弹出【参考位置】对话框，启用【退出点】复选框，输入退刀点坐标值为(X40,Z20)，如图 9-46 所示。单击【确定】按钮，完成参考点设置。

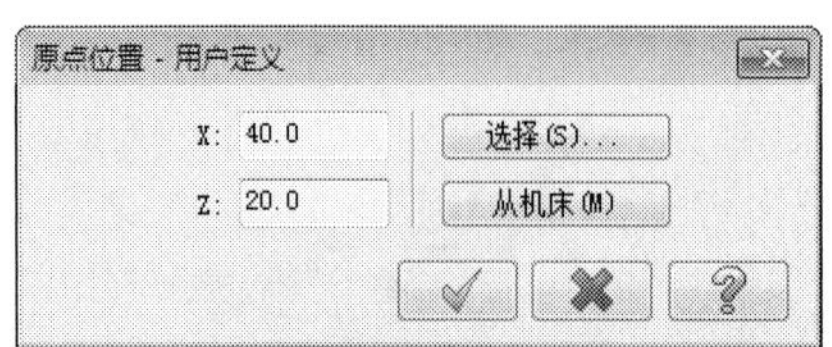

图 9-45　换刀点

图 9-46　备刀位置

step 07 在【车床 粗车循环 属性】对话框中单击【循环粗车的参数】标签，切换到【循环粗车的参数】选项卡，设置【X/Z 安全高度】为 2mm，【切削深度】为 1mm，X 和 Z 向预留量均设为 0.2mm，如图 9-47 所示。单击【确定】按钮，完成参数设置。

step 08 系统根据所设置的参数生成粗车刀具路径，如图 9-48 所示。

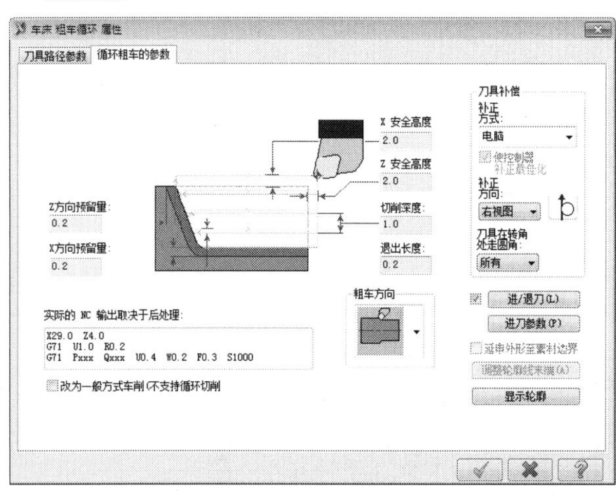

图 9-47　粗车参数

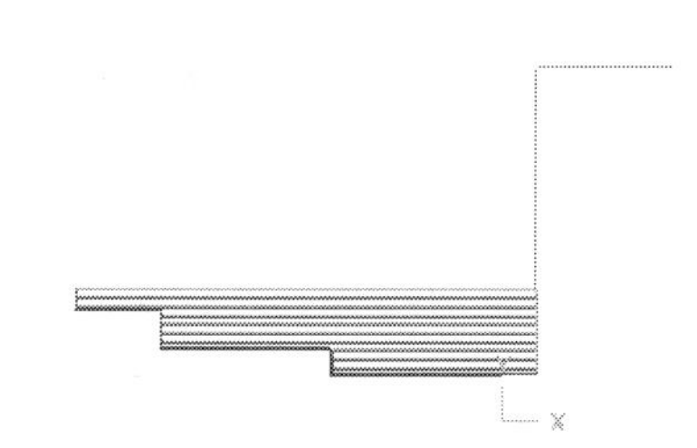

图 9-48　生成的粗车刀具路径

step 09 在【刀具路径操作管理器】中单击【属性】中的【材料设置】节点，弹出【机器群组属性】对话框，切换到【材料设置】选项卡，设置工件坯料，如图 9-49 所示。

step 10 在【材料设置】选项卡中单击【材料】选项组中的【信息内容】按钮，弹出【机床组件管理-素材】对话框，设置外径为 30，长度为 70，如图 9-50 所示。单击【确定】按钮，完成毛坯设置。

step 11 在【材料设置】选项卡中单击【夹爪的设定】选项组中的【信息内容】按钮，弹出【机床组件管理-夹头设置】对话框，参数设置如图 9-51 所示。单击【确定】按钮，完成卡爪设置。

图 9-49　材料设置

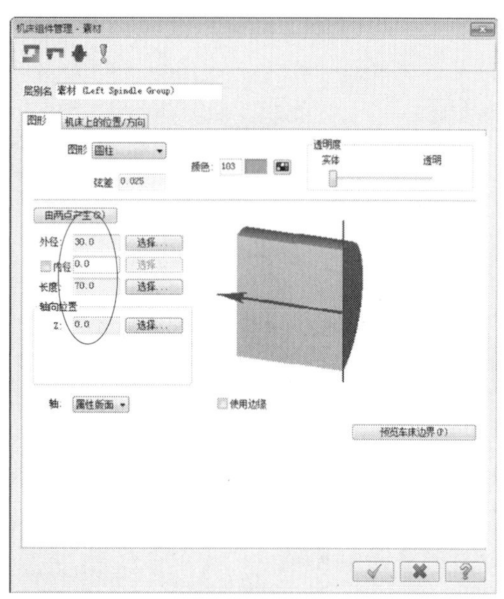

图 9-50　毛坯设置

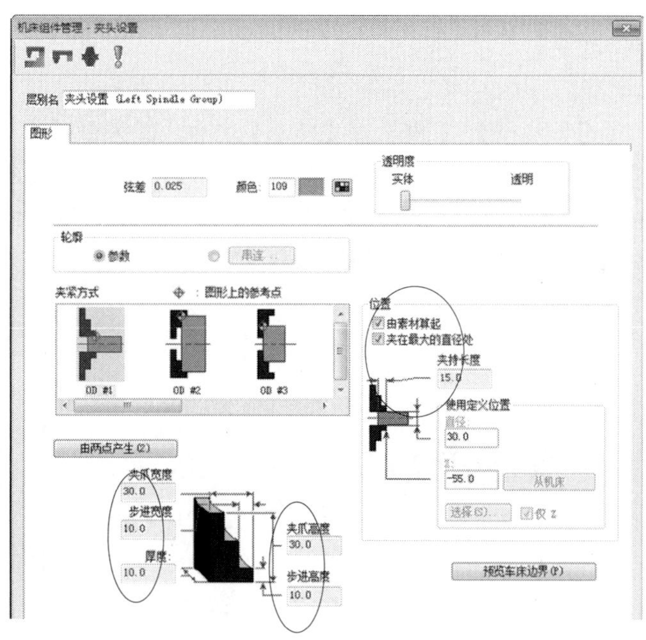

图 9-51　卡盘设置

step 12 毛坯和卡爪设置结果如图 9-52 所示。

step 13 在【刀具路径操作管理器】中单击【实体模拟】按钮进行实体模拟加工，模拟结果如图 9-53 所示。

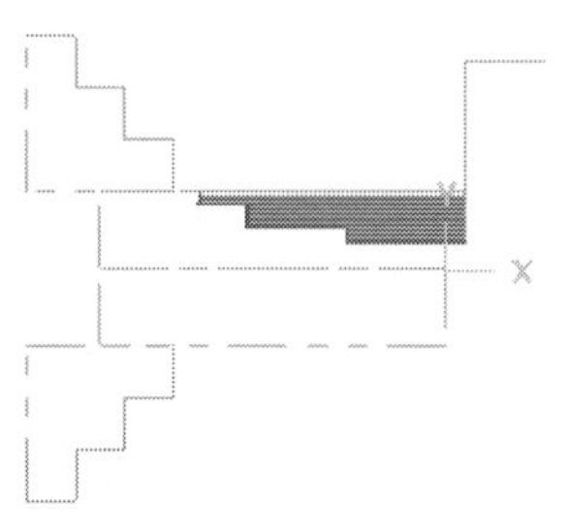

图 9-52　卡盘设置结果

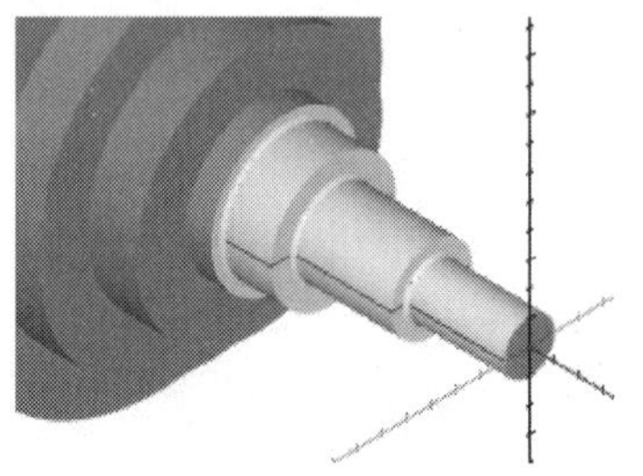

图 9-53　实体模拟

9.2.2　精车循环

精车循环是通过产生外圆精切削复合循环指令 G70 来车削零件。在产生的 NC 程序中输出 G70 指令。参数与精车削参数类似。

G70 的格式如下：

```
G70  P(ns)Q(nf)
```

各参数说明如下。

ns：精加工路线的第一个程序段的顺序号。

nf：精加工路线的最后一个程序段的顺序号。

在主菜单中选择【刀具路径】|【循环】|【精车】命令，输入新 NC 名称确定后，选取需要加工的串连并确定，系统弹出【车床 精车循环 属性】对话框，切换至【循环精车的参数】选项卡，设置循环精车的刀具补偿、进退刀点等参数，如图 9-54 所示。

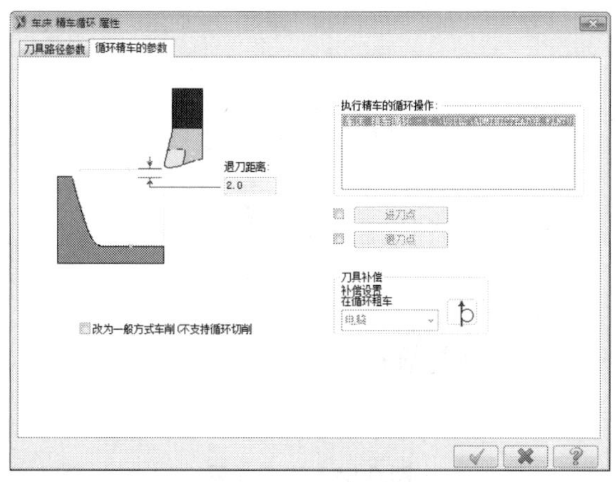

图 9-54　循环精车参数

精车循环案例

案例文件：ywj /09/基础/9-6.MCX-7，ywj /09/结果/9-6.MCX-7

视频文件：光盘→视频课堂→第 9 章→9.2.2

step 01 打开“9-6. MCX-7”文件，如图 9-55 所示。

step 02 选择【刀具路径】|【切削循环】|【精车】菜单命令，系统弹出【车床 精车循环 属性】对话框，切换到【刀具路径参数】选项卡，选择“T2121 R0.8 OD FINISHI RIGHT”的车刀，设置【进给率】为 0.5mm/转，【主轴转速】为 1000RPM。

step 03 在【刀具路径参数】选项卡中单击 Coolant... (*) 按钮，弹出 Coolant 对话框，将 Floot(油冷)设置为 On(打开)。

step 04 在【刀具路径参数】选项卡中将【换刀点】设置为【使用者定义】，单击【定义】按钮，弹出【原点位置-用户定义】对话框，将换刀点设置为 X30Z20，单击【确定】按钮，完成换刀点的设置。

step 05 在【刀具路径参数】选项卡中单击【参考点】按钮，弹出【参考位置】对话框，将退刀点设为 X30Z20，单击【确定】按钮，完成参考点的设置。

step 06 在【车床 精车循环 属性】对话框中单击【循环精车的参数】标签，切换到【循环精车的参数】选项卡，设置【退刀距离】为 2mm。单击【确定】按钮，完成精车循环参数设置，系统根据所设参数生成精车循环刀具路径，如图 9-56 所示。

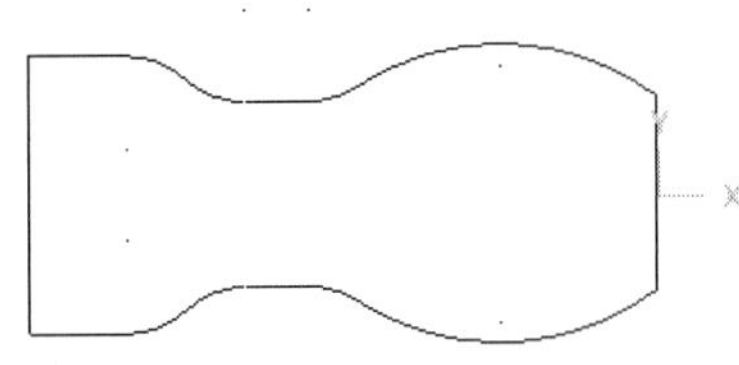

图 9-55　加工图形

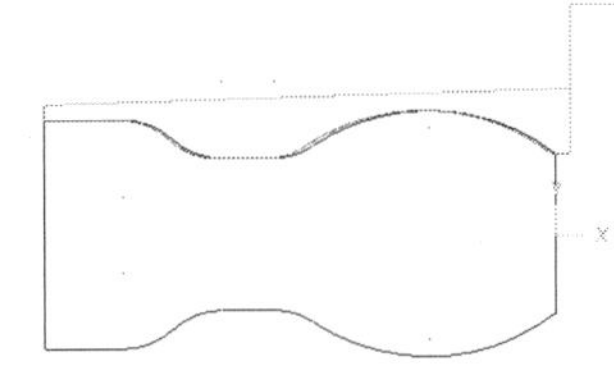

图 9-56　刀具路径

step 07 在【刀具路径操作管理器】中单击【属性】中的【材料设置】节点，弹出【机器群组属性】对话框，切换到【材料设置】选项卡，设置工件坯料。在【材料设置】选项卡中单击【材料】选项组中的【信息内容】按钮，弹出【机床组件管理-素材】对话框，设置【外径】为 35，【长度】为 90，单击【确定】按钮，完成毛坯设置。

step 08 在【材料设置】选项卡中单击【夹爪的设定】选项组中的【信息内容】按钮，弹出【机床组件管理-夹头设置】对话框，设置参数后单击【确定】按钮，完成卡爪设置。毛坯和卡爪设置结果如图 9-57 所示。

step 09 在【刀具路径操作管理器】中单击【实体模拟】按钮进行实体模拟加工，模拟结果如图 9-58 所示。

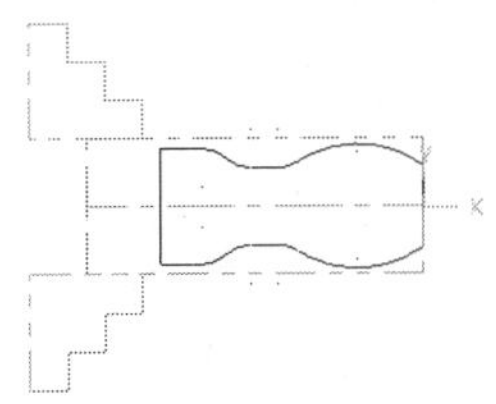

图 9-57　卡盘设置结果

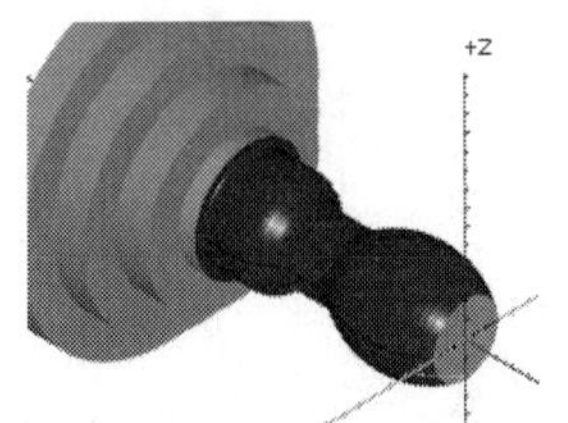

图 9-58　实体模拟

9.2.3 径向车削循环

径向车削循环是通过产生车槽复合循环指令 G75 来车削工件上的凹槽部位。在 NC 程序中输出 G75 指令，参数与径向车削类似。

G75 的格式如下：

```
G75  R(e)
G75  X   Z   P(u)Q(w)F(f)S(s)T(t)
```

各参数说明如下。

e：每层车削完后进行下一层车削前在 X 方向的退刀量。

X、Z：凹槽左下角点的坐标。

u：每层车削在 X 方向的下刀量。

w：每层车削在 Z 方向的步进量。

F、S、T：进给切削速度、主轴转速、刀具功能。

选择【刀具路径】|【切削循环】|【径向车削】菜单命令，按默认的输入新 NC 名称确定后，系统弹出【径向车削的切槽选项】对话框，该对话框用来定义循环径向车削的凹槽，如图 9-59 所示。

图 9-59 径向车削的切槽选项

选取凹槽特征点后单击【确定】按钮，系统弹出【车床 径向车削循环 属性】对话框，在【车床 径向车削循环 属性】对话框中单击【径向外形参数】标签，切换到【径向外形参数】选项卡，该选项卡用来设置凹槽外形参数，如图 9-60 所示。

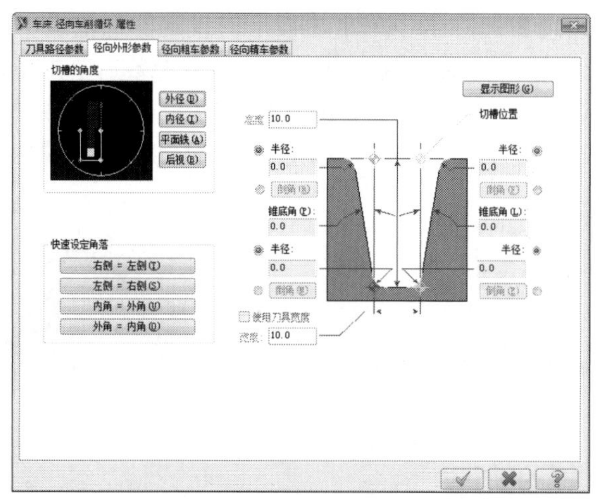

图 9-60 径向外形参数

各参数含义如下。

- 【切槽的角度】：设置切削所在的角度位置，有切削外径(外圆径向)、内径(内圆径向)、平面线(端面)、后视(后端面)四种方式。
- 【高度】：设置凹槽的径向高度。
- 【半径】：设置凹槽上下角点的圆角半径。
- 【倒角】：设置凹槽上下角点的 45° 倒角值。
- 【锥底角】：设置凹槽径向侧壁的锥度角。

在【车床 径向车削循环 属性】对话框中单击【径向粗车参数】标签，切换到【径向粗车参数】选项卡，该选项卡用来设置粗车切削方向、步进量、预留量等参数，如图 9-61 所示。

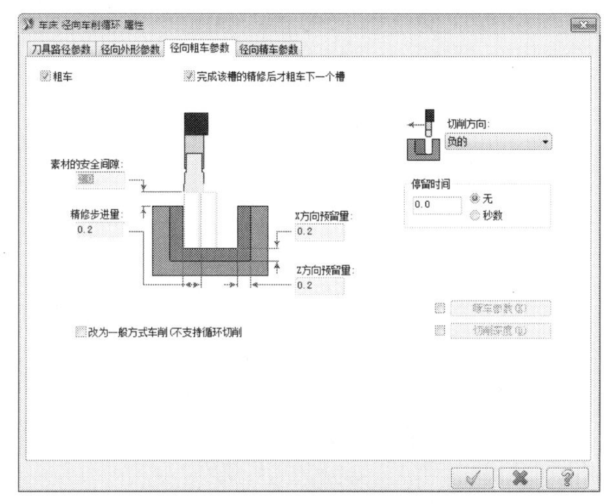

图 9-61　径向粗车参数

各参数含义如下。

- 【完成该槽的精修后才粗车下一个槽】：启用此复选框，则系统对某一凹槽粗车和精车完毕后才进行下一凹槽的切削，否则对全部的凹槽进行粗车后再精修。
- 【素材的安全间隙】：刀具在进入素材前在 X 方向上与素材之间的间隙。
- 【精修步进量】：粗车切槽在 Z 方向的步进量。
- X、Z 方向预留量：在 X、Z 方向粗车凹槽预留的材料。
- 【切削方向】：正值是沿 Z 轴正向切削，负值是沿 Z 轴负向切削。

在【车床 径向车削循环 属性】对话框中单击【径向精车参数】标签，切换到【径向精车参数】选项卡，该选项卡用来设置精修次数、步进量、预留量等参数，如图 9-62 所示。

各参数含义如下。

- 【精车次数】：设置径向精车加工的次数。
- 【精修步进量】：每层精车加工的厚度。
- X、Z 方向预留量：X、Z 方向预留给下一工序的残料。
- 【第一刀的切削方向】：设置第一刀精车的切削方向。

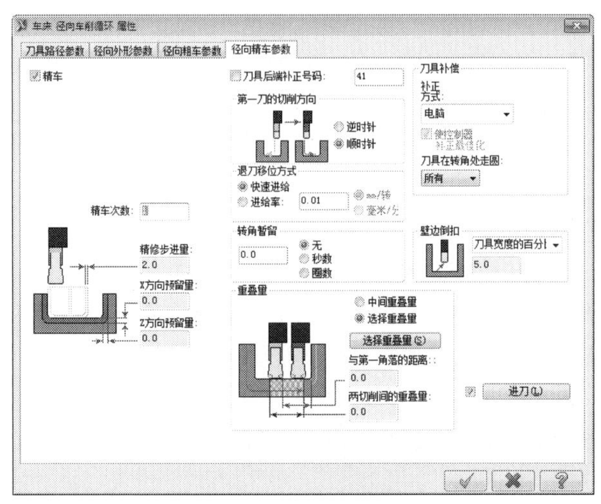

图 9-62　径向精车参数

径向车削循环案例

案例文件：ywj /09/基础/9-7.MCX-7，ywj /09/结果/9-7.MCX-7

视频文件：光盘→视频课堂→第 9 章→9.2.3

step 01 打开 “9-7. MCX-7”文件，如图 9-63 所示。

step 02 选择【刀具路径】|【切削循环】|【径向车削】菜单命令，系统弹出【径向车削的切槽选项】对话框，选中【2 点】单选按钮，系统回到绘图区选取 2 点，选取如图 9-64 所示的加工串连。

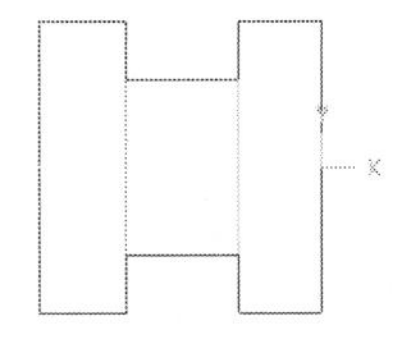

图 9-63　车削图形

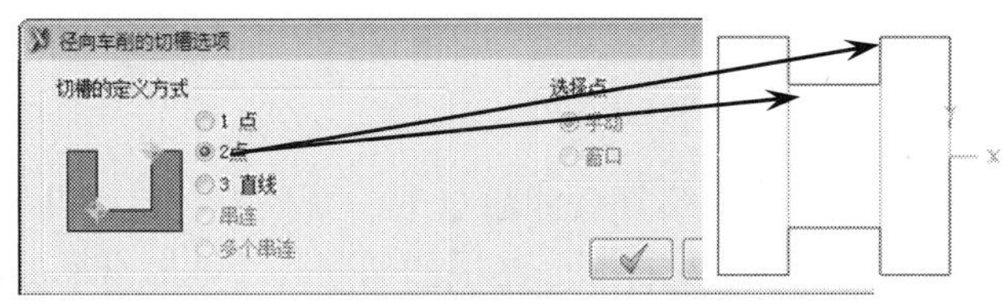

图 9-64　选取串连

step 03 弹出【车床 径向车削循环 属性】对话框，在【刀具路径参数】选项卡中选择 “T4242 R0.3 OD GROOVE CENTER”车刀，并设置【进给率】为 0.3mm/转，【主轴转速】为 1000RPM。

step 04 在【刀具路径参数】选项卡中单击 Coolant... (*) 按钮，弹出 Coolant 对话框，将 Floot(油冷)设置为 On(打开)。

step 05 在【刀具路径参数】选项卡中将【换刀点】设置为【使用者定义】，单击【定义】按钮，弹出【原点位置-用户定义】对话框，将换刀点设置为 X40Z20，单击【确定】按钮，完成换刀点的设置。

step 06 在【刀具路径参数】选项卡中启用【参考点】复选框，单击【参考点】按钮，弹出【参考位置】对话框，将退刀点设为(X:40,Z:20)，单击【确定】按钮，完成参考点的设置。

step 07 在【车床 径向车削循环 属性】对话框中单击【径向外形参数】标签，切换到【径向外形参数】选项卡，设置径向外形参数。然后在【车床 径向车削循环 属性】对话框中单击【径向粗车参数】标签，切换到【径向粗车参数】选项卡，设置径向粗车参数。单击【径向精车参数】标签，切换到【径向精车参数】选项卡，设置径向精车参数。单击【确定】按钮，完成车槽参数设置，系统根据所设参数生成车槽刀具路径，如图 9-65 所示。

step 08 在【刀具路径操作管理器】中单击【属性】中的【材料设置】节点，弹出【机器群组属性】对话框，切换到【材料设置】选项卡，设置工件坯料。

step 09 在【材料设置】选项卡中单击【材料】选项组中的【信息内容】按钮，弹出【机床组件管理-素材】对话框，设置【外径】为 50，【长度】为 70，单击【确定】按钮，完成毛坯设置。

step 10 在【材料设置】选项卡中单击【夹爪的设定】选项组中的【信息内容】按钮，弹出【机床组件管理-夹头设置】对话框，设置参数后单击【确定】按钮，完成卡爪设置。

step 11 毛坯和卡爪设置结果如图 9-66 所示。

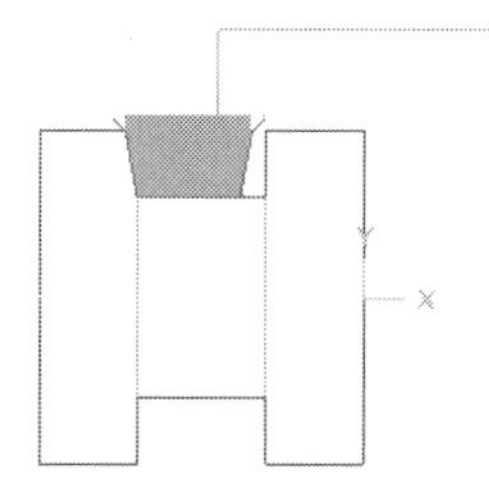

图 9-65　生成刀路

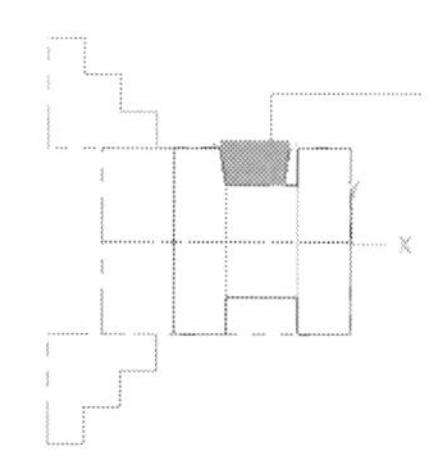

图 9-66　卡盘设置结果

step 12 在【刀具路径操作管理器】中单击【实体模拟】按钮进行实体模拟加工，模拟结果如图 9-67 所示。

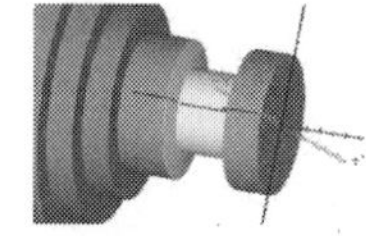

图 9-67　实体模拟

9.2.4　外形重复循环

外形车削循环是通过产生外形切削的复合循环指令 G73 来车削工件的。产生的 NC 程序输出 G73 指令，产生的刀具路径和外形保持一致。

G73 的格式如下：

```
G73  U(ΔI)  W(Δk)  R(d)
G73  P(ns)  Q(nf)  U(Δu)  W(Δw)  F(f)  S(s)  T(t)
```

各参数说明如下。

ΔI：X 轴方向粗加工总退刀量。

Δk：Z 轴方向粗加工总退刀量。

d：重复加工次数。

ns：精加工路线的第一个程序段的顺序号。

nf：精加工路线的最后一个程序段的顺序号。

Δ u：X 轴方向精加工余量。

Δ w：Z 轴方向精加工余量。

F、S、T：进给速度、主轴转速、刀具功能。

选择【刀具路径】|【循环】|【外形重复】菜单命令，按默认的输入新 NC 名称确定后，选取需要车削的外形串连并单击【确定】按钮，系统弹出【车床 外形重复循环 属性】对话框，该对话框用来设置刀具路径参数和循环外形重复的参数，如图 9-68 所示。

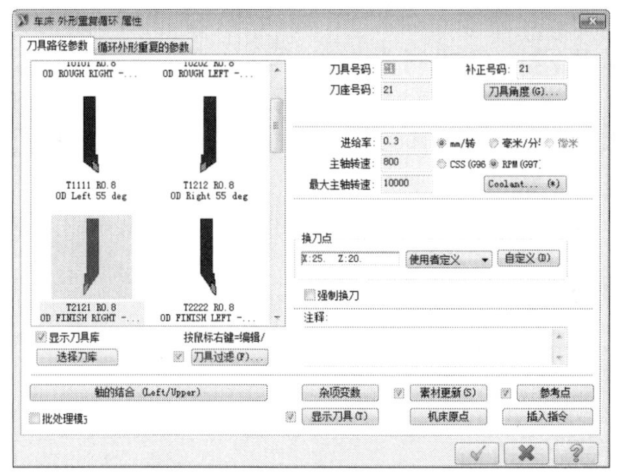

图 9-68　外形重复循环

在【车床 外形重复循环 属性】对话框中单击【循环外形重复的参数】标签，切换到【循环外形重复的参数】选项卡，该选项卡用来设置外形补正角度、步进量、预留量等参数，如图 9-69 所示。

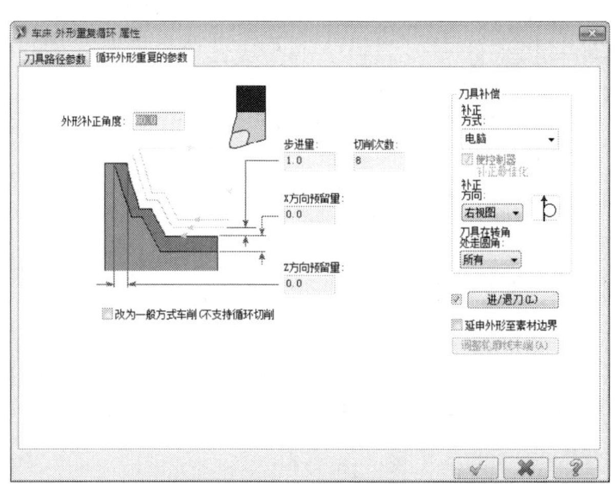

图 9-69　循环外形重复参数

各选项含义如下。

- 【外形补正角度】：外形刀路沿设定的角度向外偏移。

- 【步进量】：每层切削的厚度。
- 【切削次数】：外形循环的次数。
- X、Z 方向预留量：给下一工序预留的量。

外形重复循环车削案例

案例文件：ywj /09/基础/9-8.MCX-7，ywj /09/结果/9-8.MCX-7

视频文件：光盘→视频课堂→第 9 章→9.2.4

step 01 打开“9-8. MCX-7”文件，如图 9-70 所示。

step 02 选择【刀具路径】|【循环车削】|【外形重复】菜单命令，弹出【输入新 NC 名称】对话框，输入名称，单击【确定】按钮，完成新 NC 名称的输入。系统弹出【串连选项】选项卡，选取加工串连，如图 9-71 所示。

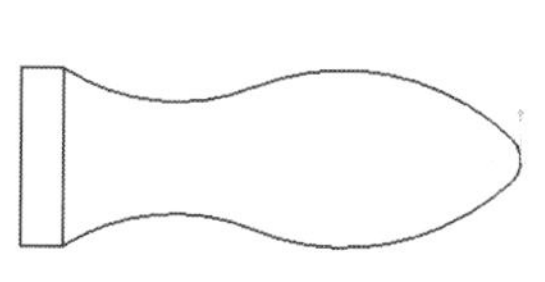

图 9-70　手柄车削

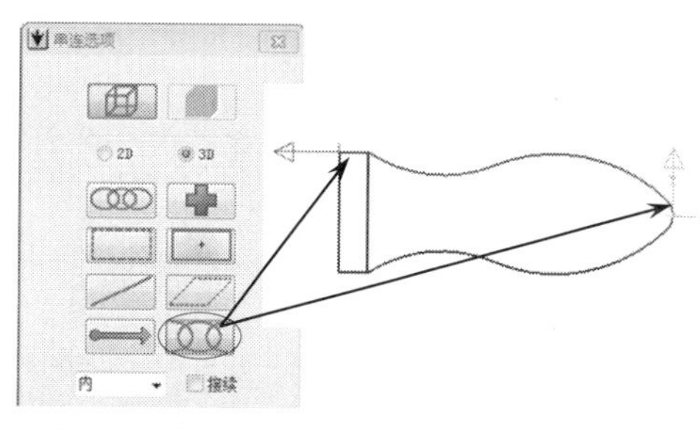

图 9-71　选取串连

step 03 串连选取完毕后单击【确定】按钮，系统弹出【车床 外形重复循环 属性】对话框，单击【刀具路径参数】标签，切换到【刀具路径参数】选项卡，选中“T2121 R0.8 OD FINISH RIGHT”的刀具作为加工刀具，设置【进给率】为 0.3mm/r，【主轴转速】为 800RPM。

step 04 在【刀具路径参数】选项卡中单击 Coolant... 按钮，弹出 Coolant 对话框，设置 Floot 选项为 On，单击【确定】按钮完成冷却液设置。

step 05 在【刀具路径参数】选项卡将【换到点】设置为【使用者定义】，单击【定义】按钮，弹出【原点位置-用户定义】对话框，设置原点(X25,Z20)，单击【确定】完成原点设置。

step 06 在【刀具路径参数】选项卡启用【参考点】复选框，系统弹出【参考位置】对话框，启用【退出点】复选框并输入 X25Z20，单击【确定】按钮完成退刀点的设置。

step 07 在【车床 外形重复循环 属性】对话框中单击【循环外形重复的参数】标签页，切换到【循环外形重复的参数】选项卡，设置参数，单击【确定】按钮，完成循环外形重复参数设置。在【循环外形重复的参数】选项卡中启用【进退/刀】复选框，并单击【进退/刀】按钮，系统弹出【进退/刀设置】对话框，设置进退刀的轮廓参数。系统根据所设参数生成车削刀具路径，如图 9-72 所示。

step 08 在【刀具路径操作管理器】中单击【属性】中的【材料设置】节点，弹出【机器群组属性】对话框，切换到【材料设置】选项卡，设置工件坯料。

step 09 在【材料设置】选项卡中单击【材料】选项组中的【信息内容】按钮，弹出【机床组件管理-素材】对话框，设置【外径】为 25，【长度】为 90，单击“确定”按钮，完成毛坯设置。

step 10 在【材料设置】选项卡中单击【夹爪的设定】选项组中的【信息内容】按钮，弹出【机床组件管理-夹头设置】对话框，设置参数后单击【确定】按钮，完成卡爪设置。毛坯和卡爪设置结果如图 9-73 所示。

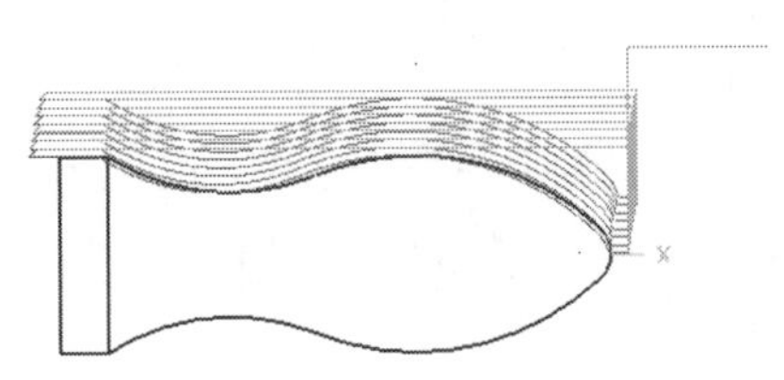

图 9-72　生成刀具路径

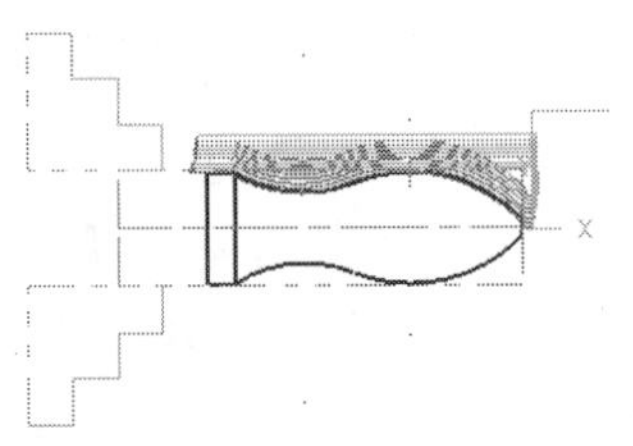

图 9-73　卡盘设置结果

step 11 在【刀具路径操作管理器】中单击【实体模拟】按钮进行实体模拟加工，模拟结果如图 9-74 所示。

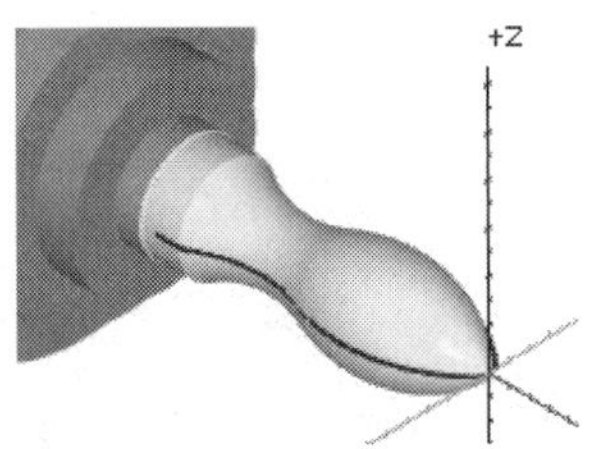

图 9-74　实体模拟

9.3　本 章 小 结

本章主要讲解车削编程方法，包括车床坐标系、工件设置等基础知识，以及各种车削编程方法，读者应掌握基本的粗车削方法、精车削方法、车槽方法、车削端面方法等。此外，还会应会编制如快速简式粗车、快速简式精车以及快速简式径向车削等快速简式车削模组和粗车循环、精车循环、径向车削循环以及外形车削循环等循环车削模组。

第 10 章

线切割加工

线切割技术在现代制造业中应用极其广泛，是采用电极丝进行放电加工的加工工艺。尤其在现在模具制造业中的使用更为频繁。线切割加工是线电极电火花切割的简称，简称 WEDM。

MasterCAM X7 提供了线切割的多种加工方式供用户进行选择，包括外形线切割、无屑线切割和 4 轴线切割。下面将进行详细讲解。

10.1 外形线切割加工

外形线切割是电极丝根据选取的串连外形切割出产品的形状的方法。可以切割直侧壁零件，也可以切割带锥度的零件。外形线切割加工应用较广泛，可以加工很多较规则的零件。

在【刀具路径】|【轨迹生成】菜单命令，系统弹出输入新 NC 名称，按默认的名称，单击【确定】按钮后，选取加工串连并确定，系统弹出【线切割刀具路径-外形】对话框，该对话框用来设置外形线切割刀具路径的参数，如图 10-1 所示。

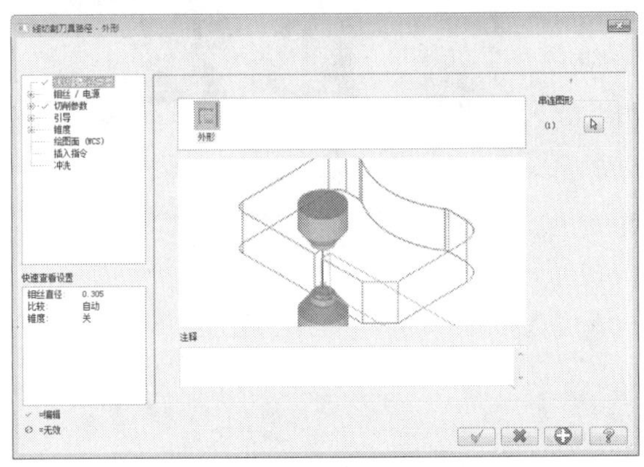

图 10-1 外形线切割参数

外形线切割刀具路径需要设置切削参数、补正、停止、引导、锥度等参数，下面将详细讲解各参数含义。

1. 钼丝/电源设置

在【线切割刀具路径-外形】对话框中单击【钼丝/电源】节点，系统弹出【钼丝/电源】设置界面，用来设置电源参数以及电极丝相关参数，如图 10-2 所示。

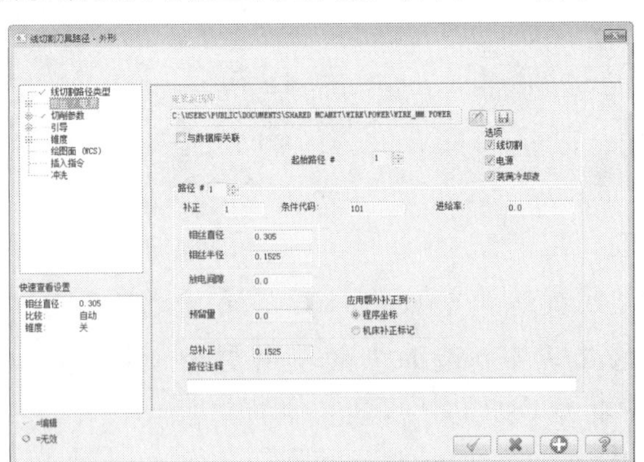

图 10-2 【钼丝/电源】设置

各选项含义如下。

- 【线切割】：启用此复选框，表示为机床装上电极丝。
- 【电源】：启用此复选框，为机床装上电源。
- 【装满冷却液】：启用此复选框，为机床装满冷却液。
- 【路径#】：线切割刀具路径对应的编号。
- 【钼丝直径】：设置电极丝的直径。
- 【钼丝半径】：设置电极丝半径。
- 【放电间隙】：设置电火花的放电间隙即火花位。
- 【预留量】：设置放电加工的预留材料。

2．切削参数

在【线切割刀具路径-外形】对话框中单击【切削参数】节点，系统弹出【切削参数】设置界面，用来设置切削相关参数，如图10-3所示。

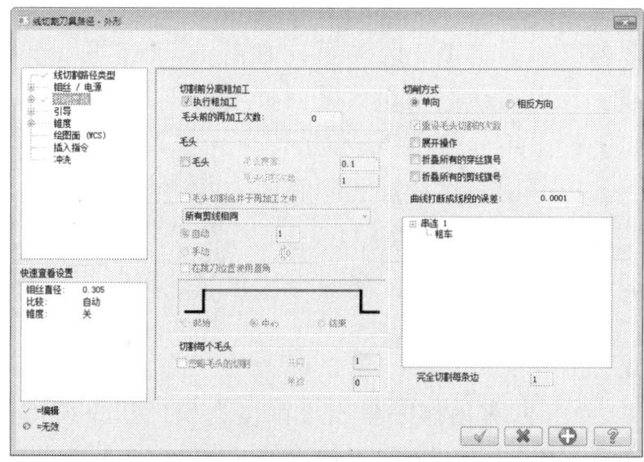

图10-3　切削参数

各选项含义如下。

- 【切削前分离粗加工】：此项主要是将粗加工和精加工分离，方便支撑切削。
- 【毛头前的再加工次数】：设置支撑加工前的粗加工次数。
- 【毛头】：在进行多次加工时，在前几次的粗加工中线切割电极丝并不将所有外形切割完，而是留一段不加工，最后再进行加工。
- 【毛头宽度】：设置毛头的宽度。
- 【切削方式】：有【单向】和【相反方向】。【单向】是自始至终都采用相同的方向。【相反方向】是每切割一次，下一次切割都进行反向切割。

3．引导

在【线切割刀具路径-外形】对话框中单击【引导】节点，系统弹出【引导】设置界面，用来设置线切割电极丝进刀和退刀相关参数，如图10-4所示。引导线包括多种形式，有【只有直线】、【线与圆弧】以及【2线和圆弧】等。

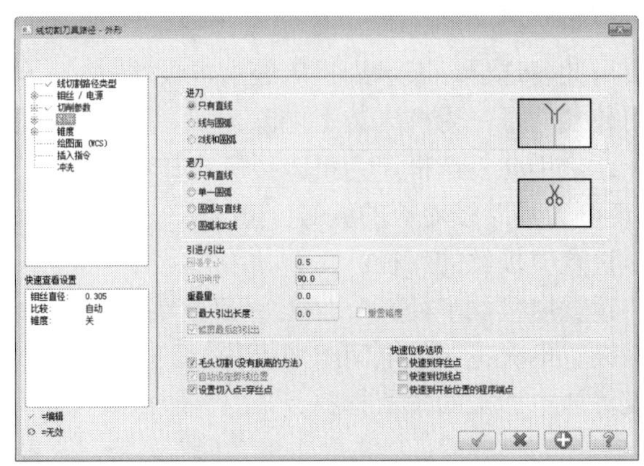

图 10-4　引导

各选项含义如下。

- 【进刀】：设置电极丝进入工件时的引导方式。
- 【退刀】：设置电极丝退出工件时的引导方式。
  - 【只有直线】：进刀或退刀是只采用直线的方式。
  - 【单一圆弧】：采用一段圆弧退刀。
  - 【线与圆弧】：采用一直线加一圆弧的方式进行进/退刀。
  - 【2 线和圆弧】：采用两条直线加圆弧的方式进行进/退刀。
- 【重叠量】：退刀点相对于进刀点多走一段重复的路径再执行退刀动作。

4．锥度

在【线切割刀具路径-外形】对话框中单击【锥度】节点，系统弹出【锥度】设置界面，用来设置线切割电极丝加工工件的锥度类型和锥度值，如图 10-5 所示。

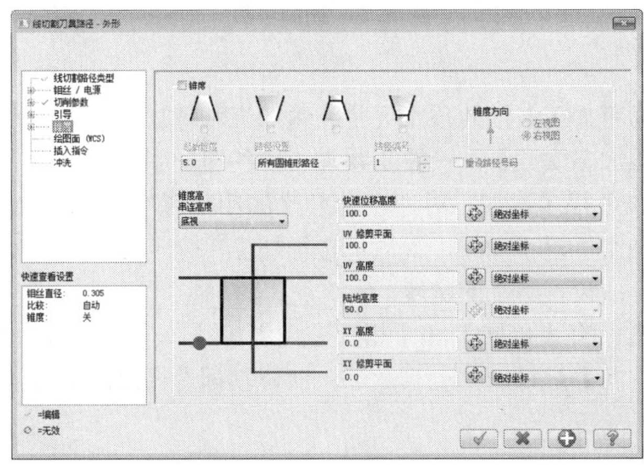

图 10-5　锥度

切割工件呈锥度的形式有多种，下面将详细讲解。

- /\：切割成下大上小的锥度侧壁。

- \/：切割成上大下小的锥度侧壁。
- /\：切割成下大上小并且上方带直立侧面的复合锥度。
- \/：切割成上大下小并且下方带直立侧面的复合锥度。
- 【起始锥度】：输入锥度值。
- 【串连高度】：设置选取的串连所在的高度位置。
- 【锥度方向】：设置电极丝的锥度方向。
- 【左视图】：沿串连方向电极丝往左偏设置的角度值。
- 【右视图】：沿串连方向电极丝往右偏设置的角度值。
- 【快速位移高度】：此项设置线切割机上导轮引导电极丝快速移动（空运行）时的 Z 高度。
- 【UV 修剪平面】：设置线切割机上导轮相对于加工串连的 Z 高度。
- 【UV 高度】：设置切割工件的上表面高度。
- 【陆地高度】：当切割带直侧壁和锥度的复合锥度时，此项可以设置锥度开始的高度位置。
- 【XY 高度】：切割工件下表面的高度。
- 【XY 修剪平面】：设置线切割机下导轮相对于加工串连的 Z 高度。

外形线切割案例

对图形进行线切割加工，采用直径 0.14 的电极丝进行切割，放电间隙为单边 0.02mm，因此，补偿量为 0.14/2+0.02=0.09mm，采用控制器补偿，补偿量即 0.09mm，穿丝点为图形外任意点。进刀线长度 5mm，切割三次完成。

案例文件：ywj /10/基础/10-1.MCX-7，ywj /10/结果/10-1.MCX-7
视频文件：光盘→视频课堂→第 10 章→10.1.1

step 01 打开“10-1. MCX-7”文件，如图 10-6 所示。

step 02 选择【绘图】|【绘点】|【穿线点】菜单命令，选取大概三个点为穿线点，结果如图 10-7 所示。

step 03 选择【刀具路径】|【外形切割】菜单命令，系统弹出【输入新 NC 名称】对话框，按默认的名称，单击【确定】按钮完成输入。系统弹出【串连选项】对话框，先选取穿线点，再选取加工串连，操作方式如图 10-8 所示。单击【确定】按钮完成选取。

图 10-6　源文件

图 10-7　穿线点

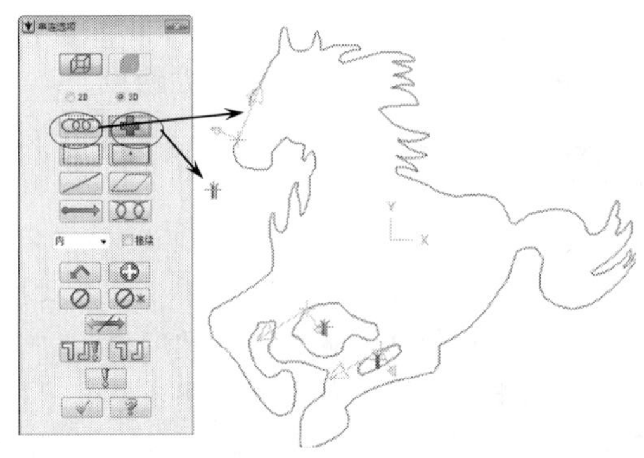

图 10-8　选取串连和穿线点

step 04 系统弹出【线切割刀具路径-外形】对话框，单击【钼丝/电源】节点，系统弹出【钼丝/电源】设置界面，设置电极丝参数，如图 10-9 所示。

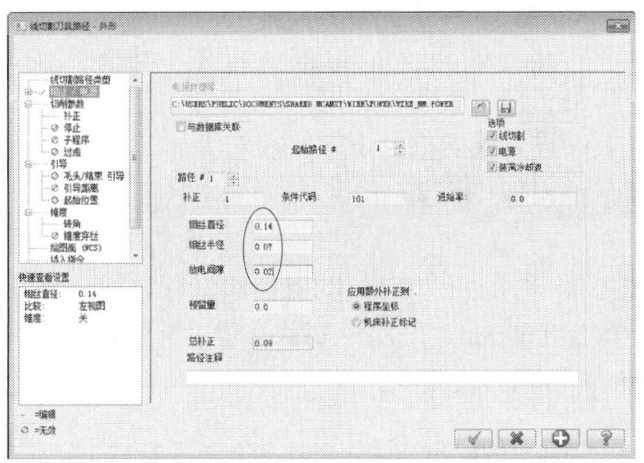

图 10-9　设置电极丝参数

step 05 在【线切割刀具路径-外形】对话框中单击【切削参数】节点，系统弹出【切削参数】设置界面，设置切削相关参数，如图 10-10 所示。

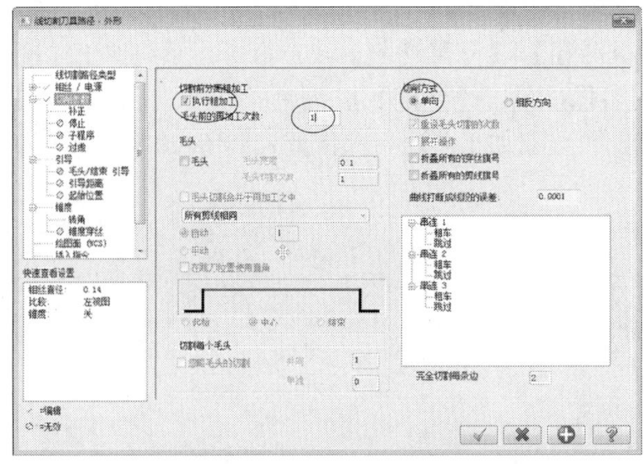

图 10-10　切削参数设置

step 06 在【线切割刀具路径-外形】对话框中单击【补正】节点，系统弹出【补正】设置界面，设置补正参数，如图 10-11 所示。

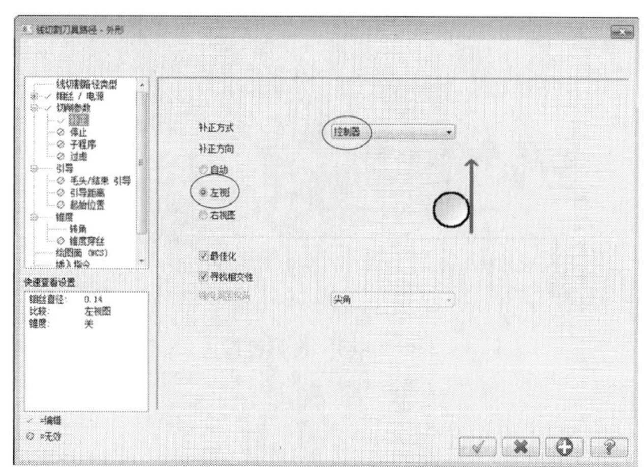

图 10-11 设置补正参数

step 07 设置穿线距离。在【线切割刀具路径-外形】对话框中单击【引导距离】节点，系统弹出【引导距离】设置界面，设置穿线距离参数，如图 10-12 所示。

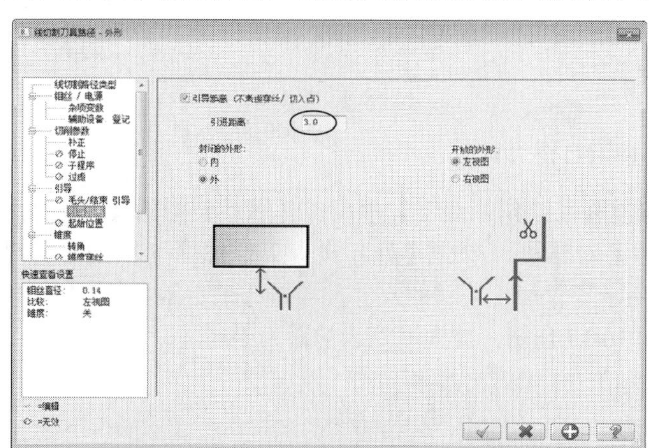

图 10-12 设置穿线距离

step 08 在【线切割刀具路径-外形】对话框中单击【锥度】节点，系统弹出【锥度】设置界面，设置线切割锥度和高度参数，如图 10-13 所示。

step 09 在【线切割刀具路径-外形】对话框中单击【冲洗】节点，系统弹出【冲洗中】设置界面，将 Flushing 选项设为 On，如图 10-14 所示。单击【确定】按钮，完成参数的设置。

step 10 系统根据参数生成线切割刀具路径，如图 10-15 所示。

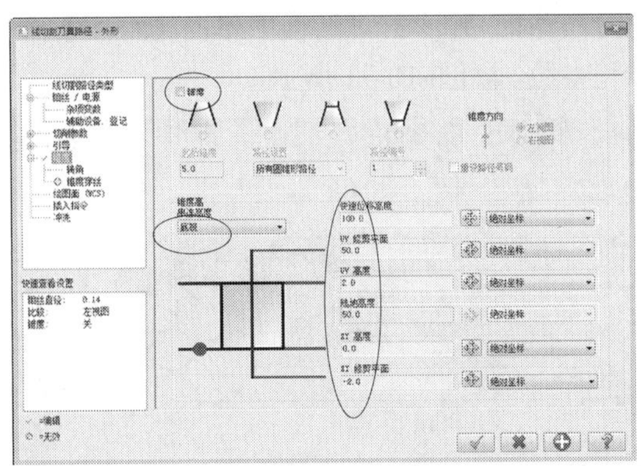

图 10-13　设置锥度

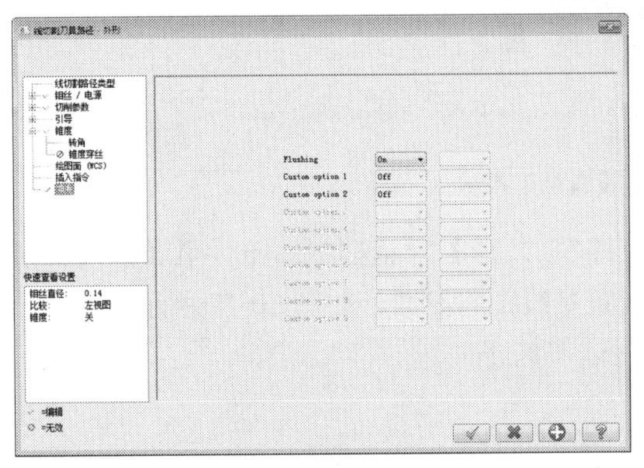

图 10-14　冷却液

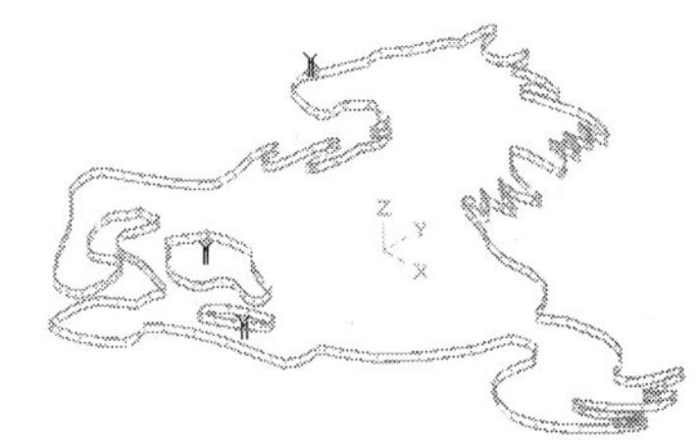

图 10-15　线切割刀具路径

step 11 在【刀具路径操作管理器】中单击【属性】中的【材料设置】节点，弹出【机器群组属性】对话框，单击【材料设置】标签，切换到【材料设置】选项卡，如图 10-16 所示设置加工坯料的尺寸，单击【确定】按钮完成参数设置。坯料设置结果如图 10-17 所示，虚线框显示的即为毛坯。

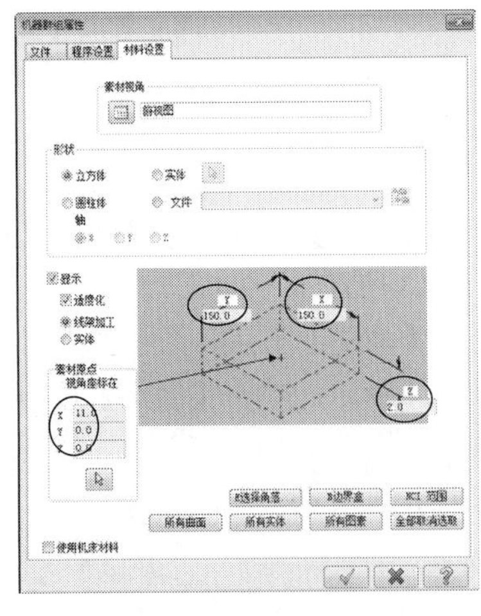

图 10-16　设置毛坯

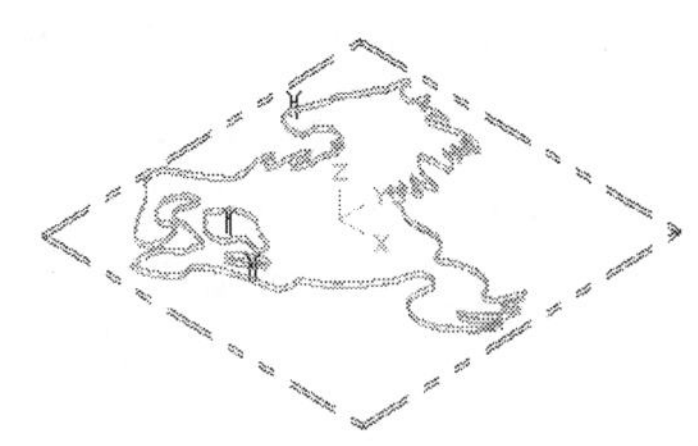

图 10-17　毛坯

step 12 单击【实体模拟】按钮进行模拟，模拟结果如图 10-18 所示。

图 10-18 模拟结果

外形带锥度线切割案例

对图形进行线切割加工，采用直径 0.14 的电极丝进行切割，放电间隙为单边 0.01mm，因此，补偿量为 0.14/2+0.01=0.08mm，采用控制器补偿，补偿量即 0.08mm，穿丝点为原点。锥度为 3°。进刀线长度 5mm，切割一次完成。

案例文件：ywj /10/基础/10-2.MCX-7，ywj /10/结果/10-2.MCX-7

视频文件：光盘→视频课堂→第 10 章→10.1.2

step 01 打开“10-2. MCX-7”文件，如图 10-19 所示。

step 02 绘制穿线点。选择【绘图】|【绘点】|【穿线点】菜单命令，选取大概点为穿线点，选择【刀具路径】|【轨迹生成】菜单命令，系统弹出输入新 NC 名称对话框，按默认的名称，单击【确定】按钮完成输入。

step 03 系统弹出【串连选项】对话框，先选取穿线点，再选取加工串连，操作方式如图 10-20 所示。单击【确定】按钮完成选取。

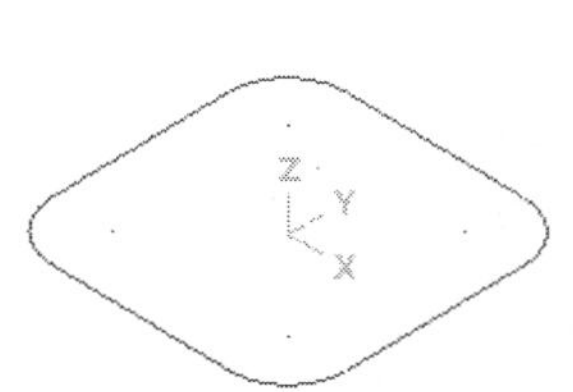

图 10-19 加工图形

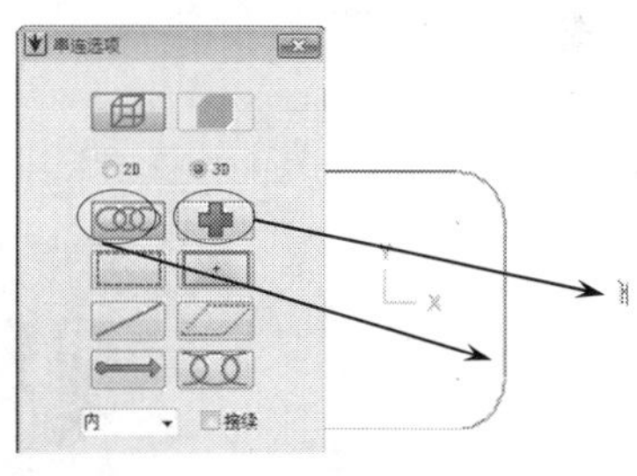

图 10-20 选取穿线点和串连

step 04 系统弹出【线切割刀具路径-外形】对话框，单击【钼丝/电源】节点，系统弹出【钼丝/电源】设置界面，设置电极丝参数。单击【切削参数】节点，系统弹出【切削参数】设置界面，设置切削相关参数。单击【补正】节点，系统弹出【补正】设置界面，设置补偿参数。

step 05 在【线切割刀具路径-外形】对话框中单击【引导距离】，节点系统弹出【引导距离】设置界面，设置【引导距离】为 5，其他参数默认。单击【锥度】节点，系统弹出【锥度】设置界面，设置线切割锥度和高度参数。

step 06 在【线切割刀具路径-外形】对话框中单击【冲洗】节点，系统弹出【冲洗】设置界面，将 Flushing 选项设为 On，单击【确定】按钮，完成参数的设置。单击【确定】按钮，系统根据参数生成线切割刀具路径，如图 10-21 所示。

step 07 在【刀具路径操作管理器】中单击【属性】中的【材料设置】节点，弹出【机器群组属性】对话框，单击【材料设置】标签，切换到【材料设置】选项卡，设置加工坯料的尺寸，单击【确定】按钮完成参数设置。坯料设置结果如图 10-22 所示，虚线框显示的即为毛坯。

step 08 单击【实体模拟】按钮进行模拟，模拟结果如图 10-23 所示。

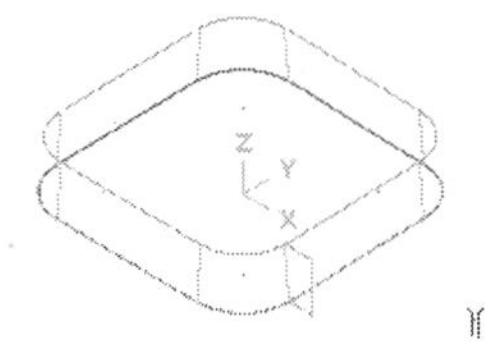

图 10-21 线切割刀具路径

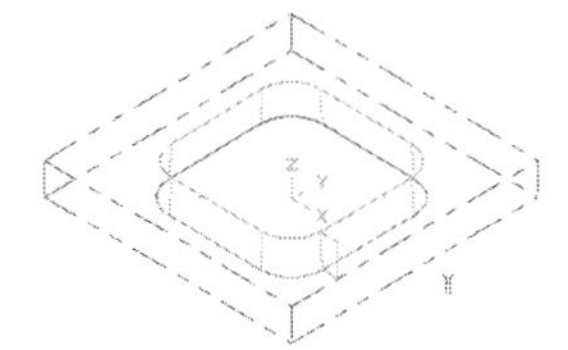

图 10-22 毛坯

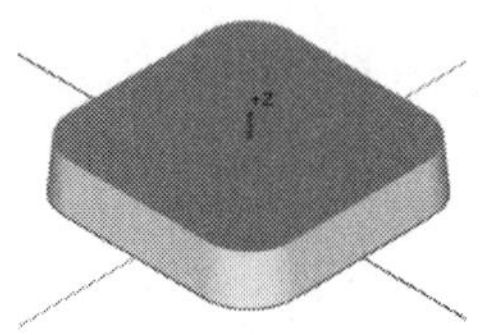

图 10-23 模拟结果

10.2 无屑线切割

无屑线切割加工即采用线切割将要加工的区域全部切割掉，无废料产生，类似于铣削挖槽加工。

选择【刀具路径】|【无屑切割】菜单命令，系统弹出【输入新 NC 名称】对话框，按默认的名称，单击【确定】按钮，再选取加工串连并确定后，系统弹出【线切割刀具路径-无屑切割】对话框，该对话框用来设置无屑切割相关参数，如图 10-24 所示。

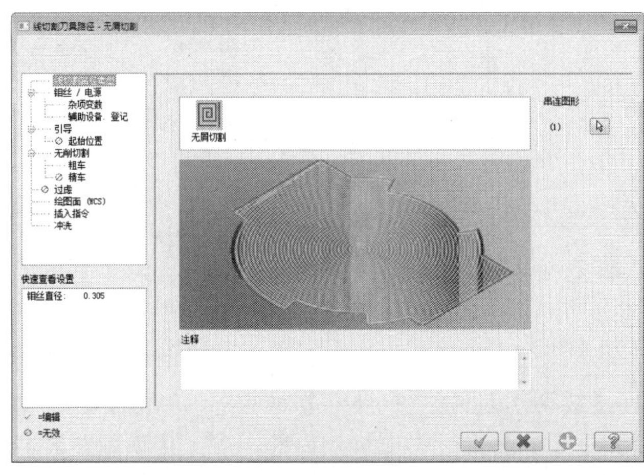

图 10-24 【线切割刀具路径-无屑切割】对话框

无屑切割参数与外形参数基本类似，主要是多了粗加工参数和精加工参数。在【线切割刀具路径-无屑切割】对话框中单击【粗车】节点，系统弹出【粗车】设置界面，用来设置无屑切割的粗加工参数，如图 10-25 所示。粗加工参数与挖槽参数完全相同。

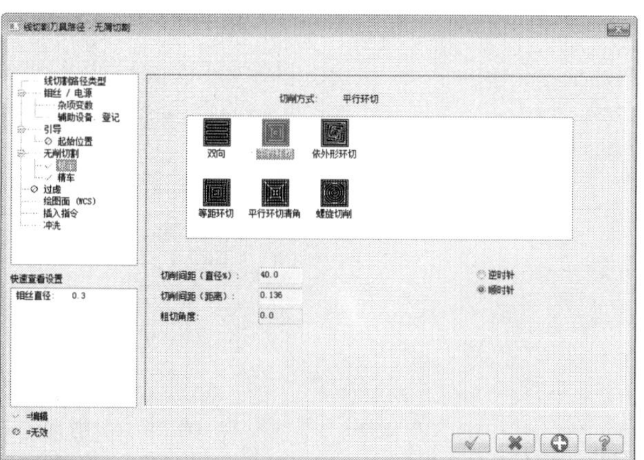

图 10-25　粗加工参数

在【线切割刀具路径-无屑切割】对话框中单击【精车】节点，系统弹出【精车】设置界面，用来设置无屑切割的精加工次数和间距等参数，如图 10-26 所示。

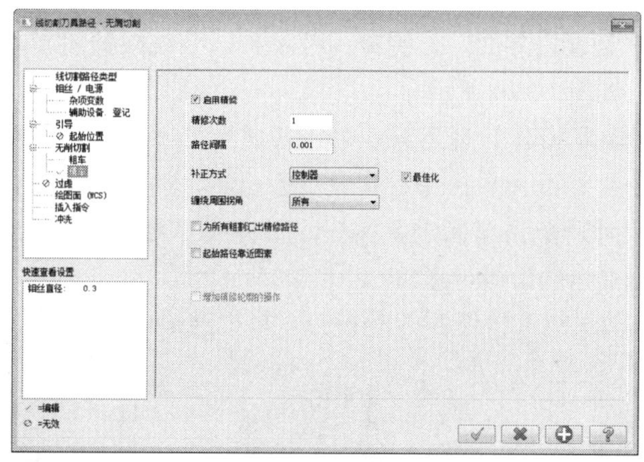

图 10-26　精加工参数

无屑线切割案例

对图形进行无屑线切割加工，采用直径 0.3mm 的电极丝进行切割，放电间隙为单边 0.02mm，因此，补偿量为 0.3/2+0.02=0.17mm，采用控制器补偿，补偿量即 0.17mm，穿丝点为原点，切割一次完成。

案例文件：ywj /10/基础/10-3.MCX-7，ywj /10/结果/10-3.MCX-7

视频文件：光盘→视频课堂→第 10 章→10.2

step 01 打开“10-3. MCX-7”文件，如图 10-27 所示。

step 02 选择【刀具路径】|【无屑切割】菜单命令，系统弹出【输入新 NC 名称】对话框，按默认的名称，单击【确定】按钮，完成新 NC 名称的输入。系统弹出【串连选项】对话框，在【串连选项】对话框中单击【串连】按钮，选取加工串连，

单击【确定】按钮完成选取，结果如图 10-28 所示。

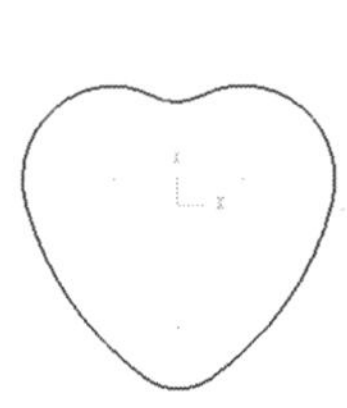

图 10-27 源文件

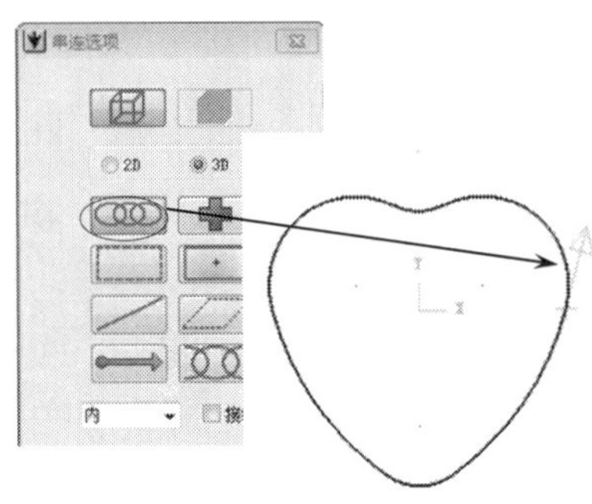

图 10-28 选取加工串连

step 03 系统弹出【线切割刀具路径-无屑切割】对话框，单击【钼丝/电源】节点，系统弹出【钼丝/电源】设置界面，设置电极丝直径、放电间隙、预留量等参数。单击【无屑切割】节点，系统弹出【无屑切割】设置界面，设置高度参数。单击【粗车】节点，系统弹出【粗车】设置界面，设置粗加工参数。单击【冲洗】节点，系统弹出【冲洗】设置界面，设置冷却液参数。系统根据所设置的参数生成无屑线切割刀具路径，如图 10-29 所示。

step 04 在【刀具路径操作管理器】中单击【属性】中的【材料设置】节点，弹出【机器群组属性】对话框，单击【材料设置】标签，切换到【材料设置】选项卡，设置加工坯料的尺寸，单击【确定】按钮完成参数设置。坯料设置结果如图 10-30 所示，虚线框显示的即为毛坯。

step 05 单击【实体模拟】按钮进行模拟，模拟结果如图 10-31 所示。

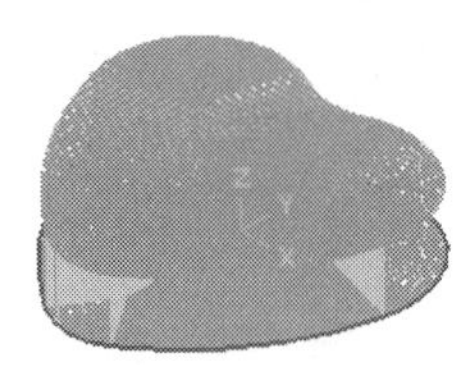

图 10-29 无屑线切割刀具路径

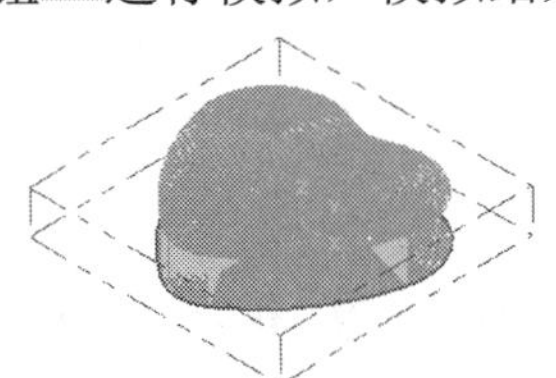

图 10-30 毛坯

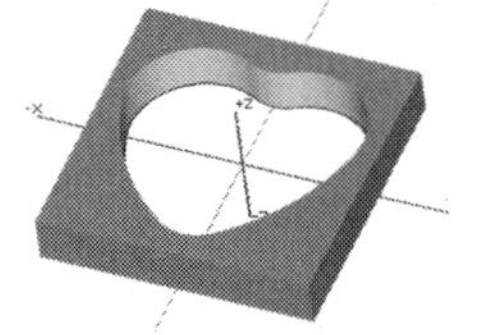

图 10-31 模拟结果

10.3 四轴线切割

四轴线切割主要是用来切割具有上下异形的工件。四轴主要是 X、Y、U、V 四个轴向，可以加工比较复杂的零件。

选择【刀具路径】|【四轴】菜单命令，系统弹出【输入新 NC 名称】对话框，按默认的名称，单击【确定】按钮，再选取加工串连并确定后，系统弹出【线切割刀具路径-四轴】对话框，该对话框用来设置四轴相关参数，如图 10-32 所示。

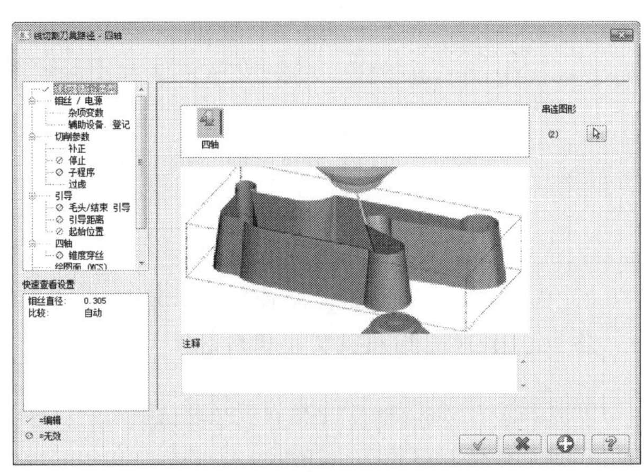

图 10-32 【线切割刀具路径-四轴】对话框

四轴参数与外形线切割参数类似，主要增加了四轴参数。在【线切割刀具路径-四轴】对话框中单击【四轴】节点，弹出【四轴】设置界面，用来设置四轴参数，如图 10-33 所示。

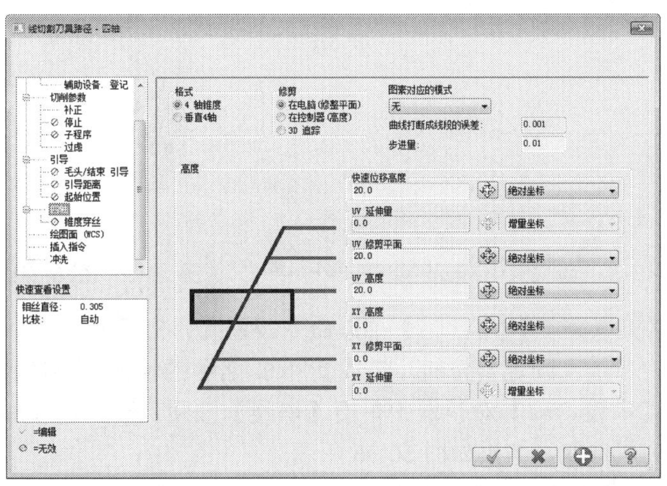

图 10-33 【四轴】参数

各选项含义如下。

- 【格式】：设置输出的格式。
  - 【4 轴锥度】：在输出的 NC 程序中，采用将曲线打断成直线，代码中全部采用 G01 的方式逼近曲线。
  - 【垂直 4 轴】：在输出的代码中采用直线和圆弧的指令来逼近曲线。
- 【图素对应的模式】：当上下异形时，外形上存在差异，此时可以通过设置图素对应模式来解决对应关系。
- 【修剪】：设置切割机导轮 Z 高度。
  - 【在电脑(修整平面)】：选中此单选按钮，切割机导轮 Z 高度为 UV 修整平面和 XY 修整平面所设的高度。
  - 【在控制器(高度)】：选中此单选按钮，切割机导轮 Z 高度为 UV 高度和 XY 高度所设的高度。

◆ 【3D 追踪】：选中此单选按钮，切割机导轮 Z 高度随几何截面的 Z 高度的变化而变化。

四轴线切割案例

对图形进行面铣加工，采用直径 0.3mm 的电极丝进行切割，放电间隙为单边 0.02mm，因此，补偿量为 0.3/2+0.02=0.17mm，采用控制器补偿，补偿量即 0.17mm。本例是天圆地方模型，外形上下不一样，因此需要采用四轴线切割进行加工。

案例文件：ywj /10/基础/10-4.MCX-7，ywj /10/结果/10-4.MCX-7

视频文件：光盘→视频课堂→第 10 章→10.4

step 01 打开“10-4. MCX-7”文件，如图 10-34 所示。

step 02 选择【绘图】|【绘点】|【穿线点】菜单命令，选取大概点为穿线点，结果如图 10-35 所示。

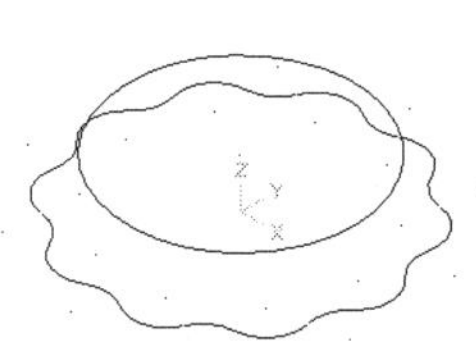

图 10-34　源文件

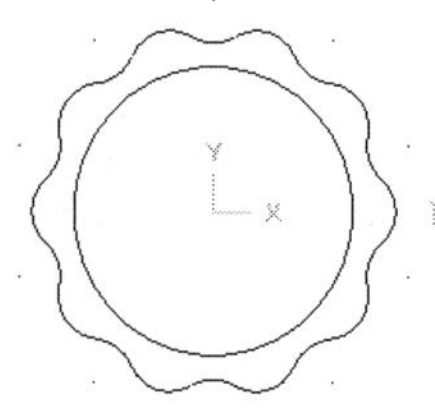

图 10-35　绘制穿线点

step 03 选择【刀具路径】|【四轴】菜单命令，系统弹出【输入新 NC 名称】对话框，输入名称，单击【确定】按钮，完成新 NC 名称的输入。系统弹出【串连选项】对话框，在【串连选项】对话框中单击【串连】按钮，选取加工串连，单击【确定】按钮完成选取，结果如图 10-36 所示。

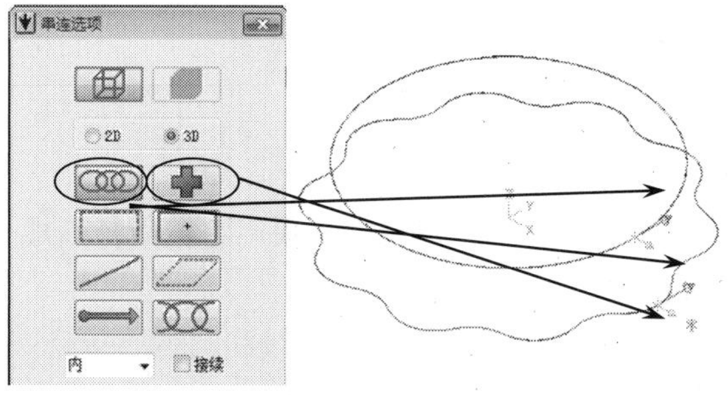

图 10-36　选取串连

step 04 系统弹出【线切割刀具路径-四轴】对话框，设置四轴线切割相关参数，如图 10-37 所示。

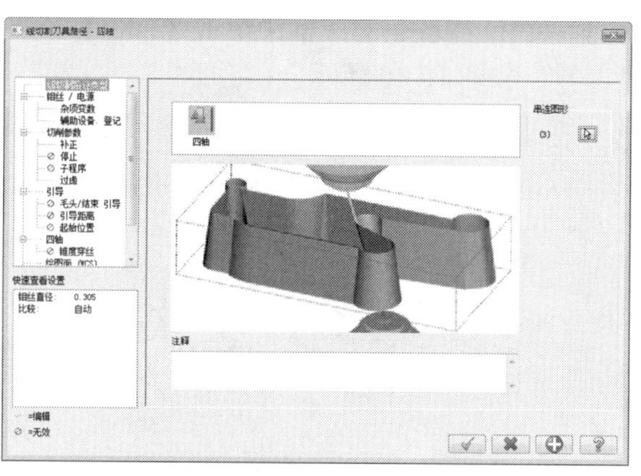

图 10-37 【线切割刀具路径-四轴】对话框

step 05 在【线切割刀具路径-四轴】对话框中单击【钼丝/电源】节点，系统弹出【钼丝/电源】设置界面，来设置电极丝直径、放电间隙等，如图 10-38 所示。

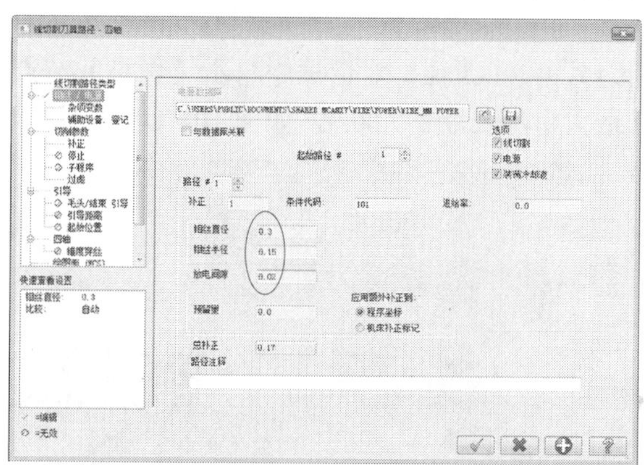

图 10-38 电极丝参数

step 06 在【线切割刀具路径-四轴】对话框中单击【切削参数】节点，系统弹出【切削参数】设置界面，设置切削参数，如图 10-39 所示。

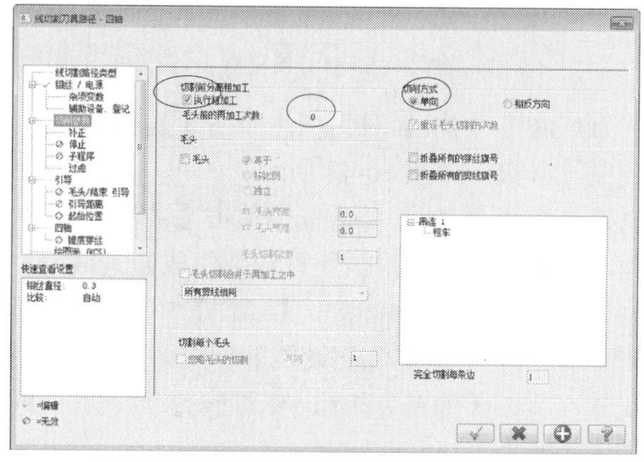

图 10-39 切削参数

step 07 在【线切割刀具路径-四轴】对话框中单击【补正】节点，系统弹出【补正设置界面，设置补偿参数，如图 10-40 所示。

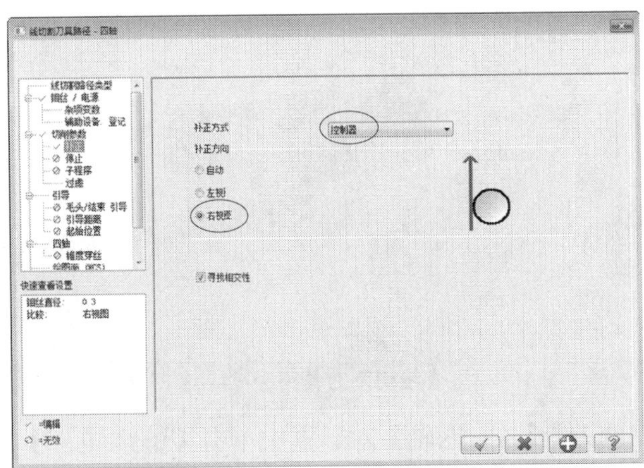

图 10-40 补正参数

step 08 在【线切割刀具路径-四轴】对话框中单击【引导】节点，系统弹出【引导】设置界面，设置【最大引出长度】为 0.3，如图 10-41 所示。

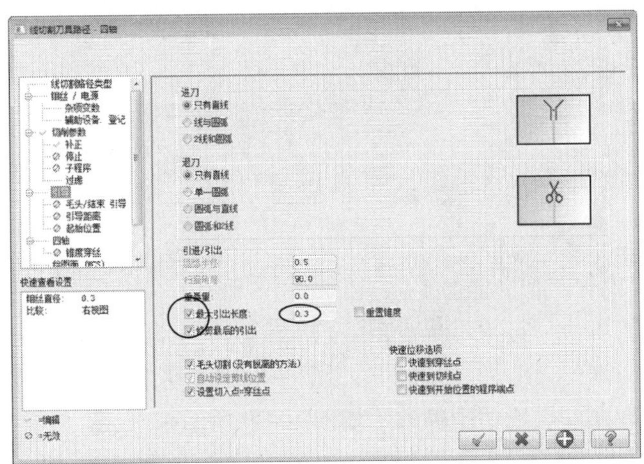

图 10-41 引导参数

step 09 在【线切割刀具路径-四轴】对话框中单击【四轴】节点，系统弹出【四轴】设置界面，设置高度等参数，如图 10-42 所示。

step 10 在【线切割刀具路径-四轴】对话框中单击【冲洗】节点，系统弹出【冲洗】设置界面，设置冷却液参数。系统根据所设参数生成刀具路径，如图 10-43 所示。

step 11 在【刀具路径操作管理器】中单击【属性】中的【材料设置】节点，弹出【机器群组属性】对话框，单击【材料材设置】标签，切换到【材料设置】选项卡，设置加工坯料的尺寸，单击【确定】按钮完成参数设置。坯料设置结果如图 10-44 所示，虚线框显示的即为毛坯。

step 12 单击【实体模拟】按钮进行模拟，模拟结果如图 10-45 所示。

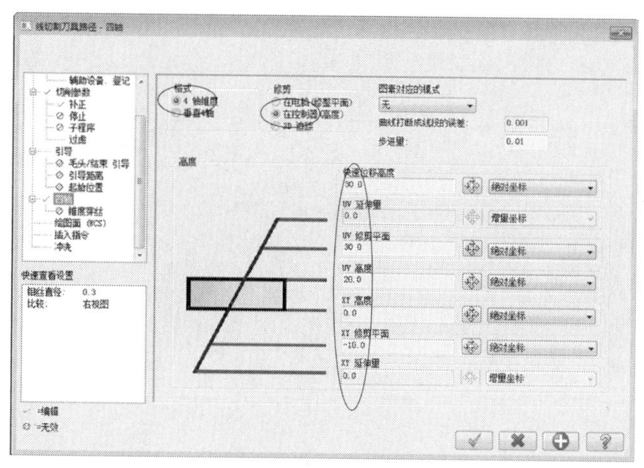

图 10-42 四轴参数

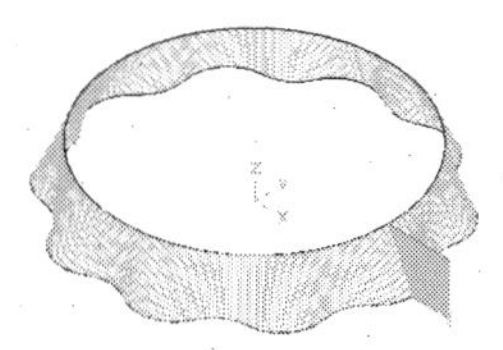

图 10-43 生成刀具路径

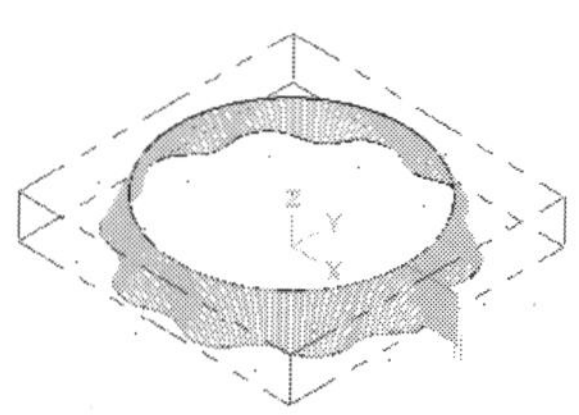

图 10-44 毛坯

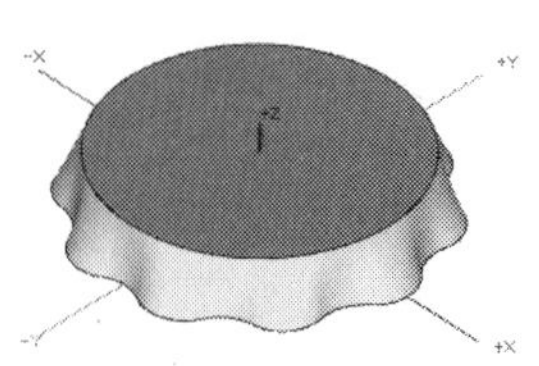

图 10-45 模拟结果

10.4 本 章 小 结

本章主要讲解线切割加工技法，线切割加工是放电加工的一种，在现代模具制造业中应用非常广泛。线切割加工包括外形线切割、无屑线切割、四轴线切割等。外形线切割可以加工垂直侧壁或者加工带有锥度的零件，无屑线切割可以加工类似于铣削凹槽的工件，而四轴线切割可以加工上下异形工件。电参数的设置，放电间隙的设置对实际的影响非常大。读者掌握各种线切割加工技法，重点掌握外形线切割加工方法。